全国勘察设计注册公用设备工程师给水排水专业执业指

第 2 册 排 水 工 程

何 强 主编
赫俊国 主审

中国建筑工业出版社

图书在版编目(CIP)数据

全国勘察设计注册公用设备工程师给水排水专业执业指南. 第 2 册, 排水工程 / 何强主编. — 北京：中国建筑工业出版社, 2024.4 (2025.2 重印)

ISBN 978-7-112-29712-2

Ⅰ. ①全… Ⅱ. ①何… Ⅲ. ①排水工程 – 资格考试 – 自学参考资料 Ⅳ. ①TU991

中国国家版本馆 CIP 数据核字(2024)第 063624 号

责任编辑：于　莉
责任校对：张惠雯

全国勘察设计注册公用设备工程师给水排水专业执业指南
第 2 册　排水工程
何　强　主编
赫俊国　主审

*

中国建筑工业出版社出版、发行 (北京海淀三里河路 9 号)
各地新华书店、建筑书店经销
北京红光制版公司制版
天津安泰印刷有限公司印刷

*

开本：787 毫米×1092 毫米　1/16　印张：33¾　字数：821 千字
2024 年 4 月第一版　　2025 年 2 月第二次印刷
定价：**149.00** 元
ISBN 978-7-112-29712-2
(44257)

前　　言

全国勘察设计注册公用设备工程师（给水排水）执业资格已实行多年，注册公用设备工程师（给水排水）专业的考试、注册、继续教育等工作持续进行。随着技术的发展，给水排水注册工程师在继续教育和执业过程中常遇到一些新的问题和疑惑。为了使给水排水注册工程师系统掌握专业知识、正确理解和运用相关标准规范、提高理论联系实际和分析解决工程问题的能力，特编写《全国勘察设计注册公用设备工程师给水排水专业执业指南》（简称执业技术指南）。执业技术指南共分四册：

第 1 册　给水工程

第 2 册　排水工程

第 3 册　建筑给水排水工程

第 4 册　常用资料

第 1 册由于水利主编，张晓健主审。参编人员及分工如下：第 1 章由于水利、吴一繁、黎雷编写；第 2 章由于水利、黎雷编写；第 3 章由于水利、李伟英、黎雷编写；第 4 章由李伟英编写；第 5 章～第 12 章由张玉先、范建伟、刘新超、邓慧萍、高乃云编写；第 13 章由董秉直、李伟英编写；第 14 章、第 15 章由董秉直编写。

第 2 册由何强主编，赫俊国主审。参编人员及分工如下：第 1 章、第 10 章～第 13 章、第 15 章、第 16 章、第 18 章、第 20 章由何强、许劲、翟俊、柴宏祥、艾海男编写；第 2 章～第 9 章由张智编写；第 14 章、第 17 章、第 19 章由周健编写。

第 3 册由岳秀萍主编，郭汝艳主审。参编人员及分工如下：第 1 章由吴俊奇、岳秀萍编写，第 2 章由朱锡林、范永伟编写，第 4 章、第 5 章由岳秀萍、范永伟编写。

第 4 册由季民主编，周丹主审。参编人员如下：季民、周丹、赵迎新、孙井梅、翟思媛。王兆才、王秀宏在本册前期编写工作中作出了重要贡献。

执业技术指南紧扣给水排水注册工程师应知应会的专业知识，吸收国内外给水排水新技术、新工艺、新设备和新经验，重在解决执业过程中常遇到的理论与实践问题，为专业人员的理论与业务水平提高、更好执业提供有价值的参考。

执业技术指南可以作为给水排水注册工程师执业过程中继续学习的参考书，也可以作为专业技术人员从事工程设计咨询、工程建设项目管理、专业技术管理的辅导读本和高等学校师生教学、学习参考用书。

目　录

1 总　　论

1.1　排水工程在国民经济中的地位与作用

在城镇，从住宅、工厂和各种公共建筑中不断地产生各种各样的污、废水，需要及时妥善地排除、处理或利用，如果任意直接排入水体（江、河、湖、海、地下水）或土壤，会使水体或土壤受到污染，破坏原有的自然环境，引发环境问题，甚至造成范围广泛、长期、严重的公害。例如，1850 年英国泰晤士河因河水水质污染造成水生生物绝迹后，曾采用了多种措施加以治理，但一直到 1969 年才使河水开始恢复清洁状态，重新出现了鱼群，历时达 119 年之久！为保护环境、避免发生上述情况，现代城市需要建设一整套的工程设施来收集、输送、处理、再生污水和雨水的工程，此工程设施称为排水工程。排水工程包括雨水系统和污水系统，应遵循从源头到末端的全过程管理和控制，是涉及"源、网、厂、河（湖）"的系统工程。

排水工程在我国新时代中国特色社会主义建设中发挥着十分重要的作用。

第一，从环境保护方面讲，排水工程具有保护和改善环境、消除污水危害的作用。而消除污染、保护环境，是进行经济建设必不可少的条件，也是保障人民健康和造福子孙后代的大事。随着现代工业的迅速发展和城市人口的集中，污水量日益增加，成分也日趋复杂。截至 2020 年年末，我国城市污水排放量已达 571. 36 亿 m^3、县城污水排放量 103.76 亿 m^3，已是世界上污水排放量最大的国家，污水治理工作依旧面临严峻挑战。因此，必须高度重视经济发展过程中造成的环境污染，注意研究和解决好污水的收集、处理和资源化问题，以确保环境不受污染。"节能、减排、降碳"是排水工作者的重要任务。

第二，从卫生上讲，排水工程的兴建对保障人民的健康具有深远的意义。联合国环境规划署（UNEP）于 2007 年发布的综合报告《全球环境展望报告 4》指出，从全球范围而言，污染的水源是人类致病、致死的最大单一原因。世界卫生组织（WHO）于 2008 年曾预估，亚太区域每年有 180 万人死于腹泻和霍乱等水源性疾病。亚太区域常见的污染物包括有机物、氮磷等营养物、溶解盐、重金属、农药及来自工业活动的化学物质，这些污染物的排放源为未经处理或仅经过部分处理的污水、农业径流、工业污水及垃圾填埋场渗滤液、营养物及暴雨冲刷退化土地产生的沉积物。通常，污水污染对人类健康的危害有两种方式，一种是污染后水中因含有致病微生物而引起传染病的蔓延，例如霍乱病，在历史上曾夺去千百万人的生命，1970 年苏联伏尔加河口重镇阿斯特拉罕暴发的霍乱病，其主要原因就是伏尔加河水质受到污染，而霍乱病现在虽已基本绝迹，但如果排水工程设施不完善，水质受到污染，依然会有传染的危险；另一种是被污染的水中含有毒物质，从而引起人们急性或慢性中毒，甚至引起癌症或其他各种"公害病"。引起慢性中毒的毒物对人类危害更大，因为它们常常通过食物链逐渐在人体内富集，开始只是在人体内形成潜在的危害，不易发现，一旦爆发，不仅危及当代人，而且影响子孙后代。因此，兴建完善的排水

1

工程，妥善处理污水，对于预防和控制各种传染病、癌症或"公害病"具有重要作用。

第三，从经济上讲，排水工程意义重大。首先，水是非常宝贵的自然资源，它在国民经济的各个方面都是不可缺少的。许多河川的水都不同程度地被其上下游城市重复使用着，如果水体受到污染，势必降低淡水资源的使用价值。目前，一些国家和地区已经出现由水源污染不能使用而引起的"水荒"，即所谓"水质性缺水"，被迫不惜付出高昂的代价进行海水淡化，以取得足够数量的淡水。现代排水工程正是保护水体、防治公共水体水质污染以充分发挥其经济效益的基本手段之一。同时，城市污水资源化，可重复利用于城市或工业，是节约用水和解决淡水资源短缺的重要途径。污水的妥善处置、雨雪水的及时排除与适当利用，是保证工农业生产正常运行的必要条件之一。废水能否妥善处置，对工业生产新工艺的发展有重要影响，例如原子能工业，只有在含放射性物质的废水治理技术达到一定的生产水平之后，才能大规模地投入生产，充分发挥其经济效益。此外，污水的资源化利用本身也有很大的经济价值，例如有控制地利用污水灌溉农田，可提高产量、节约水肥，促进农业生产；工业废水中有价值原料的回收，不仅消除了污染而且为国家创造了财富，降低了产品成本；将含有机物的污泥发酵，不仅能更好地利用污泥做农肥，而且可回收生物能源等。

总之，排水工程是国民经济的一个组成部分，对保护环境、促进工农业生产和保障人民健康，具有巨大的现实意义和深远的影响。作为从事排水工作的工程技术人员，应当充分发挥排水工程在社会主义建设中的积极作用，使经济建设、城乡建设与生态环境建设同步规划、同步实施、同步发展，以实现经济效益、社会效益和环境效益的统一。

1.2 排水工程的基本目的与主要内容

排水工程的基本目的是保护环境免受污染，以促进工农业生产发展和保障人民身体健康与正常生活。

排水工程的主要内容包括：①收集各类污（废）水，并及时地将其输送到适当的地点；②妥善处理收集来的污（废）水至达标排放或再生利用。

1.3 排水工程的发展趋势与面临的任务

污水收集处理及资源化利用设施是城镇环境基础设施的核心组成，是深入打好污染防治攻坚战的重要抓手，对于改善人居环境、推进城镇治理体系和治理能力现代化、加快生态文明建设、推动高质量发展具有重要作用。

近年来，我国加快了城乡排水系统的建设与升级改造，极大地提高了排水设施的水平。截至2020年年底，我国城市建成区排水管道长度为802721km，排水管道密度为11.11km/km²；县城排水管道长度22.39万km，建成区排水管道密度为9.6km/km²。全国合计城镇污水处理厂4326座，处理能力已达2.3亿 m³/d，污水处理率已超过95%，2020年全年实际处理污水约655亿 m³，完成了《"十三五"全国城镇污水处理及再生利用设施建设规划》目标。与此同时，我国城镇污水收集处理还存在发展不平衡、不充分问题，短板弱项依然突出，特别是污水管网建设改造滞后、污水资源化利用水平低、污泥无害化处置不规范、设施可持续运维能力不强等问题，与实现高质量发展存在差距，因此，"十四五"时期应以建设高质量城镇污水处理体系为主题，从增量建设为主转向系统提质增效与结构调整优化并重，提升存量、做优增量，系统推进城镇污水处理设施高质量建设和运行维护，有效改善我国城镇水生态环境质量。

（1）补齐城镇污水管网短板，提升收集效能

我国统计出的污水处理率虽然较高，但污水集中收集率普遍较低，城市和农村还存在大量黑臭水体，因此，急需提高污水集中收集率。与此同时，我国在快速城镇化发展过程中形成了多种与真正意义上的分流制、合流制不同的排水系统，必须全面排查污水管网、雨污合流制管网等设施功能及运行状况、错接混接漏接和用户接入情况等，摸清污水管网，厘清污水收集设施问题，推进城镇污水管网全覆盖。对进水情况出现明显异常的污水处理厂，开展片区管网系统化整治，有效提升管网收集效能。

（2）城镇污水处理厂实现从"提标改造"到"提质增效"的转变

我国大部分城镇污水处理厂已实现从一级 B 标到一级 A 标的提标改造，但仍有不少污水处理厂为了确保出水稳定达标，投入过量电耗药耗，有悖低碳目标，而且合流制与分流制排水管网的径流污染控制也亟待加强。因此，城镇排水系统目前急需提质增效，提高精细化运营水平，即要求在确保达标的前提下实现节能降耗，实现碳减排。城镇污水处理厂精细化运营需要安装必要的检测装置，并对管路构筑物进行必要的低碳改造，包括采用高效机电设备、加强负载管理、建立需求响应机制及工艺优化调控等，其中的关键环节包括强化预处理以彻底分离渣砂、实现生物耗氧量与实际供氧量的平衡、科学投加碳源及除磷药剂等。

（3）加强再生利用设施建设，推进污水资源化利用

污水资源化利用能够在解决水污染的同时，解决某些缺水地区水资源不足的问题。我国北方地区缺水，水体生态基流缺乏，南方地区水质型缺水问题突出，水体污染严重。补水是水环境治理的关键措施之一，但南北方都普遍缺少清洁可用的补水水源。考虑到城镇污水具有"就地可取、水量稳定、水质可控"的特点，已成为公认的城市第二水源。因此，现阶段应结合现有污水处理设施的提标升级和扩能改造，系统规划城镇污水再生利用设施，合理确定再生水利用方向，水质型缺水地区可优先将达标排放水转化为可利用的水资源就近回补自然水体，资源型缺水地区应推广再生水用于工业用水和市政杂用，并鼓励将再生水用于河湖湿地生态补水。

（4）破解污泥处置难题，实现无害化推进资源化

污泥处置是指污泥的最终消纳，一般包括填埋、焚烧飞灰的建材利用及土地利用等，污泥无害化包括污泥稳定、减少污泥中致病菌和寄生虫卵数量等。主要通过高温厌氧、高温堆肥、焚烧、碳化等高温技术实现无害化，而污泥在土地利用前必须经过无毒无害化处理。污泥资源化主要包括污泥厌氧消化产甲烷回收生物能源、土地利用、建材利用、磷回收及污泥焚烧等。由于目前污泥处置路径不畅，导致污泥无害化与资源化技术路线不明确，因此急需破解污泥处置难题，将污泥无害化处理工艺及设施纳入本地污水处理设施建设规划，新建污水处理厂必须有明确的污泥处置途径，以实现污泥无害化和资源化。

（5）大力加强水质检测、在线监测标准化和智慧排水系统建设

随着我国环境监管的趋严与政策层面对环境保护工作的高度重视，排水系统的智能化

建设面临挑战。目前国内城镇污水处理厂和排水管网的水质已基本实现在线监测，而国外在环境检测中已开始采用中子活化、激光、神雷达等新技术进行自动检测，我国在污水处理水质检测自动化管理、在线监测标准化、排水系统厂网联动等方面还没有标准化和系统化，还需要做大量工作。智慧排水系统应完整实现整个城镇或区域排水工程大数据管理、互联网应用、移动终端应用、地理信息查询、决策咨询、设备监控、应急预警和信息发布等功能。

（6）加强城市排水系统与区域水环境综合整治的结合

区域水环境综合整治打破了行政区域的概念，运用系统工程的理论和方法，从整个流域范围出发，将区域规划、水资源的有效利用和污水治理等诸因素进行系统分析，建立各种数学模型，以寻求水污染控制设计和管理的最优化方案。"十四五"期间我国将大力推进城镇排水系统的提质增效。为促进水资源、水环境和水生态的协同治理以及城镇水体功能的升级，城镇排水系统的规划建设需要与区域水环境综合整治相结合，这样也有利于破解污水处理排放标准的制定和修订面临的多方制约，实现区域水循环利用。

2 排水管渠系统

2.1 概述

排水工程是指收集、输送、处理、再生污水和雨水的工程，包括雨水系统和污水系统。雨水系统包括源头减排（下渗、蓄滞）、排水管渠、排涝除险、处理和利用雨水等工程性措施和应急管理的非工程措施，涵盖从雨水径流产生到末端排放的全过程管理和预警及应急措施等。污水系统包括收集、输送管网、污水处理、深度和再生处理与污泥处理设施。

近年来，我国加快了城乡排水系统的建设与升级改造，极大地提升排水设施的水平。据《2020 年城乡建设统计年鉴》，2020 年全国城市排水设施建设固定资产投资为 2114.78 亿元，其中：排水管网 1034.52 亿元、污水处理设施 1013.07 亿元，污泥处理设施 36.86 亿元，再生水利用设施 30.33 亿元；县城排水设施建设设施固定资产投资 560.91 亿元，其中：排水管网 243.07 亿元、污水处理及再生利用建设设施 306.2 亿元，污泥处置设施投资 11.64 亿元。

截至 2020 年年底，我国城市建成区排水管道长度为 80.2721 万 km，排水管道密度为 11.11km/km^2；县城排水管道长度 22.39 万 km，建成区排水管道密度为 9.6km/km^2；全国建制镇排水管道长度 19.8 万 km。全国城市污水处理厂 2618 座，污水处理能力为 19267 万 m^3/d，污水年排放量 5713633 万 m^3，污水年处理量为 5572782 万 m^3，城市污水处理率为 97.53%，城市污水处理厂集中处理处理率为 95.78%；全国县城污水处理厂 1708 座，污水处理率为 95.05%，县城污水处理年排放量 103.76 亿 m^3，污水处理能力 3770 万 m^3/d，年污水处理总量 98.62 亿 m^3。全国建制镇污水处理率为 60.98%，污水处理厂集中处理率为 52.14%。污水处理能力为 2740 万 m^3/d，污水处理装置处理能力为 2157 万 m^3/d。根据排水的来源可分为：降水和污水。

1. 降水

降水即大气降水，包括液态降水（雨露）和固态降水（如雪、冰雹、霜等）。前者通常主要是指降雨。降雨形成的径流量一般较大，若不及时排泄，将使居住区、工厂、仓库等受淹，交通受阻，积水为害，尤其山区暴雨的危害更甚。雨水一般直接就近排入水体。但初降雨时的雨水径流会受到大气、地面和屋面上各种污染物质的污染，应予以控制。有些国家对污染严重的雨水径流排放作了严格要求，如工业区、高速公路、机场等处的暴雨雨水要经过沉淀、撇油等处理后才可以排放。由于大气污染严重，在某些区地和城市出现酸雨，严重时，pH 降到 3~4。尽管雨水的径流量大，但处理较困难，研究表明，对其进行适当处理后再排放是必要的。

2. 污水

在人类的生活和生产中，使用大量的水。水在使用过程中会受到不同程度的污染，改变原有的理化性质，这些受污染的水称为污水。

按照污水来源的不同，污水可分为生活污水和工业废水。

（1）生活污水

生活污水是指日常生活中产生的污水，它来自住宅、公共场所、机关、学校、医院、商店以及工厂中的厕所、浴室、盥洗室、厨房、食堂和洗衣房等处排出的水。

生活污水含有较多的有机物，如蛋白质、脂肪、碳水化合物、尿素和氨氮等，还含有肥皂和合成洗涤剂等，以及病原微生物，如寄生虫卵和肠道传染病菌等。这类污水需要经过处理后才能排入水体、灌溉农田或再生利用。

（2）工业废水

工业废水是指在工业生产进程中产生的废水，来自车间或矿场。由于工厂的生产类别、工艺过程、使用的原材料以及用水的不同，其废水的水质差异很大，工业废水也包括企业生产活动中的生活污水。

工业废水按照污染程度的不同，可分为：生产废水和生产污水两类。

1）生产废水是指在使用过程中轻度沾污或水温稍有增高的废水，如冷却水，通常经适当处理后即可在生产中重复使用，或直接排放水体。

2）生产污水是指在使用过程中受到较严重污染的水，这类水多具有危害性。例如，它可能含有大量有机物，或含氰化物、铬、汞、铅、镉等有害和有毒物质，或含多氯联苯等合成有机化学物质，或含放射性物质，或物理性状十分恶劣等。这类污水须经处理后才能排放，或在生产中再利用。

城镇污水是指排入城镇污水排水系统的生活污水和工业废水。在合流制排水系统中，还包括截流的雨水。城镇污水实际上是一种混合污水，其性质差别很大，随着各类污水的混合比例和工业废水中污染物特性的不同而异。在某些情况下可能是生活污水为主，而在另一些情况下又可能是工业废水为主。

污水量是以 L 或 m^3 计量的，单位时间（s、h、d）的污水量称为污水流量。污水中的污染物浓度，是指单位体积污水中所含污染物的数量，通常以 mg/L 或 g/m^3 计，用以表示污水的污染程度。生活污水含污染物的数量和成分比较相似，工业废水的水量和污染物浓度差别很大，取决于工业生产性质和工艺过程。

在城镇和工业企业中，应有组织地、及时地排除废水和雨水，以避免污染环境、影响生活和生产及威胁人民健康。收集、输送、处理、再生和处置污水和雨水的设施以一定的方式组合成的总体，称为排水系统。排水系统通常由管道系统（即排水管网）和污水处理系统（即污水处理厂）组成。管道系统是收集和输送废水的设施，把废水从产生处收集、输送至污水处理厂或出水口，包括排水设备、检查井、管渠、水泵站等工程设施。污水处理系统是处理和处置废水的设施，包括城市及工业企业污水处理厂（站）中的各种处理构筑物等。

污水的最终出路包括：①返回到自然水体、土壤、大气；②经过人工处理再利用；③隔离。其中，返回到自然界的出路，不能超过自然界的环境容量，否则会造成污染。水环境容量的相关计算可参考有关书籍。图 2-1 所示为污水处理系统模式。

根据不同的要求，污水经处理后的出路是：① 排放水体；② 重复使用；③ 灌溉农田。排放水体是污水的自然归宿，水体对污水有一定的稀释与净化能力，也称污水的稀释处理法。灌溉农田是污水利用的一种方法，称为污水的土地处理法。重复使用是一种合适的污水处置方式。污水的治理由处理后达到无害化排放，发展到处理后重复使用，是控制水污染、保护水资源的重大进步，也是节约用水的重要途径。城市污水重复使用的方式有以下三种：

（1）自然复用

一条河流往往既可作为给水水源，又受纳沿河城市排放的污水。因而河流下游城市的水体中，总是掺杂有上游城市排入的污水。地面水源水体在归入海洋之前，实际上已被沿河城市重复使用多次。

（2）间接复用

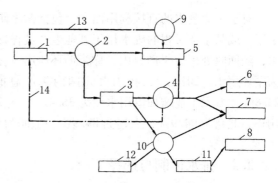

图 2-1　污水处理系统模式示意
1—污水发生源；2—污水；3—污水处理厂；4—处理水；
5—河流环境容量；6—海洋环境容量；7—土壤环境容量；
8—大气环境容量；9—水资源；10—污泥；11—焚烧；
12—隔离（有害物质）；13—用水供应；14—再利用

主要是将城镇污水处理后回注入地下补充地下水，作为供水的间接水源，也可防止地下水位下降和地面下沉。我国近年来这一方面的实际应用日益增加，美国加利福尼亚州WF-21污水处理厂出水补充地下水等则是国际上的典型案例。

（3）直接复用

将城镇污水处理后直接作为工业用水水源、城市杂用水水源而重复使用（或称再生利用，也称回用）。近年来，我国提倡节约用水，污水再生利用已有不少工程实例，北京、天津、大连等城市，已成功地将城市污水再生利用于工业（如冷却设备补充水等）、城市杂用（如冲洗厕所、洗车、园林灌溉等）、环境水体补水等。我国已制定相应的城市污水回用系列水质标准和相应的设计规范，如《城镇污水再生利用工程设计规范》GB 50335—2016。

将民用建筑或建筑小区使用后的各种排水，如生活污水、冷却水等，经适当处理后回用于建筑或建筑小区作为杂用水的供水系统，我国称为建筑中水。图2-2为单幢建筑中水系统示意，图2-3为居住小区中水系统的示意。建筑中水利用常常与雨水利用结合考虑。

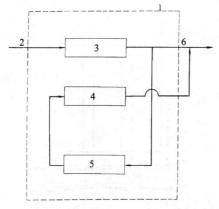

图 2-2　单幢建筑中水系统示意图
1—单幢建筑；2—城市给水；3—生活饮用水系统；
4—杂用水系统；5—中水处理设施；
6—排入城市污水管道

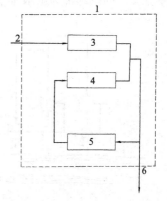

图 2-3　居住小区中水系统示意图
1—居住小区；2—城市给水；3—生活饮用水系统；4—杂用水系统；5—中水处理设施；6—排入城市污水管道

对于工业废水的直接利用而言，包括循序使用和循环使用。某一工序的废水用于其他工序，或某生产过程的废水用于其他生产过程，称为循序使用。某一工序或生产过程的废水，经回收处理后仍作原用，称为循环使用。习惯上称循序使用为循序用水，称循环使用为循环用水。2019年，我国万元国内生产总值用水量为60.8m³，与2015年相比下降23.8%；万元工业增加值用水量为38.4m³，与2015年相比下降27.5%；工业用水重复利用率，北京为94.9%，大连为89.9%，上海为92.4%。

2.2 排水体制与选择

收集、输送污水和雨水的方式称为排水体制。在城市和工业企业中的排水来源通常有生活污水、工业废水和雨水，在一个区域内可用一个管渠系统来排除，也可采用两个或两个以上各自独立的管渠系统来排除，它一般分为合流制和分流制两种基本方式。

（1）合流制排水系统

合流制排水系统是将生活污水、工业废水和雨水混合在同一管渠内排除的系统。最早出现的合流制排水系统，是将排除的混合污水不经处理直接就近排入水体（直排式合流制系统），国内外很多旧城区以往几乎都是采用这种合流制排水系统。但由于污水未经无害化处理就排放，使受纳水体遭受严重污染。现在常采用的是截流式合流制排水系统（图2-4）。这种系统是在河流沿岸建造一条截流干管，同时在合流干管与截流干管相交前或相交处设置截流井，并在截流干管下游设置污水处理厂。晴天和初降雨时所有污水都排送至污水处理厂，经处理后排入水体；随着降雨量的增加，雨水径流也增加，当混合污水的流量超过截流干管的输水能力后，就有部分混合污水经截流井溢出，直接排入水体。截流式合流制排水系统较直排式前进了一大步，但仍有部分混合污水未经处理直接排放，使水体遭受污染。国内外在改造旧城区的直排式合流制排水系统时，通常采用这种方式。

（2）分流制排水系统

分流制排水系统是将生活污水、工业废水和雨水分别在两个或两个以上各自独立的管渠内排除的系统（图2-5）。排除城镇污水或工业废水的系统称污水排水系统；排除雨水（道路冲洗水）的系统称为雨水排水系统。

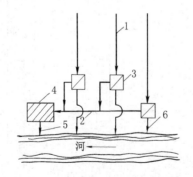

图2-4　截流式合流制排水系统

1—合流干管；2—截流主干管；3—截流井；
4—污水处理厂；5—出水口；6—溢流出水口

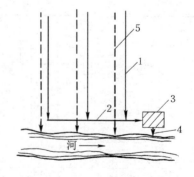

图2-5　分流制排水系统

1—污水干管；2—污水主干管；3—污水
处理厂；4—出水口；5—雨水干管

分流制排水系统又分为完全分流制和不完全分流制两种排水系统（图 2-6）。其中，完全分流制排水系统具有污水排水系统和雨水排水系统，而不完全分流制只有污水排水系统，未建雨水排水系统，雨水沿天然地面、街道边沟、水渠等原有渠道系统排泄，或者为了补充原有渠道系统输水能力的不足而修建部分雨水道，待城市进一步发展再修建雨水排水系统而转变成完全分流制排水系统。

在工业企业中，一般采用分流制排水系统。然而，往往由于工业废水具有很复杂的成分和性质，不但与生活污水不宜混合，而且彼此之间也不宜混合，否则将造成污水与污泥处理复杂化，以及给废水重复利用和回收有用物质造成很大困难。所以，在多数情况下，采用分质

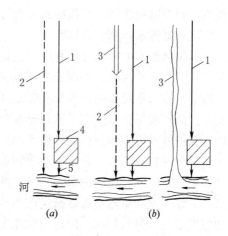

图 2-6　完全分流制和不完全分流制排水系统
（a）完全分流制；（b）不完全分流制
1—污水管道；2—雨水管渠；3—原有渠道；
4—污水处理厂；5—出水口

分流、清污分流的几种管道系统分别排除。当生产污水的成分和性质同生活污水类似时，可将生活污水与生产污水用同一管道系统排除，而生产废水直接排入雨水道，或循环使用和重复利用。图 2-7 为具有循环给水系统和局部处理设施的工业企业分流制排水系统。生活污水、生产污水、雨水分别设置独立的管道系统。含有特殊污染物质的有害生产污水，不容许与生活或其他生产污水直接混合，应在车间附近设置局部处理设施，处理达到有关标准后排入污水管道系统，或直接排入水体，冷却废水经冷却后在生产中循环使用，如图 2-7 中 12 所示。

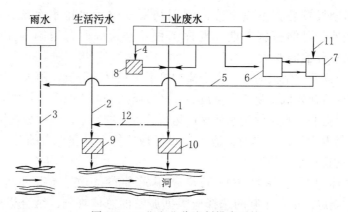

图 2-7　工业企业分流制排水系统
1—生产污水管道系统；2—生活污水管道系统；3—雨水管渠系统；4—特殊污染生产污水管道系统；
5—溢流水管道；6—泵站；7—冷却构筑物；8—局部处理构筑物；9—生活污水处理厂；
10—生产污水处理厂；11—补充清洁水；12—排入城市污水管道

在一座城镇中，可采用混合制排水系统，即既有分流制也有合流制的排水系统。混合制排水系统一般是在具有合流制的城市需要扩建排水系统时出现的。在大城市中，因各区域的自然条件以及修建情况可能相差较大，因地制宜地在各区域采用不同的排水体制也是

合理的。如美国的纽约以及我国的上海等城市采用的便是这样形成的混合制排水系统。

合理选择排水体制，是城镇和工业企业排水系统规划和设计的重要问题。排水体制的选择，不仅从根本上影响排水系统的设计、施工和维护管理，而且对城市和工业企业的规划和环境保护影响深远，同时也影响排水系统工程的总投资和初期投资以及维护管理费用。通常，排水系统体制的选择应满足环境保护的需要，根据当地条件，通过技术经济比较确定。而环境保护效应应是选择排水制度时所考虑的主要问题。下面分别从环境保护、投资和维护管理等方面分析各种排水制度的适用条件。

从环境保护方面看，分流制系统和截流式合流制系统的优劣取决于当地初期雨水径流污染效应及截流式合流制的系统构成和截流倍数设置等情况。如果采用合流制将城市生活污水、工业废水和雨水全部截流送往污水处理厂进行处理，然后再排放，从控制和防止水体的污染来看，是较好的，但这时截流主干管尺寸很大，污水处理厂规模也增大很多，建设费用也相应增加。采用截流式合流制时，在暴雨径流之初，原沉淀在合流管渠的污泥被冲起，沉淀污泥同时和部分雨污混合污水经截流井溢入水体。为了完善截流式合流制，目前已有实践将雨天时溢出的混合污水予以贮存，待晴天时再将贮存的混合污水全部送至污水处理厂进行处理，或者将合流制改建成分流制排水系统等。

分流制是将城市污水全部输送至污水处理厂进行处理，雨水未加处理直接排入水体。但径流的完成或初雨径流会对城市水体造成污染，近年来，国内外对雨水径流的水质调查发现，初雨径流对水体的污染甚至相当严重。虽然分流制有这一不足，但它比较灵活，既容易适应社会发展的需要，又能符合城市卫生的一般要求，所以在国内外获得了较广泛的应用。

从投资方面看，据国外经验，传统上合流制排水管道的造价比完全分流制一般要低20%～40%，但合流制的泵站和污水处理厂造价高些。从总造价看，完全分流制比合流制高；从初期投资看，不完全分流制因初期只建污水排水系统，因而可节省初期投资费用，此外，可缩短施工期，发挥工程效益快。而合流制和完全分流制的初期投资均比不完全分流制要大。

从维护管理方面看，晴天时污水在合流制管道中只是部分流，雨天才接近满流。因而晴天时合流制管内流速较低，易于产生沉淀。而且晴天和雨天时流入污水处理厂的水量变化很大，增加了合流制排水系统污水处理厂运行管理中的复杂性。而分流制系统可以保持管内的流速，不易发生沉淀，同时，流入污水处理厂的水量和水质的变化比合流制小得多，污水处理厂的运行易于控制。

总之，排水体制的选择是一项很复杂很重要的工作。《室外排水设计标准》GB 50014—2021规定，排水体制的选择应根据城镇的总体规划，结合当地的地形特点、水文条件、水体状况、气候特征、原有排水设施、污水处理程度和处理后再生利用等因素因地制宜地确定。同一城镇的不同地区可采用不同的排水体制。除降雨量少的干旱地区外，新建地区的排水系统应采用分流制；分流制排水系统禁止污水接入雨水管网，并应采取截流、调蓄和处理措施，控制溢流污染。受有害物质污染场地的雨水径流应单独收集处理，并应达到国家现行相关标准后方可排入排水管渠。现有合流制排水系统，应按城镇排水规划的要求，实施雨污分流改造；暂时不具备雨污分流条件的，应采取截流、调蓄和处理相结合的措施，控制溢流污染。对水体保护要求高的地区，应对初期雨水进行截流、调蓄和处理相结合的措施，提高截流倍数，加强降雨初期的污染防治。在缺水地区，宜对雨水进行收集、处理和综合利用。在街道较窄、地下设施较多、修建污水和雨水两条管线有困难的地区；或在雨水稀少如年降雨量在 200mm 以下、废水全部处理的地区，采用合流制排水系统有时可能是有利和合理的。

雨水排水系统的另一重要内容是城镇内涝防治措施，包括：工程性措施和非工程措施，通过源头控制、排水管网完善、城镇涝水泄洪通道建设和运行优化管理等综合措施防治城镇内涝；工程性措施包括：源头减排（下渗、蓄滞）、调蓄设施、利用设施和雨水行洪泄洪通道、城市排水管网和雨水泵站改造。非工程措施包括：建立内涝防治设施的监控体系、预警应急机制以及相应的法律法规体系等。雨水系统设计应采取工程性和非工程性措施加强城镇应对超过内涝防治设计重现期降雨的韧性，并应采取应急措施避免人员伤亡。灾后应迅速恢复城镇正常秩序。

雨水综合管理应按低影响开发（low impact development，LID）理念采用源头削减、过程控制、末端处理的方法进行，控制雨源污染，防治内涝灾害，提高雨水利用程度。特定城市或区域排水体制的选择和设计应综合考虑 LID 与常规污、雨水系统、排涝系统的结合，雨水系统设计应采取措施防止洪水对城镇排水工程的影响。

2.3 排水系统的组成

排水系统是指排水的收集、输送、处理、再生和处置污水和雨水的设施以一定方式组合成的总体。下面分别介绍城镇雨水、污水、工业废水等各排水系统的主要组成部分。

2.3.1 城镇雨水排水系统的组成

传统的雨水排水系统由下列几个主要部分组成：

1）源头减排入渗、蓄滞设施；

2）建筑物的雨水管道系统和设备：主要是收集工业、公共或大型建筑的屋面雨水，并将其排入室外的雨水管渠系统中；

3）居住小区或工厂雨水管渠系统；

4）街道雨水管渠系统；

5）排洪沟；

6）出水口。

因雨水径流较大，一般应尽量不设或少设雨水泵站，但在必要时也要设置，如上海、武汉等城市设置了雨水泵站用以抽升部分雨水。对于采用了 LID 的城市或地区，其雨水排水系统与传统的雨水排水系统有显著的差异，例如，其屋面雨水系统先通过屋顶绿化再排入地面雨水系统，在小区也会采用其他雨水收集设施如雨水桶、雨水花园等削减雨水径流量，而对于街道雨水排水系统，则会利用植草沟、生物滞留带等代替传统的雨水口。

上述各排水系统的组成，对于每一个具体的排水系统来说并不一定都完全具备，必须结合当地条件来确定排水系统内所需要的组成部分。图 2-8 是某工业区排水系统总平面示意。

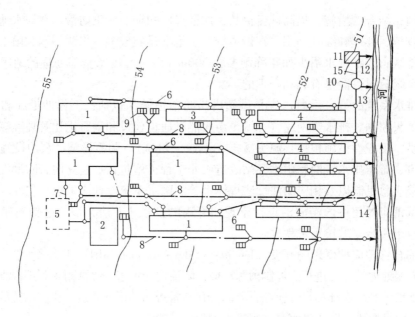

图 2-8　某工业区排水系统总平面示意

1—生产车间；2—办公楼；3—值班宿舍；4—职工宿舍；5—废水利用车间；6—生产与生活污水管道；
7—特殊污染生产污水管道；8—生产废水与雨水管道；9—雨水口；10—污水泵站；11—废水处理站；
12—出水口；13—事故排出口；14—雨水出水口；15—压力管道

2.3.2　城镇生活污水排水系统的组成

城镇生活污水排水系统由下列几个主要部分组成：

（1）室内污水管道系统及设备

其作用是收集室内生活污水，并排送至室外居住小区污水管道中。

在住宅及公共建筑内，各种卫生设备既是人们用水的器具，也是生活污水排水系统的起端设备。生活污水经水封管、支管和出户管等室内管道系统，流入室外居住小区管道系统。在每一出户管与室外居住小区管道相接的连接点设检查井，供检查和清通管道之用。

（2）室外污水管道系统

建筑外地面下输送污水至泵站、污水处理厂或水体的管道系统称室外污水管道系统。它又分为居住小区管道系统及街道管道系统。城镇已建有污水收集和集中处理设施时，分流制排水系统不应设置化粪池。但逐步取消化粪池，应在建立较为完善的污水收集处理设施和健全的运行维护制度的前提下实施。

1）居住小区污水管道系统

敷设在居住小区内，连接建筑物出户管的污水管道系统，称为居住小区污水管道系统。它分为接户管、小区支管和小区干管。接户管是指布置在建筑物周围接纳建筑物各污水出户管的污水管道。居住小区污水排入城市排水系统时，其水质必须符合现行国家标准《污水排入城镇下水道水质标准》GB/T 31962。居住小区污水排出口的数量和位置，要取得城市市政管理部门同意。

2）街道污水管道系统

敷设在街道下，用以排除居住小区管道系统排入的污水，称为街道污水管道系统。在一个市区内它由城市支管、干管、主干管等组成，如图2-9中3、4、5所示。

支管承受居住小区干管流来的污水或集中流量排出的污水。在排水区界内，常按分水线划分成几个排水流域。在各排水流域内，干管汇集输送由支管流来的污水，也称流域干管。主干管是汇集输送由两个或两个以上流域干管流来的污水管道，把污水输送至提升泵站、污水处理厂或通至水体出水口的管道，一般在污水管道系统设置区范围之外。

3）管道系统上的附属构筑物。有检查井、跌水井、倒虹管等。

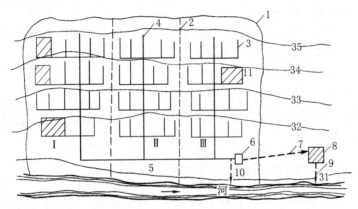

图2-9　城市污水排水系统总平面示意

Ⅰ，Ⅱ，Ⅲ—排水流域

1—城市边界；2—排水流域分界线；3—支管；4—干管；5—主干管；6—总泵站；
7—压力管道；8—城镇污水处理厂；9—出水口；10—事故排出口；11—工厂

（3）污水泵站及压力管道

污水一般以重力流排除，但往往由于受地形条件的限制，需要设置污水泵站，可分为局部泵站、中途泵站和总泵站等。从泵站输送污水至高地重力流管道或至污水处理厂的承压管段，称为压力管道。

（4）污水处理厂

污水处理厂包括处理和利用污水、污泥的一系列构筑物及附属构筑物的总和。在城市中常称污水处理厂，在工厂中常称废水处理站。城市污水处理厂一般设置在城市河流的下游地段，并与居民点或公共建筑保持一定的卫生防护距离。若采用区域排水系统，就不需要每个城镇单独设置污水处理厂，而将污水送至区域污水处理厂进行统一处理。

（5）出水口和事故排出口

污水排入水体的渠道和出口称为出水口，它是整个城市污水排水系统的终点设备。事故排出口是指在污水排水系统的中途，在某些易于发生故障的设施之前，例如在污水总泵站之前，所设置的辅助性出水渠。一旦发生故障，污水就通过事故排出口直接排入水体。图2-9是城市污水排水系统总平面示意图。

目前不少城市的污水排水系统还建有污水再生利用或污泥处理处置或资源化利用系统，也是其城市排水系统的重要组成。

2.3.3　工业废水排水系统的主要组成

在工业企业中，用管道将厂内各车间所排出的不同性质的废水收集起来，送至废水处理构筑物。经处理后的水可再利用，或排入水体，或排入城市排水系统。若某些工业废水不经处理容许直接排入城市排水管道时，就不需设置废水处理构筑物，而直接排入厂外的城市污水管道中。

工业废水排水系统，由下列几个主要部分组成：

1）车间内部管道系统和设备：主要用于收集各生产设备排出的工业废水，并将其排至车间外部的厂区管道系统中。

2）厂区管道系统：敷设在工厂内，用以收集并输送各车间排出的工业废水的管道系统。厂区工业废水的管道系统，可根据具体情况设置若干个独立的系统。

3）污水泵站及压力管道。

4）废水处理站，是处理废水与污泥的场所。

在管道系统上，同样也设置检查井等附属构筑物，在接入城市排水管道前，排水户排水口应设置专用采样检测设施，并满足污水量离线计量需求。

2.3.4　城镇污水再生利用系统的主要组成

再生水应优先作为城市水体的景观生态用水或补充水源，并应考虑排水防涝，确保城市安全。城镇再生水处理设施的规模应根据当地水资源情况、再生水用户的水量水质要求、用户分布位置和再生利用的经济性合理确定。再生水处理构筑物及设备的数量必须满足检修维护时再生水处理要求。

图 2-10 为城市污水再生利用（回用）系统，该系统一般由污水收集系统、再生水厂、再生水输配系统和再生水管理等部分组成。

（1）污水收集系统

它是收集污水的管道系统。污水收集一般靠城市排水管网进行，污水收集、输送严禁采用明渠。排水系统可采用分流制或合流制。

（2）再生水厂

它是以回用为目的对污水进行再生处理的水处理厂。其处理工艺流程，应通过试验或参考实际经验，根据再生水水质标准，通过技术经济比较确定。再生水厂一般采用深度处理。深度处理是进一步去除常规二级处理未能完全去除的污水中杂质的净化过程，通常可选择由混凝、沉淀（澄清）、过滤、活性炭吸附、反

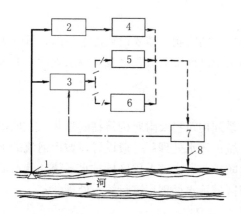

图 2-10　城市污水再利用（回用）系统
1—取水；2—净水厂；3—再利用
（再生）水厂；4—生活用水；5—杂用水
6—工业用水；7—污水处理厂；8—出水口

渗透、臭氧氧化、消毒等技术单元组合而成。当有试验依据或再生利用水水质有特殊要求时，也可采用其他工艺。再生水厂宜设置在靠近用户集中的地区，以便于缩短再生水输水距离。再生水厂可设在城市污水处理厂内、工业区内或某一特定用户附近。再生水厂规模

应超过计划回用水量的 20% 以上。

（3）再生水的输配系统

再生水应新建独立的再生水管道系统。输配水管道应防止微生物腐蚀，一般以非金属管为宜，当采用金属管道时，应做好防腐处理。再生水的输配系统应结合其用途妥善考虑洒水车及雨水喷洒等设施。

用户再生水的用水管理：一般应根据用水要求确定。当用于工业冷却时，一般包括水质稳定处理、菌藻处理和进一步改善水质的其他特殊处理；当用于生活杂用或景观河道补充水时，可直接使用，不需再进一步处理。

再生水管理系统应包括工程安全措施和监测控制设施等。城镇再生水储存设施的排空管道、溢流管道严禁直接和污水管道或雨水管渠连接，并应做好卫生防护工作，保障再生水水质安全。

2.4 城镇排水系统的总体布置形式

2.4.1 工业废水排水系统与城镇排水系统的关系

在规划工业企业排水系统时，对于工业废水的治理，首先应改革生产工艺和实施清洁生产，如采用无废水无害生产工艺，尽可能提高水的循环利用率和重复利用率，力求不排或少排废水，这是控制工业废水污染的有效途径。对于必须排出的废水，应采取下列措施：① 清污分流，生产污水和生产废水分别采用管道系统排除；② 按不同水质分别回收利用废水中的有用物质；③ 利用本厂和厂际的废水、废气、废渣，以废治废。

当工业企业位于城镇区域内时，工业园区的污、废水应优先考虑单独收集、处理，并应达标后排放。

工业废水排入城镇排水系统的水质，应以不影响城镇排水管渠和城镇污水处理厂的正常运行，不对养护管理人员造成危害，不应影响处理后出水的再生利用和安全排放；不应影响污泥的处理和处置。《污水排入城镇下水道水质标准》GB/T 31962—2015 规定：严禁向城镇下水道倾倒垃圾，粪便、积雪、工业废渣、施工泥浆等造成下水道堵塞的物质；严禁向城镇下水道排入易凝聚、沉积等导致下水道淤积的污水和物质；严禁向城镇下水道排入具有腐蚀性的污水或物质；排入城镇下水道的污水水质，其最高允许浓度必须符合《污水排入城镇下水道水质标准》GB/T 31962—2015 表 1 规定的排入城市下水道污水中 46 种有害物质的最高允许浓度。

当工业企业排出的工业废水，不能满足上述要求时，应在厂区内设置废水局部处理设施，将废水处理满足要求后，再排入城市排水管道。当工业企业位于城市远郊区或距离市区较远时，符合排入城市排水管道的工业废水，是直接排入城市排水管道或是单独设置排水系统，应根据技术经济比较确定。

在规划工业企业排水系统时，如果工业废水直接排入水体，水质应符合现行国家标准《污水综合排放标准》GB 8978 及其他相关标准。

2.4.2 城镇排水系统的总体布置形式

图 2-11 为以地形为主要因素的排水系统布置形式（图 2-11）。实际中单独采用一种布

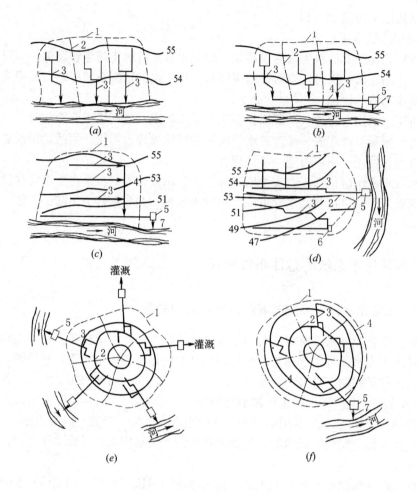

图 2-11 排水系统的布置形式

(a) 正交式；(b) 截流式；(c) 平行式；(d) 分区式；(e) 分散式；(f) 环绕式

1—城市边界；2—排水流域分界线；3—干管；4—主干管；

5—污水处理厂；6—污水泵站；7—出水口

置形式较少，通常是根据当地条件，因地制宜地采用综合布置形式。

（1）正交式：在地势向水体有一定程度倾斜的地区，各排水流域的干管可以最短距离沿与水体垂直相交的方向布置，这种布置也称正交布置［图 2-11（a）］。正交布置的干管长度短、管径小，因而经济，污水排出也迅速。但是，由于污水未经处理就直接排放，会使水体遭受严重污染，影响环境。因此，在现代城市中，这种布置形式仅用于排除雨水。

（2）截流式：若沿河岸再敷设主干管，并将各干管的污水截流送至污水处理厂，这种布置形式称为截流式布置［图 2-11（b）］，所以截流式是正交式发展的结果。截流式布置对减轻水体污染、改善和保护环境有重大作用。它适用于分流制污水排水系统，将生活污水及工业废水经处理后排入水体；也适用于区域排水系统，区域主干管截流各城镇的污水送至区域污水处理厂进行处理。截流式的合流制排水系统，因雨天有部分混合污水泄入水体，会造成对受纳水体一定程度的污染。

（3）平行式：在地势向河流方向有较大倾斜的地区，为了避免因干管坡度及管内流速过大，使管道受到严重冲刷，可使干管与等高线及河道基本平行；主干管与等高线及河道成一定倾角敷设，这种布置也称平行式布置［图 2-11（c）］。

（4）分区式：在地势高差很大的地区，当污水不能靠重力流至污水处理厂时，可采用分区布置形式［图 2-11（d）］。这时，可分别在地势较高的地区和地势较低的地区敷设独立的管道系统。地势较高地区的污水靠重力流直接流入污水处理厂，而地势较低地区的污水用泵送至地势较高的地区干管或污水处理厂。这种布置只能用于个别阶梯地形或起伏很大的地区，它的优点是能充分利用地形排水，节省能耗。如果将地势较高地区的污水排至地势较低的地区，然后再用污水泵抽送至污水处理厂是不经济的。

（5）分散式：当城市周围有河流，或城市中央部分地势较高而周围倾斜的地区，各排水流域的干管常采用辐射状分散布置［图 2-11（e）］，各排水流域具有独立的排水系统。这种布置具有干管长度短、管径小、管道埋深可能浅等优点，但污水处理厂和泵站（如需要设置时）的数量将增多。在地形平坦的大城市，采用辐射状分散布置可能是比较有利的，如上海等城市便采用了这种布置形式。分散式有时对于有污水再生利用的地区可能是合适的。

（6）环绕式：近年来，出于建造污水处理厂用地不足以及建造大型污水处理厂的基建投资和运行管理费用较建小型厂经济等原因，故不希望建造数量多、规模小的污水处理厂，而倾向于建造规模大的污水处理厂，所以由分散式发展成环绕式布置［图 2-11（f）］。这种形式是沿四周布置主干管，将各干管的污水截流送往污水处理厂。

需要再次强调的是，上述布置形式主要考虑的是干管与等高线的空间位置关系。

2.5 区域排水系统

废水综合治理应当对废水进行全面规划和综合整治。做好这一工作与很多因素有关，如要求有合理的生产布局和城市规划；要合理利用水体、土壤等自然环境的自净能力；严格控制废水和污染物的排放量；做好区域性综合整治及建立区域排水系统等。

发展区域性废水及水污染综合整治系统，可以在一个更大范围内统筹安排经济、社会和环境的协调发展。区域规划有利于对废水的所有污染源进行全面规划和综合整治以及水污染防治，有利于建立区域性排水系统。所谓区域排水系统是指将两个以上城镇地区的污水统一排除和处理的系统。要解决好区域综合治理问题应运用系统工程学的理论和方法以及现代计算技术，对复杂的各种因素进行系统分析，建立各种模拟试验和数学模式，寻找污染控制的设计和管理的最优化方案。

区域排水系统的干管、主干管、泵站、污水处理厂等，分别称为区域干管、主干管、泵站、污水处理厂等。图 2-12 为某地区的区域排水系统的平面示意。全区有 6 座已建和新建的城镇，在已建的城镇中均分别建了污水处理厂。按区域排水系统的规划，废除了原建的各城镇污水处理厂，用一个区域污水处理厂处理全区域排出的污水，并根据需要设置了泵站。

区域排水系统在欧美、日本等地有推广使用。它具有以下优点：① 污水处理厂数量少，处理设施大型化、集约化，单位污水量的基建和运行管理费用低；② 污水处理厂单

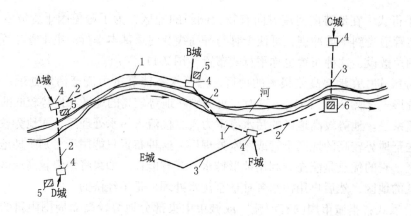

图 2-12　某地区的区域排水系统平面示意
1—区域主干管；2—压力管道；3—新建城市污水干管；
4—泵站；5—废除的城镇污水处理厂；6—区域污水处理厂

位水量占地面积小，节省土地；③ 水质、水量变化小，有利于运行管理；④ 河流等水资源利用与污水排放的体系合理化，而且可能形成统一的水资源管理体系等。但是它也有以下缺点：① 当排入大量工业废水时，有可能使污水处理发生困难；② 工程管线长，工程设施规模大，造成运行管理困难，而且一旦污水处理厂运行管理不当，对整个河流影响较大；③ 因工程设施规模大，发挥工程效益慢等；④ 可能不利于尾水就近生态补水或再生利用。

在确定区域排水系统方案时，应因地制宜，综合考虑下列问题：

1）近期和远期的结合问题；

2）尽量采取改革生产工艺、厂内和厂际废水循环利用与重复利用等措施，减少工业废水排放量；

3）应考虑工业废水与生活污水混合处理，以及雨水和生产废水混合排除和利用的可能性；

4）充分考虑生态补水或再生利用的可能性；

5）对取水点的河水水质，应预计到当位于取水点上游的污水事故排出时所产生的后果。

2.6　排水系统的规划设计

排水工程是现代化城镇和工业企业不可缺少的重要设施，是城镇和工业企业基本建设的重要组成部分，同时也是控制水污染、改善和保护水环境的重要措施。

排水工程的设计对象是需要新建、改建或扩建排水工程的城镇、工业企业和工业区，它的主要任务是规划设计收集、输送、处理和利用各种污水的工程设施和构筑物，即排水管道系统和污水处理厂的规划设计。城镇排水系统规划是通过一定时期内统筹安排、综合布置和实施管理城镇排水、污水处理等子系统及其各项要素，协调各子系统的关系，以促进水系统的良性循环和城市健康持续的发展。

排水专业规划是城市总体规划或控制规划的一个重要组成部分，属于法定规划的一部分。排水工程设计应以经批准的城镇总体规划、海绵城市专项规划、城镇排水与污水处理规划和城镇内涝防治专项规划为主要依据，从全局出发，综合考虑规划年限、工程规模、经济效益、社会效益和环境效益，正确处理近期与远期、集中与分散、排放与利用关系，通过全面论证，做到安全可靠、保护环境、节约土地、经济合理、技术先进且适合当地实际情况。

排水工程的规划与设计是在区域规划以及城镇和工业企业的总体规划（包括用地布局和竖向规划等）基础上进行的，因此，排水系统规划与设计的有关基础资料，应以区域规划以及城镇和工业企业的规划与设计方案为依据。排水系统的设计规模、设计期限，应根据区域规划及城市和工业企业规划方案的设计规模和设计期限而定。排水区界是指排水系统设置的边界，它取决于区域、城镇和工业企业的建设界限（有时称规划用地范围）。

（1）排水规划设计原则

1）应符合区域规划以及城镇和工业企业的总体规划，并应与城市和工业企业中其他单项工程建设密切配合，相互协调。如总体规划中设计规模、设计期限、功能分区布局等是排水规划设计的依据。排水工程设计应与水资源、城镇给水、水污染防治、生态环境保护、环境卫生、城市防洪、交通、绿地系统、河湖水系等专项规划和设计相协调。根据城镇规划蓝线和水面率的要求，应充分利用自然蓄水排水设施，并应根据用地性质规定不同地区的高程布置，满足不同地区的排水要求。

2）应与邻近区域内的污水和污泥的处理和处置相协调。一个区域的污水系统，可能影响邻近区域，特别是影响下游区域的环境质量，故在确定规划区处理水平的处置方案时，必须在较大区域内综合考虑。

3）应处理好污染源治理与集中处理的关系。城镇污水应以点源治理和集中处理相结合，以城市集中处理为主的原则加以实施。

工业废水符合排入城市下水道标准的应直接排入城镇污水排水系统，与城镇污水合并处理。个别工厂和车间排放的有毒、有害物质应进行局部除害处理，达到排入下水道标准后排入城镇污水排水系统。生产废水达到排放水体标准的可就近排入水体或雨水道。

4）应充分考虑城镇污水再生回用的方案。城镇污水回用于工业是缺水城镇解决水资源短缺和水环境污染的可行之路。

5）应与给水工程和城镇防洪相协调。雨水排水工程应与防洪工程协调，以节省总投资。

6）应全面规划，按近期设计，考虑远期发展扩建的可能。并应根据使用要求和技术经济合理性等因素，对近期工程做出分期建设的安排，排水工程的建设费用很大，分期建设可以更好地节省初期投资，并能更快地发挥工程建设的作用。分期建设应首先建设最急需的工程设施，使它能尽早地服务于最迫切需要的地区和建筑物。

7）应充分利用城镇和工业企业原有的排水工程。在进行改建和扩建时，应从实际出发，在满足环境保护的要求下，可适当改造原有排水工程设施，充分利用和发挥其效能，有计划、有步骤地加以改造，使其逐步达到完善和合理化。

8）排水受纳水体应有足够的容量和排泄能力，其环境容量应能保证水体的环境保护要求。

9）服务人口大于20万人的城镇排水工程的主要设施抗震设防类别应划为重点设防

类；排水工程主要构筑物的主体结构和地下干管，其结构设计工作年限不应低于 50 年，安全等级不应低于二级；排水工程的变配电及控制设备应有防止受淹的措施。城镇排水工程的供电电源应按二级负荷设计，重要设备应按一级负荷设计。排水工程的非开挖施工、跨域或穿越江河等特殊作业，应制定专项施工方案。排水工程的贮水构筑物施工完毕应进行满水试验，合格后方可使用。

（2）排水规划设计内容

我国排水规划的现行国家标准是《城市排水工程规划规范》GB 50318—2017。排水规划的具体内容如下。

1）规划编制基本情况说明

规划编制基本情况一般指规划编制依据、规划范围和时限。

规划编制依据应包括城镇排水工程设计方面和城镇污水污染防治方面有关规范、规定和标准，及国家有关水污染防治、城市排水的技术政策；应包括城镇总体规划、城镇道路、给水、环保、防洪、近期建设等方面的专项规划，以及流域水污染防治规划；应包括城区排水现状资料及已通过可行性研究即将实施的排水工程单项设计资料。它们是编制城镇排水工程专项规划必不可少的技术条件。

城镇排水工程专项规划的规划范围和时限应与城镇总体规划一致和同步，通过对城镇排水工程专业规划的深化、优化和修正，更切实有效可行地为城镇总体规划的实施提供服务。

2）规划区域概况

一般有城镇概况，城镇排水现状，城镇总体规划概况，城镇道路、排水、环保、给水、防洪、近期建设等专项规划概况，以及流域水污染防治规划概况等。

城镇概况应包含城市的自然地理及历史文化特点，城镇的地形、水系、水文、气象、地质、灾害等情况，从而获得对城镇概貌的全面了解。

对于城镇排水现状资料的收集和叙述应比城镇排水工程专业规划阶段更为详尽和细致，为规划管道与现状管道的衔接或现状管道及设施的充分利用提供可用可信可靠的基本数据。

上述各类规划，特别是各专项规划资料是城镇排水工程专项规划与城镇排水工程专业规划的技术基础，它们将为城镇排水工程专项规划提供全面的技术支撑。例如道路工程专项规划可提供道路工程专业规划中所没有的道路控制高程，环保专项规划将提供纳污水体环境容量参数、水污染排放控制总量指标及水污染综合整治体系规划，城镇防洪专项规划可提供区域防洪排涝技术标准和重要的水文控制参数。

3）规划目标和原则

城镇排水设施不仅是城镇基础设施，而且是城镇水污染综合整治系统工程中的重要组成部分和基本手段。

城镇排水工程专项规划的基本目标应是，以城镇总体规划和环保规划及其他规划为基础、依据和导引，建设排水体制适当、系统布局合理、处理规模适度的城镇污水集中收集处理系统，控制水污染，保护城镇集中饮用水源，维护水生态系统的良性循环，配置适宜的雨水收集排除系统，消除内涝风险、降低洪水灾害，创造良好的人居环境，促进城镇的持续健康发展。

城镇排水工程是城市基础设施的重要组成部分，它在一定程度上，制约着城镇的发展和建设，同时它又受到城镇经济条件、发展水平的制约。

城镇排水工程专项规划应遵循的一般原则是：①统筹区域流域的生态环境治理与城乡建设，保护和修复生态环境自然积存、自然渗透和自然净化的能力，合理控制城镇开发强度，满足蓝线和水面率的要求，实现生活污水的有效收集处理和污泥的安全处理处置。②统筹水资源利用与防灾减灾，提升城镇对雨水的积蓄利用。③统筹防洪与城镇排水防涝，提升城镇雨水系统建设水平，加强城镇排水防涝和流域防洪体系衔接。④排水工程应加强四新技术的应用，提升排水工程收集处理效能和内涝防治水平，促进资源回收利用，提高科学管理和智能化水平，实现全生命周期的节能降耗。

城镇污水系统的布局：应坚持集中式和分布式相结合，应结合城镇竖向、用地布局和排放口设置条件能确定，应综合考虑污水再生利用、污水输送效能成本、土地利用效率和污泥处理处置要求，城镇污水系统的建设规模应满足旱季设计流量和雨季设计流量的收集和处理要求，旱季设计流量应根据城镇供水量和综合生活污水量变化系数确定，地下水位较高地区，还应考虑入渗地下水等外来水量，雨季设计流量应在旱季流量包的基础上，增加截流雨水量。乡村污水系统应以县级行政区域为单位实行统一规划，并应因地制宜开展建设和运行。

4）城镇排水量与水质

城镇排水量计算包括污水量计算和雨水量计算两部分。

城镇污水量计算通常是建立在城镇需用水量预测基础之上，采用排放系数计算而得，城镇污水量计算的准确性和可靠性直接受制于城镇用水量计算的准确性和可靠性。各类污水排放系数应根据城市历年供水量和污水量资料确定。当资料缺乏时，城市分类污水排放系数可根据城市居住和公共设施水平以及工业类型等，按表2-1取值。

在城镇给水工程专业规划中，城镇用水量预测应采取多种方法分析和深入论证，较准确地确定城镇用水量，如果缺乏城镇给水工程专项规划，或城镇给水工程专项规划，或未进行全面深入的论证，则在城镇排水工程专项规划中就应增补城镇用水量论证内容。污水量预测的准确性和可靠性直接关系到整个排污规划的准确性和可靠性，必须给予充分的和应有的重视。

<table>
<tr><td colspan="2" style="text-align:center">城市分类污水排放系数　　　　　　　　　　　　　　　　表 2-1</td></tr>
<tr><th>城市污水分类</th><th>污水排放系数</th></tr>
<tr><td>城市污水</td><td>0.70 ~ 0.85</td></tr>
<tr><td>城市综合生活污水</td><td>0.80 ~ 0.90</td></tr>
<tr><td>城市工业废水</td><td>0.60 ~ 0.80</td></tr>
</table>

注：城市工业废水排放系数的具体范围见《城市排水工程规划规范》GB 50318—2017。

在城镇排水系统设计时，应将城镇所有用水过程中产生的污水和受污染的雨水径流纳入污水系统，配套管网应同步建设和同步投运，实现厂网一体化建设和运行。工业园区的污、废水应优先考虑单独收集、处理，并应达标后排放。

污水系统设计应有防止外水进入的措施。城镇已建有污水收集和集中处理设施时，分流制排水系统不应设置化粪池。工业园区的污废水应优先考虑单独收集、处理，并应达标后排放。排水系统中截流的雨水，这部分雨水通过污水管道送至城镇污水处理厂，以控制城镇地表径流污染。

5）排水体制与排水系统论证

排水体制与排水系统布局息息相关，不同的排水体制，污水收集处理方式不同，形成不同的排水管网系统。规划任务就是通过对不同排水体制或不同排水体制组合下不同排水系统在技术、经济、环境等方面的比较、论证，确定出规划采取的排水体制及相对应的排水系统。

6）排水分区和系统布局规划

城镇污水分区与系统布局应根据城市的规模、用地规划布局，结合地形地势、风向、受纳水体位置与环境、再生利用需求、污泥处理处置出路及经济因素等综合确定。根据城镇规划的发展方向、水系、地形特点，可把城镇排水系统分为若干的子系统，由污水处理厂的布局，决定了排水主干管的位置和走向，各子系统的服务范围、工程规模。城镇污水处理厂可按集中分散或集中与分散相结合的方式布置，新建污水处理厂应预留或设置污水再生系统。独立建成的再生水利用设施布局应充分考虑再生水用户及生态用水的需要。

7）近期建设规划

排水工程近期建设规划内容与城镇的近期建设规划密切相连，它既不能简单地把远期系统按时空分割，也不能仅考虑近远两个规划期，要有分期逐步实施的概念，尽量与工程建设的周期和程序相对接。

8）投资估算

投资估算是提高工程规划质量的重要内容之一，城镇排水工程专项规划中应有投资估算内容，投资估算数据应成为后续规划与设计的一个重要的控制性参数。

投资估算一般依据《城市基础设施工程投资估算指标》和《给排水工程概预算和经济评价手册》进行，得出的是静态的投资估算值，作为方案比较、近期控制以及后续单项工程项目建议书的参考依据。

9）效益评价和风险评估

效益评价是对城市排水工程专项规划的一次系统全面的价值评估，也是方案比较及后续单项工程项目建议书的重要依据。效益评价主要是对社会效益、环境效益、经济效益三大项的综合分析，应由通常定性的评述向定量评价方向发展，推动排水系统的价值实现。

风险评估主要是分析技术、行政、经济甚至道德的风险时，排水系统整体或其某个局部未能按时或保质保量建设完成发挥效用所带来的负面环境影响、社会影响及财务影响，提出须采取的最低限的保障措施，从而有力地推进排水工程规划的施行。

10）规划实施

城镇排水规划是建立在城市总体规划基础之上的对城镇排水设施建设的一种宏观的指导，其具体实施和实现，还有赖于相关专业部门的配合和协调，还有待于下一阶段设计工作的深化和完善，为实现规划所提出的各项目标，要研究和提出一系列推动规划实施的对策和措施。

（3）排水规划的技术衔接

1）加强排水规划与环保规划的技术衔接

水环境问题的解决既是城市排水规划的任务之一，也是城市环保规划的一项职责。研究水环境问题，进行排水工程规划时必须与环保规划紧密联系、互相协调。

加强排水规划与环保规划的技术衔接，需要注意五个关系。一是环保规划所确定的水体环境功能类型和混合区的划分，它将决定污水处理的等级和排放标准。二是纳污水体环境容量与污染物排放总量控制指标，它将定量地决定城市排污口污染排放负荷，进而决定污水处理的处理率和处理程度。三是城市水污染综合防治政策和措施，其中主要是工业污染防治政策和措施。四是污水处理率，它为排水规划中污水集中处理率的确定提供了重要的参考，需要相互沟通和配合。五是推荐或强制推行的适用污水处理技术，特别是小型分散的污水处理技术，为进行排水体制和排水系统的选择与组合提供了技术支撑和灵活性。

2）加强排水系统方案的风险评估与经济评价。

在排水系统方案论证和排水系统规划措施中应增加对规划方案的风险评估。此外，在经济分析中，还应积极关注新的市场经济形势下，排水设施投资开放与资本多元化的影响。

排水系统规划方案环境评价要从定性走向定量，用数据说话，要认真测算各不同排水系统方案的污染负荷，分析它们在区域环境容量总量和目标总量控制中的结构比例水平、弹性和裕度，对国家和区域环境建设目标的满足程度；对于重点地域，如采取分散就地处理的地区，还要进行环境敏感性评价；要努力使规划所提出的水污染控制方案更科学。

风险评估方面，要充分考虑到各方面、各层次的不利情况，及其可能造成的各种影响，分析来自自然、技术、管理、财务、政策、甚至道德的各类风险和干扰，特别是风险的最不利组合，分析其对排水系统整体或某个局部、对排水系统实施的进程和时效所产生的不同程度的影响，确保规划的排水系统方案能真实有效稳妥地逐步形成、实现规划目标。

2.7 城镇雨水排水系统规划

城镇雨水排水系统是城镇的重要基础设施之一，对保证城镇社会经济发展和市民的正常生活具有重要的意义。目前，我国正处在城市化快速发展的阶段，随着城市化水平的提高和经济的高速发展，城市雨水问题就凸显出来。主要表现为：城镇内涝风险加大、城市雨水径流污染严重、雨水资源大量流失和生态环境破坏等几方面。城市雨水问题不仅是制约国民经济发展的重要因素，而且是危害和威胁人民健康的严重社会问题。

雨水管渠系统的规划设计宜结合城镇总体规划、利用水体调蓄雨水，并宜根据控制径流污染、削减径流峰值流量，提高雨水利用程度的需求，设置雨水调蓄和利用设施。

根据城镇雨水系统的作用和功能，可分为以下类型：

（1）传统的雨水排水系统：以快速收集、输送、排除雨水为目的的雨水排水系统，以保证城镇不受降雨积水的影响。

（2）雨水径流量控制系统：通过采用一系列技术措施，降低局部区域或城镇雨水径流量，减少低洼区域的积水，防治或减轻城镇内涝。

（3）雨水径流污染控制系统：通过采用一系列技术措施，对初期雨水截流、处理，以减轻初期雨水排入环境的污染负荷。

（4）雨水综合利用系统：对雨水资源收集、处理、利用的系统。

因此，原有的从城镇小环境出发、以减少洪涝灾害为目的、输送排放雨水的规划已经不能满足城镇可持续发展的需要，雨水规划必须考虑雨水径流量的控制、径流污染控制和雨水的综合利用。这些都是城镇雨水规划的重要组成部分，因此，雨水系统应包括源头减排、排水管渠、排涝除险等工程性措施和应急管理的非工程性措施。源头减排设施应有利于雨水就近入渗、调蓄或收集利用，降低雨水径流总量和峰值流量，控制径流污染。排水管渠设施应确保雨水管渠设计重现期下雨水的转输、调蓄和排放，并应考虑收纳水体水位的影响。应进行源头减排、排水管渠、排涝除险的整体性校核，以满足内涝防治设计重现期要求，以及加强城镇对超过内涝防治设计重现期降雨的韧性和应急措施，避免人员伤亡和灾后迅速恢复。受有害物质污染的场地的雨水径流应单独收集处理，并应达到相关现行国家标准后方可排入排水管渠。雨水系统应采取措施防止洪水的影响。

1. 城镇雨水排水系统规划

城镇雨水排水系统是防止雨水径流危害城市安全的主要工程设施，城镇雨水排水工程规划的主要原则：应坚持绿蓝灰结合和蓄排结合，应结合城镇防洪、周边生态安全格局、城镇竖向、蓝绿空间和用地布局确定，应坚持考虑雨水排水安全、建设和运行成本、径流污染控制和城镇污水生态要求，城镇雨水系统的建设规模应满足年径流总量空置率、雨水管渠设计重现期和内涝防治设计重现期的要求，并应系统整体校核。乡村雨水系统应结合地势实现收集利用或就近排放，并应和区域防洪相衔接。

城镇雨水排水工程规划的主要内容：

（1）雨水量的估算，采用现行的常规计算办法，即各国广泛采用的合理化法，也称极限强度法。经多年使用实践证明，方法是可行的，成果是较可靠的，理论上有发展、实践上也积累了丰富的经验，只需在使用中注意采纳成功经验、合理地选用适合规划城市具体条件的参数。

城镇暴雨强度公式，在城镇雨水量估算中，宜采用规划城镇近期编制的公式，当规划城镇无上述资料时，可参照地理环境及气候相似的邻近城镇暴雨强度公式。

径流系数，在城镇雨水量估算中宜采用城镇综合径流系数。在城镇总体规划阶段的排水工程规划中宜采用城镇综合径流系数，即按规划建筑密度将城镇用地分为城镇中心区、一般规划区和不同绿地等，按不同的区域，分别确定不同的径流系数。

（2）城镇雨水系统布局原则和依据以及雨水调节池在雨水系统中的使用要求。城市雨水应充分利用排水分区内的地形，就近排入湖泊、排洪沟渠、水体或湿地和坑、塘、淀洼等受纳体。

（3）城镇雨水管渠规划。其重现期的选定原则和依据规划重现期的选定，根据规划的特点，宜粗不宜细。应根据城市性质的重要性，结合汇水地区的特点选定。排水标准确定应与城市政治、经济地位相协调，并随着地区政治、经济地位的变化不断提高。重要干道、重要地区或短期积水能引起严重后果的地区，重现期应提高；在一些次要地区或排水条件好的地区重现期可适当降低。

（4）截流初期雨水的分流制污水管道总流量的估算方法。初期雨水量主要指"雨水流量过程线"中从降雨开始至最大雨水流量形成之前涨水曲线中水量较小的一段时间的雨水量。估算此雨水流量的时段、重现期应根据规划城市的降雨特征、雨型并结合城市规划污水处理厂的承受能力和城市水体环境保护要求综合分析确定。初期雨水流量的确定，主要取决于形成初期雨水时段内的平均降雨强度和汇水面积。

（5）截流式合流制排水系统布局的原则和依据，并对截流干管（渠）和溢流井位置的布局提出了要求。截流干管和溢流井位置布局的合理性，关系到经济、实用和效果，应结合管渠系统布置和环境要求综合比较确定。

2. 城镇雨水防涝规划

近年来，受全球气候变化影响，暴雨等极端天气对社会管理、城市运行和人民群众生产生活造成了巨大影响，加之部分城市排水防涝等基础设施建设滞后、调蓄雨洪和应急管理能力不足，出现了严重的暴雨内涝灾害。近年来，每当汛期我国城市内涝频发，常出现"城市看海"，甚至人员遇难的情况。据住房和城乡建设部 2010 年对国内城市排涝能力的专项调研显示，2008～2010 年，我国 351 个城市有 62% 发生过不同程度的内涝，内涝灾害超过 3 次以上的城市有 137 个，57 个城市的最大积水时间超过 12h。城市内涝呈现发生范围广、积水深度大、滞水时间长的特点，这直接反映出目前城市排水管网覆盖率、设施排涝能力偏低等问题。据住房和城乡建设部统计，2007～2015 年，全国超过 360 个城市遭遇内涝，其中 1/6 单次内涝淹水时间超过 12h，淹水深度超过 0.5m。据水利部统计，2010～2016 年，我国平均每年有超过 180 座城市进水受淹或发生内涝。典型城市内涝事件有：2012 年 7 月 21 日，北京市遭遇数十年未遇的强暴雨，多个低洼路段积水，城市内涝严重。2021 年 7 月 17 日 20 时至 20 日 20 时，郑州这三天的过程降雨量达到了 617.1mm。其中，小时降水量和单日降水量均已突破自 1951 年郑州建站以来 60 年的历史记录。而郑州常年平均全年降雨量为 640.8mm，这相当于以往一年的降雨总量。

2021 年 4 月 25 日，《国务院办公厅关于加强城市内涝治理的实施意见》提出，治理城市内涝事关人民群众生命财产安全，既是重大民生工程，又是重大发展工程。到 2025 年，各城市因地制宜基本形成"源头减排、管网排放、蓄排并举、超标应急"的城市排水防涝工程体系，排水防涝能力显著提升，内涝治理工作取得明显成效；有效应对城市内涝防治标准内的降雨，老城区雨停后能够及时排干积水，低洼地区防洪排涝能力大幅提升；在超出城市内涝防治标准的降雨条件下，城市生命线工程等重要市政基础设施功能不丧失，基本保障城市安全运行；有条件的地方积极推进海绵城市建设。到 2035 年，各城市排水防涝工程体系进一步完善，排水防涝能力与建设海绵城市、韧性城市要求更加匹配，总体消除防治标准内降雨条件下的城市内涝现象。

城镇雨水排水的严峻形势，受到国家的高度重视。国务院颁布了《城镇排水与污水处理条例》和《国务院办公厅关于做好城市排水防涝设施建设工作的通知》，对城市防涝提出指导性意见：对易发生内涝的城市、镇，应当编制城镇内涝防治专项规划，编制完成城市排水防涝设施建设规划，建成较为完善的城市排水防涝工程体系。

城镇内涝防治专项规划的编制，应当根据城镇人口与规模、降雨规律、暴雨内涝风险等因素，合理确定内涝防治目标和要求，充分利用自然生态系统，提高雨水滞渗、调蓄和排放能力。其主要内容有：

（1）规划的范围及年限：城市排水防涝规划的规划范围参考城市总体规划的规划范围，并考虑雨水汇水区的完整性，可适当扩大。规划期限宜与城市总体规划保持一致，并考虑长远发展需求。近期建设规划期限为 5 年。

（2）规划的原则：各地可自行表述规划原则，但应包含以下内容：①统筹兼顾原则。

保障水安全、保护水环境、恢复水生态、营造水文化，提升城市人居环境；以城市排水防涝为主，兼顾城市初期雨水的面源污染治理。②系统性协调性原则。系统考虑从源头到末端的全过程雨水控制和管理，与道路、绿地、竖向、水系、景观、防洪等相关专项规划充分衔接。城市总体规划修编时，城市排水防涝规划应与其同步调整。③先进性原则，突出理念和技术的先进性，因地制宜，采取渗、滞、蓄、净、用、排结合，实现生态排水，综合排水。

（3）规划的目标：发生城镇雨水管网设计标准以内的降雨时，地面不应有明显积水；发生城镇内涝防治标准（如积水深度、范围和积水时间）以内的降雨时，城镇不能出现内涝灾害。发生超过城市内涝防治标准的降雨时，城镇运转基本正常，不得造成重大财产损失和人员伤亡。其技术标准为：

1）雨水径流控制标准：根据低影响开发的要求，结合城市地形地貌、气象水文、社会经济发展情况，合理确定城市雨水径流量控制、源头削减的标准以及城市初期雨水污染治理的标准。城市开发建设过程中应最大程度减少对城市原有水系统和水环境的影响，新建地区综合径流系数的确定应以不对水生态造成严重影响为原则；旧城改造后的综合径流系数不能超过改造前，不能增加既有排水防涝设施的额外负担。

新建地区的硬化地面中，透水性地面的比例不应小于40%。

2）雨水管渠、泵站及附属设施规划设计标准：城市管渠和泵站的设计标准、径流系数等设计参数应根据现行国家标准《室外排水设计标准》GB 50014 的要求确定。其中，径流系数应按照不考虑雨水控制设施情况的标准规定取值，以保障系统运行安全。

3）城市内涝防治标准：现行国家标准《室外排水设计标准》GB 50014 要求，依据城市类型确定内涝防治设计重现期，其中：超大城市内涝防治设计重现期为100年，特大城市 50～100 年，大城市 30～50 年，中等城市和小城市 20～30 年。居民住宅和工商业建筑底层不进水，一条车道的积水深度不超过15cm。

（4）规划的内容：制定城市排水防涝设施建设规划，要加强与城市防洪规划的协调衔接，将城市排水防涝设施建设规划纳入城市总体规划和土地利用总体规划。应当按照城镇排涝要求，结合城镇用地性质和条件，明确排水出路与分区，科学布局排水管网，确定排水管网雨污分流、源头减排、管道和泵站等排水设施的改造与建设、雨水滞渗调蓄设施、雨洪行泄设施、河湖水系清淤与治理等建设任务，优先安排社会要求强烈、影响面广的易涝区段排水设施改造与建设。其源头减排设施应有利于雨水就近入渗、调蓄或收集利用，降低雨水径流总量和峰值流量，控制径流污染。且源头减排设施、排水管渠设施和排涝除险设施应作为整体系统校核，满足内涝防治设计重现期的设计要求。

（5）防涝的主要技术措施：城市排水防涝应当根据当地降雨规律和暴雨内涝风险情况，结合气象、水文资料，建立排水设施地理信息系统，加强雨水排放管理，提高城镇内涝防治水平。积极推行低影响开发建设模式。各地区旧城改造与新区建设必须树立尊重自然、顺应自然、保护自然的生态文明理念；要按照对城市生态环境影响最低的开发建设理念，控制开发强度，合理安排布局，有效控制地表径流，最大限度地减少对城市原有水生态环境的破坏；内涝防治设施应包括源头控制设施、雨水管渠设施和排涝除险设施，要与城市开发、道路建设、园林绿化统筹协调，因地制宜配套建设雨水滞渗、收集利用等削峰调蓄设施，增加下凹式绿地、植草沟、人工湿地、可渗透路面、砂石地面和自然地面，以及透水性停车场和广场。新建城区硬化地面中，可渗透地面面积比例不宜低于40%；有条件的地区应对现有硬化路面进行透水性改造，提高对雨水的吸纳能力和蓄滞能力。

内涝防治设施应与城镇平面规划、竖向规划和防洪规划相协调，根据当地地形特点、水文条件、气候特征、雨水管渠系统、防洪设施现状和内涝防治要求等综合分析后确定。在城市地下水水位低、下渗条件良好的地区，应加大雨水促渗；城市水资源缺乏地区，应加强雨水资源化利用；受纳水体顶托严重或者排水出路不畅的地区，应积极考虑河湖水系整治和排水出路拓展。

加强雨水管网、泵站以及雨水调蓄、超标雨水径流排放等设施建设和改造。新建、改建、扩建市政基础设施工程应当配套建设雨水收集利用设施，增加绿地、砂石地面、可渗透路面和自然地面对雨水的滞渗能力，利用建筑物、停车场、广场、道路等建设雨水收集利用设施，削减雨水径流，提高城镇内涝防治能力。

对城市建成区，提出城市排水防涝设施的改造方案，结合老旧小区改造、道路大修、架空线入地等项目同步实施。明确对敏感地区如幼儿园、学校、医院等地坪控制要求，确保在城市内涝防治标准以内不受淹。推荐使用水力模型，对城市排水防涝方案进行系统方案比选和优化。

根据国家发展改革委、住房和城乡建设部等部门联合印发的《"十四五"城镇污水处理及资源化利用发展规划》，在排水管网建设与改造等方面主要要求如下：

1）合流制溢流污染控制。合流制排水区因地制宜采取源头改造、溢流口改造、截流井改造、破损修补、管材更换、增设调蓄设施、雨污分流改造等工程措施，降低合流制管网雨季溢流污染，提高雨水排放能力，降低城市内涝风险。排水管渠设施应确保雨水管渠设计重现期下雨水的转输、调蓄和排放，并应考虑受纳水体水位的影响。

2）污水管网建设与改造。除干旱地区外，新建污水收集管网应采取分流制系统。分流制排水系统周期性开展错接混接漏接、易造成城市内涝问题管网的检查和改造，推进管网病害诊断与修复，强化污水收集管网外来水入渗入流、倒灌排查治理。稳步推进雨污分流改造，稳慎推进干旱、半干旱地区老旧城区雨污分流改造。

3）片区系统化整治。城市污水处理厂进水生化需氧量（BOD）浓度低于 100mg/L 的，要围绕服务片区管网，系统排查进水浓度偏低的原因，稳步提升污水收集处理设施效能。

4）管网建设质量管控。加强管网建设全过程质量管控，管要耐用适用，管道基础要托底，管道接口要严密，沟槽回填要实，严密性检查要规范。加快淘汰砖砌井，推广混凝土现浇或成品检查井，推广球墨铸铁管、承插橡胶圈接口钢筋混凝土管等管材。

3. 城镇径流污染控制规划

目前，发达国家的点源污染已基本得到有效的控制，降雨冲刷城市表面（如道路、屋面等）的沉积物和淋洗大气中污染物已成为城市水体污染物的主要因素。在我国，近些年随着城市污水处理设施的迅速完善，点源污染已逐步得到有效的控制，降雨径流带来的面源污染问题正日渐突出。随着城市化进程的推进，城市中道路、桥梁、建筑物等不渗透表面不断增长，降雨径流渗透减少，径流量急剧增加。当暴雨产生时，主要是屋面和路面上大量污染物在雨水冲刷下随径流通过城市排水管道或漫流进入河道、湖泊等受纳水体，形成典型的城市降雨径流污染，对城市生态环境构成冲击性影响，严重制约城市水环境质量的改善。因此，控制和管理城市径流污染将是城市雨洪利用中亟待解决的问题。

一般情况下，在降雨形成径流的初期污染物浓度最高，随着降雨时间的持续，雨水径流中的污染物浓度逐渐降低，最终维持在一个较低的浓度范围。有效控制一定量的初期雨水，就可以有效控制径流带来的面源污染，道路雨水径流中污染物存在初期冲刷效应，初期冲刷效应程度有所不同，SS 初期冲刷效应最为明显，TN 初期冲刷效应不显著，污染的冲刷过程与降雨强度和雨型有关。武汉汉阳地区集水区的水量水质特点是：各类污染物在前 30% 的径流累积占比分别为：TSS 为 52.2% ~ 72.1%、COD 为 53% ~ 65.3%、TN 为 40.4% ~ 50.6%、TP 为 45.8% ~ 63.2%。Matthias 等人对地中海地区的雨水径流研究表明：前 25% 的径流中，氨氮占 79%、TSS 占 72%、VSS 占 70%。

管道系统中径流污染物浓度曲线类似流量过程线，浓度峰值出现在降雨历时某一时刻而不是初期，与源头小汇水面的污染物冲刷规律不同。

（1）城市雨水径流污染的特点

由于城市化的建设，城市降雨的径流量已经由城市开发前的 10% 增加到开发后的 55%，降雨带来的城市径流污染已经越来越严重。

城市雨水径流污染具有晴天累积、雨天排放、随机性强、突发性强、污染径流量大且面广的特点，因此城市雨水径流污染控制和削减的难点在于几个方面：一是不透水路面比例高，雨水径流量大；二是污染物由于含有部分城市污水，其水质组成复杂，污染物负荷随时间和空间的变化大；三是城市雨水径流污染具有排放间接性、发生随机性的特点；四是初期径流污染严重，溢流严重；五是系统下游初期雨水到达时，上游初期雨水还没到达，初期雨水集中收集非常困难。

（2）雨水径流污染控制管理的发展

在过去的近二十年中，发达国家在城市降雨径流污染控制领域，已经制定出了较为完善的适合本国技术法规体系以及控制管理模式，德国、美国、新西兰等发达国家都已经基本实现对城市降雨径流污染的控制，最普遍的是修建大量的雨水截流池处理合流制和分流制的污染雨水，以及采用分散式的源头生态措施来削减和净化雨水。

目前，由于城市的"空间限制"和提倡"与自然景观的融合"，加之很多城市即使采取了 BMP 管理模式，其城市的扩张和改造对环境造成的强烈影响仍然难以消除。因此，近些年，在美国等发达国家开始提出一些更新的、更合理的城市雨水径流污染控制管理模式，比较突出的是低影响开发模式（LID）、可持续城市排水系统（sustainable urban drainage system）和水敏性城市设计（water-sensitive urban design，WSUD）。与传统的雨水径流管理模式不同，LID 模式尽量通过一系列多样化、小型化、本地化、经济合算的景观设施来控制城市雨水径流的源头污染。它的基本特点是从整个城市系统出发，采取接近自然系统的技术措施，以尽量减少城市发展对环境的影响为目的来进行城市径流污染的控制和管理。

（3）初期雨水污染控制模式的规划

鉴于我国降雨径流污染的严重性，今后应重点加强降雨径流污染的理论研究，了解降雨径流污染物的迁移转化规律，并借鉴国外发达国家降雨径流污染的控制和管理方面的经验，结合我国实际情况，对降雨径流污染的控制进行量化，最终提出切实可行、经济实用的控制管理技术和方法，更好地推动绿色城市、生态城市、和谐城市的建设和发展。目前，初期雨水污染控制主要分为三个环节：

1）雨水径流污染源头的控制

由于城市高速发展和扩张，BMP 管理模式已经不能消除环境造成的强烈影响，因此，美国在此基础上提出了城市暴雨管理低影响开发模式。这种模式是从源头进行降雨径流污染的控制和管理，其基本原理是通过分散的、小规模的源头控制机制来达到对暴雨所产生的径流和污染物的控制，并综合采用入渗、过滤、蒸发和蓄流等多种方式来减少径流排水量，使开发后城市的水文功能尽可能地接近开发之前的状况。

LID 在不同的气候条件、不同的地区，其处理效果也有所不同，但是根据目前的实验资料可知：LID 可以减少 30%～99% 的暴雨径流并延迟 5～20min 的暴雨径流峰值；还可有效地去除雨水径流中的磷、油脂、氮、重金属等污染物，并具有中和酸雨的效果，是可持续发展技术的核心之一。

LID 策略的实施包含两种措施，即结构性措施和非结构性措施。结构性措施，包含湿地、生物滞留池（bioretention devices）、雨水收集槽、植被过滤带、塘、洼地等。非结构性措施，包括街道和建筑的合理布局，如已增大的植被面积和可透水路面的面积。

雨水径流污染源头控制主要是针对城市新建片区和新建项目。即对新建片区和新建项目，不进行初期雨水径流的截流和处理，LID 设施在进行雨水径流量削减的同时，可有效去除径流污染物。国外大量研究表明，LID 设施能有效削减雨水径流中的 TSS、COD、TN、TP、油脂类、重金属等。美国弗吉尼亚大学对雨水花园（rain garden）的监测结果显示，一般新建的雨水花园可以去除 86% 的 TSS、90% 的 TP、97% 的 COD 和 67% 的油脂；Singhal N. 等人对植被草沟（grassed swale）的研究结果表明，植被草沟可截留雨水径流中 93% 以上的 SS，同时可消纳部分有机污染物、油类物质和 Pb、Zn、Cu、Al 等金属离子。

2）初期雨水的截流与处理

对于现状建成区（不包括生态保护区），通过截流一定降雨厚度的初期雨水径流，并对其进行处理，达到控制径流污染的目的。深圳市初期雨水控制量为 7mm，且初期雨水汇流范围应使得汇水面积最远点到排放口的汇流时间不应超过 20～30min。超过此汇流时间的区域，其初期效应已不显著。初期雨水处理设施主要应以生态处理设施为主，例如雨水湿地、雨水滞留塘等。雨水处理设施应结合城市公园、水体等开放空间进行布置。

3）雨水的末端治理

雨水的末端治理是在雨水管渠末端、排放水体之前对雨水进行净化处理。对于直接排入河道的排水管渠，在用地许可的情况下，可主要利用河道蓝线内用地建设雨水处理设施，如雨水湿地、雨水滞留塘等。对于中、小雨，雨水径流可全部进入湿地或滞留塘进行处理；对于大雨及暴雨，初期径流可排入雨水处理设施进行处理，待处理设施满负荷时，后期雨水径流可直接排放。

对于截流式合流制排水系统，对截流井溢流雨污水进行处理是防止河流污染的重要措施。如用地许可，可利用河道蓝线用地建设雨水处理设施；如用地不许可，可暂时蓄存，待降雨过后输送至污水处理厂进行处理。

4. 城镇雨水综合利用规划

随着城镇化进程的加快，大量不透水面积的增加，使得城镇的降水入渗量大大减少，汇流时间缩短，雨洪峰值增加，导致城镇洪水危害加剧，内涝灾害频发；与此同时还导致雨水资源大量流失、雨水径流污染加重、地下水位下降、地面下沉和城镇生态环境恶化等多种环境危害。

我国是水资源严重短缺的国家，水资源的匮乏和水环境的严重污染，已成为制约我国经济社会发展的重要因素，对我国的可持续发展构成了直接威胁。目前，全国有400多座城市缺水，50多座城市严重供水不足，不得不超采地下水和跨流域、跨地区引水，每年造成直接经济损失达数千亿元。

与此同时，城市雨水作为一种长期被忽视的经济而宝贵的水资源，一直未得到很好利用，如果将雨水利用思想融入城市规划、水系统规划、环境规划及综合防灾等规划中，创新雨水利用规划理念，进一步完善雨水利用规划的法规、管理政策，尽可能将雨水利用规划由非传统规划改变为法定规划，引导社会认识雨水利用的重要性，加大相关研究和实践的投入，从法律、经济和教育等方面提供保障，创造适合我国雨水利用的技术和艺术。对未来城市健康、可持续的发展具有重要意义。

1）雨水资源利用将有效缓解水资源的短缺。以青岛为例，青岛是一个严重缺水型沿海城市，由于水资源的紧张，开源节流势在必行。受温带季风气候和海洋性气候的影响，青岛雨量充沛，如果年降雨量的10%产生径流，则年平均径流量为1.98亿 m^3，日均54.2万 m^3，这部分径流雨水若被收集利用，将有效缓解青岛水资源的短缺。

2）雨水资源的利用，可减少雨水工程投资及运行费用，有效避免城市洪涝灾害。将雨水资源化，利用雨水渗透技术涵养地下水，通过收集处理回用，可以减小雨水径流负荷，减少雨水管道、泵站的设计流量等，不仅可减少城市雨水管道和泵站的投资及运行费用，而且可避免暴雨时的洪涝灾害。

3）雨水资源的利用，可从源头上控制径流雨水对水环境的污染。对径流雨水水质特性的调查分析表明，初期径流雨水直接排入水体后会对水体产生严重污染，对于水域狭小、扩散缓慢的水域影响更严重。而雨水资源的利用，可从源头上控制径流雨水对环境的污染。

4）雨水资源的利用可有效防止地面沉降和海水倒灌。由于城市化速度加快，城市建筑群增加、下垫面硬质化、排水管网化，降雨发生再分配，原本渗入地下的部分雨水大部分转为地表径流排出，造成城市地下水大幅度减少；另一方面，由于地表水受到越来越严重的污染，人们转向无计划无节制地开采地下水。渗透量的减少与过度开采，导致地下水位下降，地面不断沉降。

（1）城镇雨水利用系统规划原则

1）雨水利用要与城市给水工程、污水工程、环境保护、道路交通、管线综合、水系、防洪等专业规划相协调。结合地形条件和环境要求统一规划排水系统和蓄水设施，充分发挥排水系统的社会效益、经济效益和环境效益。

2）积极规划建设雨水收集利用系统，将雨水利用与雨水径流污染控制、城市防洪、生态环境改善相结合，坚持技术和非技术措施并重，因地制宜，兼顾经济效益、环境效益和社会效益。如对城市区域的建筑物、硬铺装、绿地等面积和用途进行划分，根据集雨区域的不同，分别进行雨水的收集。

3）在保障雨水排除安全的基础上，开展雨水资源化利用，雨水宜分散收集并就近利用。对初期雨水径流可按照不同的用水等级分别进行简单处理。

（2）城镇雨水利用系统规划目标

雨水利用规划应结合城镇建设、城镇绿化和生态建设、雨水渗蓄工程、防洪工程建设，广泛采用透水铺装、绿地渗蓄、修建蓄水池等措施，在满足防洪要求的前提下，最大限度地将雨水就地截流、利用或补给地下水，增加水源地的供水量；结合城市雨水排放流域，分别提出充分利用雨水资源的近期和远期目标。

（3）城镇雨水利用规划方法

雨水综合利用应根据当地水资源情况和经济发展水平合理确定，并应符合下列规定：水资源缺乏、水质性缺水、地下水位严重下降、内涝风险较大的城市和新建地区宜进行雨水综合利用；雨水经收集、储存、就地处理后可作为冲洗、灌溉、绿化和景观用水等，也可经过自然或人工渗透设施渗入地下，补充地下水资源；雨水利用设施的设计、运行和管理应与城镇内涝防治相协调。

1）对城镇区域的地质和地理条件进行勘察，应严格保护绿地面积，并采取有利于雨水截流的竖向设计，将贮留池设置在易于积蓄雨水的地方，如保留或设置有调蓄能力的水面、湿地。

2）新区或新城建设要采取有效措施，争取使雨水截流量达到甚至超过现状的截流量。进行城市区域水环境、用水量分析，将贮留池设置在须改善水环境及用水量较多区域。

3）对城市区域的建筑物、硬铺盖、绿地等的面积和用途进行划分。根据集雨区域的不同，分别进行雨水的收集。切实采取措施减少不透水面积。在新建的人行道、停车场公园、广场中，地面铺装应采用透水性良好的材料；必须采用不透水铺装的地段，要尽量设置截流渗滤设施，减少雨水外排量。雨水收集利用系统汇水面的选择，应符合下列规定：应选择污染较轻的屋面、广场、人行道等作为汇水面；对屋面雨水进行收集时，应优先收集绿化屋面和采用环保型材料屋面的雨水；不应选择厕所、垃圾堆场、工业污染场地等作为汇水面；不宜收集利用机动车道路的雨水径流；当不同汇水面的雨水径流水位差异较大时，可分别收集和储存。

4）绿地等可因地制宜。绿地设置在大型建筑物周围，利用建筑物的雨水管排除的雨水直接浇洒。在公共绿地、小区绿地内及公共供水系统难以提供消防用水的地段，宜设置定容量的雨水采集系统。

5）雨水利用方式应根据收集量、利用量和卫生要求等综合分析后确定，雨水利用不应影响雨水调蓄设施应对内涝的功能，对屋面、场地雨水进行收集利用时，应将降雨初期的弃流。弃流的雨水可排入雨水管道，条件允许时，也可就近排入绿地。对于初期雨水径流进行简单处理，可按照不同的用水等级分别进行处理。城镇雨水利用概念模型如图2-13所示。

（4）雨水利用总体规划基本内容

城镇雨水利用应进行系统规划，把整个城镇看作研究对象，采取的方法是先进行产汇流计算，然后进行网格划分，每个网格可概化为点源，整个系统则成为一个网格系统。网格主要是根据城镇的水文和城镇的地理信息来划分的，主要由流域的分水线构成。

1）了解并掌握区域概况：包括当地的降雨特性、流域汇流特性、水文地质条件、土地利用现状等；

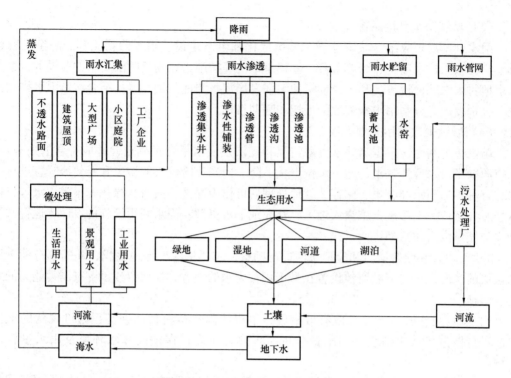

图 2-13　城镇雨水利用概念模型

2）结合城市密度分区，划定雨水利用分区；

3）针对土地利用类型，实施分类分级指引；规划设计指引可分为公园、道路、广场、公建、住宅小区、旧村等多种类型，并应综合考虑实施主体、经济成本等因素，因地制宜地选择雨水利用方式；可参考低冲击开发模式；

4）确定雨水调蓄设施规模；

5）规划雨水利用工程；

6）效益分析，如设施截留降雨能力、雨水净化能力等。

3 污水管渠系统设计

污水管道系统由收集和输送城镇污水的管道及其附属构筑物组成。它的设计是依据批准的当地城镇（地区）总体规划及排水工程规划进行的。设计的主要内容和深度应按照基本建设程序及有关的设计规定、规程确定，主要是《市政公用工程设计文件编制深度规定》等。通常，污水管道系统的主要设计内容包括以下六个方面：

1）设计基础数据（包括设计地区的面积、设计人口数、污水定额、防洪标准等）确定；
2）污水管道系统的平面布置；
3）污水管道设计流量计算和水力计算；
4）污水管道系统上某些附属构筑物，如污水中途泵站、倒虹管等的设计计算；
5）污水管道在街道横断面上位置的确定；
6）绘制污水管道系统平面图和纵剖面图。

3.1 设计资料调研与方案确定

3.1.1 设计资料的调查

污水管道系统的规划设计必须以可靠的资料为依据。设计人员接受设计任务后，需作一系列的准备工作。一般应先了解、研究设计任务书或批准文件的内容，弄清本工程的范围和要求，然后赴现场踏勘，分析、核实、收集、补充有关的基础资料。进行排水工程（包括污水管道系统）设计时，通常需要有以下几方面的基础资料：

（1）有关明确任务的资料

凡进行城镇（地区）的排水工程新建、改建和扩建工程的设计，一般需要了解与本工程有关的城镇（地区）的总体规划以及道路、交通、给水、排水、电力、电信、防洪、环保、燃气、园林绿化等各项专业工程的规划。这样可进一步明确本工程的设计范围、设计期限、设计人口数；拟用的排水体制；污水处置方式；受纳水体的位置及防治污染的要求；各类污水量定额及其主要水质指标；现有雨水、污水管道系统的走向、排出口位置和高程；与给水、电力、电信、燃气等工程管线及其他市政设施可能的交叉；工程投资情况等。

（2）有关自然因素方面的资料

1）地形图　进行大型排水工程设计时，在初步设计阶段要求有设计地区和周围25～30km范围的总地形图，比例尺为1:10000～1:25000，等高线间距1～2m。中小型设计，要求有设计地区总平面图，城镇可采用比例尺1:5000～1:10000，等高线间距1～2m；工厂可采用比例尺1:500～1:2000，等高线间距为0.5～2m。在施工图阶段，要求有比例尺1:500～1:2000的街区平面图，等高线间距0.5～1m；设置排水管道的沿线带状地形图，比例尺1:200~1:1000；拟建排水泵站和污水处理厂处、管道穿越河流和铁路等障碍物处的地形图要求更加详细，比例尺通常采用1:100~1:500，等高线间距0.5~1m。另还需排出口附近河床横断面图。

2）气象资料　包括设计地区的气温（平均气温、极端最高气温和最低气温）；风向和风速；降雨量资料或当地的雨量公式；日照情况；空气湿度等。

3）水文资料　包括接纳污水的河流流量、流速、水位记录，水面比降，洪水情况和河水水温、水质分析化验资料，城市、工业取水及排污情况，河流利用情况及整治规划情况。

4）地质资料　主要包括设计地区的地表组成物质及其承载力；地下水分布及其水位、水质；管道沿线的地质柱状图；当地的地震烈度资料。

（3）有关工程情况的资料

包括道路的现状和规划，如道路等级，路面宽度及材料；地面建筑物和地铁、其他地下建筑的位置和高程；给水、排水、电力、电信电缆、燃气等各种地下管线的位置；本地区建筑材料、管道制品、电力供应的情况和价格；建筑、安装单位的等级和装备情况等。

3.1.2　设计方案的确定

为了使设计方案体现国家有关方针、政策，既技术先进，又切合实际，安全适用，具有良好的环境效益、经济效益和社会效益，需要对设计方案进行技术经济比较与评价。通常，方案比较与评价的步骤和方法是：

（1）建立方案的技术经济数学模型

首先要建立主要技术经济指标与各种技术经济参数、各种参数之间的函数关系，也就是通常所说的建立目标函数及相应的约束条件方程。建模方法普遍采用传统的数理统计法。由于我国排水工程，加之地区差异较大，各地在实际工作中已建的数学模型存在应用上的局限性。在缺少合适数学模型的情况下，也可以凭经验选择合适的参数。

（2）解技术经济数学模型

这一过程为优化计算的过程。从技术经济角度讲，首先必须选择有代表意义的主要技术经济指标为评价目标，其次正确选择适宜的技术经济参数，以便在最好的技术经济情况下进行优选。

（3）方案的技术经济比较

根据技术经济评价原则和方法，在同等条件下计算出各方案的工程量、投资以及其他技术经济指标，然后进行各方案的技术经济比较。

排水工程设计方案技术经济比较常用的方法有：逐项对比法、综合比较法、综合评分法、两两对比加权评分法等。

（4）综合评价与决策

在上述分析评价的基础上，对各设计方案的技术经济、方针政策、社会效益、环境效益等作出总的评价与决策，以确定最佳方案。综合评价的项目或指标，应根据工程项目的具体情况确定。

经过综合比较后所确定的最佳方案即为最终的设计方案。

3.2 设计流量的确定

3.2.1 综合生活污水设计流量的确定

综合生活污水是指居民生活和公共服务产生的污水，其设计流量按式（3-1）计算：

$$Q_d = \frac{n \cdot N \cdot K_z}{24 \times 3600} \tag{3-1}$$

式中 Q_d——设计综合生活污水流量，L/s；

n——综合生活污水定额，L/（人·d）；

N——设计人口数，人；

K_z——综合生活污水量总变化系数。

（1）居民生活污水定额

居民生活污水定额应根据当地居民生活用水定额和综合生活用水定额，结合建筑内部给水排水设施的水平确定。

1）居民生活污水定额

居民每人每天日常生活中洗涤、冲厕、洗澡等产生的污水量[L/（人·d）]。

2）综合生活污水定额

指居民生活污水和公共服务（包括娱乐场所、宾馆、浴室、商业网点、学校和办公楼等地方）产生的污水两部分的总和[L/（人·d）]。

居民生活污水定额和综合生活污水定额应根据当地采用的用水定额，结合建筑内部给水排水设施水平和排水系统普及程度等因素确定。在按用水定额确定污水定额时，对给水排水系统完善的地区可按用水定额的90%计，一般地区可按用水定额的80%计。设计中可根据当地用水定额确定污水定额。若当地缺少实际用水定额资料时，可根据现行国家标准《城市居民生活用水量标准》GB/T 50331 和《室外给水设计标准》GB 50013 规定的居民生活用水定额（平均日）和综合生活用水定额（平均日），结合当地的实际情况选用。然后根据当地建筑内部给水排水设施水平和给水排水系统完善程度确定居民生活污水定额和综合生活污水定额。对于已建成地区的排水系统改造设计，可通过实地监测污水流量，也可通过实际用水量来确定。对于新建区，有时需要根据用地地块功能类型分类计算。

（2）设计人口

设计人口是计算污水设计流量的基本数据，是指污水排水系统设计期限终期的规划人口数。该值由城镇（地区）的总体规划确定。由于城镇性质或规模不同，城市工业、仓储、交通运输、生活居住用地分别占城镇总用地的比例和指标不同，因此，在计算污水管道服务的设计人口时，常用人口密度与服务面积相乘得到。

人口密度表示人口分布的情况，是指住在单位面积上的人口数，以人/hm² 表示。若人口密度所用的地区面积包括街道、公园、运动场、水体等在内时，该人口密度称为总人口密度。若所用的面积只是街区内的建筑面积时，该人口密度称为街区人口密度。在规划或初步设计时，计算污水量根据总人口密度计算；而在技术设计或施工图设计时，一般采用街区人口密度计算。

（3）综合生活污水量总变化系数

由于综合生活污水定额是平均值，因此根据设计人口和生活污水定额计算所得的是污水平均流量。而实际流入污水管道的污水量时刻都在变化。夏季与冬季污水量不同。一日中，日间和晚间的污水量不同，日间各小时的污水量也有很大差异。居住区的污水量一般在凌晨几个小时最小，上午 6:00 ~ 8:00 和下午 17:00 ~ 20:00 流量较大。就是在 1h 内，污水量也是有变化的，但这个变化比较小，通常假定 1h 过程中流入污水管道的污水是均匀的。这种假定，一般不致影响污水排水系统设计和运转的合理性。

污水量的变化程度通常用变化系数表示。变化系数分日、时及总变化系数。

一年中最大日污水量与平均日污水量的比值称为日变化系数（K_d）。

最大日中最大时污水量与最大日平均时污水量的比值称为时变化系数（K_h）。

最大日最大时污水量与平均日平均时污水量的比值称为总变化系数（K_Z）。显然

$$K_Z = K_d \cdot K_h \tag{3-2}$$

通常，污水管道的设计断面根据最大日最大时污水流量确定，因此需要求出总变化系数。然而一般城市缺乏日变化系数和时变化系数的数据，要直接采用式（3-2）求总变化系数有困难。实际上，污水流量的变化情况随着人口数和污水定额的变化而变化。若污水定额一定，流量变化幅度随人口数增加而减小；若人口数一定，则流量变化幅度随污水定额增加而减小。因此，在采用同一污水定额的地区，上游管道由于服务人口少，管道中出现的最大流量与平均流量的比值较大。而在下游管道中，服务人口多，来自各排水地区的污水由于流行时间不同，高峰流量得到削减，最大流量与平均流量的比值较小，流量变化幅度小于上游管道。也就是说，总变化系数与平均流量之间有一定的关系，平均流量越大，总变化系数越小。表 3-1 是《室外排水设计标准》GB 50014—2021 采用的居住区生活污水量总变化系数值。

居住区生活污水量总变化系数 表 3-1

污水平均日流量（L/s）	5	15	40	70	100	200	500	≥1000
总变化系数 K_Z	2.7	2.4	2.1	2.0	1.9	1.8	1.6	1.5

注：1. 当污水平均日流量为中间数值时，总变化系数用内插法求得；
　　2. 当居住区有实际生活污水量变化资料时，可按实际数据采用。

综合生活污水量总变化系数可根据当地实际综合生活污水量变化资料确定。无测定资料时，可按表 3-1 的规定取值。新建分流制排水系统的地区，宜提高综合生活污水量总变化系数；既有地区可结合城区和排水系统改建工程，提高综合生活污水量总变化系数。

我国现行综合生活污水量总变化系数是参考了上海市 80 座污水泵站 2010 年至 2014 年的日运行数据所得。《室外排水设计标准》GB 50014—2021 提出，为有效控制降雨初期的雨水污染，针对新建分流制地区，应根据排水总体规划，参照国外先进和有效的标准，宜适当提高综合生活污水量总变化系数；既有地区，根据当地排水系统的实际改建需要，综合生活污水量总变化系数也可适当提高。

总变化系数 K 可通过式（3-3）计算确定。

$$\lg K = -0.1156 \lg Q + 0.5052 \tag{3-3}$$

式中　Q——平均日流量，L/s。

3.2.2 设计工业废水流量的确定

包括：工业企业生活污水量及淋浴污水和工业企业生产废水量之和，即 $Q_m = Q_{21} + Q_{22}$（L/s），式中 Q_m 为设计工业废水流量（L/s）。

（1）设计工业生活流量

设计工业生活流量按式（3-4）计算：

$$Q_{21} = \frac{A_1 B_1 K_1 + A_2 B_2 K_2}{3600T} + \frac{C_1 D_1 + C_2 D_2}{3600} \tag{3-4}$$

式中　Q_{21}——工业企业生活污水及淋浴污水设计流量，L/s；

A_1——一般车间最大班职工人数，人；

A_2——热车间最大班职工人数，人；

B_1——一般车间职工生活污水定额，以 25L/（人·班）计；

B_2——热车间职工生活污水定额，以 35L/（人·班）计；

K_1——一般车间生活污水量时变化系数，以 3.0 计；

K_2——热车间生活污水量时变化系数，以 2.5 计；

C_1——一般车间最大班使用淋浴的职工人数；

C_2——热车间最大班使用淋浴的职工人数；

D_1——一般车间的淋浴污水定额，以 40L/（人·班）计；

D_2——高温、污染严重车间的淋浴污水定额，以 60L/（人·班）计；

T——每班工作时数，h/班。

淋浴时间以下班后 60min 计。

（2）设计生产废水流量

设计生产废水流量按式（3-5）计算：

$$Q_{22} = \frac{m \cdot M \cdot K_Z}{3600T} \tag{3-5}$$

式中　Q_{22}——设计生产废水流量，L/s；

m——生产过程中每单位产品的废水量，L/单位产品；

M——产品的平均日产量；

T——每日生产时数，h；

K_Z——总变化系数。

设计工业废水量应根据工业企业工艺特点确定，工业企业的生活污水应符合现行国家标准《建筑给水排水设计标准》GB 50015 的有关规定。

工业废水量变化系数应根据工艺特点和工作班次确定。生产单位产品或加工单位数量原料所排出的平均废水量，也称生产过程单位产品的废水量定额。工业企业的生产废水量随行业类型、采用的原材料、生产工艺特点和管理水平等的不同而差异很大。近年来，随着国家对水资源开发利用和保护的日益重视，有关部门正在制订各行业的工业用水量标准，排水工程设计时应与之协调。《污水综合排放标准》GB 8978—1996 对矿山工业、焦化企业（煤气厂）、有色金属冶炼及金属加工、石油炼制工业、合成洗涤剂工业等部分行业规定了最高允许排水量或水重复利用率最低要求。在排水工程设计时，可根据工业企业的类别、生产工艺特点等情况，按有关规定选用工业废水量定额。

在不同的工业企业中，生产废水的排出情况很不一致。某些工厂的生产废水是均匀排出的，但很多工厂废水排出情况变化很大，甚至个别车间的生产废水也可能在短时间内一次排放。因而生产废水量的变化取决于工厂的性质和生产工艺过程。生产废水量的日变化一般较小，日变化系数一般可取为1。时变化系数可实测，表 3-2 所列为某印染厂生产废水量最大一天中各小时流量的实测值。从表 3-2 看出，最大时废水流量为 412.28m³，发生在 8:00～9:00。时变化系数 $K_h = 412.28/263.73 = 1.56$。

各小时废水流量的实测值   表 3-2

时间（h）	流量（m³）				
	排出口			总出口	
	1 号	2 号	3 号	流量（m³）	%
0～1	114.64	182.05	5.86	302.55	4.78
1～2	75.57	173.62	5.41	254.60	4.02
2～3	40.35	165.45	12.25	218.05	3.45
3～4	43.92	165.45	10.62	219.99	3.48
4～5	135.04	190.70	9.12	334.86	5.29
5～6	64.57	237.64	6.53	308.74	4.88
6～7	121.23	157.50	7.77	286.50	4.53
7～8	121.23	182.05	7.77	311.05	4.91
8～9	157.50	247.77	7.01	412.28	6.51
9～10	45.24	147.79	6.48	199.51	3.15
10～11	40.35	160.70	5.41	206.46	3.26
11～12	41.05	160.70	5.41	207.16	3.27
12～13	36.99	163.84	5.41	206.24	3.26
13～14	45.39	227.76	6.53	279.68	4.42
14～15	69.28	199.60	5.41	274.29	4.33
15～16	20.14	239.84	6.08	266.06	4.20
16～17	30.17	157.50	6.53	194.20	3.07
17～18	85.72	149.79	9.12	244.63	3.86
18～19	79.56	173.62	7.77	260.95	4.12
19～20	60.06	157.50	6.53	224.09	3.54
20～21	74.20	218.29	7.77	300.26	4.74
21～22	74.20	190.70	9.12	274.02	4.33
22～23	55.74	218.29	8.55	282.58	4.46
23～24	45.39	208.74	6.53	260.66	4.12
合　计	1677.53	4476.89	174.99	6329.41	100.00
平　均	69.90	186.54	7.29	263.73	4.17

以时间为横坐标，各小时流量占总流量的百分数为纵坐标，用表 3-2 的数据绘制成废水流量变化图，如图 3-1 所示。

某些工业废水量的时变化系数大致如下，可供参考：冶金工业 1.0～1.1；化学工业 1.3～1.5；纺织工业 1.5～2.0；食品工业 1.5～2.0；皮革工业 1.5～2.0；造纸工业 1.3～1.8。

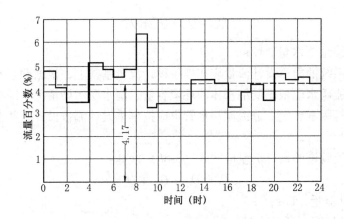

图 3-1 某印染厂废水流量变化

3.2.3 地下水渗入量

在地下水水位较高地区，受当地土质、地下水位、管道及接口材料、施工质量等因素的影响，当地下水位高于排水管渠时，排水系统设计应适当考虑入渗地下水量。入渗地下水量 Q_u 宜根据测定资料确定，一般以单位管长和管径计，也可以按设计综合生活污水和设计工业废水总量的 10% ~15% 计，还可按每天每单位服务面积入渗的地下水量计。中国市政工程中南设计研究院和广州市政园林局测定过，管径为 1000~1350mm 的新铺钢筋混凝土管入渗地下水量，结果为：地下水位高于管底 3.2m，入渗量为 94m³/（km·d）；高于管底 4.2m，入渗量为 196m³/（km·d）；高于管底 6.0m，入渗量为 800m³/（km·d）；高于管底 6.9m，入渗量为 1850m³/（km·d）。上海某泵站冬夏两次测定，冬季为 3800m³/（km·d），夏季为 6300m³/（km·d）；日本《下水道设施设计指南与解说》（日本下水道协会，2001年）规定按每人每日最大污水量的 10% ~20% 计；英国《污水处理厂》BSEN 12255 建议按观测夜间流量进行估算；德国 ATV 标准（德国废水工程协会，2000 年）规定入渗水量不大于 0.15L/（s·hm²），如大于该值则应采取措施减少入渗；美国按 0.01~1.0m³/（mm－km·d）（mm 为管径，km 为管长）或按 0.2~28m³/（d·hm²）计。应当指出，国外在计算 Q_u 时，常常还包括入流量（inflow）。入流量和入渗量（infiltration）很难区分，常常合并计算。

3.2.4 城镇污水设计总流量的计算

城镇污水总设计流量是确定排水系统设计规模的依据，应根据排水系统的规划和普及程度合理确定。城镇污水是综合生活污水、工业废水和入渗地下水的总称。包括：综合生活污水、工业废水（工业企业生活污水和工业生产废水）设计流量两部分之和。因此，城镇污水设计总流量一般为：

$$Q_{dr} = Q_d + Q_m \tag{3-6}$$

式中 Q_{dr}——分流制排水系统的旱流污水设计流量，L/s；

      Q_d——设计综合生活污水量，L/s；

      Q_m——设计工业废水量，L/s。

在地下水位较高的地区，水力计算时，式（3-6）应加入渗地下水量 Q_u，即：

$$Q_{dr} = Q_d + Q_m + Q_u \tag{3-6a}$$

式中　Q_u——入渗地下水量，L/s。

分流制污水系统的雨季设计流量应在旱季设计流量基础上，根据调查资料增加截流雨水量。分流制截流雨水应根据受纳水体的环境容量、雨水受污染情况、源头减排设施规模和排水区域大小等因素确定。分流制污水管道应按旱季设计流量设计，并在雨季设计流量下校核。

截流井前合流管道的设计流量应按式（3-6b）计算：

$$Q = Q_d + Q_m + Q_s \tag{3-6b}$$

式中　Q——设计流量，L/s；

Q_d——设计综合生活污水量，L/s；

Q_m——设计工业废水量，L/s；

Q_s——雨水设计流量，L/s。

径流污染控制是海绵城市建设的一个重要指标。因此，污水系统的设计也应将受污染的雨水径流收集、输送至污水处理厂处理达标后排放，以缓解雨水径流对河流的污染。在英国、美国等国家无论排水系统是合流制、还是分流制，污水干管和污水处理厂的设计中都有在处理旱季流量之外，预留部分雨季流量处理能力，根据当地的气候特点、污水系统的收集范围、管网质量，雨季设计流量可以是旱季流量的 3 ~ 8 倍。

上述计算城镇污水总设计流量的方法，是假定排出的各种污水都在同一时间内出现最大流量，即污水管道设计采用简单累加法计算流量。但在设计污水泵站和污水处理厂时，如果也采用各项污水最大时流量之和作为设计依据，将不经济。因为各种污水最大时流量同时发生的可能性较小，各种污水流量汇合时，可能互相调节，而使流量高峰降低。为了合理地决定污水泵站和污水处理厂各处理构筑物的最大污水设计流量，必须考虑各种污水流量的逐时变化，即知道一日中各种污水每小时的流量，然后将相同小时的各种流量叠加，求出一日中流量的逐时变化，取最大时流量作为总设计流量。以这种综合流量计算法求得的最大污水量作为污水泵站和污水处理厂处理构筑物的设计流量，是比较经济合理的。但往往由于缺乏污水量逐时变化资料而不方便采用。

当设计污水管道系统时，应分别列表计算综合生活污水、工业废水设计流量，然后得出污水设计流量综合表。某城镇生活污水、生产废水、城镇污水总流量的综合计算及工厂企业内部生活污水及淋浴污水设计流量的计算过程及成果见表3-3 ~ 表3-6。

城镇居民生活污水设计流量计算表　　　　　　　　　　　表 3-3

居住区类型	排水流域编号	居住区面积（hm^2）	人口密度（人/hm^2）	居民人数（人）	生活污水定额 [L/（人·d）]	平均污水量			总变化系数 K_z	设计流量	
						（m^3/d）	（m^3/h）	（L/s）		（m^3/h）	（L/s）
旧城区	I	61.49	520	31964	100	3196.40	133.18	37.00	1.81	241.06	66.97
文教区	II	41.19	440	18436	140	2581.04	107.54	29.87	1.86	200.02	55.56
工业区	III	52.85	480	25363	120	3044.16	126.84	35.23	1.82	231.08	64.19
合计	—	155.51	—	75768	—	8821.60	367.56	102.10	1.62	595.44[①]	165.40[①]

① 此两项合计数字不是直接总计，而是合计平均总量与相对应的总变化系数的乘积。

城镇中生产污水设计流量计算表   表 3-4

工厂类型	班数	各班时数 (h)	单位产品	日产量 (t)	单位产品废水量 (m³/t)	平均流量 (m³/d)	平均流量 (m³/h)	平均流量 (L/s)	总变化系数	设计流量 (m³/h)	设计流量 (L/s)
酿酒厂	3	8	酒	15	18.6	279	11.63	3.23	3	34.89	9.69
肉类加工厂	3	8	牲畜	162	15	2430	101.25	28.13	1.7	172.13	47.82
造纸厂	3	8	白纸	12	150	1800	75	20.83	1.45	108.75	30.20
皮革厂	3	8	皮革	34	75	2550	106.25	29.51	1.4	148.75	41.31
印染厂	3	8	布	36	150	5400	225	62.5	1.42	319.5	88.75
合计						12459	519.13	144.2	—	784.02	217.77

工厂生活污水及淋浴污水设计流量计算表   表 3-5

工厂类型	班数	每班时数(h)	职工人数 日(人)	职工人数 最大班(人)	污水量标准(L)	日流量(m³)	最大班流量(m³)	时变化系数 K_h	最大时流量(m³)	最大秒流量(L)	使用淋浴的职工人数 日(人)	最大班(人)	污水量标准(L)	日流量(m³)	最大时流量(m³)	最大秒流量(L)	合计 日流量(m³)	合计 最大时流量(m³)	合计 最大秒流量(L)
酿酒厂	3	8	418	156	35	14.63	5.46	2.5	1.71	0.47	292	109	60	17.52	6.54	1.82	32.15	8.25	2.29
			256	108	25	6.40	2.70	3.0	1.01	0.28	89	38	40	3.56	1.52	0.42	9.96	2.53	0.70
肉类加工厂	3	8	520	168	35	18.20	5.88	2.5	1.84	0.51	364	116	60	21.84	6.96	1.93	40.04	8.80	2.44
			234	92	25	5.85	2.33	3.0	0.87	0.24	90	35	40	3.6	1.40	0.39	9.45	2.27	0.63
造纸厂	3	8	440	150	35	15.40	5.25	2.5	1.64	0.46	300	105	60	18.00	6.30	1.75	33.40	7.94	2.21
			422	145	25	10.55	3.63	3.0	1.36	0.38	148	50	40	5.92	2.00	0.56	16.47	3.36	0.94
皮革厂	3	8	792	274	35	27.72	9.59	2.5	2.99	0.83	440	156	60	26.40	9.36	2.60	54.12	12.35	3.43
			864	324	25	21.60	8.10	3.0	3.04	0.84	372	80	40	14.88	5.92	2.00	36.48	6.24	1.73
印染厂	3	8	1330	450	35	46.55	15.75	2.5	4.92	1.37	930	315	60	55.80	18.90	5.25	102.35	23.82	6.62
			1390	470	25	34.75	11.75	3.0	4.41	1.22	556	188	40	22.24	7.52	2.09	56.99	11.93	3.31
合计	—	—	—	—	—	201.65	70.44	—	23.79	6.60	—	—	—	189.76	63.7	17.7	391.41	87.49	24.30

城镇污水总流量综合表   表 3-6

排水工程对象	最大日污水流量 (m³/d) 生活污水	进入城镇污水管道的生产污水	最大时污水流量 (m³/h) 生活污水	进入城镇污水管道的生产污水	设计流量 (L/s) 生活污水	进入城镇污水管道的生产污水
居住区	8821.00	—	595.42	—	165.40	—
工厂	391.41	12459	87.49	784.02	24.30	217.77
合计	9212.41	12459	682.91	784.02	189.70	217.77
总计	$Q_{vd}=21671.41$		$Q_{maxh}=1466.95$		$Q_{maxs}=407.47$	

注：Q_{vd}——平均日流量；Q_{maxh}——最大时流量；Q_{maxs}——最大平均流量。

3.3 污水管渠系统的水力计算

3.3.1 污水在管渠中的流动特点

排水管渠系统的设计应以重力流为主，不设或少设提升泵站。当无法采用重力流或采用重力流不经济时，可采用压力流。排水管渠的重力流一般为非满流，即具有自由水面。以下分析污水重力流的流动特点。

污水由支管流入干管，再流入主干管，最后流入污水处理厂。管道由小到大，分布类似河流，呈树枝状，与给水管网的环流贯通情况完全不同。污水在管道中一般是靠管道两端的水面差从高向低处流动，管道内部不承受压力，即靠重力流动。

污水管道中的污水含有一定数量的有机物和无机物，其中相对密度小的漂浮在水面并随污水漂流；较重的分布在水流断面上并呈悬浮状态流动；最重的沿管底移动或淤积在管壁上，这种情况与清水的流动略有不同。但总的来说，污水中含水率一般在99%以上，所含悬浮物质的比例极少，因此可假定污水的流动一般遵循水流流动的规律，并假定管道内水流是均匀流。但对污水管道中水流流动的实测结果表明，管内的流速是变化的。这主要是因为管道小，水流流经弯道、交叉、变坡、变径、跌水等地时，水流状态发生改变，流速也就不断变化，可能流量也在变化，因此在上述条件下，污水管道内水流不是均匀流。但除上述情况外，在直线管段上，当流量没有很大变化且无沉淀物时，管内污水的水力要素（速度、压强、密度等）均不随时间变化，可视为恒定流（steady flow），且管道断面、形状、尺寸不变，流线为相互平行的直线，其的流动状态可视为均匀流（uniform flow）。如果在设计与施工中，注意改善管道的水力条件，则可使管内水流尽可能接近均匀流。

3.3.2 水力计算的基本公式

污水管道水力计算的目的在于合理经济地选择管道断面尺寸、坡度和埋深。由于计算根据是水力学的规律，所以称为管道的水力计算。如前所述，如果在设计与施工中注意改善管道的水力条件，可使管内污水的流动状态尽可能地接近均匀流（图3-2），考虑到变速流公式计算的复杂性和污水流动的变化不定，即使采用变速流公式计算也很难保证精确，为简化计算工作，目前排水管道的水力计算仍采用均匀流公式。常用的均匀流基本公式有：

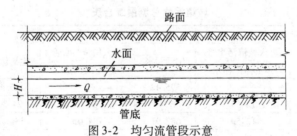

图 3-2 均匀流管段示意

流量公式：

$$Q = A \cdot v \tag{3-7}$$

恒定流条件下排水管渠（有压、无压均匀流条件下）的

流速公式：

$$v = C \cdot \sqrt{R \cdot I} \tag{3-8}$$

式中　Q——设计流量，m^3/s；

　　　A——水流有效断面面积，m^2；

v ——流速，m/s；

R ——水力半径（过水断面面积与湿周的比值），m；

I ——水力坡度（等于水面坡度，也等于管底坡度）；

C ——流速系数或称谢才系数，一般按曼宁公式计算，即：

$$C = \frac{1}{n} \cdot R^{\frac{1}{6}} \tag{3-9}$$

将式（3-9）代入式（3-8）和式（3-7），得恒定流条件下，排水管渠的流速公式为：

$$v = \frac{1}{n} \cdot R^{\frac{2}{3}} \cdot I^{\frac{1}{2}} \tag{3-10}$$

$$Q = \frac{1}{n} \cdot A \cdot R^{\frac{2}{3}} \cdot I^{\frac{1}{2}} \tag{3-11}$$

式中 n 为管壁粗糙系数。需要指出，在水力计算中应区分（清洁）管材的粗糙系数和实际排水管道表面粗糙系数。根据管渠材料而定，见表3-7。

管壁粗糙系数 n　　　　　　　　　　　　　　　　　表 3-7

管道类型	n	管道类型	n
PVC-U 管、PE 管、玻璃钢管	0.009 ~ 0.010	浆砌砖渠道	0.015
石棉水泥管、钢管	0.012	浆砌块石渠道	0.017
水泥砂浆内衬球墨铸铁管	0.011 ~ 0.012	干砌块石渠道	0.020 ~ 0.025
混凝土管、水泥砂浆抹面渠道、钢筋混凝土管	0.013 ~ 0.014	土明渠（包括带草皮）	0.025 ~ 0.030

3.3.3 污水管道水力计算参数

从水力计算式（3-7）和式（3-8）可知，设计流量及设计流速与过水断面面积有关，而流速则是管壁粗糙系数、水力半径和水力坡度的函数。为了保证污水管道的正常运行，在《室外排水设计标准》GB 50014—2021 中对这些因素作了规定，在污水管道进行水力计算时应予遵守。

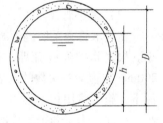

图3-3　充满度示意

（1）设计充满度

在设计流量下，污水在管道中的水深 h 和管道直径 D 的比值称为设计充满度（或水深比），如图3-3所示。当 $h/D = 1$ 时，称满流；$h/D < 1$ 时，称不满流。我国污水管道按不满流进行设计，其最大设计充满度的规定见表3-8。明渠超高不得小于0.2m。

规定污水管道的设计按不满流设计的原因是：

1）污水流量时刻在变化，很难精确计算，而且雨水或地下水可能通过检查井盖或管道接口渗入污水管道。因此，有必要保留一部分管道断面，为未预见水量的进入留有余地，避免污水溢出而影响环境卫生。

污水管道（渠）最大设计充满度　　　　　　　　　　　表 3-8

管径（D）或暗渠高（H）（mm）	最大设计充满度（h/D 或 h/H）
200 ~ 300	0.55
350 ~ 450	0.65
500 ~ 900	0.70
≥1000	0.75

注：在计算污水管道充满度时，不包括短时突然增加的污水量，但当管径小于或等于300mm时，应按满流复核。

2）污水管道内沉积的污泥可能分解析出一些有害气体。此外，污水中如含有汽油、苯、石油等易燃液体时，可能形成爆炸性气体。故需留出适当的空间，以利管道的通风，排除有害气体，对防止管道爆炸有良好效果。

3）便于管道的疏通和维护管理。

（2）设计流速

与设计流量、设计充满度相应的水流平均速度称为设计流速。污水在管内流动缓慢时，污水中所含杂质可能下沉，产生淤积；当污水流速增大时，可能产生冲刷，甚至损坏管道。为防止管道中产生淤积或冲刷，设计流速不宜过小或过大，应在最大和最小设计流速范围之内。

最小设计流速是保证管道内不致发生淤积的流速，故又称不淤流速。这一最低的限值与污水中所含悬浮物的成分、粒度、管道的水力半径、管壁的粗糙系数等有关。从实际运行情况看，流速是防止管道中污水所含悬浮物沉淀的重要因素，但不是唯一的因素。引起污水中悬浮物沉淀的决定因素是充满度，即水深。一般管道水量变化大，水深变小时就容易产生沉淀。大管道水量大、动量大，水深变化小，不易产生沉淀。因此不需要按管径大小分别规定最小设计流速。根据国内污水管道实际运行情况的观测数据并参考国外经验，污水管道在设计充满度下最小设计流速定为 0.6m/s。含有金属、矿物固体或重油杂质的生产污水管道，其最小设计流速宜适当加大，可根据试验或运行经验确定。

最大设计流速是保证管道不被冲刷损坏的流速，故又称冲刷流速。该流速与管道材料有关，通常，金属管道的最大设计流速为 10m/s，非金属管道的最大设计流速为 5m/s。

非金属管道最大设计流速经过试验验证可适当提高。排水管道采用压力流时，压力管道的设计流速宜采用 0.7~2.0m/s；明渠流为 0.4m/s。

（3）最小管径

在污水管道系统的上游部分，设计污水流量一般很小，若根据流量计算，则管径会很小。根据养护经验证明，管径过小极易堵塞，比如 150mm 支管的堵塞次数可能达到 200mm 支管堵塞次数的两倍，使养护管道的费用增加。而 200mm 与 150mm 管道在同样埋深下，施工费用相差不多。此外，采用较大的管径，可选用较小的坡度，使管道埋深减小。因此，为了养护工作的方便，常规定一个允许的最小管径。在街区和厂区内最小管径为 200mm，在街道下为 300mm。在进行管道水力计算时，上游管段由于服务的排水面积小，因而设计流量小，按此流量计算得出的管径可能小于最小管径，此时应采用最小管径值。一般可根据最小管径在最小设计流速和最大充满度情况下，能通过的最大流量值进一步估算出设计管段服务的排水面积。若设计管段服务的排水面积小于此值，即直接采用最小管径和相应的最小坡度而不再进行水力计算。这种管段称为不计算管段。在这些管段中，当有适当的冲洗水源时，可考虑设置冲洗井。

（4）最小设计坡度

在污水管道系统设计时，通常采用直管段埋设坡度与设计地区的地面坡度基本一致，以减小埋设深度，但管道坡度造成的流速应等于或大于最小设计流速，以防止管道内产生沉淀，这在地势平坦或管道走向与地面坡度相反时尤为重要。因此，将相应于管内最小设计流速时的管道坡度称为最小设计坡度。

从水力计算式（3-10）看出，设计坡度与设计流速的平方成正比，与水力半径的 2/3

次方成反比。由于水力半径是过水断面积与湿周的比值，因此不同管径的污水管道应有不同的最小坡度。管径相同的管道，因充满度不同，其最小坡度也不同。当在给定设计充满度条件下，管径越大，相应的最小设计坡度值也就越小。所以只需规定最小管径的最小设计坡度值即可。如污水管最小管径为300mm时，其最小设计坡度：塑料管为0.002，其他管为0.003；雨水等管道的最小管径与相应的最小设计坡度见表3-9。

最小管径与相应的最小设计坡度 表3-9

管道类型	最小管径（mm）	相应的最小设计坡度
污水管、合流管	300	0.003
雨水管	300	塑料管为0.002，其他管为0.003
雨水口连接管	200	0.010
压力输泥管	150	—
重力输泥管	200	0.010

管道在坡度变陡处，其管径可根据水力计算确定由大改小，但不得超过2级，并不得小于相应条件下的最小管径。

在给定管径和坡度的圆形管道中，满流与半满流运行时的流速是相等的，处于满流与半满流之间的理论流速则略大一些，而随着水深降至半满流以下，则其流速逐渐下降，详见表3-10。

圆形管道的水力因素 表3-10

充满度	面积	水力半径		流速	流量
h/D	w'/w	R'/R	$(R'/R)^{1/6}$	v'/v	Q'/Q
1.00	1.000	1.000	1.000	1.000	1.000
0.90	0.949	1.190	1.030	1.123	1.065
0.80	0.856	1.214	1.033	1.139	0.976
0.70	0.746	1.183	1.029	1.119	0.835
0.60	0.625	1.110	1.018	1.072	0.671
0.50	0.500	1.000	1.000	1.000	0.500
0.40	0.374	0.856	0.974	0.902	0.337
0.30	0.253	0.635	0.939	0.777	0.196
0.20	0.144	0.485	0.886	0.618	0.080
0.10	0.052	0.255	0.796	0.403	0.021

3.3.4 污水管道的埋设深度和覆土厚度

污水管网的投资一般占污水工程总投资的50%～75%，而构成污水管道造价的挖填沟槽、沟槽支挡、湿土排水、管道基础、管道铺设等部分的相对密度等，与管道的埋设深度及开槽支撑方式有很大关系。在实际工程中，同一直径的管道，采用的管材、接口和基础形式均相同，因其埋设深度不同，管道单位长度的工程费用相差较大。因此，合理地确定管道埋深对于降低工程造价是十分重要的。在土质较差、地下水位较高的地区，设法减小管道埋深，对于降低工程造价尤为重要。通常，管道埋设深度指管道内壁底到地面的距离。管道埋设深度确定后，管道外壁顶部到地面的距离即覆土厚度也就确定了，见图3-4。为了降低造价、缩短施工期，管道埋设深度越小越好。但覆土厚度应有一个最小的限值，以满足技术上的要求，这个最小限值称为最小覆土厚度。污水管道的最小覆土厚度，一般

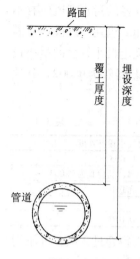

图 3-4 覆土厚度

应满足下述三个因素的要求：

（1）必须防止管道内污水冰冻和因土壤冻胀而损坏管道

我国东北、西北、华北部分地区，气候比较寒冷，属于季节性冻土区。土壤冰冻深度主要受气温和冻结期长短的影响，如海拉尔区最低气温 -28.5℃，土壤冰冻深达 3.2m。当然，同一城市又会因地面覆盖的土壤种类不同以及阳面还是阴面、市区还是郊区的不同，冰冻深度也有所差别。

冰冻层内污水管道埋设深度或覆土厚度，应根据流量、水温、水流情况和敷设位置等因素确定。由于污水水温较高，即使在冬季，污水温度也不会低于4℃。比如，根据东北几个寒冷城市冬季污水管道情况的调查资料，满洲里市、齐齐哈尔市、哈尔滨市的出户污水管水温，经多年实测在 4～15℃。齐齐哈尔市的街道污水管水温平均为 5℃，一些测点的水温高达 8～9℃。最寒冷的满洲里市和海拉尔区的污水管道出口水温，在一月份实测为7～9℃。此外，污水管道按一定的坡度敷设，管内污水具有一定的流速，经常保持一定的流量不断地流动。因此，污水在管道内是不会冰冻的，管道周围的泥土也不冰冻。因此没有必要把整个污水管道都埋在土壤冰冻线以下。但如果将管道全部埋在冰冻线以上，则会因土壤冰冻膨胀可能损坏管道基础，从而损坏管道。

《室外排水设计标准》GB 50014—2021 规定：一般情况下，排水管道宜埋设在冰冻线以下。当该地区或条件相似地区有浅埋经验或采取相应安全运行措施时，也可埋设在冰冻线以上，其浅埋深度应根据该地区经验确定，但应保证排水管道安全运行。这样可节省投资，但增加了运行风险，应综合比较确定。

（2）必须防止管壁因地面荷载而受到破坏

埋设在地面下的污水管道承受着覆盖其上的土壤静荷载和地面上车辆运行产生的动荷载。为了防止管道因外部荷载损坏，首先要注意管材质量，另外必须保证管道有一定的覆土厚度。因为车辆运行对管道产生的动荷载，其垂直压力随着深度增加而向管道两侧传递，最后只有一部分集中的轮压力传递到地下管道上。从这一因素考虑并结合各地埋管经验，管顶最小覆土厚度应根据管材强度、外部荷载、土壤冰冻深度和土壤性质等条件，结合当地埋管经验确定。管顶的最小覆土厚度宜为：人行道下宜为 0.6m，车行道下宜为0.7m。管顶最大覆土深度超过相应管材承受规定值或最小覆土深度小于规定值时，应采用结构加强管材或采用结构加强措施。

（3）必须满足街区污水连接管衔接的要求

为保证城市住宅、公共建筑内产生的污水能顺畅排入街道污水管网，街道污水管网起点的埋深必须大于或等于街区污水管终点的埋深，而街区污水管起点的埋深又必须大于或等于建筑物污水出户管的埋深。这对于确定在气候温暖又地势平坦地区街道管网起点的最小埋深或覆土厚度是很重要的因素。从安装技术方面考虑，要使建筑物首层卫生设备的污水能顺利排出，污水出户管的最小埋深一般采用 0.5～0.7m，所以街坊污水管道起点最小埋深也应有 0.7m。根据街区污水管道起点最小埋深值，可根据图 3-5 和式（3-12）计算出街道管网起点的最小埋设深度。

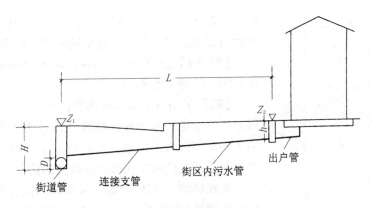

图 3-5　街道污水管最小埋深示意

$$H = h + I \cdot L + Z_1 - Z_2 + \Delta h \qquad (3\text{-}12)$$

式中　H——街道污水管网起点的最小埋深，m；

　　　h——街区污水管起点的最小埋深，m；

　　　Z_1——街道污水管起点检查井处地面标高，m；

　　　Z_2——街区污水管起点检查井处地面标高，m；

　　　I——街区污水管和连接支管的坡度；

　　　L——街区污水管和连接支管的总长度，m；

　　Δh——连接支管与街道污水管的管内底高差，m。

　　对每一个具体管道，从上述三个不同的因素出发，可以得到三个不同的管底埋深或管顶覆土厚度值，这三个数值中的最大值就是这一管道的允许最小覆土厚度或最小埋设深度。

　　除考虑管道的最小埋深外，还应考虑最大埋深问题。污水在管道中依靠重力从高处流向低处。当管道的坡度大于地面坡度时，管道的埋深就越来越大，尤其在地形平坦的地区更为突出。埋深越大，则造价越高，施工期也越长。管道埋深允许的最大值称为最大允许埋深。该值的确定应根据技术经济指标及施工方法确定。

3.3.5　污水管道水力计算方法

　　在进行污水管道水力计算时，通常污水设计流量为已知值，需要确定管道的断面尺寸和敷设坡度。为使水力计算获得较为满意的结果，必须认真分析设计地区的地形等条件，并充分考虑水力计算设计数据的有关规定，所选管道断面尺寸，应在规定的设计充满度和设计流速的情况下，能够排泄设计流量。管道坡度一方面要使管道尽可能与地面坡度平行敷设，以免增大管道埋深；另一方面又不能小于最小设计坡度，以免管道内流速达不到最小设计流速而产生淤积，也应避免管道坡度太大而使流速大于最大设计流速而导致管壁受冲刷。

　　具体计算中，在已知设计流量 Q 及管道粗糙系数 n 情况下，需要求管径 D、水力半径 R、充满度 h/D、管道坡度 I 和流速 v。在式（3-7）和式（3-10）两个方程式中，有 5 个未知数，因此必须先假定 3 个求其他 2 个，这样的数学计算极为复杂。为了简化计算，常采用水力计算图或水力计算表（见本执业指南《第 4 册　常用资料》）。

　　这种将流量、管径、坡度、流速、充满度、粗糙系数各水力因素之间关系绘制成的水力计算图使用较为方便。对每一张图、表而言，D 和 n 是已知数，图 3-6 中的曲线表示

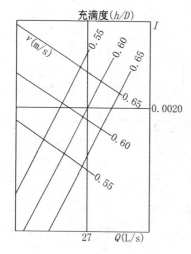

图 3-6　水力计算示意

Q、v、I、h/D 之间的关系。这 4 个因素中，只要知道 2 个就可以查出其他 2 个。现举例说明这些图的用法。

【例 3-1】已知 $n = 0.014$、$D = 300\text{mm}$、$I = 0.002$、$Q = 27\text{L/s}$，求 v 和 h/D。

【解】采用 $D = 300\text{mm}$ 的那张图。在这张图上有 4 组线条：竖线条表示流量，横线条表示水力坡度，从左向右下倾的斜线表示流速，从右向左下倾的斜线表示充满度。每条线上的数字代表相应数量的值。

先在纵轴上找到 0.002，从而找出代表 $I = 0.002$ 的横线。从横轴上找出代表 $Q = 27\text{L/s}$ 的那条竖线，两条线相交得一点。这一点落在代表流速 v 为 0.6m/s 与 0.65m/s 两条斜线之间，估计 $v = 0.62\text{m/s}$；而 $h/D = 0.6$。

【例 3-2】已知 $n = 0.014$、$D = 400\text{mm}$、$Q = 41\text{L/s}$、$v = 0.9\text{m/s}$，求 I 和 h/D。

【解】采用 $D = 400\text{mm}$ 那张图。

找出 $Q = 41\text{L/s}$ 的那条竖线和 $v = 0.90\text{m/s}$ 那条斜线。这两线的交点落在代表 $I = 0.003$ 和 $I = 0.004$ 之间，估计 $I = 0.0038$；h/D 落在 0.40～0.45 之间，估计为 $h/D = 0.42$。

【例 3-3】已知 $n = 0.014$、$Q = 32\text{L/s}$、$D = 300\text{mm}$，$h/D = 0.55$，求 v 和 I。

【解】采用 $D = 300\text{mm}$ 那张图。

在图中找出 $Q = 32\text{L/s}$ 的那条竖线和 $h/D = 0.55$ 的那条斜线。两线相交的交点落在 $I = 0.0038$ 那条横线上，$I = 0.0038$；落在 $v = 0.8\text{m/s}$ 与 0.85m/s 两条斜线之间，估计 $v = 0.81\text{m/s}$。

每一张表的管径 D 和粗糙系数 n 是已知的，表中 Q、v、h/D、I 这 4 个因素，知道其中任意 2 个便可求出另外 2 个。

3.4　污水管渠的设计

3.4.1　污水管渠的定线与平面布置

在设计区域总平面图上确定污水管道的位置和走向，称为污水管道系统的定线。正确的定线是经济合理地设计污水管道系统的先决条件，是污水管道系统设计的重要环节。

管渠平面位置和高程，应根据地形、土质、地下水位、道路情况、原有的和规划的地下设施、施工条件以及养护管理方便等因素综合考虑确定。管道定线一般按主干管、干管、支管顺序依次进行。排水干管通常应布置在排水区域内地势较低或便于雨、污水汇集的地带，截流主干管宜沿受纳水体岸边布置。

定线应遵循的主要原则是：应尽可能地在管线较短和埋深较小的情况下，让最大区域的污水能自流排出。为了实现这一原则，在定线时必须深入研究各种条件，使拟定的路线能因地制宜地利用其有利因素而避免不利因素。定线时通常考虑的几个因素是：地形和用地布局；排水制度和线路数目、污水处理厂和出水口位置、水文地质条件、道路宽度、地下管线及构筑物的位置、工业企业和产生大量污水的建筑物的分布情况等。

在一定条件下,地形是影响管道定线的主要因素。定线应充分利用地形,使管道的走向符合地形趋势,一般宜顺坡排水。在整个排水区域较低的地方,例如集水线或河岸低处敷设主干管及干管,这样使各支管的污水自流接入,而横支管的坡度应尽可能与地面坡度一致。在地形平坦地区,应避免小流量的横支管长距离平行于等高线敷设,而应让其以最短线路接入干管。通常使干管与等高线垂直,主干管与等高线平行敷设[图 2-11(b)]。由于主干管管径较大,保持最小流速所需坡度小,其走向与等高线平行是合理的。当地形倾向河道的坡度很大时,主干管与等高线垂直,干管与等高线平行[图 2-11(c)],这种布置虽然主干管的坡度较大,但可设置为数不多的跌水井,使干管的水力条件得到改善。有时,由于地形的原因还可以布置成几个独立的排水系统。例如,由于地形中间隆起而布置成两个排水系统,或由于地面高程有较大差异而布置成高低区两个排水系统。

在地形平坦地区,管线虽然不长,埋深亦会增加很快,当埋深超过一定限值时,需设泵站抽升污水。这样会增加基建投资和常年运转管理费用,是不利的。但不设泵站而过多地增加管道埋深,不但施工困难而且造价也高。因此,在管道定线时需作方案比较,选择适当的定线位置,使之既能尽量减小埋深,又可少建泵站。

污水支管的平面布置取决于地形及街区建筑特征,并应便于用户接管排水。常见的三种形式:(1)低边式:当街区面积不大,街区污水管网可采用集中出水方式时,街道支管敷设在服务街区较低侧面的街道下,如图 3-7(a)所示,称为低边式布置。(2)周边式:当街区面积较大且地势平坦时,宜在街区四周的街道敷设污水支管,建筑物的污水排出管可与街道支管连接,如图 3-7(b)所示,称为周边式布置。(3)穿坊式:街区已按规划确定,街区内污水管网按各建筑的需要设计,组成一个系统,再穿过其他街区并与所

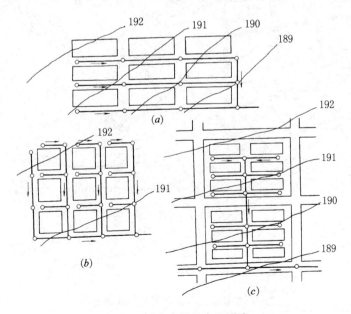

图 3-7　污水支管的布置形式

(a)低边式布置;(b)周边式布置;(c)穿坊式布置

穿街区的污水管网相连，如图3-7（c）所示，称为穿坊式布置。

考虑到地质条件、地下构筑物以及其他障碍物对管道定线的影响，应将管道，特别是主干管，布置在坚硬密实的土壤中，尽量避免或减少管道穿越高地、基岩浅土地带和基质土壤不良地带。尽量避免或减少与河道、山谷、铁路及各种地下构筑物交叉，以降低施工费用，缩短工期及减少日后养护工作的困难。管道定线时，若管道必须经过高地，可采用隧洞或设提升泵站；若须经过土壤不良地段，应根据具体情况采取不同的处理措施，以保证地基与基础有足够的承载能力。当污水管道无法避开铁路、河流、地铁或其他地下建（构）筑物时，管道最好垂直穿过障碍物，并根据具体情况采用倒虹管、管桥或其他工程设施。

管道定线时还需考虑街道宽度及交通情况。排水管渠宜沿城镇道路敷设，并与道路中心线平行。污水干管一般不宜敷设在交通繁忙而狭窄的街道下，宜在道路快车道以外。若道路红线宽度超过40m的城镇干道，为了减少连接支管的数目和减少与其他地下管线的交叉，宜在道路两侧布置排水管道。

为了增大上游干管的直径，减小敷设坡度，通常将产生大流量污水的工厂或公共建筑物的污水排出口接入污水干管起端，以减少整个管道系统的埋深。

管道定线时可能形成几个不同的布置方案。比如，常遇到由于地形或河流的影响，把城市分割成了几个自然的排水流域，此时，是设计一个集中的排水系统或是设计成多个独立分散的排水系统？当管线遇到高地或其他障碍物时，是绕行或设置泵站，或设置倒虹管，还是采用其他的措施？管道埋深过大时，是设置中途泵站将管位提高或是继续增大埋深？凡此种种，在不同城市不同地区的管道定线中都可能出现。因此应对不同的设计方案在同等条件下进行技术经济比较，选出一个最优的管道定线方案。

管道系统的方案确定后，便可组成污水排水系统平面布置图，如图3-8所示。在初步

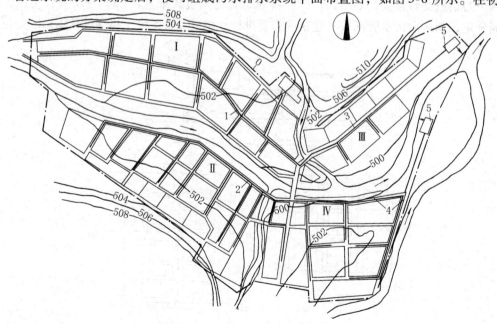

图3-8 某市污水排水系统平面布置图

0—排水区界；Ⅰ、Ⅱ、Ⅲ、Ⅳ—排水流域编号；

1、2、3、4—各排水流域干管；5—污水处理厂

设计时，污水管道系统的总平面图包括干管、主干管的位置和走向，主要泵站、污水处理厂、出水口的位置等；技术设计时，管道平面图应包括全部支管、干管、主干管、泵站、污水处理厂、出水口等的具体位置和资料。

3.4.2 污水管渠系统控制点和污水泵站设置地点的确定

在污水排水区域内，对管道系统的埋深起控制作用的地点称为控制点。如各条管道的起点大都是这条管道的控制点。这些控制点中离出水口最远的一点，通常就是整个系统的控制点。具有相当深度的工厂排出口或某些低洼地区的管道起点，也可能成为整个管道系统的控制点。这些控制点的管道埋深，影响整个污水管道系统的埋深。

确定控制点的标高，一方面应根据城市的竖向规划，保证排水区域内各点的污水都能够排出，并考虑发展，在埋深上适当留有余地。另一方面不能因照顾个别控制点而增加整个管道系统的埋深。为此，通常采取诸如加强管材强度、填土提高地面高程以保证最小覆土厚度、设置泵站提高管位等措施，以减小控制点管道的埋深，从而减小整个管道系统的埋深，降低工程造价。

在排水管道系统中，由于地形条件等因素的影响，通常可能需设置中途泵站、局部泵站和终点泵站。当管道埋深接近最大埋深时，为提高下游管道的管底高程而设置的泵站，称为中途泵站，如图 3-9（a）所示。将低洼地区的污水抽升到地势较高地区管道中，或将高层建筑地下室、地铁、其他地下建筑的污水抽送到附近管道系统所设置的泵站称局部泵站，如图 3-9（b）所示。此外，污水管道系统终点的埋深通常较大，而污水处理厂的处理后出水因受纳水体水位的限制，处理构筑物一般埋深很浅或设置在地面上，因此需设置泵站将污水抽升至污水处理厂第一个处理构筑物，这类泵站称为终点泵站或总泵站，如图 3-9（c）所示。

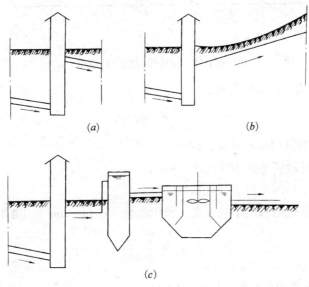

图 3-9 污水泵站的设置地点
（a）中途泵站；（b）局部泵站；（c）终点泵站

泵站设置的具体位置应考虑环境卫生、地质、电源和施工等条件，并征询规划、环保、城建等部门的意见确定。

3.4.3　设计管段与设计流量的确定

（1）设计管段的确定

凡设计流量、管径和坡度相同的连续管段称为设计管段。因为在直线管段上，为了疏通管道，需在一定距离处设置检查井，凡有集中流量进入，或有旁侧管道接入的检查井均可作为设计管段的起讫点。设计管段的起讫点应编上号码。

（2）设计管段的设计流量

每一设计管段的污水设计流量可能包括以下几种流量（图3-10）：① 本段流量 q_1，是从管段沿线街坊流来的污水量；② 转输流量 q_2，是从上游管段和旁侧管段流来的污水量；③ 集中流量 q_3，是从工业企业或大型公共建筑物流来的污水量。对于某一设计管段而言，本段流量沿线是变化的，即从管段起点的零增加到终点的全部流量，但为了计算方便和安全，通常假定本段流量集中在起点进入设计管段。

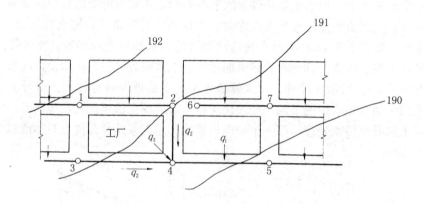

图3-10　设计管段的设计流量

本段流量可用式（3-13）计算：

$$q_1 = F \cdot q_0 \cdot K_Z \qquad (3\text{-}13)$$

式中　q_1——设计管段的本段流量，L/s；

F——设计管段服务的街区面积，hm^2；

K_Z——综合生活污水量总变化系数；

q_0——本段单位面积的平均流量，即比流量，$L/(s \cdot hm^2)$，可用式（3-14）求得：

$$q_0 = \frac{n \cdot p}{86400} \qquad (3\text{-}14)$$

式中　n——综合生活污水定额，$L/(人 \cdot d)$；

p——人口密度，人/hm^2。

从上游管段和旁侧管段流来的平均流量以及集中流量在这一管段是不变的。

初步设计时，只计算干管和主干管的流量。技术设计时，应计算全部管道的流量。

3.4.4 污水管道在街道上的位置

在城市道路下，有许多管线工程，如给水管、污水管、燃气管、热力管、雨水管、电力电缆、电信电缆等。在工厂的道路下，管线工程的种类会更多。此外，在道路下还可能有地铁、地下人行横道、工业用隧道等地下设施。为了合理安排其在空间的位置，必须在各单项管线工程规划的基础上，进行综合规划，统筹安排，以利施工和日后的维护管理。

由于污水管道为重力流管道，管道（尤其是干管和主干管）的埋设深度较其他管线深，且有很多连接支管，若管线位置安排不当，将会造成施工和维修困难。再加上污水管道难免渗漏、损坏，从而会对附近建筑物、构筑物的基础造成危害。因此污水管道与建筑物间应有一定距离。进行管线综合规划时，所有地下管线应尽量布置在人行道、非机动车道和绿化带下。只有在不得已时，才考虑将埋深大和维护次数较少的污水、雨水管布置在机动车道下。各种管线布置发生矛盾时，互让的原则是：新建让已建的，临时让永久的，小管让大管，压力管让重力流管，可弯管让不可弯管，检修次数少的让检修次数多的。

在地下设施拥挤的地区或车运极为繁忙的街道下，把污水管道与其他管线集中安置在隧道（管沟）中是比较合适的，但雨水管道一般不设在隧道中，而与隧道平行敷设。

为方便用户接管，当路面宽度大于 40m 时，可在街道两侧各设一条污水管道。排水管道与其他地下管渠、建筑物、构筑物等相互间的位置，应符合下列要求：敷设和检修管道时，不应互相影响；排水管道损坏时，不应影响附近建筑物、构筑物的基础，不应污染生活饮用水；污水管道、合流管道与生活给水管道交叉时，应敷设在生活给水管道以下；再生水管道与生活给水管道、合流管道、污水管道交叉时，应敷设在生活给水管道以下，宜敷设在合流管道和污水管道以上。排水管道与其他地下管线（或构筑物）水平和垂直的最小净距，应根据两者的类型、高程、施工先后和管线损坏的后果等因素，按当地城镇管道综合规划确定，也可按《室外排水设计标准》GB 50014—2021 中附录 C 的规定采用。

图 3-11 为街道地下管线的布置图。图 3-11 的（a）、（b）、（d）为城市街道下地下管

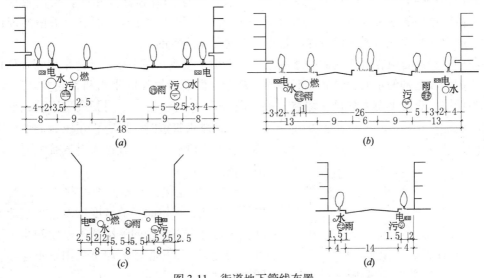

图 3-11 街道地下管线布置

线布置实例。图 3-11 (c) 为工厂道路下各种管道的位置图。图中尺寸以 m 为单位。

3.4.5 污水管渠的衔接

（1）污水管道的衔接

污水管道在管径、坡度、方向发生变化及支管接入的地方都需要设置检查井。设计时必须考虑在检查井内上下游管道衔接时的高程关系问题。管道在衔接时应遵循两个原则：① 尽可能提高下游管段的高程，以减少管道埋深，降低造价；② 避免上游管段中形成回水而造成淤积。

污水管道衔接的方法，通常有水面平接、管顶平接、跌水连接和提升连接四种，前两种如图 3-12 所示。

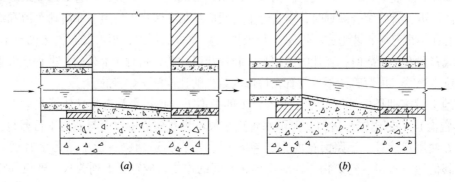

图 3-12　污水管道的衔接
(a) 水面平接；(b) 管顶平接

1）水面平接：是指在水力计算中，使上游管段终端和下游管段起端在设定的设计充满度下的水面相平，即上游管段终端与下游管段起端的水面标高相同。由于上游管段中的水量（水面）变化较大，污水管道衔接时，在上游管段内的实际水面标高有可能低于下游管段的实际水面标高，因此，采用水面平接时，上游管段实际上可能形成回水。

2）管顶平接：是指上游管段终端和下游管段起端的管顶标高相同。采用管顶平接时，上游管段中的水量（水面）变化不至于在上游管段产生回水，但下游管段的埋深将增加。这对于平坦地区或埋设较深的管道，有时是不适宜的。

不同管径的管道在检查井内的连接应采用管顶平接或水面平接。无论采用哪种衔接方法，下游管段起端的水面和管底标高都不得高于上游管段终端的水面和管底标高。因此，在山地城镇，有时上游大管径（缓坡）接下游小管径（陡坡），这时便应采用管底平接。

设计排水管道时，应防止在压力流情况下使接户管发生倒灌。压力管接入自流管渠时，应有消能措施。

3）跌水连接：当地面坡度很大时，为了调整管内流速，采用的管道坡度可能会小于地面坡度，为保证下游管段的最小覆土厚度和减少上游管段的埋深，可根据地面坡度采用跌水连接，如图 3-13 所示。

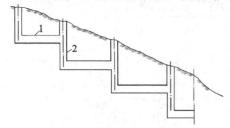

图 3-13　管段跌水连接
1—管段；2—跌水井

在旁侧管道与干管交汇处，若旁侧管道的管底标高比干管的管底标高大很多时，为保证干管有良好的水力条件，最好在旁侧管道上先设跌水井后再与干管相接。反之，若干管的管底标高高于旁侧管道的管底标高，为了保证旁侧管能接入干管，干管则在交汇处设跌水井，增大干管埋深。

4）提升连接：是指由于上游管道末端埋深已较大，通过设置提升泵站，提升后与下游管道连接，以减少系统下游管道的埋深，降低工程造价。

（2）压力管的衔接

当设计压力管时，应考虑水锤的影响，在管道的高点以及每隔一定距离处，应设排气装置；在管道的低处以及每隔一定距离处，应设排空装置；压力管接入自流灌渠时，应有消能设施。当采用承插式压力管道时，应根据管径、流速、转弯角度、试压标准和接口的摩擦力等因素，通过计算确定是否应在垂直或水平方向转弯处设置支墩。

（3）渠道与涵洞的衔接

渠道与涵洞连接时，应符合以下要求：

1）渠道接入涵洞时，应考虑断面收缩、流速变化等因素造成明渠水面壅高的影响；涵洞两端应设挡土墙，并应设护坡和护底。

2）涵洞断面应按渠道水面达到设计超高时的泄水量计算，涵洞宜做成方形，如为圆形时，管底可适当低于渠底，其降低部分不计入过水断面。

3）渠道和管道连接处应设挡土墙等衔接设施，渠道接入管道处应设置格栅。

4）明渠转弯处，其中心线的弯曲半径不宜小于设计水面宽度的5倍。

5）管道转弯或交接处，其水流转角不应小于90°，当管径小于或等于300mm且跌水水头大于0.3m时，可不受此限制。

6）管道在坡度变陡处，其管径可根据水力计算确定，由大变小，但不超过2级，且不得小于相应条件下的最小管径。

【例3-4】图3-14为某市一小区的平面图。居住区人口密度为350人/hm²，居民生活污水定额为120L/（人·d）。火车站和公共浴室的设计污水量分别为3L/s和4L/s。工厂甲

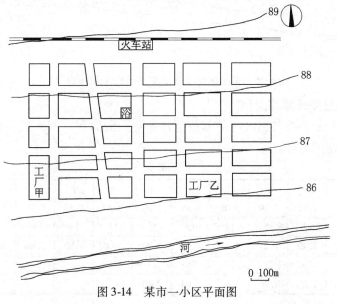

图3-14　某市一小区平面图

和工厂乙的工业废水设计流量分别为25L/s与6L/s。生活污水及经过局部处理后的工业废水全部送至污水处理厂处理。工厂甲废水排出口的管底埋深为2m。试进行该小区污水管道的设计计算。

【解】设计计算方法和步骤如下：

（1）在小区平面图上布置污水管道

从小区平面图可知，该区地势自北向南倾斜，坡度较小，无明显分水线，可划分为一个排水流域。街道支管布置在街区地势较低一侧的道路下，干管基本上与等高线垂直布置，主干管则沿小区南面河岸布置，基本与等高线平行。整个管道系统呈截流式形式布置，如图3-15所示。

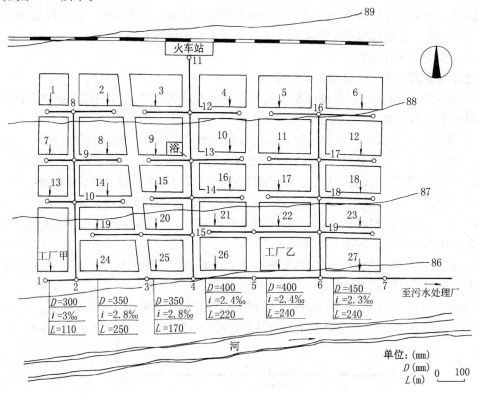

图3-15 某小区污水管道平面布置（初步设计）

（2）街区编号并计算其面积

将各街区编号，并按各街区的平面范围计算它们的面积，列入表3-11中。用箭头标出各街区污水排出的方向。

街区面积   表3-11

街区编号	1	2	3	4	5	6	7	8	9	10	11
街区面积（hm^2）	1.21	1.70	2.08	1.98	2.20	2.20	1.43	2.21	1.96	2.04	2.40
街区编号	12	13	14	15	16	17	18	19	20	21	22
街区面积（hm^2）	2.40	1.21	2.28	1.45	1.70	2.00	1.80	1.66	1.23	1.53	1.71
街区编号	23	24	25	26	27						
街区面积（hm^2）	1.80	2.20	1.38	2.04	2.40						

（3）划分设计管段，计算设计流量

根据设计管段的定义和划分方法，将各干管和主干管中有本段流量进入的点（一般定为街区两端）、集中流量及旁侧支管进入的点作为设计管段起讫点的检查井编号。例如，本例的主干管长1200余米，根据设计流量变化的情况，可划分为1—2、2—3、3—4、4—5、5—6、6—7共6个设计管段，如图3-15所示。

各设计管段的设计流量应列表进行计算。在初步设计中只计算干管和主干管的设计流量，见表3-12。

污水干管设计流量计算表　　　　　　　　　　　　表3-12

管段编号	居住区生活污水量 Q_1								集中流量		设计流量（L/s）
	本段流量				转输流量 q_2（L/s）	合计平均流量（L/s）	总变化系数 K_Z	生活污水设计流量（L/s）	本段（L/s）	转输（L/s）	
	街区编号	街区面积（hm²）	比流量 q_0 [L/(s·hm²)]	流量 q_1（L/s）							
1	2	3	4	5	6	7	8	9	10	11	12
1—2	—	—	—	—	—	—	—	—	25.00	—	25.00
8—9	—	—	—	—	1.41	1.41	2.3	3.24	—	—	3.24
9—10	—	—	—	—	3.18	3.18	2.3	7.31	—	—	7.31
10—2	—	—	—	—	4.83	4.88	2.3	11.23	—	—	11.23
2—3	24	2.20	0.486	1.07	4.88	5.95	2.2	13.09	—	25.00	38.09
3—4	25	1.38	0.486	0.67	5.95	6.62	2.2	14.56	—	25.00	39.56
11—12	—	—	—	—	—	—	—	—	3.00	—	3.00
12—13	—	—	—	—	1.97	1.97	2.3	4.53	—	3.00	7.53
13—14	—	—	—	—	3.91	3.91	2.3	8.99	4.00	3.00	15.99
14—15	—	—	—	—	5.44	5.44	2.2	11.97	—	7.00	18.97
15—4	—	—	—	—	6.85	6.85	2.2	15.07	—	7.00	22.07
4—5	26	2.04	0.486	0.99	13.47	14.46	2.0	28.92	—	32.00	60.92
5—6	—	—	—	—	14.46	14.46	2.0	28.92	6.00	32.00	66.92
16—17	—	—	—	—	2.14	2.14	2.3	4.92	—	—	4.92
17—18	—	—	—	—	4.47	4.47	2.3	10.28	—	—	10.28
18—19	—	—	—	—	6.32	6.32	2.2	13.90	—	—	13.90
19—6	—	—	—	—	8.77	8.77	2.1	18.42	—	—	18.42
6—7	27	2.40	0.486	1.17	23.23	24.40	1.9	46.36	—	38.00	84.36

本例中，居住区人口密度为350人/hm²，居民生活污水定额为120L/（人·d），则1hm²街区面积的生活污水平均流量（比流量）为：

$$q_0 = \frac{350 \times 120}{86400} = 0.486 \text{L/}（\text{s} \cdot \text{hm}^2）$$

本例中有4个集中流量，在检查井1、5、11、13分别进入管道，相应的设计流量分别为25L/s、6L/s、3L/s、4L/s。

如图3-15和表3-12所示，设计管段1—2为主干管的起始管段，只有集中流量（工厂甲经处理后排出的工业废水）25L/s流入，故设计流量为25L/s。设计管段2—3除转输管段1—2的集中流量25L/s外，还有本段流量q_1和转输流量q_2流入。该管段接纳街区24的污水，其面积为2.2hm²（见街区面积表），故本段流量$q_1 = q_0 \cdot F = 0.486 \times 2.2 =$

1.07L/s；该管段的转输流量是从旁侧管段 8—9—10—2 流来的生活污水平均流量，其值为 $q_1 = q_0 \cdot F = 0.486 \times (1.21 + 1.7 + 1.43 + 2.21 + 1.21 + 2.28) = 0.486 \times 10.04 = 4.88$L/s。合计平均流量 $q_1 + q_2 = 1.07 + 4.88 = 5.95$L/s。查表 3-1，$K_z = 2.2$。该管段的生活污水设计流量 $Q_1 = 5.95 \times 2.2 = 13.09$L/s。合计设计流量 $Q = 13.09 + 25 = 38.09$L/s。

其余管段的设计流量计算方法相同。

（4）水力计算

在确定设计流量后，便可以从上游管段开始依次进行主干管各设计管段的水力计算。一般常列表进行计算，见表 3-13。水力计算步骤如下：

1）从管道平面布置图上量出每一设计管段的长度，列入表 3-13 第 2 项。

2）将各设计管段的设计流量列入表 3-13 中第 3 项。设计管段起讫点检查井处的地面标高列入表 3-13 中第 10、11 项。

3）计算每一设计管段的地面坡度（地面坡度 = 地面高差/距离），作为确定管道坡度时参考。例如，管段 1—2 的地面坡度

$$I = \frac{86.20 - 86.10}{110} = 0.0009$$

污水主干管水力计算表 表 3-13

管段编号	管段长度 L (m)	设计流量 Q (L/s)	管径 D (mm)	坡度 I	流速 v (m/s)	充满度		降落量 $I \cdot L$ (m)	标高（m）						埋设深度 (m)	
						h/D	h (m)		地面		水面		管内底			
									上端	下端	上端	下端	上端	下端	上端	下端
1	2	3	4	5	6	7	8	9	10	11	12	13	14	15	16	17
1—2	110	25.00	300	0.0030	0.70	0.51	0.153	0.330	86.20	86.10	84.353	84.023	84.200	83.870	2.00	2.23
2—3	250	38.09	350	0.0028	0.75	0.52	0.182	0.700	86.10	86.05	84.002	83.302	83.820	83.120	2.28	2.93
3—4	170	39.56	350	0.0028	0.75	0.53	0.186	0.476	86.05	86.00	83.302	82.826	83.116	82.640	2.93	3.36
4—5	220	60.92	400	0.0024	0.80	0.58	0.232	0.528	86.00	85.90	82.822	82.590	82.294	82.062	3.41	3.84
5—6	240	66.92	400	0.0024	0.82	0.62	0.248	0.576	85.90	85.80	82.294	81.718	82.046	81.470	3.85	4.33
6—7	240	84.36	450	0.0023	0.85	0.60	0.270	0.552	85.80	85.70	81.690	81.138	81.420	80.868	4.38	4.83

注：管内底标高计算至小数点后 3 位，埋设深度计算至小数点后 2 位。

4）确定起始管段的管径以及设计流速 v，设计坡度 I，设计充满度 h/D。首先拟采用最小管径 300mm，查本执业指南《第 4 册 常用资料》有关表格。在这张计算图中，管径 D 和管道粗糙系数 n 为已知，其余 4 个水力因素只要知道 2 个即可求出另外 2 个。现已知设计流量，另 1 个可根据水力计算设计数据的规定设定。本例中由于管段的地面坡度很小，为不使整个管道系统的埋深过大，采用最小设计坡度为设定坡度，相应于 300mm 管径的最小设计坡度为 0.003。当 $Q = 25$L/s，$I = 0.003$ 时，查表得出 $v = 0.7$m/s（大于最小设计流速 0.6m/s），$h/D = 0.51$（小于最大设计充满度 0.55），计算数据符合标准要求。将所确定的管径 D、坡度 I、流速 v、充满度 h/D 分别列入表 3-13 的第 4、5、6、7 项。

5）确定其他管段的管径 D、设计流速 v、设计充满度 h/D 和管道坡度 I。通常随设计流量的增加，下一管段的管径一般会增大一级或两级（50mm 为一级），或者保持不变，这样便可根据流量的变化情况确定管径。然后可根据设计流速随着设计流量的增大而逐段

增大或保持不变的规律设定设计流速。根据 Q 和 v 即可在确定 D 的那张水力计算图或表中查出相应的 h/D 和 I 值，若 h/D 和 I 值符合设计规范的要求，说明水力计算合理，将计算结果填入表 3-13 相应的项中。在水力计算中，由于 Q、v、h/D、I、D 各水力因素之间存在相互制约的关系，因此在查水力计算图（表）时实际存在一个试算过程。

6）计算各管段上、下端的水面标高、管底标高及其埋设深度：

① 根据设计管段长度和管道坡度求降落量。如管段 1—2 的降落量为 $I \cdot L = 0.003 \times 110 = 0.33$m，列入表 3-13 中第 9 项。

② 根据管径和充满度求管段的水深。如管段 1—2 的水深为 $h = D (h/D) = 0.3 \times 0.51 = 0.153$m，列入表 3-13 中第 8 项。

③ 确定管网系统的控制点。本例中离污水处理厂最远的干管起点有 8、11、16 三点及工厂甲出水口 1 点，这些点都可能成为管道系统的控制点。8、11、16 三点的埋深可用最小覆土厚度的限值确定，由北至南地面坡度约为 0.0035，可取干管坡度与地面坡度近似，因此干管埋深不会增加太多，整个管线上又无个别低洼点，故 8、11、16 三点的埋深不会控制整个主干管的埋设深度。而 1 点的埋设深度受工厂甲排出口埋深的控制为 2.0m，故对主干管埋深起决定作用的控制点是 1 点，将该值列入表 3-13 中第 16 项。

1 点的管内底标高等于 1 点的地面标高减 1 点的埋深，为 86.200 − 2.000 = 84.200m，列入表 3-13 中第 14 项。

2 点的管内底标高等于 1 点管内底标高减降落量，为 84.200 − 0.330 = 83.870m，列入表 3-13 中第 15 项。2 点的埋设深度等于 2 点的地面标高减 2 点的管内底标高，为 86.100 − 83.870 = 2.230m，列入表 3-13 中第 17 项。

管段上、下端水面标高等于相应点的管内底标高加水深。如管段 1—2 中 1 点的水面标高为 84.200 + 0.153 = 84.353m，列入表 3-13 中第 12 项。2 点的水面标高为 83.870 + 0.153 = 84.023m，列入表 3-13 中第 13 项。

根据管段在检查井处采用的衔接方法，可确定下游管段的管内底标高。例如，管段 1—2 与 2—3 的管径不同，采用管顶平接，即管段 1—2 中的 2 点与管段 2—3 中的 2 点的管顶标高应相同。所以管段 2—3 中 2 点的管内底标高为 83.870 + 0.300 − 0.350 = 83.820m。求出 2 点的管内底标高后，按照前面讲的方法即可求出 3 点的管内底标高和 2、3 点的水面标高及埋设深度。又如管段 2—3 与 3—4 管径相同，可采用水面平接，即管段 2—3 与 3—4 中的 3 点的水面标高相同。然后用 3 点的水面标高减去降落量，求得 4 点的水面标高。将 3、4 点的水面标高减去水深求出相应点的管底标高。进一步求出 3、4 点的埋深。

7）进行管道水力计算时，应注意的问题：

① 必须细致研究管道系统的控制点。这些控制点常位于本区的最远或最低处，它们的埋深控制该地区污水管道的最小埋深。各条管道的起点、低洼地区的个别街坊和污水出口较深的工业企业或公共建筑都是研究控制点的对象。

② 必须细致研究管道敷设坡度与管线经过地段的地面坡度之间的关系。使确定的管道坡度在保证最小设计流速的前提下，既不使管道的埋深过大，又便于支管的接入。

③ 水力计算自上游依次向下游管段进行。一般情况下，随着设计流量逐段增加，设计流速也相应增加。如流量保持不变，流速不应减小。只有在管道坡度由大骤然变小的情

况下，设计流速才允许减小。此外，随着设计流量逐段增加，设计管径也应逐段增大，但当管道坡度骤然增大时，下游管段的管径可以减小，但缩小的范围不得超过两级且不得小于相应条件下的最小管径。

④ 在地面坡度太大的地区，为了减小管内水流速度，防止管壁被冲刷，管道坡度往往需要小于地面坡度，这就有可能使下游管段的覆土厚度无法满足最小覆土厚度的要求，甚至超出地面。因此需在适当地点设置跌水井，管段之间采用跌水连接。跌水井的构造详见第6章。

⑤ 水流通过检查井时，常引起局部水头损失。为了尽量降低局部损失，检查井底部在直线管道上要严格采用直线，在管道转弯处要采用平滑的曲线。通常直线检查井可不考虑局部损失。

⑥ 在旁侧管与干管的连接点处，要考虑干管的已定埋深是否允许旁侧管接入。若连接处旁侧管的埋深大于干管埋深，则需在连接处的干管上设置跌水井，以便旁侧管能接入干管。另外，若连接处旁侧管的管底标高比干管的管底标高高出许多，为使干管有较好的水力条件，需在连接处前的旁侧管上设置跌水井。

4 雨水管渠系统设计

我国地域辽阔，气候差异大，年降雨量分布不均，长江以南地区，雨量充沛，年降雨量均在 1000mm 以上，东南沿海年均降雨量 1600mm，而西北内陆则为 200mm 以下。但全年降雨的绝大部分多集中在夏季，且多为大雨或暴雨，从而在极短时间内形成大量的地面径流，若不及时排除，会造成极大的危害。雨水管渠系统是由雨水口、雨水管渠、检查井、出水口等构筑物组成的一整套工程设施。雨水管渠系统的任务就是及时地汇集并排除暴雨形成的地面径流，防止城镇居住区与工业企业受淹，以保障城市人民的生命财产安全和生活生产的正常秩序。在雨水管渠系统设计中，管渠是主要的组成部分。所以合理、经济地进行雨水管渠的设计具有重要的意义。

雨水管渠设计的主要内容包括：

1）确定当地暴雨强度公式；

2）划分排水流域，进行雨水管渠的定线，确定可能设置的调蓄池、泵站位置；

3）根据当地气象条件、地理条件与工程要求等确定设计参数；

4）计算设计流量和进行水力计算，确定每一设计管段的断面尺寸、坡度、管底标高及埋深。

4.1 雨量分析与暴雨强度公式

任何一场暴雨都可用自记雨量计记录中的两个基本数值（降雨量和降雨历时）表示其降雨过程。雨量分析的目的是通过对多年（一般具有 20 年以上）降雨过程的资料进行统计和分析，找出表示暴雨特征的降雨历时、暴雨强度与降雨重现期之间的相互关系，作为雨水管渠设计的依据。

4.1.1 雨量分析要素

在水文学课程中，对雨量分析的诸多要素，如降雨量、降雨历时、暴雨强度、降雨面积、降雨重现期等已有详细叙述，这里只着重分析这些要素之间的相互关系及其应用。

（1）降雨量

降雨量是指降雨的绝对量，即降雨深度。用 H 表示，单位以 mm 计。也可用单位面积的降雨体积（L/hm^2）表示。在研究降雨量时，很少以一场雨为对象，而常以单位时间表示，如：

年平均降雨量：指多年观测所得的各年降雨量的平均值。

月平均降雨量：指多年观测所得的各月降雨量的平均值。

年最大日降雨量：指多年观测所得的一年中降雨量最大一日的雨量。

（2）降雨历时

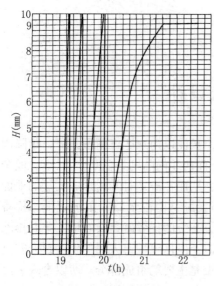

图 4-1　自记雨量记录

降雨历时是指连续降雨的时段，可以指一场雨全部降雨的时间，也可以指其中个别的连续时段。用 t 表示、以 min 或 h 计，从自记雨量计的记录纸（图 4-1）上读得。

（3）暴雨强度

暴雨强度是指某一连续降雨时段内的平均降雨量，即单位时间的平均降雨深度，用 i 表示：

$$i = \frac{H}{t} \ (\text{mm/min})$$

在工程上，常用单位时间内单位面积上的降雨体积 $q[\text{L}/(\text{s} \cdot \text{hm}^2)]$ 表示。q 与 i 之间的换算关系是将每分钟的降雨深度换算成每公顷面积上每秒钟的降雨体积，即：

$$q = \frac{10000 \times 1000i}{1000 \times 60} = 167i$$

式中　q——暴雨强度，$\text{L}/(\text{s} \cdot \text{hm}^2)$；

167——换算系数。

暴雨强度是描述暴雨特征的重要指标，也是决定雨水设计流量的主要参数。在一场暴雨中，暴雨强度是随降雨历时变化的。如果所取降雨历时长，则与这个历时对应的暴雨强度将小于短降雨历时对应的暴雨强度。由图 4-1 可知，自记雨量曲线实际上是降雨量累积曲线。曲线上任一点的斜率表示降雨过程中任一瞬时的强度，称为瞬时暴雨强度。由于曲线上各点的斜率是变化的，表明暴雨强度是变化的。曲线愈陡，暴雨强度愈大。因此，在分析暴雨资料时，必须选用对应各降雨历时最陡的那段曲线，即最大降雨量。但由于在各降雨历时内每个时刻的暴雨强度不同，因此计算出的各历时的暴雨强度称为最大平均暴雨强度。表 4-1 所列的最大平均暴雨强度是根据图 4-1 整理的结果。

最大平均暴雨强度　　表 4-1

降雨历时 t（min）	降雨量 H（mm）	暴雨强度 i（mm/min）	所选时段	
			起	止
5	6.0	1.20	19:07	19:12
10	10.2	1.02	19:04	19:14
15	12.3	0.82	19:04	19:19
20	15.5	0.78	19:04	19:24
30	20.2	0.67	19:04	19:34
45	24.8	0.55	19:04	19:49
60	29.5	0.49	19:04	20:04
90	34.8	0.39	19:04	20:34
120	37.9	0.32	19:04	21:04

（4）降雨面积和汇水面积

降雨面积是指降雨所笼罩的面积，汇水面积是指雨水管渠汇集雨水的面积。用 F 表示，以公顷或平方公里为单位（hm^2 或 km^2）。任意一场暴雨在降雨面积上各点的暴雨强度是不相等的，即降雨是非均匀分布的。但城镇或工厂的雨水管渠或排洪沟汇水面积较小，一般小于 100km^2，最远点的集水时间不超过 $60 \sim 120\text{min}$。这种小汇水面积上降雨不均匀分布的影响较小，因此，假定降雨在整个小汇水面积内是均匀分布的，即在降雨面积内各点的 i 相等。从而可认为，雨量计所测得的点雨量资料可以代表整个小汇水面积的面雨量资料，即不考虑降雨在面积上的不均匀性。

（5）降雨的频率和重现期

通常采用概率论与数理统计方法研究自然现象的偶然性规律。通过大量观测知道，偶然事件也有一定的规律性，例如，通过观测可知，特大的雨和特小的雨一般出现的次数很少，即出现的可能性小。这样就可以利用以往观测的资料，用统计方法对未来的情况作出估计，找出偶然事件变化的规律，作为工程设计的依据。

1）暴雨强度的频率

某一大小的暴雨强度出现的可能性，和水文现象中的其他特征值一样，一般不是预知的。因此，需通过对以往大量观测资料的统计分析，计算其发生的频率去推论发生的可能性。某特定值暴雨强度的频率是指等于或大于该值的暴雨强度出现的次数 m 与观测资料总项数 n 之比的百分率，即 $P_n = (m/n) \times 100\%$。

观测资料总项数 n 是降雨观测资料的年数 N 与每年选入的平均雨样数 M 的乘积。若每年只选一个雨样（年最大值法选样），则 $n = N$。$P_n = (m/N) \times 100\%$，称为年频率式。若平均每年选入 M 个雨样数（一年多次法选样），则 $n = NM$，$P_n = (m/NM) \times 100\%$，称为次频采用年数值法式。由此可知，频率小的暴雨强度出现的可能性小，反之则大。

这一定义的基础是假定降雨观测资料年限非常长，可代表降雨的整个历史过程。但实际上是不可能的，实际上只能取得一定年限内有限的暴雨强度值，因而 n 是有限的。所以，按上述方法计算得出的暴雨强度频率，只能反映一定时期内的经验，不能反映整个降雨的规律，故称为经验频率。从计算式看出，对最末项暴雨强度来说，其频率 $P_n = 100\%$，这显然是不合理的，因为无论所取资料年限有多长，终不能代表整个降雨的历史过程，现在观测资料中的极小值，不见得是整个历史过程的极小值。因此，水文学中，年频率常采用公式 $P_n = [m/(N+1)] \times 100\%$ 计算，次频率采用公式 $P_n = [m/(NM+1)] \times 100\%$ 计算，观测资料的年限越长，经验频率出现的误差就越小。

《室外排水设计标准》GB 50014—2021 规定，在采用最大值法编制暴雨强度公式时必须具有 20 年以上自记雨量记录，有条件的地区可用 30 年以上的雨量资料系列。在自记雨量计记录纸上，按降雨历时为 5min、10min、15min、20min、30min、45min、60min、90min、120min、150min、180min，每年选择 1 场最大暴雨记录，计算暴雨强度 i 值。并计算降雨重现期，宜按 2 年、3 年、5 年、10 年、20 年、30 年、50 年、100 年统计。将历年各历时的暴雨强度按大小次序排列，并不论年次的最大值作为统计的基础资料，在采用年多个样法编制暴雨强度公式时，适用于具有 10 年以上的雨量记录的地区按降雨历时采用 5min、10min、15min、20min、30min、45min、60min、90min 和 120min 共 9 个历时，每年每个历时选择 6~8 个最大值，然后不论年次，将每个子样按大小次序排列，再从中选择资料年数的 3~4 倍的最大值，作为统计的基础资料。并计算降雨重现期，宜按 0.25 年、0.33 年、0.5 年、1 年、2 年、3 年、5 年、10 年统计。资料条件较好时（资料年数~20 年、子样点的排列比较规律），也可统计高于 10 年的重现期。例如，某市有 30 年自记雨量记录，按规定，每年选择了各历时的最大暴雨强度值 6~8 个。然后将历年各历时的暴雨强度不论年次按大小排列，最后选取了资料年数 4 倍共 120 组各历时的暴雨强度排列成表 4-2。根据公式 $P_n = [m/(NM+1)] \times 100\%$ 计算各强度组的经验频率。式中的 m 为各强度组的序号数，也就是等于或大于该强度组的暴雨强度出现的次数。NM 值为参与统计的暴雨强度的序号总数，本例的序号总数 NM 为 120。

2）暴雨强度的重现期

频率这个名词比较抽象，为了通俗起见，往往用重现期等效地代替频率一词。某特定值暴雨强度的重现期是指在一定长的统计期间内，等于或大于某统计对象出现一次的平均间隔时间，单位用年表示。

按年最大值法选样时，第 m 项暴雨强度组的重现期为其经验频率的倒数，即重现期 $P = \dfrac{1}{P_n} = \dfrac{N+1}{m}$（年）。按一年选多个样的方法（多样法）选样时，第 m 项暴雨强度组的重现期 $P = \dfrac{NM+1}{m}$（年）。

按一年多样法选样统计暴雨强度时，一般可根据所要求的重现期，按上述公式算出该重现期的暴雨强度组的序号数 m。表 4-2 所示的统计资料中，相应于重现期 30 年、15 年、10 年、5 年、3 年、2 年、1 年、0.5 年的暴雨强度组分别排列在表 4-2 中的序号 1、2、3、6、10、15、30、60。

某市 1953～1983 年各历时暴雨强度统计表　　　表 4-2

序号	i（mm/min）									经验频率
	$t=5\min$	$t=10\min$	$t=15\min$	$t=20\min$	$t=30\min$	$t=45\min$	$t=60\min$	$t=90\min$	$t=120\min$	P_n（%）
1	3.82	2.82	2.28	2.18	1.71	1.48	1.38	1.08	0.97	0.83
2	3.60	2.80	2.18	2.11	1.67	1.38	1.37	1.08	0.97	1.65
3	3.40	2.66	2.04	1.80	1.64	1.36	1.30	1.07	0.91	2.48
4	3.20	2.50	1.95	1.75	1.62	1.33	1.24	1.06	0.86	3.31
5	3.02	2.21	1.93	1.75	1.55	1.29	1.23	0.93	0.79	4.13
6	2.92	2.19	1.93	1.65	1.45	1.25	1.18	0.92	0.78	4.96
7	2.80	2.17	1.88	1.65	1.45	1.22	1.05	0.90	0.77	5.79
8	2.60	2.12	1.87	1.63	1.43	1.18	1.01	0.80	0.75	6.61
9	2.60	2.11	1.85	1.63	1.43	1.14	1.00	0.77	0.73	7.44
10	2.60	2.09	1.83	1.61	1.43	1.11	0.99	0.76	0.72	8.26
11	2.58	2.08	1.80	1.60	1.33	1.11	0.99	0.76	0.61	9.09
12	2.56	2.00	1.76	1.60	1.32	1.10	0.99	0.76	0.61	9.92
13	2.56	1.96	1.73	1.53	1.31	1.08	0.98	0.74	0.60	10.74
14	2.54	1.96	1.71	1.52	1.27	1.07	0.98	0.71	0.59	11.57
15	2.50	1.95	1.65	1.48	1.26	1.02	0.96	0.70	0.58	12.40
16	2.40	1.94	1.6	1.47	1.25	1.02	0.95	0.69	0.58	13.22
17	2.40	1.94	1.6	1.45	1.23	1.02	0.95	0.69	0.57	14.05
18	2.34	1.92	1.58	1.44	1.23	0.99	0.91	0.67	0.57	14.88
19	2.26	1.92	1.56	1.43	1.22	0.97	0.89	0.67	0.57	15.70
20	2.20	1.90	1.53	1.4	1.2	0.96	0.89	0.66	0.54	16.53
21	2.12	1.90	1.53	1.38	1.17	0.96	0.88	0.64	0.53	17.36
22	2.06	1.83	1.51	1.38	1.15	0.95	0.86	0.64	0.53	18.18
23	2.04	1.81	1.51	1.36	1.15	0.94	0.85	0.63	0.53	19.00
24	2.02	1.79	1.50	1.36	1.15	0.94	0.83	0.63	0.53	19.83
25	2.02	1.79	1.50	1.36	1.15	0.93	0.83	0.63	0.53	20.66
26	2.00	1.78	1.49	1.35	1.12	0.92	0.83	0.61	0.53	21.49
27	2.00	1.74	1.47	1.34	1.12	0.91	0.81	0.61	0.52	22.31
28	2.00	1.67	1.45	1.31	1.11	0.91	0.80	0.61	0.52	23.14

序号	i（mm/min）									经验频率
	$t=5\min$	$t=10\min$	$t=15\min$	$t=20\min$	$t=30\min$	$t=45\min$	$t=60\min$	$t=90\min$	$t=120\min$	P_n（%）
29	2.00	1.66	1.43	1.31	1.11	0.90	0.78	0.6	0.51	23.97
30	2.00	1.65	1.40	1.27	1.11	0.90	0.78	0.59	0.50	24.79
31	2.00	1.6	1.38	1.26	1.10	0.90	0.77	0.59	0.50	25.62
…	…	…	…	…	…	…	…	…	…	…
…	…	…	…	…	…	…	…	…	…	…
58	1.60	1.35	1.13	0.99	0.88	0.70	0.61	0.48	0.40	47.93
59	1.60	1.32	1.13	0.99	0.86	0.70	0.60	0.47	0.40	48.76
60	1.60	1.30	1.13	0.99	0.85	0.68	0.60	0.47	0.40	49.59
…	…	…	…	…	…	…	…	…	…	…
90	1.24	1.06	0.92	0.84	0.70	0.58	0.51	0.40	0.34	74.38
91	1.24	1.05	0.90	0.83	0.69	0.58	0.50	0.40	0.34	75.21
…	…	…	…	…	…	…	…	…	…	…
118	1.10	0.95	0.77	0.71	0.61	0.50	0.44	0.33	0.28	97.52
119	1.08	0.95	0.77	0.70	0.60	0.50	0.44	0.33	0.28	98.35
120	1.08	0.94	0.76	0.70	0.60	0.50	0.44	0.33	0.27	99.17

4.1.2 暴雨强度公式

暴雨强度公式是在分析整理各地自记雨量计记录资料的基础上，按一定的方法推求出来的。我国部分城市暴雨强度公式可参考本执业指南《第4册 常用资料》第4.4节。在具有20年以上自动雨量记录的地区，设计暴雨强度公式应采用年最大值法。若采用年最大值法，应进行重现期修订，可按《室外排水设计标准》GB 50014—2021附录B的有关方法编制，并应根据气候变化，宜对暴雨强度公式进行修订。暴雨强度公式是暴雨强度 i（或 q）、降雨历时 t、重现期 P 三者间关系的数学表达式，是设计雨水管渠的依据。我国常用的暴雨强度公式形式为：

$$q = \frac{167A_1(1+C\lg P)}{(t+b)^n} \tag{4-1}$$

式中　　　q——设计暴雨强度，$L/(s\cdot hm^2)$；

　　　　　P——设计重现期，年；

　　　　　t——降雨历时，min；

A_1，C，b，n——地方参数，根据统计方法进行计算确定。

具有20年以上自动雨量记录的地区，排水系统设计暴雨强度公式应采用年最大值法。

当 $b=0$ 时，

$$q = \frac{167A_1(1+C\lg P)}{t^n} \tag{4-2}$$

当 $n=1$ 时，

$$q = \frac{167A_1(1+C\lg P)}{t+b} \tag{4-3}$$

目前，我国尚有一些城镇无暴雨强度公式，当这些城镇需设计雨水管渠时，可选用附近地区城市暴雨强度公式，或在当地气象台站收集自记雨量记录（一般不少于20年），按前述暴雨资料整理方法，最后得出如表4-2所示的该地各历时暴雨强度统计表，然后计算出各序号强度组的重现期。有了这一基础资料，可在普通坐标纸或对数坐标纸上作图。

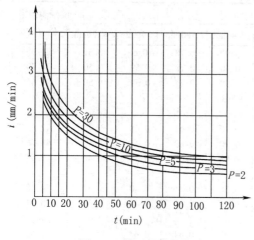

图4-2 暴雨强度曲线

方法是以降雨历时 t 为横坐标，暴雨强度 i（或 q）为纵坐标，将所选用的几个重现期的各历时的暴雨强度值点出，然后将重现期相同的各历时的暴雨强度 i_5、i_{10}、i_{15}、i_{20}、i_{30}、i_{45}、i_{60}、i_{90}、i_{120} 各点连成光滑的曲线。这些曲线表示暴雨强度 i、降雨历时 t 和重现期 P 三者之间的关系，称为暴雨强度曲线。每一条曲线上各历时对应的暴雨强度的重现期相同。图4-2 的暴雨强度曲线就是根据表4-2的资料绘制的。这种经验频率强度曲线精度虽不太高，但方法简单，用于重现期要求不高的雨水管渠的设计，使用也较方便。

目前我国各地已积累了完整的自动雨量记录资料，可采用数理统计法计算确定暴雨强度公式。水文统计学的取样方法有年最大值法和非年最大值法两类，国际上的发展趋势是采用年最大值法。日本在具有20年以上雨量记录的地区采用年最大值法，在不足20年雨量记录的地区采用非年最大值法，年多个样法是非年最大值法中的一种。由于以前国内自记雨量资料不多，因此多采用年多个样法。现在我国许多地区已具有40年以上的自记雨量资料，具备采用年最大值法的条件。所以，规定具有20年以上自动雨量记录的地区，应采用年最大值法。

4.2 雨水管渠设计流量的确定

雨水设计流量是确定雨水管渠断面尺寸的重要依据。城镇和工厂中排除雨水的管渠，汇集降雨的流域面积，称之为汇水面积。由于汇集雨水径流的面积较小，所以可采用小汇水面积上其他排水构筑物计算设计流量的推理公式来计算雨水管渠的设计流量。当汇水面积超过 $2km^2$ 时，应考虑区域降雨和地面渗透性能在时空分布的不均匀性和管网汇流过程等因素，采用数学模型法计算设计流量。

4.2.1 雨水管渠设计流量计算公式

雨水设计流量按式（4-4）计算：

$$Q = \psi q F \tag{4-4}$$

式中 Q——雨水设计流量，L/s；

ψ——综合径流系数，其数值小于1；

F——汇水面积，hm^2；

q——设计暴雨强度，$L/(s \cdot hm^2)$。

式（4-4）是根据一定的假设条件，由雨水径流成因推导得出的，是半经验半理论公式，通常称为推理公式。该公式用于小流域面积计算暴雨设计流量已有一百多年的历史，至今仍被国内外广泛使用。

（1）地面点上产流过程

降雨发生后，部分雨水首先被植物截留。在地面开始受雨时，因地面比较干燥，雨水渗入土壤的入渗率（单位时间内雨水的入渗量）较大，而降雨起始时的强度还小于入渗率，这时雨水被地面全部吸收。随着降雨时间的增长，当降雨强度大于入渗率后，地面开始产生余水，待余水积满洼地后，这时部分余水产生地面径流（称为产流）。在降雨强度增至最大时相应产生的余水率也最大，此后随着降雨强度的逐渐减小，余水率也逐渐减小，当降雨强度降至与入渗率相等时，余水现象停止。但这时有地面积水存在，故仍产生径流，入渗率仍按地面入渗能力渗漏，直至地面积水消失，径流才终止，而后洼地积水逐渐渗完。渗完积水后，地面实际渗水率将按降雨强度渗漏，直到雨终。以上过程可用图4-3（a）表示。

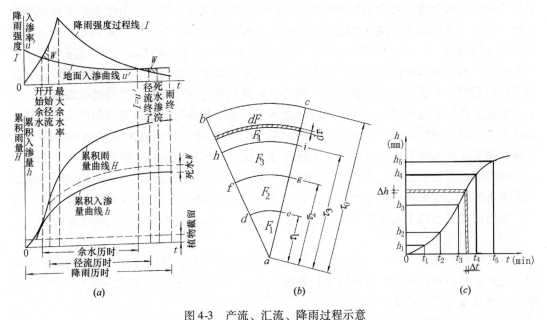

图4-3 产流、汇流、降雨过程示意

（a）地面点上产流过程；（b）流域汇流过程；（c）降雨过程曲线

（2）流域面上的汇流过程

流域中各地面点上产生的径流沿着坡面汇流至低处，通过沟、溪汇入江河。在城市中，雨水径流由地面流至雨水口，经雨水管渠最后汇入江河。通常将雨水径流从流域的最远点流到出口断面的时间称为流域的集流时间或集水时间。

图4-3（b）所示为一块扇形流域汇水面积，其边界线为ab线、ac线和bc弧线。a点为集流点（如雨水口，管渠上某一断面）。假定汇水面积内地面坡度均等，则以a点为圆心所划的圆弧线de，fg，hi……bc称为等流时线，每条等流时线上各点的雨水径流流达a点的时间是相等的，它们分别为τ_1，τ_2，τ_3……τ_0，流域边缘线bc上各点的雨水径流流达a点的时间τ_0称为这块汇水面积的集流时间或集水时间。

在地面点上降雨产生径流开始后不久，在a点所汇集的流量仅来自靠近a点的小块面积上的雨水，离a点较远的面积上的雨水此时仅流至中途。随着降雨历时的增长，在a点汇集的流量中的汇水面积不断增加，当流域最边缘线上的雨水流达集流点a时，在a点汇集的流量中的汇水面积扩大到整个流域，即流域全部面积参与径流，此时集流点 a 产生最大流量。也就是说，从面积角度讲，集流了全流域面积上径流的径流量最大。

由于各不同等流时线上的雨水流达 a 点的时间不等，那么，同时降落在各条等流时线上的雨水不可能同时流达 a 点。反之，各条等流时线上同时流达 a 点的雨水，并不是同时降落的。如来自 a 点附近的雨水是 x 时降落的，则来自流域边缘的雨水是（$x-\tau_0$）时降落的，因此，在集流点出现的径流量来自 τ_0 时段内全流域面积上各点的降雨量。由式（4-4）可知，雨水管道的设计流量 Q 随径流系数 ψ、汇水面积 F 和设计暴雨强度 q 而变化。为了简化叙述，假定径流系数 ψ 为 1。从前述可知，当在全流域产生径流之前，随着集水时间增加，集流点的汇水面积随着增加，直至增加到全部面积。而设计降雨强度 q 与降雨历时成反比，即随降雨历时的增长而减小。目前，我国通常采用极限强度理论进行雨水管道设计。极限强度理论承认降雨强度随降雨历时的增长而减小，但认为汇水面积随降雨历时的增长而增加比降雨强度随降雨历时增长而减小的速度更快。如果降雨历时 t 小于流域的集流时间 τ_0，显然只有一部分面积产生了径流，由于面积增加比降雨强度减小的速度更快，因而得出的雨水径流量小于最大径流量。如果降雨历时 t 大于集流时间 τ_0，流域全部面积已产生了汇流，面积不能再增长，而降雨强度则随降雨历时的增长而减小，径流量也随之由最大逐渐减小。因此只有当降雨历时等于集流时间时，全面积汇流的径流才是最大径流量。所以雨水管渠的设计流量可用全部汇水面积 F 乘以流域的集流时间 τ_0 时的暴雨强度 q 及地面平均径流系数 ψ（假定全流域汇水面积采用同一径流系数）得到。

根据以上的分析，雨水管道设计的极限强度理论含两个概念：① 当汇水面积上最远点的雨水流达集流点时，全面积产生汇流，雨水管道的设计流量最大；② 当降雨历时等于汇水面积最远点的雨水流达集流点的集流时间时，雨水管道需要排除的雨水量最大。

（3）公式推导

公式推导时假定：降雨在整个汇水面积上是均匀分布的；降雨强度在选定的降雨时段内不变；汇水面积随雨水集流时间增长而增大的速度为常数；径流系数 $\psi=1$，即降落到地面的雨水全部形成径流。

由于雨水管道所研究的暴雨强度 i 是指在一定重现期下，各不同降雨历时的最大平均暴雨强度，因而 $\int_0^T I\mathrm{d}t$ 也就成为相应于各不同降雨历时 t 内的最大降雨量 h_{max}。则 T 时段的最大雨水设计流量为：

$$Q_T = \frac{F}{\tau_0}\int_0^T I\mathrm{d}t = \frac{F}{\tau_0}h_{max} = F\frac{h_{max}}{\tau_0} = Fi_{max} \tag{4-5}$$

式中 i_{max} 为 $t=\tau_0$ 时的最大平均暴雨强度。根据假定，在 t 时段内，i_{max} 是均匀不变的。若以 L/s 表示流量的量纲，则 t 时雨水最大流量为：

$$Q_T = 167Fi_{max} = Fq_{max}(\mathrm{L/s}) \tag{4-6a}$$

4.2.2 雨水管段设计流量计算

在图 4-4 中，A、B、C 为互相毗邻的区域，设面积 $F_A = F_B = F_C$，雨水从各面积上最远点分别流入设计断面 1、2、3 所需的集水时间均为 τ_1（min）。并假设：

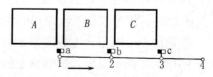

图 4-4 雨水管段设计流量计算

1）汇水面积随降雨历时的增加而均匀地增加；

2）降雨历时 t 大于或等于汇水面积最远点的雨水流达设计断面的集水时间 τ；

3）雨水从计算管段的起端汇入管段；

4）径流系数 ψ 为确定值，为讨论方便假定其值等于 1。

雨水管段设计流量通常可采用两种方法计算，分述如下：

（1）面积叠加法

1）管段 1—2 的雨水设计流量

该管段是收集汇水面积 F_A 的雨水，当降雨开始时，只有邻近雨水口 a 面积的雨水能流入雨水口进入 1 断面；降雨继续不停，就有越来越大的 F_A 面积上的雨水逐渐流达 1 断面，管段 1—2 内流量逐渐增加，这时 Q 将随 F_A 的增加而增大，直到 $t = \tau_1$ 时，F_A 全部面积的雨水均已流到 1 断面，这时管段 1—2 内流量达最大值。

若降雨仍继续下去，即 $t > \tau_1$ 时，由于面积已不能再增加，而暴雨强度则随着降雨时间的增长而降低，则管段所排除的流量会比 $t = \tau_1$ 时减少。因此，管段 1—2 的设计流量应为：

$$Q_{1-2} = F_A \cdot q_1 (L/s)$$

式中 q_1 为管段 1—2 的设计暴雨强度，即相应于降雨历时 $t = \tau_1$ 的暴雨强度 $[L/(s \cdot hm^2)]$。

2）管段 2—3 的雨水设计流量

当 $t = \tau_1$ 时，全部 F_B 面积和部分 F_A 面积上的雨水流达 2 断面，管段 2—3 的雨水流量不是最大的。只有当 $t = \tau_1 + t_{1-2}$ 时（t_{1-2} 为雨水在管段 1—2 中的流行历时），F_A 和 F_B 全部面积上的雨水均流到 2 断面，管段 2—3 的流量达最大值。因此，面积叠加法把 F_A 和 F_B 看成是一个整体将面积叠加，即管段 2—3 的设计流量应为：

$$Q_{2-3} = (F_A + F_B) q_2$$

式中 q_2 是相应于降雨历时为 $t = \tau_1 + t_{1-2}$ 的暴雨强度 $[L/(s \cdot hm^2)]$，其余符号含义同上。

3）管段 3—4 的雨水设计流量

同理可得，$Q_{3-4} = (F_A + F_B + F_C) q_3$

式中 q_3 是相应于降雨历时为 $t = \tau_1 + t_{1-2} + t_{2-3}$ 的暴雨强度 $[L/(s \cdot hm^2)]$，t_{2-3} 为雨水在管段 2—3 中的流行历时，其余符号含义同上。

这样，面积叠加法雨水设计流量公式的一般形式为：

$$Q_k = \left(\sum_{i=1}^{k} F_i \psi_i \right) \cdot q_i \qquad (4\text{-}6b)$$

（2）流量叠加法

1）管段 1—2 的雨水设计流量

分析、计算同面积叠加法。

2）管段 2—3 的雨水设计流量

同样，当 $t = \tau_1$ 时，全部 F_B 面积和部分 F_A 面积上的雨水流达 2 断面，管段 2—3 的雨水流量不是最大。只有当 $t = \tau_1 + t_{1-2}$ 时，这时 F_A 和 F_B 全部面积上的雨水均流到 2 断面，管段 2—3 的流量达最大值。F_B 面积上产生的流量为 $F_B \cdot q_2$，直接汇到 2 断面，但是，F_A 面积上产生的流量为 $F_A \cdot q_1$，则是通过管段 1—2 汇流到 2 断面的，因而，管段 2—3 的流量为：

$$Q_{2-3} = F_A q_1 + F_B q_2$$

式中符号含义同上。

如果按 $Q_{2-3} = (F_A + F_B)q_2$ 计算，即面积叠加，把 F_A 面积上产生的流量通过管道汇集，看成了通过地面汇集，其相应的暴雨强度采用 q_2，由于暴雨强度随降雨历时而降低，q_2 小于 q_1，计算所得流量 $F_A \cdot q_2$ 小于该面积的最大流量 $F_A \cdot q_1$，设计流量偏小，设计管道偏于不安全。

3）管段 3—4 的雨水设计流量

同理得到：

$$Q_{3-4} = F_A q_1 + F_B q_2 + F_C q_3$$

式中符号含义同上。

这样，流量叠加法雨水设计流量公式的一般形式为：

$$Q_k = \sum_{i=1}^{k}(F_i \psi_i q_i) \tag{4-6c}$$

由上文可知，各设计管段的雨水设计流量等于其上游管段转输流量加上本管段产生的流量之和，即流量叠加。而各管段的设计暴雨强度则是相应于该管段设计断面的集水时间的暴雨强度。由于各管段的集水时间不同，所以各管段的设计暴雨强度亦不同。

面积叠加法计算雨水设计流量，方法简便，但其所得的设计流量偏小，一般用于雨水管渠的规划设计计算；而流量叠加法须逐段计算叠加，过程较繁复，但其所得的设计流量通常比面积叠加法大，偏于安全，一般用于雨水管渠的工程设计计算。

采用推理公式法计算雨水设计流量，应按下式计算。当汇水面积超过 $2km^2$ 时，宜考虑降雨在时空分布的不均匀性和管网汇流过程，采用数学模型法计算雨水设计流量。当有允许排入雨水管道的生产废水排入雨水管道时，应将其水量计算在内。

我国目前采用恒定均匀流推理公式，即用式（4-4）计算雨水设计流量。恒定均匀流推理公式基于以下假设：降雨在整个汇水面积上的分布是均匀的；降雨强度在选定的降雨时段内均匀不变；汇水面积随集流时间增长的速度为常数，因此推理公式适用于较小规模排水系统的计算，当应用于较大规模排水系统的计算时会产生较大误差。随着技术的进步，管渠直径的放大、水泵能力的提高，排水系统汇水流域面积逐步扩大应该修正推理公式的精确度。发达国家已采用数学模型模拟降雨过程，把排水管渠作为一个系统考虑，并用数学模型对管网进行管理。美国一些城市规定的推理公式适用范围分别为：奥斯汀 $4km^2$，芝加哥 $0.8km^2$，纽约 $1.6km^2$，丹佛 $6.4km^2$ 且汇流时间小于 10min；欧盟的排水设计规范要求当排水系统面积大于 $2km^2$ 或汇流时间大于 15min 时，应采用非恒定流模拟进行城市雨水管网水力计算。在总结国内外资料的基础上，《室外排水设计标准》GB 50014—2021 提出当汇水面积超过 $2km^2$ 时，雨水设计流量应采用数学模型进行确定。

采用数学模型进行排水系统设计时，除应满足现行国家标准《室外排水设计标准》GB 50014 外，还应满足当地的设计标准，应对模型的适用条件和假定参数做详细分析和评估。当建立排水管道系统模型时，应对系统的平面布置、管径和标高等参数进行核实，并运用实测资料对模型进行校正。

4.2.3 径流系数的确定

降落在地面上的雨水量称降雨量，如上所述，降雨量的一部分被植物和地面洼地截留，一部分渗入土壤，余下的一部分才沿地面流入雨水管渠，这部分进入雨水管渠的雨水量称为径流量。径流量与降雨量的比值称径流系数 ψ，其值小于 1。

径流系数的值因汇水面积的地面覆盖状况、地面坡度、地貌、建筑密度的分布、路面铺砌等情况的不同而异。如屋面为不透水材料覆盖，ψ 值大；沥青路面的 ψ 值也大；而非铺砌的土路面 ψ 值就较小。地形坡度大，雨水流动较快，ψ 值大；种植植物的庭园，由于植物本身能截留一部分雨水，其 ψ 值就小等等。此外，ψ 值还与降雨历时、暴雨强度及暴雨雨型有关，如降雨历时较长，由于地面渗透减少，ψ 就大些；暴雨强度大，ψ 值大；最大强度发生在降雨前期的雨型，ψ 值也大些。由于影响因素很多，要精确地求定 ψ 值是很困难的。因为影响 ψ 值的主要因素是地面覆盖种类的透水性，所以目前在雨水管渠设计中，综合径流系数应按地面种类加权平均计算，见表4-3和表4-4。

径流系数　　　表 4-3	
地面种类	ψ
各种屋面、混凝土或沥青路面	0.85 ~ 0.95
大块石铺砌路面或沥青表面处理的碎石路面	0.55 ~ 0.65
级配碎石路面	0.40 ~ 0.50
干砌砖石或碎石路面	0.35 ~ 0.40
非铺砌路面	0.25 ~ 0.35
公园或绿地	0.10 ~ 0.20

综合径流系数　　　表 4-4	
区域情况	ψ
城镇建筑密集区	0.60 ~ 0.70
城镇建筑较密集区	0.45 ~ 0.60
城镇建筑稀疏区	0.20 ~ 0.45

通常，汇水面积是由各种性质的地面覆盖所组成的，随着它们占有的面积比例变化，ψ 值也各异，所以整个汇水面积上的平均径流系数 ψ_{av} 值，是按各类地面面积加权平均计算得出的，即：

$$\psi_{av} = \frac{\sum F_i \cdot \psi_i}{F} \tag{4-7}$$

式中　F_i——汇水面积上 i 类地面的面积，hm^2；

　　　ψ_i——i 类地面的径流系数；

　　　F——全部汇水面积，hm^2。

小区的开发，应体现低影响开发的理念，不应由市政设施的不断扩建与之适应，而应在小区内进行源头控制。应严格执行规划控制的综合径流系数，还提出了综合径流系数高于 0.7 的地区应采用渗透、调蓄等措施。径流系数，可按表4-3的规定取值，汇水面积的综合径流系数应按地面种类加权平均计算，可按表4-3的规定取值，还应核实地面种类的组成和比例，可以采用的方法包括遥感监测、实地勘测等。

【例4-1】已知某小区内（系居住区内的典型街区）各类地面的面积 F_i 值见表4-5。求该小区内的平均径流系数 ψ_{av} 值。

某小区典型街坊各类地面　　　表 4-5

地面种类	面积 F_i（hm^2）	采用 ψ 值
屋面	1.2	0.9
沥青道路及人行道	0.6	0.9
圆石路面	0.6	0.4
非铺砌路面	0.8	0.3
绿地	0.8	0.15
合计	4	0.555

【解】 按表 4-3 选定各类 F_i 的 ψ_i 值，填入表 4-5 中，F 共为 4hm^2，则

$$\psi_{av} = \frac{\sum F_i \cdot \psi_i}{F} = \frac{1.2 \times 0.9 + 0.6 \times 0.9 + 0.6 \times 0.4 + 0.8 \times 0.3 + 0.8 \times 0.15}{4}$$
$$= 0.555$$

在设计中，也可采用区域综合径流系数。一般市区的综合径流系数 $\psi = 0.5 \sim 0.8$，郊区的 $\psi = 0.4 \sim 0.6$。我国一些城市采用的综合径流系数 ψ 值见表 4-6（1）。《日本下水道设计指南（2009 年版）》推荐的综合径流系数见表 4-6（2）。

国内一些城市区采用的综合径流系数   表 4-6（1）

城市	综合径流系数	城市	综合径流系数
北京	0.5 ~ 0.7	扬州	0.5 ~ 0.8
上海	0.5 ~ 0.8	宜昌	0.65 ~ 0.8
天津	0.45 ~ 0.6	南宁	0.5 ~ 0.75
乌兰浩特	0.5	柳州	0.4 ~ 0.8
南京	0.5 ~ 0.7	深圳	旧城区：0.7 ~ 0.8 新城区：0.6 ~ 0.7
杭州	0.6 ~ 0.8		

《日本下水道设计指南（2009 年版）》推荐的综合径流系数   表 4-6（2）

区域情况	ψ
空地非常少的商业区或类似的住宅区	0.80
有若干室外作业场等透水地面的工厂或有若干庭院的住宅区	0.65
房产公司住宅区之类的中等住宅区或单户住宅多的地区	0.50
庭院多的高级住宅区或夹有耕地的郊区	0.35

当地区整体改建时，对于相同的设计重现期，改建后的径流量不得超过原有径流量。

4.2.4 设计重现期的确定

从暴雨强度公式［式（4-1）］可知，暴雨强度随着重现期的不同而不同。在雨水管渠设计中，若选用较高的设计重现期，计算所得的设计暴雨强度大，相应的雨水设计流量大，管渠的断面相应大。这对防止地面积水是有利的，安全性高，但经济上工程造价则因管渠设计断面的增大而增加了；若选用较低的设计重现期，管渠断面可相应减小，这样虽然可以降低工程造价，但可能会经常发生排水不畅、地面积水而影响交通，甚至给城市人们的生活及工业生产造成危害。因此，必须结合我国国情，从技术和经济方面统一考虑选定。

雨水管渠设计重现期规定的选用范围，是根据我国各地目前实际采用的数据，经归纳综合后确定的。我国地域辽阔，各地气候、地形条件及排水设施差异较大，因此在选用雨水管渠的设计重现期时，必须根据当地的具体条件合理选用。我国部分城市采用的雨水管渠设计重现期见表 4-7，可供参考。

雨水管渠设计重现期，应根据汇水地区性质、城镇类型、地形特点和气候特征等因素，经技术经济比较后按表 4-7 的规定取值，并应符合下列规定：①经济条件较好，且人口密集、内涝易发的城镇，应采用规定的设计重现期上限；②新建地区应按表 4-7 的规定

执行，既有地区应结合海绵城市建设、地区改建、道路建设等更新排水系统，并按表4-7的规定执行；③同一排水系统可采用不同的设计重现期。

雨水管渠设计重现期（年）　　　　　　　　　　　　　　　表 4-7

城镇类型	城市类型			
	中心城区	非中心城区	中心城区的 重要地区	中心城区地下通道 和下沉式广场等
超大城市和特大城市	3 ~ 5	2 ~ 3	5 ~ 10	30 ~ 50
大城市	2 ~ 5	2 ~ 3	5 ~ 10	20 ~ 30
中等城市和小城市	2 ~ 3	2 ~ 3	3 ~ 5	10 ~ 20

注：1. 按表中所列重现期设计暴雨强度公式时，均采用年最大值法；
　　2. 雨水管渠应按重力流、满管流计算；
　　3. 超大城市指城区常住人口在1000万人以上的城市；特大城市指城区常住人口在500万人以上1000万人以下的城市；大城市指城区常住人口在100万~500万人的城市；中等城市指城区常住人口50万人以上100万人以下的城市，小城市指城区常住人口在50万人以下的城市（以上包括本数，以下不包括本数）。

在中心城区下穿立交道路的雨水管渠设计重现期应按表4-7中"中心城区地下通道和下沉式广场等"的规定执行，非中心城区下穿立交道路的雨水管渠设计重现期不应小于10年，高架道路雨水管渠设计重现期不应小于5年。

我国目前雨水管渠设计重现期与发达国家和地区的对比情况。美国、日本等国在城镇内涝防治设施上投入较大，城镇雨水管渠设计重现期一般采用5~10年。美国各州还将排水干管系统的设计重现期规定为100年，排水系统的其他设施分别具有不同的设计重现期。日本也将设计重现期不断提高，《日本下水道设计指南（2009年版）》中规定，排水系统设计重现期在10年内应提高到10~15年。所以我国提出按照地区性质和城镇类型，并结合地形特点和气候特征等因素，经技术经济比较后，适当提高我国雨水管渠的设计重现期，并与发达国家标准基本一致。

选用表4-7规定值时，还应注意以下两点：

（1）城镇类型：是指常住人口数量划分为"超大城市""特大城市""大城市""中等城市"和"小城市"。

（2）城区类型：分为"中心城区""非中心城区""中心城区的重要地区"和"中心城区的地下通道和下沉式广场"。其中，中心城区重要地区主要指行政中心、交通枢纽、学校、医院和商业聚集区等。

将"中心城区地下通道和下沉式广场等"单独列出，主要是根据我国目前城市发展现状，并参照国外相关标准，以德国、美国为例，德国给水废水和废弃物协会（ATV-DVWK）推荐的设计标准（ATV-A118）中规定：地下铁道/地下通道的设计重现期为5~20年。我国上海市虹桥商务区的规划中，将下沉式广场的设计重现期规定为50年。由于中心城区地下通道和下沉式广场的汇水面积可以控制，且一般不能与城镇内涝防治系统相结合，因此采用的设计重现期应与内涝防治设计重现期相协调。

内涝防治设施见本书4.6节。

4.2.5　集水时间的确定

前已述及，只有当降雨历时等于集水时间时，雨水流量为最大。

对管道的某一设计断面来说，集水时间 t 由地面集水时间 t_1 和管内雨水流行时间 t_2 两部分组成（图4-5），可用公式表述如下：

$$t = t_1 + t_2 \tag{4-8}$$

式中　t_1——地面集水时间，min，应根据汇水距离、地形坡度和地面种类计算确定，一般采用 $5 \sim 15$min；

　　　t_2——管渠内雨水流行时间，min。

（1）地面集水时间 t_1 的确定

地面集水时间是指雨水从汇水面积最远点流到第1个雨水口 a 的时间。

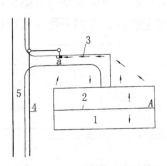

图4-5　地面集水时间 t_1 示意
1—房屋；2—屋面分水线；3—道路边沟；4—雨水管；5—道路

以图4-5为例。图中"→"表示水流方向。雨水从汇水面积上最远点的房屋屋面分水线 A 点，流到雨水口 a 的地面集水时间 t_1，通常是由下列流行路程的时间组成的：从屋面 A 点沿屋面坡度经屋檐下落到地面散水坡的时间，一般为 $0.3 \sim 0.5$min；从散水坡沿地面坡度流入附近道路边沟的时间；沿道路边沟到雨水口 a 的时间。

地面集水时间受地形坡度、地面铺砌、地面种植情况、水流路程、道路纵坡和宽度等因素的影响，这些因素直接决定水流沿地面或边沟的流动速度。此外，也与暴雨强度有关，因为暴雨强度大，水流时间就短。但在上述各因素中，地面集水时间主要取决于雨水流行距离的长短和地面坡度。

为了寻求地面集水时 t_1 的通用计算方法，不少学者作了大量的研究工作，在有关刊物也发表了一些研究成果。

但在实际设计工作中，要准确地计算 t_1 值是困难的，故一般不进行计算而采用经验数值。根据《室外排水设计标准》GB 50014—2021 规定：地面集水时间视距离长短和地形坡度及地面覆盖情况而定，地面集水距离的合理距离是 $50 \sim 150$m，集水时间为 $t_1 = 5 \sim 15$min。这一经验值是根据国内外的资料确定的。国内外采用的 t_1 值分别见表4-8和表4-9。

国内部分城市采用的 t_1 值　　　　　　　　　　　　　　　　　表 4-8

城市	t_1 值（min）	城市	t_1 值（min）
北京	$5 \sim 15$	重庆	5
上海	$5 \sim 15$，某工业区 25	齐齐哈尔	10
无锡	23	吉林	10
常州	$10 \sim 15$	营口	$10 \sim 30$
南京	$10 \sim 15$	白城	$20 \sim 40$
杭州	$5 \sim 10$	兰州	10
宁波	$5 \sim 15$	西宁	15
广州	$15 \sim 20$	西安	<100m, 5；<200m, 8
天津	$10 \sim 15$		<300m, 10；<400m, 13
武汉	10	太原	10
长沙	10	唐山	15
成都	10	保定	10
贵阳	12	昆明	12

国外采用的 t_1 值

表 4-9

资料来源	工程情况	t_1 值（min）
《日本下水道设计指南（2009 年版）》	人口密度大的地区	5
	人口密度小的地区	10
	平均	7
	干线	5
	支线	7～10
美国土木工程学会	全部铺装，下水道完备的密集地区	5
	地面坡度较小的发展区	10～15
	平坦的住宅区	20～30
俄罗斯（原苏联）规范	街道内部无雨水管网	由计算确定，居住区采用不小于 10
	街道内部有雨水管网	5

注：根据国内资料，地面集水时间采用的数据，大多不经计算。

按照经验，一般对在建筑密度较大、地形较陡、雨水口分布较密的地区或街区内设置的雨水暗管，宜采用较小的 t_1 值，可取 $t_1 = 5～8$min。而在建筑密度较小、汇水面积较大、地形较平坦、降雨强度相差不大雨水口布置较稀疏的地区，地面集水时间由地面集水距离、集水的合理范围确定，宜采用较大值，一般可取 $t_1 = 10～15$min。起点井上游地面流行距离以不超过 120～150m 为宜。在设计工作中，应结合具体条件恰当地选定。如 t_1 选用过大，将会造成排水不畅，以致使管道上游地面经常积水；选用过小，又将使雨水管渠尺寸加大而增加工程造价，因此，应采取雨水渗透、调蓄措施，从源头降低雨水径流产生量，延缓出流时间。当雨水径流量增大时，排水管渠的输送能力不能满足要求时，可设雨水调蓄池。

（2）管渠内雨水流行时间 t_2 的确定

雨水在管渠内的流行时间 t_2 可按式（4-9）计算：

$$t_2 = \Sigma \frac{L}{60v}(\min) \tag{4-9}$$

式中　L——各管段的长度，m；

　　　v——各管段满流时的水流速度，m/s；

　　　60——时间的单位换算系数。

综上所述，计算雨水管渠设计流量所用的设计暴雨强度公式及流量公式可写为：

$$q = \frac{167A_1(1 + c\lg P)}{(t_1 + t_2 + b)^n} \tag{4-10}$$

$$Q = \frac{167A_1(1 + c\lg P)}{(t_1 + t_2 + b)^n} \cdot \psi \cdot F \tag{4-11}$$

或当 $b = 0$ 时，

$$q = \frac{167A_1(1 + c\lg P)}{(t_1 + t_2)^n} \tag{4-12}$$

$$Q = \frac{167A_1(1 + c\lg P)}{(t_1 + t_2)^n} \cdot \psi \cdot F \tag{4-13}$$

或当 $n = 1$ 时，
$$q = \frac{167A_1(1 + c\lg P)}{t_1 + t_2} \qquad (4\text{-}14)$$

$$Q = \frac{167A_1(1 + c\lg P)}{t_1 + t_2} \cdot \psi \cdot F \qquad (4\text{-}15)$$

式中　　　Q——雨水设计流量，L/s；

　　　　　ψ——径流系数，其数值小于 1；

　　　　　F——汇水面积，hm^2；

　　　　　q——设计暴雨强度，$\text{L}/(\text{s} \cdot \text{hm}^2)$；

　　　　　P——设计重现期，年；

　　　　　t_1——地面集水时间，min；

　　　　　t_2——管渠内雨水流行时间，min；

A_1、c、b、n——地方参数。

4.2.6　特殊汇水面积上雨水设计流量的确定

推理公式假定最大流量发生在全部汇水面积参与径流时，这在汇水面积基本上是均匀增大的情况下是可以的。但当汇水面积的轮廓形状很不规则，即汇水面积呈畸形增大（包括几个相距较远的独立区域雨水的交汇），或汇水面积地形坡度变化较大，或汇水面积各部分径流系数有显著差异时，管道的最大流量可能不是发生在全部面积参与径流时，而发生在部分面积参与径流时，设计时应注意这种特殊情况。现举例说明两个有一定距离的独立排水流域的雨水干管交汇处，计算最大设计流量的一种方法。

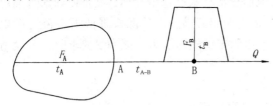

图 4-6　两个独立排水面积雨水汇流示意

如图 4-6 所示，雨水干管 A—B 接受两个独立排水流域的雨水径流。图中 F_A 为城市中心区汇水面积，F_B 为城市近郊工业区汇水面积，已知：① $P = 1$ 年时的暴雨强度公式为：

$$q = \frac{1625}{(t + 4)^{0.57}} \quad [\text{L}/(\text{s} \cdot \text{hm}^2)]$$

② 径流系数取 $\psi = 0.5$；③ $F_A = 30\text{hm}^2$，$t_A = 25\text{min}$；$F_B = 15\text{hm}^2$，$t_B = 15\text{min}$；④ 雨水管道 A—B 的 $t_{A-B} = 10\text{min}$。

根据已知条件，F_A 面积上产生的最大流量：

$$Q_A = \psi q F = 0.5 \times \frac{1625}{(t_A + 4)^{0.57}} \times F_A = \frac{812.5}{(t_A + 4)^{0.57}} \times F_A$$

F_B 面积上产生的最大流量：

$$Q_B = \psi q F = 0.5 \times \frac{1625}{(t_B + 4)^{0.57}} \times F_B = \frac{812.5}{(t_B + 4)^{0.57}} \times F_B$$

F_A 面积上的最大流量流到 B 点的集水时间为 $t_A + t_{A-B}$，F_B 面积上的最大流量流到 B

点的集水时间为t_B。如果$t_A + t_{A-B} = t_B$，则 B 点的最大流量$Q = Q_A + Q_B$。但若$t_A + t_{A-B} \neq t_B$，故 B 点的最大流量可能发生在F_A面积或F_B面积单独出现最大流量时。据已知条件$t_A + t_{A-B} > t_B$，B 点的最大流量按下面两种情况分别计算。

（1）第一种情况

最大流量可能发生在全部F_B面积参与径流时，这时F_A中仅部分面积的雨水能流达 B 点参与径流，B 点的最大流量为：

$$Q_B = \frac{812.5}{(t_B + 4)^{0.57}} \times 15 + \frac{812.5}{(t_B - t_{A-B} + 4)^{0.57}} \times F'_A$$

式中F'_A为在$t_A = (t_B - t_{A-B})$时间内流到 B 点的F_A上的那部分面积，即$\frac{F_A}{t_A}$为$(t_B - t_{A-B})$时间的汇水面积，所以$F'_A = \frac{F_A}{t_A} \times (t_B - t_{A-B}) = \frac{30 \times (15 - 10)}{25} = 6 \text{hm}^2$

代入上式得：

$$Q_B = \frac{812.5}{(15 + 4)^{0.57}} \times 15 + \frac{812.5}{(5 + 4)^{0.57}} \times 6$$

$$= 2275.2 + 1393.3 = 3668.5 \text{L/s}$$

（2）第二种情况

最大流量可能发生在全部F_A面积参与径流时。这时F_B的最大流量已流过 B 点，B 点的最大流量为：

$$Q_B = \frac{812.5}{(t_A + 4)^{0.57}} \times F_A + \frac{812.5}{(t_A + t_{A-B} + 4)^{0.57}} \times F_B$$

$$= \frac{812.5}{(25 + 4)^{0.57}} \times 30 + \frac{812.5}{(25 + 10 + 4)^{0.57}} \times 15$$

$$= 3575.8 + 1510.1 = 5085.9 \text{L/s}$$

按上述两种情况计算的结果，选择其中最大流量$Q = 5085.9 \text{L/s}$作为 B 点所求的设计流量。

注意：B 点最大流量发生是上述两种情况之外的第三类情况，即F_A、F_B都不是最大流量，但叠加后是最大流量这种情况计算需径流过程模拟，情况较复杂。有关特殊地区雨水管道最大设计流量的其他一些计算方法，国内已有一些研究。本书对这一问题不再详述，读者如有需要，可参阅有关资料。

4.3 雨水管渠系统的设计与计算

雨水管渠系统设计的基本要求是能及时、通畅地排走城镇或工厂汇水面积内的暴雨径流量。进行雨水管渠系统设计时，设计人员应深入现场进行调查研究，踏勘地形，了解排水走向，搜集当地的设计基础资料，作为设计方案选择及设计计算的可靠依据。

4.3.1　雨水管渠系统的平面布置特点

（1）充分利用地形，就近排入水体

雨水管渠应尽量利用自然地形坡度以最短的距离靠重力流排入附近的池塘、河流、湖泊等水体中，如图4-7所示。一般情况下，当地形坡度变化较大时，雨水干管宜布置在地形较低处或溪谷线上；当地形平坦时，雨水干管宜布置在排水流域的中间，以便支管接入，尽可能扩大重力流排除雨水的范围。

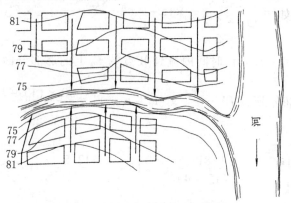

图4-7　分散出水口式雨水管布置

当管道排入池塘或小河时，由于出水口的构造比较简单，造价不高，因此雨水干管的平面布置宜采用分散出水口式的管道布置形式，且就近排放，管线较短，管径也较小，这在技术上、经济上都是合理的。

但当河流的水位变化很大，雨水管道出口标高与常水位相差较大时，出水口的构造比较复杂，造价较高，这就不宜采用过多的出水口，而宜采用集中出水口式的管道布置形式，如图4-8所示。当地形平坦，且地面平均标高低于河流常年水位时，需将雨水管道出口适当集中，在出水口前设雨水泵站，暴雨期间雨水经抽升后排入水体。这时，为尽可能使通过雨水泵站的流量减少，以节省泵站的工程造价和经常运转费用，宜在雨水进泵站前的适当地点设置调节池。

（2）根据城市规划布置雨水管道

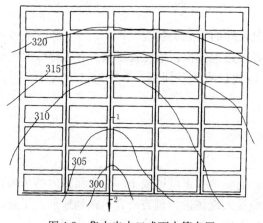

图4-8　集中出水口式雨水管布置

通常，应根据建筑物的分布、道路布置及街区内部的地形等布置雨水管道，使街区内绝大部分雨水能以最短距离排入街道低侧的雨水管道。

雨水管道应平行道路布设，且宜布置在人行道或草地带下，而不宜布置在快车道下，以免积水时影响交通或维修管道时破坏路面。道路红线宽度超过40m的城镇干道宜在道路两侧布置雨水管道。在有条件的地方，应考虑两个管道系统之间的连接。

雨水干管的平面和竖向布置应考虑与其他地下构筑物（包括各种管线及地下建筑物等）在相交处相互协调，雨水管道与其他各种管线（构筑物）在竖向布置上要求的最小净距见《室外排水设计标准》GB 50014—2021 附录 C。在有池塘、坑洼的地方，可考虑用其对雨水进行调蓄。

（3）合理布置雨水口，以保证路面雨水排除通畅

雨水口布置应根据地形及汇水面积确定，一般在道路交叉口的汇水点、低洼地段均应设置雨水口，以便及时收集地面径流，避免因排水不畅形成积水和雨水漫过路面影响行人安全。雨水口的布置如图4-9所示。雨水口的构造以及在道路直线段上设置的距离详见第7章。

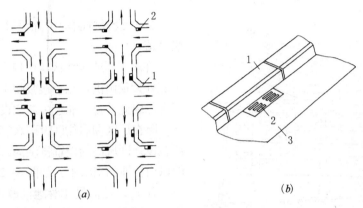

图4-9 雨水口布置

(a) 道路交叉路口雨水口布置；(b) 雨水口位置

1—路边石；2—雨水口；3—道路路面

（4）雨水管道采用明渠或暗管应根据具体条件确定

在城市市区或工厂内，由于建筑密度较高，交通量较大，雨水管道一般应采用暗管。在地形平坦地区、埋设深度或出水口深度受限制的地区，可采用盖板渠排除雨水。从国内一些城市排除雨水的经验看，采用盖板渠经济有效。在城市郊区，当建筑密度较低，交通量较小的地方，可考虑采用明渠，以节省工程费用，降低造价。但明渠容易淤积，可能滋生蚊蝇，影响环境卫生。

此外，在每条雨水干管的起端，应尽可能采用道路山沟排除路面雨水。这样通常可以减少暗管约 100～150m 长度。这对降低整个管渠工程造价是很有意义的。

雨水暗管和明渠衔接处需采取一定的工程措施，以保证连接处良好的水力条件。通常的做法是：

当管道接入明渠时，管道应设置挡土的端墙，连接处的土明渠应加铺砌，铺砌高度不低于设计超高，铺砌长度自管道末端算起 3～10m。宜适当跌水，当跌差为 0.3～2m 时，需做 45°斜坡，斜坡应加铺砌，其构造尺寸如图4-10所示。当跌差大于 2m 时，应按水工构筑物设计。

当明渠接入暗管时，除应采取上述措施外，尚应设置格栅，栅条间距采用 100～150mm。也宜适当跌水，在跌水前 3～5m 处即需进行铺砌，其构造尺寸如图4-11所示。

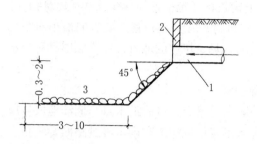
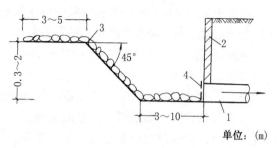

图 4-10　暗管接入明渠
1—暗管；2—挡土路；3—明渠

图 4-11　明渠接入暗管
1—暗管；2—挡土路；3—明渠；4—格栅

单位：(m)

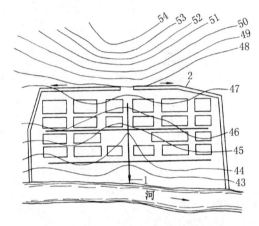

图 4-12　某居住区雨水管及排洪沟布置
1—雨水管；2—排洪沟

（5）设置排洪沟排除设计地区以外的雨洪径流

许多工厂或居住区傍山建设，雨季时设计区域外大量雨洪径流直接威胁工厂和居住区的安全。因此，对于靠近山麓建设的工厂和居住区，除在厂区和居住区设雨水管道外，尚应考虑在设计区域周围设置排洪沟，以拦截从分水岭以内排泄的雨洪水，如图 4-12 所示。

（6）以径流量作为地区改建的控制指标

地区开发应充分体现低影响开发理念，当地区整体改建时，对于相同的设计重现期，除应执行规划控制的综合径流系数指标外，还应执行径流量控制指标。《室外排水设计标准》GB 50014—2021 规定，整体改建地区应采取措施，确保改建后的径流量不超过原有径流量。可采取的综合措施包括建设下凹式绿地，设置植草沟、渗透池等，人行道、停车场、广场和小区道路等可采用渗透性路面，促进雨水下渗，既达到雨水资源综合利用的目的，又不增加径流量。

4.3.2　雨水管渠系统设计计算的技术规定

为使雨水管渠正常工作，避免发生淤积、冲刷等现象，对雨水管渠进行水力计算的基本数据有如下技术上的规定：

（1）设计充满度

雨水不同于污水，主要含泥沙等无机颗粒，加之暴雨径流量大，而相应较高的设计重现期的暴雨强度的降雨历时一般不会太长，故设计充满度按满流考虑，即 $h/D = 1$。明渠则应有等于或大于 0.2m 的超高。街道边沟应有等于或大于 0.03m 的超高。

（2）设计流速

为避免雨水挟带的泥沙等无机颗粒在管渠内沉淀而堵塞管道，雨水管渠的最小设计流速应大于污水管道，雨水管和合流管在满流时管道内最小设计流速为 0.75m/s；明渠内的最小设计流速为 0.4m/s。

为防止管渠受到冲刷而破坏，对雨水管渠的最大设计流速规定为：金属管为 10m/s；非金属管为 5m/s；明渠中水流深度为 0.4~1.0m 时，最大设计流速宜按表 4-10 采用。

因此，管渠设计流速应在最大流速和最小流速范围之内。

（3）最小管径和最小坡度 雨水管渠的最小管径为 300mm，相应的最小坡度：塑料管为 0.002，其他管为 0.003，雨水口连接管最小坡度为 0.01，最小管径为 200mm。

（4）最小埋深和最大埋深 具体规定同污水管道。

明渠最大设计流速 表 4-10

明渠类别	最大设计流速（m/s）	明渠类别	最大设计流速（m/s）
粗砂或低塑性粉质黏土	0.80	草皮护面	1.6
粉质黏土	1.0	干砌块石	2.0
黏土	1.2	浆砌块石或浆砌砖	3.0
石灰岩及中砂岩	4.0	混凝土	4.0

注：当水流深度 h 在 0.4~1.0m 范围以外时，表列流速应乘以下列系数：
　　$h < 0.4m$，系数 0.85；$2.0m > h > 1.0m$，系数 1.25；$h > 2.0m$，系数 1.40。

雨水管渠水力计算仍按均匀流考虑，其水力计算公式与污水管道相同，见式（3-10）、式（3-11），但按满流即 $h/D = 1$ 计算。在实际计算中，通常采用水力计算图或水力计算表（见本执业指南《第 4 册 常用资料》）。

在工程设计中，通常在选定管材之后，n 即为已知数值。而设计流量 Q 也是经计算后求得的已知数。所以剩下的只有 3 个未知数 D、v 及 I。

这样，在实际应用中，就可以参照地面坡度 i 来假定管底坡度 I，从水力计算图或表中求得 D 及 v 值，并使所求得的 D、v、I 各值符合水力计算的技术规定。

【例 4-2】已知：$n = 0.013$，设计流量经计算为 $Q = 200L/s$，该管段地面坡度为 $i = 0.004$，试计算该管段的管径 D、管底坡度 I 及流速 v。

【解】设计采用 $n = 0.013$ 的水力计算图，如图 4-13 所示。

先在横坐标轴上找到 $Q = 200L/s$ 值，作竖线；在纵坐标轴上找到 $I = 0.004$ 值，作横线将此两线相交于 A 点，找出该点所在的 v 及 D 值。得到 $v = 1.17m/s$。符合水力计算的设计数据的规定；而 D 值则界于 $D = 400~500mm$ 两斜线之间，显然不符合管材统一规格的规定，因此管径 D 必须进行调整。

设采用 $D = 400mm$，则将 $Q = 200L/s$ 的竖线与 $D = 400m$ 的斜线相交于 B 点，从图 4-13 中得出交点处的 $I = 0.0092$ 及 $v = 1.60m/s$。此结果 v 符合要求，而 I 与原地面坡度相差很大，势必增大管道的埋深，故不宜采用。

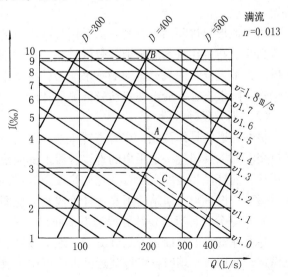

图 4-13　钢筋混凝土圆管水力计算
图中 D 以 mm 计。

若采用 $D = 500\text{mm}$，则将 $Q = 200\text{L/s}$ 的竖线与 $D = 500\text{mm}$ 的斜线相交于 C 点，从图中得出交点处的 $I = 0.0028$ 及 $v = 1.02\text{m/s}$。此结果合适，决定采用。

（5）雨水管渠的断面形式

雨水管渠常用的断面形式大多为圆形（管道），但当断面尺寸较大时，也采用矩形、马蹄形或其他形式。雨水明渠和盖板渠的底宽，不宜小于 0.3m。无铺砌的明渠边坡，应根据不同的地质条件按表 4-11 采用；用砖石或混凝土块铺砌的明渠可采用 $1 : 0.75 \sim 1 : 1$ 的边坡。

明渠边坡   表 4-11

地质	边坡	地质	边坡
粉砂	$1 : 3 \sim 1 : 3.5$	半岩性土	$1 : 0.5 \sim 1 : 1.0$
松散的细砂、中砂、粗砂	$1 : 2 \sim 1 : 2.5$	风化岩石	$1 : 0.25 \sim 1 : 0.5$
密实的细砂、中砂、粗砂或黏质粉土	$1 : 1.5 \sim 1 : 2.0$	岩石	$1 : 0.1 \sim 1 : 0.25$
粉质黏土或黏土砾或卵石	$1 : 1.25 \sim 1 : 1.5$		

4.3.3 雨水管渠系统的设计步骤

在进行雨水管渠系统的设计计算前，首先应收集和整理设计地区的各种原始资料，包括地形图，城市或工业区的总体规划，水文、地质、暴雨等资料。然后根据具体情况进行设计计算。

（1）划分排水流域和管道定线

根据城市总体规划图或工厂的总平面图，按实际地形划分排水流域。如图 4-14 所示，一沿江城市被一条自西向东南流动的河流分为南、北两区。南区可见一明显分水线，其余地方地形起伏不大，沿河两岸地势最低，故排水流域的划分基本按雨水干管服务的排水面积大小确定。根据该地暴雨量较大的特点，每条干管承担面积不宜太大，故划为 12 个流域。

由于地形对排除雨水有利，拟采用分散出口的雨水管道布置形式。雨水干管基本垂直于等高线，布置在排水流域地势较低一侧，这样雨水能以最短距离靠重力流分散就近排入水体。为了充分利用街道边沟的排水能力，每条干管起端 100m 左右可视具体情况不设雨水暗管。雨水支管一般设在街坊较低侧的道路下。

（2）划分设计管段

根据管道的具体位置，在管道转弯处、管径或坡度改变处，有支管接入处或两条以上管道交汇处以及超过一定距离的直线管段上都应设置检查井。把两个检查井之间流量没有变化且预计管径和坡度也没有变化的管段定为设计管段。检查井从管段上游往下游按顺序进行编号。设有雨水泵站的雨水设计管段划分如图 4-15 所示。

（3）划分并计算各设计管段的汇水面积

各设计管段汇水面积的划分应结合地形坡度、汇水面积的大小以及雨水管道布置等情况而定。地形较平坦时，可按就近排入附近雨水管道的原则划分汇水面积；地形坡度较大时，应按地面雨水径流的水流方向划分汇水面积。并将每块面积进行编号，计算其面积的数值注明在图中，详见图 4-15。汇水面积除街区外，还包括街道、绿地。

（4）确定各排水流域的平均径流系数值

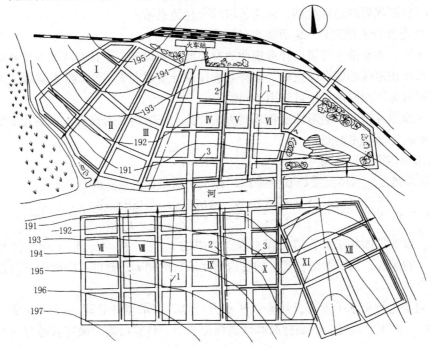

图 4-14　某地雨水管道平面布置

1—流域分界线；2—雨水干管；3—雨水支管

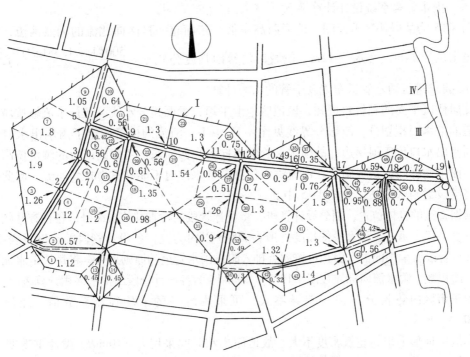

图 4-15　设有雨水泵站的雨水设计管段划分

Ⅰ—排水分界线；Ⅱ—雨水泵站；Ⅲ—河流；Ⅳ—河堤岸

图中圆圈内数字为汇水面积编号；其旁数字为面积数值，以 10^4m^2 计。

通常根据排水流域内各类地面的面积大小或所占比例，计算出该排水流域的平均径流系数。也可根据规划的地区类别，采用区域综合径流系数。

（5）确定设计重现期 P、地面集水时间 t_1

前已述及，确定雨水管渠设计重现期的有关原则和规定。设计时应结合该地区的地形特点、汇水面积地区的建设性质和气象特点选择设计重现期 P。各个排水流域雨水管道的设计重现期可选用相同值，也可选用不同值。

根据该地建筑密度、地形坡度和地面覆盖种类、街区内是否设有雨水暗管等情况，确定雨水管道的地面集水时间 t_1。

（6）求单位面积径流量 q_0

q_0 是暴雨强度 q 与径流系数 ψ 的乘积，称单位面积径流量。即

$$q_0 = q \cdot \psi = \frac{167A_1(1 + c\lg P) \cdot \psi}{(t + b)^n} = \frac{167A_1(1 + c\lg P) \cdot \psi}{(t_1 + t_2 + b)^n} [\mathrm{L/(s \cdot hm^2)}] \quad (4\text{-}16)$$

显然，对于具体的雨水管道工程来说，式中的 P、t_1、ψ、A_1、b、c 均为已知数，因此 q_0 只是 t_2 的函数，只要求得各管段的管内雨水流行时间 t_2，就可求出相应于该管段的 q_0 值。

（7）列表进行雨水干管的设计流量和水力计算，以求得各管段的设计流量及确定各管段的管径、坡度、流速、管底标高和管道埋深值等。计算时需先确定管道起点的埋深或管底标高。

（8）绘制雨水管道平面图及纵剖面图

（9）雨水管渠系统设计计算举例

图 4-15 为某居住区平面图。地形西高东低，东面有一自南向北流的天然河流，河流常年洪水位为 14m，常水位 12m。该城市的暴雨强度公式 $q = \dfrac{500(1 + 1.38\lg P)}{t^{0.65}} [\mathrm{L/(s \cdot hm^2)}]$，要求进行雨水管道布置及干管的水力计算。

从居住区平面图和资料可知，该地区地形平坦，无明显分水线，故排水流域按城市主要街道的汇水面积划分，流域分界线见图 4-15 中 I。河流的位置确定了雨水出水口的位置，雨水出水口位于河岸边，故雨水干管的走向为自西向东。考虑到河流的洪水位高于该地区地面平均标高，造成雨水在河流洪水位甚至常水位时不能靠重力排入河流，因此在干管的终端设置雨水泵站，见图 4-15 中 II。

根据管道的具体位置，划分设计管段，将设计管段的检查井依次编号，各检查井的地面标高见表 4-12。每一设计管段的长度一般在 200m 以内为宜，各设计管段的长度见表 4-13。每一设计管段所承担的汇水面积可按就近排入附近雨水管道的原则划分。将每块汇水面积的编号、面积数、雨水流向标注在图 4-15 中。表 4-14 为各设计管段的汇水面积计算表。

由于市区内建筑分布情况差异不大，可采用统一的平均径流系数值。经计算 $\psi = 0.50$。

本例中地形平坦，建筑密度不大，故地面集水时间采用 $t_1 = 10\text{min}$。设计重现期 P 选用为 1 年。管道起点埋深根据支管的接入标高等条件，采用 1.30m。按流量叠加法计算结果见表 4-15（1），按面积叠加法计算结果见表 4-15（2）。从计算结果可知，按流量叠加法计算得出的管径较大，比较安全。

各检查井的地面标高 表 4-12

检查井编号	地面标高（m）	检查井编号	地面标高（m）
1	14.03	11	13.60
2	14.06	12	13.60
3	14.06	16	13.58
5	14.04	17	13.57
9	13.60	18	13.57
10	13.60	19（泵站前）	13.55

图 4-15 中设计管道的长度 表 4-13

管道编号	管道长度（m）	管道编号	管道长度（m）
1—2	150	11—12	120
2—3	100	12—16	150
3—5	100	16—17	120
5—9	140	17—18	150
9—10	100	18—19	150
10—11	100	19—泵站	

各设计管段的汇水面积计算表 表 4-14

设计管段编号	本段汇水面积编号	本段汇水面积（hm²）	转输汇水面积（hm²）	总汇水面积（hm²）
1—2	1、2	1.69	0	1.69
2—3	3、4	2.38	1.69	4.07
3—5	5、6	2.60	4.07	6.67
5—9	7~10	4.05	6.67	10.72
9—10	11~20	7.52	10.72	18.24
10—11	21、22	1.86	18.24	20.10
11—12	23、24	2.84	20.10	22.94
12—16	25~32、34	6.89	22.94	29.83
16—17	35、36	1.39	29.83	31.22
17—18	33、37~42	7.90	31.22	39.12
18—19	43~50	5.19	39.12	44.31

（1）面积叠加法水力计算说明

1）表 4-15（1）中第 1 项为需要计算的设计管段编号，从上游至下游依次写出。第 2、3、14 项分别从表 4-13、表 4-14、表 4-12 中取得。其余各项经计算后得到。

2）计算中假定管段的设计流量均从管段的起点进入，即各管段的起点为设计断面。因此，各管段的设计流量按该管段起点，即上游管段终点的设计降雨历时（集水时间）进行计算。也就是说在计算各设计管段的暴雨强度时，用的 t_2 值应按上游各管段的管内雨水流行时间之和 $\sum t_2 \left(\sum \dfrac{L}{v} \right)$ 求得。如管段 1-2，是起始管段，故 $\sum t_2 = 0$，将此值列入表 4-15（1）中第 4 项。

雨水干管水力计算表（面积叠加法）

表 4-15（1）

设计管段编号	管长 L (m)	汇水面积 F (hm²)	管内雨水流行时间 (min) Σt₂=ΣL/v	t₂=L/v	单位面积径流量 q₀ [L/(s·hm²)]	设计流量 Q (L/s)	管径 D (mm)	坡度 i (%)	流速 v (m/s)	管道输水能力 Q' (L/s)	坡降 iL (m)	设计地面标高 (m) 起点	设计地面标高 (m) 终点	设计管内底标高 (m) 起点	设计管内底标高 (m) 终点	埋深 (m) 起点	埋深 (m) 终点
1	2	3	4	5	6	7	8	9	10	11	12	13	14	15	16	17	18
1—2	150	1.69	0	3.29	55.98	94.58	400	2.1	0.76	96.0	0.315	14.030	14.060	12.730	12.415	1.30	1.45
2—3	100	4.07	3.29	1.67	46.52	189.33	500	2.7	0.999	196.15	0.270	14.060	14.060	12.315	12.045	1.75	2.015
3—5	100	6.67	4.96	1.64	43.07	287.32	600	2.2	1.019	288.11	0.220	14.060	14.060	11.945	11.725	2.115	2.335
5—9	140	10.72	6.60	2.01	40.25	431.48	700	2.3	1.154	444.11	0.322	14.060	13.600	11.625	11.403	2.415	2.197
9—10	100	18.24	8.61	1.11	37.38	681.81	900	1.5	1.50	701.66	0.150	13.600	13.600	11.203	11.053	2.397	2.547
10—11	100	20.10	9.72	1.46	36.00	723.60	900	1.6	1.138	723.96	0.160	13.600	13.600	11.053	10.893	2.547	2.757
11—12	120	22.94	11.18	1.61	34.56	788.22	900	1.9	1.24	798.85	0.228	13.600	13.600	10.893	10.665	2.707	2.935
12—16	150	29.83	12.79	1.99	33.05	985.88	1000	1.7	1.259	988.34	0.255	13.600	13.580	10.665	10.410	2.935	3.17
16—17	120	31.22	14.78	1.69	31.03	968.76	1000	1.7	1.259	988.82	0.204	13.580	13.570	10.410	10.106	3.27	3.464
17—18	150	39.12	16.47	1.67	29.72	1162.65	1000	2.4	1.498	1174.46	0.360	13.570	13.570	10.106	9.746	3.464	3.824
18—19	150	44.31	18.14	1.81	28.56	1265.49	1100	1.8	1.380	1311.46	0.270	13.570	13.550	9.746	9.376	3.924	4.174

表 4-15（2）

雨水干管水力计算表（流量叠加法）

设计管段编号	管长 L (m)	汇水面积 F (hm²)	管内雨水流行时间 $\Sigma t_2 = \Sigma L/v$	管内雨水流行时间 $t_2 = L/v$ (min)	单位面积径流量 q_0 [L/(s·hm²)]	本段流量 Q (L/s)	设计流量 Q (L/s)	管径 D (mm)	坡度 i (%)	流速 v (m/s)	管道输水能力 Q' (L/s)	坡降 iL (m)	设计地面标高 (m) 起点	设计地面标高 (m) 终点	设计管内底标高 (m) 起点	设计管内底标高 (m) 终点	埋深 (m) 起点	埋深 (m) 终点
1	2	3	4	5	6	7	8	9	10	11	12	13	14	15	16	17	18	19
1 – 2	150	1.69	0	3.29	55.98	94.58	94.58	400	2.1	0.76	96.0	0.315	14.030	14.060	12.730	12.415	1.30	1.45
2 – 3	100	2.38	3.29	1.58	46.52	110.71	205.58	500	3.0	1.053	206.76	0.300	14.060	14.060	12.315	12.015	1.745	2.045
3 – 5	100	2.6	4.87	1.48	43.25	112.45	318.03	600	2.7	1.128	318.93	0.270	14.060	14.060	11.915	11.645	2.145	2.415
5 – 9	140	4.05	6.35	1.83	40.66	164.67	482.70	700	2.8	1.275	489.90	0.392	14.060	13.600	11.545	11.153	2.515	2.447
9 – 10	100	7.52	8.18	1.01	37.95	285.38	768.08	900	1.9	1.240	788.85	0.190	13.600	13.600	10.953	10.763	2.647	2.837
10 – 11	100	1.86	9.19	1.51	36.64	68.15	836.23	1000	1.3	1.101	864.73	0.130	13.600	13.600	10.663	10.533	2.937	3.067
11 – 12	120	2.84	10.7	1.64	34.88	99.06	935.29	1000	1.6	1.221	958.97	0.192	13.600	13.600	10.553	10.341	3.067	3.259
12 – 16	150	6.89	12.34	1.67	33.19	228.69	1163.98	1000	2.4	1.496	1236.38	0.360	13.600	13.580	10.341	9.981	3.259	3.599
16 – 17	120	1.39	14.01	1.54	31.67	44.03	1208.01	1100	1.6	1.301	1474.96	0.192	13.580	13.570	9.881	9.789	3.699	3.789
17 – 18	150	7.9	15.55	1.74	30.42	240.31	1448.32	1200	1.4	1.290	1558.95	0.210	13.570	13.570	9.689	9.479	3.881	4.091
18 – 19	150	5.19	17.49	1.76	29.01	150.54	1598.86	1200	1.7	1.421	1607.11	0.255	13.570	13.550	9.479	9.224	4.091	4.326

也可采用管段终点为设计断面进行计算，但这种方法用管段终点的集水时间对应的暴雨强度来计算雨水设计流量，而在未进行水力计算之前，未求出管段满流时的设计流速，也就无法求出管段起点至终点的雨水管内流行时间 t_1。因此，必须先要预设管内流速，算出管内流行时间、单位面积径流量 q_0 和设计流量 Q，再由 Q 确定管段的管径 D、坡度 i、流速 v 及管底标高等。最后检查计算得出的流速与预设的流速是否相近，如果相差较大需重新预设再算。这种方法计算出的管径虽比以管段起点为设计断面的方法算出的管径小些。

3）根据确定的设计参数、求单位面积径流量 q_0。

$$q_0 = \psi q = 0.5 \times \frac{500(1 + 1.38 \lg P)}{(10 + \Sigma t_2)^{0.65}} = \frac{250}{(10 + \Sigma t_2)^{0.65}} \qquad [\text{L}/(\text{s} \cdot \text{hm}^2)]$$

q_0 为管内雨水流行时间 Σt_2 的函数，只要知道各设计管段内雨水流行时间 Σt_2，即可求出该设计管段的单位面积径流量 q_0。如管段 1~2 的 $\Sigma t_2 = 0$，代入上式得 $q_0 = \frac{250}{10^{0.65}} [\text{L}/(\text{s} \cdot \text{hm}^2)]$。

而管段 5~9 的 $\Sigma t_2 = t_{1-2} + t_{2-3} + t_{3-5} = 3.29 + 1.67 + 1.64 = 6.60 \text{min}$ 代入：

$$q_0 = \psi q = 0.5 \times \frac{500(1 + 1.38 \lg P)}{(10 + \Sigma t_2)^{0.65}} = \frac{250}{(10 + 6.60)^{0.65}} \qquad [\text{L}/(\text{s} \cdot \text{hm}^2)]$$

将 q_0 列入表 4-15 中第 6 项。

4）用各设计管段的单位面积径流量乘以该管段的总汇水面积得设计流量。如管段 1—2 的设计流量 $Q = 55.98 \times 1.69 = 94.60 \text{L}/s$，列入表 4-15 中第 7 项。

5）在求得设计流量后，即可进行水力计算，求管径、管道坡度和流速。在查水力计算图或表时，Q、v、i、D 共 4 个水力因素可以相互适当调整，使计算结果既符合水力计算设计数据的规定，又经济合理。本例地面坡度较小，甚至地面坡向与管道坡向相反，为不使管道埋深增加过多，管道坡度宜取小值。但所取坡度应能使管内水流速度不小于最小设计流速。计算采用钢筋混凝土圆管（满流，$n = 0.013$）水力计算表。

将确定的管径、坡度、流速各值列入表 4-15 中第 9、10、11 项。第 12 项管道的输水能力 Q'，是指在水力计算中管段在确定的管径、坡度、流速的条件下，可能通过的流量。该值应等于或略大于设计流量 Q。

6）根据设计管段的设计流速求本管段的管内雨水流行时间 t_2。例如管段 1—2 的管内雨水流行时间 $t_2 = \frac{L_{1-2}}{v_{1-2}} = \frac{150}{0.76 \times 60} = 3.29 \text{min}$。将该值列入表 4-15 中第 5 项。此值便是下一个管段 2—3 的 Σt_2 值。

7）管段长度乘以管道坡度得到该管段起点与终点之间的高差，即坡降。如管段 1—2 的坡降 $= 0.0021 \times 150 = 0.315 \text{m}$，列入表 4-15 中第 13 项。

8）根据冰冻情况、雨水管道衔接要求及承受荷载的要求，确定管道起点的埋深或管底标高。本例起点埋深定为 1.3m，将该值列入表 4-15 中第 18 项。用起点地面标高减去该点管道埋深得到该点管底标高，即 $14.030 - 1.30 = 12.730 \text{m}$。列入表 4-15 中第 16 项。用该值减去 1、2 两点的坡降得到终点 2 的管底标高，即 $12.730 - 0.315 = 12.415 \text{m}$，列入表 4-15 中第 17 项。用 2 点的地面标高减去该点的管底标高得该点的埋设深度，即 $14.060 - 12.415 = 1.645 \text{m}$，列入表 4-15 中第 19 项。

雨水管道各设计管段在高程上采用管顶平接。

9）在划分各设计管段的汇水面积时，应尽可能使各设计管段的汇水面积均匀增加，否则会出现下游管段的设计流量小于上游管段设计流量的情况。如管段 16—17 的设计流量小于管段 12—16 的设计流量，这是因为下游管段的集水时间大于上游管段的集水时间，故下游管段的设计暴雨强度小于上游管段的暴雨强度，而汇水面积增加较小的缘故。若出现了这种情况，应取上一管段的设计流量作为下游管段的设计流量。

10）本例只进行了干管的水力计算，在设计中，实际上干管与支管是同时进行计算的。在支管与干管相接的检查井处，必然会有两个 Σt_2 值和两个管底标高值。在继续计算相交后的下一个管段时，应采用较大的 Σt_2 值和较小的管底标高值。

（2）流量叠加法水力计算说明

流量叠加水力计算法在程序上与面积叠加水力计算法基本相同，但有三点不同：

1）汇水面积：每一个计算管段汇水面积的取值，面积叠加采用的是该段之前所有管段汇水面积的累加值，作为该段的汇水面积，见表 4-15（1）中第 3 项；而流量叠加水力计算法，该段的本段的汇水面积作为汇水面积，见表 4-15（2）中第 3 项。

2）计算流量：面积叠加法计算设计流量为表 4-15（1）中第 3 项×第 6 项，即得管段设计流量即表 4-15（1）中第 7 项；而流量叠加法计算设计流量为表 4-15（2）中第 3 项×第 6 项，即得该管段本段设计流量即表 4-15（2）中第 7 项，再累加前一段的设计流量，即得该管段设计流量即表 4-15（2）中第 8 项。

3）流量叠加法计算雨水设计流量，须逐段计算叠加，过程较繁复，但其所得的设计流量比面积叠加法大，偏于安全，一般用于雨水管渠的工程设计计算。

4.3.4　年径流总量控制

源头减排设施的设计水量应根据年径流总量控制率确定，并应明确相应的设计降雨量，可根据《室外排水设计标准》GB 50014—2021 附录 A 确定。

当降雨量小于规划确定的年径流总量控制率对应的降雨量时，源头减排设施应能保证不直接向市政雨水管渠排放未经控制的雨水。

当地区改建时，改建后相同设计重现期的径流量不得超过原径流量。

4.4　雨水管渠系统上径流量的调节

随着城市化进程的推进，不透水地面面积增加，使得雨水径流量增大。而利用管道本身的空隙容量调节最大流量是有限的。如果在雨水管道系统上设置较大容积的调节池，暂存雨水径流的洪峰流量，待洪峰径流量下降至设计排泄流量后，再将贮存在池内的水逐渐排出。调节池调蓄削减了洪峰径流量，可较大地降低下游雨水干管的断面尺寸，如果调节池后设有泵站，则可减少装机容量。这些都可以使工程造价降低很多，这在经济方面无疑是有很大意义的。关于雨水调节池设置的位置：在有天然洼地、池塘、公园水池等可供利用时，其位置取决于已有的自然条件；若考虑人工修建地面或地下调节池，则要选择合理的位置，一般可在雨水干管中游或有大流量管道的交汇处或正在进行大规模住宅建设和新城开发的区域或在拟建雨水泵站前的适当位置。

（1）调节池常用的布置形式

一般常用溢流堰式或底部流槽式的调节池。

1）溢流堰式调节池

溢流堰式调节池如图4-16（a）所示。调节池通常设置在干管一侧，有进、出水管。进水管较高，其管顶一般与池内最高水位相平；出水管较低，其管底一般与池内最低水位相平。

设Q_1为调节池上游雨水干管中流量，Q_2为不进入调节池的超越流量，Q_3为调节池下游雨水干管的流量，Q_4为调节池进水流量，Q_5为调节池出水流量。

当$Q_1 \leqslant Q_2$时，雨水流量不进入调节池而直接排入下游干管。当$Q_1 > Q_2$时，这时将有$Q_4 = Q_1 - Q_2$的流量通过溢流堰进入调节池，调节池开始工作。随着Q_1的增加，Q_4也不断增加，当调节池中水位达到最低（设计）水位时，调节池开始出水，出水量Q_5随调节池中水位逐渐升高而相应渐增。直到Q_1达到最大流量Q_{max}时，Q_4也达到最大$(Q_4)_{max}$。然后随着Q_1的降低，Q_4也不断降低，但因Q_4仍大于Q_5，池中水位仍继续升高，直到$Q_4 = Q_5$时，调节池不再进水，这时池中水位达到最高，Q_5也最大。随着Q_1的继续降低，Q_4调节池的出水量Q_5已大于Q_4，贮存在池内的水量通过池出水管不断被排走，直到池内水放空为止，这时调节池停止工作。

为了不使雨水在小流量时经调节池出水管倒流入池内，出水管应有足够坡度，或在出水管上设逆止阀。

为了减少调节池下游雨水干管的流量，调节池出水管的通过能力Q_5希望尽可能地减小，即$Q_5 \ll (Q_4)_{max}$，这样，就可使管道工程造价大为降低，但Q_5不能太小，通常调节池出水管的管径根据调节池的允许排空时间来决定，雨停后的放空时间一般不得超过24h，出水管直径不小于150mm。

2）底部流槽式调节池

底部流槽式调节池如图4-16（b）所示，图中Q_1及Q_3意义同上。

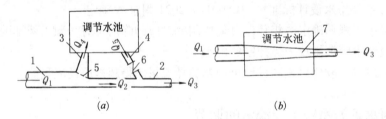

图4-16　雨水调节池布置示意

（a）溢流堰式；（b）底部流槽式

1—调节池上游干管；2—调节池下游干管；3—池进水管；4—池出水管；5—溢流堰；6—逆止阀；7—流槽

雨水从池上游干管进入调节池后，当$Q_1 \leqslant Q_3$时，雨水经设在池最底部的渐缩断面流槽全部流入下游干管排走。池内流槽深度等于池下游干管的直径。当$Q_1 > Q_3$时，池内逐渐被高峰时的多余水量（$Q_1 - Q_3$）所充满，池内水位逐渐上升，直到Q_1不断减少至小于池下游干管的通过能力Q_3。池内水位才逐渐下降，直至排空为止。

（2）调节池容积V的计算

调节池内最高水位与最低水位之间的容积为有效调节容积。关于调节池容积的计算方法，国内外均有不少研究，但尚未得到一致认可。如常用的绘制调节池处径流过程线方法和近似计算方法，都还存在不足之处。在此不一一介绍，如需要，可查阅有关资料。

（3）调节池下游干管设计流量计算

由于调节池存在蓄洪和滞洪作用，因此计算调节池下游雨水干管的设计流量时，其汇水面积只计调节池下游的汇水面积，与调节池上游汇水面积无关。

调节池下游干管的雨水设计流量可按式（4-17）计算：

$$Q = \alpha Q_{\max} + Q' \tag{4-17}$$

式中　$Q_{\max}$——调节池上游干管的设计流量，m^3/s；

　　　Q'——调节池下游干管汇水面积上的雨水设计流量，应按下游干管汇水面积的集水时间计算，与上游干管的汇水面积无关，m^3/s；

　　　α——下游干管设计流量的减小系数，

对于溢流堰式调节池：$\alpha = \dfrac{Q_2 + Q_5}{Q_{\max}}$；

对于底部流槽式调节池：$\alpha = \dfrac{Q_3}{Q_{\max}}$。

式中 Q_2、Q_5、Q_3意义同上。

4.5　立体交叉道路雨水排除

随着国民经济的飞速发展，全国各地修建的公路、铁路立交工程逐日增多。立交工程多设在交通繁忙的主要干道上，车辆多，车速快。交叉的形式应根据当地规划现场水文地质条件、工程特点确定。而位于立交工程下面道路的最低点，往往比周围干道低 2~3m，形成盆地，加以纵坡较大，立交范围内的雨水径流很快就汇集至立交最低点，极易造成严重的积水。若不及时排除，会影响交通，甚至造成事故。立交道路排水主要解决降雨在汇水面积内形成的地面径流和必须排除的地下水。排除的雨水设计流量的计算公式同一般雨水管渠。但设计时与一般道路排水相比具有下述特点：

1）要尽量缩小汇水面积，以减少设计流量。立交的类别和形式较多，每座立交桥的组成部分也不完全相同，但其汇水面积一般应包括引道、坡道、匝道、路线桥、绿地以及建筑红线以内的适当范围（约 10m），如图 4-17 所示。在划分汇水面积时，如果条件许可，应尽量将属于立交范围的一部分面积划归附近别的排水系统。或采取分散排放的原则，高水高排，低水低排，将地面高的雨水接入较高的排水系统，自流排出；地面低的雨水接入较低的排水系统，若不能自流排出，可设置排水泵站提升。这样可避免所有雨水都汇集到最低点造成排泄不及而积水。同时还应有防止地面高的水进入低水系统的可靠措施。

2）注意地下水的排除。当立交工程最低点低于地下水位时，为保证路基经常处于干燥状态，使其具有足够的强度和稳定性，需要采取排除或控制地下水的措施。通常可埋设渗渠或花管，以汇集地下水，使其自流入附近排水干管或河湖。若高程不允许自流排出时，则设泵站抽升。

3）排水设计标准高于一般道路。由于立交道路在交通上的特殊性，为保证交通不受影响，排水设计标准应高于一般道路。根据各地经验，中心城区下穿立交道路的雨水管渠设计重现期应按表 4-7 中的"中心城区地下通道和下沉式广场等"的规定执行，非中心城

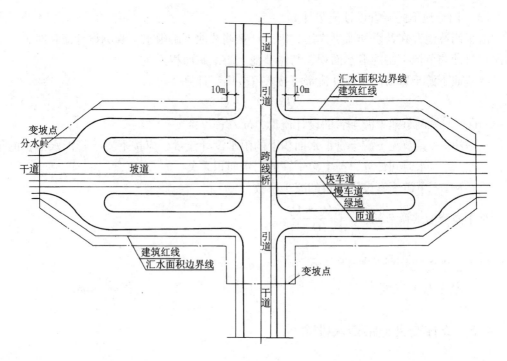

图 4-17 立交排水汇水面积

区下穿立交道路的雨水管渠设计重现期不应小于 10 年，雨水管渠设计重现期不应小于 5 年。同一立交工程的不同部位可采用不同的重现期。地面集水时间应根据道路坡长、坡度和路面粗糙度等计算确定，宜取 2 ~ 10min。汇水面积应合理确定，以计算立体交叉道路的地面径流量，宜采用高水高排、低水低排相互不连通的系统，并应有防止高水进入低水系统的可靠措施。综合径流系数 ψ 值根据地面种类分别计算，宜取 0.9 ~ 1.0。宜控制径流污染。

4）雨水口布设的位置要便于拦截径流。立交的雨水口一般沿坡道两侧对称布置，越接近最低点，雨水口布置越密集，并往往从单算或双算增加到 8 算或 10 算。面积较大的立交，除坡道外，在引道、匝道、绿地中都应在适当距离和位置设置一些雨水口。位于最高点的跨线桥，为不使雨水径流距离过长，每个雨水口单独用立管引至地面排水系统，雨水口的入口应设置格网。高架道路雨水口间距宜为 20 ~ 30m。

5）管道布置及断面选择。立交排水管道的布置，应与其他市政管道综合考虑，并应避开立交桥基础。若无法避开时，应从结构上加固，或加设柔性接口，或改用铸铁管材等，以解决承载力和不均匀下沉问题。此外，立交工程的交通量大，排水管道的维护管理较困难，一般可将管道断面适当加大，起点断面最小管径不小于 400mm，以下各段的设计断面均应加大一级。

6）下穿立交道路。应设置独立的排水系统，并防止倒灌，其出水口必须可靠，排水泵站不能停电。当没有条件设置独立排水系统时，受纳排水系统应能满足地区和立交排水设计流量的要求。下穿式立体交叉道路的地面径流具备自流条件的，可采用自流排除，不具备自流条件的，应设泵站排除，并应校核泵站变配电设备的安全高度，采取措施防止受淹。

下穿立交道路宜设置横截沟和边沟，横截沟应考虑清淤和污泥，横截沟和边沟的设置，应保证车辆和行人的安全。同时应设置地面积水深度标尺、标识线和提醒标语等警示标识、积水自动监测和报警装置。

4.6 内涝防治

为保障城市在内涝防治设计重现期标准下不受灾，应根据内涝风险评估结果，在排水能力较弱或径流量较大的地方设置内涝防治设施。目前国外发达国家普遍制定了较为完善的内涝灾害风险管理策略，在编制内涝风险评估的基础上，确定内涝防治设施的布置和规模。内涝风险评估采用数学模型，根据地形特点、水文条件、水体状况、城镇雨水管渠系统等因素，评估不同降雨强度下，城镇地面产生积水灾害的情况。

根据我国内涝防治整体现状，各地区应采取渗透、调蓄、设置行泄通道和内河整治等措施，积极应对可能出现的超过雨水管渠设计重现期的暴雨，保障城镇安全运行。城镇内涝防治设计重现期和水利排涝标准应有所区别。水利排涝标准中一般采用5~10年，且根据作物耐淹水深和耐淹历时等条件，允许一定的受淹时间和受淹水深，而城镇不允许长时间积水，否则将影响城镇正常运行。

内涝防治设施应与城镇平面规划、竖向规划和防洪规划相协调，根据当地地形特点、水文条件、气候特征、雨水管渠系统、防洪设施现状和内涝防治要求等综合分析后确定。应根据城镇自然蓄排水设施数量、规划蓝线保护和水面率的控制指标要求，并结合城镇竖向规划中的相关指标要求进行合理布置。

（1）城镇内涝防治系统设计重现期

城镇内涝防治的主要目的是将降雨期间的地面积水控制在可接受的范围。城镇内涝防治系统设计重现期选用应根据城镇类型、积水影响程度和内河水位变化等因素，经技术经济比较后确定，按表4-16的规定取值，并应符合下列规定：①经济条件较好，且人口密集、内涝易发的城市，应采用规定的上限；②目前不具备条件的地区可分期达到标准；③当地面积水不满足表4-16的要求时，应采取渗透、调蓄、设置雨洪行泄通道和内河整治等措施；④对超过内涝设计重现期的暴雨，应采取综合控制措施。

内涝防治设计重现期　　　　　　　　　　　表4-16

城镇类型	重现期（年）	地面积水设计标准
超大城市	100	1. 居民住宅和工商业建筑物的底层不进水； 2. 道路中一条车道的积水深度不超过15cm
特大城市	50~100	
大城市	30~50	
中等城市和小城市	20~30	

注：1. 按表中所列重现期设计暴雨强度公式时，均采用年最大值法；
　　2. 超大城市指城区常住人口在1000万人以上的城市；特大城市指城区常住人口在500万人以上的城市；大城市指城区常住人口在100万~500万人的城市；中等城市指城区常住人口50万人以上100万人以下的城市，小城市指城区常住人口在50万人以下的城市。

根据内涝防治设计重现期校核地面积水排除能力时，应根据当地历史数据合理确定用于校核的降雨历时及该时段内的降雨量分布情况，有条件的地区宜采用数学模型计算。如校核结果不符合要求，应调整设计，包括放大管径、增设渗透设施、建设调蓄段或调蓄池等。执行表4-16时，雨水管渠按压力流计算，即雨水管渠应处于超载状态。

表4-16"地面积水设计标准"中的道路积水深度是指靠近路拱处的车道上最深积水深度。当路面积水深度超过150mm时，车道可能因机动车熄火而完全中断，因此表4-16规定每条道路至少应有一条车道的积水深度不超过150mm。发达国家和我国部分城市已有类似的规定，如美国丹佛市规定：当降雨强度不超过10年一遇时，非主干道路（collector）中央的积水深度不应超过150mm，主干道路和高速公路的中央不应有积水；当降雨强度为100年一遇时，非主干道路中央的积水深度不应超过300mm，主干道路和高速公路中央不应有积水。上海市关于市政道路积水的标准是：路边积水深度大于150mm（即与道路侧石齐平），或道路中心积水时间大于1h，积水范围超过50m²。

发达国家和地区的城市内涝防治系统包含雨水管渠、坡地、道路、河道和调蓄设施等所有雨水径流可能流经的地区。美国和澳大利亚的内涝防治设计重现期为100年或大于100年，英国为30~100年。我国香港城市主干管为200年，郊区主排水渠为50年。

当采用雨水调蓄设施中的排水管道调蓄应对措施时，该地区的设计重现期可达10年一遇，可排除50mm/h的降雨；当采用雨水调蓄设施和利用内河调蓄应对措施时，设计重现期可进一步提高到40年一遇；在此基础上再利用流域调蓄时，可应对150年一遇的降雨。欧盟室外排水系统排放标准（BS EN752：2008）见表3A和表3B。该标准中，"设计暴雨重现期（Design Storm Frequency）"与我国雨水管渠设计重现期相对应；"设计洪水重现期（Design Flooding Frequency）"与我国的内涝防治设计重现期概念相近。

（2）最大允许退水时间

内涝防治设计重现期下的最大允许退水时间应符合表4-17的规定。人口密集、内涝易发、特别重要且经济条件较好的地区，最大允许退水时间应采取规定的下限。交通枢纽的最大允许退水时间应为0.5h。

内涝防治设计重现期下的最大允许退水时间（h）　　　　　　表4-17

城区类型	中心城区的重要地区	中心城区	非中心城区
最大允许退水时间	0.5~2.0	1.0~3.0	1.5~4.0

注：表中的最大允许退水时间为雨停后的地面积水的最大允许排干时间。

内涝防治设计重现期下，城镇防涝能力满足表4-16和表4-17规定的积水深度和最大允许退水时间时，不应视为内涝；反之，积水深度和最大允许退水时间超过规定值时，判为不达标。

各城市应根据地区的重要性等因素，加快基础设施的改造，以达到上述要求。上海市规定的雨停后积水时间为不大于1h。浙江省地方标准规定的积水时间：中心城区的重要地区不大于0.5h，中心城区不大于1h，非中心城区不大于2h。常州市的时间经验为雨停后2h排除积水。天津市的排除积水的实践经验为降雨强度在30mm/h以下，道路不积水；降雨强度在40~50mm/h，雨停后1~3h排除道路积水；降雨强度在60~70mm/h，雨后3~6h排除积水。安徽省要求：降雨强度在35mm/h以下，道路不积水；降雨强度在35~45mm/h，雨后2h排除积水，重要路段和交通枢纽不积水；降雨强度在45~55mm/h，雨后6h排除积水，重要路段和交通枢纽不积水；降雨强度在55mm/h以上，不发生人员伤亡及重大财产损失。

（3）综合径流系数的调整

在采用推理公式法进行内涝防治设计校核时，宜提高表 4-3 中规定的径流系数值：当设计重现期为 20~30 年时，宜将径流系数提高 10%~15%；当设计重现期为 30~50 年时，宜将径流系数提高 20%~25%；当设计重现期为 50~100 年时，宜将径流系数提高 30%~50%；当计算的径流系数大于 1 时，应按 1 取值。

（4）内涝防治设施

内涝防治设施应与城镇平面规划、竖向规划和防洪规划相协调，根据当地地形特点、水文条件、气候特征、雨水管渠系统、防洪设施现状和内涝防治要求等综合分析确定。

内涝防治设施应包括源头控制设施、雨水管渠设施和排涝除险设施。

源头控制设施包括雨水渗透、雨水收集利用等，在设施类型上与城镇雨水利用一致，但当用于内涝防治时，其设施规模应根据内涝防治标准确定。

综合防治设施包括调蓄池、城市水体（包括河、沟渠、湿地等）、绿地、广场、道路和大型管渠等。当降雨超过雨水管渠设计能力时，城镇河湖、景观水体、下凹式绿地和城市广场等公共设施可作为临时雨水调蓄设施；内河、沟渠、经过设计预留的道路、道路两侧局部区域和其他排水通道可作为雨水行泄通道；在地表排水或调蓄无法实施的情况下，可采用设置于地下的大型管渠、调蓄池和调蓄隧道等设施。

当采用绿地和广场等作为雨水调蓄设施时，不应对设施原有功能造成损害；应专门设计雨水的进出口，防止雨水对绿地和广场造成严重冲刷侵蚀或雨水长时间滞留。

当采用绿地和广场等公共设施作为雨水调蓄设施时，应合理设计雨水的进出口，并应设置指示牌，标明该设施成为雨水调蓄设施的启动条件、可能被淹没的区域和目前的功能状态等，以确保人员安全撤离。

4.7 雨水综合利用

随着城镇化和经济的高速发展，我国水资源不足、内涝频发和城市生态安全等问题日益突出，雨水利用逐渐受到关注，因此，水资源缺乏、水质性缺水、地下水位下降严重、内涝风险较大的城市和新建开发区等应优先雨水利用。

雨水利用包括直接利用和间接利用。雨水直接利用是指雨水经收集、储存、就地处理等过程后用于冲洗、灌溉、绿化和景观等；雨水间接利用是指通过雨水渗透设施把雨水转化为土壤水，其设施主要有地面渗透、埋地渗透管渠和渗透池等。雨水利用、污染控制和内涝防治是城镇雨水综合管理的组成部分，在源头雨水径流削减、过程蓄排控制等阶段的不少工程措施是具有多种功能的，如源头渗透、回用设施，既能控制雨水径流量和污染负荷，起到内涝防治和控制污染的作用，又能实现雨水利用。

（1）雨水综合利用的原则

雨水综合利用应根据当地水资源情况和经济发展水平合理确定，综合利用的原则是：

1）水资源缺乏、水质性缺水、地下水位下降严重、内涝风险较大的城市和新建开发区等宜进行雨水综合利用；

2）雨水经收集、储存、就地处理后可作为冲洗、灌溉、绿化和景观用水等，也可经过自然或人工渗透设施渗入地下，补充地下水资源；

3）雨水利用设施的设计、运行和管理应与城镇内涝防治相协调。

（2）雨水收集利用系统汇水面的选择

选择污染较轻的汇水面的目的是减少雨水渗透和净化处理设施的难度和造价，因此应选择屋面、广场、人行道等作为汇水面，对屋面雨水进行收集时，宜优先收集绿化屋面和采用环保型材料屋面的雨水；不应选择工业污染场地和垃圾堆场、厕所等区域作为汇水面，不宜收集有机污染和重金属污染较为严重的机动车道路的雨水径流。当不同汇水面的雨水径流水质差异较大时，可分别收集和储存。

（3）初期雨水的弃流

由于降雨初期的雨水污染程度高，处理难度大，因此应弃流。对屋面、场地雨水进行收集利用时，应将降雨初期的雨水弃流。弃流的雨水可排入雨水管道，条件允许时，也可就近排入绿地。弃流装置有多种设计形式，可采用分散式处理，如在单个落水管下安装分离设备；也可采用在调蓄池前设置专用弃流池的方式。一般情况下，弃流雨水可排入市政雨水管道，当弃流雨水污染物浓度不高，绿地土壤的渗透能力和植物品种在耐淹方面条件允许时，弃流雨水也可排入绿地。

（4）雨水的利用方式

雨水利用应根据雨水的收集利用量和相关指标要求等综合考虑，在确定雨水利用方式时，应首先考虑雨水调蓄设施应对城镇内涝的要求，不应干扰和妨碍其防治城镇内涝的基本功能。应根据收集量、利用量和卫生要求等综合分析后确定。雨水利用不应影响雨水调蓄设施应对城市内涝的功能。雨水水质受大气和汇水面的影响，含有一定量的有机物、悬浮物、营养物质和重金属等，可按污水系统设计方法，采取防腐、防堵措施。

5　排洪沟的设计

洪水泛滥造成的灾害，国内外都有惨痛教训。为尽量减少洪水造成的危害，必须根据城市或工厂的总体规划和流域的防洪规划，认真做好城市或工厂的防洪规划。根据城市或工厂的具体条件，合理选用防洪标准。本章概略介绍排洪沟的设计与计算。

位于山坡或山脚下的工厂和城镇，除了应及时排除建成区内的暴雨径流外，还应及时拦截并排除建成区以外、分水线以内沿山坡倾泻而下的山洪流量。由于山区地形坡度大，集水时间短，洪水历时也不长，所以水流急，流势猛，且水流中还挟带着砂石等杂质，冲刷力大，容易使山坡下的工厂和城镇受到破坏而造成严重损失。因此，必须在工厂和城镇受山洪威胁的外围开沟以拦截山洪，并通过排洪沟将洪水引出保护区排入附近水体。排洪沟设计的任务在于开沟引洪、整治河沟、修建构筑物等，以便有组织、及时地拦截并排除山洪径流。

5.1　设计防洪标准

（1）防洪保护区

洪水泛滥可能淹及的区域与该区域的河流水系和地形、地物分布特点等自然条件密切相关，在某些情况下洪水淹没的范围可能仅仅是该区域的一部分，根据地形、地物进行防洪分区，然后根据各分区的社会经济情况确定防洪标准更具有合理性。在划分防洪保护区时，通常的做法是按自然条件能够分区防护时，应按照自然条件进行分区；当按自然条件不能完全分区防护时，只要适当辅以工程措施即易于分区防护的，仍应尽量分区防护；当分区防护比较困难时，应进行技术经济比较论证，合理确定防洪保护区范围。

（2）防洪标准

进行防洪工程设计时，首先要确定洪峰设计流量，然后根据该流量拟定工程规模。为了准确、合理地拟定某项工程规模，需要根据该工程的性质、范围以及重要性等因素，确定某一频率作为计算洪峰流量的标准，称为防洪设计标准。实际工作中一般常用重现期表示设计标准的高低：重现期大，设计标准就高，工程规模也大；反之，重现期小，设计标准低，工程规模小。

（3）城市保护区应根据政治、经济地位的重要性、常住人口或当量经济规模指标分为四个防护等级，其防护等级和防洪标准应按表5-1确定。位于平原、湖洼地区的城市防护区，当需要防御持续时间较长的江河洪水或湖泊高水位时，其防洪标准可取表5-1中的较高值。位于滨海地区的防护等级为Ⅲ等级及以上的城市防护区，当按表5-1的防洪标准确定的设计高潮位低于当地历史最高潮位时，还应采用当地历史最高潮位进行校核。

城市防护区的防护等级和防洪标准 表 5-1

防护等级	重要性	常住人口 （万人）	当量经济规模 （万人）	防洪标准 ［重现期（年）］
I	特别重要	≥150	≥300	≥200
II	重要	<150，≥50	<300，≥100	200～100
III	比较重要	<50，≥20	<100，≥40	100～50
IV	一般	<20	<40	50～20

注：当量经济规模为城市防护区人均 GDP 指数与人口的乘积，人均 GDP 指数为城市防护区人均 GDP 与同期全国人均 GDP 的比值。

（4）工矿企业保护区，如冶金、煤炭、石油、化工、电子、建材、机械、轻工、纺织、医药等应根据规模分为四个防护等级，其防护等级和防洪标准应按表 5-2 确定。对于有特殊要求的工矿企业，还应根据行业相关规定，结合自身特点经分析论证确定防洪标准。

工矿企业的防护等级和防洪标准 表 5-2

防护等级	工矿企业规模	防洪标准（重现期）（年）
I	特大型	200～100
II	大型	100～50
III	中型	50～20
IV	小型	20～10

注：各类工矿企业的规模按国家现行规定划分。

工矿企业还应根据遭受洪灾后的损失和影响程度，按下列规定确定防洪标准：①当工矿企业遭受洪水淹没后，损失巨大，影响严重，恢复生产所需时间较长时，其防洪标准可取本标准表 5-2 规定的上限或提高一个等级；②当工矿企业遭受洪灾后，其损失和影响较小，很快可恢复生产时，其防洪标准可按表 5-2 的下限确定；③地下采矿业的坑口、井口等重要部位，应按表 5-2 规定的防洪标准提高一个等级进行校核，或采取专门的防护措施。

5.2 排洪沟洪峰流量的确定与水力计算方法

排洪沟属于小汇水面积上的排水构筑物。一般情况下，小汇水面积没有实测的流量资料，所需的设计洪水流量往往用实测暴雨资料间接推求。并假定暴雨与其所形成的洪水流量同频率。同时考虑山区河沟流域面积一般只有几平方公里至几十平方公里，平时水小，甚至干枯，汛期水量急增，集流快，几十分钟即可达到被保护区。因此以推求洪峰流量为主，对洪水总量及过程线不作研究。

目前我国各地区计算小汇水面积的山洪洪峰流量一般有三种方法：

（1）洪水调查法

洪水调查法包括形态调查法和直接类比法两种。

形态调查法主要是深入现场，勘察洪水位的痕迹，推导它发生的频率，选择和测量河槽断面，按公式 $v = \frac{1}{n}R^{\frac{2}{3}}I^{\frac{1}{2}}$ 计算流速，然后按公式 $Q = Av$ 计算出调查的洪峰流量。式中 n 为河槽的粗糙系数；R 为水力半径；I 为水面比降，可用河底平均比降代替。最后通过流量变差系数和模比系数法，将调查得到的某一频率的流量换算成设计频率的洪峰流量。

（2）推理公式法

推理公式包括我国水利科学研究院水文研究所公式在内的三种，各有假定条件和适用范围。公式形式为：

$$Q = 0.278 \times \frac{\psi \cdot S}{\tau^n} \times F \tag{5-1}$$

式中　Q——设计洪峰流量，m^3/s；

　　　　ψ——洪峰径流系数；

　　　　S——暴雨雨量，即与设计重现期相应的最大的一小时降雨量，mm/h；

　　　　τ——流域的集流时间，h；

　　　　n——暴雨强度衰减指数；

　　　　F——流域面积，km^2。

用这种推理公式求设计洪峰流量时，需要较多的基础资料，计算过程也较烦琐。详细的计算过程详见水文学课程中有关内容或可参阅有关资料。当流域面积为 $40 \sim 50 km^2$ 时，式（5-1）的适用效果较好。

（3）经验公式法

常用的经验公式计算方法有：① 一般地区性经验公式；② 公路科学研究所简化公式；③ 第二铁路设计院等值线法；④ 第三铁路设计院计算方法。

应用最普遍的是以流域面积 F 为参数的一般地区性经验公式：

$$Q = K \cdot F^n \tag{5-2}$$

式中　Q——设计洪峰流量，m^3/s；

　　　　F——流域面积，km^2；

　　　　K、n——随地区及洪水频率而变化的系数和指数。

该法使用方便，计算简单，但地区性很强。相邻地区采用时，必须注意各地区的具体条件是否一致，否则不宜套用。地区经验公式可参阅各省（区、市）水文手册。

对于以上三种方法，应特别重视洪水调查法。在此基础上，再结合其他方法进行设计计算。

5.3　排洪沟的设计要点

排洪沟的设计涉及面广，影响因素复杂。因此应深入现场，根据城镇或工厂总体规划、山区自然流域划分范围、山坡地形及地貌条件、原有天然排洪沟情况、洪水走向、洪水冲刷情况、当地工程地质及水文地质条件、当地气象条件等因素综合考虑，合理布置排洪沟。排洪沟包括明渠、暗渠、截洪沟等。

（1）排洪沟布置应与总体规划密切配合，统一考虑

在总图设计中，必须重视排洪问题。应根据总图的规划，合理布置排洪沟，避免把厂房建筑或居住建筑设在山洪口上和洪水主流道上。

排洪沟布置还应与铁路、公路、排水等工程相协调，尽量避免穿越铁路、公路，以减少交叉构筑物。排洪沟应布置在厂区、居住区外围靠山坡一侧，避免穿绕建筑群，以免因沟道转折过多而增加桥、涵，使投资加大，或使沟道水流不顺畅，造成转弯处小水淤、大水冲的状况。

排洪沟与建筑物之间应留有3m以上的距离，以防水流冲刷建筑物基础。

（2）排洪沟应尽可能利用原有山洪沟，必要时可作适当整修

原有山洪沟是洪水若干年冲刷形成的，其形状、沟底质都比较稳定，因此应尽量利用原有的天然沟道作排洪沟。当利用原有沟不能满足设计要求而必须加以整修时，应注意不宜大改大动，尽量不要改变原有沟道的水力条件，要因势利导，使洪水畅通排泄。

（3）排洪沟应尽量利用自然地形坡度

排洪沟的走向应沿大部分地面水流的垂直方向，因此应充分利用地形坡度，使截流的山洪能以最短距离重力流排入受纳水体。一般情况下，排洪沟是不设中途泵站的，同时当排洪沟截取几条截流沟的水流时，其交汇处应尽可能斜向下游，并成弧线连接，以使水流能平缓进入排洪沟。

（4）排洪沟采用明渠或暗渠应视具体条件确定

排洪沟一般最好采用明渠，但当排洪沟通过市区或厂区时，由于建筑密度较高，交通量大，应采用暗渠。

（5）排洪明渠平面布置的基本要求

1）进口段

为使洪水能顺利进入排洪沟，进口形式和布置是很重要的，进口段的形式应根据地形、地质及水力条件合理选择。常用的进口形式有：① 排洪沟直接插入山洪沟，接点的高程为原山洪沟的高程。这种形式适用于排洪沟与山沟夹角小的情况，也适用于高速排洪沟。② 以侧流堰形式作为进口，将截流坝的顶面作成侧流堰渠与排洪沟直接相接。此形式适用于排水沟与山洪沟夹角较大，且进口高程高于原山洪沟沟底高程的情况。

通常进口段的长度一般不小于3m。并在进口段上段一定范围内进行必要的整治，以使衔接良好，水流通畅，具有较好的水流条件。

为防止洪水冲刷，进口段应选择在地形和地质条件良好的地段。

2）出口段

排洪沟出口段布置应不致冲刷排放地点（河流、山谷等）的岸坡，因此出口段应选择在地质条件良好的地段，并采取护砌措施。

此外，出口段宜设置渐变段，逐渐增大宽度，以减少单宽流量，降低流速；或采用消能、加固等措施。出口标高宜在相应的排洪设计重现期的河流洪水位以上，一般应在河流常水位以上。

3）连接段

① 当排洪沟受地形限制走向无法布置成直线时，应保证转弯处有良好的水流条件，

不应使弯道处受到冲刷。转弯处平面上的弯曲半径一般不应小于 5～10 倍的设计水面宽度，同时应加强弯道处的护砌。

由于弯道处水流受离心力作用，使水流轴线偏向弯曲段外侧，造成弯曲段外侧水面升高，内侧水面降低，产生了外侧与内侧的水位差，故设计时外侧沟高应大于内侧沟高，即弯道外侧沟高除考虑沟内水深及安全超高外，还应增加水位差 h 值的 1/2。h 按下式计算：

$$h = \frac{v^2 \cdot B}{Rg}(\text{m}) \tag{5-3}$$

式中　v——排洪沟水流平均流速，m/s；

　　　B——弯道处水面宽度，m；

　　　R——弯道半径，m；

　　　g——重力加速度，m/s^2。

排洪沟的安全超高一般采用 0.3～0.5m。

② 排洪沟的宽度发生变化时，应设渐变段。渐变段的长度为 5～10 倍两段沟底宽度之差。

③ 排洪沟穿越道路一般应设桥涵。涵洞的断面尺寸应根据计算确定，并考虑养护方便。涵洞进口处是否设置格栅应慎重考虑。在含砂量较大地区，为避免堵塞，最好采用单孔小桥。

（6）排洪沟纵坡的确定

排洪沟的纵坡应根据地形、地质、护砌、原有排洪沟坡度以及冲淤情况等条件确定，一般不小于 1%。设计纵坡时，要使沟内水流速度均匀增加，以防止沟内产生淤积。当纵坡很大时，应考虑设置跌水或陡槽，但不得设在转弯处。一次跌水高度通常为 0.2～1.5m。西南地区多采用条石砌筑的梯级渠道，每级高 0.3～0.6m，有的多达 20～30 级，消能效果良好。陡槽也称急流槽，纵坡一般为 20%～60%，多采用片石、块石或条石砌筑，也有采用钢筋混凝土浇筑的。陡槽终端应设消能设施。

（7）排洪沟的断面形式、材料及其选择

排洪明渠的断面形式常用矩形或梯形断面，最小断面 $B \times H = 0.4\text{m} \times 0.4\text{m}$。排洪沟的材料及加固形式应根据沟内最大流速、当地地形及地质条件、当地材料供应情况确定。排洪沟一般常用片石、块石铺砌，不宜采用土明沟。图 5-1 为常用排洪明渠断面及其加固形式。图 5-2 为设在山坡上的截洪沟断面。

（8）排洪沟最大流速的规定

为了防止山洪冲刷，应按流速的大小选用不同铺砌的加固形式加强沟底、沟壁。表 5-3 为不同铺砌排洪沟的最大允许设计流速。

常用铺砌及防护渠道的最大设计流速　　　　　　　　　　表 5-3

序号	铺砌及防护类型	水流平均深度（m）			
		0.4	1.0	2.0	3.0
		平均流速（m/s）			
1	单层铺石（石块尺寸 15cm）	2.5	3.0	3.5	3.8
2	单层铺石（石块尺寸 20cm）	2.9	3.5	4.0	4.3

序号	铺砌及防护类型	水流平均深度（m）			
		0.4	1.0	2.0	3.0
		平均流速（m/s）			
3	双层铺石（石块尺寸15cm）	3.1	3.7	4.3	4.6
4	双层铺石（石块尺寸20cm）	3.6	4.3	5.0	5.4
5	水泥砂浆砌软弱沉积岩块石砌体，石材强度等级不低于Mu10	2.9	3.5	4.0	4.4
6	水泥砂浆砌中等强度沉积岩块石砌体	5.8	7.0	8.1	8.7
7	水泥砂浆砌，石材强度等级不低于Mu15	7.1	8.5	9.8	11.0

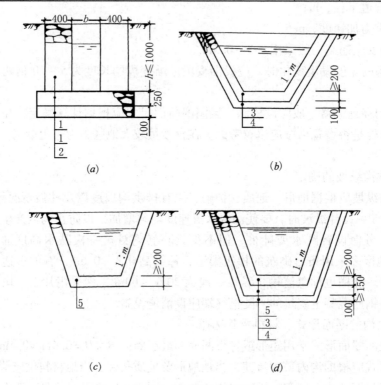

图 5-1　常用排洪明渠断面及其加固形式

（a）矩形片石沟；（b）梯形单层干砌片石沟；（c）梯形单层浆砌片石沟；（d）梯形双层浆砌片石沟

1—M5 砂浆砌块石；2—三七灰土或碎（卵）石层；3—单层干砌片石；4—碎石垫层；5—M5 水泥砂浆砌片（卵）石

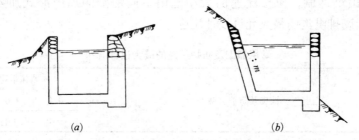

图 5-2　设在山坡上的截洪沟断面

（a）坡度不太大时；（b）坡度较大时

5.4 排洪沟的设计计算

（1）排洪沟水力计算公式

排洪沟水力计算公式见式（3-7）、式（3-8），公式中的过水断面 A 和湿周 x 的求法为：

梯形断面：

$$A = Bh + mh^2 \tag{5-4}$$

$$x = B + 2h\sqrt{1 + m^2} \tag{5-5}$$

式中　h——水深，m；

　　　B——底宽，m；

　　　m——沟侧边坡水平宽度与深度之比；

矩形断面：

$$A = Bh \tag{5-6}$$

$$x = B + 2h \tag{5-7}$$

式中各符号意义同式（5-4）、式（5-5）。

进行排洪沟水力计算时，常遇到下述情况：

1）已知设计流量、渠底坡度，确定渠道断面。

2）已知设计流量或流速、渠道断面及粗糙系数，求渠道底坡。

3）已知渠道断面、渠壁粗糙系数及渠道底坡，求渠道的输水能力。

（2）排洪沟设计计算举例

已知条件：如图5-3所示，某工厂已有天然梯形断面砂砾石河槽的排洪沟，总长620m。沟纵向坡度 $I = 4.5‰$；沟粗糙系数 $n = 0.025$；沟边坡为 $1 : m = 1 : 1.5$；沟底宽度 $b = 2$m；沟顶宽度 $B = 6.5$m；沟深 $H = 1.5$m。当重现期 $P = 50$ 年时，洪峰流量为 $Q = 15\text{m}^3/\text{s}$。

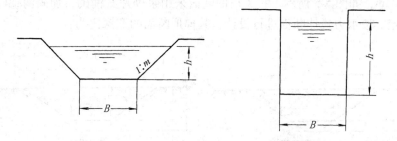

图5-3　梯形和矩形断面的排洪沟计算简图

试复核已有排洪沟的通过能力。

1）复核已有排洪沟断面能否满足 Q 的要求

按公式

$$Q = A \cdot v = A \cdot C\sqrt{RI}$$

$$C = \frac{1}{n} \cdot R^{1/6} （n \text{ 为沟壁粗糙系数}）$$

对于梯形断面

$$A = bh + mh^2$$

其水力半径
$$R = \frac{bh + mh^2}{b + 2h\sqrt{1 + m^2}}$$

设原有排洪沟的有效水深 $h = 1.3\text{m}$，安全超高为 0.2m，则：

$$A = bh + mh^2 = 2 \times 1.3 + 1.5 \times 1.3^2 = 5.14\text{m}^2$$

$$R = \frac{bh + mh^2}{b + 2h\sqrt{1 + m^2}} = \frac{2 \times 1.3 + 1.5 \times 1.3^2}{2 + 2 \times 1.3\sqrt{1 + 1.5^2}} = 0.77\text{m}$$

当 $R = 0.77\text{m}$，$n = 0.025$ 时，

$$C = \frac{1}{n} \cdot R^{1/6} = (1/0.025) \times 0.77^{1/6} = 38.3$$

则原有排洪沟的泄洪量为：

$$Q' = AC (RI)^{1/2} = 5.14 \times 38.3 \times (0.77 \times 0.0045)^{1/2} = 11.59\text{m}^3/\text{s}$$

显然，Q' 小于洪峰流量 $15\text{m}^3/\text{s}$，故原沟断面略小，需适当整修以满足洪峰流量的要求。

2）原有排洪沟的整修改造方案

第一方案：在原沟断面充分利用的基础上，增加排洪沟的深度至 $H = 2\text{m}$，其有效水深 $h = 1.7\text{m}$，如图5-4所示。这时

$$A = bh + mh^2 = 0.5 \times 1.7 + 1.5 \times 1.7^2 = 5.2\text{m}^2$$

$$R = \frac{5.2}{0.5 + 2 \times 1.7\sqrt{1 + 1.5^2}} = 0.785\text{m}$$

$$C = (1/0.025) \times 0.785^{1/6} = 38.38$$

当 $R = 0.785\text{m}$、$n = 0.025$ 时，

$$Q' = AC (RI)^{1/2} = 5.2 \times 38.38 (0.785 \times 0.0045)^{1/2} = 11.82\text{m}^3/\text{s}$$

显然，仍不能满足洪峰流量的要求。若再增加深度，由于底宽过小，不便维护，且增加的能力有限，故不宜采用这个改造方案。

第二方案：适当挖深（$H = 2\text{m}$），并略微扩大其过水断面使沟顶和沟底宽分别为 7.02m 和 1.02m，如图5-5所示。扩大后的断面采用浆砌片石铺砌，加固沟壁沟底，以保证沟壁的稳定。按水力最佳断面进行设计，其梯形断面的宽深比为：

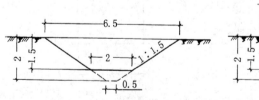

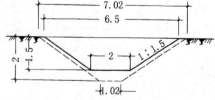

图5-4　排洪沟改建（单位：m）　　　　　　图5-5　排洪沟改建（单位：m）

$$\beta = \frac{b}{h} = 2(\sqrt{1 + m^2} - m) = 2(\sqrt{1 + 1.5^2} - 1.5) = 0.6$$

$$b = \beta \cdot h = 0.6 \times 1.7 = 1.02\text{m}$$

$$A = bh + mh^2 = 1.02 \times 1.7 + 1.5 \times 1.7^2 = 6.07\text{m}^2$$

$$R = \frac{A}{b + 2h\sqrt{1 + m^2}} = \frac{6.07}{1.02 + 2 \times 1.7\sqrt{1 + 1.5^2}} = 0.85\text{m}$$

当 $R = 0.85\text{m}$、$n = 0.02$（人工渠道粗糙系数 n 值见表5-4）时，

$$C = (1/0.02) \times 0.85^{1/6} = 48.66$$
$$Q' = AC (RI)^{1/2} = 6.07 \times 48.66 (0.85 \times 0.0045)^{1/2} = 18.27\text{m}^3/\text{s}$$

此结果已满足排除洪峰流量 $15\text{m}^3/\text{s}$ 的要求。

此外，复核沟内水流速度 v：

$$v = C (RI)^{1/2} = 48.66 (0.85 \times 0.0045)^{1/2} = 3.01\text{m}/\text{s}$$

而加固后的沟底沟壁，其最大设计流速按表 5-4 查得为 $3.5\text{m}/\text{s}$，此方案也满足冲刷流速要求，故决定采用。

人工渠道的粗糙系数 n 值 表 5-4

序号	渠道表面的性质	粗糙系数 n
1	细砾石（$d=10\sim30\text{mm}$）渠道	0.022
2	中砾石（$d=20\sim60\text{mm}$）渠道	0.025
3	粗砾石（$d=50\sim150\text{mm}$）渠道	0.030
4	中等粗糙的凿岩渠	$0.033\sim0.04$
5	细致爆开的凿岩渠	$0.04\sim0.05$
6	粗糙的极不规则的凿岩渠	$0.05\sim0.065$
7	细致浆砌碎石渠	0.013
8	一般的浆砌碎石渠	0.017
9	粗糙的浆砌碎石渠	0.02
10	表面较光的夯打混凝土	$0.0155\sim0.0165$
11	表面干净的混凝土	0.0165
12	粗糙的混凝土衬砌	0.018
13	表面不整齐的混凝土	0.02
14	坚实光滑的土渠	0.017
15	掺有少数黏土或石砾的砂土渠	0.02
16	砂砾底砌石坡的渠道	$0.02\sim0.022$

6 合流制管渠系统设计

6.1 合流制管渠系统的使用条件及布置特点

合流制管渠系统是在同一管渠系统内排除生活污水、工业废水及雨水的管渠系统。常用的有截流式合流制管渠系统，它是在临河的截流管上设置截流井。晴天时，截流管以非满流将生活污水和工业废水送往污水处理厂处理，称为旱流污水。雨天时，随着雨水量的增加，截流管以满流将生活污水、工业废水和雨水的混合污水送往污水处理厂处理。当雨水径流量增加到混合污水量超过截流管的设计输水能力时，截流井开始溢流，并随雨水径流量的增加，溢流量增大。当降雨时间继续延长时，由于降雨强度的减弱，雨水截流井处的流量减少，溢流量减小。最后，混合污水量等于或小于截流管的设计输水能力时，溢流停止。

合流制管渠系统因在同一管渠内排除所有的污水，所以管线单一，管渠的总长度减少，但合流制截流管、提升泵站以及污水处理厂都较分流制大，截流管的埋深也因为同时排除生活污水和工业废水而要求比单设的雨水管渠的埋深大。在暴雨天，有一部分带有生活污水和工业废水的混合污水溢入水体，使水体受到一定程度的污染。我国及其他某些国家，由于合流制排水管渠的过水断面很大，晴天流量很小，流速很低，往往在管底造成淤积，降雨时雨水将沉积在管底的大量污物冲刷起来带入水体，形成污染。一般地说，在下述情形下可考虑采用合流制：

1）排水区域内有一处或多处水源充沛的水体，其流量和流速都足够大，一定量的混合污水排入后，其污染负荷在环境容量范围以内。

2）街坊和街道的建设比较完善，必须采用暗管渠排除雨水，而街道横断面又较窄，管渠的设置位置受到限制时，可考虑选用合流制。

3）地面有一定的坡度倾向水体，当水体高水位时，岸边不受淹没。污水在中途不需要泵提升。

当合流制管渠系统采用截流式时，其布置特点是：

1）管渠的布置应使所有服务面积上的生活污水、工业废水和雨水都能合理地排入管渠，并能以可能的最短距离流向水体。

2）沿水体岸边布置与水体平行的截流干管，在截流干管的适当位置上设置截流井，使越过截流干管设计输水能力的那部分混合污水能顺利地通过截流井就近排入水体。

3）必须合理地确定截流井的数目和位置，以便尽可能减少对水体的污染，减小截流干管的尺寸和缩短排放渠道的长度。从对水体的污染情况看，合流制管渠系统中的初期雨水虽被截留处理，但溢流的混合污水比一般雨水脏，为改善水体卫生，保护环境，截流井的数目宜少，且其位置应尽可能设置在水体的下游。从经济上讲，为了减小截流干管的尺寸，截流井的数目多一点好，这可使混合污水及早溢入水体，降低截流干管下游的设计流量。但是，截流井过多，会增加截流井和排放渠道的造价，特别在截流井离水体较远、施工条件困难时更是如此。当截流井的溢流堰口标高低于水体最高水位时，需在排放渠道上设置防潮门、闸门或排涝泵站，为减少泵站造价和便于管理，截流井应适当集中，不宜过多。

4）在合流制管渠系统的上游排水区域内，如果雨水可沿地面的街道边沟排泄，则该区域可只设置污水管道。只有当雨水不能沿地面排泄时，才考虑布置合流管渠。

目前，我国许多城市的旧城区多采用合流制，而在新建区和工矿区则一般多采用分流制，特别是当生产污水中含有毒物质，其浓度又超过允许的卫生标准时，则必须采用分流制，或者必须预先对这种污水单独进行处理，直到符合要求后，再排入合流制管渠系统。

6.2 合流制管渠系统的设计流量

截流式合流制排水管渠的设计流量，在溢流井上游和下游是不同的。现分述如下：

（1）第一个截流井上游管渠的设计流量

如图6-1所示，第一个截流井上游管渠（1—2管段）的设计流量为生活污水设计流量、工业废水设计流量与雨水设计流量之和。

在实际进行水力计算时，当生活污水与工业废水量之和比雨水设计流量小得很多，例如有人认为，生活污水量与工业废水量之和小于雨水设计流量的5%时，其流量一般可以忽略不计，因为它们的加入与否往往不影响管径和管道坡度的确

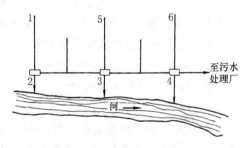

图 6-1 设有截流井的合流管渠

定。即使生活污水量和工业废水量较大，也没有必要把三部分设计流量之和作为合流管渠的设计流量，因为这三部分设计流量同时发生的可能性很小。所以，一般以雨水的设计流量（Q_s）、综合生活污水流量（Q_d）、工业废水量（Q_m）之和作为合流管渠的设计流量，即

$$Q = Q_d + Q_m + Q_s = Q_{dr} + Q_s \tag{6-1}$$

式中 Q——设计流量，L/s；

$\quad Q_d$——设计综合生活污水流量，L/s；

$\quad Q_m$——设计工业废水量，L/s；

$\quad Q_s$——雨水设计流量，L/s；

$\quad Q_{dr}$——截流井前的旱流污水设计流量，L/s。

这里，综合生活污水流量和工业废水量均以设计流量计。在式（6-1）中，$Q_d + Q_m$，为晴天的设计流量，亦称旱流流量 Q_{dr}，由于 Q_{dr} 相对较小，因此按该式的 Q 计算所得的管径、坡度和流速，应用旱流流量 Q_{dr} 进行校核，检查是否满足不淤流速要求。

（2）截流井下游管渠的设计流量

合流制排水管渠在截流干管上设置了截流井后，对截流干管的水流情况影响很大。不从截流井泄出的雨水量，通常按旱流流量 Q_{dr} 的指定倍数计算，该指定倍数称为截流倍数 n_0，如果流到截流井的雨水流量超过 $n_0 Q_{dr}$，则超过截流能力的水，经排放渠道排入水体，该情况称之为合流管道的溢流。

这样，截流井下游管渠（如图6-1中的2—3管段）的设计流量为：

$$Q' = (n_0 + 1) Q_{dr} + Q'_s + Q'_{dr} \tag{6-2}$$

式中　Q'——截流井后管渠的设计流量，L/s；

n_0——截流倍数；

Q'_s——截流井后汇水面积的雨水设计流量，L/s；

Q'_{dr}——截流井后汇水面积的旱流污水设计流量，L/s。

合流污水的截流量应根据受纳水体的环境容量，由溢流污染控制目标确定。截流倍数应根据旱流污水的水质、水量、受纳水体的环境容量和排水区域大小等因素经计算确定。宜采用2~5，并宜采取调蓄等措施，提高截流标准，减少合流制溢流污染对河道的影响。同一排水系统中可采用不同截流倍数。

6.3　合流制管渠系统水力计算要点及示例

（1）合流制管渠系统水力计算要点

合流制排水管渠一般按满流设计。水力计算的设计数据，包括设计流速、最小坡度和最小管径等，基本上和雨水管渠的设计相同。合流制排水管渠的水力计算内容包括：

1）截流井上游合流管渠的计算；

2）截流干管和截流井的计算；

3）溢流的混合污水流量；

4）晴天旱流情况校核。

截流井上游合流管渠的计算与雨水管渠的计算基本相同，只是它的设计流量要包括雨水、生活污水和工业废水。合流管渠的雨水设计重现期一般应比同一情况下雨水管渠的设计重现期适当提高，有人认为可提高10%~25%，因为虽然合流管渠中混合废水从检查井溢出街道的可能性不大，但合流管渠泛滥时溢出的混合污水比雨水管渠泛滥时溢出的雨水所造成的损失要大些，为了防止出现这种可能情况，合流管渠的设计重现期和允许的积水程度一般都需从严掌握。

对于截流干管和截流井的计算，主要是要合理地确定所采用的截流倍数 n_0。根据 n_0 可按式（6-2）确定截流干管的设计流量和通过截流井泄入水体的流量，然后即可进行截流干管和截流井的水力计算。从环境保护的角度出发，为使水体少受污染，应采用较大的截流倍数，但从经济上考虑，截流倍数过大，会大大增加截流干管、提升泵站以及污水处理厂的造价，同时造成进入污水处理厂的污水水质和水量在晴天和雨天的差别过大，给运转管理带来相当大的困难。为使整个合流管渠排水系统的造价合理和便于运转管理，不宜采用过大的截流倍数。截流倍数的设置直接影响环境效益和经济效益，其取值应综合考虑受纳水体的水质要求、受纳水体的自净能力、城市类型、人口密度和降雨量等因素。当合流制排水系统具有排水能力较大的合流管渠时，可采用较小的截流倍数，或设置一定容量的调蓄设施。根据国外资料，英国截流倍数为5，德国截流倍数为4，美国截流倍数一般为1.5~5。我国的截流倍数与发达国家相比偏低，有的城市截流倍数仅为0.5。通常，截流倍数 n_0 应根据旱流污水的水质、水量、排放水体的环境容量、水文、气候、经济和排水区域大小等因素经计算确定。合流污水的截流可采用重力截流和水泵截流。截流设施的位置应根据溢流污染控制要求、污水截流干管位置、合流管道位置、调蓄池布局、溢流管下游水位高程和周围环境等因素确定。截流井宜采用槽式，也可采用堰式或槽堰结合式。管渠高程允许时，应选用槽式。当选用堰式或槽堰结合式时，堰高和堰长应进行水力计算。截流井溢流水位应在设计洪水位或受纳管道设计水位以上。当不能满足要求时，应设置闸门等防倒灌设施，并应保证上游管渠在雨水设计流量下的排水安全。截流井内宜设流量控制设施。

截流井是截流干管上最重要的构筑物。最简单的截流井是在井中设置截流槽，槽顶与截流干管的管顶相平，如图6-2所示。也可采用溢流堰式或跳越堰式的截流井，其构造分别如图6-3、图6-4所示。

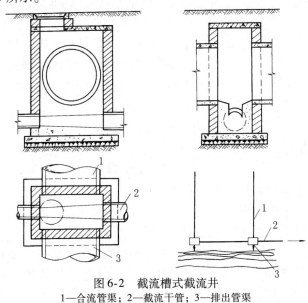

图 6-2　截流槽式截流井
1—合流管渠；2—截流干管；3—排出管渠

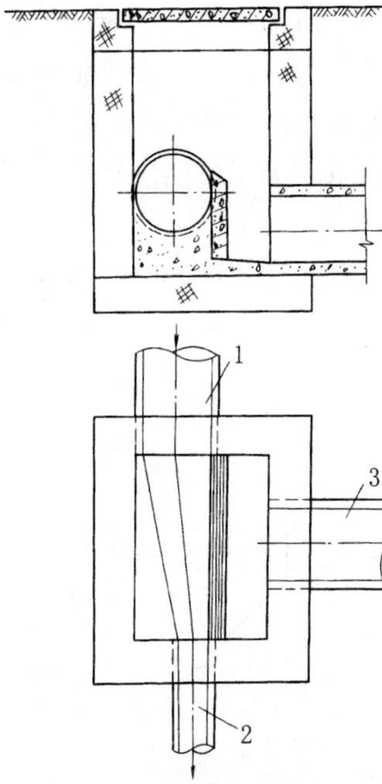

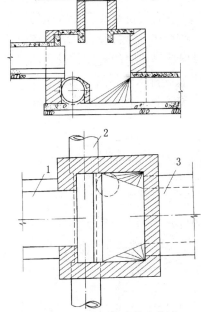

图 6-3　溢流堰式截流井
1—合流管道；2—截流干管；3—排出管道

图 6-4　跳越堰式截流井
1—合流管渠；2—截流干管；3—排出管渠

在溢流堰式截流井中，溢流堰设在截流干管的侧面。当溢流堰的堰顶线与截流干管中心线平行时，可采用式（6-3）计算：

$$Q = M\sqrt[3]{l^{2.5} \cdot h^{5.0}} \tag{6-3}$$

式中　Q——溢流堰溢出流量，m^3/s；

l——堰长，m；

h——溢流堰末端堰顶以上水层高度，m；

M——溢流堰流量系数，薄壁堰一般可采用2.2。

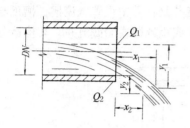

图6-5　跳越堰计算草图

Q_1—外曲线坐标原点；Q_2—内曲线坐标原点

在跳越堰式截流井中，通常根据射流抛物线方程式，计算出截流井工作室中隔墙的高度与距进水合流管渠出口的距离。如图6-5所示，射流抛物线外曲线方程式为：

$$x_1 = 0.36v^{2/3} + 0.6y_1^{4/7} \tag{6-4a}$$

射流抛物线内曲线方程式为：

$$x_2 = 0.18v^{4/7} + 0.74y_2^{3/4} \tag{6-4b}$$

式中　　　　v——进水合流管渠中的流速，m/s；

x_1，x_2——射流抛物线外、内曲线上任一点的横坐标，m；

y_1，y_2——射流抛物线外、内曲线上任一点的纵坐标，m。

式（6-4a）、式（6-4b）的适用条件是：① 进水合流管渠的直径 $DN \leqslant 3m$、坡度 $i < 0.025$、流速 $v = 0.3 \sim 3.0m/s$；② 当进水合流管渠仅通过旱流流量时，水流深度小于0.35m；③ 内曲线纵坐标为 $0.15 \sim 1.5m$，外曲线纵坐标小于1.5m。

关于晴天旱流流量的校核，应使旱流时的流速能满足污水管渠最小流速的要求。当不能满足这一要求时，可修改设计管段的管径和坡度。应当指出，由于合流管渠中旱流流量相对较小，特别在上游管段，旱流校核时往往不易满足最小流速的要求，此时可在管渠底设低流槽以保证旱流时的流速，或者加强养护管理，利用雨天流量刷洗管渠，以防淤塞。

（2）合流制排水管渠的水力计算示例

图6-6系某市一个区域的截流式合流干管的计算平面。其计算原始数据如下：

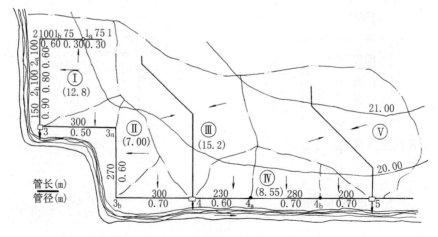

图6-6　某市一个区域的截流式合流干管计算平面

1) 设计雨水量计算公式

该市的暴雨强度公式为：

$$q = \frac{167(47.17 + 41.66\lg P)}{t + 33 + 9\lg(P - 0.4)}$$

式中　P——设计重现期，采用 1 年；

　　　t——集水时间，地面集水时间按 10min 计算，管内流行时间为 t_2，则 $t = 10 + 2t_2$，

该设计区域平均径流系数经计算为 0.45，则设计雨水量为：

$$Q_t = \frac{167(47.17 + 41.66\lg 1) \times 0.45}{10 + 2\sum t_2 + 33 + 9\lg(P - 0.4)}F = \frac{3544.8}{41.003 + 2\sum t_2}F \quad (\text{L/s})$$

式中　F——设计排水面积，hm^2。

当 $\sum t_2 = 0$ 时，单位面积的径流量 $q_v = 86.5\text{L/(s} \cdot \text{hm}^2)$。

2) 设计人口密度按 200 人/hm^2 计算，生活污水量标准按 100L/（人·d）计，故生活污水比流量 q_s 为：

$$q_s = 0.231\text{L/(s} \cdot \text{hm}^2)$$

3) 截流干管的截流倍数 n_0 采用 3。

4) 街道管网起点埋深 1.70m。

5) 河流最高月平均洪水位为 12.00m。

计算时，先划分各设计管段及其排水面积，计算每块面积的大小，如图 6-6 中括号内所示数据；再计算设计流量，包括雨水量、生活污水量及工业废水量；然后根据设计流量查水力计算表（满流）得出设计管径和坡度，本例中采用的管道粗糙系数 $n = 0.013$；最后校核旱流情况。

表 6-1 系 1—5 管段的水力计算结果。现对其中部分计算说明如下：

① 为简化计算，有些管段如 1—2、3—3_a、4—4_a 的生活污水量及工业废水量未计入总设计流量，因为其数值太小，不影响设计管径及坡度的确定。

② 表中第 17 列设计管道输水能力系设计管径在设计坡度条件下的实际输水能力，该值应接近或略大于第 12 列的设计总流量。

③ 1—2 管段因旱流流量太小，未进行旱流校核，在施工设计时或在养护管理中应采取适当措施防止淤塞。

④ 3 点及 4 点均设有截流井。

对于 3 点而言，由 1—3 管段流来的旱流流量为 21.47L/s。在截流倍数 $n_0 = 3$ 时，截流井转输的总设计流量为：

$$Q = Q_r + Q_{dr} = (n_0 + 1)Q_{dr} = (3 + 1) \times 21.47 = 85.88\text{L/s}$$

经截流井溢流入河道的混合废水量为：

$$Q_0 = 838.47 - 85.88 = 752.59\text{L/s}$$

对于 4 点而言，由 3—4 管段流来的旱流流量为 23.69L/s；由支管流来的总设计流量为 713.10L/s，其中旱流流量为 7.10L/s。故到达 4 点的总旱流流量为：

$$Q_{dr} = 23.69 + 7.1 = 30.79\text{L/s}$$

经截流井转输的总设计流量为：

截流式合流干管计算表

表 6-1

管段编号	管长 (m)	排水面积 (hm²)			管内流行时间 (min)		设计流量 (L/s)					设计管径 (mm)	设计坡度	管道坡降 (m)	设计流速 (m/s)	设计管道输水能力 (L/s)	地面标高 (m)		管内底标高 (m)		埋深 (m)		旱流校核			备注
		本段	转输	总计	累计 Σt₂	本段 t₂	雨水	生活污水	工业废水	溢流井转输流量	总计						起点	终点	起点	终点	起点	终点	旱流流量 (L/s)	充满度	流速 (m/s)	
1	2	3	4	5	6	7	8	9	10	11	12	13	14	15	16	17	18	19	20	21	22	23	24	25	26	27
1—1ₐ	75	0.60		0.60	0	1.67	52.4	0.14	1.5		52.4	300	0.0028	0.21	0.75	53	20.20	20.00	18.50	18.29	1.70	1.71	1.64			
1ₐ—1ᵦ	75	1.40	0.60	2.00	1.67	1.54	162	0.46	3.1		162	500	0.0017	0.13	0.81	165	20.00	19.80	18.09	17.96	1.91	1.84	3.56			
1ᵦ—2	100	1.80	2.00	3.80	3.21	1.65	288	0.88	6.4		288	600	0.0021	0.21	1.01	290	19.80	19.55	17.86	17.65	1.94	1.90	7.28			
2—2ₐ	80	0.70	3.80	4.50	4.86	1.16	318	1.04	8.5		327.54	600	0.0027	0.22	1.15	330	19.55	19.55	17.65	17.43	1.90	2.12	9.54	0.12	0.52	
2ₐ—2ᵦ	120	4.50	4.50	9.00	6.02	1.60	610	2.08	14.5		626.58	800	0.0022	0.26	1.23	630	19.55	19.50	17.23	16.97	2.32	2.53	16.58	0.11	0.52	3 点设溢流井
2ᵦ—3	150	3.80	9.00	12.80	7.62	1.90	817	2.97	18.5		838.47	900	0.0021	0.31	1.32	840	19.50	19.45	16.87	16.56	2.63	2.89	21.47	0.11	0.54	4 点设溢流井
3—3ₐ	300	2.00		2.00	5.25	5.25	175	0.46	0.18	85.88	260.88	600	0.0018	0.54	0.95	262	19.45	19.50	16.56	16.02	2.89	3.48	22.11	0.23	0.62	7→4 管段转输流量 qₛ=7.10L/s
3ₐ—3ᵦ	270	2.80	2.00	4.80	5.25	3.92	368	1.15	0.43	85.88	455.46	700	0.0022	0.59	1.15	460	19.50	19.45	15.92	15.33	3.58	4.12	22.97	0.18	0.66	
3ᵦ—4	300	2.20	4.80	7.00	9.17	3.95	422	1.61	0.61	85.88	515.59	700	0.0027	0.81	1.27	515	19.45	19.45	15.33	14.52	4.12	4.93	23.69	0.16	0.59	
4—4ₐ	230	2.95		2.95	0	3.06	259	0.46	0.13	123.16	382.16	700	0.0025	0.57	1.25	385	19.45	19.45	14.52	13.95	4.93	5.50	31.50	0.24	0.61	
4ₐ—4ᵦ	280	3.10	2.95	6.05	3.06	4.00	460	1.38	0.28	123.16	584.82	800	0.0018	0.51	1.17	600	19.45	19.50	13.85	13.34	5.60	6.16	32.39	0.21	0.62	
4ᵦ—5	200	2.50	6.05	8.55	7.06	2.25	620	1.98	0.40	123.16	745.54	800	0.0029	0.58	1.48	750	19.50	19.50	13.34	12.76	6.16	6.74	33.11	0.19	0.68	

$$Q = Q_r + Q_{dr} = (n + 1)Q_{dr} = (3 + 1) \times 30.79 = 123.16\text{L/s}$$

经截流井溢入河道的混合污水量为：

$$Q_0 = 515.59 + 713.10 - 123.16 = 1105.53\text{L/s}$$

⑤ 截流管 3—3$_a$、4—4$_a$ 的设计流量分别为：

$$Q'_{(3-3a)} = (n_0 + 1)Q_{dr} + Q_{r(3-3a)} + Q_{d(3-3a)} + Q_{m(3-3a)}$$
$$= 85.88 + 175 + 0.46 + 0.18 = 260.88\text{L/s}$$

$$Q'_{(4-4a)} = (n_0 + 1)Q_{dr} + Q_{r(4-4a)} + Q_{d(4-4a)} + Q_{m(3-3a)}$$
$$= 123.16 + 259 + 0.64 + 0.13 = 382.16\text{L/s}$$

因为两管段的 Q_d 及 Q_m 相对较小，计算中都忽略未计。

6）3 点和 4 点截流井的堰顶标高按设计计算分别为 17.16m 和 15.22m，均高于河流最高月平均洪水位 12.00m，故河水不会倒流。

6.4 城市旧合流制管渠系统的改造

城市排水管渠系统一般随城市的发展而相应地发展。最初，城市往往用合流明渠直接排除雨水和少量污水至附近水体。随着工业的发展和人口的增加与集中，为保证市区的卫生条件，便把明渠改为暗管渠，污水仍基本上直接排入附近水体。也就是说，大多数的大城市，旧的排水管渠系统一般都采用直排式的合流制排水管渠系统。据有关资料介绍，日本有 70% 左右、英国有 67% 左右的城市采用合流制排水管渠系统。我国绝大多数的大城市也采用这种系统。但随着工业与城市的进一步发展，直接排入水体的污水量迅速增加，势必会造成水体的严重污染。为保护水体，理所当然地提出了对城市已建合流制排水管渠系统的改造问题。

目前，对旧城区合流制排水管渠系统的改造，通常有如下几种途径：

（1）改合流制为分流制

将合流制改为分流制可以降低溢流混合污水对水体的污染，因而是一个比较彻底的改造方法，但仍然存在初期雨水的污染风险问题。现有合流制排水系统，应按城镇排水规划的要求，实施雨污分流改造。这种方法由于雨污水分流，需处理的污水量将相对减少，污水在成分上的变化也相对较小，所以污水处理厂的运转管理较易控制。通常，在具有下列条件时，可考虑将合流制改造为分流制：① 住宅内部有完善的卫生设备，便于将生活污水与雨水分流；② 工厂内部可清污分流，便于将符合要求的生产污水接入城市污水管道系统，将生产废水接入城市雨水管渠系统，或可将其循环使用；③ 城市街道的横断面有足够的位置，允许设置由于改成分流制而增建的污水管道，且不对城市的交通造成过大的影响。一般地说，住房内部的卫生设备目前已日趋完善，将生活污水与雨水分流比较易于做到，但工厂内的清污分流，因已建车间内工艺设备的平面位置与竖向布置比较固定而不太容易做到。至于城市街道横断面的大小，则往往由于旧城区的街道比较窄，加之年代已久，地下管线较多，交通也较频繁，常使改建工程的施工极为困难。例如，美国芝加哥市区，若将合流制全部改为分流制，据称需投资 22 亿美元，为重修因新建污水管道所破坏的道路需延续几年到十几年。

（2）保留合流制，修建合流管渠截流管

由于将合流制改为分流制往往因投资大、施工困难等原因而较难在短期内做到，所以目前旧合流制排水管渠系统的改造多采用保留合流制，修建合流管渠截流干管，即改造成截流式合流制排水管渠系统。这种系统的运行情况已如前述。但是，截流式合流制排水管渠系统并没有杜绝污水对水体的污染，溢流的混合污水不仅含有部分旱流污水，而且挟带有晴天沉积在管底的污物。据调查，1953～1954年，由伦敦溢流入泰晤士河的混合污水的5日生化需氧量浓度平均竟高达221mg/L，而进入污水处理厂的污水的5日生化需氧量也只有239～281mg/L。可见，溢流混合污水的污染程度仍然是相当严重的，它足以对水体造成局部或整体污染。

（3）对溢流的混合污水进行适当处理

合流制管渠系统溢流水质复杂，污染严重。水中含有的大量有机物、病原微生物以及其他有毒有害物质，特别是晴天时形成的腐烂的沟道沉积物，对受纳水体的水质构成了严重威胁。合流制管渠系统溢流处理的工艺较多，技术相对比较成熟，人工湿地技术、调蓄沉淀技术、强化沉淀技术、水力旋流分离技术、高效过滤技术、消毒技术等都有成功应用，其中水力旋流分离器、化学强化高效沉淀池等已有多项专利产品问世。对于溢流的混合污水的污染控制与管理，相关政策的制定非常重要，美国、日本、德国、英国和加拿大等国都制定了该类溢流控制的中长期规划，并形成了相关政策和措施，而国内这方面的工作刚刚起步。

（4）对溢流的混合污水量进行控制

为减少溢流的混合污水对水体的污染，在土壤有足够渗透性且地下水位较低（至少低于排水管底标高）的地区，可采用提高地表持水能力和地表渗透能力的措施来减少暴雨径流，从而降低溢流的混合污水量。例如，采用透水性路面或没有细料的沥青混合料路面。据美国的研究结果，这样可削减高峰径流量的83%，且载重运输工具或冰冻不会破坏透水性路面的完整结构，但需定期清理路面以防阻塞。也可采用屋面、街道、停车场或公园等为限制暴雨进入管道的暂时性蓄水措施，还可将这些表面的蓄水引入干井或渗透沟来削减高峰径流量。

前已述及，一个城市可采用不同的排水体制。这样，在一个城市中就可能有分流制与合流制并存的情况。在这种情况下，存在两种管渠系统的连接方式问题。当合流制排水管渠系统中雨天的混合污水能全部经污水处理厂进行处理时，这两种管渠系统的连接方式比较灵活。当合流管渠中雨天的混合污水不能全部经污水处理厂进行处理时，也就是当污水处理厂的二级处理设备的能力有限，或者合流管渠系统中没有储存雨天混合污水的设施，而在雨天必须从污水处理厂二级处理设备之前溢流部分混合污水入水体时，两种管渠系统之间就必须采用图6-7所示的（a）、（b）方式连接，不能采用（c）、（d）方式连接。（a）、（b）连接方式是合流管渠中的混合污水先溢流，然后再与分流制的污水管道系统连接，两种管渠系统一经汇流后，汇流的全部污水都将通过污水处理厂二级处理后再行排放。（c）、（d）连接方式则或是在管道上，或是在初次沉淀池中，两种管渠系统先汇流，然后再从管道上或从初次沉淀池后溢流出部分混合污水入水体，这无疑会造成溢流混合污水更大程度的污染。因为在合流管渠中已被生活污水和工业废水污染了的混合污水，又进一步受到分流制排水管渠系统中生活污水和工业废水的污染。为了保护水体，这样的连接方式是不允许的。

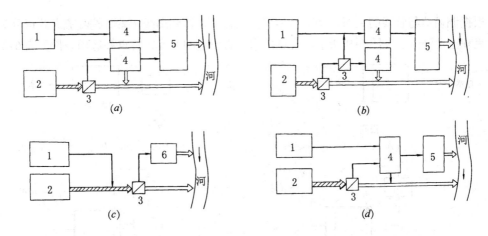

图 6-7　合流制与分流制管渠排水系统的连接方式

1—分流区域；2—合流区域；3—截流井；4—初次沉淀池；5—曝气池与二次沉淀池；6—污水处理厂

6.5　雨水调蓄设施

雨水调蓄设施是一种雨水收集设施，主要作用是把雨水径流的高峰流量暂存期内，待最大流量下降后再从调蓄池中将雨水慢慢地排出。达到既能规避雨水洪峰，提高雨水利用率，又能控制初期雨水对受纳水体的污染，还能对排水区域间的排水调度起到积极作用。

随着城镇化的发展，雨水径流量增大，将雨水径流的高峰流量暂时储存在调蓄池中，待流量下降后，再从调蓄池中将水排出，以削减洪峰流量，降低下游雨水干管的管径，提高区域的排水标准和防涝能力，减少内涝灾害。

有些城镇地区合流制排水系统溢流污染物或分流制排水系统排放的初期雨水已成为内河的主要污染源，在排水系统雨水排放口附近设置雨水调蓄池，可将污染物浓度较高的溢流污染或初期雨水暂时储存在调蓄池中，待降雨结束后，再将储存的雨污水通过污水管道输送至污水处理厂，达到控制面源污染、保护水体水质的目的。

雨水利用工程中，为满足雨水利用的要求而设置调蓄池储存雨水，储存的雨水净化后可综合利用。对需要控制面源污染、削减排水管道峰值流量防止地面积水或需提高雨水利用程度的城镇，宜设置雨水调蓄池。其典型合流制调蓄池工作原理如图 6-8 所示。

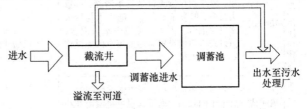

图 6-8　典型合流制调蓄池工作原理示意图

（1）雨水调蓄池形式

调蓄池既可是专用人工构筑物如地上蓄水池、地下混凝土池，也可是天然场所或已有设施如河道、池塘、人工湖、景观水池等。而由于调蓄池一般占地较大，应尽量利用现有设施或天然场所建设雨水调蓄池，可降低建设费用，取得良好的社会效益。有条件的地方可根据地形、地貌等条件，结合停车场、运动场、公园等建设集雨水调蓄、防洪、城市景观、休闲娱乐等于一体的多功能调蓄池。

根据调蓄池与管线的关系，调蓄类型可分为在线调蓄和离线调蓄。按溢流方式可分为池前溢流和池上溢流。如图6-9所示。常见雨水调蓄设施的方式、特点和适用条件见表6-2。

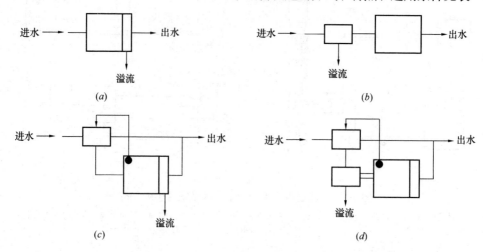

图6-9 调蓄池型示意图

（*a*）贮存池上设有溢流的在线贮存；（*b*）贮存池入口前设有溢流的在线贮存；
（*c*）贮存池上设有溢流的离线贮存；（*d*）贮存池入口前设有溢流的离线贮存

雨水调蓄的方式、特点及适用条件 表6-2

雨水调蓄方式			特点	常见做法	适用条件
调蓄池	建造位置	地下封闭式	节省占地；雨水管渠易接入；但有时溢流困难	钢筋混凝土结构、砖砌结构、玻璃钢水池等	多用于小区或建筑群雨水利用
		地上封闭式	雨水管渠易于接入，管理方便，但需占地面空间	玻璃钢、金属、塑料水箱等	多用于单体建筑雨水利用
		地上敞开式	充分利用自然条件，可与景观、净化相结合，生态效果好	天然低洼地、池塘、湿地、河湖等	多用于开阔区域
	调蓄池与管线关系	在线式	一般仅需一个溢流出口，管道布置简单，漂浮物在溢流口处易于清除，可重力排空，但自净能力差，池中水与后来水发生混合。为了避免池中水被混合，可以在入口前设置旁通溢流。但漂浮物容易进入池中	可以做成地下式、地上式或地表式	根据现场条件和管道负荷大小等经过技术经济比较后确定
		离线式	管道水头损失小；在非雨季期间池子处于干的状态。离线式也可将溢流井和溢流管设置在入口上		
雨水管道调节			简单实用，但储存空间一般较小，有时会在管道底部产生淤泥		
多功能调蓄			可以实现多种功能，如削减洪峰，减少水涝，调蓄利用雨水资源，增加地下水补给，创造城市水景或湿地，为动植物提供栖息场所，改善生态环境等，发挥城市土地资源的多功能	主要利用地形、地貌等条件，常与公园、绿地、运动场等一起设计和建造	城乡接合部、卫星城镇、新开发区、生态住宅区或保护区、公园、城市绿化带、城市低洼地等

（2）设置位置

雨水调蓄池的位置，应根据调蓄目的、排水体制、管网布置、溢流管下游水位高程和周围环境等综合考虑后确定。根据调蓄池在排水系统中的位置，其可分为末端调蓄池和中间调蓄池。末端调蓄池位于排水系统的末端，主要用于城镇面源污染控制。中间调蓄池位于一个排水系统的起端或中间位置，可用于削减洪峰流量和提高雨水利用程度。当用于削减洪峰流量时，调蓄池一般设置于系统干管之前，以减少排水系统达标改造工程量；当用于雨水利用贮存时，调蓄池应靠近用水量较大的地方，以减少雨水利用灌渠的工程量。

（3）雨水调蓄设施的设计方法

雨水调蓄设施可用于径流污染控制、径流峰值削减和雨水利用。雨水调蓄设施的位置应根据调蓄的目的、排水体制、管网布置、溢流管下游水位高程和周围环境等综合考虑后确定，有条件的地区应采用数学模型法进行方案优化。根据雨水调蓄设施用途进行设计：

1）用于合流制排水系统的溢流污染控制时，应根据当地降雨特征、受纳水体环境容量、下游污水系统负荷和服务范围内源头减排设施规模等因素，合理确定平均溢流频次或年平均溢流污染控制率，计算设计调蓄量，并采用数学模型法进行复核。年径流污染控制率指通过调蓄设施削减或收集处理的溢流污染量和年溢流污染量的比值。

2）用于分流制排水系统径流污染控制时，应根据当地相关规划确定的年径流总量控制率、年径流污染控制率等目标，计算调蓄量，并以源头减排设施为主。

3）用于削减峰值流量时，应根据设计标准，分析上下游的流量过程线，经计算设计调蓄量，优先设置于地上，当地上无利用条件时，可采用深层调蓄设施；当作为排涝除险设施时，应优先利用开放空间设置为多功能调蓄设施。应优化竖向设计，确保设计条件下径流的排入和降雨停止后的有序排出。

4）用于雨水利用时，应根据降雨特征、用水需求和经济效益等确定有效容积。

（4）不同类型的调蓄设施的设计要求

1）敞开式调蓄设施的设计要求。调蓄水体近岸 2.0m 范围内常水位水深大于 0.7m时，应设置防止人员跌落的安全防护设施和警示标示；调蓄设施的超高应大于 0.3m，并应设置溢流设施。

2）封闭式调蓄设施的设计要求。应设置清洗、排气和除臭等附属设施和检修通道。

（5）调蓄设施的工艺设计要求

1）调蓄设施的放空要求。调蓄设施的放空方式应根据调蓄设施的类型和下游排水系统的能力综合确定，可采用渗透排空、重力排空、水泵排空或多种放空方式相结合的方式。具有渗透功能的调蓄设施，其排空时间应根据土壤稳定入渗率和当地蒸发条件，经计算确定；采用绿地调蓄的设施，排空时间不应大于绿地中植被的耐淹时间。采用重力放空的调蓄设施，出水管管径应根据放空时间确定，且出水管排水能力不应超过下游管渠的排水能力。

2）调蓄设施的清洗要求。雨水调蓄设施的清淤冲洗水和用于控制径流污染但不具备净化功能的雨水调蓄设施的出水应接入污水系统；当下游污水系统无接纳容量时，应对下游污水系统进行改造或设置就地处理设施。清洗方式可采用人工清洗和水力清洗。

（6）调蓄池设计与计算

调蓄池容积计算是调蓄池设计的关键，需要考虑所在地区的降雨强度、雨型、历时和频率、排水管道设计容量等因素。20世纪70年代国外对调蓄池容积计算有过较为集中的研究。总结其计算方法主要有两类：以池容当量的经验公式法和基于排水系统模型的频率分析法。其中，德国、日本主要采用以池容当量降雨量（mm）这一综合设计指标为依据的经验公式法，来确定系统所需调蓄容量；美国多采用SWMM模型模拟排水系统运行，分析系统所需调蓄容量。

1）德国方法

德国设计规范ATV A128中，要求合流制排水系统排入水体的污染物负荷不大于分流制排水系统排入水体的污染物负荷。溢流调蓄池计算参数设定为：

①平均年降雨量：800mm（≥800mm时，应进行修正，增加调蓄池体积）

②雨水 COD_{Cr}：107mg/L

③晴天污水 COD_{Cr}：600mg/L（≥600mg/L时，应进行修正，增加调蓄池体积）

④雨天污水处理厂排放 COD_{Cr}：70mg/L

德国调蓄池的简化计算公式为：

$$V = 1.5 \times V_{SR} \times A_U \tag{6-5}$$

式中　V——调蓄池容积，m^3；

　　　V_{SR}——每公顷面积所需调蓄量，m^3/hm^2，按图6-10采用；

　　　A_U——不透水面积，hm^2，A_U = 系统服务面积×径流系数。

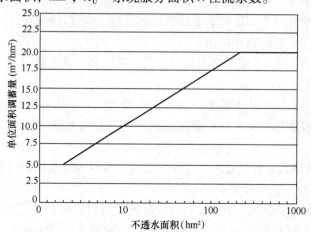

图6-10　德国调蓄池简化计算：面积与单位调蓄量关系

2）日本方法

《日本合流制下水道改善对策指南》中，要求合流制排水系统排放的污染物负荷量与分流制排水系统的污染物负荷量达到同等水平。其中指出：将增加截流量与调蓄结合起来是一项有效的实施对策。基本的设计程序为：依靠模拟实验，根据设定的目标，研究截流量与调蓄池的关系，再通过对实际应用效果的评估，确定合理的调蓄池容量。经其研究结果表明截流雨水量1mm/h，加上调蓄雨水量2~4mm/h的措施可达到污染负荷削减的目标设定值。

故日本调蓄池的一种简单算法是：

$$V = 截流面积 \times 5mm \tag{6-6}$$

即每 $100hm^2$ 排水面积建 1 座 $5000m^3$ 调蓄池。

3）基于数学模型的计算方法

调蓄池主要是在暴雨期间可收集部分初期雨水，当暴雨停止后，该部分雨水再输送至排水管网、泵站或者污水处理厂。概括而言，合流制排水系统调蓄池的主要作用是截流初期雨水，提高合流制系统的截流倍数，使调蓄之后的管道和泵站可以采用较小的设计流量。其工作原理如图 6-11 所示。

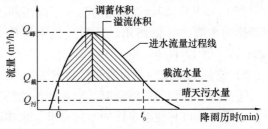

图 6-11　合流制系统调蓄池工作原理

由图 6-11 可知，调蓄池的容积可通过计算入流流量和出流流量的差异进行估算，计算式为：

$$V = \int_0^{t_0} (Q_{in} - Q_{out}) \, dt \tag{6-7}$$

式中　V——调蓄池容积；

　　　t——从调蓄池开始进水至充满的时间；

　　　t_0——调蓄时间；

　　　Q_{in}——入流流量；

　　　Q_{out}——出流流量。

基于数学模型的调蓄池计算方法，需首先得到流量过程线或流量随时间变化的方程。如果拟建调蓄池的地点有多年实测流量过程资料，可用某种选样方法，每年选出几次较大的流量过程，分别经过调蓄计算获得所需的容积 V_1，$V_2 \cdots \cdots V_n$，再用频率分析方法求出设计容积 V 值。但一般情况下要获得多年实测流量资料是很困难的，因此可利用多年雨量资料，由降雨径流模型模拟出多年流量资料，再用上述方法求出 V。

美国调蓄池的计算是以此为基础通过 SWMM 模型和管网水力学模型计算调蓄池容积。

4）统计降雨频率累计法

一般来讲，雨水调蓄池规模越大，可收集水量也越多，但每年满蓄次数则越少，因此储存池规模、可收集水量、满蓄次数三者之间互为条件、互相制约。雨水调蓄池的规模直接影响雨水利用系统的集流效率、投资和成本，有条件时可以通过优化设计寻求效益与费用比值最大时所对应的经济规模。可以按照下列步骤计算：

①调查当地降雨特征及其规律，如多年平均日降雨量/某值所对应的天数，建立日降雨量-全年天数曲线，以便确定雨水集蓄设施满蓄次数。

②按 $V = 10fAU$ 计算系列雨水储存池容积，并根据日降雨量与全年天数规律分析不同规模序列雨水利用系统每年可集蓄利用的雨水量。

③绘制雨水利用系统寿命期内费用、效益现金流量图，计算动态效益/费用比值，选择比值最大时相应的设计降雨量即为雨水利用系统的最优设计规模。

计算出调蓄容积 $V_{计}$ 后，需与降雨间隔时段的用水量 $V_{用}$ 进行对比分析，最终确定设计调蓄容积 $V_{蓄}$。分为下列两种情况：

当 $V_{用} < V_{计}$，即计算调蓄容积大于降雨间隔时段用水量时，表明一场雨的径流雨水量较降雨间隔时段水量大，此时可以减小储存池容积，节省投资，多余雨水可实施渗透或排放，此时 $V_{蓄} = V_{用}$。

当 $V_{用} > V_{计}$，即计算调蓄容积小于降雨间隔时段用水量时，表明一场雨的径流雨水量仅能作为水源之一供使用，还需其他水源作为第二水源，此时雨水可以全部收集，即 $V_{蓄} = V_{计}$。所以 $V_{蓄} = \min \{V_{用}, V_{计}\}$。

5）常用的雨水调蓄池容积计算方法

①当用于控制面源污染时，雨水调蓄池的有效容积应根据气候特征、排水体制、汇水面积、服务人口和受纳水体的水质要求、水体流量、稀释自净能力等确定。规范规定采用截流倍数法，计算式如下：

$$V = 3600 t_i (n - n_0) Q_{dr} \beta \tag{6-8}$$

式中　V——调蓄池有效容积，m^3；

$\quad t_i$——调蓄池进水时间，h，宜采用 $0.5 \sim 1h$，当合流制排水系统雨天溢流污水水质在单次降雨事件中无明显初期效应时，宜取上限；反之，可取下限；

$\quad n$——调蓄池运行期间的截流倍数，由要求的污染负荷目标削减率、当地截流倍数和截流量占降雨量比例之间的关系求得；

$\quad n_0$——系统原截流倍数；

$\quad Q_{dr}$——截流井以前的旱流污水量，m^3/s；

$\quad \beta$——调蓄池容积计算安全系数，可取 $1.1 \sim 1.5$。

②当用于削减排水管道洪峰流量时，雨水调蓄池的有效容积可按式（6-9）计算：

$$V = \left[-\left(\frac{0.65}{n^{1.2}} + \frac{b}{t} \cdot \frac{0.5}{n + 0.2} + 1.10 \right) \lg(\alpha + 0.3) + \frac{0.215}{n^{0.15}} \right] \cdot Q \cdot t \tag{6-9}$$

式中　V——调蓄池有效容积，m^3；

$\quad \alpha$——脱过系数，取值为调蓄池下游设计流量和上游设计流量之比；

$\quad Q$——调蓄池上游设计流量，m^3/min；

$\quad b、n$——暴雨强度公式参数；

$\quad t$——降雨历时，min。

③当用于提高雨水利用程度时，雨水调蓄池的有效容积应根据降雨特征、用水需求和经济效益等确定。

④雨水调节池的放空时间，可按式（6-10）计算：

$$t_0 = V/3600 Q' \eta \tag{6-10}$$

式中　t_0——放空时间，h；

$\quad V$——调蓄池有效容积，m^3；

$\quad Q'$——下游排水管道或设施的受纳能力，m^3/s；

$\quad \eta$——排放效率，一般可取 $0.3 \sim 0.9$。

注意：雨水调蓄池应设置清洗、排气和除臭等附属设施和检修通道。用于控制径流污染的雨水调蓄池出水应接入污水管网，当下游污水处理设施不能满足雨水调蓄池放空要求时，应设置雨水调蓄出水处理装置。

调蓄池容积计算方法汇总比较见表6-3。

调蓄池容积计算方法汇总表

表6-3

国家或地区	计算方法及公式	使用范围	优缺点	说明
俄罗斯	莫洛科夫与施果林公式： $V = (1 - \alpha)^{1.5} Q_{max} t_0$	—	此公式未能反映出不同地区的降雨特性，并且其计算结果可能偏大，也可能偏小，有时偏差可达到3~4倍，因而不宜应用	α——脱过系数
中国	重力流模式雨型径流过程线法的推理公式： $V = f(\alpha) W$	重力流雨型径流	较一般的调蓄容积公式合理而安全，可减小下游管网规模	$f(\alpha)$——α的函数式； W——池前管渠的设计流量Q与相应集流时间t的乘积，$W = Qt$，m^3
中国	系统总截流倍数法： $V = 3600 (n_1 - n) Q_1$	水质型调蓄池	针对性强，但适用范围比较小	n_1——设调蓄池后的截流倍数； n——系统中截流设施的设计截流倍数； Q_1——旱流污水量，m^3/s
德国	ATV A 128 标准计算公式： $V = 1.5 V_{SR} A_U$	合流制排水系统	简单易操作	V_{SR}——每公顷面积需调蓄雨水量，m^3/hm^2，$12 \leq V_{SR} \leq 40$，一般可取20； A_U——非渗透面积，$A_U =$系统服务面积×径流系数
德国	系统总截流倍数法： $V = 3600 (m - n - 1) Q_1$	合流污水截流、调蓄工程	—	m——稀释倍数； n——系统中截流设施的设计截流倍数； Q_1——平均日旱流污水量，m^3/s
美国	多采用SWMM模型模拟排水系统运行，分析系统所需调蓄容量	各种雨型	前期工作繁琐，须知大量的有关管网及水质的基础数据，但普适性很高	—
日本	$V = \left(r_i - \dfrac{r_c}{2} \right) t_i f$ $A \cdot \dfrac{1}{360}$	—	初步估算，简便	r_i——降雨强度曲线上任意降雨历时t_i对应的降雨强度，mm/h； r_c——调节池出流过流能力值对应的降雨强度，mm/h； t_i——任意的降雨历时，s； f——开发后的径流系数； A——流域面积，hm^2

6）计算实例

调蓄池经验公式法如下：

调蓄池容积一般以单位面积调蓄量为计算基础，计算式为：

$$V = 10 f A_U \tag{6-11}$$

式中　A_U——系统硬化面积，hm^2；

　　　f——单位面积调蓄量。

若以上海为例，根据上海市降雨特征，初雨调节量建议f为3.5~5mm，即所需调蓄

121

池容积为 $35 \sim 50\text{m}^3/\text{hm}^2$。

系统增设调蓄池后，实质上是增大了系统的截流倍数。当系统的调蓄量为 f（mm），即单位面积调蓄量为 $10f\text{m}^3/\text{hm}^2$，则增设调蓄池后该系统的截流倍数为：

$$n_1 = \left[(n+1) \cdot Q_{污} + \frac{A_U \cdot 10f}{3600t} - Q_{污} \right] / Q_{污} \tag{6-12}$$

式中　n_1——调蓄池运行期间系统截流倍数；

　　　n——系统截流倍数；

　　　$Q_{污}$——系统旱流污水量，m^3/s；

　　　A_U——硬化面积，hm^2，$A_U = A \cdot \Psi$，Ψ 为径流系数。

考虑初期雨水的污染负荷，以及修建调蓄设施的经济上的可行性，一般调蓄时间可取 $45 \sim 90\text{min}$。此例中取调蓄时间为 60min，修建一座 8000m^3 的调蓄池即可。

（7）调蓄池冲洗方式

初期雨水径流中携带了地面和管道沉积的污物杂质，调蓄池在使用后底部不可避免地滞留有沉积杂物、泥沙淤积，如果不及时进行清理，沉积物积聚过多将使调蓄池无法发挥其功效。因此，在设计调蓄池时必须考虑对底部沉积物的有效冲洗和清除。调蓄池的冲洗方式有多种，各有利弊，见表6-4。

调蓄池各冲洗方式优缺点分析　　　　　　　　　表6-4

冲洗方式	适合池型	优　点	缺　点
人工清洗	任何池型	简单	危险性高、劳动强度大
水力喷射器冲洗	任何池型	可自动冲洗，冲洗时有曝气过程可减少异味，投资省，适应于所有池型	需建造冲洗水储水池，运行成本较高，设备位于池底易被污染和磨损
潜水搅拌器	任何池型	自动冲洗，投资省，适应于所有池型	冲洗效果较差，设备易被缠绕和磨损
连续沟槽自清冲洗	圆形，小型矩形	无需电力或机械驱动、无需外部水源运行成本低、排沙灵活、受外界环境条件影响小、可重复性强还有效率高	依赖晴天污水作为冲洗水源，利用其自清流速进行冲洗，难以实现彻底清洗，易产生二次沉积；连续沟槽的结构形式加大了泵站的建造深度
水力冲洗翻斗	矩形	实现自动冲洗，设备位于水面上方，无需电力或机械驱动，冲洗速度快、强度大，运行费用省	投资较高
HydroSelf拦蓄自冲洗装置清洗	矩形	无需电力或机械驱动，无需外部供水，控制系统简单；调节灵活，手动、电动均可控制；运行成本低、使用效率高	进口设备，初期投资较高
节能的"冲淤拍门"	矩形调蓄池	节能清淤，无需外动力，无需外部供水，无复杂控制系统；在单个冲淤波中，冲淤距离长，冲淤效率高，运行可靠	设备位于水下，易被污染磨损
移动清洗设备冲洗	敞开式平底大型调蓄池	投资省，维护方便	因进入地下调蓄池通道复杂而未得到广泛应用

工程设计时根据不同冲洗方式的优缺点，进行技术经济比选，选择合适的冲洗方式，但无论采用何种方式，必要时仍需进行辅助的人工清洗。

①雨水调蓄池设计

根据汇水表面的径流系数、降雨汇水面积和设计降雨量确定汇集的径流雨水量，从而确定雨水调蓄池的容积。雨水设计流量公式为：

$$Q = \psi \cdot i \cdot F \qquad (6\text{-}13)$$

式中　Q——雨水设计流量，m^3/s；

　　　ψ——径流系数；

　　　i——设计暴雨强度，mm/h；

　　　F——汇水面积，m^2。

取重现期为 10 年，设计降雨历时为 30min 暴雨强度为 116mm/h，径流系数为 0.40。

$$Q = 0.40 \times 116 \times 52000 \times 10^{-3} = 2412.8 m^3/h = 0.67 m^3/s$$

计算调蓄池容积为 $603m^3$，取 $624m^3$，贮留池尺寸为 $20m \times 12m \times 2.6m$（长×宽×高）。雨水调蓄池一般应考虑超高，封闭式不小于 0.3m。当无结构、电气、设备等要求时也可不设超高。集雨工程调蓄池取 0.4m 的超高。设计贮留池尺寸为 $20m \times 12m \times 3.0m$（长×宽×高）。

②满蓄次数

作为直接利用的雨水调蓄池的工程过程是：集蓄—利用—再集蓄—再利用……若每次集蓄后在两场雨的间隙期间所收集的雨水全部被利用，则每场雨的集蓄效率最高，否则，由于受雨水调蓄池的规模限制，多余的雨水只能溢流排放。

在一定集水面积下，每年能蓄满水的复蓄次数称为满蓄次数，满蓄次数等于多年平均日降雨量能灌满调蓄池的天数，并假设调蓄池每次集蓄的雨水在降雨间隔期均被利用。

分析澳门地区 1951~2000 年间 50 年的降雨特性及其规律，计算多年平均日降雨量≥某数值所对应的天数，建立日降雨量–全年天数关系（图 6-12），以便确定雨水集蓄设施的复蓄次数。

由图 6-12 可见，容积为 $624m^3$ 的调蓄池所对应的日平均降雨量为 30mm，根据拟合曲线得满蓄次数为 28 次。

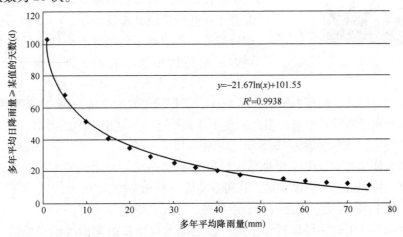

图 6-12　澳门地区多年平均日均降雨量–天数关系

6.6 雨水渗透设施

城市化使得城市绿地和透水地面面积减少，不透水硬化地面增加，改变了自然条件下的水文特征，导致滞蓄量、填洼量及下渗水量减少，而径流系数增大，地面径流增加，并使得汇流速度变快，洪峰提前。为改善或恢复城市水循环过程，在城市中可以采用人工雨水渗透设施，对城市中降雨产生的雨水径流进行干预，使其就地渗入地下或汇集储存，增加雨水入渗量。雨水渗透不仅能补充地下水，促进雨水、地表水、土壤水及地下水"四水"之间转化，使城市水循环系统改善或恢复到城市建设前的状态，而且可以减少地表绿洪径流，防止城市洪涝、地面沉降、海水入侵等灾害的发生。城镇基础设施建设应综合考虑雨水径流量的削减。人行道、停车场和广场等宜采用渗透性铺装，新建地区硬化地面中可渗透地面面积不宜低于40%，有条件的既有地区应对现有硬化地面进行透水性改建。绿地标高宜低于周边地面标高5~25cm，形成下凹式绿地。当场地有条件时，可设置检查沟、渗透池等设施接纳地面径流；地区开发和改造时，宜保留天然可渗透性地面。雨水渗透设施特别是地面下的入渗增加了深层土壤的含水量，使土壤力学性能改变，可能会影响道路、建筑物或构筑物的基础。因此，建设雨水渗透设施时，需对场地的土壤条件进行调查研究，以便正确设置雨水渗透设施，避免影响城镇基础设施、建筑物和构筑物的正常使用。

增加雨水入渗的设施有多种类型，主要包括硬化地面集蓄利用或采用透水材质铺装、下凹式绿地滞蓄、渗透设施增加入渗、屋顶绿化及屋顶集雨系统等。

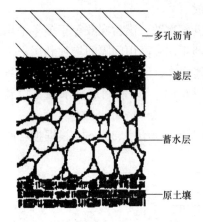

图6-13 典型多孔沥青地面示意

（1）雨水渗透设施形式

1）透水铺装地面

透水铺装地面分为两类，一类为渗透性多孔沥青混凝土或渗透性多孔混凝，透水砖地面。多孔渗透性铺面有整体浇筑多孔沥青或混凝土，也有组件式混凝土砌块。有关资料表明，组件式混凝土砌块铺面的效果较长久，堵塞时只需简单清理并将铺面砌块中间的沙土换掉，处理效率就可恢复。整体浇筑多孔沥青或混凝土在开始使用时效果较好，1~2年后会堵塞，且难以修复。典型的多孔沥青地面构造见图6-13。表面沥青层避免使用细小骨料，沥青重量比为5.5%~6.0%，空隙率为12%~16%，厚6~7cm。沥青层下设两层碎石，上层碎石粒径1.3cm，厚5cm，下层碎石粒径2.5~5cm，空隙率为38%~40%，其厚度视所需蓄水量定。多孔混凝土地面构造与多孔沥青地面类似，只是将表层改换为无砂混凝土，其厚度约为12.5cm，空隙率15%~25%。

另一类是使用镂空地砖（俗称草坪砖）铺砌的路面，可用于停车场、交通较少的道路及人行道，特别适合于居民小区，还可在空隙中种植草类。

2）植草沟、渗透池、渗透沟管、渗透桩、下凹式绿地

当场地条件许可时，可设置植草沟、渗透池等设施接纳地面径流；地区开发和改建时，宜保留天然可渗透性地面。

植草沟是指植被覆盖的开放式排水系统，一般呈梯形或浅碟形布置，深度较浅。植被一般为草皮。该系统能收集一定的径流量，具有输送功能。雨水径流进入植草沟后首先下渗而不是直接排入下游管道或受纳水体，是一种生态型的雨水收集、输送和净化系统。植草沟的设计参数应符合下列规定：

① 浅沟断面形式宜采用倒抛物线形、三角形或梯形；

② 植草沟的边坡坡度不宜大于 1:3；

③ 植草沟的纵坡不宜大于 4%；当植草沟的纵向坡度大于 4% 时，沿植草沟的横断面应设置节制堰；

④ 植草沟最大流速应小于 0.8m/s，粗糙系数宜为 0.2~0.3；

⑤ 植草沟内植被高度宜为 100~200mm。

渗透池可设置于广场、绿化物地下，或利用天然洼地，通过管渠接纳服务范围内的地面径流，使雨水滞留并渗入地下，超过渗透池滞留能力的雨水通过溢流管排入市政雨水管道，可削减服务范围内的径流量和径流峰值。

土质渗透性能较好时可采用渗透池，设计时可结合当地的土地规划状况，考虑建在地面或地下。当有一定可利用的土地面积，而且土壤渗透性能良好时，可采用地面渗透池。渗透池的容积的设计可大可小，也可几个小池综合使用，视地形条件而定。地面渗透池可采用季节性充水，如一个月中几次充水、一年中几次充水或春、夏季充水，秋、冬季干涸，水位变化很大，也可一年四季有水。在地面渗透池中宜种植景观水生植物，季节性池中所种植物应能抗涝又能抗旱，并视池中水位变化而定。常年存水池可种植耐水植物，还可作为野生动物栖息地，有利于改善城市生态环境。利用天然低洼地作地面渗透池是最佳的。若对池底再作一些简单处理，如铺设鹅卵石等透水性材料，其渗透性能将会大大提高。

当土地紧张时，可采用地下渗透池，实际上它是一种地下贮水装置，利用碎石空隙、穿孔管、渗透渠等贮存雨水。图 6-14 为各类地下渗透池示意，图 6-15 为利用底部透水渠

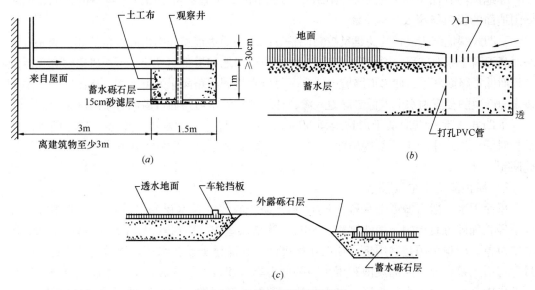

图 6-14 各类地下渗透池示意

（a）接纳屋面径流的地下渗透池；（b）路边的地下渗透池；（c）停车场下的渗透池

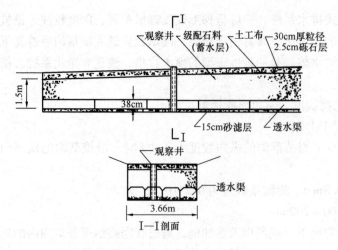

图 6-15 带有透水渠的渗透池

贮水的渗透池。

渗透管一般采用穿孔 PVC 管，或用透水材料制成。汇集的雨水通过透水性管渠进入四周的碎石层，再进一步向四周土壤渗透，碎石层具有一定的储水、调节作用。相对渗透池而言，渗透管沟占地较少，便于在城区及生活小区设置。当土壤渗透性良好时，可直接在地面上布渗透浅沟，即覆盖植被的渗透明渠。当采用渗透管渠进行雨水转输和临时贮存时，应符合下列规定：

① 渗透管渠宜采用穿孔塑料、无砂混凝土等透水材料；

② 渗透管渠开孔率宜为 1%～3%，无砂混凝土管的孔隙率应大于 20%；

③ 渗透管渠应设置预处理设施；

④ 地面雨水进入渗透管渠处、渗透管渠交汇处、转弯处和直线管段每隔一定距离处应设置渗透检查井；

⑤ 渗透管渠四周应填充砾石或其他多孔材料，砾石层外应包透水土工布，土工布搭接宽度不应小于 200mm。

渗透桩一般用于地区上层土壤渗透性不好，而下层土壤渗透性较好的情况。渗透桩是在地面上开挖比较深的坑，然后用渗透性较好的土壤将其填充，从而使雨水由此渗入地下。

绿地标高宜低于周围地面适当深度，形成下凹式绿地，可削减绿地本身的径流，同时周围地面的径流能流入绿地下渗。

下凹式绿地结构设计的关键是控制调整好绿地与周边道路和雨水溢流口的高程关系，即路面高程高于绿地高程，雨水溢流口设在绿地中或绿地和道路交界处，雨水口高程高于绿地高程而低于路面高程。如果道路坡度适合时可以直接利用路面作为溢流坎，从而使非绿地铺装表面产生的径流雨水汇入低势绿地入渗，待绿地蓄满水后再通过溢流口或道路溢流。

下凹式绿地标高应低于周边地面 50～250mm。过浅则蓄水能力不够；过深则导致植被长时间浸泡水中，影响某些植被正常生长。底部设排水沟的大型集中式下凹绿地可不受此限制。

3）屋顶集雨及屋顶绿化

屋面雨水一般占城区雨水资源量 65%，易于收集，且水质相对较好，一般稍加处理或不经处理即可直接用于冲洗厕所、洗衣、灌溉绿地或构造水景观，因而是城区雨水利用主要对象。屋顶集雨是利用房屋顶面作集雨面，在屋檐下设接水槽，然后由管道将雨水经过滤引入蓄水池。屋面集雨利用系统可分为单体建筑物的分散式系统和建筑群或居民小区的集中系统。由雨水汇集区、输水管系、截污弃流装置、贮存（地下水池或水箱）、净化系统（如过滤、消毒等）和配水系统等几部分组成。有时设有渗透设施，与蓄水池溢流管相连，当集雨量较多或降雨频繁时，部分雨水溢流渗透。

根据不同的渗透方式，雨水渗透实施可分为分散式和集中式两大类。常见雨水渗透设施的优缺点见表6-5。

常见雨水渗透设施的优缺点 表6-5

种类	渗透设施名称	优　点	缺　点
分散式	渗透检查井	占地面积和所需地下空间小，便于集中控制管理	净化能力低，水质要求高，不能含过多的悬浮固体，需要预处理
	渗透管	占地面积少，便于设置，可以与雨水管系结合使用，有调蓄能力	堵塞后难清洗恢复，不能利用表层土壤的净化功能，对预处理有较高要求
	渗透沟	施工简单，费用低，可利用表层土壤的净化功能	受地面条件限制
	渗透池	渗透和储水容量大，净化能力强，对水质和预处理要求低，管理方便，可有渗透、调节、净化、改善景观灯多重功能	占地面积大，在拥挤的城区应用受到限制，设计管理不当会水质恶化和滋生蚊蝇，干燥缺水地区，蒸发损失大
	透水地面	能利用表层土壤对雨水的净化能力，对预处理要求相对较低，技术简单，便于管理；城区有大量的地面，如停车场，步行道，广场等可以利用	渗透能力受土壤限制，需要较大的透水面积，无调蓄能力
	绿地渗透	透水性好，节省投资，可减少绿化用水并改善城市环境，对雨水中的一些污染物具有较强的截留和净化作用	渗透流量受土壤性质的限制，雨水中含有较多杂质和悬浮物，会影响绿地的质量和渗透性能
集中式	干式深井回灌	回灌容量大，可直接向地下深层回灌雨水	对地下水位，雨水水质有更高要求，在受污染的环境中有污染地下水的潜在威胁
	湿式深井回灌		

（2）雨水渗透设施设计

雨水渗透系统流程一般比较简单，主要包括截污或预处理措施、渗透设施和溢流设施。雨水渗透设施可以是一种或者多种的组合。雨水渗透方案的选择与规模确定主要根据工程项目的具体要求和现场条件。

根据雨水渗透目的的不同，大致可分为三种情况：一是以控制初期径流污染为主要目的；二是为减少雨水的流失，减小径流系数，增加雨水的下渗，但没有调蓄利用雨水量和控制峰值流量的严格要求；第三种则是以调蓄利用（补充地下水）或控制峰值流量为主要目标，要求达到一定的设计标准。

这三种情况下设计雨水渗透系统会有很大的不同。对第一种情况，主要是利用汇水面或水体附近的植被，设计植被浅沟、植被缓冲带或低势绿地，吸收净化雨水径流中的污染物，保证溢流和排水的通畅，一般不需要进行特别的水力和调蓄计算，对土质要求也较低；第二种情况有些类似，也是尽可能利用绿地或多采用透水性地面，对土壤的雨水渗透性有一定的要求，但对雨水渗透设施规模没有严格要求，或进行适当地调蓄和水力计算，保证溢流和排水的通畅；第三种情况则不同，首先根据暴雨设计标准确定需要调蓄的径流量或削减的峰值流量，确定当地土壤的渗透系数并符合设计要求，根据现场条件选择一种或多种适合的雨水渗透设施，通过水力计算确定雨水渗透设施的规模（渗透面积、长度、调蓄容量等），以实现调蓄利用和抑制峰流量的目标，同样也需要考虑超过设计标准的雨水径流的溢流排放。

目前渗透管沟的计算方法有多种，如图解法、经验法，均基于水量平衡原理，即对于某一设计降雨重现期、径流量、渗透设施的渗透量和贮存量三者之间应达平衡。经实例比较后认为使用图解法比较安全，但图解法较烦琐，在作图过程中还会有误差。

6.7 "海绵城市"概述

1. 概念

随着城市建设的发展，城市硬化面积飞速扩大，一方面导致严重影响排涝；近年来，许多城市都面临内涝频发、径流污染、雨水资源大量流失、生态环境破坏等诸多雨水问题，其中又以城市水问题最为突出，在城市建设中构建完善雨洪管理系统刻不容缓。

要解决城市雨水问题，是城市建设的一个系统工程。建设"海绵城市"就是系统地解决城市水安全、水资源、水环境问题，减少城市洪涝灾害，缓解城市水资源短缺问题，改善城市水质量和水环境，调节小气候、恢复生物多样性，使城市成人与自然和谐相处的生态环境。

"海绵城市"（The Sponge City）就是使城市像海绵一样，在适应环境变化和应对自然灾害等方面有良好的"弹性"，通过下雨时吸水、蓄水、渗水、净水，需要时将蓄存的水"释放"并加以利用，可实现"自然积存、自然渗透、自然净化"三大功能。让城市回归自然。"海绵城市"建设可有效地解决城市水安全、水污染、水短缺、生态退化等问题。海绵城市与国际上流行的城市雨洪管理理念与方法非常契合，如低影响开发（LID）、绿色雨水基础设施（GSI）及水敏感性城市设计（WSUD）等，都是将水资源可持续利用、良性水循环、内涝防治、水污染防治、生态友好等作为综合目标。德国、美国、日本和澳大利亚等国是较早开展雨水资源利用和管理的国家，经过几十年的发展，已取得了较为丰富的实践经验。

2. "海绵城市"的水文原理

传统的市政模式认为，雨水排得越多、越快、越通畅越好，这种"快排式"（见图6-16）的传统模式没有考虑水的循环利用。2014年我国99%的城市都是快排模式，雨

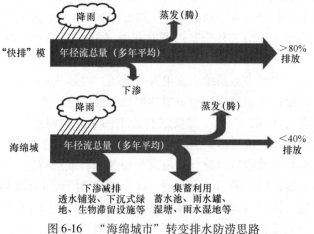

图6-16 "海绵城市"转变排水防涝思路

水落到硬化地面只能从管道里集中快排，且许多严重缺水的城市却让70%的雨水白白流失了。

"海绵城市"遵循"渗、滞、蓄、净、用、排"的六字方针，通过低影响措施及其系统组合有效减少地表水径流量，减轻暴雨对城市运行的影响，把雨水的渗透、滞留、集蓄、净化、循环使用和排水密切结合，统筹考虑内涝防治、径流污染控制、雨水资源化利用和水生态修复等多个目标。通过海绵城市的建设，可以实现开发前后径流量总量和峰值流量保持不变（图6-17），在渗透、调节、储存等诸方面的作用下，径流峰值的出现时间也可以基本保持不变。可以通过对源头削减、过程控制和末端处理来实现城市化前后水文特征的基本稳定。

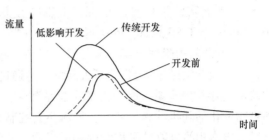

图6-17 "海绵城市"的水文原理

3. 我国"海绵城市"示范城市建设内容及控制指标

"海绵城市"建设的重点是构建"低影响开发雨水系统"，强调通过源头分散的小型控制设施，维持和保护场地自然水文功能，有效缓解城市不透水面积增加造成的洪峰流量增加、径流系数增大、面源污染负荷加重等城市问题。为了大力推进建设"海绵城市"，节约水资源，保护和改善城市生态环境，促进生态文明建设，国家出台了一系列的法规政策，如《城镇排水与污水处理条例》《国务院办公厅关于做好城市排水防涝设施建设工作的通知》、《国务院关于加强城市基础设施建设的意见》等，并与《城市排水工程规划规范》《室外排水设计标准》《绿色建筑评价标准》等国家标准有效衔接，住房和城乡建设部于2014年10月发布了《海绵城市建设技术指南——低影响开发雨水系统构建（试行)》（以下简称《指南》)。

海绵城市规划建设内容包括：建筑与小区、城市道路、城市绿地与广场、城市水系。在城市开发建设过程中，合理控制开发强度，减少对城市原有水生态环境的破坏。留足生态用地，适当开挖河湖沟渠，增加水域面积。此外，从建筑设计始，全面采用屋顶绿化、可渗透路面、人工湿地等促进雨水积存净化。

海绵城市以构建低影响开发雨水系统为目的，其规划控制目标一般包括径流总量控制、径流峰值控制、径流污染控制、雨水资源化利用等。

（1）径流总量控制目标。低影响开发雨水系统的径流总量控制一般采用年径流总量控制率作为控制目标。年径流总量控制率与设计降雨量为一一对应关系，及部分城市年径流总量控制率及其对应的设计降雨量。

《指南》对我国近200个城市1983～2012年日降雨量统计分析，将我国大陆地区大致分为五个区，即年径流总量控制率分区；并给出了各区年径流总量控制率 α 的最低和最高限值，即 I 区（85% ≤ α ≤ 90%）、Ⅱ区（80% ≤ α ≤ 85%）、Ⅲ区（75% ≤ α ≤ 85%）、Ⅳ区（70% ≤ α ≤ 85%）、Ⅴ区（60% ≤ α ≤ 85%）。

（2）径流峰值控制目标。径流峰值流量控制是低影响开发的控制目标之一。低影响开发设施受降雨频率与雨型、低影响开发设施建设与维护管理条件等因素的影响，一般对中、小降雨事件的峰值削减效果较好，对特大暴雨事件，虽仍可起到一定的错峰、延峰作用，但其峰值削减幅度往往较低。

（3）径流污染控制目标。径流污染控制是低影响开发雨水系统的控制目标之一，既要控制分流制径流污染物总量，也要控制合流制溢流的频次或污染物总量。污染物指标可采用悬浮物（SS）、化学需氧量（COD）、总氮（TN）、总磷（TP）等。

城市径流污染物中，SS 往往与其他污染物指标具有一定的相关性，因此，一般可采用 SS 作为径流污染物控制指标，低影响开发雨水系统的年 SS 总量去除率一般可达到 40% ~ 60%。年 SS 总量去除率可用式（6-14）进行计算：

年 SS 总量去除率 = 年径流总量控制率 × 低影响开发设施对 SS 的平均去除率　（6-14）

城市或开发区域年 SS 总量去除率，可通过不同区域、地块的年 SS 总量去除率经年径流总量（年均降雨量 × 综合雨量径流系数 × 汇水面积）加权平均计算得出。考虑到径流污染物变化的随机性和复杂性，径流污染控制目标一般也通过径流总量控制来实现，并结合径流雨水中污染物的平均浓度和低影响开发设施的污染物去除率确定。

（4）雨水资源化利用目标。海绵城市建设应鼓励开展雨水资源化利用，区域规划控制指标中，雨水资源化利用一般应作为径流总量控制目标的一部分。

各地应根据当地降雨特征、水文地质条件、径流污染状况、内涝风险控制要求和雨水资源化利用需求等，并结合当地水环境突出问题、经济合理性等因素，有所侧重地确定低影响开发径流控制目标。

4. "海绵城市"关键技术

低影响开发技术按主要功能一般可分为渗透、贮存、调节、转输、截污净化等几类。通过各类技术的组合应用，可实现径流总量控制、径流峰值控制、径流污染控制、雨水资源化利用等目标。实践中，应结合不同区域水文地质、水资源等特点及技术经济分析，按照因地制宜和经济高效的原则选择低影响开发技术及其组合系统。

各类低影响开发技术及设施，主要有：透水铺装、绿色屋顶、下沉式绿地、生物滞留设施、渗透塘、渗井、湿塘、雨水湿地、蓄水池、雨水罐、调节塘、调节池、植草沟、渗管/渠、植被缓冲带、初期雨水弃流设施、人工土壤渗滤等，详见《指南》。

5. "海绵城市"的一般计算

（1）容积法

低影响开发设施以径流总量和径流污染为控制目标进行设计时，设施具有的调蓄容积一般应满足"单位面积控制容积"的指标要求。设计调蓄容积一般采用容积法进行计算，如式（6-15）所示。

$$V = 10H\psi F \qquad\qquad (6\text{-}15)$$

式中　V——设计调蓄容积，m^3；

　　　H——设计降雨量，mm，参照《指南》附录 2；

　　　ψ——综合雨量径流系数，可参照《指南》表 4-3 进行加权平均计算；

　　　F——汇水面积，hm^2；

用于合流制排水系统的径流污染控制时，雨水调蓄池的有效容积可参照现行国家标准《室外排水设计标准》GB 50014 进行计算。

（2）流量法

植草沟等转输设施，其设计目标通常为排除一定设计重现期下的雨水流量，可通过推理公式来计算一定重现期下的雨水流量，如式（6-16）所示。

$$Q = \psi qF \tag{6-16}$$

式中　　Q——雨水设计流量，L/s；

ψ——流量径流系数，可参见《指南》表4-3；

q——设计暴雨强度，L/（s·hm²）；

F——汇水面积，hm²。

城市雨水管渠系统设计重现期的取值及雨水设计流量的计算等还应符合现行国家标准《室外排水设计标准》GB 50014 的有关规定。

（3）水量平衡法

水量平衡法主要用于湿塘、雨水湿地等设施储存容积的计算。设施储存容积应首先按照"容积法"进行计算，同时为保证设施正常运行（如保持设计常水位），再通过水量平衡法计算设施每月雨水补水水量、外排水量、水量差、水位变化等相关参数，最后通过经济分析确定设施设计容积的合理性并进行调整。

1）以渗透为主要功能的设施规模计算

对于生物滞留设施、渗透塘、渗井等顶部或结构内部有蓄水空间的渗透设施，设施规模应按照以下方法进行计算。对透水铺装等仅以原位下渗为主、顶部无蓄水空间的渗透设施，其基层及垫层空隙虽有一定的蓄水空间，但其蓄水能力受面层或基层渗透性能的影响很大，因此透水铺装可通过参与综合雨量径流系数计算的方式确定其规模。

2）渗透设施有效调蓄容积按式（6-17）进行计算：

$$V_s = V - W_p \tag{6-17}$$

式中　　V_s——渗透设施有效调蓄容积，包括设施顶部和结构内部蓄水空间容积，m³；

V——渗透设施进水量，m³，参照"容积法"计算；

W_p——渗透量，m³。

3）渗透设施渗透量按式（6-18）进行计算：

$$W_p = KJA_s t_s \tag{6-18}$$

式中　　W_p——渗透量，m³；

K——土壤（原土）渗透系数，m/s；

A_s——有效渗透面积，m²；

J——水力坡降，一般可取 $J = 1$；

t_s——渗透时间，s，指降雨过程中设施的渗透历时，一般可取2h。

渗透设施的有效渗透面积 A_s 应按下列要求确定：

水平渗透面按投影面积计算；竖直渗透面按有效水位高度的1/2计算；斜渗透面按有效水位高度的1/2所对应的斜面实际面积计算；地下渗透设施的顶面积不计。

4）以贮存为主要功能的设施规模计算

雨水罐、蓄水池、湿塘、雨水湿地等设施以贮存为主要功能时，其贮存容积应通过"容积法"及"水量平衡法"计算，并通过技术经济分析综合确定。

5）以调节为主要功能的设施规模计算

调节塘、调节池等调节设施，以及以径流峰值调节为目标进行设计的蓄水池、湿塘、雨水湿地等设施的容积应根据雨水管渠系统设计标准、下游雨水管道负荷（设计过流流量）及入流、出流流量过程线，经技术经济分析合理确定，调节设施容积按式（6-19）进行计算：

$$V = \mathrm{Max}\Big[\int_0^T (Q_{\mathrm{in}} - Q_{\mathrm{out}})\,\mathrm{d}t\Big]\qquad(6\text{-}19)$$

式中　V——调节设施容积，m^3；

　　Q_{in}——调节设施的入流流量，m^3/s；

　　Q_{out}——调节设施的出流流量，m^3/s；

　　t——计算步长，s；

　　T——计算降雨历时，s。

6）调蓄设施规模计算

具有储存和调节综合功能的湿塘、雨水湿地等多功能调蓄设施，其规模应综合储存设施和调节设施的规模计算方法进行计算。

7）以转输与截污净化为主要功能的设施规模计算

植草沟等转输设施的计算方法如下：根据总平面图布置植草沟并划分各段的汇水面积，根据现行国家标准《室外排水设计标准》GB 50014 确定排水设计重现期，参考"流量法"计算设计流量 Q，根据工程实际情况和植草沟设计参数取值，确定各设计参数。容积法弃流设施的弃流容积应按"（1）容积法"计算；绿色屋顶的规模计算参照透水铺装的规模计算方法；人工土壤渗滤的规模根据设计净化周期和渗滤介质的渗透性能确定；植被缓冲带规模根据场地空间条件确定。

6.8　城市黑臭水体治理概述

1. 概念

近二十年来，社会经济急速发展、城市建设和城镇人口急剧扩张，工业化和城镇化带来的工业废水、生活污水及城市径流携带污染物等大量排放到环境水体中，而与之配套的水污染控制与治理措施的滞后，部分污水往往未经处理或处理不达标就排入河道、湖泊等城市水体，导致河、湖水质日趋恶化，甚至出现季节性和常年性的水体黑臭现象，严重影响城市的环境质量。

2. 城市黑臭水体成因

黑臭水体（Urban black odor water governance）：是城市河流、湖库污染的表观性和感官性的极端现象之一，即呈现令人不悦的颜色和（或）散发令人不适气味。城市水体黑臭的污染物来源主要有：

（1）点源污染：排放口直排污废水、合流制管道雨季溢流、分流制雨水管道初期雨水或旱流水、非常规水源补水等。

（2）面源污染：降水所携带的污染负荷、城乡接合部地区分散式畜禽养殖废水污染等。

（3）内源污染：底泥污染、生物体污染、漂浮物、悬浮物、岸边垃圾、未清理的水生植物、水华藻类等。

（4）其他污染：城镇污水处理厂尾水超标、工业企业事故排放、秋季落叶等。

造成水体黑臭的原因很复杂，因具体的水体环境而各有不同，总体上主要可以分成三个方面：

（1）外源污染的进入。城市水体接受了超过其环境容量的、大量集中的有机物，有机污染物在分解过程中耗氧大于复氧，厌氧微生物大量繁殖，形成沉积物厌氧环境，使有机物厌氧降解，产生大量有臭气体如氨（NH_3）、甲烷（CH_4）、硫化氢（H_2S）等有挥发性异位的小分子化合物，有机物只要达到一定负荷水平对水体均有致黑作用，但只有含硫有机物才具有致臭作用。同时，以有机物为主的耗氧物质破坏了水体中铁与硫循环因而造成 Fe^{2+} 与 H_2S 大量累积，出现水体黑臭现象。

（2）内源污染的释放。污染物的进量减去出量即为库内原有污染物，再通过沉降吸附、生物作用、水体交换等，部分逐渐沉积在库底形成内源污染。内源沉积污染物在等特定条件下，易将蓄积的污染物重新释放至水体，降低水库水质，甲烷化、反硝化形成的气体逸出造成黑臭沉积物的扰动和上浮是水体黑臭的直接原因。

（3）环境因素。主要包括水体温度影响优势种群剧烈分解有机物、水动力条件影响水域或水层的复氧与亏氧、城市水体没有天然径流或者足够的生态水量、航运导致沉积物悬浮等。在相关微生物的作用下，生物化学反应如下：

$$含硫蛋白质 \longrightarrow 半胱氨酸 + H_2 \longrightarrow H_2S + NH_3 + CH_3CH_2COOH$$

$$SO_4^{2-} + 有机物 \longrightarrow H_2S + H_2O + CO_2$$

$$Fe(OH)_3Fe^{2+} \longrightarrow Fe + H_2S \longrightarrow FeS(黑色沉淀)$$

$$HCOOC(NH_2)HCH_2SH + 2H_2O \longrightarrow CH_3COOH + HCOOH + H_2S + NH_3$$

$$C_6H_{12}O_6 \longrightarrow 2CH_3COCOOH + 4H \longrightarrow 2CH_3CHOHCOOH$$

国内外的研究表明水体黑臭的形成机理是一致的，即好氧微生物氧化输入的大量有机污染物，内部供氧和耗氧严重失衡，水体转化成缺氧状态，厌氧细菌大量繁殖，有机物腐败、分解、发酵，使水体变黑、发臭。

3. 城市黑臭水体评价指标

城市黑臭水体分级的评价指标包括透明度、溶解氧（DO）、氧化还原电位（ORP）和氨氮（NH_3-N），分级标准见表6-6。

城市黑臭水体污染程度分级标准   表6-6

特征指标	单位	轻度黑臭	重度黑臭
透明度	cm	25 ~ 10*	< 10*
溶解氧	mg/L	0.2 ~ 2.0	< 0.2
氧化还原电位	mV	−200 ~ 50	< −200
氨氮	mg/L	8.0 ~ 15	> 15

* 水深不足25cm时，该指标按水深的40%取值。

4. 城市黑臭水体治理方法

城市黑臭水体是百姓反映强烈的水环境问题，不仅损害了城市人居环境，也严重影响城市形象。国务院颁布实施的《水污染防治行动计划》（"水十条"）明确，城市人民政府是整治城市黑臭水体的责任主体，由住房和城乡建设部牵头，会同环境保护部、水利部、农业部等部委 2015 年颁布《城市黑臭水体整治工作指南》，以指导地方落实并提出目标：2017 年年底前，地级及以上城市实现河面无大面积漂浮物，河岸无垃圾，无违法排污口，直辖市、省会城市、计划单列市建成区基本消除黑臭水体；2020 年年底前，地级以上城市建成区黑臭水体均控制在 10% 以内；到 2030 年，全国城市建成区黑臭水体总体得到消除。

整治技术选择：城市黑臭水体的整治应按照"控源截污、内源治理；活水循环、清水补给；水质净化、生态修复"的基本技术路线具体实施，其中控源截污和内源治理是选择其他技术类型的基础与前提。各地应结合黑臭水体污染源和环境条件调查结果，系统分析黑臭水体污染成因，合理确定水体整治和长效保持技术路线。

城市黑臭水体的治理措施，可采取"七字法"方法，即"截、引、净、减、调、养、测"。

截：切断点源污染产生的污水；

引：将点源污染与面源污染产生的污水通过对应手段引入湿地或生态岸带等功能体；

净：通过湿地、生态岸带以及其他净化功能体处理污染水体与降水，径流；

减：将水体中的有机质成分降低，淤泥减量；

调：调入新水体补入水道、湖体等；

养：整治内源污染，通过微生物复合菌进行水体营养结构恢复，稳定或重建生态系统和食物链结构；

测：数据检测与水体实时监测，应对突发状况，保证水体治理的数据精准。

黑臭水体整治方案应体现系统性、长效性，按照"山水林田湖草"生命共同体的理念，通过整治工程的全面实施，综合考虑城市生态功能的系统性修复。另外，需考虑对已黑臭水体本身的净化，原则上整治工程实施后的补水（含原黑臭水体）水质应满足本指南"无黑臭"的水质指标要求。选用清淤疏浚技术，应安全处理处置底泥，防止二次污染。

5. 城市黑臭水体整治技术

（1）控源截污技术（截污纳管）

适用范围：从源头控制污水向城市水体排放，主要用于城市水体沿岸污水排放口、分流制雨水管道初期雨水或旱流水排放口、合流制污水系统沿岸排放口等永久性工程治理。

技术要点：截污纳管是黑臭水体整治最直接有效的工程措施，也是采取其他技术措施的前提。通过沿河沿湖铺设污水截流管线，并合理设置提升（输运）泵房，将污水截流并纳入城市污水收集和处理系统。对老旧城区的雨污合流制管网，应沿河岸或湖岸布置溢流控制装置。无法沿河沿湖截流污染源的，可考虑就地处理等工程措施。严禁将城区截流的污水直接排入城市河流下游。实际应用中，应考虑溢流装置排出口和接纳水体水位的标高，并设置止回装置，防止暴雨时倒灌。

（2）面源控制

适用范围：主要用于城市初期雨水、冰雪融水、畜禽养殖污水、地表固体废弃物等污染源的控制与治理。

技术要点：可结合海绵城市的建设，采用各种低影响开发（LID）技术、初期雨水控制与净化技术、地表固体废弃物收集技术、土壤与绿化肥分流失控制技术，以及生态护岸与隔离（阻断）技术；畜禽养殖面源控制主要可采用粪尿分类、雨污分离、固体粪便堆肥处理利用、污水就地处理后农地回用等技术。

（3）内源治理技术

1）垃圾清理

适用范围：主要用于城市水体沿岸垃圾临时堆放点清理。

技术要点：城市水体沿岸垃圾清理是污染控制的重要措施，其中垃圾临时堆放点的清理属于一次性工程措施，应一次清理到位。

2）生物残体及漂浮物清理

适用范围：主要用于城市水体水生植物和岸带植物的季节性收割、季节性落叶及水面漂浮物的清理。

技术要点：水生植物、岸带植物和落叶等属于季节性的水体内源污染物，需在干枯腐烂前清理；水面漂浮物主要包括各种落叶、塑料袋、其他生活垃圾等，需要长期清捞维护。

3）清淤疏浚

适用范围：一般而言适用于所有黑臭水体，尤其是重度黑臭水体底泥污染物的清理，快速降低黑臭水体的内源污染负荷，避免其他治理措施实施后，底泥污染物向水体释放。

技术要点：包括机械清淤和水力清淤等方式，工程中需考虑城市水体原有黑臭水的存储和净化措施。清淤前，需做好底泥污染调查，明确疏浚范围和疏浚深度；根据当地气候和降雨特征，合理选择底泥清淤季节；清淤工作不得影响水生生物生长；清淤后回水水质应满足"无黑臭"的指标要求。

（4）生态修复技术

1）岸带修复

适用范围：主要用于已有硬化河岸（湖岸）的生态修复，属于城市水体污染治理的长效措施。

技术要点：采取植草沟、生态护岸、透水砖等形式，对原有硬化河岸（湖岸）进行改造，通过恢复岸线和水体的自然净化功能，强化水体的污染治理效果；需进行植物收割的，应选定合适的季节。

2）生态净化

适用范围：可广泛应用于城市水体水质的长效保持，通过生态系统的恢复与系统构建，持续去除水体污染物，改善生态环境和景观。

技术要点：主要采用人工湿地、生态浮岛、水生植物种植等技术方法，利用土壤－微生物－植物生态系统有效去除水体中的有机物、氮、磷等污染物；综合考虑水质净化、景观提升与植物的气候适应性，尽量采用净化效果好的本地物种，并关注其在水体中的空间布局与搭配；需进行植物收割的，应选定合适的季节。

3）人工增氧

适用范围：作为阶段性措施，主要适用于整治后城市水体的水质保持，具有水体复氧功能，可有效提升局部水体的溶解氧水平，并加大区域水体流动性。

技术要点：主要采用跌水、喷泉、射流，以及其他各类曝气形式有效提升水体的溶解氧水平；通过合理设计，实现人工增氧的同时，辅助提升水体流动性能；射流和喷泉的水柱喷射高度不宜超过1m，否则容易形成气溶胶或水雾，对周边环境造成一定的影响。

（5）其他治理措施

1）活水循环

适用范围：适用于城市缓流河道水体或坑塘区域的污染治理与水质保持，可有效提高水体的流动性。

技术要点：通过设置提升泵站、水系合理连通、利用风力或太阳能等方式，实现水体流动；非雨季时可利用水体周边的雨水泵站或雨水管道作为回水系统；应关注循环水出水口设置，以降低循环出水对河床或湖底的冲刷。

2）清水补给

适用范围：适用于城市缺水水体的水量补充，或滞流、缓流水体的水动力改善，可有效提高水体的流动性。

技术要点：利用城市再生水、城市雨洪水、清洁地表水等作为城市水体的补充水源，增加水体流动性和环境容量。充分发挥海绵城市建设的作用，强化城市降雨径流的滞蓄和净化；清洁地表水的开发和利用需关注水量的动态平衡，避免影响或破坏周边水体功能；再生水补水应采取适宜的深度净化措施，以满足补水水质要求。

3）就地处理

适用范围：适用于短期内无法实现截污纳管的污水排放口，以及无替换或补充水源的黑臭水体，通过选用适宜的污废水处理装置，对污废水和黑臭水体进行就地分散处理，高效去除水体中的污染物，也可用于突发性水体黑臭事件的应急处理。

技术要点：采用物理、化学或生化处理方法，选用占地面积小，简便易行，运行成本较低的装置，达到快速去除水中的污染物的目的；临时性治理措施需考虑后期绿化或道路恢复，长期治理措施需考虑与周边景观的有效融合。

（6）旁路治理

适用范围：主要适用于无法实现全面截污的重度黑臭水体，或无外源补水的封闭水体的水质净化，也可用于突发性水体黑臭事件的应急处理。

技术要点：在水体周边区域设置适宜的处理设施，从污染最严重的区段抽取河水，经处理设施净化后，排放至另一端，实现水体的净化和循环流动；临时性治理措施需考虑后期绿化或道路恢复，长期治理措施需考虑与周边景观的有效融合。

6.9　城市综合管廊

1. 概念

综合管廊（Underground Pipe Gallery），就是地下城市管道综合走廊。即在城市地下建造一个隧道空间，将电力、通信、燃气、供热、给水排水等各种工程管线集于一体，设有专门的检修口、吊装口和监测系统，实施统一规划、统一设计、统一建设和管理，是保障城市运行的重要基础设施和"生命线"。

地下综合管廊系统建设有显著的综合效益，地下综合管廊对满足民生基本需求和提高城市综合承载力发挥着重要作用，不仅解决城市交通拥堵问题，还极大地方便了电力、通信、燃气、供排水等市政设施的维护和检修。

1）共同沟建设避免由于敷设和维修地下管线频繁挖掘道路而对交通和居民出行造成影响和干扰，保持路容完整和美观。

2）降低了路面多次翻修的费用和工程管线的维修费用；保持了路面的完整性和各类管线的耐久性；便于各种管线的敷设、增减、维修和日常管理。

3）共同沟内管线布置紧凑合理，有效利用了道路下的空间，节约了城市用地。

4）减少了道路的杆柱及各种管线的检查井、室等，优美了城市的景观；架空管线一起入地，减少架空线与绿化的矛盾。

2. 综合管廊分类与设置条件

（1）综合管廊分类

综合管廊（图6-18）宜分为干线综合管廊、支线综合管廊及缆线管廊。

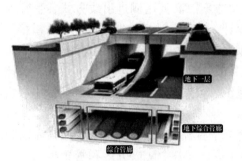

图6-18　综合管廊示意图

1）干线综合管廊：用于容纳城市主干工程管线采用独立分舱方式建设的综合管廊。

2）干支线综合管廊：用于容纳城市工程管线采用单舱或双舱方式建设的综合管廊。

3）干缆线管廊：采用浅埋沟道方式建设，设有可开启盖板但其内部空间不能满足人员正常通行要求，用于容纳电力电缆和通信线缆的管廊。

（2）综合管廊的设置条件

根据《城市工程管线综合规划规范》GB 50289—2016第2.3节有关规定，当遇到下列情况之一时，工程管线宜采用综合管廊集中敷设：

1）交通运输繁忙或工程管线设施较多的机动车道、城市主干道以及配合兴建地下铁道、立体交叉等工程地段。

2）不宜开挖路面的路段；道路宽度难以满足直埋敷设多种管线的路段。

3）广场或主要道路的交叉处；道路与铁路或河流的交叉处。

4）需同时敷设两种以上工程管线及多回路电缆的道路。

根据《电力工程电缆设计规范》GB 50217—2018第5.2.6条有关规定，当遇到下列情况时，电力电缆应采用电缆隧道或公用性隧道敷设：

1）同一通道的地下电缆数量众多，电缆沟不足以容纳时应采用隧道；

2）同一通道的地下电缆数量较多，且位于有腐蚀性液体或经常有地面水流溢的场所，或含有35kV以上高压电缆，或穿越公路、铁路等地段，宜用隧道；

3）受城镇地下通道条件限制或交通流量较大的道路，与较多电缆沿同一路径有非高温的水、气和通信电缆管道共同配置时，可在公用性隧道中敷设电缆。

3. 综合管廊附属设施

城市综合管廊工程附属设施，包括：消防系统、排水系统、通风系统、照明与供配电系统、监控与报警系统、标识系统等。

1）消防系统：分为防火系统和灭火系统，防火系统包含防火墙和防火门，灭火系统包含自动灭火系统和干粉灭火器设置。合理设置火灾报警系统。采用的阻燃材料、耐火材料的耐火极限应不小于3.0h，各个防火分区保留20m的间距。

2）排水系统：包含综合管廊排水沟、集水坑的设计，对集水坑的类型、设置位置和适用范围进行了相应的规定。

3）通风系统：包含通风设备选择、通风系统流程、通风量计算、通风形式选择、百叶窗面积计算、进排风口设置间距要求等。

4）照明与供配电系统：包含管廊系统的供电方案、高低压侧进出线方式、管廊内分区低压供配电设计、电气设备选择、照明系统设计、测量、计量及继电保护、防雷接地设计等。应在管廊内适当位置设置检修插座，容量大于15kW，间距不超过60m。

5）监控与报警系统：包含环境与设备监控系统、现场检测、安全防范系统、监控中心机房的设计、火灾自动报警系统、专用通信系统、天然气探测报警系统、监控中心机房和统一管理信息平台等系统设计。

6）标识系统：包含指示标识（包括自助交互平台标识）、管道标识（包括专业管道颜色标示、专业管道电子标识）、警示标识和禁止标识。各个防火分区和管廊出入口和安全通道处，应设置标识灯，间距不超过15m。

4. 综合管廊建设技术要点

（1）断面形式

矩形适合明开挖工程施工工程，圆形适合盾构法、顶管法等非开挖工程施工工程；马蹄形适合施工现场地质条件复杂，需要暗挖法施工的综合管廊。

支线管廊净高不小于1.9m；干线管廊净高不小于2.1m。主廊道检修宽度不小于2.2m；人行通道宽度应不小于1.0m。城市综合管廊与地下构筑物交叉重叠部的高度应大于1.5m。

（2）工程管线布置

给水、电力线路、通信线路可设置在同一舱室，但110kV及以上电力电缆与通信线缆不同侧布置；燃气管道应在独立舱室设置；热力和电缆不能在同一舱室布置；封闭式电缆通道中不能有任何易燃的液体和气体；在地形平坦地区，尽量避免布置重力管道入廊。

（3）对排水管道的要求

排水管道进入综合管廊应根据综合管廊综合规划确定，应因地制宜，充分考虑排水系统规划、道路地势等因素，合理布局，保证排水安全和综合管廊技术经济合理。综合管廊内的排水管道应优先选用内壁粗糙度小的管道，管道之间、管道与检查井之间的连接必须可靠，宜采用整体性连接；采用柔性连接时，应有抗拉脱稳定设施，且应设置避免温度应力对管道稳定性影响的设施。利用综合管廊结构本体排除雨水时，雨水舱室不应与其他舱室连通。排水管道和支户线入廊前、出廊后应就近设置检修闸门或闸槽。压力流管道进出管廊时，应在管廊外设置阀门。廊内排水管道检查井（口）设置可结合各地排水管道检修、疏通设施水平，适当加大检查井（口）设置的最小间距。

6.10　管道综合

城市工程管线综合规划的主要内容包括：确定城市工程管线在地下敷设时的排列顺序和工程管线间的最小水平净距、最小垂直净距；确定城市工程管线在地下敷设时的最小覆土深度；确定城市工程管线在架空敷设时管线及杆线的平面位置及周围建（构）筑物、道路、相邻工程管线间的最小水平净距和最小垂直净距。排水管道和其他地下管渠、建筑物、构筑物等相互间的位置。敷设和检修管道时，不应互相影响；排水管道损坏时，不应影响附近建筑物、构筑物的基础，不应污染生活饮用水。

（1）管道综合的平面敷设原则。满足各种管线相互间在平面位置上，竖向交叉上的最小间距。一是工程管线在道路下面规划位置宜相对固定。从道路红线向道路中心线方向平行布置的次序，应根据工程管线的性质、埋设深度等确定。分支线少、埋设深、检修周期短和可燃、易燃、损坏时对建筑物基础安全有影响的工程管线应远离建筑物。布置次序宜为：电力、通信、给水配水、燃气配气、热力、燃气输气、给水输水、再生水、污水、雨水。二是工程管线在庭院内建筑线向外方向平行布置的次序，应根据工程管线的性质和埋设深度确定，其布置次序宜为：电力、通信、污水、雨水、给水、燃气、热力、再生水。三是当工程管线交叉敷设时，管线自地表面向下的排列顺序宜为：通信、电力、燃气、热力、给水、再生水、雨水、污水。给水、再生水和排水管线应按自上而下的顺序敷设。

（2）管道综合的竖向敷设原则。当工程管线竖向位置发生矛盾时，宜按下列规定处理：压力管线让重力自流管线；可弯曲管线让不易弯曲管线；分支管线让主干管线；小管径管线让大管径管线。

（3）管道综合的安全敷设原则。污水管道、合流管道和生活给水管道相交时，应敷设在生活给水管道的下面或采取防护措施。再生水管道与生活给水管道、合流管道和污水管道相交时，应敷设在生活给水管道的下面，宜敷设在合流管道和污水管道的上面。

（4）排水管道与其他工程管线空间距离要求。排水管道和其他地下管线（构筑物）的水平和垂直的最小净距，应根据其类型、高程、施工先后和管线损坏后果等因素，按当地城市管道综合规划确定，并符合《室外排水设计标准》GB 50014—2021 附录 C 的规定。

7 排水管渠材料、接口、基础和排水管渠系统附属构筑物

7.1 排水管渠的断面形式

排水管渠的断面形式除必须满足静力学、水力学方面的要求外，还应经济和便于养护。在静力学方面，管道必须有较大的稳定性，在承受各种荷载时是稳定和坚固的。在水力学方面，管道断面应具有最大的排水能力，并在一定的流速下不产生沉淀物。在经济方面，管道单长造价应该是最低的。在养护方面，管道断面应便于冲洗和清通淤积。

最常用的管渠断面形式是圆形、半椭圆形、马蹄形、矩形、梯形和蛋形等，如图 7-1 所示。

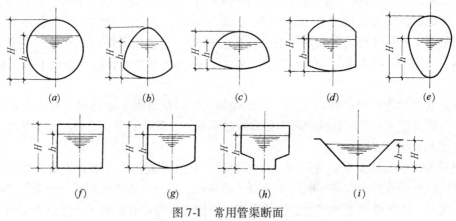

图 7-1　常用管渠断面
(a) 圆形；(b) 半椭圆形；(c) 马蹄形；(d) 拱顶矩形；(e) 蛋形；(f) 矩形；
(g) 弧形流槽的矩形；(h) 带低流槽的矩形；(i) 梯形

圆形断面有较好的水力学特性，在一定的坡度下，指定的断面面积具有最大的水力半径，因此流速大，流量也大。此外，圆形管便于预制，使用材料经济，对外压力的抵抗力较强，若挖土的形式与管道相称时，能获得较高的稳定性，在运输和施工养护方面也较方便。因此是最常用的一种断面形式。

半椭圆形断面在土压力和动荷载较大时，可以更好地分配管壁压力，因而可减小管壁厚度。在污水流量无大变化及管渠直径大于 2m 时，采用此种形式的断面较为合适。

马蹄形断面，其高度小于宽度。在地质条件较差或地形平坦，受受纳水体水位限制时，需要尽量减少管道埋深以降低造价，可采用此种形式的断面。又由于马蹄形断面的下部较大，对于排除流量无大变化的大流量污水，较为适宜。但马蹄形管的稳定性有赖于回填土的密实度，若回填土松软，两侧底部的管壁易产生裂缝。

蛋形断面由于底部较小，从理论上看，在小流量时可以维持较大的流速，因而可减少淤积，适用于污水流量变化较大的情况。但实际养护经验证明，这种断面的冲洗和清通工

作比较困难，加以制作和施工较复杂，现已很少使用。

矩形断面可以就地浇制或砌筑，并按需要将深度增加，以增大排水量。某些工业企业的污水管道、路面狭窄地区的排水管道以及排洪沟道常采用这种断面形式。不少地区在矩形断面的基础上，将渠道底部用细石混凝土或水泥砂浆做成弧形流槽，以改善水力条件。也可在矩形渠道内做低流槽。这种组合的矩形断面是为合流制管道设计的，晴天的污水在小矩形槽内流动，以保持一定的充满度和流速，使之能够免除或减轻淤积程度。

梯形断面适用于明渠，它的边坡决定于土壤性质和铺砌材料。

排水管渠的断面形状应符合下列要求：

排水管渠断面形状应根据设计流量、埋设深度、工程环境条件，同时结合当地施工、制管技术水平和经济养护管理要求综合确定，宜优先选用成品管。大型和特大型管渠的断面应方便维护、养护和管理。

7.2 常用排水管渠材料、接口和基础

7.2.1 常用排水管渠材料

排水管渠的材质、管渠构造、管渠基础、管道接口，应根据排水水质、水温、冰冻情况、断面尺寸、管内外所受压力、土质、地下水位、地下水侵蚀性、施工条件及对养护工具的适应性等因素，进行选择和设计。

（1）对管渠材料的要求

排水管渠必须具有足够的强度，以承受外部的荷载和内部的水压，外部荷载包括土壤的重量（静荷载），以及由于车辆通行所造成的动荷载。压力管及倒虹管一般要考虑内部水压。自流管道发生检查井内充水时，也可能引起内部水压。此外，为了保证排水管道在运输和施工中不致破裂，也必须使管道具有足够的强度。

排水管渠不仅应能承受污水中杂质的冲刷和磨损，而且应具有抗腐蚀的性能，以免在污水或地下水（或酸、碱）的侵蚀作用下受到损坏。输送腐蚀性污水的管渠必须采用耐腐蚀材料，其接口及附属构筑物必须采取相应的防腐蚀措施。因此，污水管道、合流污水管道和附属构筑物应保证其严密性，应进行闭水试验，防止污水外渗和地下水入渗；且雨水管道系统和合流管道之间不得设置连通管道。

排水管渠必须不透水，以防止污水渗出或地下水渗入。因为污水从管渠渗出至土壤，将污染地下水或邻近水体，或者破坏管道及附近房屋的基础。地下水渗入管渠，不但降低管渠的排水能力，而且将增大污水泵站及处理构筑物的负荷。

排水管渠的内壁应整齐光滑，以减小水流阻力。当输送易造成管渠内沉析的污水时，管道断面形式应考虑维护检修的方便。

排水管渠应就地取材，并考虑预制管件及快速施工的可能，以便尽量降低管渠的造价和运输及施工费用。

（2）常用排水管渠材料

1）混凝土管和钢筋混凝土管

按外压荷载分级，混凝土管分为Ⅰ、Ⅱ两级；钢筋混凝土管分为Ⅰ、Ⅱ、Ⅲ三级。混

凝土管和钢筋混凝土管的规格、外压荷载和内水压力检验指标分别参见表7-1、表7-2。管口如图7-2所示。

　　混凝土管的管径一般小于600mm，长度多为1m，适用于管径较小的无压管。当管道埋深较大或敷设在土质条件不良地段，为抗外压，管径大于400mm时，通常都采用钢筋混凝土管。轻型钢筋混凝土和重型钢筋混凝土排水管的技术条件及标准规格分别见表7-1～表7-3。

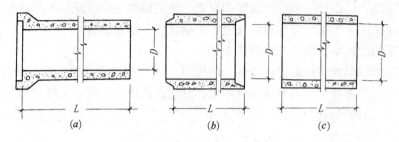

图7-2　混凝土管和钢筋混凝土管
(a) 承插式；(b) 企口式；(c) 平口式

混凝土管规格、外压荷载和内水压力检验指标　　　　　　　　　表 7-1

公称内径 D_0（mm）	有效长度 L（mm）≥	Ⅰ级管			Ⅱ级管		
		壁厚 t(mm) ≥	破坏荷载（kN/m）	内水压力（MPa）	壁厚 t(mm) ≥	破坏荷载（kN/m）	内水压力（MPa）
100		19	12		25	19	
150		19	8		25	14	
200		22	8		27	12	
250		25	9		33	15	
300		30	10		40	18	
350	1000	35	12	0.02	45	19	0.04
400		40	14		47	19	
450		45	16		50	19	
500		50	17		55	21	
600		60	21		65	24	

注：参考《混凝土和钢筋混凝土管》GB/T 11836—2009。

钢筋混凝土管规格、外压荷载和内水压力检验指标　　　　　　　　表 7-2

公称内径 D_0（mm）	有效长度 L（mm）≥	Ⅰ级管				Ⅱ级管				Ⅲ级管			
		壁厚 t（mm）≥	裂缝荷载（kN/m）	破坏荷载（kN/m）	内水压力（MPa）	壁厚 t（mm）≥	裂缝荷载（kN/m）	破坏荷载（kN/m）	内水压力（MPa）	壁厚 t（mm）≥	裂缝荷载（kN/m）	破坏荷载（kN/m）	内水压力（MPa）
200		30	12	18		30	15	23		30	19	29	
300		30	15	23		30	19	29		30	27	41	
400		40	17	26		40	27	41		40	35	53	
500		50	21	32		50	32	48		50	44	68	
600	2000	55	25	38	0.06	60	40	60	0.10	60	53	80	0.10
700		60	28	42		70	47	71		70	62	93	
800		70	33	50		80	54	81		80	71	107	
900		75	37	56		90	61	92		90	80	120	
1000		85	40	60		100	69	100		100	89	134	

公称内径 D_0 (mm)	有效长度 L (mm) ≥	I 级管				II 级管				III 级管			
		壁厚 t (mm) ≥	裂缝荷载 (kN/m) ≥	破坏荷载 (kN/m)	内水压力 (MPa)	壁厚 t (mm) ≥	裂缝荷载 (kN/m)	破坏荷载 (kN/m)	内水压力 (MPa)	壁厚 t (mm) ≥	裂缝荷载 (kN/m)	破坏荷载 (kN/m)	内水压力 (MPa)
1100		95	44	66		110	74	110		110	98	147	
1200		100	48	72		120	81	120		120	107	161	
1350		115	55	83		135	90	135		135	122	183	
1400		117	57	86		140	93	140		140	126	189	
1500		125	60	90		150	99	150		150	135	203	
1600		135	64	96		160	106	159		160	144	216	
1650		140	66	99		165	110	170		165	148	222	
1800	2000	150	72	110	0.06	180	120	180	0.10	180	162	243	0.10
2000		170	80	120		200	134	200		200	181	272	
2200		185	84	130		220	145	220		220	199	299	
2400		200	90	140		230	152	230		230	217	326	
2600		220	104	156		235	172	260		235	235	353	
2800		235	112	168		255	185	280		255	254	381	
3000		250	120	180		275	198	300		275	273	410	
3200		265	128	192		290	211	317		290	292	438	
3500		290	140	210		320	231	347		320	321	482	

注：参考《混凝土和钢筋混凝土管》GB/T 11836—2009。

重型钢筋混凝土排水管技术条件及标准规格 表 7-3

公称内径 (mm)	管体尺寸 (mm)		套环 (mm)			外压试验 (kg/m)		
	最小管长	最小壁厚	填缝宽度	最小壁厚	最小管长	安全荷载	裂缝荷载	破坏荷载
300	2000	58	15	58	150	3400	3600	4000
350	2000	60	15	60	150	3400	3600	4400
400	2000	65	15	65	150	3400	3800	4900
450	2000	67	15	67	200	3400	4000	5200
550	2000	75	15	75	200	3400	4200	6100
650	2000	80	15	80	200	3400	4300	6300
750	2000	90	15	90	200	3600	5000	8200
850	2000	95	15	95	200	3600	5500	9100
950	2000	100	18	100	250	3600	6100	11200
1050	2000	110	18	110	250	4000	6600	12100
1300	2000	125	18	125	250	4100	8400	13200
1550	2000	175	18	175	250	6700	10400	18700

　　混凝土管和钢筋混凝土管便于就地取材，制造方便，而且可根据抗压的不同要求，制成无压管、低压管、预应力管等，所以在排水管道系统中得到了普遍应用。混凝土管和钢筋混凝土管除用作一般自流排水管道外，钢筋混凝土管及预应力钢筋混凝土管亦可用作泵站的压力管及倒虹管。它们的主要缺点是抗酸、碱浸蚀及抗渗性能较差、管节短、接头多、施工复杂。在抗震设防烈度大于 8 度的地区及饱和松砂、淤泥土、冲填土、杂填土的地区不宜采用。此外，大管径管的自重大，搬运不便。根据《建设部推广应用和限制禁止使用技术》，管径小于或等于 500mm 的平口、企口混凝土排水管不得用于城镇市政污

水、雨水管道系统。

2）金属管

常用的金属管有铸铁管及钢管。室外重力流排水管道很少采用金属管，只有当排水管道承受高内压、高外压或对渗漏要求特别高的地方，如排水泵站的进出水管、穿越铁路、河道的倒虹管或靠近给水管道和房屋基础时，才采用金属管。在抗震设防烈度大于8度或地下水位高，流砂严重的地区也采用金属管。

金属管质地坚固，抗压、抗震、抗渗性能好；内壁光滑，水流阻力小；管子每节长度大，接头少。但价格昂贵，钢管抗酸碱腐蚀及地下水浸蚀的能力差。因此，在采用钢管时必须涂刷耐腐涂料并注意绝缘。

3）浆砌石或钢筋混凝土渠道

排水管道的预制管管径一般小于2m，实际上当管道设计断面大于1.5m时，通常就在现场建造大型排水渠道。建造大型排水渠道常用的建筑材料有石、混凝土块、钢筋混凝土块和钢筋混凝土等。采用钢筋混凝土时，要在施工现场支模浇制，采用其他几种材料时，在施工现场主要是铺砌或安装。在多数情况下，建造大型排水渠道，常采用两种以上材料。

渠道的上部称渠顶，下部称渠底，常和基础做在一起，两壁称渠身。图7-3为矩形大型排水渠道，由混凝土和砖两种材料建成。基础用C15混凝土浇筑，渠身用M7.5水泥砂浆砌条石，渠顶采用钢筋混凝土盖板。这种渠道的跨度可达3m，施工也较方便。

条石砌渠道。常用的断面形式有矩形、圆形、半椭圆形等。可用条石或特制的楔形条石砌筑。当条石的质地良好时，砖砌渠道能抵抗污水或地下水的腐蚀，耐久性好。因此能用于排泄有腐蚀性的废水。

在石料丰富的地区，常采用条石、方石或毛石砌筑渠道。通常将渠顶砌成拱形，渠底和渠身扁光、勾缝，以使水力性能良好。图7-4为条石砌筑的合流制排水渠道。

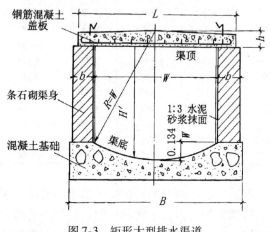

图7-3　矩形大型排水渠道

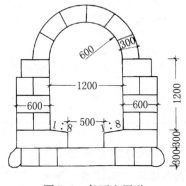

图7-4　条石砌渠道

图7-5及图7-6为采用预制混凝土砌筑的装配式渠道。装配式渠道预制块材料一般用混凝土或钢筋混凝土，也可用砖砌。为了增强渠道结构的整体性、减少渗漏的可能性以及加快施工进度，在设备条件许可的情况下应尽量加大预制块的尺寸。渠道的底部在施工现场用混凝土浇制。

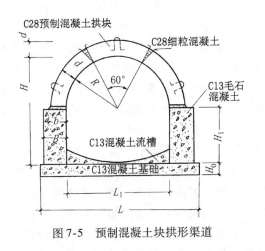

图 7-5 预制混凝土块拱形渠道

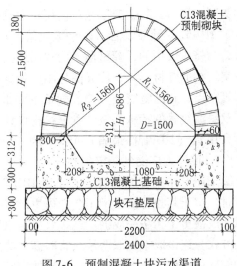

图 7-6 预制混凝土块污水渠道

4）新型排水管材

随着我国国民经济的发展，市政建设的规模也在不断扩大。传统的排水管材由于其本身固有的一些缺点，已经难以适应城市快速发展的需要，因此，近年来出现了许多新型塑料排水管材。这些管材无论是性能还是施工难易程度都优于传统管材，一般具有以下特性：强度高，抗压耐冲击；内壁平滑，摩阻低，过流量大；耐腐蚀，无毒无污染；连接方便，接头密封好，无渗漏；重量轻，施工快，费用低；埋地使用寿命达50年以上。

根据原建设部《关于发布化学建材技术与产品的公告》，应用于排水的新型管材主要是塑料管材，其主要品种包括：聚氯乙烯管（PVC–U）、聚氯乙烯芯层发泡管（PVC–U）、聚氯乙烯双壁波纹管（PVC–U）、玻璃钢夹砂管（RPMP）、塑料螺旋缠绕管（HDPE、PVC–U）、聚氯乙烯径向加筋管（PVC–U）等。

市场上出现的大口径新型排水管管材根据材质的不同，大致可以分为玻璃钢管，以高密度聚乙烯为原料的 HDPE 管以及以聚氯乙烯为原料的 PVC–U 管。由于 PVC–U 在熔融挤出时的流动性很差、热稳定性也差，生产大口径管材相当困难，大口径聚氯乙烯管的连接也困难，目前国内生产的 PVC–U 排水管管径绝大部分在 DN600 以下，比较适合在小区等排水管管径不大的地区使用，而不适合在市政排水管网（管径较大）中使用。市政工程使用的主要是玻璃钢管和 HDPE 管。

玻璃钢纤维缠绕增强热固性树脂管，简称玻璃钢管，是一种新型的复合管材，它主要以树脂为基体、以玻璃纤维作为增强材料制成的，具有优异的耐腐蚀性能、轻质高强、输送流量大、安装方便、工期短和综合投资低等优点，广泛应用于化工企业腐蚀性介质输送以及城市给水排水工程等诸多领域。随着玻璃钢管的普及应用，又出现了夹砂玻璃钢管（RPMP 管），这种管道从性能上提高了管材刚度，降低了成本，一般采用具有两道"O"形密封圈的承插式接口。安装方便、可靠、密封性、耐腐蚀性好，接头可在小角度范围内任意调整管线方向。

HDPE 管是一种具有环状波纹结构外壁和平滑内壁的新型塑料管材，由于管道规格不同，管壁结构也有差别。根据管壁结构的不同，HDPE 管可分为双壁波纹管和缠绕增强管两种类型。目前，其生产工艺和使用技术已十分成熟，在实践中得到了推广和应用。

① HDPE 双壁波纹管　双壁波纹管是由 HDPE 同时挤出的波纹外壁和一层光滑内壁一次熔结挤压成型的，管壁截面为双层结构，其内壁光滑平整，外壁为等距排列的具有梯形中空结构的管材。具有优异的环刚度和良好的强度与韧性，重量轻、耐冲击性强、不易破损等特点，且运输安装方便。管道主要采用橡胶圈承插连接（也可采用热缩带连接）。由于双壁波纹管的特殊的波纹管壁结构设计，使得该管在同样直径和达到同样环刚度的条件下，用料（HDPE）最省。但受到生产工艺限制，目前国内能生产的最大口径只有 $DN1200$，使其推广受到一定限制。

② HDPE 中空壁缠绕管　它是以 HDPE 为原料生产矩形管坯，经缠绕焊接成型的一种管材。由于其独特的成型工艺，可生产口径达 3000mm 的大口径管，这是其他生产工艺难以完成甚至于无法完成的。此种管材与双壁波纹管在性能上基本一致，主要采用热熔带连接方式，连接成本较双壁波纹管略高。此外，该种管材的一个主要缺点是在同样直径和达到同样环刚度下，一般比直接挤出的双壁波纹管耗材更多，因此，其生产成本较高。

③ 金属内增强聚乙烯（HDPE）螺旋波纹管　它是以聚乙烯为主要原料，经过特殊的挤出缠绕成型工艺加工而成的结构壁管，产品由内层为 PE 层、中间为经涂塑处理的金属钢带层、外层为 PE 层的三层结构构成。经涂塑处理的钢带与内、外聚乙烯层在熔融状态下复合，使其有机地融为一体，既提高了管材的强度，又解决了钢带外露易腐蚀的问题。管径从 $DN700 \sim DN2000$。其连接方式主要有：焊接连接、卡箍连接和热收缩套接（适用于 $DN1200$ 以下）。该管的最大优势在于可以达到其他塑料管材不能达到的环刚度（可达 $16kN/m^2$），同时造价相对低廉。

（3）管渠材料的选择

管渠材料的选择，对排水系统的造价影响很大。选择排水管渠材料时，应综合考虑技术、经济及其他方面的因素。

根据排除的污水性质：当排除生活污水及中性或弱碱性（pH = 8 ~ 10）的工业废水时，上述各种管材都能使用。当生活污水管道和合流污水管道采用混凝土或钢筋混凝土管时，由于管道运行时沉积的污泥会析出硫化氢，而使管道可能受到腐蚀。为减轻腐蚀损害，可以在管道内加专门的衬层。这种衬层大多由沥青、煤焦油或环氧树脂涂制而成。排除碱性（pH > 10）的工业废水时可用铸铁管或砖渠，也可在钢筋混凝土渠内涂塑料衬层。排除弱酸性（pH = 5 ~ 6）的工业废水可用陶土管或砖渠；排除强酸性（pH < 5）的工业废水应采用耐酸陶土管及耐酸水泥砌筑的砖渠，亦可用内壁涂有塑料或环氧树脂衬层的钢筋混凝土管、渠。排除雨水时通常都采用钢筋混凝土管、渠或用浆砌砖、石的大型渠道。

根据管道受压、管道埋设地点及土质条件：压力管段（泵站压力管、倒虹管）一般都采用金属管、钢筋混凝土管或预应力钢筋混凝土管。在地震区、施工条件较差的地区（地下水位高、有流砂等）以及穿越铁路等，亦宜采用金属管。而在一般地区的重力流管道常采用陶土管、混凝土管、钢筋混凝土管和塑料排水管。

埋地塑料排水管可采用硬聚氯乙烯管、聚乙烯管和玻璃纤维增强塑料夹砂管。

埋地塑料排水管的使用，应满足以下规定：

1）根据工程条件、材料力学性能和回填土材料的压实度，按环刚度复核覆土深度；

2）设置在机动车道下的埋地塑料排水管道，不应影响道路质量。

总之，选择管渠材料时，在满足技术要求的前提下，应尽可能就地取材，采用当地易于自制、便于供应和运输方便的材料，以使运输及施工总费用降至最低。

7.2.2 排水管渠接口及基础

（1）排水管渠接口

排水管道的不透水性和耐久性，在很大程度上取决于敷设管道时接口的质量，管道接口应具有足够的强度、不透水、能抵抗污水或地下水的浸蚀并有一定的弹性。根据接口的弹性，一般分为柔性、刚性和半柔半刚性三种接口形式。管道的接口应根据管道材质、地质条件和排水的性质，如污水及合流管道应采用柔性接口；当管道穿过粉砂、细砂层并在最高地下水位以下，或在抗震设防烈度为 7 度及以上设防区时，应采用柔性接口。

柔性接口允许管道纵向轴线交错 3 ～ 5mm 或交错一个较小的角度，而不致引起渗漏。常用的柔性接口有沥青卷材及橡皮圈接口。沥青卷材接口用在无地下水、地基软硬不一、沿管道轴向沉陷不均匀的无压管道上。橡胶圈接口使用范围更广，特别是在地震区，对管道抗震有显著作用。柔性接口施工复杂，造价较高，但在地震区采用有独特的优点。

当矩形钢筋混凝土箱涵敷设在软土地基或不均匀地层上时，宜采用钢带橡胶止水圈结合上下企口式接口形式。

刚性接口不允许管道有轴向的交错。但比柔性接口施工简单、造价较低，因此采用较广泛。常用的刚性接口有水泥砂浆抹带接口、钢丝网水泥砂浆抹带接口。刚性接口抗震性能差，用在地基较好，有带形基础的无压管道上。

半柔半刚性接口介于上述两种接口形式之间。使用条件与柔性接口类似。常用的是预制套环石棉水泥接口。

下面介绍几种常用的接口方法：

1）水泥砂浆抹带接口，属刚性接口，如图 7-7 所示。在管子接口处用 1:（2.5 ～ 3）水泥砂浆抹成半椭圆形或其他形状的砂浆带，带宽 120 ～ 150mm。一般适用于地基土质较好的雨水管道。企口管、平口管、承插管均可采用此种接口。

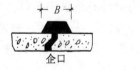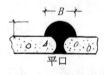

企口　　　　　　　平口　　　　　　　承插口

图 7-7　水泥砂浆抹带接口

2）钢丝网水泥砂浆抹带接口，也属于刚性接口，如图 7-8 所示。将抹带范围的管外壁凿毛，抹 15mm 厚 1:2.5 水泥砂浆，中间采用 20 号 10×10 钢丝网一层，两端插入基础混凝土中，上面再抹 10mm 厚砂浆一层。适用于地基土质较好的具有带形基础的雨水管道。

3）石棉沥青卷材接口，属柔性接口，如图 7-9 所示。石棉沥青卷材为工厂加工，沥青玛琋脂重量配比为沥青:石棉:细砂 = 7.5:1:1.5。先将接口处管壁刷净烤干，涂上冷底子油一层，再刷沥青玛琋脂厚 3mm，再包上石棉沥青卷材，再涂 3mm 厚的沥青砂玛琋脂，称为"三层做法"。若再加卷材和沥青砂玛琋脂各一层，就称为"五层做法"。一般适用于地基沿管道轴向不均匀沉陷地区。

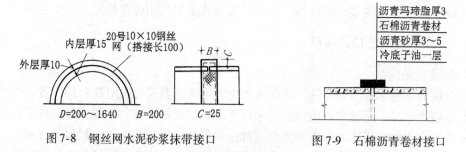

图 7-8　钢丝网水泥砂浆抹带接口

图 7-9　石棉沥青卷材接口

4）橡胶圈接口，属柔性接口，如图 7-10 所示。接口结构简单，施工方便。适用于施工地段土质较差，地基硬度不均匀，或地震地区。

5）预制套环石棉水泥（或沥青砂）接口，属于半刚半柔接口，如图 7-11 所示。石棉水泥重量比为水：石棉：水泥 = 1：3：7（沥青砂配比为沥青：石棉：砂 = 1：0.67：0.67）。适用于地基不均匀地段，或地基经过处理后管道可能产生不均匀沉陷且位于地下水位以下，内压低于 10m 的管道。

6）塑料管道的接口

不同的塑料管采用不同的连接方式，最常用的连接方式包括：单密封圈承插连接、双密封圈承插连接、套管承插粘接、螺纹连接、胶粘剂承插连接、电热熔带连接等。

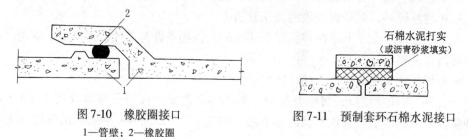

图 7-10　橡胶圈接口
1—管壁；2—橡胶圈

图 7-11　预制套环石棉水泥接口

7）顶管施工常用的接口形式：① 混凝土（或铸铁）内套环石棉水泥接口，如图 7-12 所示。一般只用于污水管道；② 沥青油毡、石棉水泥接口，如图 7-13 所示。麻辫（或塑料圈）石棉水泥接口，如图 7-14 所示。一般只用于雨水管道。采用铸铁管的排水管道，常用的接口做法有承插式铸铁管油麻石棉水泥接口，如图 7-15 所示。

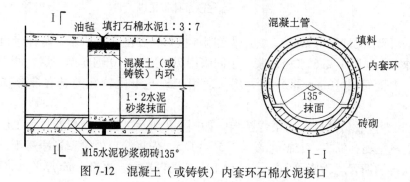

图 7-12　混凝土（或铸铁）内套环石棉水泥接口

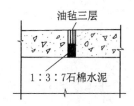

图 7-13　沥青油毡、石棉水泥接口　　　图 7-14　麻辫（或塑料圈）石棉水泥接口

除上述常用的管道接口外，在化工、石油、冶金等工业的酸性废水管道上，需要采用耐酸的接口材料。目前有些单位研制了防腐蚀接口材料——环氧树脂浸石棉绳，使用效果良好。也有试用玻璃布和煤焦油、高分子材料配制的柔性接口材料等。这些接口材料尚未广泛采用。

（2）排水管道的基础

排水管道的基础一般由地基、基础和管座三部分组成，如图 7-16 所示，地基是指沟槽底的土壤部分。它承受管道和基础的重量、管内水重、管上土压力和地面上的荷载。基础是指管道与地基间经人工处理或专门建造的设施，其作用是使管道较为集中的荷载均匀分布，以减少对地基单位面积的压力，如原土夯实、混凝土基础等。管座是管子下侧与基础之间的部分，设置管座的目的在于使管子与基础连成一个整体，以减少对地基的压力和对管道的反力。管座包角的中心角（φ）越大，基础所受的单位面积的压力和地基对管子作用的单位面积的反力越小。

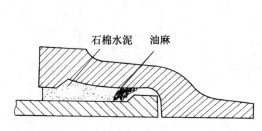
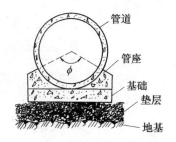

图 7-15　承插式铸铁管油麻石棉水泥接口　　图 7-16　管道基础断面

为保证排水管道系统能安全正常运行，管道的地基与基础要有足够的承受荷载的能力和可靠的稳定性。否则排水管道可能产生不均匀沉陷，造成管道错口、断裂、渗漏等现象，导致对附近地下水的污染，甚至影响附近建筑物的基础。一般应根据管道本身情况及其外部荷载的情况、覆土的厚度、土壤的性质合理地选择管道基础。因此，管道基础应根据管道材质、接口形式和地基条件确定。对地基松软或不均匀沉降地段，管道基础应采取加固措施。

目前常用的管道基础有三种：

1）砂土基础

砂土基础包括弧形素土基础及砂垫层基础，如图 7-17 所示。

弧形素土基础是在原土上挖一弧形管槽（通常采用90°弧形），管子落在弧形管槽内。这种基础适用于无地下水、原土能挖成弧形的干燥土壤；管道直径小于 600mm 的混凝土管，钢筋混凝土管；管顶覆土厚度在 0.7～2.0m 的街坊污水管道。不在车行道下的次要管道及临时性管道。

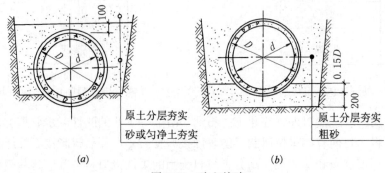

图 7-17 砂土基础

（a）弧形素土基础；（b）砂垫层基础

砂垫层基础是在挖好的弧形管槽上，用带棱角的粗砂填 10～15cm 厚的砂垫层，这种基础适用于无地下水，岩石或多石土壤，管道直径小于 600mm 的混凝土管、钢筋混凝土管，管顶覆土厚度 0.7～2m 的排水管道。

2）混凝土枕基

混凝土枕基是只在管道接口处才设置的管道局部基础，如图 7-18 所示。通常在管道接口下用 C8 混凝土做成枕状垫块。此种基础适用于干燥土壤中的雨水管道及不太重要的污水支管。常与素土基础或砂填层基础同时使用。

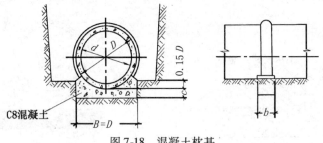

图 7-18 混凝土枕基

3）混凝土带形基础

混凝土带形基础是沿管道全长铺设的基础。按管座的形式不同分为 90°、135°、180° 三种管座基础，如图 7-19 所示。这种基础适用于各种潮湿土壤以及地基软硬不均匀的排水管道，管径为 200～2000mm。无地下水时在槽底老土上直接浇筑混凝土基础；有地下水时常在槽底铺 10～15cm 厚的卵石或碎石垫层，然后在其上浇筑混凝土基础，一般采用强度等级为 C8 的混凝土。当管顶覆土厚度在 0.7～2.5m 时采用 90° 管座基础；覆土厚度为 2.6～4m 时采用 135° 基础；覆土厚度在 4.1～6m 时采用 180° 基础。在地震区，土质特别松软，不均匀沉陷严重地段，最好采用钢筋混凝土带形基础。对地基松软或不均匀沉降地段，为增强管道强度，保证使用效果，可对基础或地基采取加固措施，并采用柔性接口。

4）塑料排水管基础

埋地塑料排水管不应采用刚性基础。塑料管应直线敷设，当遇到特殊情况，需要折线敷设时，应采用柔性连接，其允许偏转角应满足要求。

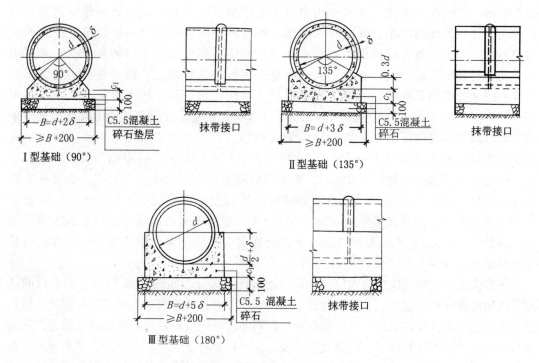

图 7-19 混凝土带形基础

7.3 排水管渠系统上的附属构筑物

为了排除污水，除管渠本身外，还需在管渠系统上设置某些附属构筑物，这些构筑物包括雨水口、连接暗井、截流井、检查井、跌水井、水封井、倒虹管、冲洗井、防潮门、出水口等。本节将叙述这些构筑物的作用及构造。泵站是排水系统上常见的建筑物，将在第 9 章阐述。

管渠系统上的构筑物，有些数量很多，它们在管渠系统的总造价中占有相当的比例。例如，为便于管渠的维护管理，通常都应设置检查井，对于污水管道，一般每 50m 左右设置一个，这样，每公里污水管道上的检查井就有 20 个。因此，如何使这些构筑物建造得合理，并能充分发挥其作用，是排水管渠系统设计和施工中的重要任务之一。

7.3.1 雨水口、沉泥井、连接暗井

雨水口是在雨水管渠或合流管渠上收集雨水的构筑物。街道路面上的雨水首先经雨水口通过连接管流入排水管渠。

雨水口的形式、数量和布置，应按汇水面积所产生的流量、雨水口的泄水能力和道路形式确定。雨水口的设置位置，应能保证迅速有效地收集地面雨水。一般应在交叉路口、路侧边沟的一定距离处以及设有道路边石的低洼地方设置，以防止雨水漫过道路或造成道路及低洼地区积水而妨碍交通。雨水口在交叉路口的布置详见第 4 章。雨水口的形式和数量，通常应按汇水面积所产生的径流量和雨水口的泄水能力确定。雨水口的形式主要有立算式和平算式两类。平算式雨水口水流通畅，但暴雨时易被树枝等

杂物堵塞，影响收水能力。立箅式雨水口不易堵塞，但有的城镇因逐年维修道路，路面加高，使立箅断面减小，影响收水能力。各地可根据具体情况和经验确定适宜的雨水口形式。雨水口布置应根据地形和汇水面积确定，立箅式雨水口的宽度和平箅式雨水口的开孔长度应根据设计流量、道路纵坡和横坡等参数确定，以避免有的地区不经计算，完全按道路长度均匀布置，雨水口尺寸也按经验选择，造成投资浪费或排水不畅。一般一个平箅雨水口可排泄 15 ~ 20L/s 的地面径流量。在路侧边沟上及路边低洼地点，雨水口的设置间距还要考虑道路的纵坡和路边石的高度。道路上雨水口的间距宜为 25 ~ 50m（视汇水面积大小而定）。在低洼和易积水的地段，应根据需要适当增加雨水口的数量。当道路纵坡大于 2% 时，雨水口的间距可大于 50m，其形式、数量和布置应根据具体情况和计算确定，坡段较短时可在最低点处集中收水，其雨水口的数量和面积应适当加大。道路横坡坡度不应小于 1.5%，平箅式雨水口的箅面标高应比周围路面标高低 3 ~ 5cm，立箅式雨水口进水处路面标高应比周围路面标高低 5cm。合流制系统中的雨水口应采取防止臭气外逸的措施。

平箅雨水口的构造包括进水箅、井筒和连接管三部分，如图 7-20 所示。雨水口的进水箅可用铸铁或钢筋混凝土、石料制成。采用钢筋混凝土或石料进水箅可节约钢材，但其进水能力远不如铸铁进水箅，有些城市为加强钢筋混凝土或石料进水箅的进水能力，把雨水口处的边沟底下降数厘米，但给交通造成不便，甚至可能引起交通事故。进水箅条的方向与进水能力也有很大关系，箅条与水流方向平行比垂直的进水效果好，因此有些地方将进水箅设计成纵横交错的形式（图 7-21），以便排泄路面上从不同方向流来的雨水。雨水口按进水箅在街道上的设置位置可分为：① 边沟雨水口，进水箅稍低于边沟底水平放置（图 7-20）；② 边石雨水口，进水箅嵌入边石垂直放置；③ 联合式雨水口，在边沟底和边石侧面都安放进水箅，如图 7-22 所示。为提高雨水口的进水能力，目前我国许多城市已采用双箅联合式或三箅联合式雨水口，由于扩大了进水箅的进水面积，进水效果良好。雨水口的井筒可用砖砌或用钢筋混凝土预制，也可采用预制的混凝土管。雨水口宜设污物截留设施，目的是减少由地表径流产生的非溶解性污染物进入受纳水体。合流制系统中的雨水

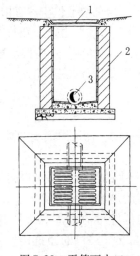

图 7-20　平箅雨水口

1—进水箅；2—井筒；3—连接管

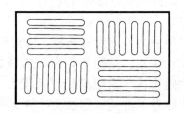

图 7-21　箅条交错排列的进水箅

口，为避免出现由污水产生的臭气外溢的现象，应采取设置水封或投加药剂等措施，防止臭气外溢。因此，雨水口的深度一般不宜大于1m，并根据需要设置沉泥槽。遇特殊情况需要浅埋时，应采取加固措施。在有冻胀影响的地区，雨水口的深度可根据当地经验确定。雨水口的底部可根据需要做成有沉泥井或无沉泥井的形式，图7-23所示为有沉泥井的雨水口，它可截留雨水所挟带的砂砾，免使它们进入管道造成淤积。但沉泥井往往积水，滋生蚊蝇，散发臭气，影响环境卫生，因此需要经常清除，增加了养护工作量。因此，雨水口宜设污物截留设施。通常仅在路面较差、地面上积秽很多的街道或菜市场等地方，才考虑设置有沉泥井的雨水口。

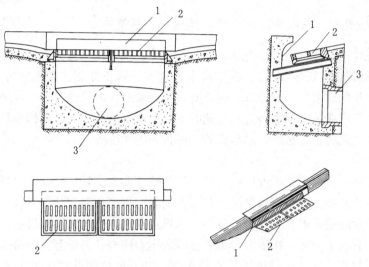

图 7-22 双箅联合式雨水口

1—边石进水箅；2—边沟进水箅；3—连接管

雨水口以连接管与街道排水管渠的检查井相连。当排水管直径大于800mm时，也可在连接管与排水管连接处不另设检查井，而设连接暗井，如图7-24所示。雨水口连接管长

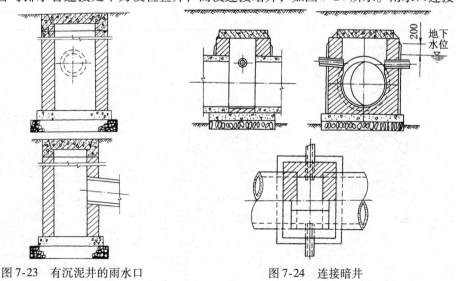

图 7-23 有沉泥井的雨水口   图 7-24 连接暗井

度不宜超过25m。当道路纵波连接管的最小管径为200mm，坡度一般为0.01，长度不宜超过25m，连接管串联雨水口个数不宜超过3个。雨水口易被路面垃圾和杂物堵塞，平算雨水口在设计中应考虑50%被堵塞，立算式雨水口应考虑10%被堵塞。在暴雨期间排除道路积水的过程中，雨水管道一般处于承压状态，其所能排除的水量要大于重力流情况下的设计流量，因此，雨水口和雨水连接管流量按照雨水管渠设计重现期所计算流量的1.5~3倍计，通过提高路面进入地下排水系统的径流量，缓解道路积水。

当考虑道路排水的径流污染控制时，雨水口应设置在源头减排设施中，其算面标高应根据雨水调蓄设计要求确定，且应高于周围绿地平面标高。

7.3.2　检查井、跌水井、水封井、换气井、截流井

为便于对管渠系统作定期检查和清通，必须设置检查井。当检查井内衔接的上下游管渠的管底标高跌落差大于1m时，为消减水流速度，防止冲刷，在检查井内应有消能措施，这种检查井称跌水井。当检查井内具有水封设施时，可隔绝易爆、易燃气体进入排水管渠，使排水管渠在进入可能遇火的场地时不致引起爆炸或火灾，这样的检查井称为水封井，后两种检查井属于特殊形式的检查井，或称为特种检查井。

（1）检查井

检查井通常设在管道交汇处、转弯处、管径或坡度改变处、跌水处以及直线管段上每相隔一定距离处。检查井在直线管段上的最大间距应根据疏通方法等具体情况确定，在不影响街坊接户管的前提下，一般宜按表7-4的规定采用。在无法实施机械养护的区域，检查井的间距不宜大于40m，在压力管道上应设置压力检查井，在高流速排水管道坡度突然变化的第一座检查井宜采用高流槽排水检查井，并采取增强井筒抗冲击和冲刷能力的措施，井盖宜采用排气井盖。

检查井在直线段的最大间距　　　　　　　　　　　　　　　　　　　　　　表7-4

管径（mm）	300~600	700~1000	1100~1500	1600~2000
最大间距（m）	75	100	150	200

检查井一般采用圆形，由井底（包括基础）、井身和井盖（包括盖底）三部分组成，见图7-25。

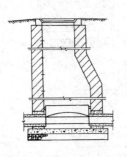
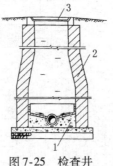

图7-25　检查井
1—井底；2—井身；3—井盖

检查井井底材料一般采用低强度混凝土，基础采用碎石、卵石、碎砖夯实或低强度混凝土。为使水流流过检查井时阻力较小，井底应设半圆形或弧形流槽。流槽直壁向上伸展。污水管道的检查井流槽顶与上、下游管道的管顶相平，可与 0.85 倍大管管径处相平，雨水管渠和合流管渠的检查井流槽顶可与 0.5 倍大管管径处相平。流槽顶部宽度宜满足检修要求。流槽两侧至检查井壁间的底板（称沟肩）应有一定宽度，一般应不小于20cm，以便养护人员下井时立足，并应有 0.02 ~ 0.05 的坡度坡向流槽，以防检查井积水时淤泥沉积。在管渠转弯或几条管渠交汇处，为使水流通顺，流槽中心线的弯曲半径应按转角大小和管径大小确定，但不宜小于大管的管径。检查井底各种流槽的平面形式如图 7-26 所示。在排水管道每隔适当距离的检查井内、泵站前一检查井内和每一个街坊接户井内，宜设置沉泥槽并考虑沉积淤泥的处理处置。沉泥槽深度宜为 0.5 ~ 0.7m。设沉泥槽的检查井内可不做流槽。接入的支管（接户管或连接管）管径大于 300mm 时，支管数不宜超过 3 条。检查井与管渠接口处，应采取防止不均匀沉降的措施。且检查井和塑料管道应采用柔性连接。检查井和塑料管道的连接应符合现行国家标准《室外给水排水和燃气热力工程抗震设计规范》GB 50032 的有关规定。高流速排水管道坡度突然变化的第一座检查井宜采用高流槽排水检查井，并采取增强井筒抗冲击和冲刷能力的措施，井盖宜采用排气井盖。在压力管上应设置压力检查井。

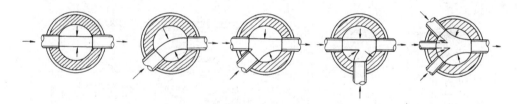

图 7-26　检查井底流槽的形式

检查井井身的材料可采用石、混凝土或钢筋混凝土。位于车行道的检查井，应采用具有足够承载力和稳定性良好的井盖和井座；设置在主干道上的检查井的井盖基座宜和井体分离。检查井宜采用具有防盗功能的井盖，位于路面上的井盖宜与路面持平；位于绿化带内的井盖，不应低于地面。污水管、雨水管、合流污水管的检查井井盖应有标识。检查井应安装防坠落装置。在污水干管每隔适当距离的检查井内，可根据需要设置闸槽。国外多采用钢筋混凝土预制，我国近

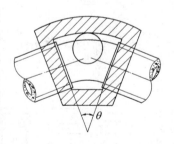

图 7-27　扇形检查井

年来已开始采用聚合物混凝土、塑料预制检查井。污水和合流检查井应进行闭水试验。井身的平面形状一般为圆形，但在大直径管道的连接处或交汇处，可做成方形、矩形或其他各种不同的形状，图 7-27 为大管道上改向的扇形检查井平面图。

井身的构造与是否需要工人下井有密切关系，井口、井筒和井室的尺寸应便于养护和维修。不需要下人的浅井，构造简单，一般为直壁圆筒形。需要下人的井在构造上可分为工作室、渐缩部和井筒三部分，如图 7-25 所示。工作室是养护人员养护时下井进行临时操作的地方，不应过分狭小，其直径不能小于1m，其高度在埋深许可时宜为 1.8m，污水检查井由流槽顶算起，雨水（合流）检查井由管底算起。为降低检查井造价，缩小井盖

尺寸，井筒直径一般比工作室小，但为了工人检修出入安全与方便，其直径不应小于0.7m。井筒与工作室之间可采用锥形渐缩部连接，渐缩部高度一般为0.6~0.8m，也可以在工作室顶偏向出水管渠一侧加钢筋混凝土盖板梁，井筒则砌筑在盖板梁上。为便于上下，井身在偏向进水管渠一侧应保持井壁直立。

检查井井盖可采用铸铁或钢筋混凝土材料，在车行道上一般采用铸铁。为防止雨水流入，盖顶略高出地面。盖座采用铸铁、钢筋混凝土或混凝土材料制作。图7-28所示为轻型铸铁井盖及盖座，图7-29为轻型钢筋混凝土井盖及盖座。

近年来，塑料排水检查井因其众多优点而得到越来越多的应用。塑料检查井和砖砌检查井相比，具有体积小，内壁光滑，连接无渗漏等优点。但施工时需考虑抗浮，对回填要求较高。

塑料检查井是由高分子合成树脂材料制作而成的检查井。通常采用聚氯乙烯（PVC-U）、聚丙烯（PP）和高密度聚乙烯（HDPE）等通用塑料作为原料，通过缠绕、注塑或压制等方式成型部件，再将各部件组合成整体构件。

塑料检查井主要由井盖和盖座、承压圈、井体（井筒、井室、井座）及配件组合而成。井径1000mm以下的检查井井体为井筒、井座构成的直筒结构（图7-30）；井径1000mm及以上的检查井井体为井筒、井室、井座构成的带收口锥体结构（图7-31），收口处直径700mm。井径700mm及以上的检查井井筒或井室壁上一般设置有踏步，供检查、维修人员上下。

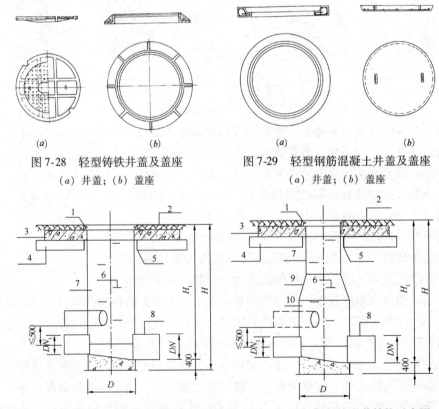

图7-28　轻型铸铁井盖及盖座　　　　图7-29　轻型钢筋混凝土井盖及盖座
（a）井盖；（b）盖座　　　　　　　（a）井盖；（b）盖座

图7-30　直壁塑料检查井结构示意图　　图7-31　收口塑料检查井结构示意图

1—井盖及盖座；2—路面或地面；3—承压圈；4—褥垫层；5—挡圈；

6—踏步；7—井筒；8—排水管；9—收口锥体；10—井室

目前，国内生产企业的产品规格种类丰富。井径规格范围为 450～1500mm；接入管规格范围为 $DN200～DN1200$；最大埋深为 7～8m。

检查井宜采用成品井，其位置应充分考虑成品管节的长度，避免现场切割。地下水位高的地区，严禁使用砖砌井。砖砌和钢筋混凝土检查井应采用钢筋混凝土底板。检查井应进行闭水试验和安装防坠落装置。

（2）跌水井

为避免在检查井盖损坏或缺失时发生行人坠落检查井的事故，规定污水、雨水和合流污水检查井应安装防坠落装置。防坠落装置应牢固可靠，具有一定的承重能力（≥100kg），并具备较大的过水能力，避免暴雨期间雨水从井底涌出时被冲走。目前国内已使用的检查井防坠落装置包括防坠落网、防坠落井箅等。

跌水井是设有消能设施的检查井，当管道跌水水头为 1.0～2.0m 时，宜设跌水井；当跌水水头大于 2.0m 时，应设跌水井；管道转弯处不宜设跌水井。目前常用的跌水井有两种形式：竖管式（或矩形竖槽式）和溢流堰式。前者适用于直径等于或小于400mm 的管道，后者适用于 400mm 以上的管道。当管径大于 600mm 时，其一次跌水水头高度及跌水方式应按水力计算确定。当上、下游管底标高落差小于 1m 时，一般只将检查井底部做成斜坡，不采取专门的跌水措施。污水和合流管道上的跌水井，宜设排气通风措施。并应在该跌水井和上下游各一个检查井的井室内部及这三个检查井之间的管道内壁采取防腐蚀措施。

竖管式跌水井的构造见图 7-32。这种跌水井一般不作水力计算。当管径不大于200mm 时，一次落差不宜大于 6m；当管径为 300～600mm 时，一次落差不宜大于 4m。

溢流堰式跌水井的构造见图 7-33。它的主要尺寸（包括井长、跌水水头高度）及跌水方式等均应通过水力计算求得。这种跌水井也可用阶梯形跌水方式代替。

（3）水封井

当工业废水能产生引起爆炸或火灾的气体时，其管道系统中必须设置水封井。水封井的位置应设在产生上述废水的生产装置、贮罐区、原料贮运场地、成品仓库、容器洗涤车间等的废水排出口处及其干管上每隔适当距离处。水封井以及同一管道系统的其他检查井，均不应设在车行道和行人众多的地段，并应适当远离产生明火的场地。水封深度不应小于 0.25m，井上宜设通风管，井底应设沉泥槽。图 7-34 所示为水封井的构造。

（4）换气井

污水中的有机物常在管渠中沉积而厌氧发酵，发酵分解产生的甲烷、硫化氢等气体，如与一定体积的空气混合，在点火条件下将产生爆炸，甚至引起火灾。为防止此类偶然事故发生，同时也为保证在检修排水管渠时工作人员能较安全地进行操作，有时在街道排水管的检查井上设置通风管，使此类有害气体在住宅竖管的抽风作用下，随同空气沿庭院管道、出户管及竖管排入大气中。这种设有通风管的检查井称为换气井。图 7-35 所示为换气井的形式之一。

（5）截流井

在截流式合流制管渠系统中，通常在合流管渠与截流干管的交汇处设置截流井。截流井的位置应根据溢流污染控制要求、污水截流干管位置、合流管渠位置、调蓄池布局溢流管下游水位高程和周围环境等因素确定。截流井宜采用槽式，也可采用堰式或槽堰结合式。

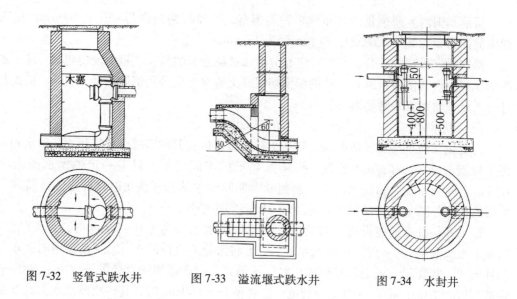

图 7-32　竖管式跌水井　　　　图 7-33　溢流堰式跌水井　　　　图 7-34　水封井

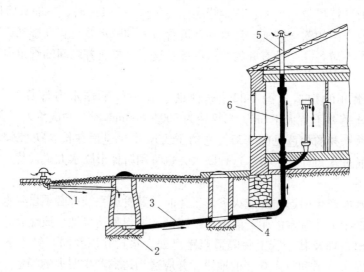

图 7-35　换气井

1—通风管；2—街道排水管；3—庭院管；4—出户管；5—透气管；6—竖管

管渠高程允许时应采用槽式，当选用堰式或槽堰结合式时，堰高和堰长应进行水力计算。截流井的溢流水位应设在设计洪水位或受纳管道设计水位以上，当不能满足要求时，应设置闸门等防倒灌设施。截流井宜设置流量控制设施。沿河道设置的截流井和溢流口设计应防止河水倒灌，且不应影响雨水的排放能力。

　　在截流系统的设计中，截流井的设计至关重要。它既要使截流的污水进入截污系统，达到整治水环境的目的，又要保证在大雨时不让超过截流量的雨水进入截污系统，以防止下游截污管道的实际流量超过设计流量，避免发生污水反冒和给污水处理厂带来冲击。截流井一般设在合流管渠的入河口前，也有设在城区内，将旧有合流支线接入新建分流制系统。溢流管出口的下游水位包括受纳水体的水位或受纳管渠的水位。国内常用的截流井形式是槽式和堰式。据调查，北京市的槽式和堰式截流井占截流井总数的80.4%。槽堰式截流井兼有槽式和堰式的优点，也可选用。

1）截流井形式

①跳跃式截流井

跳跃式截流井的构造见图7-36。这是一种主要的截流井形式，但它的使用受到一定的条件限制，即其下游排水管道应为新敷设管道。对于已有的合流制管道，不宜采用跳跃式截流井（只有在能降低下游管道标高的条件下方可采用）。该种井的中间固定堰高度可根据手册提供的公式计算得到。由于设计周期较长，而合流管道的旱季污水量在工程竣工之前会有所变化，故可将固定堰的上部改为砖砌，且不砌至设计标高，当投入使用后再根据实际水量进行调节。

②截流槽式截流井

截流槽式截流井的构造见图7-37。该截流井的截流效果好，不影响合流管渠排水能力，当管渠高程允许时应选用。设置这种截流井无需改变下游管道，甚至可由已有合流制管道上的检查井直接改造而成（一般只用于现状合流污水管道）。由于截流量难以控制，在雨季时会有大量的雨水进入截流管，从而给污水处理厂的运行带来困难，所以原则上少采用。截流槽式截流井在使用中均受限制，因为它必须满足溢流排水管的管内底标高高于排入水体的水位标高，否则水体水会倒灌入管网。

③侧堰式截流井

无论是截流槽式还是跳跃式截流井，在大雨期间均不能较好地控制进入截污管道的流量。在合流制截污系统中用得较成熟的各种侧堰式截流井则可以在暴雨期间使进入截污管道的流量控制在一定的范围内。

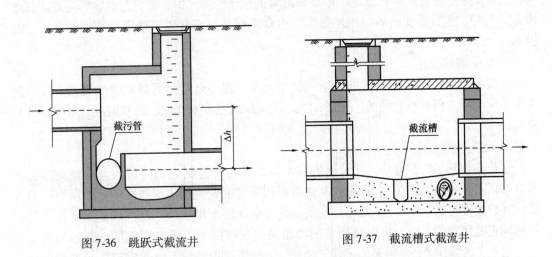

图7-36　跳跃式截流井　　　　　　　图7-37　截流槽式截流井

a. 固定堰截流井

它通过堰高控制截流井的水位，保证旱季最大流量时无溢流和雨季时进入截污管道的流量得到控制。同跳跃式截流井一样，固定堰的堰顶标高也可以在竣工之后确定。其结构见图7-38。

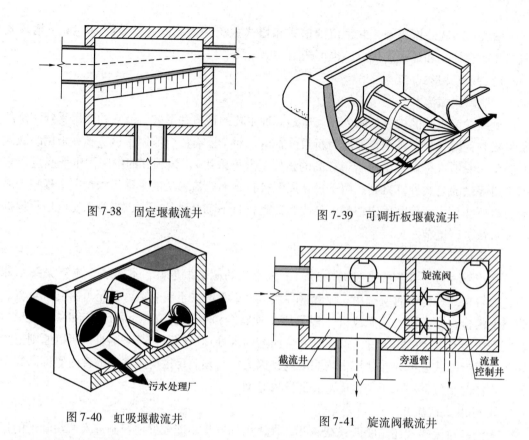

图 7-38　固定堰截流井　　　　　　　　图 7-39　可调折板堰截流井

图 7-40　虹吸堰截流井　　　　　　　　图 7-41　旋流阀截流井

b. 可调折板堰截流井

折板堰是德国使用较多的一种截流方式。折板堰的高度可以调节，使之与实际情况相吻合，以保证下游管网运行稳定。但是折板堰也存在着需维护、易积存杂物等问题。其结构见图 7-39。但其在我国的应用还很少，主要原因是技术性强、维修困难、虹吸部分易损坏。

c. 虹吸堰截流井

虹吸堰截流井（图 7-40）通过空气调节虹吸，使多余流量通过虹吸堰溢流，以限制雨季的截污量。但其在我国的应用还很少，主要原因是技术性强、维修困难、虹吸部分易损坏。

d. 旋流阀截流井

这是一种新型的截流井，它仅仅依靠水流就能达到控制流量的目的（旋流阀进、出水口的压差是其动力来源）。在截流井内的截污管道上安装旋流阀能准确控制雨期截污流量，其精确度可达 0.1 L/s。这样，在现场测得旱季污水量之后，就可以依据水量及截流倍数确定截污管的大小。可以精确控制流量使得这种截流方式有别于所有其他的截流方式，这是它的独到之处。但是为了便于维护，一般需要单独设置流量控制井（见图 7-41）。该种截流方式的整体造价较高，一般 DN500 左右截流管的全套造价大约 12 万元。在深圳市的大沙河截污工程、坪山河污水截排工程、龙华河截污工程中均使用了旋流阀截流井，其中大沙河截污工程已竣工，使用效果较好。

e. 带闸板截流井

当要截流现状支河或排洪沟渠的污水时，一般采用闸板截流井。闸板的控制可根据实际条件选用手动或电动。同时，为了防止河道淤积和导流管堵塞，应在截流井的上游和下游分别设一道矮堤，以拦截污物。

④防倒流措施

当雨量特别大时排放渠中的水位会急速增高，如截污口标高较低，则渠内的水将倒灌至截流井而进入截污管道，使截污管道的实际流量大大超过设计流量。在这种情况下，需考虑为截污系统设置防倒流措施。

a. 鸭嘴止回阀

鸭嘴止回阀为橡胶结构，无机械部件，具有水头损失小、耐腐蚀、寿命长、安装简单、无需维护等优点，将其安装在截流井排放管端口即可解决污水倒灌问题。

b. 橡胶拍门

在截流井的溢流堰上安装拍门，可使防倒灌问题直接在截流井的内部解决。拍门采用橡胶材料，水头损失小，耐腐蚀。

2）截流井的计算方法

截流井宜采用槽式，也可采用堰式或槽堰结合式。管渠高程允许时，应选用槽式，当选用堰式或槽堰结合式时，堰高和堰长应进行水力计算。

①堰式截流井

堰式当污水截流管管径为 300~600mm 时，堰式截流井内各类堰（正堰、斜堰、曲线堰）的堰高，可采用《合流制排水系统截流设施技术规程》T/CECS 91—2021 的公式计算：

a. $d = 300\text{mm}, H_1 = (0.233 + 0.013Q_j) \cdot d \cdot k$ (7-1)

b. $d = 400\text{mm}, H_1 = (0.226 + 0.007Q_j) \cdot d \cdot k$ (7-2)

c. $d = 500\text{mm}, H_1 = (0.219 + 0.004Q_j) \cdot d \cdot k$ (7-3)

d. $d = 600\text{mm}, H_1 = (0.202 + 0.003Q_j) \cdot d \cdot k$ (7-4)

e. $$Q_j = (1 + n_0)Q_{\text{dr}}$$ (7-5)

式中　　H_1——堰高，mm；

　　　　Q_j——污水截流量，L/s；

　　　　d——污水截流管管径，mm；

　　　　k——修正系数，$k = 1.1 \sim 1.3$；

　　　　n_0——截流倍数；

　　　　Q_{dr}——截流井以前的旱流污水量，L/s。

②槽式截流井

当污水截流管管径为 300~600mm 时，槽式截流井的槽深、槽宽，采用《合流制排水系统截流设施技术规程》T/CECS 91—2021 的公式计算：

$$H_2 = 63.9 \cdot Q_j^{0.43} \cdot k$$ (7-6)

式中　　H_2——槽深，mm；

　　　　Q_j——污水截流量，L/s；

　　　　k——修正系数，$k = 1.1 \sim 1.3$。

$$B = d$$ (7-7)

式中　B——槽宽，mm；

　　　d——污水截流管管径，mm。

③槽堰结合式截流井

槽堰结合式截流井的槽深、堰高，采用《合流制排水系统截流设施技术规程》T/CECS 91—2021 的公式计算：

a. 根据地形条件和管道高程允许降落可能性，确定槽深 H_2。

b. 根据截流量，计算确定截流管管径 d。

c. 假设 H_1 / H_2（mm）比值，按表 7-5 计算确定槽堰总高 H。

槽堰结合式井的槽堰总高计算表　　　　表 7-5

D（mm）	$H_1/H_2 \leq 1.3$	$H_1/H_2 > 1.3$
300	$H = (4.22Q_j + 94.3) \cdot k$	$H = (4.08Q_j + 69.9) \cdot k$
400	$H = (3.43Q_j + 96.4) \cdot k$	$H = (3.08Q_j + 72.3) \cdot k$
500	$H = (2.22Q_j + 136.4) \cdot k$	$H = (2.42Q_j + 124.0) \cdot k$

d. 堰高 H_1，可按式（7-8）计算：

$$H_1 = H - H_2 \tag{7-8}$$

式中　H_1——堰高，mm；

　　　H——槽堰总高，mm；

　　　H_2——槽深，mm。

e. 截流井溢流水位应在接口下游洪水位或受纳管道设计水位以上，以防止下游水倒灌，否则溢流管道上应设置闸门等防倒灌设施。校核 H_1 / H_2 是否符合表 7-5 的假设条件，否则改用相应公式重复上述计算。

f. 槽宽计算同式（7-7）。

截流井溢流水位，应在设计洪水位或受纳管道设计水位以上，当不能满足要求时，应设置闸门等防倒灌设施。截流井内宜设流量控制设施。

【例 7-1】 以某老城区为例，其流域面积为 $1km^2$，区域内的雨、污水均通过一条现状涵洞集中排出。相关计算参数见表 7-6。

相关计算参数表　　　　表 7-6

参　数	取　值
区域综合径流系数 Ψ	0.7
总变化系数 K_Z	1.5
水力粗糙系数 n	0.017
区域内居住人口（万人）	5
涵洞坡度 i	0.02
人均设计污水量 [L/（人·d）]	420
暴雨强度 q [L/（s·hm²）]	$q = \dfrac{2822\ (1 + 0.775 \lg P)}{(t + 12.8 P^{0.076})^{0.77}}$，暴雨重现期 $P = 3$ 年，集水时间 $t = t_1 + t_2 = 8min$

【解】 根据上述条件，计算得：暴雨强度 $q = 359$ L/(s·hm²)；涵洞的设计雨水流量 $Q_{YS} = \Psi \cdot F \cdot q = 25.12$ m³/s；该汇水区域内污水总量为 31500 m³/d（或 364.6 L/s），污水设计流量 $Q_{WS} = 364.5$ L/s；涵洞设计流量 $Q_z = Q_{YS} + Q_{WS} = 25.485$ m³/s。按满流设计计算，涵洞设计过水断面 $L \times B = 2.2$ m × 2.2 m。

截流井的污水截流量（Q_j）按污水设计流量 q_w。计算，即 $Q_j = Q_{WS}$，取 $k = 1.1$，截流管道按满流计算，以旱季日平均污水量校核其不淤流速，按《合流制排水系统截流设施技术规程》T/CECS 91—2021 中的相关设计方法得出的计算结果见表7-7。

计算结果表　　　　　　　　　　　　　　　　　　　表7-7

管径 (mm)	设计流量 (L/s)	设计坡度 (%)	设计流速 (m/s)	校核流量 (L/s)	校核流速 (m/s)	堰式截流井 堰高 H_1(mm)	槽式截流井 槽深 H_2(mm)	槽堰式截流井 总高 H(mm)	槽堰式截流井 堰高 H_1(mm)	槽堰式截流井 槽深 H_2(mm)
300	366.5	8.5	5.19	243	5.54	1649.2	888.0	1713	1413	300
400	366.2	1.83	2.9	243	3.12	1227.5	888.0	1314.6	914.6	400
500	367.3	0.56	1.87	243	2.00	928.6	888.0	1040.6	540.6	500
600	365.8	0.21	1.29	243	1.38	857.6	888.0	—	—	—

计算结果表明，在设计污水截流量相同的条件下，槽堰式截流井的槽堰总高最大，槽式截流井的槽堰总高最小，而且三种形式截流井的总高均远远大于截流管管径。三种截流井在雨天发生溢流时的工况示意见图7-42。可知，在雨天溢流工况下，堰式和堰槽结合式截流井由于堰高的影响而造成上游合流管道壅水，槽式截流井由于槽深大于截流管的设计管径而使得截流管道内水流变为压力流工况，从而造成三种形式截流井的实际截流量均大于设计截流量。根据有关文献研究结果，将压力流等效为坡度增大的无压满流，两者流速相差不大。因此，计算中将有作用水头的有压截流管等效为一段坡度增大的无压满管流。假设截流管长度为10m，在发生雨水溢流的实际工况下，分别计算上述三种形式截流井的实际截流量相对于设计截流量的增大倍数，结果见表7-8。可见，在污水截流量一定的前提下，小管径大坡度的污水截流管的实际截流量增加倍数最小，因此工程设计中，截流管宜采用设计流速最大可达10m/s的球墨铸铁给水管。在设计管径相同的前提下，槽式截流井的实际截流量增加倍数最小，槽堰结合式增加倍数最大。在管径为500mm时，槽堰结合式截流井和堰式截流井实际截流量增大倍数分别达到2.27和1.94，将极大增加包括污水处理厂在内的整个截流工程的运行、维护、管理难度。

发生雨水溢流时截流井工况参数计算结果　　　　　　　表7-8

管径 (mm)	设计坡度 (%)	设计流速 (m/s)	堰式截流井 作用水头 (kPa)	堰式截流井 等效坡度 (%)	堰式截流井 等效流速 (m/s)	堰式截流井 流量增大倍数	槽式截流井 作用水头 (kPa)	槽式截流井 等效坡度 (%)	槽式截流井 等效流速 (m/s)	槽式截流井 流量增大倍数	槽堰式截流井 作用水头 (kPa)	槽堰式截流井 等效坡度 (%)	槽堰式截流井 等效流速 (m/s)	槽堰式截流井 流量增大倍数
300	8.5	5.19	13.5	21.99	8.34	0.61	5.9	14.38	6.74	0.30	14.1	22.63	8.46	0.63
400	1.83	2.9	8.3	10.1	6.85	1.35	4.9	6.71	5.58	0.92	9.1	10.98	7.14	1.45
500	0.56	1.87	4.3	4.85	5.50	1.94	3.9	4.44	5.27	1.82	5.4	5.97	6.11	2.27
600	0.21	1.29	2.6	2.79	4.71	2.64	2.9	3.09	4.96	2.84	—	—	—	—

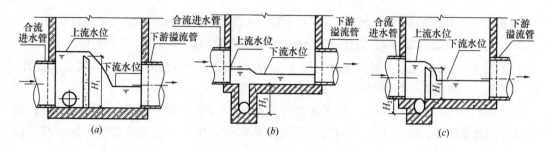

图 7-42　三种截流井在雨天发生溢流的工况示意

（a）堰式；（b）槽式；（c）堰槽结合式

根据上述计算分析，槽式截流井雨天时的实际污水截流增加量相对最小，因此在实际工程条件适宜的情况下，应优先选用槽式截流井。但是，槽式截流井的实施前提是截流管标高必须低于实际合流管道的现状标高，这势必会加大截流管后污水管道的埋深，增加截流工程的造价。另外，当现状合流管道断面较大时，对其进行槽式截流会破坏其现有结构，加大施工难度。同时，大多数平原城市受到地形条件的约束，不宜选用槽式截流井。

7.3.3　倒虹管

排水管渠遇到河流、山涧、洼地或地下构筑物等障碍物时，不能按原有的坡度埋设，而是按下凹的折线方式从障碍物下通过，这种管道称为倒虹管。倒虹管由进水井、下行管、平行管、上行管和出水井等组成，如图 7-43 所示。

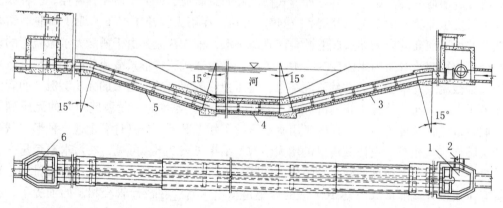

图 7-43　倒虹管

1—进水井；2—事故排出口；3—下行管；4—平行管；5—上行管；6—出水井

确定倒虹管的路线时，应尽可能与障碍物正交通过，以缩短倒虹管的长度，并应选择在河床和河岸较稳定、不易被水冲刷的地段及埋深较小的部位敷设。

通过河道的倒虹管，不宜少于两条；通过谷地、旱沟或小河的倒虹管可采用一条，通过障碍物的倒虹管，应符合与该障碍物相交的有关规定。穿过河道的倒虹管管顶与规划河底距离一般不宜小于 1.0m，通过航运河道时，其位置和规划河底距离应与航运管理部门协商确定，并设置标志，遇冲刷河床应考虑采取防冲措施。

由于倒虹管的清通比一般管道困难得多，因此必须采取各种措施来防止倒虹管内污泥的淤积。在设计时，可采取以下措施：

1）管内设计流速应大于 0.9m/s，并应大于进水管内的流速，当管内流速达不到 0.9m/s 时，应增加定期冲洗措施，冲洗流速不应小于 1.2m/s。合流管道的倒虹管应按旱流污水量校核流速。

2）最小管径宜为 200mm。

3）在进水井设置可利用河水冲洗的设施。

4）在进水井或靠近进水井的上游管渠的检查井中，在取得当地卫生主管部门同意的条件下，设置事故排出口。当需要检修倒虹管时，可以让上游污水通过事故排出口直接泄入河道。

5）倒虹管进水井的前一检查井，应设置沉泥槽。

6）倒虹管的上下行管与水平线夹角应不大于 30°。

7）为了调节流量和便于检修，在进水井中应设置闸槽或闸门，有时也用溢流堰来代替。进、出水井应设置井口和井盖。倒虹管进、出水井的检修室净高宜高于 2m，进、出水井较深时，井内应设检修台，其宽度应满足检修要求。当倒虹管为复线时，井盖的中心应设在各条管道的中心线上。

8）在倒虹管内设置防沉装置。例如德国汉堡等地，有一种新式的所谓空气垫式倒虹管，它是在倒虹管中借助于一个体积可以变化的空气垫，使之在流量小的条件下达到必要的流速，以避免在倒虹吸管中产生沉淀。

污水在倒虹管内的流动是依靠上下游管道中的水面高差（进、出水井的水面高差）H 进行的，该高差用以克服污水通过倒虹管时的阻力损失。倒虹管内的阻力损失值可按式（7-9）计算：

$$H_1 = iL + \sum \zeta \frac{v^2}{2g} \tag{7-9}$$

式中　i——倒虹管每米长度的阻力损失；

　　　L——倒虹管的总长度，m；

　　　ζ——局部阻力系数（包括进口、出口、转弯处）；

　　　v——倒虹管内污水流速，m/s；

　　　g——重力加速度，m/s²。

进口、出口及转弯处的局部阻力损失值应分项进行计算。初步估算时，一般可按沿程阻力损失值的 5%～10% 考虑，当倒虹管长度大于 60m 时，采用 5%；小于或等于 60m 时，采用 10%。

计算倒虹管时，必须计算倒虹管的管径和全部阻力损失值，要求进水井和出水井间的水位高差 H 稍大于全部阻力损失值 H_1，其差值一般可考虑采用 0.05～0.10m。

当采用倒虹管跨过大河时，进水井水位与平行管高差很大，此时应特别注意下行管的消能与上行管的防淤设计，必要时应进行水力学模型试验，以便确定设计参数和应采取的措施。

【例 7-2】　已知最大流量为 340L/s，最小流量为 120L/s，倒虹管长为 60m，共 4 只 15°弯头，倒虹管上游管流速 1.0m/s，下游管流速 1.24m/s。求倒虹管管径和倒虹管的全部水头损失。

【解】　（1）考虑采用两条管径相同、平行敷设的倒虹管线，每条倒虹管的最大流量为 340/2＝170L/s，查水力计算表得倒虹管管径 D＝400mm。水力坡度 i＝0.0065。流速 v

=1.37m/s，此流速大于允许的最小流速 0.9m/s，也大于上游管流速 1.0m/s。在最小流量 120L/s 时，只用一条倒虹管工作，此时查表得流速为 1.0m/s＞0.9m/s。

（2）倒虹管沿程水力损失值：

$$iL = 0.0065 \times 60 = 0.39\text{m}$$

（3）考虑倒虹管局部阻力损失为沿程阻力损失的 10%，则倒虹管全部阻力损失值为：

$$H_1 = 1.10 \times 0.39 = 0.429\text{m}$$

（4）倒虹管进、出水井水位差为：

$$H = H_1 + 0.10 = 0.429 + 0.10 = 0.529\text{m}$$

倒虹管采用开槽埋管施工时，应根据管道材质、接口形式和地质条件，对管道基础进行加固或保护。刚性管道宜采用钢筋混凝土基础，柔性管道应采用包封措施。

7.3.4 冲洗井、防潮门、排气和排空装置

（1）冲洗井

当污水管内的流速不能保证自清时，为防止淤塞，可设置冲洗井。冲洗井有两种做法：人工冲洗和自动冲洗。自动冲洗井一般采用虹吸式，其构造复杂，造价很高，目前已很少采用。人工冲洗井的构造比较简单，是一个具有一定容积的普通检查井。冲洗井出流管道上设有闸门，井内设有溢流管以防止井中水深过大。冲洗水可利用上游来的污水或自来水。用自来水时，供水管的出口必须高于溢流管管顶，以免污染自来水。

冲洗井一般适用于管径小于 400mm 的较小管道上，冲洗管道的长度一般为 250m 左右。

（2）防潮门

临海城市的排水管渠往往受潮汐的影响，为防止涨潮时潮水倒灌，在排水管渠出水口上游的适当位置上应设置装有防潮门（或平板闸门）的检查井，如图 7-44 所示。临河城市的排水管渠，为防止高水位时河水倒灌，有时也采用防潮门。

防潮门一般用铁制，其座子口部略带倾斜，倾斜度一般为 1:10~1:20。当排水管渠中无水时，防潮门靠自重密闭。当上游排水管渠来水时，水流顶开防潮门排入水体。涨潮时，防潮门靠下游潮水压力密闭，使潮水不会倒灌入排水管渠。设置了防潮门的检查井井口应高出最高潮水位或

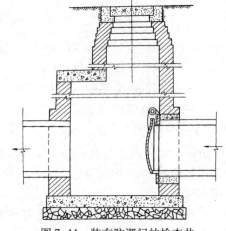

图 7-44 装有防潮门的检查井

最高河水位，或者井口用螺栓和盖板密封，以免潮水或河水从井口倒灌至城镇。为使防潮门工作可靠有效，必须加强维护管理，经常清除防潮门座口上的杂物。

（3）排气和排空装置

重力流管道系统可设排气和排空装置，在倒虹管、长距离直线输送后变化段宜设置排气装置。设计压力管道时，应考虑水锤的影响。在管道的高点以及每隔一定距离处，应设置排气装置；排气装置有排气井、排气阀等，排气井的建筑应与周边环境协调，在管道的低点以及每隔一定距离处，应设排空装置。

7.3.5 出水设施

排水管渠出水口的位置、形式和出口流速，应根据受纳水体的水质要求、水体的流量、水位变化幅度、水流方向、波浪状况、稀释自净能力、地形变迁和气候特征等因素确定。出水口与水体岸边连接处应采取防冲刷、消能、加固等措施，一般用浆砌块石做护墙和铺底，并设置警示标识。在受冻胀影响地区的出水口，应考虑用耐冻胀材料砌筑，出水口的基础必须设置在冰冻线以下。

为使污水与水体水混合较好，排水管渠出水口一般采用淹没式，其位置除考虑上述因素外，还应取得当地卫生主管部门的同意。如果需要污水与水体水流充分混合，则出水口可长距离伸入水体分散出口，此时应设置

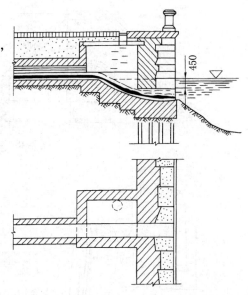

图 7-45　淹没式出水口

标志，并取得航运管理部门的同意。雨水管渠出水口可以采用非淹没式，其底标高最好在水体最高水位以上，一般在常水位以上，以免水体水倒灌。当出口标高比水体水面高出太多时，应考虑设置单级或多级跌水。

图 7-45～图 7-48 所示分别为淹没式出水口、江心分散式出水口、一字式出水口和八字式出水口。应当说明，对于污水排海的出水口，必须根据实际情况进行研究，以满足污水排海的特定要求，图 7-49 所示为某市污水排海出水口。

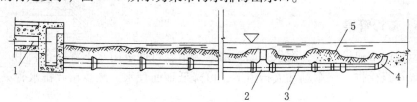

图 7-46　江心分散式出水口

1—进水管渠；2—T 形管；3—渐缩管；4—弯头；5—石堆

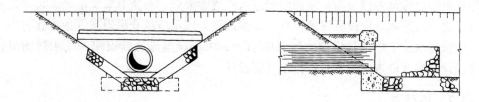

图 7-47　一字式出水口

当排水管渠的出水口受水体水位顶托时，应根据地区的重要性和积水造成的后果，设置防潮门、闸门或泵站等设施。

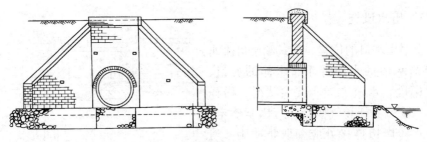

图 7-48 八字式出水口

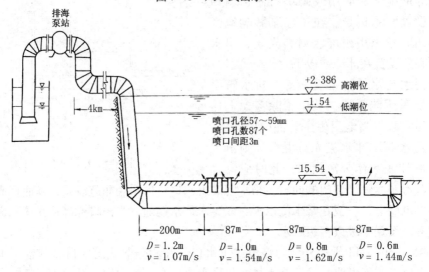

图 7-49 某市污水排海出水口

7.3.6 渗透管渠

根据海绵城市建设要求，雨水采取雨水渗透措施可促进雨水下渗综合利用。雨水渗透管渠可设置在绿化带、停车场和人行道下，可降低地面积水、减少市政排水管渠压力和补充地下水。

当采用渗透管渠进行雨水转输和临时贮存时，渗透管渠宜采用透水材料，穿孔塑料管，开孔率宜为 1% ~3%；无砂混凝土管的孔隙率应大于 20%。渗透管渠应设置植草沟、沉淀池或沉砂池等预处理设施。地面雨水进入渗透管渠处、渗透管渠交汇处、转弯处和直线管段每隔一定距离处应设置渗透检查井。渗透管渠四周应填充砾石或其他多孔材料，砾石层外应包透水土工布，其搭接宽度不应小于 200mm。当渗透管渠用于雨水转输时，渗透管渠设计、渗透检查井设置均按排水管渠设计。

7.3.7 植草沟

植草沟指种有植被的地表沟渠，可收集、输送和排放径流雨水，并具有一定的雨水净化作用，可用于衔接其他各单项设施、城市雨水管渠系统和超标雨水径流排放系统。除转输型植草沟外，还包括渗透型的干式植草沟及常有水的湿式植草沟，可分别提高径流总量和径流污染控制效果。植草沟适用于道路、广场、停车场等不透水面的周边，城市道路及城市绿地等区域，也可作为生物滞留设施、湿塘等低影响开发设施的预处理设施。植草沟也可与雨水管渠联合应用，场地竖向允许且不影响安全的情况下也可代替雨水管渠。

植草沟的设计参数应考虑当地的地理条件、汇水范围、降雨特点和内涝防治设计标准等因素综合确定，选取植草沟坡度、设计流速时，应避免对植被和土壤形成冲刷。节制堰宜由卵石、碎石或混凝土等构成，以延缓流速。堰顶高度应根据植草沟的设计蓄水量确定。植草沟设计应满足以下要求：

1）浅沟断面形式宜采用倒抛物线形、三角形或梯形。

2）植草沟的边坡坡度（垂直:水平）不宜大于1:3，纵坡不应大于4%。纵坡较大时，沿植草沟的横断面应设置节制堰，宜设置为阶梯型植草沟或在中途设置消能台坎。

3）植草沟最大流速应小于0.8m/s，曼宁系数宜为0.2~0.3。

4）转输型植草沟内植被高度宜控制在100~200mm。

8 排水管渠系统的管理和养护

8.1 排水管渠系统管理和养护的基本任务

排水管渠在建成通水后，为保证其正常工作，必须经常进行管理和养护。排水管渠内常见的故障有：污物淤塞管道，过重的外荷载、地基不均匀沉陷或污水的侵蚀作用使管渠损坏、裂缝或腐蚀等。管理养护的主要任务是：验收排水管渠；监督排水管渠使用规则的执行；经常检查、冲洗或清通排水管渠，以维持其通水能力；修理管渠及其构筑物，并处理意外事故等。

城镇排水系统运行维护的基本要求：城镇排水工程设施因检修等原因全部或部分停运时，应向主管部门报告，并应采取印记措施；城市和有条件的建制镇，雨水管渠和污水管道应建立地理信息系统，并应进行动态更新；城镇雨水和污水管道应定期进行监测和评估，并应根据评估结果进行维护保养、整改或更新；雨水管渠和污水管道应及时疏通，产生的通沟污泥处理处置；当发现排水工程的井盖和雨水箅缺失或损坏时，应立即设置警示标志，并在 6h 内修复；当相关排水管理单位接报井盖和雨水箅缺失或损坏信息后，必须在 2h 内安放护栏和警示标志，并应在 6h 内修复。

8.2 排水管渠系统的疏通

在排水管渠中，往往由于水量不足，坡度较小，污水中污物较多或施工质量不良等原因而发生沉淀、淤积，淤积过多将影响管渠的通水能力，甚至使管渠堵塞。因此，必须定期清通。这是管渠系统管理养护经常性的工作。清通的方法主要有人工清掏、水力清通和机械清通。

（1）人工清掏

人工清掏是在淤积污物可靠人力清除时所采用的清掏方法。如雨水口的清掏，这在管道养护中被称为把守大门，雨水口干净了，进入管道的垃圾就会减少。清掏作业的工作量很大，通常要占整个养护工作的 60%～70%。

（2）水力疏通

水力清通有两种方式：射水疏通和水力清通。

1）射水疏通

射水疏通是指采用高压射水清通管道的疏通方法。因其效率高、疏通质量好，近 20 年来在我国许多城市已广泛采用。不少城市还进口了集射水与真空吸泥为一体的联合吸污车，有些还具备水循环利用的功能，将吸入的污水经过滤后再用于射水。这种联合吸污车效率高，但车型庞大，价格昂贵。有些城市采用水力冲洗车进行管道的清通，这种冲洗车由半拖挂式的大型水罐、机动卷管器、消防水泵、高压胶管、射水喷头和冲洗工具箱等组成。其工作原理是利用高压泵将动力源的机械能转换为压力能，具有高强度压力的水通过高压喷嘴的小孔，再将压力能转换为动能，从而形成高速的微细水射流，利用高压水射流的强大冲击力冲击被清洗物体，把污垢剥离、清除，从而达到清洗的目的。实际工作时，由汽车引擎驱动高压泵，将水加压后送入管道清洗喷头，依靠高压水射流产生的反作用力，使管道清洗喷头和高压胶管一起向相反的方向行进，同时清洗管壁，喷头喷出的水流，将管道内壁残留的沉积物冲到下游检查井，再由吸泥车将其吸走。当喷头到达一定的距离时，机动绞车将软管卷回。这种清洗方法适用于各种口径的下水管道，水通过净化装置，还可以循环使用，降低清洗成本。它的操作过程系由汽车引擎供给动力，驱动消防泵，将从水罐抽出的水加压到 $1.1 \sim 1.2$ MPa（日本加压到 $5 \sim 8$ MPa），高压水沿高压胶管流到放置在待清通管道管口的流线型喷头，喷头尾部设有 $2 \sim 6$ 个射水喷嘴，有些喷头头部开有一小喷射孔，以备冲洗堵塞严重的管道。

目前，生产中使用的水力冲洗车的水罐容量为 $1.2 \sim 8.0 \text{m}^3$，高压胶管直径为 $25 \sim 32$ mm，喷头喷嘴有 $1.5 \sim 8.0$ mm 等多种规格，射水方向与喷头前进方向相反，喷射角为 $34°$ 或 $35°$，喷射耗水量为 $200 \sim 500$ L/min。

2）水力清通

水力清通是采用提高管渠上下游水位差，加大流速来疏通管渠的一种方法，可以利用管道内污水自冲，也可利用自来水或河水。用管道内污水自冲时，管道本身必须具有一定的流量，同时管内淤泥不宜过多（20% 左右）。用自来水冲洗时，通常从消防龙头或街道集中给水栓取水，或用水车将水送到冲洗现场，一般在街坊内的污水支管，每冲洗一次需水 $2000 \sim 3000$ L。

提高水位差有三种做法：一是调整泵站运行方式，即在某些时段减少开泵台数以抬高管道水位，然后突然加大泵站抽水量，造成短时间的水头差。这种方法最方便，最省钱，但前提是泵站和管网同属于一个管理单位，否则，泵站不会免费为管道进行水力疏通。二是在管道中安装闸门，包括固定和临时闸门。冲洗闸门的优点是完全利用管道自身的污水，无需人工操作。平时闸门关闭，水流被阻断，上游水位随即上升，当水位上升到一定高度后，依靠浮筒的浮力将闸门迅速打开，实现自动冲洗，周而复始。三是在管道内放入水力疏通球，水流经过浮球时过水断面缩小，流速加大，此时的局部大流速足以将管道彻底冲洗干净。这种方法首先用一个一端由钢丝绳系在绞车上的橡皮气塞或木桶橡皮刷堵住检查井下游管段的进口，使检查井上游管段充水。待上游管中充满并在检查井中水位抬高至 1m 左右以后，突然放走气塞中部分空气，使气塞缩小，气塞便在水流的推动下往下游浮动而刮走污泥，同时水流在上游较大水压作用下，以较大的流速从气塞底部冲向下游管段。这样，沉积在管底的淤泥便在气塞和水流的冲刷作用下排向下游检查井，管道本身则得到清洗。

从表 8-1 可以看出，水力疏通所耗用的人工、单价都不到绞车疏通的 1/3。

水力清通在国外很早就被重视并且获得大量实际应用。为解决上游污水管流速缓慢而造成沉淀的问题，美国采用了各种虹吸式自动冲洗柜，砖砌水柜的储水量为 $150 \sim 500$ 加仑（$0.57 \sim 1.9 \text{m}^3$），每 $2 \sim 3$ 个街区安装一座，水源来自自来水。在某些具有高水位河流或湖泊的地方，利用河水、湖水（如水库）冲洗管道也是一种极佳的选择。

		大型管	中型管	小型管	污水管
绞车疏通	人工	15. 69	8. 44	5. 83	—
	基价	696. 60	390. 40	276. 65	—
水力疏通	人工	—	2. 70	1. 52	1. 37
	基价	—	112. 23	92. 50	—
绞车/水力	人工		3. 13 倍	3. 83 倍	—
	基价		3. 48 倍	3. 00 倍	—

注：1. 表中数据取自《上海市市政设施养护维修定额》（2000 年版）；

　　2. DN600 以下为小型管；DN600～DN1050 为中型管；DN1050～DN1500 为大型管，DN11500 以上为特大型管。

水力清通方法操作简便，工效较高，工作人员操作条件较好，目前已得到广泛采用。根据我国一些城市的经验，水力清通不仅能清除下游管道 250m 以内的淤泥，而且在 150m 以内上游管道中的淤泥也能得到相当程度的刷清。当检查井的水位升高到 1.20m 时，突然松塞放水，不仅可清除污泥，而且可冲刷出沉在管道中的碎砖石。但在管渠系统脉脉相通的地方，当一处用了气塞后，虽然此处的管渠被堵塞了，由于上游的污水可以流向别的管段，无法在该管渠中积存，气塞也就无法向下游移动，此时只能采用水力冲洗车或从别的地方运水来冲洗，消耗的水量较大。

（3）机械清通

当管渠淤塞严重，淤泥已粘结密实，水力清通的效果不好时，可采用机械清通。

常用的机械清通方法有：绞车清淤通沟机清淤，机器人清淤机械清通工具的种类繁多，按其作用分有耙松淤泥的骨筋形松土器；有清除树根及破布等沉淀物的弹簧刀和锚式清通工具；有用于刮泥的清通工具，如胶皮刷、铁畚箕、钢丝刷、铁牛等。清通工具的大小应与管道管径相适应。当淤泥数量较多时，可先用小号清通工具，待淤泥清除到一定程度后再用与管径相适应的清通工具。清通大管道时，由于检查井井口尺寸的限制，清通工具可分成数块，在检查井内拼合后再使用。

通沟机类型主要有气动式通沟机、钻杆通沟机和软轴通沟机。气动式通沟机借压缩空气把清泥器从一个检查井送到另一个检查井，然后用绞车通过该机尾部的钢丝绳向后拉，清泥器的翼片即时张开，把管内淤泥刮到检查井底部。钻杆通沟机是通过汽油机或汽车引擎带动一机头旋转，把带有钻头的钻杆通过机头中心由检查井通入管道内，机头带动钻杆转动，使钻头向前钻进，同时将管内的淤积物清扫到另一个检查井中。软轴通沟机是有电机或汽车引擎产生动力，通过一根软轴传送给清淤工具，软轴的转动使清淤工具边旋动边前进，将淤积物搅松刮入另一检查井中。淤泥被刮到下游检查井后，通常也可采用吸泥车吸出。吸泥车的型式有：装有隔膜泵的吸泥车、装有真空泵的真空吸泥车和装有射流泵的射流泵式吸泥车。因为污泥含水率非常高，它实际上是一种含泥水，为了回收其中的水用于下游管段的清通，同时减少污泥的运输量，我国一些城市已采用泥水分离吸泥车。采用泥水分离吸泥车时，污泥被安装在卡车上的真空泵从检查井吸上来后，以切线方向旋流进入储泥罐，储泥罐内装有由旁置筛板和工业滤布组成的脱水装置，污泥在这里连续真空吸滤脱水。脱水后的污泥储存在罐内，而吸滤出的水则经车上的储水箱排至下游检查井内，以备下游管段的清通之用。为了克服污泥含水率高的问题，我国广州市政维修处和广东粤海车辆厂合作成功研制了液压抓泥车。

1）绞车清淤

绞车清淤是常用的清淤技术方法，是利用当排水管道两端进行绳索拉结的技术方法进行淤泥清除的过程。首先把清通工具（竹片、胶皮刷、铁畚箕、钢丝刷、铁牛、弹簧刀和锚式清通器等），穿过需要清通的管道段，清通工具的一端系上钢丝绳，在清通管段的两段检查井上各设一台绞车，当清淤工具穿过管段后，将钢丝绳系在一台绞车上，清通工具的另一端通过钢丝绳系在另一台绞车上，然后利用绞车来回往复绞动钢丝绳，带动清通工具将淤泥挂到下游检查井内，从而使管道得到清通。

2）通沟机

通沟机是在空气或液体压力作用下作为一个喷射体穿过管道，或者采用钻杆推动清除管道内的淤积物，这种方法要求管壁光滑规则。

《城镇排水管渠与泵站运行、维护及安全技术规程》CJJ 68—2016 提出了推杆疏通和钻杆疏通的概念。推杆疏通（push rod cleaning）的定义是"用人力将竹片、钢条等工具推入管道内清除堵塞的疏通方法"；钻杆疏通（swivel rod cleaning）的定义是"采用旋转疏通杆的方式来清除管道堵塞的疏通方法，又称为转轴疏通或弹簧疏通"。竹片至今还是我国疏通小型管道的主要工具。钻杆疏通机按动力不同可分为手动、电动和内燃机驱动三种。电动疏通机在室外使用时供电比较麻烦。钻杆机配有不同功能的钻头，用以疏通树根、泥沙、布条等不同堵塞物，效果比推杆更好。

3）机器人清淤

随着机械制造和自动控制科学的发展，机器人清淤发展迅速，人不下井、路不开挖、水不断流、泥不落地成为现实。机器人清淤与现场泥水分离系统包括：自动监测装置、机器清淤装置、取泥装置、泥水分离装置、控制装置等。功能和原理为，无堵塞专用绞吸机器人沿渠箱内部行走，将涵内高浓度泥沙抽吸上来，并通过输送管输送至地面污泥处理工作站，进行泥水分离，经分离后的污泥进入拌合仓，与污泥土壤改良剂充分拌合处理后去除臭味及无害固化，最终自卸入运载车内。经分离后污水反排至渠箱内。该方法的主要特点是可不中断渠箱正常排水，不需要截流，满水、无水状态都可以作业，解决了一些老市区排水管网单一、排水通量一直是保持高位不方便截流的问题；机器人可自动判别淤泥深度，到达沟底后自动行走推进清淤；淤泥输送过程中一直在封闭管道内输送，不存在外泄形成二次污染；全部作业采用设备遥控实现，避免了人员与淤泥的直接接触，作业环境极大改善。北京恒通国盛环境管理有限公司研制的高智能排水管道清淤机器设备在北京、广州、深圳等地成功应用，效率较传统清淤方式大幅提高。

采用清淤机器人施工开始前，先将需要清淤的箱涵勘察完毕，选取工作面开取点，如果箱涵的尽头不方便作业，可以选择不影响交通，车流量较小的地段开出一个机器人下放的工作坑。坑口尺寸为 5m×3m；位置最好选择在箱涵的中部位置。通过吊车将机器人投入至需要清淤的箱涵内，将机器人的动力油管和控制电缆以及污泥输送管连接好，准备开始作业。施工时，操作员调整好监控系统，将清淤机器人调整到箱涵合适的位置，操作清淤机器人取泥装置，直接从箱涵内部提取高浓度泥浆，取泥装置同时会对泥浆进行初步的处理，而后泥浆被送至陆地上的泥水分离装置内进行处理作业。清理完成一段箱涵后，将机器人开至下一段井口，将动力油管、控制电缆以及污泥管从井口取出断开，将泥水分离机器人从上一井口挪至此进口再将动力油管和控制电缆以及污泥管接上继续作业。依次循环至管道清淤完毕。

（4）雨水口防臭

近年来，随着市民环境意识的提高，有关雨水口异臭的投诉日渐增多。综合国内外的做法，防臭技术可分为两类，一类属挡板式，即在雨水箅下面安装一个由门框和活门组成的挡板，平时靠弹簧或平衡块使活门保持关闭状态，下雨时活门自动开启。目前，这类被称为防蚊闸的兼有防蚊蝇、防老鼠、防蟑螂等多种功能，缺点是活门有时会被杂物卡住而导致失灵。另一类是水封式防臭装置，这是一种工厂预制的混凝土雨水口，管口处有一道混凝土挡板，雨水需从挡板下面以倒虹的方式进入管道，其缺点是在久旱无雨的季节里，水封式雨水口会因缺水而导致水封失效。

8.3 排水管渠系统的维护

系统地检查管渠的淤塞及损坏情况，有计划地安排管渠的修理，是养护工作的重要内容之一。雨水管渠和污水管道维护工作，应符合下列规定：

1）路面作业时，维护作业区域应设置安全警示标志，维护人员应穿戴配有反光标志的安全警示服；作业完毕应及时清除障碍物。

2）维护作业现场严禁吸烟，未经许可严禁动用明火。开启压力井盖时，应采取相应的防爆措施。

3）下井作业前，应对管道（渠）进行强制通风，并确保管道内水深、流速等满足人员进入安全要求。

4）下井作业中，应根据环境条件采取确保人员安全的防护措施。

5）管道检测设备的安全性能，应符合爆炸气体环境用电设备的有关规定。

9 排水泵站及其设计

9.1 概述

9.1.1 排水泵站组成与分类

排水泵站的工作特点是所抽升的水一般含有大量的杂质，且来水的流量逐日逐时都在变化。排水泵站的基本组成包括：机器间、集水池、格栅、辅助间，有时还附设有变电所。机器间内设置水泵机组和有关的附属设备。格栅和吸水管安装在集水池内，集水池还可以在一定程度上调节来水的不均匀性，以使泵能较均匀工作。格栅作用是阻拦水中粗大的固体杂质，以防止杂物阻塞和损坏泵。辅助间一般包括储藏室、修理间、休息室和厕所等。

排水泵站可以按以下方式分类：

1）按排水的性质，一般可分为污水泵站、雨水泵站、合流泵站和污泥泵站。

2）按其在排水系统中的作用，可分为中途泵站（或称区域泵站）和终点泵站（又称总泵站）。中途泵站通常是为了避免排水干管埋设太深而设置的。终点泵站是将整个城镇的污水或工业企业的污水抽送到污水处理厂或将处理后的污水提升排放。

3）按泵启动前能否自流充水分为自灌式泵站和非自灌式泵站。

4）按泵房的平面形状，可以分为圆形泵站和矩形泵站。

5）按集水池与机器间的组合情况，可分为合建式泵站和分建式泵站。

6）按照控制的方式可分为人工控制、自动控制和遥控三类。

排水泵站占地面积与泵站性质、规模大小以及泵站所处的位置有关，见表9-1。

不同规模泵站的占地面积 表9-1

设计规模 （m³/s）	泵站性质	占地面积（m²）	
		城、近郊区	远郊区
<1	雨水	400～600	500～700
	污水	900～1200	1000～1500
	合流	700～1000	800～1200
	立交	500～700	600～800
	中途加压	300～600	400～600
1～3	雨水	600～1000	700～1200
	污水	1200～1800	1500～2000
	合流	1000～1300	1200～1500
	中途加压	500～700	600～800

设计规模 （m^3/s）	泵站性质	占地面积（m^2）	
		城、近郊区	远郊区
3~5	雨水	1000~1500	1200~1800
	污水	1800~2500	2000~2700
	合流	1300~2000	1500~2000
5~30	雨水	1500~8000	1800~10000
	合流	2000~8000	2200~10000

注：1. 表中占地面积主要指泵站围墙以内的面积，从进水井到出水，包括整个流程中的构筑物和附属构筑物以及生活用地，内部道路及庭院绿化等面积；

2. 表内占地面积系指有集水池的情况，对于中途加压泵站，若吸水管直接与上游出水管连接时，则占地面积可相应减少；

3. 污水处理厂内的泵站占地面积，由污水处理厂平面布置决定。

9.1.2 排水泵站的形式及特点

排水泵站的形式取决于水力条件、工程造价，以及泵站的规模、泵站的性质、水文地质条件、地形地物、挖深及施工方法、管理水平、环境要求、选用泵的形式等因素。下面就几种典型的排水泵站说明其优缺点及适用条件。

（1）干式泵房和湿式泵房

雨水泵站的特点是流量大、扬程小，因此，大都采用轴流泵，有时也用混流泵。其基本形式有干式泵站（图9-1）与湿式泵站（图9-2）。

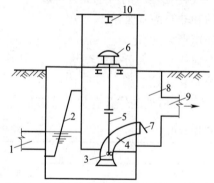

图9-1 干式泵站
1—来水干管；2—格栅；3—水泵；4—压水管；
5—传动轴；6—立式电机；7—拍门；8—出水井；
9—出水管；10—单梁吊车

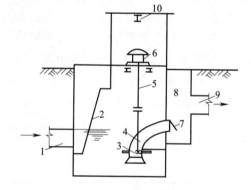

图9-2 湿式泵站
1—来水干管；2—格栅；3—水泵；4—压水管；
5—传动轴；6—立式电动机；7—拍门；
8—出水井；9—出水管；10—单梁吊车

干式泵站：集水池和机器间由隔墙分开，只有吸水管和叶轮淹没在水中，机器间可经常保持干燥，有利于对泵的检修和维护。泵站共分三层。上层是电动机间，安装立式电动机和其他电气设备；中层为机器间，安装泵的轴和压水管；下层是集水池。机器间与集水池用不透水的隔墙分开，集水池的雨水，除了进入水泵间以外，不允许进入机器间。因而电动机运行条件好，检修方便，卫生条件也好。缺点是结构复杂，造价较高。

湿式泵站：电动机层下面是集水池，泵浸于集水池内。结构虽比干式泵站简单，造价较低，但泵的检修不方便，泵站内比较潮湿，且有臭味，不利于电气设备的维护和管理工人的健康。

（2）圆形泵站和矩形泵站

图9-3为合建式圆形排水泵站，装设卧式泵，自灌式工作。适合于中、小型排水量，水泵不超过四台。圆形结构受力条件好，便于采用沉井法施工，可降低工程造价，泵启动方便，易于根据吸水井中水位实现自动操作。缺点是：机器间内机组与附属设备布置较困难，当泵房很深时，工人上下不便，且电动机容易受潮。由于电动机深入地下，需考虑通风设施，以降低机器间的温度。

图9-4为合建式矩形排水泵站。它是将合建式圆形排水泵站中的卧式泵改为立式离心泵（也可用轴流泵），以避免合建式圆形泵站的上述缺点。但是，立式离心泵安装技术要求较高，特别是泵房较深，传动轴较长时，须设中间轴承及固定支架，以免泵运行时传动轴产生振荡。这类泵房能减少占地面积，降低工程造价，并使电气设备运行条件和工人操作条件得到改善。合建式矩形排水泵站，装设立式泵，自灌式工作。大型泵站用此种类型较合适。泵台数为四台或更多时，采用矩形机器间，机组、管道和附属设备的布置较方便，启动操作简单，易于实现自动化。电气设备置于上层，不易受潮，工人操作条件良好。缺点是建造费用高。当土质差，地下水位高时，因施工困难，不宜采用。

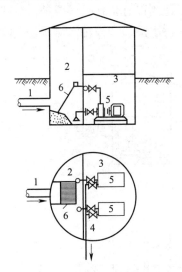 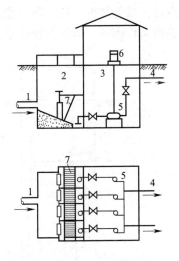

图9-3　合建式圆形排水泵站

1—排水管渠；2—水池；

3—机器间；4—压水管；

5—卧式污水泵；6—格栅

图9-4　合建式矩形排水泵站

1—排水管渠；2—水池；3—机器间；

4—压水管；5—立式污水管；

6—立式电动机；7—格栅

（3）自灌式泵房和非自灌式泵房

水泵及吸水管的充水，有自灌式（包括半自灌式）和非自灌式两种方式，故泵房也可分为自灌式泵房和非自灌式泵房。

1）自灌式泵房：水泵叶轮或泵轴低于集水池的最低水位，在最高、中间和最低水位三种情况下都能直接启动。半自灌式是指泵轴仅低于集水池的最高水位，当集水池达到最高水位时方可启动。自灌式泵房优点是启动及时可靠，不需引水辅助设备，操作简单。缺点是泵房较深，增加地下工程造价，有些管理单位反映吊装维修不便，噪声较大，甚至会妨碍管理人员利用听觉判断水泵是否正常运转。采用卧式泵时电动机容易受潮。在自动化程度较高的泵站、较重要的雨水泵站、立交排水泵站、开启频繁的污水泵站中，宜尽量采用自灌式泵房。

2) 非自灌式泵房：泵轴高于集水池的最高水位，不能直接启动，由于污水泵吸水管不得设底阀，故须采用引水设备。这种泵房深度较浅，室内干燥，卫生条件较好，利于采光和自然通风，值班人员管理维修方便，但管理人员必须能熟练地掌握水泵启动工序。在来水量较稳定，水泵开启并不频繁，或在场地狭窄，或水文地质条件不好，施工有一定困难的条件下，采用非自灌式泵房。常用的引水设备及方式有：真空泵引水、真空罐引水、密闭水箱引水和鸭管式无底阀引水。

（4）合建式泵站和分建式泵站

图9-5为分建式排水泵站。当土质差、地下水位高时，为了减少施工困难和降低工程造价，将集水池与机器间分开修建是合理的。将一定深度的集水池单独修建，施工上相对容易些。为了减小机器间的地下部分深度，应尽量利用泵的吸水能力，以提高机器间标高。但是，应注意不要将泵的允许吸上真空高度利用到极限，以免泵站投入运行后吸水发生困难。因为在设计时对施工可能发生的种种与设计不符情况和运行后管道积垢、泵磨损、电源频率降低等情况都无法事先准确估计，所以适当留有余地是必要的。分建式泵站的主要优点是：结构简单，施工较方便，机器间没有污水渗透和被污水淹没的危险。它的缺点是泵的启动较频繁，给运行操作带来困难。

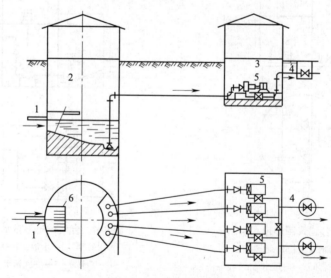

图9-5　分建式排水泵站

1—排水管渠；2—集水池；3—机器间；4—压水管；5—水泵机组；6—格栅

合建式排水泵站（图9-3和图9-4）：当机器间泵中轴线标高高于水池中水位时（即机器间与集水池的底板不在同一标高时），泵也要采用抽真空启动。这种类型适应于土质坚硬、施工困难的条件，为了减少挖方量而不得不将机器间抬高。在运行方面，它的缺点同分建式排水泵站。实际工程中采用较少。

（5）半地下式泵站和全地下式泵站

1）半地下式泵站有两种情况：一种是自灌式，机器间位于地面以下以满足自灌式水泵启动的要求，将卧式水泵底座与集水池底设在一个水平面上；另一种是非自灌式，机器间高程取决于吸水管的最大吸程，或吸水管上的最小覆土。半地下式泵站地面以上建筑物的空间要能满足吊装、运输、采光、通风等机器间的操作要求，并能设置管理人员的值班室和配电室，一般排水泵站应采用半地下式泵房。

2）全地下式泵站：在某些特定条件下，泵站的全部构筑物都设在地面以下，地面以上没有任何建筑物，只留有供人出入的门（或人孔）和通气孔、吊装孔。全地下式泵站的缺点是通风条件差，容易引起中毒事故，在污水泵房中还可能有沼气积累甚至会发生爆炸；潮湿现象严重，会因电机受潮而影响正常运转；管理人员出入不方便，携带物件上下更加困难；为满足防渗防潮要求，需要全部采用钢筋混凝土结构，工程造价较高。故应尽量避免采用全地下式泵站。当由于受周围建筑物局限，或该地区有特殊要求不允许有地面建筑，不得不设置全地下式泵站时，应采取以下措施：必须有良好的机械通风设备，保证室内空气流通；电机间、水泵间、集水池都应设直接通向室外的吊装孔；门或人孔的尺寸应能满足两人同时进出的要求。人孔最好用矩形，宽度不小于 1.2m；上下楼梯踏步应采用钢筋混凝土结构，不允许采用钢筋或角钢焊接；尽可能采用自动化遥控。

（6）其他泵房形式

1）螺旋泵站。污水由来水管进入螺旋泵的水槽内，螺旋泵的电动机及有关的电气设备设于机器间内，污水经螺旋泵提升进入出水渠，出水渠起端设置格栅。采用螺旋泵抽水可以不设集水池，不建地下式或半地下式泵房，节约土建投资。螺旋泵抽水不需要封闭的管道，因此水头损失较小，电耗较省。由于螺旋泵螺旋部分是敞开的，维护与检修方便，运行时不需看管，便于实行遥控和在无人看管的泵站中使用，还可以直接安装在下水道内提升污水。

螺旋泵可以提升破布、石头、杂草、罐头盒、塑料袋以及废瓶子等任何能进入泵叶片之间的固体。因此，泵前可不必设置格栅。格栅设于泵后，在地面以上，便于安装、检修与清除。使用螺旋泵时，可完全取消通常其他类型污水泵配用的吸水喇叭管、底阀、进水和出水闸阀等配件和设备。

螺旋泵还有一些其他泵所没有的特殊功能。例如用在提升活性污泥和含油污水时，由于其转速慢，不会打碎污泥颗粒和矾花。用于沉淀池排泥，能对沉淀污泥起一定的浓缩作用。

但是，螺旋泵也有其缺点：受机械加工条件的限制，泵轴不能太粗太长，所以扬程较低，一般为 3~6m。因此，不适用于高扬程、出水水位变化大或出水为压力管的场合。在需要较大扬程的地方，往往采用二级或多级抽升的布置方式，由于螺旋泵是斜装的，体积大，占地也大，耗钢材较多。此外，螺旋泵是开敞式布置，运行时有臭气逸出。

2）潜水泵站。随着各种国产潜水泵质量的不断提高，越来越多的新建或改建的排水泵站都采用了各种形式的潜水泵（图9-6），包括排水用潜水轴流泵、潜水混流泵、潜水离心泵等，其最大的优点是不需要专门的机器间，将潜水泵直接置于集水井中，但对潜水泵尤其是潜水电机的质量要求较高。

在工程实践中，排水泵站的类型是多种多样的。究竟采取何种类型，应根据具体情况，经多方案技术经济比较后决定。根据我国设计和运行经验，凡泵台数不多于四台的污水泵站和三台或三台以下的雨水泵站，其地下部分结构采用圆形最为经济，其地面以上构筑物的形式，必须与周围建筑物相适应。当泵台数超过上述数量时，地下及地上部分都可采用矩形或由矩形组合成的多边形或椭圆形；地下部分有时为了发挥圆形结构比较经济和便于沉井施工的优点，可以采取将集水池和机器间分开为两个构筑物，或者将泵分设在两个地下的圆形构筑物内。这种布置适用于流量较大的雨水泵站或合流泵站。对于抽送会产生易燃易爆和有毒气体的污水泵站，必须设计为单独的建筑物，并应采用相应的防护措施。

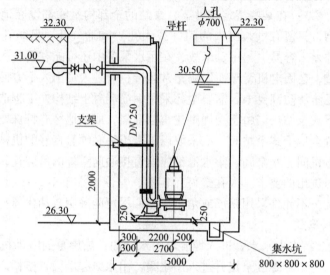

图 9-6　潜水泵排水泵站（标高的单位是 m）

9.2　排水泵站设计要求

9.2.1　排水泵站设计的一般要求

（1）总体要求

排水泵站布置应满足城镇总体规划和城镇排水专业规划的要求，合理布局，提高运行效率。泵站宜按远期规模设计，水泵机组可按近期规模配置，可根据水环境和水安全的要求，可与径流污染控制、径流峰值削减或雨水利用等调蓄设施合建。满足规划、消防和环保部门的要求。

（2）安全要求

排水泵站中会产生易燃易爆和有毒有害气体的污水泵站应为单独建筑物，并应配置相应的检测设备、报警设备和防护设施。抽送腐蚀性污水的泵站，必须采用耐腐蚀的水泵、管配件和有关设备。单独设置的泵站与居住房屋和公共建筑物的距离应满足规划、消防和环保部门的要求。泵站的地面建筑物应与周围环境协调，做到适用、经济、美观，泵站内应绿化。泵站室外地坪标高满足防洪要求，室内地坪高于室外地坪 0.2～0.3m；易受洪水淹没地区的泵站和地下式泵站，其入口处地面标高应比设计洪水位高 0.5m 以上；当不能满足时，应设置防洪措施。

（3）海绵城市要求

泵站场地雨水排放应充分体现海绵城市建设理念，利用绿色屋顶、透水铺装、生物滞留设施等进行源头减排，并结合道路和建筑物布置雨水口和雨水管道，接入附近城镇雨水系统或雨水泵站的格栅前端。地形允许散水排水时，可采用植草沟和道路边沟排水。

（4）雨水泵站应采用自灌式泵站，污水泵站和合流污水泵站宜采用自灌式泵站。

（5）位于居民区和重要地段的污水泵站、合流污水泵站和地下式泵站，应设置除臭装置，除臭效果应符合现行国家标准的有关规定。自然通风条件差的地下式水泵间应设置机械送排风系统。有人值守的泵站内，应设隔声值班室并设有通信设施。远离居民点的泵站，应根据需要适当设置工作人员的生活设施。

（6）泵房宜设两个出入口，其中一个应能满足最大设备或部件的进出。排水泵站供电应按二级负荷设计。特别重要地区的泵站应按一级负荷设计。排水泵站内部和周围道路应满足设施装卸、垃圾清运、操作人员进出方便和消防通道的要求。规模较小、用地紧张、不允许存在地面建筑的情况下，可采用一体化预制泵站。

9.2.2 排水泵站工艺设计的要求

（1）设计流量和设计扬程

1）设计流量 排水泵站设计流量宜按远期规模设计，水泵机组可按近期配置。

① 污水泵站的设计流量应按泵站进水总管的旱季设计流量计算。污水泵站的总装机流量应按泵站进水总管的雨季设计流量确定。

② 雨水泵站的设计流量应按泵站进水总管的设计流量计算，当立交道路设有盲沟时，其渗流水量应单独计算。

③ 合流污水泵站的设计流量按式（6-1）确定：

泵站后设污水截流装置时，按式(6-1)计算；泵站前设污水截流装置时，按式（9-1a）、式（9-1b）分别计算。

a. 雨水部分 $\qquad Q_p = Q_s - n_0 Q_{dr}$ $\qquad$ (9-1a)

b. 污水部分 $\qquad Q_p = (n_0 + 1) Q_{dr}$ $\qquad$ (9-1b)

式中 Q_p——泵站设计流量，m^3/s；

$\qquad$ Q_s——雨水设计流量，m^3/s；

$\qquad$ Q_{dr}——旱流污水设计流量，m^3/s；

$\qquad$ n_0——截流倍数。

雨污分流不彻底、短时间难以改建或考虑径流污染控制的地区，雨水泵站可设置混接污水截流设施，并应采取措施排入污水处理系统。

目前我国许多地区都采用合流制和分流制并存的排水制度，还有一些地区雨污分流不彻底，短期内又难以完成改建。市政排水管网雨污水管道混接一方面降低了现有污水系统设施的收集处理率，另一方面又造成了对周围水体环境的污染。雨污混接方式主要有建筑物内部洗涤水接入雨水管、建筑物污废水出户管接入雨水管、化粪池出水管接入雨水管、市政污水管接入雨水管等。

2）设计扬程

① 污水泵和合流污水泵的设计扬程：出水管渠水位以及集水池水位的不同组合，可组成不同的扬程，设计流量时，出水管渠水位与集水池设计水位之差加上管路系统水头损失和安全水头为设计扬程；设计最小流量时，出水管渠水位与集水池设计最高水位之差加上管路系

统水头损失和安全水头为最低工作扬程；设计最大流量时，出水管渠水位与集水池设计最低水位之差加上管路系统水头损失和安全水头为最高工作扬程。安全水头一般为0.3~0.5m。

② 雨水泵站的设计扬程：受纳水体水位以及集水池水位的不同组合，可组成不同的扬程。受纳水体水位的平均水位或平均潮位与设计流量下集水池水位之差加上管路系统水头损失为设计扬程；受纳水体水位的高水位或防汛潮位与集水池设计最低水位之差加上管路系统水头损失为最高工作扬程。

（2）泵房设计

1）水泵配置 水泵选择应根据设计流量和所需的扬程等因素确定，且应符合以下要求：

① 水泵宜选同一型号，台数不应少于2台，不宜大于8台。当流量变化很大时，可配置不同规格的水泵，但不宜超过两种，或采用变频调速装置，或采用叶片可调试水泵。

② 污水泵房和合流泵房应设备用泵，当工作泵台数少于或等于4台时，备用泵应为1台。工作泵台数多于或等于5台时，备用泵应为2台；潜水泵房备用泵为2台时，可现场备用1台，库存备用1台；雨水泵房可不设备用泵；立交道路的雨水泵房可视泵房重要性设置备用泵。

③ 选用的水泵宜在满足设计扬程时在高效区运行；在最高工作扬程与最低工作扬程的整个工作范围内应能安全稳定运行。2台以上水泵并联运行合用一根出水管时，应根据水泵特性曲线和管路工作特性曲线验算单台泵的工况，使之符合设计要求。

④ 多级串联的污水泵站和合流污水泵站，应考虑级间调整的影响。

⑤ 水泵吸水管设计流速宜为0.7~1.5m/s，出水管流速宜为0.8~2.5m/s。

⑥ 非自灌式水泵应设引水设备，小型水泵可设底阀或真空引水设备。

⑦ 雨水泵站应采用自灌式泵站，污水泵站和合流污水泵站宜采用自灌式泵站。

2）泵站布置 水泵房布置宜符合以下要求：

① 水泵站的平面布置 水泵布置宜采用单行布置，主要机组的布置和通道宽度，应满足机电设备安装、运行和操作的要求，即水泵机组基础间的净距不宜小于1.0m，机组突出部分与墙壁的净距不宜小于1.2m，主要通道宽度不宜小于1.5m；配电箱前面的通道宽度，低压配电时不宜小于1.5m，高压配电时不宜小于2.0m；当采用在配电箱后检修时，配电箱后距墙的净距不宜小于1.0m；有电动起重机的泵房内，应有吊装设备的通道。

② 水泵站的高程布置 泵房各层层高应根据水泵机组、电气设备、起吊装置、安装、运行和检修等因素确定。水泵机组基座应按水泵的要求设置，并应高出地坪0.1m以上；泵房内地面敷设管道时，应根据需要设置跨越设施，若架空敷设时，不得跨越电气设备和阻碍通道，通行处的管底距地面不宜小于2.0m；当泵房为多层时，楼板应设置吊物孔，其位置应在起吊设备的工作范围内，吊物孔尺寸应按所需吊装的最大部件外形尺寸每边放大0.2m以上。泵房起重设备应根据需吊运的最重部件确定。起重量不大于3t时宜选用手动或电动捯链；起重量大于3t时应选用电动单梁或双梁起重机。水泵机组基座应按水泵要求配置，并应高出地坪0.1m以上。水泵间和电动机间的层高差超过水泵技术性能中规定的轴长时，应设置中间轴承和轴承支架，水泵油箱和填料函处应设置操作平台等设施、操作平台工作宽度不应小于0.6m，并应设置栏杆。平台的设置应满足管理人员通行和不妨碍水泵装拆。

泵站室外地坪标高应按城镇防洪标准确定,并符合规划部门要求。泵站室内地坪应比室外地坪高 0.2~0.3m。易受洪水淹没地区的泵站,其入口处设计地面标高应比设计洪水位高 0.5m 以上,当不能满足上述要求时,可在入口处设置闸槽墩临时性防洪措施。泵房内应有排除积水的设施。

3）集水池

① 集水池容积 为了泵站正常运行,集水池的贮水部分必须有适当的有效容积。集水池的设计最高水位与设计最低水位之间的容积为有效容积。集水池的容积应根据设计流量、水泵能力和水泵工作情况等因素确定。集水池有效容积应根据设计流量、水泵能力和水泵工作情况等因素确定,计算范围,除集水池本身外,可以向上游推算到格栅部位。若容积过小,水泵开停频繁;若容积过大,则增加工程造价。对污水泵站集水池容积应符合下列要求:污水泵站集水池的容积不应小于最大一台水泵 5min 的出水量;若水泵机组为自动控制时,每小时开动水泵不宜超过 6 次;对污水中途泵站,其下游泵站集水池容积,应与上游泵站工作相匹配,防止集水池壅水和开空车。

雨水泵站和合流污水泵站集水池的容积,由于雨水进水管部分可作为贮水容积考虑,仅规定不应小于最大一台水泵 30s 的出水量。地道污水泵站集水池容积不应小于最大一台泵 60s 的出水量。

污泥泵站集水池的容积应按一次排入的污泥量和污泥泵抽送能力计算确定。活性污泥泵房集水池的容积,应按排入的回流污泥量、剩余污泥量和污泥泵的抽送能力计算确定。

间歇使用的泵房集水池,应按一次排入的水量、泥量和水泵抽送能力计算。

② 集水池设计水位 污水泵站集水池设计最高水位应按进水管充满度计算;雨水泵站和合流污水泵站集水池设计最高水位应与进水管管顶相平;当设计进水管道为压力管时,集水池设计最高水位可高于进水管管顶,但不得使管道有地面冒水。大型合流污水输送泵站集水池的容积应按管网系统中调压塔原理复核。

集水池设计的最低水位应满足所选水泵吸升水头的要求,自灌式泵房尚应满足水泵叶轮浸没深度的要求。

③ 集水池的构造要求 泵房应采取正向进水,应考虑改善水泵吸水管的水力条件、减少滞流或涡流,以使水流顺畅,流速均匀。侧向进水易形成集水池下游端的水泵吸水管处于水流不稳、流量不均状态,对水泵运行不利。由于进水条件对泵房运行极为重要,必要时,流量在 15m³/s 以上的泵站宜通过水力模型试验确定进水布置方式,5~15m³/s 的泵站宜通过数学模型计算确定进水布置方式。雨水泵站和合流污水泵站集水池的设计最高水位宜与进水管管顶相平。当设计进水管道为压力管时,集水池的设计最高水位可高于进水管管顶,但不得使管道上游地面冒水。

集水池前应设置闸门或闸槽。泵站宜设置事故排出口,污水泵站和合流污水泵站设置事故排出口应报有关部门批准。集水池的布置会直接影响水泵吸水的水流条件。水流条件差,会出现滞留或涡流,不利于水泵运行,会引起气蚀,效率下降,出水量减少,电动机超载,形成运行不稳定,产生噪声和振动,增加能耗。集水池底部应设集水坑,倾向坑的坡度不宜小于 10%;集水坑应设冲洗装置,宜设清泥设施。

雨水进水管沉砂量较多的地区,宜在雨水泵站前设置沉砂设施和清砂设备。集水池池底应设置集水坑,坑深宜为 500~700mm。集水池应设置冲洗装置,宜设置清泥设施。

4）出水设施

① 当2台或2台以上水泵合用一根出水管时，每台水泵的出水管均应设置闸阀，并在闸阀和水泵之间设置止回阀。当污水泵出水管与压力管或压力井相连时，出水管上必须安装止回阀和闸阀的防倒流装置，雨水泵的出水管末端宜设置防倒流装置，其上方宜考虑设置起吊设施。

② 合流污水泵站和雨水泵站应设试车水回流管。出水井通向河道一侧应安装出水闸门或采取临时性的防堵措施，防止试车时污水和受污染雨水排入河道。雨水泵站出水口位置选择应避免桥梁等水中构筑物，出水口和护坡结构不得影响航道，水流不得冲刷河道或影响航运安全，出口流速宜小于0.5m/s，并取得航运、水利部门的同意，泵房出水口处应设置警示标志。

（3）排水泵站的其他要求

1）排水泵站宜设计为单独的建筑物，泵站与居住房屋和公共建筑物的距离应满足规划、消防和环保部门的要求。抽送产生易燃易爆和有毒有害气体的污水泵站，应采取相应的防护措施。

2）排水泵站的建筑物和附属设施宜采取防腐蚀措施。

3）排水泵站供电应按二级负荷设计，特别重要地区的泵站应按一级负荷设计（强条）。当不满足上述要求时，应设置备用动力设施。

4）水泵站宜按集水池的液位变化自动控制运行，宜建立遥测、遥信和遥控系统。排水管网关键节点流量的监控宜采用自动控制系统。

5）排水管网关键节点应设置流量监测装置。排水管网关键节点指排水泵站、主要污水和雨水排放口、管网中流量可能发生剧烈变化的位置等。

6）位于居民区和重要地段的污水、合流污水泵站和地下式泵站，应设置除臭装置除臭效果应符合国家现行标准的有关要求。自燃通风条件差的地下式水泵间应设机械送排风系统。

7）有人值守的泵站内应设隔声值班室并设有通信设施，远离居民点的泵站，应根据需要适当设置工作人员的生活设施。

8）规模较小，用地紧张不允许存在地面建筑的情况下，可采用一体化预制泵站。

9.3 污水泵站的工艺设计

9.3.1 泵的选择

（1）泵站设计流量的确定

城市污水的排水量是不均匀的。要合理地确定泵的流量及其台数以及决定集水池的容积，必须了解最高日中每小时污水流量的变化情况。而在设计排水泵站时，这种资料往往难于获得。因此，排水泵站的设计流量一般均按最高日最高时污水流量决定。小型排水泵站（最高日污水量在5000m³/d以下），一般设1~2台机组；大型排水泵站（最高日污水量超过15000m³/d）设3~4台机组。

污水泵站的流量随着排水系统的分期建设而逐渐增大，在设计时必须考虑这一因素。

（2）泵站的扬程

泵站扬程可按式（9-2）计算：

$$H = H_{ss} + H_{sd} + \sum h_s + \sum h_d \qquad (9-2)$$

式中　　　H_{ss}——吸水高度，为集水池内最低水位与水泵轴线之高差，m；

　　　　　H_{sd}——压水高度，为泵轴线与输水最高点（即压水管出口处）之高差，m；

$\sum h_s$ 和 $\sum h_d$——污水通过吸水管路和压水管路中的水头损失（包括沿程损失和局部损失），m。

　　应该指出，由于污水泵站一般扬程较低，局部损失占总损失的比重较大，所以不可忽略。考虑到污水泵在使用过程中因效率下降和管道中阻力增加而增加的能量损失，在确定泵扬程时，可增大 1～2m 安全扬程。

　　泵在运行过程中集水池的水位是变化的，所选泵应在这个变化范围内处于高效段，如图 9-7 所示。当泵站内的泵超过两台时，所选的泵在并联运行和在单泵运行时都应在高效段内，如图 9-8 所示。

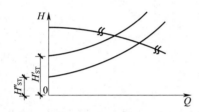
图 9-7　集水池中水位变化时泵工况
H''_{ST}——最高水位时扬水地形高度；
H'_{ST}——最低水位时扬水池地形高度

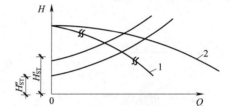
图 9-8　泵并联及单独运行时工况
1—单泵特性曲线；2—两台泵并联特性曲线

（3）泵的选择

　　选用工作泵的要求是在满足最大排水量的条件下，投资低，电耗省，运行安全可靠，维护管理方便。在可能的条件下，每台泵的流量最好相当于 1/3～1/2 的设计流量，并且以采用同型号泵为好。这样对设备的购置、设备与配件的备用、安装施工、维护检修都有利。但从适应流量的变化和节约电耗考虑，采用大小搭配较为合适。如选用不同型号的两台泵时，则小泵的出水量应不小于大泵出水量的 1/2；如设一大两小共三台泵时，则小泵的出水量不小于大泵出水量的 1/3。污水泵站中，一般选择立式离心污水泵。当流量大时，可选择轴流泵；当泵房不太深时，也可选用卧式离心泵。排除含有酸性或其他腐蚀性工业废水时，应选择耐腐蚀的泵。排除污泥时，应尽可能选用污泥泵。

　　为了保证泵站的正常工作，需要有备用机组和配件。如果泵站经常工作的泵不多于四台，且为同一型号，则可只设一套备用机组。超过四台时，除安设一套备用机组外，在仓库中还应存放一套。

9.3.2　集水池容积计算

　　污水泵站集水池的容积与进入泵站的流量变化情况、泵的型号、台数及其工作制度、泵站操作性质、启动时间等有关。

　　集水池的容积在满足安装格栅和吸水管的要求、保证泵工作时的水力条件以及能够及时将流入的污水抽走的条件下，应尽量小些。因为缩小集水池的容积，不仅能降低泵站的造价，还可减轻集水池污水中大量杂物的沉积和腐化。

全日运行的大型污水泵站，集水池容积是根据工作泵机组停车时启动备用机组所需的时间来计算的。一般可采用不应小于泵站中最大一台泵 5min 出水量。水泵机组为自动控制时，每小时开动水泵不宜超过 6 次。

对于小型污水泵站，由于夜间的流入量不大，通常在夜间停止运行。在这种情况下，必须使集水池容积能够满足贮存夜间流入量的要求。

对于工厂污水泵站的集水池，还应根据短时间内淋浴排水量来复核它的容积，以便均匀地将污水抽送出去。

抽升新鲜污泥、消化污泥、活性污泥泵站的集泥池容积，应根据从沉淀池、消化池一次排出的污泥量或回流和剩余的活性污泥量计算确定。

对于自动控制的污水泵站，其集水池容积用式（9-3a）、式（9-3b）计算（按控制出水量分一、二级）。

（1）泵站为一级工作时：

$$W = \frac{Q_0}{4n} \qquad (9\text{-}3a)$$

（2）泵站分二级工作时：

$$W = \frac{Q_2 - Q_1}{4n} \qquad (9\text{-}3b)$$

式中　　　W——集水池容积，m^3；

　　　　Q_0——泵站一级工作时泵的出水量，m^3/h；

　　Q_1、Q_2——泵站分二级工作时，一级与二级工作泵的出水量，m^3/h；

　　　　n——泵每小时启动次数，一般取 $n = 6$。

9.3.3　机组与管道的布置特点

（1）机组布置的特点

污水泵站中机组台数，一般不超过 3 ~ 4 台，而且污水泵都是从轴向进水，一侧出水，所以常采取并列的布置形式。常见的布置形式如图9-9 所示。图9-9（a）适用于卧式污水泵；图9-9（b）及图9-9（c）适用于立式污水泵。

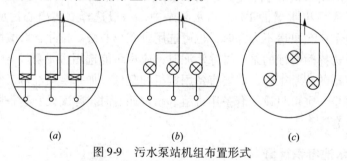

(a)　　　　　　　　(b)　　　　　　　　(c)

图9-9　污水泵站机组布置形式

机组间距及通道大小，可参考给水泵站的要求。

为了减小集水池的容积，污水泵机组的"开""停"比较频繁。为此，污水泵常采取自灌式工作。这时，吸水管上必须装设闸门，以便检修泵。但是，采取自灌式工作会使泵房埋深加大，增加造价。

（2）管道的布置与设计特点

每台泵应设置一条单独的吸水管，这不仅改善了水力条件，而且可减少杂质堵塞管道的可能性。

吸水管的设计流速一般采用 1.0~1.5m/s，最低不得小于 0.7m/s，以免管内产生沉淀。吸水管很短时，流速可提高到 2.0~2.5m/s。

如果泵是非自灌式工作的，应利用真空泵或水射器引水启动，不允许在吸水管进口处装设底阀，因底阀在污水中易被堵塞，影响泵的启动，且增加水头损失和电耗。吸水管进口应装设喇叭口，其直径为吸水管直径的 1.3~1.5 倍。喇叭口安设在集水池的集水坑内。

压水管的流速一般不小于 1.5m/s，当两台或两台以上泵合用一条压水管而仅一台泵工作时，其流速也不得小于 0.7m/s，以免管内产生沉淀。各泵的出水管接入压水干管（连接管）时，不得自干管底部接入，以免泵停止运行时该泵的压水管形成杂质淤积。每台泵的压水管上均应装设闸门。污水泵出口一般不装设止回阀。

泵站内管道一般采用明装敷设。吸水管道常置于地面上，压水管由于泵房较深，多采用架空安装，通常沿墙架设在托架上。所有管道应注意稳定。管道的布置不得妨碍泵站内的交通和检修工作。不允许把管道装设在电气设备的上空。

污水泵站的管道易受腐蚀。钢管抗腐蚀性较差，因此，一般应避免使用钢管。

9.3.4 泵站内标高的确定

泵站内标高主要根据进水管渠底标高或管中水位确定。自灌式泵站集水池底板与机器间底板标高基本一致，而非自灌式（吸入式）泵站由于利用了泵的真空吸上高度，机器间底板标高较集水池底板高。

集水池中最高水位：对于小型泵站即取进水管渠渠底标高；对于大、中型的泵站可取进水管渠计算水位标高。而集水池的有效水深，从最高水位到最低水位，一般取为 1.5~2.0m，池底坡度 $i = 0.1 \sim 0.2$ 倾向集水坑。集水坑的大小应保证泵有良好的吸水条件，吸水管的喇叭口放在集水坑内一般朝下安设，其下缘在集水池中最低水位以下 0.4m，离坑底的距离不小于喇叭进口直径的 0.8 倍。清理格栅工作平台应比最高水位高出 0.5m 以上。平台宽度应不

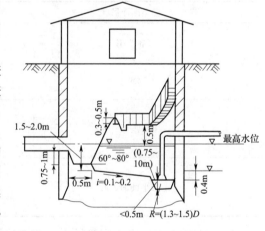

图 9-10 集水池

小于 0.8~1.0m。沿工作平台边缘应有高 1.0m 的栏杆。为了便于下到池底进行检修和清洗，从工作平台到池底应设有爬梯方便上下，如图 9-10 所示。

对于非自灌式泵站，泵轴线标高可根据泵允许吸上真空高度和当地条件确定。泵基础标高则由泵轴线标高推算，进而可以确定机器间地坪标高。机器间上层平台标高一般应比室外地坪高出 0.5m。

对于自灌式泵站，泵轴线标高可由喇叭口标高及吸水管上管配件尺寸推算确定。

9.3.5 污水泵站中的辅助设备

（1）格栅

格栅是污水泵站中最主要的辅助设备。格栅一般由一组平行的栅条组成，斜置于泵站

集水池的进口处。其倾斜角度为 60°~80°，栅条间隙根据泵的性能按表 9-2 选用，栅条的断面形状与尺寸可按表 9-3 选用。

格栅后应设置工作台，工作台一般应高出格栅上游最高水位 0.5m。

对于人工清渣的格栅，其工作平台沿水流方向的长度不小于 1.2m，机械清渣的格栅，其长度不小于 1.5m，两侧过道宽度不小于 0.7m。工作平台上应有栏杆和冲洗设施。人工清渣，不但劳动强度大，而且有些泵站的格栅深达 6~7m，污水中蒸发的有毒气体往往对清渣工人的健康有很大的危害。机械格栅（机耙）能自动清除截留在格栅上的栅渣，将栅渣倾倒在翻斗车或其他集污设备内，减轻了工人的劳动强度，保护了工人身体健康，同时可降低格栅的水头损失。

污水泵前格栅的栅条间隙 表 9-2

水泵型号		栅条间隙（mm）
离心泵	$2\frac{1}{2}$PWA	≤20
	4PWA	≤40
	6PWA	≤70
	8PWA	≤90
轴流泵	20ZLB-70	≤60
	28ZLB-70	≤90

栅条的断面形状与尺寸 表 9-3

栅条断面形状	一般采用尺寸（mm）
正方形	
圆形	
矩形	
带半圆的矩形	

国外有的地方已经使用机械手来清洗格栅。随着我国给水排水事业机械化自动化程度的提高，机械格栅也将不断完善、不断提高。有关部门正在探索其定型化标准化，使之既能在新建工程中推广使用，又能适用于老泵站的改造。

（2）水位控制器

为适应污水泵站开停频繁的特点，往往采用自动控制机组运行。自动控制机组启动停车的信号，通常是由水位继电器发出的。图 9-11 为污水泵站中常用的浮球液位控制器工作原理。浮子 1 置于集水池中，通过滑轮 5，用绳 2 与重锤 6 相连，浮子 1 略重于重锤 6。浮子随着池中水位上升与下落，带动重锤下降

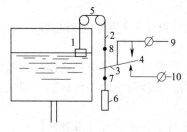

图 9-11　浮球液位控制器工作原理
1—浮子；2—绳子；3—杠杆；4—触点；
5—滑轮；6—重锤；7—下夹头
8—上夹头；9、10—线路

与上升。在绳子2上有夹头7和8，水位变动时，夹头能将杠杆3拨到上面或下面的极限位置，使触点4接通或切断线路9与10，从而发出信号。当继电器接收信号后，即能按事先规定的程序开车或停车。国内使用较多的有 UQK－12 型浮球液位控制器、浮球行程式水位开关、浮球拉线式水位开关。

除浮球液位控制器外，尚有电极液位控制器，其原理是利用污水具有导电性，由液位电极配合继电器实现液位控制。与浮球液位控制器相比，由于它无机械传动部分，从而具有故障少、灵敏度高的优点。按电极配用的继电器类型不同，分为晶体管水位继电器、三极管水位继电器、干簧继电器等。

（3）计量设备

由于污水中含有杂质，其计量设备应考虑被堵塞的问题。设在污水处理厂内的泵站，可不考虑计量问题，因为污水处理厂常在污水处理后的总出口明渠上设置计量槽。单独设立的污水泵站可采用电磁流量计，也可以采用弯头水表或文氏管水表计量，但应注意防止传压细管被污物堵塞，为此，应有引高压清水冲洗传压细管的措施。

（4）引水装置

污水泵站一般设计成自灌式，无需引水装置。当泵为非自灌工作时，可采用真空泵或水射器抽气引水，也可以采用密闭水箱注水。当采用真空泵引水时，在真空泵与污水泵之间应设置气水分离箱，以免污水和杂质进入真空泵内。

（5）反冲洗设备

污水中所含杂质，往往部分地沉积在集水坑内，时间长了，腐化发臭，甚至填塞集水坑，影响泵的正常吸水。为了松动集水坑内的沉渣，应在坑内设置压力冲洗管。一般从泵压水管上接出一根直径为50~100mm 的支管伸入集水坑中，定期将沉渣冲起，由泵抽走。也可在集水池间设一个自来水龙头，作为冲洗水源。

（6）排水设备

当泵为非自灌式时，机器间高于集水池。机器间的污水能自流泄入集水池，可用管道把机器间集水坑的集水排至集水池，但其上应装设闸门，以防集水池中的臭气逸入机器间。当水泵吸水管能形成真空时，也可在泵吸水口附近（管径最小处）接出一根小管伸入集水坑，泵在低水位工作时，将坑中污水抽走。如机器间污水不能自行流入集水池时，则应设排水泵（或手摇泵）将坑中污水抽到集水池。

（7）供暖与通风设施

排水泵站一般不需供暖设备，如必须供暖时，一般采用火炉，或采用供暖设施。

排水泵站一般利用通风管自然通风，在屋顶设置风帽。只有在炎热地区，机组台数较多或功率很大，自然通风不能满足要求时，才采用机械通风。

（8）起重设备

起重量在0.5t 以内时，设置移动三脚架或手动单梁吊车，也可在集水池和机器间的顶板上预留吊钩；起重量在 0.5~2.0t 时，设置手动单梁吊车；起重量超过2.0t 时，设置手动桥式吊车。深入地下的泵房或吊运距离较长时，可适当提高起吊机械水平。

9.3.6 排水泵站的构造特点

由于排水泵站的泵大多数为自灌式工作，所以泵站往往设计成半地下式或地下式。其深入地下的深度取决于来水管渠的埋深。又因为排水泵站总是建在地势低洼处，所以它们常位于地下水位以下，因此，其地下部分一般采用钢筋混凝土结构，并应采取必要的防水措施。应根据土压和水压来设计地下部分的墙壁（井筒），其底板应按承受地下水浮力进行计算。泵房地上部分的墙壁一般用砖砌筑。

一般来说，泵站集水池应尽可能和机器间合建，使吸水管路长度缩短。只有当泵台数很多，且泵站进水管渠埋设又很深时，两者才分开修建，以减少机器间的埋深。机器间的埋深取决于泵的允许吸上真空高度。分建式的缺点是泵不能自灌充水。当集水池和机器间合建时，应当用无门窗的不透水隔墙分开。集水池和机器间各设有单独的进口。非自动化泵站的集水池应设水位指示器，使值班人员能随时了解池中水位变化情况，以便控制泵的开、停。集水池间的通风管必须伸入工作平台以下，以免抽风时臭气从室内通过。集水池一般应设事故排水管。机器间地坪应设排水沟和集水坑。排水沟一般沿墙设置，坡度 $i = 0.01$，集水坑平面尺寸一般为 $0.4\text{m} \times 0.4\text{m}$，深为 $0.5 \sim 0.6\text{m}$。

地下式排水泵站的扶梯通常沿房屋内周边布置。如地下部分深度超过 3m，扶梯应设中间平台。

当泵站有被洪水淹没的可能时，应有必要的防洪措施。如用土堤将整个泵站围起来，或提高泵站机器间进口门槛的标高。防洪设施的标高应比当地洪水水位高 0.5m 以上。

辅助间（包括休息室），由于它与集水池和机器间设计标高相差很大，往往分建。

图 9-12 所示为设卧式泵（6PWA 型）的圆形污水泵站。泵房地下部分为钢筋混凝土结构，地上部分用砖砌筑。用钢筋混凝土隔墙将集水池与机器间分开。内设三台 6PWA 型污水泵（两台工作用一台备用）。每台泵出水量为 110L/s，扬程 $H = 23\text{m}$。各泵有单独的吸水管，管径为 350mm。由于泵为自灌式，故每条吸水管上均设闸门，三台泵共用一

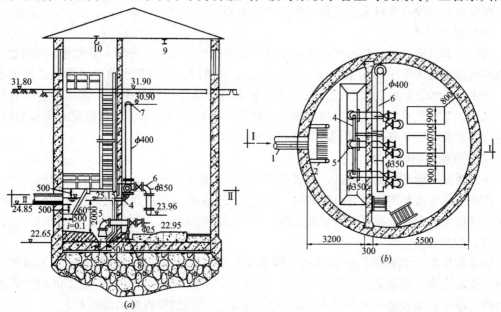

图 9-12　设卧式泵（6PWA 型的圆形）污水泵站

1—来水干管；2—格栅；3—吸水坑；4—冲洗水管；5—水泵吸水管；6—压水管；7—弯头水表；
8—φ25 吸水管；9—单梁吊车；10—吊钩

190

条压水管。

利用压水管上的弯头，作为计量设备。机器间内的污水，在吸水管上接出管径为25mm 的小管伸到集水坑内，当泵工作时，把坑内积水抽走。从压水管上接出一条直径为50mm 的冲洗管（在坑内部分为穿孔管），通到集水坑内。

集水池容积按一台泵 5min 的出水量计算为 33m³，有效水深为 2m，内设一个宽1.5m、斜长 1.8m 的格栅，格栅渣用人工清除。

机器间起重设备采用单梁吊车，集水池间设置固定吊钩。

9.4 雨水泵站的工艺设计

当雨水管道出口处水体水位较高，雨水不能自流排泄；或者水体最高水位高出排水区域地面时，都应在雨水管道出口前设置雨水泵站。

雨水泵站基本上与污水泵站相同，下面仅就其特点予以说明。

（1）泵的选择

雨水泵站的特点是大雨和小雨时设计流量的差别很大。泵的选型首先应满足最大设计流量的要求，但也必须考虑到雨水径流量的变化。只顾大流量忽视小流量是不全面的，会给泵站的工作带来困难。雨水泵的台数，一般不宜少于 2～3 台，以便适应来水流量的变化。大型雨水泵站按流入泵站的雨水道设计流量选泵；小型雨水泵站（流量在 2.5m³/s 以下）泵的总抽水能力可略大于雨水道设计流量。

泵的型号不宜太多，最好选用同一型号。如必须大小泵搭配时，其型号也不宜超过两种。如采用一大二小三台泵时，小泵出水量不小于大泵的 1/3。

雨水泵可以在旱季检修，因此，通常不设备用泵。

泵的扬程必须满足从集水池平均水位到出水最高水位所需扬程的要求。

（2）集水池的设计

由于雨水管道设计流量大，在暴雨时，泵站在短时间内要排出大量雨水，如果完全用集水池来调节，往往需要很大的容积，而接入泵站的雨水管渠断面积很大，敷设坡度又小，也能起一定的调节水量的作用。因此，在雨水泵站设计中，一般不考虑集水池的调节作用，只要求在保证泵正常工作和合理布置吸水口等所必需的容积。一般采用不小于最大一台泵 30s 的出水量。

由于雨水泵站大都采用轴流泵，而轴流泵是没有吸水管的，集水池中水流的情况会直接影响叶轮进口的水流条件，从而引起对泵性能的影响。因此，必须正确地设计集水池，否则会使泵工作受到干扰而使泵性能与设计要求不符。

由于水流具有惯性，流速越大其惯性越显著，水流不易改变方向。集水池的设计必须考虑水流的惯性，以保证泵具有良好的吸水条件，不致产生旋流与各种涡流。

在集水池中，可能产生如图 9-13 所示的涡流。图 9-13（a）所示为凹洼涡、局部涡、同心涡。后两者统称空气吸入涡流。图 9-13（b）所示为水中涡流。这种涡流附着于集水池底部或侧壁，一端延伸到泵进口内。在水中涡流中心产生气蚀作用。

由于吸入空气和气蚀作用使泵性能改变，效率下降，出水量减少，并使电动机过载运行；此外，还会产生噪声和振动，使运行不稳定，导致轴承磨损和叶轮腐蚀。

旋流是由于集水池中水的偏流、涡流和泵叶轮的旋转产生的。旋流扰乱了泵叶轮中的均匀水流，从而直接影响泵的流量、扬程和轴向推力，旋流也是造成机组振动的原因。

集水池的设计一般应注意以下事项：

1）使进入池中的水流均匀地流向各台泵，见表9-4中Ⅳ；

2）泵的布置、吸入口位置和集水池形状不致引起旋流，见表 9-4 中Ⅰ、Ⅱ、Ⅲ、Ⅳ、Ⅴ；

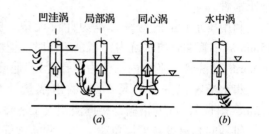

图9-13　各种涡流

集水池的好例与坏例　　　　　　　　表9-4

序号	坏　例	注意事项	好　例
Ⅰ		2) 2)，4) 2)，4)	
Ⅱ		5) 5)，11)	
Ⅲ		2)，4) 11)	
Ⅳ		1)，4)，6) 1)，2)，4) 1)，2)，4)	
Ⅴ		2)，11)	
Ⅵ		8) 8)	
Ⅶ		9)	池内集存的空气，可以排除

序号	坏 例	注意事项	好 例
Ⅷ		10)	
Ⅸ		8)	

3）集水池进口流速一般不超过 0.7m/s，泵吸入口的行近流速宜取 0.3m/s 以下；

4）流线不要突然扩大和改变方向，见表9-4中Ⅰ、Ⅲ、Ⅳ；

5）在泵与集水池壁之间，不应留过多空隙，见表9-4中Ⅱ；

6）在一台泵的上游应避免设置其他的泵，见表9-4中Ⅳ；

7）应有足够的淹没水深，防止空气吸入形成涡流；

8）进水管管口要做成淹没出流，使水流平稳地没入集水池中，因而使进水管中的水不致卷吸空气带到吸水井中，见表9-4中Ⅳ、Ⅸ；

9）在封闭的集水池中应设透气管，排除集存的空气，见表9-4中Ⅶ；

10）进水明渠应设计成不发生水跃的形式，见表9-4中Ⅷ；

11）为了防止形成涡流，在必要时应设置适当的涡流防止壁和隔壁。由于集水池的形状受某些条件的限制（例如场地大小、施工条件、机组配置等），不能设计成理想的形状和尺寸时，为了防止产生空气吸入涡、水中涡及旋流等，可设置涡流防止壁。几种典型的涡流防止壁的形式、特征和用途见表9-5。

涡流防止壁的形式、特征和用途　　　　　　　　　　表 9-5

序号	形 式	特 征	用 途
1		当吸水管与侧壁之间的空隙大时，可防止吸水管下水流动旋流，并防止随旋流而产生的涡流。但是，如设计涡流防止壁中的侧壁距离过大时，会产生空气吸入涡	防止吸水管下水流的旋流与涡流
2		防止因旋流淹没水深不足，所产生的吸水管的空气吸入涡，但是不能防止旋流	防止吸水管下产生空隙吸水涡

序号	形 式	特 征	用 途
3	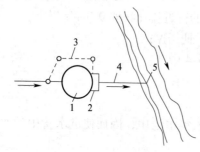	预计因各种条件在水面有涡流产生时，用多孔板防止涡流	防止水面空气吸入涡流

（3）出水设施

雨水泵站的出流设施一般包括出流井、出流管、超越管（溢流管）、排水口四个部分，如图 9-14 所示。

出流井中设有各泵出口的拍门，雨水经出流井、出流管和排水口排入天然水体。拍门可以防止水流倒灌入泵站。出流井可以多台泵共用一个，也可以每台泵各设一个。合建式结构比较简单，采用较多。溢流管的作用是当水体水位不高，同时排水量不大时，或在泵发生故障或突然停电时，用以排泄雨水。因此，在连接溢流管的检查井中应装设闸板，平时该闸板关闭。排水口的设置应考虑对河道的冲刷和航运的影响，所以应控制出口水流速度和方向，一般出口流速宜小于 0.5m/s，流速较大时，可以在出口前采用八字墙放大水流断面。出流管的方向最好向河道下游倾斜，避免与河道垂直。

图 9-14 出水设施
1—泵站；2—出流井；3—溢流管；
4—出流管；5—排出口

（4）雨水泵站内部布置、构造特点

雨水泵站中泵一般都是单行排列，每台泵各自从集水池中抽水，并独立地排入出流井中。出流井一般放在室外，当可能产生溢流时，应予以密封，并在井盖上设置透气管或出流井内设置溢流管，将倒流水引回集水池。

吸水口和集水池之间的距离应使吸水口和集水池底之间的过水断面积等于吸水喇叭口的面积。这个距离一般在 $D/2$ 时最好（D 为吸水口直径），增加到 D 时，泵效率反而下降。如果这一距离必须大于 D，为了改善水力条件，在吸水口下应设一涡流防止壁（导流锥），并采用图 9-15 所示的吸水喇叭口。

吸水口和池壁距离应不小于 $D/2$，如果集水池能保证均匀分布水流，则各泵吸水喇叭口之间的距离应等于 $2D$，如图 9-16（a）所示。图 9-16（a）及（b）所示的进水条件较好，图 9-16（c）的进水条件不好，在不得不从一侧进水时，应采用图 9-16（d）的布置形式。

因为轴流泵的扬程低，所以压水管要尽量短，以减小水头损失。压水管直径的选择应使其流速水头损失小于泵扬程的 4%~5%。压水管出口不设闸阀，只设拍门。

集水池中最高水位标高，一般为来水干管的管顶标高，最低水位一般略低于来水干管的管底标高。对于流量较大的泵站，为了避免泵房太深，施工困难，也可以略高于来水管渠管底标高，使最低水位与该泵流量条件下来水管渠的水面标高齐平。泵的淹没深度按泵样本的规定采用。

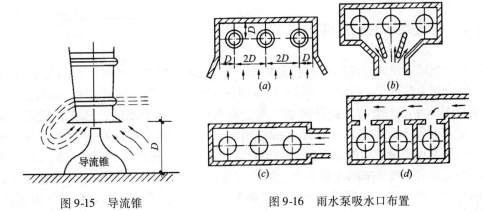

图 9-15　导流锥　　　　　图 9-16　雨水泵吸水口布置

　　泵传动轴长度大于 1.8m 时，必须设置中间轴承。

　　水泵间内应设集水坑及小型泵以排除泵的渗水。该泵应设在不被水淹之处。相邻两机组基础之间的净距，同给水泵站的要求。

　　在设立式轴流泵的泵站中，电动机间一般设在水泵间之上。电动机间应设置起重设备，在房屋跨度不大时，可以采用单梁吊车；在跨度较大或起重量较大时，应采用桥式吊车。电动机间地板上应有吊装孔，该孔在平时用盖板盖好。

　　为方便起吊工作，采用单梁吊车时，工字梁应放在机组的上方。如果梁正好在大门中心时，可使工字梁伸出大门 1m 以上，使设备起吊后可直接装上汽车，节省劳力，运输也比较方便，但应注意考虑大门过梁的负荷。此外，也有将大门加宽，使汽车进到泵站内，以便吊起的设备直接装车。电动机间的净空高度：当电动机功率在 55kW 以下时，应不小于 3.5m；在 100kW 以上时，应不小于 5.0m。

　　为了保护泵，在集水池前应设格栅。格栅可单独设置或附设在泵站内，单独设置的格栅井，通常建成露天式，四周围以栏杆，也可以在井上设置盖板。附设在泵站内，但必须与机器间、变压器间和其他房间完全隔开。为便于清除格栅，要设格栅平台，平台应高于集水池设计最高水位 0.5m，平台宽度应不小于 1.2m，平台上应做渗水孔，并装上自来水龙头以便冲洗。格栅宽度不得小于进水管渠宽度的两倍。格栅栅条间隙可采用 50~100mm。格栅前进水管渠内的流速不应小于 1m/s，过栅流速不超过 0.5m/s。

　　为了便于检修，集水池最好分隔成进水格间，每台泵有各自单独的进水格间如图 9-16 (d) 所示，在各进水格间的隔墙上设砖墩，墩上有槽或槽钢滑道，以便插入闸板。闸板设两道，平时闸板开启，检修时将闸板放下，中间用素土填实，以防渗水。

　　电动机间和集水池间均为自然通风，水泵间用通风管通风。

　　泵房上部为矩形组合结构。电气设备布置在电动机间内，休息室和厕所分别设于电动机间的外侧两端。

　　电动机间上部设手动单梁吊车一部，起重量为 2t，起吊高度为 8~10m。集水池间上部设单梁吊车一部，起重量为 0.5t。

为便于值班与管理人员上下，水泵间沿隔墙设置宽 1.0m 的扶梯。

9.5 合流泵站的工艺设计

在合流制或截流式合流制污水系统中用以提升或排除服务区污水和雨水的泵站称为合流泵站。合流泵站的工艺设计、布置、构造等具有污水泵站和雨水泵站两者的特点。

合流泵站在不下雨时，抽送的是污水，流量较小。当下雨时，合流管道系统流量增加，合流泵站不仅抽送污水，还要抽送雨水，流量较大。因此在合流泵站设计选泵时，不仅要装设流量较大的用以抽送雨天合流污水的泵，还要装设小流量的泵，用于不下雨时抽送经常连续流来的少量污水。这个问题应该引起重视，解决不好会造成泵站工作的困难和电能浪费。如某城市的一个合流泵站中，只装了两台 28ZLB－70 型轴流泵，没有安装小流量的污水泵。大雨时开一台泵已足够，而且开泵的时间很短（10～20min）。由于泵的流量太大，根本不适合抽送经常连续流来的少量污水。一台大泵一启动，很快将集水池的污水吸完，泵立即停车。泵一停，集水池中水位又逐渐上升，水位到一定高度，又开大泵抽，但很快又停车。如此连续频繁开、停泵，给工作带来很多不便。因此，合流泵站设计时，应根据合流泵站抽送合流污水及其流量的特点，合理选泵及布置泵站设备。

泵站设有机器间、集水池、出水池、检修间、值班室、休息室、高低压配电间、变压器间及应有的生活设施。泵站前设有事故排放口和沉砂井。泵站为半地下式，机器间、集水池、出水池均在地下，其余在地上。

集水池污泥用污泥泵排出。污水进入集水池均经过格栅，为减轻管理人员劳动强度，采用机械格栅。

为解决高温散热、散湿和空气污染，泵站采用机械通风，机器间和集水池均设置通风设备。

污水泵自灌式启动，考虑维修养护，泵前吸水管设有闸阀，污水泵压水管路设有闸阀及止回阀，雨水泵出水管上设有拍门。为防震和减少噪声，管路上设有曲挠接头。为排除泵站内集水，设有集水槽及集水坑，由潜污泵排除集水。泵站设单梁起重机一台。机器间内管材均采用钢管，管材与泵、阀、弯头均采用法兰连接，所有钢管均采用加强防腐措施，淹没在集水池的钢管外层均采用玻璃钢防腐。

9.6 排水工程检测与控制

随着社会进步和科技发展，排水工程不仅仅要满足生产控制，还需要进行管理决策，因此排水工程进行检测和控制设计是十分必要的，其运行应设置检测系统、自动化系统，宜设置信息化系统和智能化系统。城镇或地区排水网络宜建立智慧排水系统。

检测仪表是排水工程的"眼睛"，自动化系统是排水工程控制手段，检测仪表和自动化系统是生产控制的基础。智能化系统是对检测仪表和自动化系统的重要补充，拓展了排水工程观察、控制手段的广度。信息化系统是对检测仪表和自动化系统的生产信息进行分析，同时纳入了经营管理决策的内容，增加了排水工程生产管理的深度。智慧水务由智慧排水、智慧供水、智慧海绵、智慧河道等多个板块组成，智慧排水系统是智慧水务的一个子系统。智慧排水系统可以从全局性的角度统筹管理整个城镇或区域排水网络。

排水工程运行应设置检测系统、自动化系统，宜设置信息化系统和智能化系统。城镇或地区排水网络宜建立智慧排水系统。排水工程设计应根据工程规模、工艺流程、运行管理、安全保障和环保监督要求确定检测和控制的内容。检测和控制系统应保证排水工程的安全可靠、便于运行和改善劳动条件，提高科学管理和智慧化水平。检测和控制系统宜兼顾现有、新建和规划的要求。

排水工程检测和控制内容应根据原水水质、处理工艺、处理后的水质，并结合当地生产运行管理、人员安全保障措施、环保部门对污水处理厂水与沼气监管的要求和投资情况确定。检测和控制的配置标准可视建设规模、污水处理级别、经济条件等因素合理确定。

检测和控制系统应保证排水工程的安全可靠、便于运行和改善劳动条件，提高科学管理和智慧化水平，其使用应有利于排水工程技术和生产管理水平的提高；检测和控制设计应以保证出厂水质、节能、经济、实用、保障安全运行和科学管理为原则；检测和控制系统应通过互联网、物联网和无线局域网等信息网络，聚合排水工程各类信息，为政府、企业和公众提供信息化服务；检测和控制方案的确定应通过调查研究，经过技术经济比较后确定。根据工程所包含的内容及要求选择检测和控制系统设计内容，设计内容要兼顾现有和今后的发展。

（1）检测

污水处理厂进出水应按国家现行排放标准和环境保护部门的要求设置相关检测仪表。进水应检测流量、温度、pH、COD和氨氮（NH_3-N）和其他相关水质参数，出水应检测流量、pH、COD、NH_3-N、TP、TN和其他相关水质参数，应根据当地环保部门的要求对污水处理厂进出水检测仪表配置进行适当调整。

排水泵站内应配置H_2S监测仪，监测可能产生的有害气体，并采取防范措施。在人员进出且H_2S易聚集的密闭场所应设在线式H_2S气体监测仪；泵站的格栅井下部、水泵间底部等易积聚H_2S但安装维护不方便、无人员活动的地方，可采用便携式H_2S监测仪监测，也可安装在线式H_2S监测仪和报警装置。排水泵站还应检测集水池或水泵吸水池水位、水量和水泵电机工作相关的参数，并纳入该泵站控制系统。为便于管理，大型雨水泵站和合流污水泵站宜设自记雨量计，设置条件应符合国家相关标准的规定，并纳入该泵站自控系统。

厌氧消化池、厌氧消化池控制室、脱硫塔、沼气柜、沼气锅炉房和沼气发电机房等应设CH_4泄漏浓度监测和报警装置，并采取相应防范措施。厌氧消化池控制室应设H_2S泄漏浓度监测和报警装置，并采取相应防范措施。

加氯间应设氯气泄漏浓度监测和报警装置，并采取相应防范措施。

地下式泵房、地下式雨水调蓄池和地下式污水处理厂预处理段、生物处理段、污泥处理段的箱体内应设H_2S、CH_4监测仪，其出入口应设H_2S、CH_4报警显示装置，并和通风设施联动。

其他易产生有毒有害气体的密闭房间和空间，包括：粗细格栅间（房间内）、进水泵房、初沉污泥泵房、污泥处理处置车间（浓缩机房、脱水机房、干化机房）等，应设硫化氢（H_2S）浓度监测仪表和报警装置。

污水处理包括一级处理、二级处理、深度处理和再生利用等几种常用污水处理工艺的检测项目，可按表9-6执行。

污泥处理包括浓缩、消化、好氧发酵、脱水干化和焚烧等，可按表9-7确定检测项目。

常用污水处理工艺检测项目 表9-6

处理级别	处理方法		检测项目	备注
一级处理	沉淀法		粗、细格栅前后水位（差）；初次沉淀池污泥界面或污泥浓度及排泥量	为改善格栅间的操作条件，一般均采用格栅前后水位差来自动控制格栅的运行
二级处理	活性污泥法	传统活性污泥法	生物反应池：MLSS、溶解氧（DO）、NH_3-N、硝氮（NO_3-N）、供气量、污泥回流量、剩余污泥量；二次沉淀池：泥水界面	只对各个工艺提出检测内容，而不做具体数量和位置的要求，便于设计的灵活应用
		厌氧/缺氧/好氧法（生物脱氮、除磷）	生物反应池：MLSS、溶解氧（DO）、NH_3-N、NO_3-N、供气量、氧化还原电位（ORP）、混合液回流量、污泥回流量、剩余污泥量；二次沉淀池：泥水界面	
		氧化沟法	氧化沟：活性污泥浓度（MLSS）、溶解氧（DO）、氧化还原电位（ORP）污泥回流量、剩余泥量；二次沉淀池：泥水界面	
		序批式活性污泥法（SBR）	液位、活性污泥浓度（MLSS）、溶解氧（DO）、氧化还原电位（ORP）、污泥排放量	
	生物膜法	曝气生物滤池	单格溶解氧、过滤水头损失	
		生物接触氧化池、生物转盘、生物滤池	溶解氧（DO）	只提出了一个常规参数溶解氧的检测，实际工程设计中可根据具体要求配置
深度处理和再生利用	高效沉淀池		泥水界面、污泥回流量、剩余污泥量、污泥浓度	只提出了典型工艺的检测，实际工程设计中可根据具体要求配置
	滤池		液位、过滤水头损失、进出水浊度	
	再生水泵房		液位、流量、出水压力、pH、余氯（视消毒形式）、悬浮固体量（SS）、浊度和其他相关水质参数	
消毒	紫外线消毒、加氯消毒、臭氧消毒		液位或流量	只提出了常规参数，应视所采用的消毒方法确定安全生产运行和控制操作所需要的检测项目

常用污泥处理工艺检测项目　　　　　　　　　　　　表 9-7

污泥处理方法	检测项目
重力浓缩池	进出泥含水率、上清液悬浮固体浓度、上清液总磷，处理量、浓缩池泥位
机械浓缩	进出泥含水率、滤液悬浮固体浓度，处理量、药剂消耗量
脱水	进出泥含水率、滤液悬浮固体浓度，处理量、药剂消耗量
热水解	进出泥含水率、出泥 pH、处理量、蒸汽消耗量
厌氧消化	消化池进出泥含水率、有机物含量、总碱度、氨氮、污泥气的压力、流量；污泥处理量、消化池温度、压力、pH
好氧发酵	发酵前后污泥含水率、pH、处理量、调理剂添加量、污泥返混量、发酵温度、鼓风气量、氧含量
热干化	干化前后含水率，处理量、能源消耗量、氧含量、温度
焚烧	进泥含水率、有机物含量、进泥低位热值、处理量、能源消耗量、燃烧温度，排放烟气检测

排水泵站、主要污水和雨水排放口、管网中流量可能发生剧烈变化的位置为排水管网的关键节点，宜设液位、流速和流量监测装置，并应根据需要增加水质监测装置，水质监测参数一般为 pH、COD，可根据运行需要增加 NH_3-N、TP、SS 等参数。

（2）自动化

自动化系统应能监视和控制全部工艺流程和设备的运行，并应具有信息收集、处理、控制、管理和安全保护功能。

排水泵站和排水管网宜采用"少人（无人）值守，远程监控"的控制模式，建立自动化系统，设置区域监控中心进行远程的运行监视、控制和管理。排水泵站控制模式应根据各地区的经济发展程度、人力成本情况、运行管理要求进行经济技术比较，有条件的地区可按照"无人值守"全自动控制的方式考虑，所有工艺设备均可实现泵站无人自动化控制，达到"远程监控"的目的。在区域监控中心远程监控，实现正常运行时现场少人（无人）值守，管理人员定时巡检。排水泵站的运行管理应在保证运行安全的条件下实现自动化控制。为便于生产调度管理，实现遥测、遥信和遥控等功能。排水管网关键节点的自动化控制系统宜根据当地经济条件和工程需要建立。

污水处理厂应采用"集中管理、分散控制"的控制模式设立自动化控制系统，应设中央控制室进行集中运行监视、控制和管理，其生产管理和控制的自动化宜为：自动化控制系统应能够监视主要设备的运行工况和工艺参数，提供实时数据传输、图形显示、控制设定调节、趋势显示、超限报警和制作报表等功能，对主要生产过程实现自动控制。

自动化系统的设计应符合下列规定：

1）系统宜采用信息层、控制层和设备层三层结构形式；

2）设备应设基本、就地和远控三种控制方式；

3）应根据工程具体情况，经技术经济比较后选择网络结构和通信速率；

4）操作系统和开发工具应运行稳定、易于开发，操作界面方便；

5）电源应做到安全可靠，留有扩展裕量，采用在线式不间断电源（UPS）作为备用电源，并应采取过电压保护等措施。

对整个排水工程宜设置能耗管理系统。

（3）信息化

信息设施系统的建设对于提高排水工程管理水平非常关键，是部署生产管理信息平台和最终实现排水工程管理信息化的基础。生产管理信息平台是排水工程的信息化集成平台，将生产监控和运行管理决策有机地结合起来，在企业管理层和现场自动化控制层之间起到承上启下的作用，实现指导生产运行调度、统计报表、设备管理、成本分析、计划管理和企业管理体系等目标，提升厂级生产管理效率和运营信息化管理水平。

信息化系统应根据生产管理、运营维护等要求确定，分为信息设施系统和生产管理信息平台。

信息设施系统建设，并应符合下列规定：

1）应设置固定电话系统和网络布线系统；

2）宜结合智能化需求设置无线网络通信系统；

3）可根据运行管理需求设置无线对讲系统、广播系统；

4）地下式排水工程可设置移动通信室内信号覆盖系统。

生产管理信息平台，并应具有移动终端访问功能。建立生产管理信息平台可以实现排水工程运行管理的集中化、数字化、网络化。生产管理信息平台具有移动终端应用系统（APP软件），可设访问权限，授权移动终端进行排水工程地理信息查询、基础信息查询、实时数据监测查询、历史运行信息查询、实时告警信息查询、实时数据巡查查询、在线填报、填报审核、日报统计、日报查询和安全认证等移动办公的功能。

近年来，工业领域信息安全事件频发，因此信息化系统应考虑适当的网络信息安全软硬件防护措施。信息系统安全防护要求可参照现行国家标准《信息安全技术　网络安全等级保护基本要求》GB/T 22239 的有关规定执行。

（4）智能化

智能化系统应根据工程规模、运营保护和管理要求等确定，宜分为安全防范系统、智能化应用系统和智能化集成平台。

安全防范系统，并应符合下列规定：

1）应设视频监控系统，包含安防视频监控和生产管理视频监控。视频监控系统应采用数字式网络技术，视频图像信息应记录并保存30d以上。安防视频监视点应设在厂区周界、大门、主要通道处；生产管理视频监视点应设在主要工艺设施、主要工艺处理厂房、变配电间、控制室和值班间等区域，监视主要工艺、电气控制设施状况。

2）厂区周界、主要出入口应设入侵报警系统。入侵报警系统应采用电子围栏形式，大门采用红外对射形式。

3）重要区域宜设门禁系统。门禁系统主要设在封闭式（含地下式）工艺处理厂房、变配电间、控制室、值班室等人员进出门处，保障排水工程运行安全。设备进出门可不设门禁装置。

4）根据运行管理需要，大型污水处理厂、地下式污水处理厂和地下式泵站宜设在线式电子巡更系统和人员定位系统。

5）地下式排水工程应设火灾报警系统，有水消防系统时，应设计消防联动控制。

智能化应用系统，并宜符合下列规定：

1）鼓风曝气宜设智能曝气控制系统，宜采用智能曝气控制系统，根据曝气池的实时运行参数和水质状况在线计算溶解氧的实际需求，按需分配各曝气控制区域的供气量，达到溶解氧控制稳定、生物池各反应段高效稳定运行，同时控制鼓风机运行，实现节能降耗的目的。

2）加药混凝沉淀等工艺处理过程宜采用基于水质和水量监测通过算法策略进行控制的智能化系统，降低药剂消耗。

3）地下式污水处理厂、地下式泵站宜采用智能化照明系统，平时可维持在设备监控最低照度水平，当人员进入地下厂房进行巡检、维修等，可恢复正常照明，降低照明电耗。

4）可根据运行管理需求运用智能化检测、巡检手段，设置智能巡检设备，减少人员劳动强度，保障人身安全。地下式污水处理厂生物反应池、采用加盖形式的地面生物反应池可根据需要采用智能巡检机器人系统，机器人设在生物反应池盖板下方，用于巡视污水处理厂生物反应池曝气状况，为曝气设备的维护提供依据。

智能化集成平台，对智能化各组成系统进行集成，并具有信息采集、数据通信、综合分析处理和可视化展现等功能。

（5）智慧排水系统

城镇或区域排水系统由于排水工程区域分布不同、建设时间不一、管理模式不同和管理人员水平高低不同等情况，导致各排水工程之间存在信息传递脱节、技术资源难以共享和集中管理难度大等问题。因此，城镇或区域排水系统、公司或集团型水务企业需要建设从生产、运行管理到决策的完整的智慧排水系统，进一步提高整体管理水平。智慧排水系统可以通过智慧化管理手段实现对基层生产单位的远程监控、技术指导、生产调度、数据挖掘和信息发布等，使城镇或区域排水系统、公司或集团型水务企业管理由分散转向集中、由粗放转向精细化和智能化，从而提高管理水平、降低运营管理成本、提高核心竞争力。

智慧排水系统应能实现整个城镇或区域排水工程大数据管理、互联网应用、移动终端应用、地理信息查询、决策咨询、设备监控、应急预警和信息发布等功能。智慧排水信息中心是城镇或区域排水系统、公司或集团公司级的全局性信息化集成平台，应能对城镇区域内排水管渠、排水泵站、污水处理厂等排水工程进行生产信息管理、经营管理决策。智慧排水系统是智慧水务的一个子系统，因此智慧排水系统应能兼容智慧水务信息构架体系，无缝接入智慧水务信息平台，与环保、气象、安全、水利等其他部门信息互通。

智慧排水系统应设置智慧排水信息中心，建立信息综合管理平台，并应具有对接智慧水务的技术条件，并与其他管理部门信息互通。

智慧排水信息中心应设置显示系统，可展示整个城镇或区域排水系统的总体布局、主要节点的监测数据和设施设备的运行情况。展示方式可采用 BIM（building information modeling）、AR（augmented reality）、MR（mix reality）等新技术手段。

智慧排水信息中心和下属排水工程之间的数据通信网络应安全可靠。

10 城镇污水处理概论

10.1 城镇污水的组成、水质特征及污染物指标

城镇污水通常由三部分组成，即生活污水、工业废水和初期雨水。城镇污水的性质特征受多种因素影响而呈现较大的差异，其中主要的因素有人们的生活水准和生活习惯、地域和气候条件、城镇污水中工业废水所占比例及城镇采用的排水体制等。因此，不同城镇的生活污水在物理性质、化学性质和生物学性质方面都有一定的差异。

10.1.1 污水的物理性质及指标

（1）水温

各地生活污水的年平均水温在 10～20℃。工业废水的水温与生产工艺有关。污水的水温过低（低于5℃）或过高（高于40℃），都会影响污水生物处理效果和受纳水体的生态环境。

（2）色度

污水的色度是一项感官指标。一般生活污水的标准颜色呈灰色，当污水中的溶解氧不足而使有机物腐败，则污水颜色转呈黑褐色。工业废水颜色随工业企业的性质而异，差别很大。

（3）臭味

臭味也是感官性指标。可定性反映某种有机或无机污染物。生活污水的臭味主要由有机物腐败产生的气体所致。工业废水的臭味来源于还原性硫和氮的化合物、挥发性化合物等污染物质。

（4）固体物质

污水中所含固体物质按存在形态的不同可分为悬浮的、胶体的和溶解的三种。按性质的不同可分为有机物、无机物和生物体三种。

污水中所含固体物质的总和称为总固体（TS）。总固体包括悬浮固体或称为悬浮物（SS）和溶解固体（DS）。悬浮固体根据其挥发性能又可以分为挥发性固体（VSS）和非挥发性固体（NVSS）。

10.1.2 污水的化学性质及指标

（1）无机物

污水中的无机物包括酸碱度、氮、磷、无机盐及重金属离子等。

1）酸碱度　酸碱度用 pH 表示。天然水体的 pH 一般为 6～9，当受到酸碱污染时，水体 pH 会发生变化。当 pH 超出 6～9 的范围较大时，会抑制水体中微生物和水生生物的繁衍和生存，对水体的生态系统产生不利影响，甚至危及人畜生命安全。当污水 pH 偏低或偏高时，不仅会对管渠、污水处理构筑物及机械设备产生腐蚀或结垢，还会对污水的生

物处理构成威胁。

污水的碱度是指污水中含有的、能与强酸发生中和反应的物质，主要包括三种：氢氧化物碱度，即 OH^- 离子含量；碳酸盐碱度，即 CO_3^{2-} 离子含量；重碳酸盐碱度，即 HCO_3^- 离子含量。污水中的碱度可按式（10-1）计算：

$$[碱度] = [OH^-] + [CO_3^{2-}] + [HCO_3^-] - [H^+] \tag{10-1}$$

式中 [ ] 代表当量浓度。

污水所含碱度，对外加的或在污水处理过程中产生的酸、碱有一定的缓冲作用。因此，在污水或污泥厌氧消化和污水生物脱氮除磷时，对碱度有一定的要求。例如，规范规定，生物脱氮除磷的好氧区（池）的总碱度宜大于 70mg/L（以 $CaCO_3$ 计），如不满足要求，应采取增加碱度的措施。

2）氮、磷 污水中含氮化合物有四种形态：有机氮、氨氮、亚硝酸盐氮、硝酸盐氮，四种形态氮化合物的总量称为总氮（TN）。有机氮在自然界很不稳定，在微生物的作用下容易分解为其他三种含氮化合物。在无氧条件下分解为氨氮；在有氧条件下，先分解为氨氮，继而分解为亚硝酸盐氮和硝酸盐氮。

① 凯氏氮（KN）：有机氮和氨氮之和。凯氏氮指标可以作为判断污水进行生物处理时，氮营养源是否充足的依据。一般生活污水中凯氏氮含量约为 40mg/L（其中有机氮为 15mg/L，氨氮约为 25mg/L）。

② 氨氮：氨氮在污水中以游离氨（NH_3）和离子态铵盐（NH_4^+）两种形态存在，两者之和即氨氮。污水进行生物处理时，氨氮不仅向微生物提供营养素，而且对污水中的 pH 起缓冲作用。但氨氮过高时，如超过 1600mg/L（以 N 计），会对微生物产生抑制作用。

③ 磷：污水中含磷化合物可分为有机磷与无机磷两类。有机磷主要以葡萄糖 - 6 - 磷酸、2 - 磷酸 - 甘油酸及磷肌酸等形态存在。无机磷以磷酸盐的形态存在，包括正磷酸盐（PO_4^{3-}）、偏磷酸盐（HPO_4^{2-}）、磷酸二氢盐（$H_2PO_4^-$）等。污水中的总磷（TP）指正磷酸盐、焦磷酸盐、偏磷酸盐、聚合磷酸盐和有机磷酸盐的总含量。

一般生活污水中有机磷含量约 3mg/L，无机磷含量约 7mg/L。

3）硫酸盐与硫化物 生活污水的硫酸盐主要来源于人类排泄物。工业废水如洗矿、化工、制药、造纸和发酵等工业的废水含有较高的硫酸盐。

污水中的硫化物主要来源于工业废水（如硫化染料废水、人造纤维废水等）和生活污水。

硫化物属于还原性物质，在污水中以硫化氢（H_2S）、硫氢化物（HS^-）与硫化物（S^{2-}）的形态存在。当 pH 较低时（如低于 6.5），以 H_2S 为主，约占硫化物总量的 98%；当 pH 较高时（如高于 9），则以 S^{2-} 为主。硫化物在污水中要消耗溶解氧，且能形成黑色金属硫化物。

4）氯化物 某些工业废水中含有很高的氯化物，对管道和设备有腐蚀作用，如氯化钠浓度超过 4000mg/L 时，对生物处理的微生物有抑制作用。

5）非重金属无机有毒物质 非重金属无机有毒物质主要有氰化物（CN）和砷（As）。

① 氰化物在污水中的存在形态是无机氰（如氢氰酸 HCN、氰酸盐 CN^-）和有机氰化物（如丙烯腈 C_2H_2CN 等）。

② 砷化物在污水中的存在形态是无机砷化物（如亚砷酸盐 $A_sO_2^-$、砷酸盐 $A_sO_4^{3-}$）及

有机砷（如三甲基砷）。砷化物对人体的毒性排序为有机砷 > 亚砷酸盐 > 砷酸盐。砷会在人体内积累，也属致癌物质。

6）重金属离子　重金属指原子序数在 21 ~ 83 的金属或相对密度大于 4 的金属，如汞、镉、铅、铬、镍等生物毒性显著的元素，也包括具有一定毒性的一般重金属，如锌、铜、钴、锡等。

采矿、冶炼企业是排放重金属的主要污染源；其次，电镀、陶瓷、玻璃、氯碱、电池、制革、照相器材、造纸、塑料及颜料等工业废水，都含有各种不同的重金属离子；生活污水中的重金属主要来源于人类排泄物。污水中含有的重金属，在污水处理过程中大约 60% 被转移到污泥中。

（2）有机物

1）污水中的有机物成分　生活污水中所含有机物的主要成分是碳水化合物、蛋白质、脂肪及尿素（由于尿素分解很快，城市污水中很少能检测到），构成元素为碳、氢、氧、氮和少量的硫、磷、铁等。工业废水所含有机物种类繁多，浓度变化很大。

2）可生物降解、难生物降解与不可生物降解有机物　有机物按被生物降解的难易程度，大致可分为三大类：第一类是可生物降解有机物；第二类是难生物降解有机物；第三类是不可生物降解有机物。前两类有机物的共同特点是最终都可以被氧化分解成简单的无机物、二氧化碳和水；区别在于第一类有机物可被一般微生物氧化分解，而第二类有机物只能被氧化剂氧化分解，或者可被经驯化、筛选后的微生物氧化分解。第三类有机物完全不可生物降解，称为持久性有机污染物（POP_s），这类有机物一般采用化学氧化法进行处理。

3）污水中主要有机物的生物化学特性

① 碳水化合物　污水中的碳水化合物，包括糖类、淀粉、纤维素和木质素等，主要构成元素为碳、氢、氧，属于可生物降解有机物，对微生物无毒害与抑制作用。

② 蛋白质　蛋白质由多种氨基酸化合或结合而成，主要构成元素是碳、氢、氧、氮。蛋白质性质不稳定，易分解，属于可生物降解有机物，对微生物无毒害与抑制作用。

③ 脂肪和油类　脂肪和油类是乙醇或甘油与脂肪酸的化合物，主要构成元素为碳、氢、氧。脂肪酸甘油酯在常温下呈液态称为油；在低温下呈固态称为脂肪。脂肪比碳水化合物、蛋白质的性质稳定，属于难生物降解有机物，对微生物无毒害与抑制作用。炼油、石油化工、焦化、煤气发生等工业废水中，含有矿物油即石油，属于难生物降解有机物，并对微生物有一定的毒害与抑制作用。

④ 酚类　酚类是指苯及其稠环的羟基衍生物。根据羟基的数目，可分为单元酚、二元酚和多元酚。根据其能否与水蒸气一起挥发而分为挥发酚和不挥发酚。挥发酚包括苯酚、甲酚、二甲苯酚等，属于可生物降解有机物，但对微生物有一定的毒害与抑制作用。不挥发酚包括间苯二酚、邻苯三酚等多元酚，属于难生物降解有机物，并对微生物有毒害与抑制作用。

⑤ 有机酸、碱　有机酸包括短链脂肪酸、甲酸、乙酸和乳酸等。有机碱包括吡啶及其同系物质，都属于可生物降解有机物，但对微生物有毒害或抑制作用。

⑥ 表面活性剂　表面活性剂分两类：硬性表面活性剂（ABS），主要成分为烷基苯磺酸盐，含有磷并易产生大量泡沫，属于难生物降解有机物；软性表面活性剂（LAS），主要成分为烷基芳基磺酸盐，也含磷，但泡沫大大减少，LAS 是 ABS 的替代物。

⑦ 有机农药 有机农药分两大类：即有机氯农药和有机磷农药。有机氯农药（如DDT、六六六等）毒性极大且很难分解，多数属持久性有机污染物（POPs），且会在自然界不断积累，严重污染环境。我国从20世纪70年代起已禁止生产和使用有机氯农药。现在普遍采用的有机磷农药（含杀虫剂和除草剂）包括敌百虫、乐果、敌敌畏、甲基对硫磷、马拉酸磷及对硫磷等，毒性仍然很大，也属于难生物降解有机物，对微生物有毒害与抑制作用。

⑧ 取代苯类化合物 苯环上的原子被硝基、胺基取代后生成的芳香族卤化物称为取代苯类化合物。主要来源于印染和染料工业废水（含芳香族胺基化合物，如偶氮染料、蒽醌染料、硫化染料）、炸药工业废水（含芳香族硝基化合物，如三硝基甲苯、苦味酸等）及电器、塑料、制药、合成橡胶、石油化工等工业废水（含聚氯联苯 PCB、联苯氨、稠环芳烃 PAH、萘胺、三苯磷酸盐、丁苯等），都属于难生物降解有机物，并对微生物有毒害或抑制作用。

4) 表示水中有机物浓度的指标

污水中的有机物种类繁多、成分复杂，要分别测定各类有机化合物的准确含量，程序相当繁琐，一般在工业应用中也无此必要。这些有机物对水的主要危害在于大量消耗水中的溶解氧。因此，通常用氧化过程所消耗的氧量来作为好氧有机物的综合指标，一般采用生物化学需氧量或生化需氧量（BOD）、化学需氧量（COD）、总有机碳（TOC）、总需氧量（TOD）等指标来综合评价水中有机物的含量。

在实际应用上，采用 BOD_{20} 近似作为总生化需氧量；采用 BOD_5 作为可生物降解有机污染物的综合浓度指标。

如果污水中有机物的组成相对稳定，测得的化学需氧量和生化需氧量之间有一定的比例关系。一般 COD_{Cr} 与 BOD_{20} 的比值，可以大致表示污水中难生物降解有机物的数量。在实际工程中，通常用 BOD_5/COD_{Cr} 作为污水是否适宜采用生物处理的判别标准，被称为可生化性指标。该比值越大，可生化性越好，反之亦然。一般认为，BOD_5/COD_{Cr} 大于 0.3 的污水适宜采用生物处理；BOD_5/COD_{Cr} 小于 0.3 生化处理困难；BOD_5/COD_{Cr} 小于 0.25 不宜采用生化处理。

TOC 和 TOD 的测定原理相同，都是采用燃料化学需氧反应原理进行测定，但有机物数量的表示方法不同，TOC 用含碳量表示，TOD 则用消耗的氧量表示。

TOC 或 TOD 与 BOD 有本质区别，而且由于各种水样中有机物质的成分不同，差别很大。因此，各种水质之间 TOC 或 TOD 与 BOD 不存在固定的相关关系。但水质条件基本相同的污水，BOD_5、COD_{Cr}、TOD 或 TOC 之间存在一定的相关关系，可以通过试验求得它们之间的关系曲线，从而可以快速得出水样被有机物污染的程度。一般情况下，$TOD > COD_{Cr} > BOD_{20} > BOD_5 > TOC$。

生活污水的 BOD_5/COD_{Cr} 为 0.4 ~ 0.5；BOD_5/TOC 为 1.0 ~ 1.6。工业废水的 BOD_5/COD_{Cr} 和 BOD_5/TOC，由于各种工业生产性质不同，差异极大。

10.1.3 污水的生物性质及指标

污水生物性质的检测指标主要有细菌总数、总大肠菌群及病毒三项，用以评价水样受生物污染的严重程度。

（1）细菌总数

细菌总数是大肠菌群、病原菌、病毒及其他细菌数的总和，以每升水样中的细菌群数总数表示。

（2）总大肠菌群

总大肠菌群数是每升水样中所含大肠菌群的数量（以个/L 计），采用多管发酵法或者滤膜法测定。大肠菌群指数是指检查出一个大肠菌群所需的最少水量（以 mL/个计）。

（3）病毒

污水中已被检出的病毒有 100 多种。病毒的培养检验方法比较复杂，目前主要采用数量测定法与蚀斑测定法两种。

10.2 水体污染分类及其危害

水体是指被水覆盖地域的自然综合体，包括水和水中悬浮物、底质及水生生物。水体污染是指排入水体的污染物在数量上超过该物质在水体中的本底含量和水体的环境容量，从而导致水的物理、化学及生物性质发生变化，使水体固有的生态系统和功能受到破坏。

造成水体污染的来源分两大类：一是点源污染，未经妥善处理的城市生活污水和工业废水集中排入水体；二是面源污染，农田径流带入的肥料、农药对河流、水库的污染，以及随大气扩散的有毒有害物质，由于重力沉降或雨淋进入水体。

10.2.1 水体的物理性污染及危害

水体的物理性污染是指水温、色度、臭味、悬浮物及泡沫等，被人们感官所觉察并引起感官不悦。

（1）水温

高温工业废水排入水体后，使水体水温升高，这种水体的热污染，造成的直接后果是使大气中的氧向水体传递速度减慢，即水体复氧速率减慢。地表水体的饱和溶解氧与水温成反比关系（图 10-1），水温升高饱和溶解氧降低。

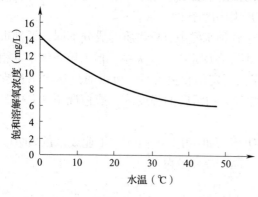

图 10-1　水中饱和溶解氧浓度与水温的关系

《地表水环境质量标准》GB 3838—2002 规定，高温工业废水排入水体后造成的环境水温变化限制为：周平均最大温升 ≤1℃；周平均最大温降≤2℃。

（2）色度

天然水体中存在腐殖质、泥土、浮游生物、铁和锰等金属离子，均可使水体着色。生活污水和有色工业废水，如印染、造纸、农药、焦化、化纤和化工废水排入水体后，形成令感官不悦的色度。由于水体色度增加，透光性减弱，会影响水生生物的光合作用，抑制其生长繁殖，妨碍水体的自净作用。

《城镇污水处理厂污染物排放标准》GB 18918—2002 规定，一级标准要求色度≤30倍；二级标准要求色度≤40倍。

（3）固体物质污染

水体受悬浮固体污染的主要危害是：

1）浊度增加，透光性减弱，会影响水生生物的光合作用；

2）悬浮固体可能堵塞鱼鳃，导致鱼类窒息死亡；

3）由于微生物对有机悬浮固体的分解代谢作用，会大量消耗水体中的溶解氧；

4）部分悬浮固体沉积于水底，造成底泥积累与腐败，使水体水质恶化；

5）悬浮固体漂浮水面，有碍观瞻并影响水体复氧；

6）悬浮物体可作为载体，吸附其他污染物质，随水流迁移污染。

《城镇污水处理厂污染物排放标准》GB 18918—2002 对悬浮物的最高允许排放浓度规定为：一级标准（A）10mg/L；一级标准（B）20mg/L；二级标准 30mg/L。

水体受溶解固体污染后，硬度增加，水味涩口，故饮用水溶解固体浓度应不高于500mg/L，锅炉用水更严格，农业灌溉用水溶解固体浓度不宜高于 1000mg/L，否则将造成土壤板结。

10.2.2　水体的无机物污染及危害

（1）酸、碱及无机盐污染

工业废水排放的酸、碱，以及降雨淋洗受污染空气中的 SO_2、NO_x 所产生的酸雨，都会使水体受到酸、碱污染。酸、碱进入水体后，互相中和产生无机盐类，同时又会与水体存在的地表矿物质如石灰石、白云石、硅石以及游离二氧化碳发生中和反应，形成无机盐类，故水体的酸、碱污染往往伴随无机盐类污染。

酸、碱污染可能使水体的 pH 发生变化，微生物生长受到抑制，水体的自净能力受到影响。渔业水体的 pH 规定不得低于 6 或高于 9.2，超过此限制时，鱼类的生殖率下降甚至死亡。农业灌溉用水要求的 pH 为 5.5～8.5。

无机盐污染使水体硬度增加，造成的危害与前述溶解固体相同。

此外，由于水体中往往存在一定数量由分子状态的碳酸（包括溶解的 CO_2 和未离解的 H_2CO_3 分子）、重碳酸根 HCO_3^- 和碳酸根 CO_3^{2-} 组成的碳酸盐系碱度，对外加的酸、碱具有一定的缓冲能力，可维持水体 pH 的稳定。

（2）氮、磷污染

氮、磷属于植物营养物质，随污水排入水体后，会产生一系列的转化。

1）含氮化合物的氨化和硝化过程（图 10-2）

2）磷化合物的转化　水体中磷化物分有机磷和无机磷两大类。水体中的可溶性磷很容易与水中的 Ca^{2+}、Fe^{3+}、Al^{3+} 等离子生成难溶性沉淀物沉积于水体底部成为底泥。沉积物中的磷，经水流的湍流扩散再度稀释到上层水体中；或者当沉积物的可溶性磷大大超过水体中磷的浓度时，

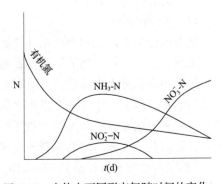

图 10-2　水体中不同形态氮随时间的变化

可重新稀释到水体中。

3）氮、磷与水体富营养化　氮、磷是植物营养元素，是农作物、水生植物和微生物生命活动不可缺少的物质，但过量的氮、磷进入天然水体会导致富营养化而造成水质恶化。

我国《地表水环境质量标准》GB 3838—2002 和《海水水质标准》GB 3097—1997 都对水体的氮、磷标准值作了具体规定。《城镇污水处理厂污染物排放标准》GB 18918—2002 规定氮、磷物质的最高允许排放浓度，其中氨氮一级标准（A）5mg/L（水温≤12℃时为 8mg/L），一级标准（B）8mg/L（水温≤12℃时为 15mg/L），二级标准 25mg/L；磷酸盐（以 P 计）一级标准（A）0.5mg/L，一级标准（B）1mg/L，二级标准 3.0mg/L。

（3）硫酸盐与硫化物污染

饮用水中硫酸盐（SO_4^{2-}）含量超过 250mg/L，可能会引起腹泻，因此《生活饮用水卫生标准》GB 5749—2006 和《地表水环境质量标准》GB 3838—2002 都规定水中硫酸盐限值为 250mg/L。如果水体缺氧，水中硫酸盐在反硫化菌的作用下会产生反硫化反应。

当水体 pH 低时，硫化物以 H_2S 形式存在为主（pH＜5，H_2S 占总硫化物的98%）；当 pH 值高时，则以 S^{2-} 形式存在为主。水体中 H_2S 浓度达到 0.5mg/L 时即有异臭，水呈黑色。

硫化物属于还原性物质，要消耗水体中的溶解氧，并能与重金属离子反应，生成金属硫化物的黑色沉淀物。《污水综合排放标准》GB 8978—1996 规定，硫化物的最高允许排放浓度为 1.0mg/L。《地表水环境质量标准》GB 3838—2002 规定，硫化物的限值为Ⅰ类水域 0.05mg/L；Ⅱ类水域 0.1mg/L；Ⅲ类水域 0.2mg/L；Ⅳ类水域 0.5mg/L；Ⅴ类水域 1.0mg/L。

（4）重金属污染

水体受到重金属污染后，当其浓度超过人体或水生生物所允许的范围，即显现毒性效应。重金属不能被微生物降解，反而可在微生物的作用下转化为有机化合物，使毒性增加。水生生物从受污染的水体中摄取重金属及其化合物并在体内累积，经过食物链进入人体，甚至通过遗传或母乳传给婴儿。重金属进入人体后，能与体内的蛋白质及酶等发生化学反应而使其失去活性，并可能在人体某些器官中累积，造成慢性中毒，这种累积的危害，有时需要几十年才显现出来，其中毒性较大的有汞、镉、铬、铅等重金属。《污水综合排放标准》GB 8978—1996 规定了在车间或车间处理设施排放口总汞、总镉、总铅、总铬、总砷等重金属污染物的最高允许排放浓度，必须严格执行。

10.2.3　水体的有机物污染及危害

主要的有机污染物有：

（1）油类污染物

油类可分为石油类和动植物油脂类。石油开采和石油化工等工业废水含有石油和石油加工组分。含动植物油脂的污水主要来自人类的生活废弃物和食品加工等工业废水。

油类污染物进入水体后，油膜覆盖水面会阻碍水的蒸发，影响大气和水体热交换。大面积的油膜阻碍大气中的氧气进入水体，甚至造成水面复氧停止，影响水生生物的生长和繁殖。油脂会堵塞鱼鳃和水生生物呼吸系统，造成窒息死亡。石油类污染能使鱼虾类产生令人厌恶的石油臭味，降低甚至丧失水产品的食用价值和水资源的价值。

《地表水环境质量标准》GB 3838—2002 规定，Ⅰ～Ⅲ类水域石油类污染物最高允许浓度≤0.05mg/L；Ⅳ类水域≤0.5mg/L；Ⅴ类水域≤1.0mg/L。《城镇污水处理厂污染物排放标准》GB 18918—2002 规定石油类污染物最高允许排放浓度，一级标准（A）1mg/L；一级标准（B）3mg/L；二级标准为 5mg/L；三级标准为 15mg/L。《农田灌溉水质标准》GB 5084—2021 规定石油类污染物最高允许浓度，水生作物≤5mg/L；旱生作物≤10mg/L；蔬菜类≤1mg/L。

（2）酚类和苯类污染物

酚类化合物是有毒有害污染物。尤其挥发酚对水生生物毒性较大，酚的毒性可抑制水中微生物（如细菌、藻类、原生动物等）的自然生长速率，甚至使其停止生长。水体受酚类化合物污染后直接影响水产品（鱼类、贝类和海带等）的产量和质量。水中的酚浓度低时，能影响鱼类的洄游繁殖；当酚浓度为 0.1~0.2mg/L 时，能使鱼类中毒，引起大量死亡甚至绝迹。当酚浓度超过 0.002mg/L 的水体用作饮用水源时，加氯消毒与酚结合生成氯酚，产生臭味。如将浓度超过 5mg/L 的含酚废水灌溉农田，会导致农作物减产甚至绝收。

苯类化合物对水体中的微生物有毒害与抑制作用。苯类化合物已被查明的"三致"物质（致突变、致癌、致畸形）有多氯联苯、联苯氨、稠环芳烃等多达 20 多种，疑似致癌物质也超过 20 种。

《地表水环境质量标准》GB 3838—2002 规定，I、II类水域挥发酚浓度≤0.002mg/L；III类水域≤0.005mg/L；IV类水域≤0.01mg/L；V类水域≤0.1mg/L。I、II、III类水域苯的控制标准值为 0.005mg/L；氯苯 0.03mg/L；多氯联苯 $8×10^{-6}$ mg/L；联苯氨 0.0002mg/L。《污水综合排放标准》GB 8978—1996 规定，挥发酚的最高允许排放浓度，一级和二级标准为 0.5mg/L，三级标准为 2mg/L。苯的最高允许排放浓度，一级标准 0.1mg/L；二级标准为 0.2mg/L；三级标准为 0.5mg/L。《农田灌溉水质标准》GB 5084—2021 规定，挥发酚≤1.0mg/L；苯≤2.5mg/L。

（3）表面活性污染物

表面活性剂制造工业的排水和人们日常洗涤排水中含有大量的表面活性剂，而许多高效洗涤剂的主要成分之一是缩合磷酸盐（焦磷酸盐、偏磷酸盐和多磷酸盐）。表面活性剂进入水体，不仅产生大量泡沫，令感官不快，而且是导致水体富营养化的重要原因之一。

《地表水环境质量标准》GB 3838—2002 规定，I类水域阴离子表面活性剂浓度在0.2mg/L 以下，II、III类水域≤0.2mg/L，IV、V类水域≤0.3mg/L。《城镇污水处理厂污染物排放标准》GB 18918—2002 规定，阴离子表面活性剂（LAS）最高允许排放浓度，一级标准（A）0.5mg/L，一级标准（B）1.0mg/L，二级标准为 2.0mg/L，三级标准为5.0mg/L。《农田灌溉水质标准》GB 5084—2021 规定，水生作物和蔬菜类灌溉用水中的阴离子表面活性剂≤5mg/L，旱生作物≤8mg/L。

10.2.4　水体的病原微生物污染及危害

（1）细菌总数

水中含有的细菌总数与水体污染状况有一定关系，可反映水体受细菌污染的程度，但不能直接说明是否存在病原微生物和病毒，也不能说明污染的来源，必须结合大肠菌群数来判断水体污染的可能来源和安全程度。

（2）粪大肠菌群

水是传播肠道疾病的重要媒介和途径，而大肠菌群被视为最基本的粪便污染指示性菌群。凡水体中存在粪便污染指示菌，即说明水体曾有过粪便污染，也就有可能存在肠道病原微生物（伤寒、痢疾、霍乱等）和病毒，使用这种水就应谨慎。

《地表水环境质量标准》GB 3838—2002 规定，Ⅰ类水域粪大肠菌群浓度≤200 个/L以下，Ⅱ类水域≤2000 个/L、Ⅲ类水域≤10000 个/L，Ⅳ类≤20000 个/L，Ⅴ类水域≤40000个/L。《污水综合排放标准》GB 8978—1996 规定，粪大肠菌群数，对于医院、兽医院及医疗机构含病原体污水的最高允许排放浓度为：一级标准 500 个/L，二级标准 1000 个/L，三级标准 5000 个/L；对于传染病、结核病医院污水的最高允许排放浓度为：一级标准100 个/L，二级标准 500 个/L，三级标准 1000 个/L。《农田灌溉水质标准》GB 5084—2021 规定，水作、旱作的粪大肠菌群数≤4000 个/L，蛔虫卵数 2 个/L。

10.3 水污染的相关标准与规范

《中华人民共和国宪法》已经载明："国家保护和改善生活环境和生态环境，防治污染和其他公害"。2014 年修订通过的《中华人民共和国环境保护法》于 2015 年 1 月 1 日正式施行；2017 年 6 月 27 日新修订的《中华人民共和国水污染防治法》自 2018 年 1 月 1日起施行，该法更加明确了各级政府的水环境质量责任，河长制正式入法，实施总量控制制度和排污许可制度，加大农业面源污染防治以及对违法行为的惩治力度；我国第一部单行税法《中华人民共和国环境保护税法》于 2016 年 12 月 25 日通过，自 2018 年 1 月 1日起施行，明确直接向环境排放应税污染物的企业事业单位和其他生产经营者为纳税人，确定水污染物等为应税污染物；《中华人民共和国环境保护税法实施条例》自 2018 年 1 月 1日起与环境保护税法同步施行。

我国现行有效的国家污染物排放（控制）标准达 160 余项，对重点地区重点行业执行更加严格的污染物排放限值，在促进技术创新和推动企业升级改造方面发挥着重要作用。

10.3.1 水环境质量标准

现已发布的水环境质量标准有：《地表水环境质量标准》GB 3838—2002，《海水水质标准》GB 3097—1997，《农田灌溉水质标准》GB 5084—2021，《渔业水质标准》GB/T11607—1989，《地下水质量标准》GB/T 14848—2017 等。这些标准详细规定了各类水体中污染物的允许最高含量。其中《地表水环境质量标准》GB 3838—2002 依据地表水域环境功能和保护目标，按功能高低依次划分为五类：

Ⅰ类：主要适用于源头水、国家自然保护区。

Ⅱ类：主要适用于集中式生活饮用水地表水源地一级保护区、珍稀水生生物栖息地、鱼虾类产卵场、仔稚幼鱼的索饵场等。

Ⅲ类：主要适用于集中式生活饮用水地表水源地二级保护区、鱼虾类越冬场、洄游通道、水产养殖区等渔业水域及游泳区。

Ⅳ类：主要适用于一般工业用水区及人体非直接接触的娱乐用水区。

Ⅴ类：主要适用于农业用水区及一般景观要求水域。

该标准按照上述地表水五类水域功能，规定了水质项目和标准值、水质评价、水质检测以及标准的实施与监督。

10.3.2　污水排放标准

我国有关部门以水资源科学理论为指导，以生态标准、经济可能、社会要求三者并重，全面规划，有计划、有重点、有步骤地控制污染源，以保护水资源免受污染，为此制定了各种污水排放标准。

综合污染排放标准有：《污水综合排放标准》GB 8978—1996。行业排放标准有：《城镇污水处理厂污染物排放标准》GB 18918—2002 等。《污水综合排放标准》GB 8978—1996 按照污水排放去向，规定了 69 种水污染物最高允许排放浓度及部分行业最高允许排水量。该标准适用于现有单位水污染物的排放管理，以及建设项目的环境影响评价、建设项目环境保护设施设计、竣工验收及其投产后的排放管理。该标准分级如下：

排入《地表水环境质量标准》GB 3838—2002 中Ⅲ类水域（划定的保护区和游泳区除外）和排入《海水水质标准》中二类海域的污水，执行一级标准。

排入《地表水环境质量标准》GB 3838—2002 中Ⅳ、Ⅴ类水域和排入《海水水质标准》中三类海域的污水，执行二级标准。

排入设置有二级污水处理厂的城镇排水系统的污水，执行三级标准。

排入未设置有二级污水处理厂的城镇排水系统的污水，必须根据排水系统出水受纳水域的功能要求，分别执行一级和二级标准。

《地表水环境质量标准》GB 3838—2002 中Ⅰ、Ⅱ类水域和Ⅲ类水域中划定的保护区和《海水水质标准》中一类海域，禁止新建排污口。

《污水综合排放标准》GB 8978—1996 将排放的污染物按其性质及控制方式分为以下两类：

第一类污染物，不分行业和污水排放方式，也不分受纳水体的功能类别，一律在车间或车间设施排放口采样，其最高允许排放浓度必须达到本标准要求。

第二类污染物，在排污单位排放口采样，其最高允许排放浓度必须达到本标准要求。

10.3.3　城市污水再生利用水质标准

为贯彻我国水污染防治和水资源开发利用方针，提高城市污水利用效率，做好城市节约用水工作，合理利用水资源，实现城市污水资源化，减轻污水对环境的污染，促进城镇建设和经济建设可持续发展，有关部门制定了《城市污水再生利用》系列标准。

10.4　城市污水处理的基本方法与系统组成

城市污水处理方法可按下述方式分类：

1）按照处理原理划分，污水处理方法可分为物理处理法、化学处理法和生物处理法三大类。

①物理处理法：利用物理作用分离污水中的污染物质。主要方法有筛滤法、沉淀法、上浮法、气浮法、过滤法和膜法等。

②化学处理法：利用化学反应作用，分离回收污水中处于各种形态的污染物质（包括悬浮的、溶解的、胶体的等）。主要方法有中和、混凝、电解、氧化还原、气提、萃

取、吸附、离子交换和电渗析等。化学处理法多用于处理工业废水和废水再生利用处理。

③ 生物处理法：利用微生物的新陈代谢作用，使污水中呈溶解、胶体状态的有机污染物转化为稳定的无害物质。主要分为两大类，即利用好氧微生物作用的好氧法和利用厌氧微生物作用的厌氧法。前者广泛用于处理城市污水及有机性工业废水，其中有活性污泥法和生物膜法两种；后者多用于处理高浓度有机污水与污水处理过程中产生的污泥，现在也开始用于处理城市污水与低浓度有机污水。

城市污水与工业废水中的污染物是多种多样的，往往需要采用上述几种方法的组合，才能处理不同性质的污染物，以达到净化的目的与排放标准的要求。

2）按处理程度划分，污水处理方法可分为一级、二级和三级处理。

① 一级处理/物理处理。主要去除污水中呈漂浮、悬浮状态的固体污染物质，物理处理大部分只能完成一级处理的要求。经过一级处理后的污水，BOD 一般可去除 30%，达不到排放标准要求。一级处理属于二级处理的预处理。

② 二级处理/生物处理。在一级处理基础上，用生物处理进一步去除污水中胶体、溶解性有机物和氮磷等污染物的过程。

③ 三级处理/深度处理。在二级处理基础上，进一步去除污水中污染物的过程，常用技术包括混凝沉淀/澄清/气浮、介质过滤、膜过滤（超滤、微滤）、生物滤池、臭氧氧化、消毒及湿地等。三级处理常用于二级处理之后的补充处理，深度处理则以再生水利用为目的。

污泥是污水处理过程中的产物。城市污水处理产生的污泥含有大量有机物，富含肥分，可以作为农肥使用，但又含有大量细菌、寄生虫卵以及从工业废水中带来的重金属离子等，需要作稳定与无害化处理。

对于某种污水应采用哪几种处理方法组成处理系统，要根据污水的水质、水量、回收其中有用物质的可能性、经济性、受纳水体的条件和要求，并结合调查研究与经济技术比较后决定，必要时还需进行试验。

城市污水处理的典型流程如图 10-3 所示。

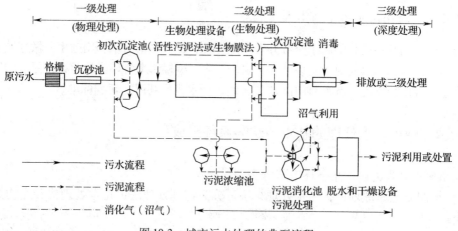

图 10-3　城市污水处理的典型流程

工业废水的处理流程随工业性质、生产原料、成品及生产工艺的不同而不同，具体处理方法与流程应根据工业废水水质、水量、处理对象及排放标准的要求，经调查研究或试验后确定。

11 城镇污水的物理处理方法

污水中的污染物一般以三种形态存在：悬浮（包括漂浮）态、胶体和溶解态。污水物理处理的对象主要是可能堵塞水泵叶轮和管道阀门及增加后续处理单元负荷的悬浮物和部分的胶体，因此污水的物理处理一般又称为废水的固液分离处理。废水固液分离从原理上讲，主要分为两大类：一类是废水受到一定的限制，悬浮固体在水中流动被去除，如重力沉淀、离心分离和浮选等；另一类是悬浮固体受到一定的限制，废水流动而将悬浮固体抛弃，如格栅、筛网和各类过滤过程。显然，前者的前提是悬浮固体与水存在密度差，后者则取决于阻挡（限制）悬浮固体的介质。

污水的物理处理方法一般分为三大类：筛滤截留法——格栅、筛网、滤池与微滤机等；重力分离法——沉砂池、沉淀池、隔油池与气浮池等；离心分离法——离心机与旋流分离器等。

本章主要阐述城市污水处理常用的格栅、沉砂池与沉淀池。

11.1 格栅

《室外排水设计标准》GB 50014—2021 规定，在污水处理系统或水泵前，必须设置格栅。格栅所能截留的悬浮物和漂浮物（统称为栅渣）数量，因所选的栅条间空隙宽度和污水的性质不同而有很大的区别。格栅栅条间空隙宽度应符合下列要求：粗格栅，采用机械清除时为 16~25mm，采用人工清除时为 25~40mm；细格栅：宜为 1.5~10mm；超细格栅：不宜大于 1mm；在水泵前，应根据水泵要求确定。

格栅栅渣的数量与栅条之间的空隙宽度有关：当栅条间空隙宽度为 16~25mm 时，栅渣量为 0.10~0.05m³/10³m³ 污水；当栅条间空隙宽度为 25~40mm 时，栅渣量为0.03~0.01m³/10³m³ 污水。栅渣含水率为 70%~80%；密度为 750~960kg/m³。

格栅的清渣方法有：人工清除和机械清除两种。每天的栅渣量大于 0.2m³ 时，一般应采用机械清除方法。

11.1.1 格栅分类

1）按形状，格栅可分为平面与曲面格栅两种。平面格栅由栅条与框架组成。曲面格栅又可分为固定曲面格栅与旋转鼓筒式格栅两种。

按格栅栅条的净间距，可分为粗格栅（16~40mm）、细格栅（1.5~10mm）两种。平面格栅与曲面格栅，都可做成粗、细两种。由于格栅是物理处理的重要设施，故新设计的污水处理厂一般采用粗、细两道格栅。

2）按清渣方式，格栅可分为人工清渣和机械清渣格栅两种。

人工清渣格栅——适用于小型污水处理厂。为了使工人易于清渣作业，避免清渣过程中的栅渣掉回污水中，格栅倾角宜采用$30°\sim60°$。

机械清渣格栅——当栅渣量大于$0.2m^3/d$时，为改善工人劳动与卫生条件，都应采用机械清渣格栅。机械清渣格栅倾角一般为$60°\sim90°$。机械清渣格栅过水面积，一般应不小于进水管渠有效面积的1.2倍。机械格栅及其适用范围见表11-1。

几种机械格栅及其适用范围 表11-1

类型	适用范围	优点	缺点
链条式机械格栅	深度不大的中小型格栅，主要清除长纤维、带状物	1. 构造简单，制造方便； 2. 占地面积小	1. 杂物进入链条和链轮之间，容易卡住； 2. 套筒滚子链造价高，耐腐蚀差
移动式伸缩臂机械格栅	中等深度的宽大格栅	1. 不清污时，设备全部在水面上，维护检修方便； 2. 可不停水检修； 3. 钢丝绳在水面上运行，寿命较长	1. 需三套电动机、减速器，构造较复杂； 2. 占地面积较大
圆周回转式机械格栅	深度较浅的中小型格栅	1. 构造简单，制造方便； 2. 运行可靠，容易检修	1. 配置圆弧形格栅，制造较困难； 2. 占地面积较大
钢丝绳牵引式机械格栅	固定式适用于中小型格栅、深度范围较大，移动式适用于宽大格栅	1. 使用范围广泛； 2. 无水下固定部件设备时，检修维护方便	1. 钢丝绳干湿交替，易腐蚀，宜用不锈钢丝绳； 2. 有水下固定部件设备时，检修需停水

11.1.2 格栅的设计计算

格栅的设计内容包括尺寸计算、水力计算、栅渣量计算以及清渣机械的选用等。图11-1为格栅计算简图。

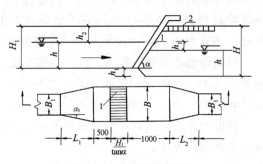

11.2 沉砂池

沉砂池的功能是去除污水中相对密度较大的无机颗粒（如泥沙、煤渣等），以免这

图 11-1　格栅计算简图
1—栅条；2—操作平台

些杂质影响后续处理构筑物的正常运行。《室外排水设计标准》GB 50014—2021 规定，城市污水处理厂应设置沉砂池。工业废水处理是否要设置沉砂池，应根据水质情况而定。城市污水处理厂沉砂池的池数或分格数应不小于2，并应按并联方式设计。沉砂池有多种类型，常用的有平流式沉砂池、曝气沉砂池和旋流沉砂池等。

沉砂池的设计流量应按分期建设考虑。当污水自流进入时，按每期的最大日最大时设计流量计算；当污水为提升进入时，应按每期工作水泵的最大组合流量计算；在合流制处理系统中，可按合流设计流量计算。

沉砂池去除的砂粒相对密度为 2.65，粒径为 0.2mm 以上。表 11-2 所列为水温在 15℃ 时，砂粒在静水中的沉速与砂粒平均粒径的关系。

砂粒直径 d 与沉速 u_0 的关系　　　　　　表 11-2

砂粒平均粒径（mm）	沉速 u_0（mm/s）	砂粒平均粒径（mm）	沉速 u_0（mm/s）
0.20	18.7	0.35	35.1
0.25	24.2	0.40	40.7
0.30	29.7	0.50	51.6

城市污水的沉砂量可按 0.03L/m³ 计算；合流制污水的沉沙量应根据实际情况确定。沉砂的含水率约为 60%，密度约为 1500kg/m³。

沉砂池贮砂斗的容积不应大于 2d 的沉砂量。采用重力排砂时，砂斗斗壁与水平面的倾角不应小于 55°。

沉砂池除砂宜采用机械方法，并经砂水分离后贮存或外运。采用人工排砂时，排砂管直径不应小于 200mm。排砂管应考虑防堵塞措施。

沉砂池的超高不宜小于 0.3m。

11.2.1　平流式沉砂池

平流式沉砂池由入流渠、出流渠、闸板、水流部分、沉砂斗及排砂管组成，见图 11-2。它具有截留无机颗粒效果较好、工作稳定、构造简单、排砂较方便等优点。

平流式沉砂池的设计，应符合下列要求：

1）最大流速应为 0.3m/s，最小流速应为 0.15m/s；

2）停留时间不应小于 45s；

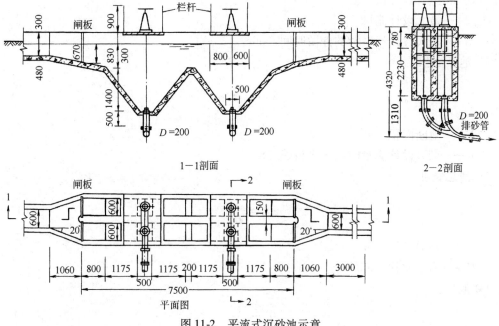

图 11-2　平流式沉砂池示意

3）有效水深不应大于 1.5m，每格宽度不宜小于 0.6m。

一级处理的污水处理厂宜采用平流沉砂池。

11.2.2 曝气沉砂池

平流式沉砂池的主要缺点是沉砂中约夹杂有 15% 的有机物，使沉砂的后续处理难度增加，故常配置洗砂机，排砂经清洗后，有机物含量低于 10%，称为清洁砂，再外运。曝气沉砂池可克服这一缺点。

（1）曝气沉砂池的构造特点

曝气沉砂池呈矩形，污水在池中存在两种流动形态，其一为水平流动，流速不宜大于 0.1m/s；同时在池的一侧设置曝气装置，空气扩散板一般距池底0.6 ~ 0.9m，使池内水流做旋流运动，旋流速度在过水断面的中心处最小，而在池的周边最大。

（2）曝气沉砂池设计计算

1）设计参数

① 水平流速不宜大于 0.1m/s；

② 停留时间宜大于 5min；

③ 有效水深为 2 ~ 3m，宽深比为 1 ~ 1.5；

④ 曝气量宜为 5 ~ 12L/（m·s）空气；

⑤ 进水方向应与池中旋流方向一致，出水方向应与进水方向垂直，并宜设置挡板；

⑥ 宜设置除砂和撇油除渣两个功能区，并配套设置除渣和撇油设备。

2）计算公式

① 总有效容积：

$$V = 60Q_{max}t \tag{11-1}$$

式中　V——总有效容积，m^3；

　　Q_{max}——最大设计流量，m^3/s；

　　t——最大设计流量时的停留时间，min。

② 池断面积：

$$A = \frac{Q_{max}}{v} \tag{11-2}$$

式中　A——池断面积，m^2；

　　v——最大设计流量时的水平流速，m/s。

③ 池总宽度：

$$B = \frac{A}{H} \tag{11-3}$$

式中　B——池总宽度，m；

　　H——有效水深，m。

④ 池长：

$$L = \frac{V}{A} \tag{11-4}$$

式中 L——池长，m。

⑤ 所需曝气量：

$$q = 3.6DL \qquad (11-5)$$

式中 q——所需曝气量，m^3/h；

D——每米池长曝气量，$L/(m \cdot s)$。

11.2.3 旋流沉砂池

旋流沉砂池是依靠进水形成旋流，在重力与离心力的作用下使砂粒从水中分离出来汇集于中心池底的砂斗槽，要求进水沿池切线方向入池。其设计应符合下列要求：

1）最高时流量的停留时间不应小于30s；

2）设计水力表面负荷宜为 $150 \sim 200 m^3/(m^2 \cdot h)$；

3）有效水深宜为 $1.0 \sim 2.0m$，池径与池深比宜为 $2.0 \sim 2.5$；

4）池中应设立式桨叶分离机。

11.3 沉淀池

11.3.1 沉淀基本理论及沉淀池分类

（1）沉淀基本理论

沉淀是从污水中分离出悬浮物的基本操作工艺过程，它利用悬浮物比水重的特点使悬浮物从水中分离。从物理化学角度上讲，沉淀可分为容积沉淀和表面沉淀。容积沉淀是指悬浮物在构筑物中从水体中逐渐沉至底部而被去除的现象，悬浮物颗粒被去除的效率主要取决于它在水体中所处的位置，相同粒径的悬浮颗粒，处在水体表面和水体中部，其被去除的概率是不同的，污水处理中沉砂池和沉淀池中的沉淀都属于这一类。表面沉淀是指悬浮物从水体附着于构筑物中填料的表面而被去除的现象，悬浮颗粒被去除的效率不取决于颗粒在水中的位置，而主要取决于构筑物中填料的表面面积，污水处理中的滤池过滤属于这一类。因此从理论上说，水的过滤实质上是悬浮物的表面沉淀过程。

在容积沉淀中，根据沉淀过程中悬浮物颗粒间的相互关系，可将悬浮颗粒在水中的沉淀分为：自由沉淀、絮凝沉淀、拥挤沉淀和压缩沉淀四大类。

1）自由沉淀

自由沉淀是指悬浮颗粒单个独立完成的沉淀过程。显然，形成自由沉淀的条件是污水中悬浮物浓度很低，固体颗粒不具有絮凝特性。通常，污水处理平流沉砂池砂粒的沉淀可视为自由沉淀。因此，当固体颗粒静止处于静水中时，它受到两个力的作用：一是它本身的重力，向下；二是水对它的浮力，向上。如果固体颗粒的密度比水大，那么它所受的重力将比浮力大。由于这一富裕重力的推动，颗粒就会自然地向下沉淀。开始沉淀时，颗粒呈加速度下沉，但颗粒一经开始沉淀，它就会受到与沉淀速度相反方向的阻力作用，该阻力由沉淀速度产生且与沉淀速度正相关，即速度增加，阻力增大。当颗粒下沉速度加速到某一值，使颗粒所受阻力与富裕的重力相等时，颗粒便会以此时的下沉速度匀速下沉，直至完成整个沉淀过程。根据上述三个力的平衡关系，可推导出著名的斯托克斯（Stockes）公式：

$$u = \frac{1}{18} \cdot \frac{\rho_s - \rho}{\mu} g d^2 \qquad (11\text{-}6)$$

式中　u——颗粒自由沉淀速度；

　　　d——颗粒直径；

　　　ρ_s——颗粒密度；

　　　ρ——水的密度；

　　　g——重力加速度；

　　　μ——水的黏滞度。

应当说明，式（11-6）的 Stockes 公式似乎是已知颗粒直径求其沉淀速度的公式，但实际上，由于人们做污水的沉淀效率曲线试验时，取样水深（H）和取样时间（t）是确定的，即沉淀速度 $u = H/t$ 是已知的，而相应于这一沉淀速度的颗粒直径（d）未知，因此，式（11-6）的 Stockes 公式实际上是用于对水中悬浮颗粒粒径大小分布进行颗粒粒径分析的。

2）絮凝沉淀

絮凝沉淀是悬浮颗粒互相碰撞凝结，颗粒粒径和沉淀速度逐渐变大的沉淀过程。形成絮凝沉淀的条件是污水中悬浮物浓度较高且具有絮凝特性。通常，污水处理沉淀池中的沉淀可视为絮凝沉淀。絮凝动力学研究表明，污水中悬浮物之所以产生粘附、絮凝，主要有三种情况，分别称为：

① 异向絮凝　指悬浮颗粒由于布朗运动引起相互碰撞所形成的絮凝；

② 同向絮凝　指由于外力（如搅拌）引起速度梯度而相互碰撞所形成的絮凝；

③ 差降絮凝　指大颗粒由于沉速快而赶上沉速慢的小颗粒相互碰撞所形成的絮凝。

水中悬浮物颗粒的絮凝沉淀是一个十分复杂的胶体化学过程，有关絮凝沉淀理论上的详细分析已在给水工程中论述过，这里不再赘述。

3）拥挤沉淀

拥挤沉淀是指悬浮颗粒在整个沉淀过程中很"拥挤"，颗粒不可能单独下沉，而是相互保持相对位置不变而呈整体下沉的沉淀现象。在拥挤沉淀中，会形成一个浑液面，浑液面以上为一层澄清水，浑液面以下有一个一定高度的悬浮固体浓度大体相等的区（层），整个沉淀过程表现为浑液面的下沉过程，所以拥挤沉淀也称为成层沉淀。形成拥挤沉淀的条件是悬浮颗粒粒径（即所有下沉颗粒的沉速）大体相等，或悬浮物浓度很高，以致在沉淀时造成"拥挤"，呈现出悬浮颗粒群的下沉。

4）压缩沉淀

压缩沉淀是指悬浮物颗粒在整个沉淀过程中靠重力压缩下层颗粒，使下层颗粒间隙中的水被挤压而向上流的沉淀现象。形成压缩的条件是悬浮颗粒浓度特高，以致人们不再称水中固体浓度有多高，而反过来称固体的含水率有多大。

（2）沉淀池分类

1）初次沉池和二次沉淀池

沉淀池是污水处理厂分离悬浮物的一种常用的构筑物。按工艺要求不同，可分为初次沉淀池和二次沉淀池。

初次沉淀池是一级处理污水处理厂的主体构筑物，或是二级处理污水处理厂的预处理构筑物，设置在生物处理构筑物之前。处理的对象是悬浮物质（通过沉淀处理可去除40%~50%以上），同时可去除部分 BOD_5（占总 BOD_5 的20%~30%，主要是悬浮物质的 BOD_5），可改善生物处理构筑物的运行条件并降低 BOD_5 负荷。初次沉淀池中沉淀的物质称为初次沉淀污泥或初沉污泥。

二次沉淀池设置在生物处理构筑物之后，用于去除活性污泥或脱落的生物膜，它是生物处理系统的重要组成部分。初沉池、生物膜法构筑物及其后的二沉池的 SS 和 BOD_5 总去除率分别为60%~90% 和65%~90%；初沉池、活性污泥法构筑物及其后的二沉池的 SS 和 BOD_5 总去除率分别为70%~90% 和65%~95%。

2）平流式沉淀池、辐流式沉淀池和竖流式沉淀池

沉淀池按池内水流方向的不同，主要可分为平流式沉淀池、辐流式沉淀池和竖流式沉淀池。

当需要挖掘原有沉淀池潜力或建造沉淀池面积受限制时，通过技术经济比较，可采用斜板（管）沉淀池，作为初次沉淀池用，但不宜作为二次沉淀池，原因是活性污泥的黏度较大，容易粘附在斜板（管）上，影响沉淀效果甚至可能堵塞斜板（管）。同时，在厌氧的情况下，经厌氧消化产生的气体上升时会干扰污泥的沉淀，并把从板（管）上脱落下来的污泥带至水面结成污泥层。

三种主要形式沉淀池的特点及适用条件见表11-3。

三种沉淀池的特点及适用条件　　　　　　　　　　　　　　　　　　表 11-3

池型	优点	缺点	适用条件
平流式	1. 对冲击负荷和温度变化的适应能力较强； 2. 施工简单，造价低	采用多斗排泥时，每个泥斗需单独设排泥管各自排泥，操作工作量大；采用机械排泥时，机件设备和驱动件均浸入水中，易锈蚀	1. 适用于地下水位较高及地质较差的地区； 2. 适用于大、中、小型污水处理厂
竖流式	1. 排泥方便，管理简单； 2. 占地面积较小	1. 池子深度大，施工困难； 2. 对冲击负荷及温度变化的适应能力较差； 3. 造价较高； 4. 池径不宜太大	适用于处理水量不大的小型污水处理厂
辐流式	1. 采用机械排泥，运行较好，管理亦较简单； 2. 排泥设备已有定型产品	1. 池中水流速度不稳定； 2. 机械排泥设备复杂，对施工质量要求较高	1. 适用于地下水位较高的地区； 2. 适用于大、中型污水处理厂

11.3.2 城镇污水处理沉淀池的设计原则及参数

1）沉淀池的设计流量与沉砂池相同，当污水自流进入时，按最大日最大时设计流量计算；当污水为提升进入时，应按工作水泵的最大组合流量计算。

2）沉淀池的超高不应小于0.3m，有效水深宜采用2~4m。沉淀池出水堰最大负荷：初次沉淀池不宜大于2.9L/（s·m）；二次沉淀池不宜大于1.7L/（s·m）。初次沉淀池的污泥区容积，宜按不大于2d的污泥量计算。曝气池后的二次沉淀池污泥区容积，宜按不大于2h的污泥量计算，并应有连续排泥措施。机械排泥的初次沉淀池和生物膜法处理后的二次沉淀池污泥容积，宜按4h的污泥量计算。当采用静水压力排泥时，初次沉淀池的净水头不应小于1.5m；二次沉淀池的静水头，生物膜处理后不应小于1.2m，曝气池后不应小于0.9m。排泥管的直径不应小于200mm。初次沉淀池的出口堰最大负荷不宜大于2.9L/（m·s）；二次沉淀池的出水堰最大负荷不宜大于1.7L/（m·s），当二次沉淀池采用周边进水周边出水辐流沉淀池时，出水堰最大负荷可适当放大。沉淀池应设置浮渣的撇除，输送和处置设施。当采用污泥斗排泥时，每个泥斗均应设单独的闸阀和排泥管。泥斗的斜壁与水平面的倾角，方斗宜为60°，圆斗宜为55°。

3）对城镇污水处理厂，沉淀池的数目应不少于2座（格）。

4）城镇污水沉淀池的设计参数宜按表11-4采用。工业废水沉淀池的设计参数，应根据试验或实际生产运行经验确定。

城镇污水沉淀池设计参数　　　　　　　　　　　　　　　　表11-4

沉淀池类型		沉淀时间（h）	表面水力负荷[m³/（m²·h）]	污泥量		污泥含水率（%）	固体负荷[kg/（m²·d）]
				[g/（人·d）]	[L/（人·d）]		
初次沉淀池		0.5~2.0	1.5~4.5	16~36	0.36~0.83	95~97	—
二次沉淀池	生物膜法后	1.5~4.0	1.0~2.0	10~26	—	96~98	≤150
	活性污泥法后	1.5~4.0	0.6~1.5	12~32	—	99.2~99.6	≤150

注：当二次沉淀池采用周边进水周边出水辐流沉淀池时，固体负荷不宜超过200kg/（m²·d）。

11.3.3 平流沉淀池

（1）平流沉淀池的构造

平流沉淀池示意图如图11-3所示，由流入装置、流出装置、沉淀区、缓冲层及排泥

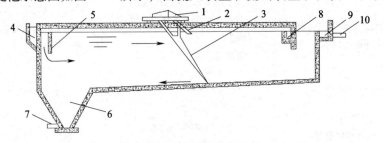

图11-3　平流沉淀池示意图

1—刮泥行车；2—刮渣板；3—刮泥板；4—进水槽；5—挡流墙；6—泥斗

7—排泥管；8—浮渣槽；9—出水槽；10—出水管

装置等组成。

（2）排泥装置与方法

1）静水压力法：利用池内的静水位将污泥排出池外。排泥管直径200mm，下端插入污泥斗，上端伸出水面以便清通。为减少沉淀池深度，也可采用多斗排泥。

2）机械排泥法：利用机械将污泥排出池外。链带式刮泥机机件长期浸于水中，易被腐蚀，且难修复。行走小车刮泥机由于整套设备在水面上行走，腐蚀较轻，易于维护。这两种机械排泥法主要适用于初次沉淀池。当平流式沉淀池用作二次沉淀池时，由于活性污泥比较轻，含水率高达99%以上，且呈絮状，故可采用单口扫描泵吸排，使集泥和排泥同时完成。

（3）设计要求

平流式沉淀池对冲击负荷和温度变化的适应能力较强，但在池宽和池深方向存在水流不均匀及紊流流态，影响沉淀效果。平流沉淀池的设计，应符合下列要求：

1）每格长度与宽度的比值不小于4，长度与有效水深的比值不小于8，池长不宜大于60m；

2）一般采用机械排泥，排泥机械的行进速度为$0.3 \sim 1.2$m/min；

3）缓冲层高度，非机械排泥时为0.5m；机械排泥时，缓冲层上缘宜高出刮泥板0.3m；

4）池底纵坡不小于0.01。

11.3.4 普通辐流式沉淀池

（1）普通辐流式沉淀池的构造特点

辐流式沉淀池亦称为辐射式沉淀池。池形多呈圆形，小型池子有时亦采用多边形。泥斗设在池中央，池底向中心倾斜，污泥通常用刮泥机或吸泥机排除（图11-4）。

沉淀池由五部分组成，即进水区、出水区、沉淀区、贮泥区及缓冲层。

（2）普通辐流式沉淀池的设计计算

1）辐流式沉淀池的设计应符合下列要求：

① 池子直径与有效水深的比值宜为$6 \sim 12$，池径不宜大于50m。

② 一般采用机械排泥，当池子直径

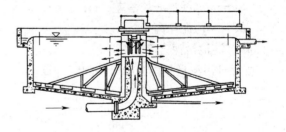

图11-4 普通辐流式沉淀池示意图

较小时，也可采用多斗排泥。排泥机械旋转速度宜为$1 \sim 3$r/h，刮泥板的外缘线速度不宜大于3m/min。

③ 缓冲层高度，非机械排泥时宜为0.5m；机械排泥时，应根据刮泥板高度确定，且缓冲层上缘宜高于刮泥板0.3m。

④ 坡向泥斗的底坡不宜小于0.05。

⑤ 周边进水周边出水辐流沉淀池应保证进水渠的均匀配水。

2）计算公式

① 每座沉淀池表面面积和池径

$$A_1 = \frac{Q_{max}}{nq_0} \qquad (11\text{-}7)$$

$$D = \sqrt{\frac{4 \times A_1}{\pi}}$$

式中 A_1——每座沉淀池的表面积，m^2；

D——每座沉淀池的直径，m；

Q_{max}——最大设计流量，m^3/h；

n——池数；

q_0——表面水力负荷，$m^3/(m^2 \cdot h)$，见表 11-4。

② 沉淀池有效水深

$$h_2 = q_0 t \qquad (11\text{-}8)$$

式中 h_2——有效水深，m；

t——沉淀时间，见表 11-4。

池径与水深比取 6~12。

③ 沉淀池总高度

$$H = h_1 + h_2 + h_3 + h_4 + h_5 \qquad (11\text{-}9)$$

式中 H——总高度，m；

h_1——保护高，取 0.3m；

h_2——有效水深，即沉淀区高度，m；

h_3——缓冲层高，m，非机械排泥时宜为 0.5m，机械排泥时，缓冲层上缘宜高出刮板 0.3m；

h_4——沉淀池底坡落差，m；

h_5——污泥斗高度，m。

④ 沉淀池污泥区容积

按每日污泥量和排泥的时间间隔计算：

$$W = \frac{SNt}{1000} \qquad (11\text{-}10a)$$

式中 W——沉淀池污泥区容积，m^3；

S——每人每日产生的污泥量，$L/(人 \cdot d)$，见表 11-4；

N——设计人口数；

t——两次排泥的时间间隔，d。初次沉淀池宜按不大于 2d 计；曝气池后的二次沉淀池按 2h 计；机械排泥的初次沉淀池和生物膜法处理后的二次沉淀池按 4h 计。

如果已知污水悬浮物浓度和去除率，污泥量可按式（11-10b）计算：

$$W = \frac{Q_{max} \times 24(C_0 - C_1)100}{\rho(100 - P_0)}t \qquad (11\text{-}10b)$$

式中　C_0，C_1——分别是进水与沉淀出水的悬浮物浓度，kg/m^3；如有浓缩池、消化池及污泥脱水机的上清液回流至初次沉淀池，则式中的 C_0 应乘1.3的系数，C_1 应取 $1.3C_0$ 的50%~60%；

　　　　P_0——污泥含水百分数，见表11-4；

　　　　ρ——污泥密度，kg/m^3，因污泥的主要成分是有机物，含水率在95%以上，故 ρ 可取为 $1000kg/m^3$；

　　　　t——两次排泥的时间间隔，见式（11-10a）中注释。

【例11-1】 某市污水处理厂的最大设计流量 $Q_{max} = 2450m^3/h$，设计人口 $N = 34$ 万人，采用机械刮泥，试计算辐流式初次沉淀池的池径和有效水深。

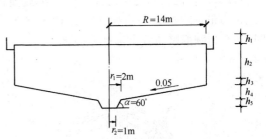

图11-5　辐流式初次沉淀池计算简图

【解】 计算简图见图11-5。

（1）沉淀池表面面积和池径：取 $q_0 = 2m^3/(m^2 \cdot h)$，$n = 2$ 座，则沉淀池表面面积和池径分别为：

$$A_1 = \frac{Q_{max}}{nq_0} = \frac{2450}{2 \times 2} = 612.5m^2$$

$$D = \sqrt{\frac{4 \times A_1}{\pi}} = \sqrt{\frac{4 \times 612.5}{\pi}} = 27.9m，取 D = 28m$$

（2）沉淀池有效水深：取沉淀时间 $t = 1.5h$，则

$$h_2 = q_0 t = 2 \times 1.5 = 3.0m$$

（3）污泥池总高度：

每池每天污泥量用式（11-10a）计算：

$$W = \frac{SNt}{1000} = \frac{0.5 \times 34 \times 10^4 \times 4}{1000 \times 2 \times 24} = 14.2m^3$$

式中，S 取 $0.5L/(人 \cdot d)$（查表11-4得），由于用机械刮泥，所以污泥在斗内储存时间用4h。

污泥斗容积用几何公式计算：

$$V_1 = \frac{\pi h_5}{3}(r_1^2 + r_1 r_2 + r_2^2) = \frac{\pi \times 1.73}{3}(2^2 + 2 \times 1 + 1^2) = 12.7m^3$$

$$h_5 = (r_1 - r_2)\tan\alpha = (2 - 1)\tan60° = 1.73m$$

坡底落差 $h_4 = (R - r_1) \times 0.05 = 12 \times 0.05 = 0.6m$

因此，池底可贮存污泥的体积为：

$$V_2 = \frac{\pi h_4}{3}(R^2 + Rr_1 + r_1^2) = \frac{\pi \times 0.6}{3}(14^2 + 14 \times 2 + 2^2) = 143.3m^3$$

可贮存污泥体积共为 $V_1 + V_2 = 12.7 + 143.3 = 156 m^3 > 14.2 m^3$，足够。

沉淀池总高度 $H = 0.3 + 3.0 + 0.5 + 0.6 + 1.73 = 6.13m$

（4）沉淀池周边处的垂直高度：

$$h_1 + h_2 + h_3 = 0.3 + 3.0 + 0.5 = 3.8\text{m}$$

径深比校核：

$D/h_2 = 28/3 = 9.3$，合格。

11.3.5 竖流式沉淀池

竖流式沉淀池可用圆形或正方形。中心进水，周边出水。为使池内水流分布均匀，池径不宜太大，池径与池深之比，竖流沉淀池比辐流式小得多，一般池径采用 4～7m 池径（或正方形的一边）与有效水深之比不宜大于 3。沉淀区呈柱形，污泥斗呈截头倒锥体。图 11-6 为圆形竖流式沉淀池示意图。

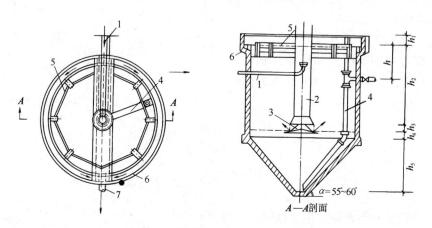

图 11-6　圆形竖流式沉淀池示意图

图 11-6 中，1 为进水管，污水从中心管 2 自上而下，经反射板 3 折向上流，沉淀水由设在池周的锯齿溢流堰溢入流出槽 6、7 为出水管。如果池径大于 7m，为了使池内水流分布均匀，可增设辐射方向的出流槽。出流槽前设有挡板 5，隔除浮渣。污泥斗的倾角采用 55°～60°。污泥依靠静水压力 h 从排泥管 4 排出，排泥管采用 200mm。

竖流式沉淀池的水流流速 v 是向上的，而颗粒沉速 u 是向下的，颗粒的实际沉速是 v 与 u 的矢量和，只有 $u \geqslant v$ 的颗粒才能被沉淀去除，因此竖流式沉淀池与辐流式沉淀池相比，去除效率低些，但若颗粒具有絮凝性能，则由于水流向上，带着颗粒在上升的过程中，互相碰撞，促进絮凝，颗粒变大，沉速随之变大，又有被去除的可能，故竖流沉淀池作为二次沉淀池是可行的。竖流沉淀池的池深较深，适用于中小型污水处理厂。

11.3.6 斜板（管）沉淀池

（1）斜板（管）沉淀池的理论基础

根据浅层沉淀理论，把沉淀池分为 n 层就可以把处理能力提高 n 倍。

为了将浅层理论应用于实际工程，需解决沉泥的排出问题。因此，浅层理论在实际应用时，需把水平隔板改为倾斜设置呈 α 角的斜板（管），α 宜为 60°，见图 11-7（c）。在斜板（管）沉淀池中，将斜板（管）的有效面积总和乘以 $\cos\alpha$，即得水平沉淀面积：

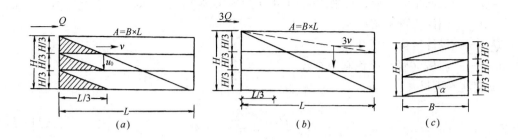

图 11-7 浅层沉淀理论示意

$$A = \sum_{i=1}^{n} A_i \cos\alpha \tag{11-11}$$

（2）斜板（管）沉淀池的分类与设计

按水流方向与颗粒沉淀方向之间的关系，斜板（管）沉淀池可分为：① 侧向流斜板（管）沉淀池，水流方向与颗粒沉淀方向相互垂直，见图 11-8（a）；② 同向流斜板（管）沉淀池，水流方向与颗粒沉淀方向相同，见图 11-8（b）；③ 异向（也称逆向）流斜板（管）沉淀池，见图 11-8（c），水流方向与颗粒沉淀方向相反。

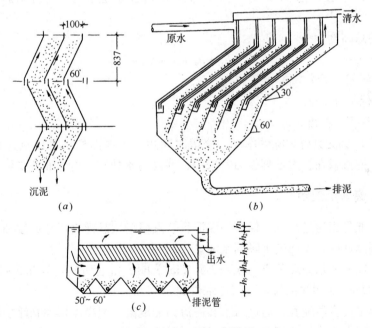

图 11-8 斜板（管）沉淀池

现以异向流为例说明设计步骤。

沉淀池水表面积：

$$A = \frac{Q_{\max}}{n q_0 \times 0.91} \tag{11-12}$$

式中　A——水表面积，m^2；

　　　n——池数，个；

q_0——表面水力负荷，可采用表 11-4 所列数字的 2 倍，但对于二次沉淀池，应采用固体负荷复核；

Q_{max}——设计流量，m^3/h；

0.91——斜板（管）面积利用系数。

沉淀池平面尺寸：

$$D = \sqrt{\frac{4A}{\pi}} \qquad (11\text{-}13a)$$

或

$$a = \sqrt{A} \qquad (11\text{-}13b)$$

式中 D——圆形池直径，m；

a——矩形池边长，m。

水力停留时间：

$$t = \frac{(h_2 + h_3) \cdot 60}{q_0} \qquad (11\text{-}14)$$

式中 t——水力停留时间，min；

h_2——斜板（管）区上部的清水层高度，m，一般用 0.7 ~ 1.0m；

h_3——斜板（管）区高度，m，一般为 0.866m，即斜板斜长一般采用 1.0m。

斜板（管）下缓冲层高度 h_4：为了布水均匀并不会扰动下沉的污泥，h_4 一般采用 1.0m。

沉淀池的总高度：

$$H = h_1 + h_2 + h_3 + h_4 + h_5 \qquad (11\text{-}15)$$

式中 H——斜板（管）沉淀池总高度，m；

h_1——保护高，m；

h_5——污泥斗高度，m。

斜板（管）沉淀具有去除效率高，停留时间短，占地面积小等优点，故常用于已有的污水处理厂挖掘或在扩大处理能力时采用；或当污水处理厂占地面积受到限制时采用。

11.3.7 高效沉淀池

高效沉淀池是指通过污水与回流污泥混合、絮凝增大悬浮物尺寸或添加砂、磁粉等重介质提高絮凝体密度，以加速沉降的水池。

高效沉淀池表面水力负荷宜为 6 ~ 13$m^3/(m^2 \cdot h)$，混合时间宜为 0.5 ~ 2.0min，絮凝时间宜为 8 ~ 15min。污泥回流量宜占进水量的 3% ~ 6%。

根据国内生产实践经验，通过污水和回流污泥混凝、絮凝以增大悬浮物尺寸的高效沉淀池，当用于污水深度处理工艺时，表面水力负荷宜为 6 ~ 13$m^3/(m^2 \cdot h)$；当用于一级强化处理工艺时，表面水力负荷可适当提高；当高效沉淀池添加砂、磁粉等重介质增强絮凝效果时，表面水力负荷也可适当提高。

污泥循环一般采用污泥泵从泥斗中抽取回流至絮凝池的方式。

12　城镇污水的活性污泥法处理

活性污泥法是以活性污泥为主体的污水生物处理技术。它是通过采取一系列人工强化、控制的技术措施，使活性污泥中的微生物对有机污染物氧化、分解的生理功能得到充分发挥，以达到净化污水的生物工程技术。

活性污泥法于1914年在英国曼彻斯特建成试验场以来，已有百年历史。随着生产上的广泛应用和技术上的不断革新改进，特别是近几十年来，在对其生物反应和净化机理进行深入研究探索的基础上，活性污泥法在生物学、反应动力学的理论方面以及在工艺、功能方面都取得了长足的发展，出现了能够适应各种条件的工艺流程。当前，活性污泥法已成为城镇污水及有机工业废水的主体处理技术。

12.1　活性污泥法基本原理及反应动力学基础

12.1.1　活性污泥形态及微生物

（1）活性污泥是活性污泥处理系统中的主体

活性污泥中栖息着微生物群体，在微生物群体新陈代谢功能的作用下，具有将污水中有机污染物转化为稳定的无机物质的活性，故称之为"活性污泥"。

活性污泥为在外观上呈黄褐色的絮绒颗粒状，故又称为"生物絮凝体"，其颗粒尺寸取决于微生物的组成、数量、污染物质的特性以及某些外部环境因素。活性污泥絮体一般介于 $0.02 \sim 0.2mm$，含水率99%以上，其相对密度则因含水率不同而异，介于 $1.002 \sim 1.006$。

活性污泥中的固体物质仅占1%以下，由有机与无机两部分组成，其组成比例因原污水性质不同而异。活性污泥中固体物质的有机成分，主要由栖息在活性污泥上的微生物群体所组成，此外活性污泥还夹杂着由入流污水挟带的有机固体物质，其中包括某些难以为细菌摄取、利用的所谓"难降解有机物质"。微生物菌体经内源代谢、自身氧化的残留物，如细胞膜、细胞壁等，也属于难降解的有机物质。

活性污泥的无机组成部分，则全部是由原水带入，至于微生物体内存在的无机盐类，由于数量极少可忽略不计。

活性污泥是由以下四部分物质组成：

1）具有代谢功能活性的微生物群体（M_a）；

2）微生物（主要是细菌）内源代谢、自身氧化的残留物（M_e）；

3）由污水带入的难以为细菌降解的惰性有机物（M_i）；

4）由污水带入的无机物质（M_{ii}）。

（2）活性污泥微生物及其在活性污泥反应中的作用

活性污泥微生物是由细菌类、真菌类、原生动物、后生动物等多种群体所组成的混合群体。这些微生物在活性污泥上形成食物链和相对稳定的特有生态系统。

活性污泥微生物中的细菌以异养型的原核生物为主，在正常成熟的活性污泥上的细菌数量大致介于 $10^7 \sim 10^8$ 个/mL 活性污泥之间。在活性污泥中能形成优势的细菌，主要有各种杆菌、球菌、单胞菌属等。在环境适宜的条件下，它们的世代时间仅为 $20 \sim 30min$。它们也都具有较强的分解有机物并将其转化成无机物质的功能。

真菌的细胞构造较为复杂，而且种类繁多，与活性污泥处理系统有关的真菌是微小腐生或寄生的丝状菌，这种真菌具有分解碳水化合物、脂肪、蛋白质及其他含氮化合物的功能，但大量异常的增殖会引发污泥膨胀，丝状菌的异常增殖是活性污泥膨胀的主要诱因之一。

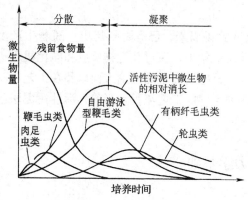

图 12-1　原生动物在曝气池内活性污泥反应过程中数量与种类的增长与递变

活性污泥中的原生动物有肉足虫、鞭毛虫和纤毛虫三类。通过显微镜镜检，能够观察到出现在活性污泥中的原生动物，并辨别认定其种属，据此能够判断处理水质的优劣。因此将原生动物称之为活性污泥系统的指示性生物。此外，原生动物还不断地摄食水中的游离细菌，起到进一步净化水质的作用。图 12-1 所示为作为活性污泥处理系统指示性生物的原生动物在曝气池内活性污泥反应过程中，数量与种类的增长与递变。

后生动物（主要指轮虫）在活性污泥系统中是不经常出现的，仅在处理水质优异的完全氧化型活性污泥系统（如延时曝气活性污泥系统）中出现。轮虫出现是水质非常稳定的标志。

在活性污泥处理系统中净化污水的第一承担者，也是主要承担者是细菌，而摄食处理水中游离细菌，使污水进一步净化的原生生物则是污水净化的第二承担者。原生生物摄取细菌，是活性污泥生态系统的首位捕食者。后生动物摄食原生动物，则是生态系统的第二捕食者。通过显微镜镜检活性污泥原生动物的生物相，是对活性污泥质量评价的重要手段之一。

（3）活性污泥微生物的增殖与活性污泥的增长

曝气池内，活性污泥微生物降解污水中有机污染物的同时，伴随着微生物的增殖，而微生物的增殖实际上就是活性污泥的增长。

微生物的增殖规律，一般用增殖曲线来表示。增殖曲线所表示的是在某些关键性的环境因素，如温度一定、溶解氧含量充足等情况下，营养物质一次充分投加时，活性污泥微生物总量随时间的变化，如图 12-2 所示。

纯种微生物的增殖曲线可作为活性污泥多种属微生物增殖规律的范例。如图 12-2 所示，整个增长曲线可分为停滞期、对数增殖期、减速增殖期和内源呼吸期 4 个阶段（期）。

决定污水中微生物活体数量和增殖曲线上升、下降走向的主要因素是其周围环境中营养物质的多寡。通过对污水中营养物（有机污染物）量的控制，就能够控制微生物增殖（活性污泥增长）的走向和增殖曲线各期的延续时间。以增殖曲线所反映的微生物增殖规律，即活性污泥增长规律，对活性污泥处理系统有着重要的意义。F（有机物量）$/M$（微生物量）是活性污泥处理技术重要的设计和运行参数。

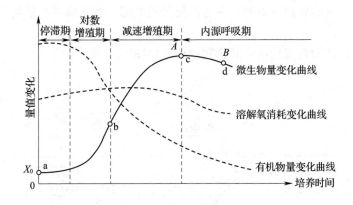

图 12-2　活性污泥微生物总量随时间的变化曲线

（4）活性污泥絮凝体的形成

在活性污泥反应器——曝气反应池内形成发育良好的活性污泥絮凝体，是使活性污泥处理系统保持正常净化功能的关键。活性污泥絮凝体，也称为生物絮凝体，其骨干部分是由千万个细菌为主体结合形成的通常称之为"菌胶团"的颗粒。菌胶团对活性污泥的形成及各项功能的发挥，起着十分重要的作用，只有在它发育正常的条件下，活性污泥絮凝体才能很好地形成，其对周围有机污染物的吸附功能及其絮凝、沉降性能，才能够得到正常发挥。

12.1.2　活性污泥净化污水的反应过程

（1）初期吸附去除

在活性污泥系统内，污水开始与活性污泥接触后的较短时间内，污水中的有机污染物即被大量去除，BOD 去除率很高。这种初期高速去除有机物的现象是由物理吸附和生物吸附交织在一起的吸附作用所产生的。

活性污泥强吸附能力的产生源是：

1）活性污泥具有很大的表面积：$2000 \sim 10000 \text{m}^2/\text{m}^3$ 混合液；

2）组成活性污泥的菌胶团细菌使活性污泥絮体具有多糖类黏质层。

活性污泥吸附能力的影响因素有：

1）微生物的活性程度，处于良好状态的微生物具有很强的吸附能力；

2）反应器内水力扩散程度与水动力学流态。

吸附过程进行较快，能够在 30min 内完成，污水 BOD 的去除率可达 70%。被吸附在微生物细胞表面的有机污染物，只有在经过数小时的曝气后，才能够相继被摄入微生物体内降解，因此，被"初期吸附去除"的有机物数量是有限度的。

（2）微生物的代谢

被吸附在栖息有大量微生物的活性污泥表面的有机污染物，与微生物细胞表面接触，在微生物透膜酶的催化作用下，透过细胞壁进入微生物细胞体内。小分子的有机物能够直接透过细胞壁进入微生物体内，而如淀粉、蛋白质等大分子有机物，则必须在细胞外酶（水解酶）的作用下，被水解为小分子后再为微生物摄入细胞内。

被摄入细胞体内的有机污染物，在各类酶如脱氢酶、氧化酶等的催化作用下，微生物对其进行代谢反应。

微生物分解代谢和合成代谢及其产物的模式如图 12-3 所示。

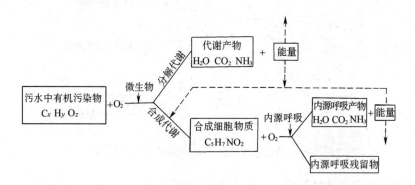

图 12-3　微生物对有机物的分解代谢及合成代谢的模型

无论是分解代谢还是合成代谢，都能够去除污水中的有机污染物，但代谢产物却有所不同，分解代谢的产物 CO_2 和 H_2O，可排入自然环境。但目前有环境专家认为：污水处理厂将 COD 转变成 CO_2，造成了温室气体的排放，是不可取的，因此要求污水处理厂在进行环境评价时计入排出的温室气体 CO_2 对环境污染的影响。合成代谢的产物是新生的微生物细胞，并以剩余污泥的方式排出活性污泥处理系统，需对其进行妥善处理。

美国污水处理专家麦金尼，对活性污泥微生物在曝气池内所进行的有机物氧化分解、细胞质合成以及内源代谢三项反应，提出了如图 12-4 所示的数量关系。

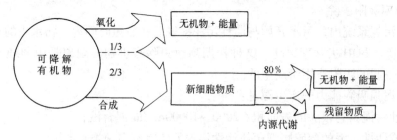

图 12-4　微生物三项代谢活动之间的数量关系

从图 12-4 可见，在活性污泥微生物的作用下，可降解有机物的 1/3 为微生物氧化分解，2/3 为微生物用于合成新细胞，自身增殖；而通过内源代谢反应，80% 的细胞物质被分解为无机物质并产生能量，20% 为不能分解的残留物，它们主要是由多糖、脂蛋白组成的细胞壁的某些组分和壁外的黏液层。

12.1.3　活性污泥法基本流程

图 12-5 所示为活性污泥法处理系统的基本流程。该系统由以活性污泥反应器（曝气反应池）为核心处理设备和二次沉淀池、污泥回流设施及供气与空气扩散装置组成。

活性污泥反应进行的结果，使污水中的有机污染物得到降解、去除，污水得以净化。由于微生物的繁衍，活性污泥本身也得到增殖。

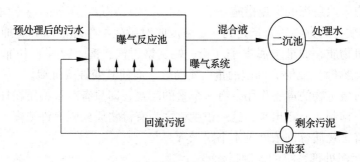

图 12-5　活性污泥法处理系统的基本流程

12.1.4　活性污泥法的主要影响因素及其控制指标

（1）活性污泥净化反应的主要影响因素

活性污泥微生物只有在适宜的环境下才能生存和繁殖，活性污泥处理技术就是人为地为微生物创造良好的生活环境条件，使微生物对有机物降解的生理功能得到强化。影响微生物生理活动的因素较多，其中主要有：营养物质、温度、pH、溶解氧以及有毒物质等。

1）营养平衡　活性污泥的微生物所必需的营养物质包括碳源、氮源、无机盐类及某些生长素等。微生物对碳、氮、磷的需求量，可按 BOD : N : P = 100 : 5 : 1 考虑。

微生物对无机盐类的需求量很少又不可缺少。对微生物而言，无机盐类可分为主要的和微量的两类。主要的无机盐类首推磷以及钾、镁、钙、铁、硫等，它们参与细胞结构的组成、能量的转移、控制原生质的胶态等。微量的无机盐类则有铜、锌、钴、锰、钼等，它们是酶辅基的组成部分，或是酶的活化剂。一般情况下，对生活污水、城市污水以及绝大部分有机性工业废水进行生物处理时，都无需另行投加。

活性污泥微生物的最佳营养比一般为 BOD : N : P = 100 : 5 : 1，生活污水是活性污泥微生物的最佳营养源，一般满足这一比值要求。经过初次沉淀池或水解酸化工艺等预处理后，BOD 值有所降低，N 及 P 含量的相对值有所提高，其 BOD : N : P 可能变为 100 : 20 : 2.5。

2）溶解氧含量　参与污水活性污泥处理的是以好氧菌为主体的微生物种群，曝气反应池内必须有足够的溶解氧。根据活性污泥法大量的运行经验数据，要维持曝气反应池内微生物正常的生理活动，在曝气反应池出口端的溶解氧一般宜保持不低于 2mg/L。

曝气反应池内溶解氧也不宜过高，否则会导致有机污染物分解过快，从而使微生物缺乏营养，活性污泥结构松散、破碎、易于老化。此外，溶解氧过高，过量耗能，也是不经济的。

3）pH　以 pH 表示的氢离子浓度能够影响微生物细胞膜上的电荷性质。电荷性质改变，微生物细胞吸取营养物质的功能也会发生变化，从而对微生物的生理活动产生不良影响。pH 过大地偏离适宜数值，微生物的酶系统的催化功能就会减弱，甚至消失。参与污水生物处理的微生物，最佳的 pH 范围一般为 6.5 ~ 8.5。

4）水温　微生物最适宜的温度是指在这一温度条件下，微生物的生理活动强劲、旺盛，增殖速度快，世代时间短。参与活性污泥处理的微生物，多属嗜温菌，其适宜温度为 10 ~ 45℃。最佳温度范围一般为 15 ~ 30℃。

在常年或多半年处于低温的地区，应考虑将曝气反应池建于室内。建于室外露天的曝气反应池，则应采取适当的保温措施。

5）有毒物质 有毒物质是指达到一定浓度时对微生物生理活动具有抑制作用的某些无机物质及有机物质，如重金属离子（铅、镉、铬、铁、铜、锌等）和非金属无机有毒物质（砷、氰化物等）能够和细胞的蛋白质结合，而使其变性或沉淀。

有机物质对微生物的毒害作用，有一个量的问题，即只有有毒物质在环境中达到某一浓度时，毒害与抑制才显露出来，这一浓度称之为有毒物质极限允许浓度。污水生物处理构筑物进水中有害物质容许浓度见本书附录 A。

（2）活性污泥处理系统的控制指标

通过人工强化、控制，使活性污泥处理系统能够正常、高效运行的基本条件是：适当的污水水质和水量；具有良好活性和足够数量的活性污泥微生物，并相对稳定；在混合液中保持能够满足微生物需要的溶解氧浓度；在曝气池内，活性污泥、有机污染物、溶解氧三者能够充分接触。

为保证达到上述基本条件，需确定相应的控制指标，这些指标既是活性污泥法的评价指标，也是活性污泥法处理系统的设计和运行参数。

1）混合液活性污泥微生物量的指标

① 混合液悬浮固体浓度，又称混合液污泥浓度，简称 MLSS。

它表示曝气反应池单位容积混合液中所含有的活性污泥固体物质的总质量，表示单位为 mg/L 或 kg/m³：

$$MLSS = M_a + M_e + M_i + M_{ii} \qquad (12-1)$$

② 混合液挥发性悬浮固体浓度，简称为 MLVSS。

该指标表示混合液活性污泥中所含有的有机性固体物质的浓度，表示单位为 mg/L，或 kg/L：

$$MLVSS = M_a + M_e + M_i \qquad (12-2)$$

MLVSS 与 MLSS 的比值以 y 表示：

$$y = \frac{MLVSS}{MLSS} \qquad (12-3)$$

一般情况下，y 值比较固定，对于生活污水，y 值为 0.75 左右。

2）活性污泥的沉降性能指标

正常的活性污泥在静止 30min 内即可完成絮凝沉淀和成层沉淀过程，随后进入浓缩。

① 污泥沉降比，又称 30min 沉降率，简称 SV。

混合液在量筒内静置 30min 后形成的沉淀污泥容积占原混合液容积的百分数，以% 表示。

污泥沉降比能够反映曝气池运行过程的活性污泥量，可用以控制、调节剩余污泥的排放量，还能通过它及时地发现污泥膨胀等异常现象。

② 污泥容积指数，又称"污泥指数"，简称 SVI。

该指标的物理意义是在曝气池出口处的混合液，经过 30min 静置后，每克干污泥形成的沉淀污泥所占有的容积，以 mL 计。

污泥容积指数（SVI）的计算式为：

$$SVI = \frac{混合液(1L)30min\ 静沉形成的活性污泥容积(mL)}{混合液(1L)\ 中悬浮物固体干重(g)} = \frac{SV(\%) \times 10(mL/L)}{MLSS(g/L)} \quad (12\text{-}4)$$

SVI 的单位为（mL/g）。习惯上只称数字，而把单位略去。

SVI 值能够反映活性污泥的凝聚、沉降性能。生活污水及城镇污水处理的活性污泥 SVI 值为 50～150。SVI 值过低，说明泥粒细小、无机物质含量高、缺乏活性；SVI 过高，说明污泥沉降性能不好，并且有产生膨胀现象的可能。

SV 和 SVI 是活性污泥处理系统重要的设计参数，也是评价活性污泥数量和质量的重要指标。

3）污泥龄，简称为 SRT

生物反应池（曝气反应池）内活性污泥总量（VX）与每日排放污泥量（ΔX）之比，称为污泥龄，即活性污泥在生物反应池内的平均停留时间，因此又称为"生物固体平均停留时间"，即：

$$\theta_c = \frac{VX}{\Delta X} \quad (12\text{-}5)$$

式中　θ_c——污泥龄（生物固体平均停留时间），d；

　　　V——生物反应池容积，m³；

　　　X——混合液悬浮物固体（MLSS）浓度，kg/m³；

　　　ΔX——每日排除系统外的活性污泥量（即新增污泥量），kg/d。

ΔX 按式（12-6）计算：

$$\Delta X = Q_w X_r + (Q - Q_w) X_e \quad (12\text{-}6)$$

式中　Q_w——作为剩余污泥排放的污泥量，m³/d；

　　　X_r——剩余污泥浓度，kg/m³；

　　　Q——污水流量，m³/d；

　　　X_e——出水的悬浮物固体浓度，kg/m³。

将式（12-6）代入式（12-5），得：

$$\theta_c = \frac{VX}{Q_w X_r + (Q - Q_w) X_e} \quad (12\text{-}7)$$

在一般条件下，X_e 值极低，可忽略不计，式（12-7）可简化为：

$$\theta_c = \frac{VX}{Q_w X_r} \quad (12\text{-}8)$$

X_r 值在一般情况下是活性污泥特性和二次沉淀效果的函数，可由 SVI 近似求定：

$$X_r = \frac{10^3}{SVI} (kg/m^3) \quad (12\text{-}9)$$

污泥龄（生物固体平均停留时间）是活性污泥处理系统重要的设计、运行参数。这一参数能够说明活性污泥微生物的状况，世代时间长于污泥龄的微生物在生物反应池内不可能繁衍成优势菌种属。

4）BOD—污泥负荷

BOD—污泥负荷是指生物反应池内单位质量污泥（干重，kg）在单位时间（d）内所接受的或所去除的有机物量（BOD，kg）。前者称施加 BOD-污泥负荷，它表示了生物反应池内活性污泥的 F/M 值，F 是指供给污泥的食料（Feed），M 指污泥质量（Mass）。因此，曝气反应池的 F/M 值可按式（12-10）计算：

$$\frac{F}{M} = \frac{QS_0}{XV}[\text{kgBOD}/(\text{kgMLSS} \cdot \text{d})] \tag{12-10}$$

式中 Q——污水流量，m^3/d；

S_0——进水 5 日生化需氧量（BOD）浓度，mg/L；

V——生物反应池容积，m^3；

X——混合液悬浮物固体（MLSS）浓度，mg/L。

后者称去除 BOD-污泥负荷，现行规范规定的 BOD-污泥负荷都是指去除负荷，按式（12-11）计算：

$$L_s = \frac{Q(S_0 - S_e)}{XV}[\text{kgBOD}/(\text{kgMLSS} \cdot \text{d})] \tag{12-11}$$

式中 Q——污水流量，m^3/d；

S_0——进水 5 日生化需氧量（BOD），mg/L；

S_e——出水 5 日生化需氧量（BOD），mg/L；

V——生物反应池容积，m^3；

X——混合液悬浮物固体（MLSS）浓度，mg/L。

BOD-污泥负荷是活性污泥处理系统设计、运行的重要参数，是影响有机污染物降解、活性污泥增长的重要因素。

选定适宜的施加 BOD-污泥负荷还与活性污泥的膨胀现象有直接关系。在 $0.5\text{kgBOD}/(\text{kgMLSS} \cdot \text{d})$ 以下的低负荷区和 $1.5\text{kgBOD}/(\text{kgMLSS} \cdot \text{d})$ 以上的高负荷区域，SVI 值都在 150 以下，不会出现污泥膨胀现象。而施加 BOD-污泥负荷为 $0.5 \sim 1.5\text{kgBOD}/(\text{kgMLSS} \cdot \text{d})$，SVI 值很高，属于污泥膨胀高发区。图 12-6 表示了施加 BOD-污泥负荷与 SVI 值之间的关系。

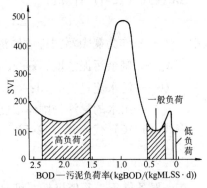

图 12-6 施加 BOD-污泥负荷与
SVI 值之间的关系

5) BOD-容积负荷

在活性污泥法系统的设计与运行中，还使用另一种负荷值：BOD-容积负荷，它是指单位生物反应池容积（m^3）在单位时间内（d）内所接受的有机物量（BOD）。BOD-容积负荷按式（12-12）计算：

$$L_v = \frac{QS_a}{V}[\text{kgBOD}/(\text{m}^3 \text{ 曝气池} \cdot \text{d})] \tag{12-12}$$

6) 剩余污泥量

剩余污泥量有两种计算方法：

① 按污泥龄计算：

$$\Delta X = VX/\theta_c \tag{12-13}$$

② 按污泥产率系数、衰减系数及不可生物降解和惰性悬浮物计算：

$$\Delta X = YQ(S_0 - S_e) - K_d V X_v + fQ[(SS)_0 - (SS)_e] \tag{12-14}$$

式中　ΔX——剩余污泥量，kgSS/d；

$\quad\quad Y$——污泥产率系数，kgVSS/kgBOD$_5$；

$\quad\quad Q$——设计平均日污水量，m^3/d；

$\quad\quad S_0$——生物反应池进水 5 日生化需氧量，kg/m^3；

$\quad\quad S_e$——生物反应池出水 5 日生化需氧量，kg/m^3；

$\quad\quad K_d$——衰减系数，d^{-1}；

$\quad\quad V$——生物反应池容积，m^3；

$\quad\quad X_v$——生物反应池内混合液挥发性悬浮固体平均浓度，gMLVSS/L；

$\quad\quad f$——SS 的污泥转化率，宜根据实验资料确定，无试验资料时可取 0.5 ~ 0.7gMLSS/gSS；

$(SS)_0$——生物反应池进水悬浮物浓度，kg/m^3；

$(SS)_e$——生物反应池出水悬浮物浓度，kg/m^3；

$\quad\quad \theta_c$——污泥龄（生物固体平均停留时间），d；

$\quad\quad X$——生物反应池内混合液悬浮固体平均浓度，gMLSS/L。

从式（12-14）可知，此式前两项的计算结果即生物反应池中挥发性悬浮固体（MLVSS）作为剩余污泥排出的净增量。

7）有机污染物降解与需氧量

生物反应池中好氧区的污水需氧量，根据去除的 5 日生化需氧量、氨氮的硝化和除氮等要求，宜采用式（12-15）计算：

$$O_2 = 0.001aQ(S_0 - S_e) - c\Delta X_v + b[0.001Q(N_k - N_{ke}) - 0.12\Delta X_v]$$
$$- 0.62b[0.001Q(N_t - N_{ke} - N_{oe}) - 0.12\Delta X_v] \tag{12-15}$$

式中　O_2——污水需氧量，kgO$_2$/d；

$\quad\quad Q$——生物反应池进水水量，m^3/d；

$\quad\quad S_0$——生物反应池进水 5 日生化需氧量，mg/L；

$\quad\quad S_e$——生物反应池出水 5 日生化需氧量，mg/L；

$\quad\quad \Delta X_v$——排出生物反应池系统的微生物量，kg/d；

$\quad\quad N_k$——生物反应池进水总凯氏氮浓度，mg/L；

$\quad\quad N_{ke}$——生物反应池出水总凯氏氮浓度，mg/L；

$\quad\quad N_t$——生物反应池进水总氮浓度，mg/L；

$\quad\quad N_{oe}$——生物反应池出水硝态氮浓度，mg/L；

$0.12\Delta X_v$——排出生物反应池系统的微生物含氮量，kg/d；

$\quad\quad a$——碳的氧当量，当含碳物质以 BOD$_5$ 计时，取 1.47；

$\quad\quad b$——常数，氧化每公斤氨氮所需氧量，kgO$_2$/kgN，取 4.57；

$\quad\quad c$——常数，细菌细胞的氧当量，取 1.42。

式（12-15）等号右边的第 1 项为去除含碳污染物的需氧量，第 2 项为剩余污泥氧当量，第 3 项为氧化氨氮需氧量，第 4 项为反硝化脱氮回收的氧量。

若处理系统仅去除碳源污染物，则 b 为 0，只计第 1 项和第 2 项。含碳物质氧化的需氧量，也可采用经验数据，参照国内外研究成果和国内污水处理厂生物反应池污水需氧量的数据综合分析，去除含碳污染物时，每去除 1kgBOD$_5$ 可采用 0.7~1.2kgO$_2$。

8）有机污染物降解与活性污泥增长关系

在生物反应池内，活性污泥微生物的新陈代谢作用使污水中有机污染物被降解而去除，与此同步则产生微生物的增殖与随之而来的活性污泥的增长。

活性污泥微生物的增殖是微生物合成反应和内源代谢反应两项生理活动的综合结果。

活性污泥微生物每日在生物反应池内的净增殖量可表达为：

$$\Delta X_v = Y(S_0 - S_e)Q - K_d V X_v \tag{12-16}$$

式中　ΔX_v——每日增长（排放）的挥发性污泥量（VSS），kg/d；

Y——产率系数，即微生物每代谢 1kgBOD 所合成的 MLVSS kg 数；

$Q(S_0 - S_e)$——每日有机污染物降解量，kg/d；

K_d——活性污泥微生物的自身氧化率，1/d，亦称为衰减系数；

V——生物反应池有效容积，m^3；

X_v——MLVSS，kg/m^3。

将式（12-16）各项除以 $X_v V$，则：

$$\frac{\Delta X_v}{X_v V} = Y\frac{QS_r}{X_v V} - K_d \tag{12-17}$$

而

$$\frac{QS_r}{X_v V} = \frac{Q(S_0 - S_e)}{X_v V} = N_{rs} \tag{12-18}$$

式（12-18）表示了挥发性污泥的 BOD 去除负荷，其单位为 kgBOD/（kgMLVSS·d）。而式（12-19）则表示了挥发性污泥龄的倒数，即：

$$\frac{\Delta X_v}{X_v V} = \frac{1}{\theta_c} \tag{12-19}$$

因此，式（12-17）可改写为：

$$\frac{1}{\theta_c} = YN_{rs} - K_d \tag{12-20}$$

由式（12-20）可知，污泥龄（θ_c）与 BOD-污泥去除负荷呈反比关系。

应当说明的是，Y 与 K_d 值多以 MLVSS 为计算基准。

Y 与 K_d 值，应根据试验或运行所取得的数据，按式（12-20）以图解法确定。即将此式按直线方程 $Y = ax + b$ 考虑，以 $Q(S_0 - S_e)/X_v V$ 为横坐标，将数据点入，则可得如图 12-7 所示的坐标图。直线的斜率为 Y 值，而与纵轴的截距则为 K_d 值。

12.1.5　活性污泥反应动力学基础

有关动力学模型都是以完全混合式曝气反应池为

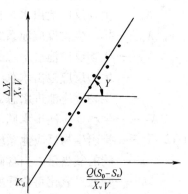

图 12-7　Y、K_d 值确定图解法

基础建立的，经过修正后再应用到推流式曝气反应池系统。此外，在建立活性污泥反应动力学模型时，还作了以下假定：

1）活性污泥系统运行时处于稳定状态；

2）活性污泥在二次沉淀池内不产生微生物代谢活动且泥水分离良好；

3）进入系统的有毒物质和抑制物质不超过其毒阈浓度；

4）进入曝气反应池的原污水中不含活性污泥。

（1）米－门（Michelics－Menton）公式

米凯利斯－门坦（简称米－门）于1913年根据生物化学动力学，从理论上推导出了有机物（底物）在准稳态酶促反应条件下，有机物的反应（降解）速率方程，即米－门公式：

$$v = \frac{v_{max} \cdot [S]}{K_s + [S]} \qquad (12-21)$$

式中　v——单位容积有机物降解速率；

　　v_{max}——单位容积有机物最大降解速率；

　　$[S]$——反应器中有机物（底物）浓度；

　　K_s——准稳态反应复合速率常数。

从式（12-21）可以看出，K_s是当反应速率$v = v_{max}/2$时的$[S]$值，故K_s又称为半速率常数或饱和常数。

（2）莫诺特（Monod）方程

莫诺特于1942年和1950年曾两次用纯种微生物在单一有机物（底物）培养基中进行微生物增殖速率与有机物浓度之间关系的试验。根据试验结果，莫诺特提出可以采用与米-门公式形式上相似的方程来描述微生物比增殖速率与有机物浓度的关系，即莫诺特方程：

$$\mu = \frac{\mu_{max} \cdot [S]}{K_S + [S]} \qquad (12-22)$$

式中　μ——微生物的比增殖速率，即单位生物量的增殖速率；

　　μ_{max}——微生物最大比增殖速率；

　　K_S——饱和常数，为当$\mu = \mu_{max}/2$时的有机物浓度，故又称之为半速率常数；

　　$[S]$——反应器中有机物浓度。

（3）劳－麦（Lawrence－McCarty）方程

上述米－门公式和莫诺特方程分别表述了有机物的降解速率和微生物的增殖速率。在活性污泥法中，正是利用微生物的新陈代谢作用来降解污水中的有机物的，因此，这两者间应该有一定的关系。劳－麦正是以微生物的增殖速率及其对有机物的利用（降解）为基础，于1970年建立了活性污泥的反应动力学方程。劳－麦在建立方程时提出了"单位有机物利用（降解）率"的概念，它是指单位微生物量的有机物利用率q。劳－麦认为，在稳定条件下，q应为定值，可用式（12-23）表示：

$$\frac{\left(\dfrac{dS}{dt}\right)_u}{X_a} = q \qquad (12-23)$$

式中　　　　X_a——微生物浓度；

$(dS/dt)_u$——微生物对有机物的利用（降解）速率。

劳－麦方程以污泥龄（θ_c）和单位有机物利用率（q）作基本参数，采用两个基本方程来描述活性污泥的反应动力学：

$$\begin{cases} \dfrac{1}{\theta_c} = Yq - K_d & (12\text{-}24a) \\[3mm] \left(\dfrac{dS}{dt}\right)_u = \dfrac{KX_aS}{K_S + S} & (12\text{-}24b) \end{cases}$$

式中　θ_c——污泥龄；

Y——微生物产率系数；

q——单位有机物利用率；

K_d——微生物衰减系数；

$(dS/dt)_u$——微生物对有机物的利用（降解）速率；

S——有机物浓度；

K——单位微生物量的最大有机物利用速率；

K_S——饱和常数，其值等于 $q = K/2$ 时的有机物浓度；

X_a——生物反应池中的活性污泥浓度。

劳－麦以上述反应动力学方程为基础，通过对活性污泥处理系统的物料平衡计算，导出了一些有一定使用价值的关系式：

1）处理后出水中有机物浓度 S_e 与污泥龄（θ_c）的关系：

$$S_e = \frac{K_s\left(\dfrac{1}{\theta_c} + K_d\right)}{Yv_{max} - \left(\dfrac{1}{\theta_c} + K_d\right)} \tag{12-25}$$

式（12-25）中的 K_s、K_d、Y 及 v_{max} 均为常数值。由式（12-25）可知，处理后出水有机物含量 S_e 值，只取决于污泥龄 θ_c。由此说明，污泥龄是活性污泥处理系统十分重要的参数。

2）生物反应池内活性污泥浓度 X_a 与 θ_c 值之间的关系：

$$X_a = \frac{\theta_c Y(S_0 - S_e)}{t(1 + K_d\theta_c)} \tag{12-26}$$

式中　t——污水在反应器内的停留时间。

其他符号意义同前。

3）污泥回流比 R 与 θ_c 值之间的关系：

$$\frac{1}{\theta_c} = \frac{Q}{V}\left(1 + R - R\frac{X_r}{X_a}\right) \tag{12-27}$$

式中　X_r——从二次沉淀池底部回流至生物反应池的活性污泥浓度。

X_r 值是活性污泥沉降特性和二次沉淀池沉淀效果的函数，可由式（12-9）求其近似的最高浓度值。用式（12-9）计算出的 X_r 值为悬浮固体值（即 MLSS），应将其换算为挥发性悬浮固体值（MLVSS）。

4）按劳－麦氏的观点，有机底物的降解速度等于其被微生物的利用速度，即 $v = q$。

在低有机物（即 $S \ll K_s$）条件下，式（12-28）成立：

$$q = K_2 S \tag{12-28}$$

而 $q = (dS/dt)_u / X_a$，故

$$(dS/dt)_u / X_a = K_2 S$$

或

$$\left(\frac{dS}{dt}\right)_u = K_2 S X_a \tag{12-29}$$

在稳定条件下：

$$\left(\frac{dS}{dt}\right)_u = \frac{S_0 - S_e}{t} = \frac{Q(S_0 - S_e)}{V} \tag{12-30}$$

对完全混合曝气池，综合式（12-29）和式（12-30），可得：

$$\frac{Q(S_0 - S_e)}{V} = K_2 X_a S_e \tag{12-31}$$

或

$$\frac{Q(S_0 - S_e)}{X_a V} = K_2 S_e = q \tag{12-32}$$

5）活性污泥的两种产率系数（合成产率系数 Y 与表观产率系数 Y_{obs}）与 θ_c 值的关系

产率是活性污泥微生物摄取、利用、代谢单位重量有机物而使自身增殖的百分率，一般用 Y 表示。Y 值所表示的是微生物增殖的总百分数，包括由于微生物内源呼吸作用而使其本身质量消亡的那一部分，所以这个产率系数也称之为合成产率系数。

实测所得微生物增殖量，实际上都没有包括由于内源呼吸作用而减少的那部分微生物质量（因内源呼吸作用而减少的微生物质量很难测得），也就是只是微生物的净增殖量，该产率系数称之为表观产率系数，以 Y_{obs} 表示。

经推导、整理，Y、Y_{obs} 及 θ_c 值的关系可用式（12-33）表示：

$$Y_{obs} = \frac{Y}{1 + K_d \theta_c} \tag{12-33}$$

在工程实践中，Y_{obs} 是一项重要的参数，它对设计、运行管理特别是污泥产量都有较重要的意义。

12.2 曝气理论基础与曝气系统

活性污泥系统是采用人工强化生物反应池中微生物的新陈代谢作用，以加速污水中有机物降解的过程，其中主要的强化措施就是人为地向生物反应池中曝气，这样既使空气中的氧溶于水中以供给微生物需氧氧化污水中有机物所需的足够的溶解氧，又使微生物与污水充分接触。因此，向生物反应池中曝气有两个作用：供氧和混合。实践证明，如果采用空气曝气，一般只要能满足微生物降解有机物所需氧量的空气量则足以满足混合的需要；但如果采用纯氧曝气，则应该通过计算判定在满足需氧量条件下能否满足混合的要求，通常一般需要另外辅以其他搅拌方法才能满足混合要求。

12.2.1 氧转移理论

通过曝气使空气中的氧从空气（气相）中转移到生物反应池混合液（液相）中是一

个物质扩散过程。造成扩散的推动力一般是浓度梯度、温度梯度或速度梯度。

（1）双膜理论

在活性污泥的曝气过程中，氧分子通过气、液界面的传递过程，可采用双膜理论描述，双膜理论的核心是指氧从气相传递进入液相需要克服"气膜"和"液膜"两层膜的阻力。其基本假定是：

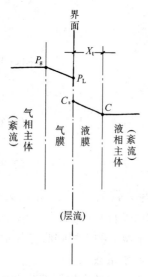

图12-8　双膜理论模型示意

① 如图12-8所示，在气、液两相接触的界面两侧分别存在处于层流状态的气膜和液膜，氧气以分子扩散方式从气相主体通过气膜，越过两相界面进入液膜，然后传入液相主体；

② 气、液相主体中的溶解氧浓度均匀，即不存在浓度差，氧传递的阻力只存在于气膜和液膜中；

③ 由于空气的黏滞系数比水小得多，传氧阻力也小得多，所以视 $P_g \approx P_L$，即 C_s 近似等于气相中的氧浓度，空气中含氧的体积百分率通常达21%，故浓度是较大的，但不管气相中氧浓度有多大，由于受氧在水中溶解度的限制，液膜中起点的 C_s 只能是氧在水中相应温度和压力条件下的饱和浓度，见附录B。

双膜理论表达式为：

$$\frac{dC}{dt} = K_L a (C_s - C) \tag{12-34}$$

式中　dC/dt——传氧速率；

K_L——液膜分子传质系数，$K_L = D_L / X_t$，因此传质系数 K_L 是单位长度上的氧扩散系数 D_L；（X_t 为液膜厚度）

a——液相主体单位体积中的传氧面积，$a = A/V$；

C_s——液相饱和溶解氧浓度；

C——液相主体中的溶解氧浓度。

由于 A（a）很难测定，因此将 $K_L a$ 统称为氧总转移系数 K_{La}，式（12-34）可写为：

$$\frac{dC}{dt} = K_{La} (C_s - C) \tag{12-35}$$

（2）氧总转移系数 K_{La}

① K_{La} 的物理意义。从式（12-35）有：

$$\frac{1}{K_{La}} = \frac{C_s - C}{\dfrac{dC}{dt}} \tag{12-36}$$

从工程上讲，当然 K_{La} 越大和 $1/K_{La}$ 越小越好，要增大 K_{La}，以其构成看，可采取两种措施：一是增大 a 值，如使曝气气泡越小（微孔曝气）或加大搅拌，使气、液界面更新更快，同时可减小液膜厚度，降低传质阻力，从而加大传质系数；二是增大 D_L，增大扩散系数应增大气相中扩散的推动力氧分压梯度，一般可采用纯氧或深井曝气来达到。

② 氧总转移系数 K_{La} 的求定。K_{La} 是活性污泥法中评价空气扩散装置供氧能力的重要

参数，通常要通过实验测定。

12.2.2 氧转移影响因素

（1）污水水质

污水中含有各种杂质，它们对氧的转移产生一定的影响。污水中的氧总转移系数 K_{La} 值通常小于清水，为此，引入一个小于 1 的修正系数 α。

$$\alpha = \frac{污水中的 K'_{La}}{清水中的 K_{La}}$$

$$K'_{La} = \alpha K_{La} \qquad (12\text{-}37)$$

由于污水中含有盐类，因此氧在水中的饱和度也受水质的影响。为此，引入另一个数值小于 1 的系数 β 予以修正。

$$\beta = \frac{污水的 C'_s}{清水的 C_s}$$

$$C'_s = \beta C_s \qquad (12\text{-}38)$$

上述的修正系数 α、β 值，均可通过对污水、清水的曝气充氧试验予以测定。生活污水的 α 值为 $0.5 \sim 0.95$，β 值为 $0.90 \sim 0.97$。

（2）水温

水温对氧的转移影响较大，水温上升，水的黏度降低，扩散系数提高，液膜厚度随之降低，K_{La} 值增高；反之，则 K_{La} 值降低。其关系式为：

$$K_{La(T)} = K_{La(20)} \times 1.024^{(T-20)} \qquad (12\text{-}39)$$

水温对溶解氧饱和度 C_s 值也产生影响，C_s 值因温度上升而降低。K_{La} 值因温度上升而增大，但液相中氧的浓度却有所降低。因此，水温对氧转移有两种相反的影响，但并不能两相抵消。总的来说，水温降低有利于氧的转移。

在运行正常的生物反应池内，当混合液温度在 $15 \sim 30℃$，混合液溶解氧浓度 C 能够保持在 $1.5 \sim 2.0mg/L$。最不利的情况将出现在温度为 $30 \sim 35℃$ 的盛夏。

（3）氧分压

C_s 值受氧分压或气压的影响。气压降低，C_s 值也随之下降；反之则提高。因此，在气压不是 $1.013 \times 10^5 Pa$ 的地区，C_s 值应乘以如下的压力修正系数：

$$\rho = \frac{所在地区实际气压（Pa）}{1.013 \times 10^5}$$

对鼓风曝气生物反应池，安装在池底的空气扩散装置出口处的氧分压最大，C_s 值也最大；但随气泡上升至水面，气体压力逐渐降低到一个大气压，而且气泡中的一部分氧已转移到液体中，鼓风曝气生物反应池中的 C_s 值应是扩散装置出口处和混合液表面两处的溶解氧饱和浓度的平均值，按式（12-40）计算：

$$C_{sb} = \frac{C_s}{2}\left(\frac{P_b}{1.013 \times 10^5} + \frac{O_t}{21}\right) \qquad (12\text{-}40)$$

式中 C_{sb}——鼓风曝气生物反应池内混合液溶解氧饱和度的平均值，mg/L；

         C_s——在大气压力条件下氧的饱和度，mg/L；

         P_b——空气扩散装置出口处的绝对压力，其值按式（12-41）计算：

$$P_b = P + 9.8 \times 10^3 H \qquad (12\text{-}41)$$

H——空气扩散的安装深度，m；

P——大气压力，$P = 1.013 \times 10^5 \text{Pa}$。

气泡在离开曝气生物反应池水面时，氧的百分比按式（12-42）求得：

$$O_t = \frac{21(1 - E_A)}{79 + 21(1 - E_A)} \times 100\% \qquad (12\text{-}42)$$

式中 E_A——空气扩散装置氧转移效率（氧利用率）。

氧的转移效率还与气泡的大小、液体的紊流程度和气泡与液体的接触时间有关。

综上所述，氧的转移速率取决于下列因素：气相中氧分压梯度、液相中氧的浓度梯度、气液之间的接触面积和接触时间、水温、污水的性质以及水流的紊流程度等。

12. 2. 3 氧转移速率与供气量的关系

在稳定条件下，氧的转移速率应等于活性污泥微生物的需氧速度（R_r）：

$$\frac{\mathrm{d}C}{\mathrm{d}t} = \alpha K_{\mathrm{La}(20)} \times 1.024^{(T-20)} [\beta\rho C_{\mathrm{s}(T)} - C] = R_r \qquad (12\text{-}43)$$

生产厂家提供空气扩散装置的氧转移参数是在标准条件下测定的，即水温为 20℃；气压为 $1.013 \times 10^5 \text{Pa}$（大气压）；测定用水是脱氧清水。因此，必须根据实际条件对生产厂家提供的氧转移速率等数据加以修正。

在标准条件下，转移到曝气生物反应池混合液的总氧量（R_0，kg/h）为：

$$R_0 = K_{\mathrm{La}(20)} C_{\mathrm{s}(20)} V \qquad (12\text{-}44)$$

而在实际条件下，转移到曝气生物反应池的总氧量（R）为：

$$R = \alpha K_{\mathrm{La}(20)} [\beta\rho C_{\mathrm{s}(T)} - C] \times 1.024^{(T-20)} V = R_r V \qquad (12\text{-}45)$$

解式（12-44）、式（12-45）求得：

$$R_0 = \frac{R C_{\mathrm{s}(20)}}{\alpha [\beta\rho C_{\mathrm{sb}(T)} - C] \times 1.024^{(T-20)}} \qquad (12\text{-}46)$$

在一般情况下：$R_0/R = 1.33 \sim 1.61$，即实际工程所需空气量较标准条件下所需空气量应多 33% ~ 61%。

氧转移效率（氧利用率）为：

$$E_A = \frac{R_0}{Q_s} \times 100\% \qquad (12\text{-}47)$$

式中 Q_s——供氧量，kg/h，

$$Q_s = G_s \times 0.21 \times 1.33 = 0.28 G_s \qquad (12\text{-}48)$$

式中 G_s——供气量，m^3/h；

0.21——氧在空气中的占比；

1.33——标准条件下（水温 20℃，气压 $1.013 \times 10^5 \text{Pa}$）氧的密度，$\text{kg/m}^3$。

对于鼓风曝气，各种空气扩散装置在标准状态下 E_A 值，是生产厂家提供的，因此，供气量可以通过式（12-47）和式（12-48）确定，即：

$$G_s = \frac{R_0}{0.28 E_A} \times 100 \quad (\text{m}^3/\text{h}) \qquad (12\text{-}49)$$

式中 R_0 值根据式（12-46）计算，E_A 为氧转移效率百分数。

对于机械曝气，各种叶轮在标准条件下的充氧量与叶轮直径及叶轮线速度有关，也是生产厂家通过实际测定确定并提供的。如泵型叶轮的充氧量与叶轮直径及叶轮线速度的关系，按式（12-50）确定：

$$Q_{os} = 0.379v^{2.8}D^{1.88}K \tag{12-50}$$

式中　Q_{os}——泵型叶轮在标准条件下的充氧量，kg/h；

v——叶轮线速度，m/s；

D——叶轮直径，m；

K——池型结构修正系数。

$Q_{os} = R_0$，R_0 值按式（12-46）确定。所需泵型叶轮直径可以通过式（12-50）求得，其他类型叶轮的充氧量则根据相应的公式或图求出。

【例 12-1】某城市污水量 $Q = 10000 \mathrm{m^3/d}$，原污水经初次沉淀池处理后进入曝气生物反应池的 $BOD_5 = 150 \mathrm{mg/L}$，求 BOD_5 去除率 90% 时的鼓风曝气供气量。经计算，曝气生物反应池有效容积 $V = 3000 \mathrm{m^3}$，空气扩散装置安设在水下 4.5m 处。相关设计参数如下：

混合液活性污泥浓度（挥发性）$X_v = 2000 \mathrm{mg/L}$；曝气生物反应池出口处溶解氧浓度 $C = 2 \mathrm{mg/L}$；水温 25℃。有关系数取值为：$\alpha = 0.85$；$\beta = 0.95$；$\rho = 1$；$E_A = 10\%$；Y 取 0.5，K_d 取 0.05。

【解】1）先求需氧量

本例题仅考虑去除 BOD_5 的需氧量，故按式（12-15）取前两项计算需氧量：

$$O_2 = 0.001aQ(S_0 - S_e) - c\Delta X_v \tag{12-51}$$

式中 ΔX_v 可按式（12-16）计算：

$$\Delta X_v = YQ(S_0 - S_e) - K_d V X_v \tag{12-52}$$

则

$$O_2 = 0.001aQ(S_0 - S_e) - c[YQ(S_0 - S_e) - K_d V X_v] \tag{12-53}$$

代入已知各值求得：

$O_2 = 0.001 \times 1.47 \times 10000 \times (150 - 15) - 1.42 \times 0.001 \times [0.5 \times 10000 \times (150 - 15) - 0.05 \times 3000 \times 2000]$

$= 1984.5 - 1.42 \times [675 - 300] = 1984.5 - 532.5$

$= 1452 \mathrm{kgO_2/d} = 60.5 \mathrm{kgO_2/h}$

2）计算曝气生物反应池内平均溶解氧饱和度

按式（12-40）：

$$C_{sb} = \frac{C_s}{2}\left(\frac{P_b}{1.013 \times 10^5} + \frac{Q_t}{21}\right)$$

先确定式中各参数值：

① 空气扩散装置出口处的绝对压力 P_b 值，按式（12-41）计算：

$$P_b = 1.013 \times 10^5 + 9.8 \times 4.5 \times 10^3 = 1.454 \times 10^5 \mathrm{Pa}$$

② 气泡离开曝气池表面时，氧的百分比值 O_t，按式（12-42）计算：

$$O_t = \frac{21 \times (1 - 0.1)}{79 + 21 \times (1 - 0.1)} \times 100\% = 19.3\%$$

③ 查附录 B 得在水温 20℃和 25℃条件下的饱和溶解氧值 C_s

$$C_s（20℃）= 9.17mg/L；C_s（25℃）= 8.38mg/L$$

将上述各值代入式（12-40），得：

$$C_{sb}(25℃) = \frac{8.38}{2} \times \left(\frac{1.454 \times 10^5}{1.013 \times 10^5} + \frac{19.3}{21} \right) = 9.88mg/L$$

$$C_{sb}(20℃) = \frac{9.17}{2} \times \left(\frac{1.454 \times 10^5}{1.013 \times 10^5} + \frac{19.3}{21} \right) = 10.8mg/L$$

3）计算 20℃时脱氧清水的需氧量

按式（12-46）计算：

$$R_0 = \frac{RC_{s(20)}}{\alpha[\beta\rho C_{sb(T)} - C] \times 1.024^{(T-20)}}$$

代入各值求得：

$$R_0 = \frac{1452 \times 9.17}{0.85 \times [0.95 \times 1 \times 9.88 - 2] \times 1.024^{(25-20)}}$$
$$= 1883.68kgO_2/d = 78.49kgO_2/h$$

4）计算实际供气量

按式（12-49）计算：

$$G_s = \frac{R_0}{0.28E_A} \times 100$$

代入各值求得

$$G_s = \frac{1883.68 \times 100}{0.28 \times 10} = 67274.29m^3/d = 2803.10m^3/h$$

12.2.4 曝气系统与空气扩散装置

曝气装置是活性污泥系统至关重要的设备之一。广泛用于活性污泥系统的空气扩散装置有鼓风曝气和机械曝气两大类。表示曝气装置技术性能的主要指标是：① 动力效率（E_p），每消耗 1kWh 电能转移到混合液中的氧量，以 kgO_2/kWh 计；② 氧利用效率（E_A），通过鼓风曝气转移到混合液中的氧量，占总供氧量的百分比（%）；③ 氧转移效率（E_L）也称为充氧能力，通过机械曝气装置的转动，在单位时间内转移到混合液中的氧量，以 kgO_2/h 计。鼓风曝气系统性能按①、②两相指标评定；机械曝气装置，则按①、③两项指标评定。

（1）鼓风曝气

鼓风曝气系统由空压机、空气扩散装置和输气管道所组成。空压机将压缩空气通过管道输送到安装在曝气池底部的空气扩散装置，经过扩散装置，使空气形成不同尺寸的气泡。气泡在扩散装置出口处形成的尺寸大小取决于空气扩散装置的形式，气泡经过上升和随水循环流动，最后在液面处破裂，在这一过程中完成氧向混合液中的转移。

鼓风曝气系统的空气扩散装置主要分为：微气泡、中气泡、大气泡、水力剪切、水力冲击及空气升液等类型。

（2）表面机械曝气装置

1）表面机械曝气装置的氧转移途径

表面机械曝气装置的叶轮安装在曝气生物反应池水面下一定深度，在动力的驱动下进行高速转动，通过下列三项作用使空气中的氧转移到污水中去。

① 叶轮转动形成的幕状水跃，使空气卷入。

② 叶轮转动造成的液体提升作用，使混合液连续地上、下循环流动，气、液接触界面不断更新，不断地使空气中的氧向液体内转移。

③ 高速转动叶轮叶片的后侧形成负压区，能吸入部分空气。

2）表面机械曝气装置的分类

按传动轴的安装方向，表面机械曝气器可分为：

① 竖轴（纵轴）式机械曝气器；常用的有泵型、K 型、倒伞型和平板型叶轮四种。

② 卧轴（横轴）式机械曝气器；主要是转刷曝气器。转刷曝气器主要用于氧化沟，它具有转速调节方便、维护管理容易、动力效率高等优点。

12.3 活性污泥法的主反应器——曝气生物反应池

曝气生物反应池是活性污泥法的核心设施，活性污泥系统的效能，首先取决于曝气生物反应池功能的优劣。

曝气生物反应池按池内混合液的流态分为推流式和完全混合式；按池的平面形状分为：长廊式、圆形、方形和环状跑道式；按曝气方式分为鼓风曝气和机械曝气；按曝气生物反应池和二次沉淀池的组建关系分为合建式和分建式等。

12.4 活性污泥法的主要运行方式

活性污泥法的运行方式分类可以按反应池中的流态分类，也可按反应池中完成的功能分类。按流态分类有：推流式、完全混合式、间歇式等活性污泥法系统；按功能分类有缺氧/好氧法（A_NO 法）、厌氧/好氧法（A_PO 法）、厌氧/缺氧/好氧法（AAO 法）等。本节按流态来论述活性污泥的运行方式。

12.4.1 推流式活性污泥法处理系统

（1）普通活性污泥法处理系统

推流式活性污泥法处理系统是指系统中的主体构筑物曝气生物反应池的水流流态属推流式。这类处理系统最早使用且一直沿用至今，最典型的是普通活性污泥法系统，也称传统活性污泥法系统。普通活性污泥法系统如图 12-9 所示，需氧率变化如图 12-10 所示。

普通活性污泥法系统对污水处理的效果较好，BOD 去除率可达 90% 以上，适宜处理净化程度和稳定程度要求较高的污水。

（2）阶段曝气活性污泥法系统

阶段曝气活性污泥法系统是针对普通活性污泥法系统存在的问题，在工艺上作了某些改革的活性污泥处理系统。由于该系统是多点进水，所以也称分段进水活性污泥法。其工艺流程如图 12-11 所示。

该工艺与传统活性污泥处理系统的主要不同点是污水沿曝气生物反应池的长度分散

地、但均衡地进入。这种运行方式具有如下效果:

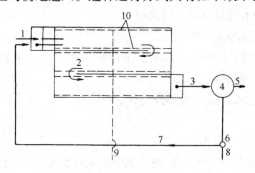

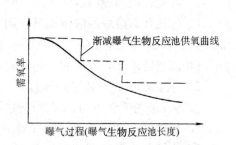

图 12-9　普通活性污泥法系统

1—经预处理后的污水;2—曝气生物反应池;
3—从曝气池流出的混合液;4—二次沉淀池;
5—处理后污水;6—污泥泵站;7—回流污泥系统;
8—剩余污泥;9—来自空压机站的空气管;
10—曝气系统与空气扩散装置

图 12-10　普通活性污泥法系统
曝气生物反应池内
需氧率的变化

1) 曝气生物反应池内有机污染物负荷及需氧率得到均衡,一定程度地缩小了耗氧速率与供氧速率之间的差距,有助于能耗的降低。活性污泥微生物的降解功能也得以正常发挥。

2) 污水分散均衡进入,提高了曝气生物反应池对水质、水量冲击负荷的适应能力。

(3) 吸附 - 再生活性污泥法系统

这种运行方式的主要特点是将活性污泥对有机污染物降解的两个过程——吸附与代谢稳定,分别在各自反应器内进行,这种系统又名生物吸附活性污泥法系统,或接触稳定法。

吸附 - 再生活性污泥法就是以图 12-12 中污水 BOD_5 的两次下降为基础而开创的。由图 12-13 可见,污水和经过在再生池充分再生后活性很强的活性污泥同步进入吸附池,在这

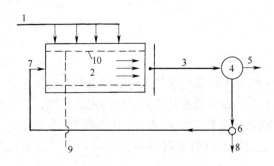

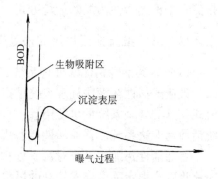

图 12-11　阶段曝气活性污泥法系统工艺流程

1—经预处理后的污水;2—曝气生物反应池;3—从曝气
生物反应池流出的混合液;4—二次沉淀池;5—处理后污水;
6—污泥泵站;7—回流污泥系统;8—剩余污泥;9—来自
空压机站的空气管;10—曝气系统与空气扩散装置

图 12-12　污水与活性污泥混合曝气
后 BOD_5 的变化规律

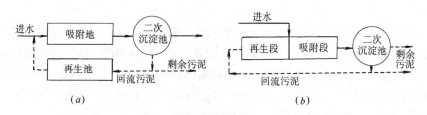

图 12-13　吸附－再生活性污泥法系统
(a) 分建式吸附—再生活性污泥处理系统；(b) 合建式吸附—再生活性污泥处理系统

里充分接触 30～60min，使部分呈悬浮、胶体和溶解状态的有机污染物为活性污泥所吸附得以去除。混合液继后流入二次沉淀池，进行泥水分离，澄清水排放，污泥则进入再生池，在这里进行第二阶段的分解和合成代谢反应，使污泥的活性得到充分恢复，以使其进入吸附池与污水接触后，能够充分发挥其吸附功能。

该工艺存在的主要问题是：处理效果低于普通活性污泥法，且不宜处理溶解性有机污染物含量较高的污水。

（4）推流式活性污泥法的设计参数

《室外排水设计标准》GB 50014—2021 对处理城市污水除碳的上述推流式活性污泥法推荐的设计参数见表 12-1。

传统活性污泥法去除碳源污染物的主要设计参数　　　　　　　　　表 12-1

类别	$L_S[kg/(kg \cdot d)]$	$X(g/L)$	$L_V[kg/(m^3 \cdot d)]$	污泥回流比(%)	总处理效率(%)
普通曝气	0.2～0.4	1.5～2.5	0.4～0.9	25～75	90～95
阶段曝气	0.2～0.4	1.5～3.0	0.4～1.2	25～75	85～95
吸附再生曝气	0.2～0.4	2.5～6.0	0.9～1.8	50～100	80～90
合建式完全混合曝气	0.25～0.5	2.0～4.0	0.5～1.8	100～400	80～90

12.4.2　完全混合式活性污泥法处理系统

完全混合式活性污泥法处理系统中的曝气生物反应池与二次沉淀池可以合建，也可以分建。在该系统中，污水与回流污泥进入曝气生物反应池后，立即与池内混合液充分混合，可以认为池内混合液是已经处理而未经泥水分离的处理水。

完全混合活性污泥法系统存在的主要问题是：在曝气生物反应池混合液内，各部位的有机污染物质量相同、能的含量相同、活性污泥微生物质与量相同，在这种情况下微生物对有机物的降解动力较低，因此，活性污泥易于产生膨胀现象。此外，在一般情况下，其处理水水质低于采用推流式曝气生物反应池的活性污泥法系统。合建式沉淀池的表面负荷宜取 $0.5～1.0m^3/(m^2 \cdot d)$。

12.4.3　间歇式活性污泥法处理系统

间歇式活性污泥法处理系统（英文简称为 SBR，sequencing batch reactor，故又称序批式活性污泥法）工艺，其进水、曝气、沉淀、出水却是在空间上的同一地点（反应池），但在时间上是按顺序间歇进行的。所以，也可以说间歇式活性污泥法工艺是时间意义上的推流式系统。

近几十年来，电子工业发展迅速。污泥回流、曝气充氧以及混合液中的各项主要指标，如溶解氧浓度（DO）、pH、电导率、氧化还原电位（ORP）等，都能够通过自动检测仪表做到自控操作，污水处理厂整个系统都能够做到自控运行。这样，就为活性污泥处理系统的间歇运行在技术上创造了重新开始启用这项工艺的条件。因此，可以说，间歇式活性污泥法工艺是一种既古老又有一定生命力的处理技术。

（1）间歇式活性污泥处理系统的工艺流程（图 12-14）

图 12-14　间歇式活性污泥处理系统工艺流程

该工艺系统最主要的特征是采用集有机污染物降解与混合液沉淀于一体的间歇曝气生物反应池。与连续式活性污泥法系统相比，系统组成简单，无需设污泥回流设备，不单设二次沉淀池，曝气生物反应池容积也小于连续式，建设费用与运行费用都较低。此外，间歇式活性污泥处理系统还具有如下特点：

1）在大多数情况下（包括工业废水处理），不需设调节池。

2）SVI 值较低，污泥易于沉淀，一般情况下，不产生污泥膨胀现象。

3）通过对运行方式的调节，在单一的生物反应池内能够进行脱氮和除磷反应。

4）应用电动阀、液位计、自动计时器及可编程序控制器等自控仪表，可使工艺运行过程实现由中心控制室控制的全部自动化操作。

5）如果运行管理得当，处理出水水质优于连续式。

（2）间歇式活性污泥处理系统的工作原理与操作过程

间歇式活性污泥处理系统的间歇式运行，是通过其主要反应器——曝气生物反应池的运行操作来实现的。曝气生物反应池的运行操作由进水、反应、沉淀、排放和待机（闲置）五道工序组成。这五道工序都在曝气生物反应池这一个反应池内进行，如图 12-15 所示。

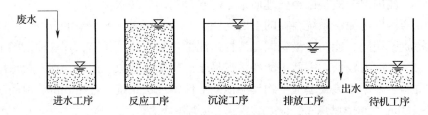

图 12-15　间歇式活性污泥法运行操作五道工序示意

1）进水工序

进水前，反应器处于五道工序中最后的闲置期（或待机期），处理后的废水已经排放，池内残存着高浓度的活性污泥混合液。进水注满后再进行反应，从这个意义来说，反应池起到了调节池的作用，因此，反应池对水质、水量的变动有一定的适应性。

污水进入、水位上升时，可根据其他工艺上的要求，配合进行其他的操作过程，如曝气便可取得预曝气的效果，又可取得使污泥再生恢复其活性的作用；也可根据需要，如需脱氮、释放磷等，则进行缓速搅拌；还可以不进行其他技术措施，而单纯进水等。

本工序所用时间，可根据实际排水情况和设备条件确定，从工艺效果上要求，进水历时以短促为宜，瞬间最好，但这在实际上有时是难以做到的。

2）反应工序

反应工序是该工艺最主要的工序，污水进入达到预定高度后，即开始反应操作。根据污水处理的目的，如 BOD 去除、硝化、磷的吸收以及反硝化等，可采取相应的技术措施，如前三项，则需曝气，后一项则需缓速搅拌。可根据需要达到的程度调节反应的延续时间；如需要反应器连续进行 BOD 去除 – 硝化 – 反硝化反应，在 BOD 去除 – 硝化反应时，曝气需时较长；而在进行反硝化时，则应停止曝气，使反应器进入缺氧或厌氧状态，但需进行缓速搅拌，此时为了向反应器内补充电子供体，应投加甲醛或注入少量有机污水。

在本工序的后期，进入下一步沉淀之前，还要进行短暂的微量曝气，以吹脱粘附在污泥上的气泡或氮，保证沉淀过程的正常进行，如需要排泥，也在本工序后期进行。

3）沉淀工序

沉淀工序相当于活性污泥法连续系统的二次沉淀池。停止曝气和搅拌，使混合液处于静止状态，活性污泥与水分离，由于本工序是静止沉淀，沉淀效果一般良好。沉淀工序的历时基本同二次沉淀池，一般为 1.0h。

4）排放工序

经过沉淀后产生的上清液，作为处理水排放，直至最低水位，在反应器内残留一部分活性污泥，作为种泥，这一工序的历时宜为 1.0~1.5h。

5）待机工序

待机工序也称为闲置工序，即在处理水排放后，反应器处于停滞状态，等待下一个操作周期开始。此工序历时应根据现场具体情况而定。

(3) 间歇式活性污泥法工艺有待研究的问题

间歇式活性污泥法处理工艺是一种系统简单，而处理效果好的污水生物处理技术，但在理论和工程设计以及工程运行操作方面，还存在需要研究、探讨的问题，如：

1）关于待机与进水工序与多项功能相结合的问题

2）关于间歇式活性污泥法反应池的 BOD-污泥负荷与混合液污泥浓度问题

3）关于耗氧与供氧问题

(4) 间歇式活性污泥法处理工艺的发展及其主要的变形工艺

基于间歇式活性污泥法处理工艺，迄今已开发出多种各具特色的变形工艺。现将其中主要的几种工艺简要介绍如下：

1）间歇式循环延时曝气活性污泥（intermittent cyclic extended activated sludge）工艺，简写为 ICEAS 工艺。

该工艺的运行方式是连续进水、间歇排水。在反应阶段，污水多次反复地经受"曝气好氧、闲置缺氧"的状态，从而产生有机物降解、硝化、反硝化、吸收磷、释放磷等反应，能够取得比较彻底的 BOD 去除、脱氮和除磷效果。在反应（包括闲置）阶段后设沉淀和排放阶段。该工艺最主要的优点是将同步去除 BOD、脱氮、除磷的 AAO 工艺集于一池，无污泥回流和混合液的内循环，能耗低。此外，污泥龄长，污泥沉降性能好，剩余污泥少。

2）循环式活性污泥（cyclic activated sludge technology）工艺，简写为 CAST 工艺。

该工艺的主要技术特征之一是在进水区设置生物选择器，它实际上是一个容积较小的污水与污泥的接触区；特征之二是活性污泥由反应器回流，在生物选择器内与进入的新鲜污水混合、接触，创造微生物种群在高浓度、高负荷环境下竞争生存的条件，从而选择出适应该系统生存的独特微生物种群，并有效地抑制丝状菌的过量增殖，从而避免污泥膨胀现象的产生，提高系统的稳定性。

混合液在生物选择器的水力停留时间为 1h，活性污泥从反应器的回流率一般取值 20%。在高污泥浓度条件下的生物选择器具有释放磷的作用。经生物选择器后，混合液进入反应器，经反应后顺序经过沉淀、排放等工序。如需要考虑脱氮、除磷，则应将反应阶段设计成为缺氧—好氧—厌氧环境，污泥得到再生并取得脱氮、除磷的效果。

CAST 工艺的操作运行灵活，其内容覆盖了间歇式活性污泥法处理工艺及其所有的各种变形工艺，但其反应机理比较复杂，这里不再赘述。

3）由需氧池（demand aeration tank）为主体处理构筑物的预反应区和间歇曝气池（intermittent aeration tank）为主体的主反应区组成的连续进水、间歇排水的工艺系统，简写为 DAT – IAT 工艺。

在需氧池，污水连续流入，同时有从主反应区回流的活性污泥注入，进行连续的高强度曝气，强化了活性污泥的生物吸附作用，"初期降解"功能得到充分的发挥。大部分可溶性有机污染物被去除。

在主反应区的间歇曝气池，由于需氧池的调节、均衡作用，进水水质稳定、负荷低，提高了对水质变化的适应性。由于 C/N 较低，有利于硝化菌的繁育，能够产生硝化反应。又由于进行间歇曝气和搅拌，能够造成缺氧—好氧—厌氧—好氧的交替环境，可在去除 BOD 的同时取得脱氮除磷的效果。

此外，由于在预反应区的需氧池内强化了生物吸附作用，故在微生物的细菌中，贮存了大量的营养物质，在主反应区的间歇曝气池内可利用这些物质提高内源呼吸的反硝化作用，即产生所谓贮存性反硝化反应。

该工艺在沉淀和排放阶段也连续进水，这样能综合利用进水中的碳源和贮存性反硝化反应，在理论上有很强的脱氮功能。但是，该工艺采用延时曝气方式，污泥龄长、排泥量少，从理论上来讲除磷能力不可能太高。

以上各种工艺已在美、澳等国得到应用，并受到重视，我国在生产实践中也有采用。

12.4.4　氧化沟处理系统

自从 Pasveer 沟 1954 年出现以来，氧化沟就是依靠其简便的方式处理污水而得到不断发展的。氧化沟技术发展的强势在于氧化沟的环流，这种环流是造成氧化沟长久不衰的内在原因，外在原因则是其具有多功能性、污泥稳定、出水水质好和易于管理。氧化沟有别于其他活性污泥法的主要特征是环形池型，其封闭循环式的池型尤其适用于污水的脱氮除磷。

氧化沟曝气混合设备有立式的表面曝气机、卧式曝气转刷或转盘表面曝气机、射流曝气器、提升管式曝气机等。20 世纪 60 年代前受曝气设备的限制，氧化沟一般均为浅沟型，有效水深为 1.5 ~ 3m；随着污水量日益增大，浅沟型氧化沟便暴露出占地面积大的缺点，增加沟深也成为氧化沟发展的必然，而氧化沟曝气设备在推流方面所能达到的最大沟深是有限度的，于是水下推动器被引入了氧化沟工艺。水下推动器将传统曝气设备充氧、混合与推动功能分开，使曝气设备仅负担充氧功能，混合推动则由水下推动器承担，这样曝气设备可根据进水浓度的变化和处理要求灵活地开停，增大了设备运行的灵活性，系统能耗降低。由于水下推动器的应用，使得鼓风曝气在氧化沟上的应用也成为可能，国内外已有多座氧化沟污水处理厂采用了鼓风曝气加水下推动器的设备组合方式，节能效果明显。可以说，氧化沟曝气和推动设备的发展，从一定程度上反映了氧化沟工艺的发展，不仅使氧化沟占地面积大的缺点成为历史，也使氧化沟的处理能力趋于完善。

氧化沟属于传统活性污泥法的一种变型工艺，因此其设计也使用活性污泥法的各种设计参数，具体可查阅《室外排水设计标准》GB 50014—2021 和《氧化沟活性污泥法污水处理工程技术规范》HJ 578—2010。氧化沟宜用于《城市污水处理工程项目建设标准（修订）》中规定的Ⅱ ~ Ⅴ类的城市污水处理工程以及有机负荷相当于此类城市污水的工业废水处理工程。生物脱氮除磷氧化沟处理城镇污水或水质类似城镇污水的工业废水时，其主要设计参数可按表 12-2 的规定取值。

氧化沟生物脱氮除磷主要设计参数　　　　　　　　　　　　　　　表 12-2

项目名称		符号	单位	参数值
反应池 BOD₅ 污泥负荷		L_z	kgBOD₅/(kgMLVSS·d)	0.10 ~ 0.21
			kgBOD₅/(kgMLSS·d)	0.07 ~ 0.15
反应池混合液悬浮固体平均浓度		X	kgMLSS/L	2.0 ~ 4.5
反应池混合液挥发性悬浮固体平均浓度		X_7	kgMLVSS/L	1.4 ~ 3.2
MLVSS 在 MLSS 中所占比例	设初沉池	y	MLVSS/gMLSS	0.65 ~ 0.7
	不设初沉池		MLVSS/gMLSS	0.5 ~ 0.65
BOD₅ 容积负荷		L_v	kgBOD₅/(m³·d)	0.20 ~ 0.7
总氮负荷率		L_D	kgTN/(kgMLSS·d)	≤0.06
设计污泥泥龄（供参考）		θ_c	d	12 ~ 25
污泥产率系数	设初沉池	Y	kgVSS/kgBOD₅	0.3 ~ 0.6
	不设初沉池		kgVSS/kgBOD₅	0.5 ~ 0.8
厌氧水力停留时间		t_p	h	1 ~ 2
缺氧水力停留时间		t_n	h	1 ~ 4
好氧水力停留时间		t_s	h	6 ~ 12
总水力停留时间		HRT	h	8 ~ 18
污泥回流比		R	%	50 ~ 100
混合液回流比		R_1	%	100 ~ 400
需氧量		O_2	kgO₂/kgBOD₅	1.1 ~ 1.8
BOD₅ 总处理率		η	%	85 ~ 95
TP 总处理率		η	%	50 ~ 75
TN 总处理率		η	%	55 ~ 80

氧化沟的发展和演变是多方面的，但其循环流动的基本特征却保持不变。以下仅介绍几种典型的氧化沟系统。

（1）传统氧化沟（Pasveer）（图 12-16）

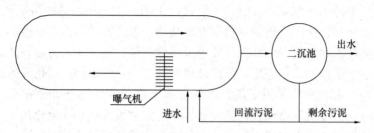

图 12-16　传统氧化沟

传统氧化沟（即 Pasveer）具有以下基本特征：

1）氧化沟集完全混合和推流的特征，有利于克服短流和提高缓冲能力。氧化沟在短时期内（如一个循环）呈现推流特征，而在长时期内又呈现完全混合特征，这就赋予氧化沟一种独特的反应器水流特征。氧化沟工艺水力停留时间为 8 ~ 40h，沟内平均流速为 0.3 ~ 0.5m/s，循环流量相当于处理水量的 20 ~ 120 倍，对入流水质形成很大的稀释，提高了缓冲能力。

2）氧化沟具有明显的溶解氧浓度梯度，特别适合硝化—反硝化工艺。氧化沟曝气设备定位分区布置，结合完全混合和推流式反应器特征，沟内沿水流方向存在溶解氧浓度梯度，存在曝气区、需氧积累区和缺氧区，可以按要求实现硝化—反硝化反应，不过为了提供碳源需要把进水点设在缺氧区前，因为反硝化反应要求有充足的碳源，并有助于减少反硝化区的容积。

3）氧化沟功率密度不均匀配置，有利于氧的传递、液体混合和污泥絮凝。氧化沟有两个能量区。在设有曝气设备的高能区，平均速度梯度 $G > 100s^{-1}$，功率密度达 106 ~ 212W/m³，这有利于氧转移和液体混合；在环流的低能区，平均速度梯度 $G < 30s^{-1}$，增加了污泥絮凝的机会，改善了污泥性能。

4）氧化沟整体的推流体积功率低，可节省能量。混合液在曝气装置推动下，克服摩擦阻力、弯道阻力等影响，依靠独特的环状惯性，可保持混合液的流动和活性污泥的良好悬浮状态。

5）只有当沟深加大时才加设水下推动器，这样做虽然增加了设备和能量投入，但提高了氧化沟运行的灵活性，即必要时可单独运行水下推动器，以利于同步硝化反硝化和脱氮除磷。

传统氧化沟是所有氧化沟技术发展的基础，以上归纳的氧化沟基本特征，其他各种类型的氧化沟都具备，特别是其基本共同点是循环流动反应器。

（2）卡鲁塞尔（Carrousel）氧化沟

普通型 Carrousel 氧化沟的工艺原理是，污水经过格栅和沉砂池后，不经过预沉淀，直接与回流污泥一起进入氧化沟系统，在充分搅拌的曝气区下游，逐渐形成推流，水流维持在最小流速，保证活性污泥处于悬浮状态。水流由曝气区的湍流变成平流状态，从而改变了污泥的沉降性能，提高了出水质量（图 12-17）。

在普通型 Carrousel 氧化沟中，BOD 降解是一个连续过程，硝化作用和反硝化作用发生在同一池中，实际上，普通型 Carrousel 氧化沟系统就是一个模糊的 A/O 工艺。

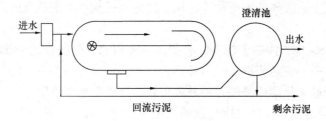

图 12-17　普通型 Carrousel 氧化沟

Carrousel 2000 型氧化沟是在普通型 Carrousel 氧化沟前增加一个厌氧区和缺氧区，从而实现了 C、N、P 的高效去除，对 BOD、COD、N 的去除率分别达到 95%、95%、95%，出水磷可降到 1~2mg/L。实际上就是一个 A^2/O 工艺，因此也称为 Carrousel denitlR A^2C 工艺。其特有的水力设计代替了常规系统中所必需的水泵和管道，仅需在缺氧区安装一台低能耗的搅拌机（图 12-18）。

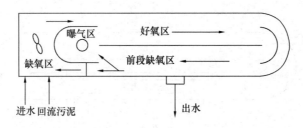

图 12-18　Carrousel 2000 型氧化沟

Carrousel 2000 型氧化沟以其简单、实用、高效、可靠及其优异的投资效益比，成功地在各地运行。

（3）奥贝尔（Orbal）氧化沟（图 12-19）

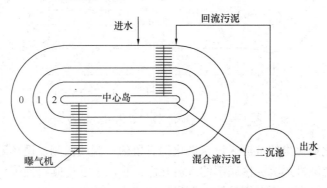

图 12-19　Orbal 氧化沟工艺

Orbal 氧化沟是一种多级氧化沟，由 3 个（三级）P 型氧化沟组合。典型 Orbal 氧化沟是多沟式椭圆形，椭圆形内设有三个环沟，污水进入第一沟后，通过水下输入口连续地从一条沟进入下一条沟，每一条沟都是一个闭路连续循环的完全混合反应器，每沟中的水流在排出之前，污水及污泥（混合液）在沟内绕了数百圈的循环后再流入下一沟，最后污水由第三沟流入二沉池，进行固液分离。另外，在各沟道横跨安装有不同数量水平转碟曝气机，进行供氧兼有较强的推流搅拌作用，转碟淹没深度一般为 230~530mm，调节淹没深度可控制 DO。

Orbal 氧化沟外、中、内三个沟道的容积占总容积的百分比分别为 60%~70%、20%~30%、10%，其中一个最显著特征是由外到内三个沟的溶解氧呈 0~1~2 mg/L 的梯度分布，能提供较好的缺氧反硝化条件，脱氮效果好，处理出水水质稳定。

Orbal 氧化沟设计建造正确是指合理的沟型、沟深、曝气转碟个数与位置、配置的功率密度等，在这些方面的不合理往往会使 Orbal 氧化沟中发生沉淀现象。

（4）一体化氧化沟

一体化氧化沟的特点是将二次沉淀池与氧化沟建在同一构筑物中，即充分利用氧化沟较大的容积和水面，在不影响氧化沟正常运行的情况下，通过改进氧化沟部分区域的结构或在沟内设置一定的装置，使泥水分离过程在氧化沟内完成。根据其沉淀区结构及运行方式不同有多种型式，以下仅介绍船式分离器的氧化沟（图 12-20）和侧沟式一体化氧化沟（图 12-21）。

图 12-20　船式分离器的氧化沟示意图

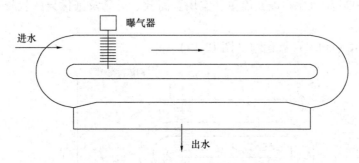

图 12-21　侧沟式一体化氧化沟示意图

侧沟式一体化氧化沟的沉淀区设在氧化沟直段的一侧或两侧。循环混合液从沉淀区旁侧流过，部分混合液进入沉淀区底部的入流孔隙，再向上通过倾斜挡板，澄清水用淹没式穿孔管或侧堰排出，沉淀污泥则沿挡板下滑，由混合液挟带流入主沟。

12.4.5　AB 法污水处理工艺

AB 法污水处理工艺，即吸附—生物降解（adsorption – biodegration）工艺，是德国亚琛工业大学宾克教授于 20 世纪 70 年代中期开创的，80 年代开始用于生产实践。由于该工艺具有一系列独特的优点，受到了污水处理学术界和工程界的重视。

（1）AB法污水处理工艺系统（图12-22）

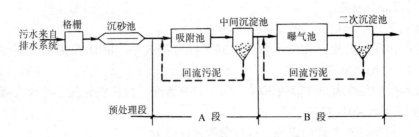

图12-22　AB法污水处理工艺流程

与普通活性污泥法相比，AB法污水处理工艺的主要特征是：

1）全系统分预处理段、A段、B段等三段。预处理段只设格栅、沉砂池等简易处理设备，不设初次沉淀池。

2）A段由吸附池和中间沉淀池组成，B段则由曝气生物反应池及二次沉淀池组成。

3）A段与B段各自拥有独立的污泥回流系统，两段完全分开，每段能够培育出各自独特的、适于本段水质特征的微生物种群。

（2）A段的功能与设计运行参数

1）A段连续不断地从排水系统中接受污水，同时也接种了在排水系统中存活的微生物种群，也就是排水系统起到了"微生物选择器"的作用。在这里不断地产生微生物种群的适应、淘汰、优选、增殖等过程。从而能够培育、驯化、诱导出与原污水适应的微生物种群。

由于该工艺不设初沉池，所以A段能够充分利用经排水系统优选的微生物种群，从而使A段能够形成开放性的生物动力学系统。

2）A段负荷高，为增殖速度快的微生物种群提供了良好的环境条件。在A段能够成活的微生物种群，只能是抗冲击负荷能力强的原核细菌，原生动物和后生动物难于存活。

3）A段污泥产率高，并有一定的吸附能力，A段对污染物的去除，主要依靠生物污泥的吸附作用。这样，某些重金属和难生物降解有机物质以及氮、磷等物质，都能够通过A段而得到一定的去除，因而大大地减轻了B段的负荷。

A段对BOD去除率一般为40%～70%，但经A段处理后的污水，其可生化性将有所改善，有利于后续B段的生物降解。

4）由于A段对污染物质的去除，主要是以物理化学作用为主导的吸附功能，因此，其对负荷、温度、pH以及毒性等作用具有一定的适应能力。

5）对处理城市污水，A段主要设计与运行参数的建议值为：

① BOD-污泥负荷（L_S）2～6kgBOD/（kgMLSS·d），为普通活性污泥处理系统的10～20倍；

② 污泥龄（θ_c）0.3～0.5d；

③ 水力停留时间（t）30min；

④ 吸附池内溶解氧（DO）浓度0.2～0.7mg/L。

（3）B段的功能与设计、运行参数

首先应当说明，B段的各项功能的发挥，都是以A段正常运行为条件的。

1）B段接受A段的处理水，水质、水量比较稳定，冲击负荷已不再影响B段，B段的净化功能得以充分发挥。

2）去除有机污染物是B段的主要净化功能。

3）B段的污泥龄较长，氮在A段也得到了部分的去除，BOD/N的值有所降低，因此，B段具有产生硝化反应的条件。

4）B段承受的负荷为总负荷的30%～60%，与普通活性污泥处理系统比，曝气生物反应池的容积可减少40%左右。

5）对处理城市污水B段的设计、运行参数建议值为：

① BOD－污泥负荷（L_S）0.15～0.3kgBOD/（kgMLSS·d）；

② 污泥龄（θ_c）15～20d；

③ 水力停留时间（t）2～3h；

④ 曝气池内混合液溶解氧含量（DO）1～2mg/L。

AB法中的A段可用于浓缩悬浮态和溶解态COD，通过中间沉淀池截留后送至厌氧消化单元转化成能源，故A段是一种高效的污水COD捕获技术。

12.4.6 膜生物反应器系统

膜生物反应器在废水处理领域中的应用始于20世纪60年代末的美国，但当时由于受膜生产技术所限，使其在投入实际应用的开发中遇到了困难。20世纪70年代中后期，日本根据本国地价高的特点对膜分离技术在废水处理中的应用进行了大力的开发与研究。20世纪80年代后，由于新型膜材料技术与制造业的迅速发展，膜生物反应器的开发研究在国际范围内开始逐步成为热点。

（1）膜生物反应器系统的组成及分类

污水处理中的膜生物反应器系统是指将膜分离技术中的超、微滤膜组件与污水生物处理工程中的生物反应器相结合组成的污水处理系统，英文称为Membrane bioreactor，简称MBR。膜生物反应器系统综合了膜分离技术与生物处理技术的优点，以超、微滤膜组件代替生物处理系统传统的二次沉淀池以实现泥水分离，被超、微滤膜截留下来的活性污泥混合液中的微生物絮体和较大分子质量的有机物，被截留在生物反应器内，使生物反应器内保持高浓度的生物量和较长的生物固体平均停留时间，极大地提高了生物对有机物的降解率。膜生物反应器系统的出水质量很高，甚至可达到深度处理要求，同时系统几乎不排剩余污泥。

根据膜组件与生物反应器的组合位置可将膜生物反应器系统分为外置式和浸没式两大类，如图12-23所示。外置式是指膜组件与生物系统反应器分开设置，超、微滤膜的过滤驱动力一般靠加压泵提供。浸没式是指膜组件安置在生物反应器内部，通过水头压差、真空泵和其他类型泵的抽吸得到过滤液，省去了外置式的循环泵及循环管路系统，因而动力较节省。

根据膜组件中膜的材料化学组分的不同可分为有机膜（如聚偏氟乙烯、聚醚砜、聚乙烯和聚丙烯膜等）和无机膜（如陶瓷膜等）；根据膜孔径大小的不同可分为微滤膜、超滤膜、纳滤膜和反渗透膜，反渗透膜由于需要很高的过滤压力，动力消耗过高而在膜生物

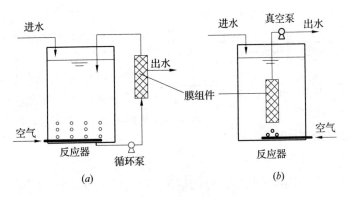

图 12-23　MBR 工艺结构

(a) 外置式 MBR；(b) 浸没式 MBR

反应器中使用较少；按膜组件的形状不同又可分为管式、板框式、中空纤维式、卷式等。目前在商业化 MBR 工艺中占有统治地位的是平板膜（FS）、中空纤维膜（HF）和多管膜（MT）三种形式。

根据生物反应器中微生物生长需氧情况的不同，膜生物反应器也分为两大类，即好氧膜生物反应器与厌氧膜生物反应器，有文献按这一分类原则将膜生物反应器归纳为四种系统，即 RAMB 系统（reclamation with acidogenesis membrane bioreactor）、MFMB 系统（methane fermentation with membrane bioreactor）、TOMB 系统（total oxidation membrane bioreactor）和 SCMB 系统（separation and concentration with membrane bioreactor）。前两者是厌氧膜生物反应器，后两者是好氧膜生物反应器。各系统的特性及适用范围见表 12-3。

膜生物反应器（MBR）系统的特性及适用范围　　　　　　　　　　表 12-3

系统名称	处理原理	处理对象	特性	适用范围
RAMB	兼性产酸	高浓度有机废水	处理的废水范围广，能回收资源，剩余污泥少，但技术上待开发问题较多	污泥处理，屎尿处理，工业废水处理，家畜产业废水处理，城市污水再生处理，固体废弃物最终处理场的渗滤液处理，工业废水再生处理
MFMB	单相甲烷发酵	有机废水	维护管理比较容易，剩余污泥少，能回收沼气资源	与 RAMB 相同
TOMB	完全氧化	有机废水	维护管理容易，适用于小规模，剩余污泥少，能量消耗较大	小规模污水及废水再生处理，小规模屎尿处理，特殊工业废水处理
SCMB	好氧氧化，膜分离浓缩	低浓度有机废水	可与 RAMB 系统组合，适用范围广	直接采用 RAMB 系统不能进行资源回收的城市废水处理和利用，不能进行厌氧处理的特殊废水处理，给水净化处理

（2）膜生物反应器系统的特征

膜生物反应器系统作为新型的污水生物处理系统与传统的生物处理系统相比，具有下列特征：

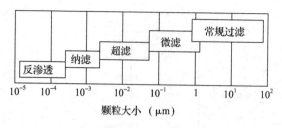

图 12-24　膜种类分离水中污染物颗粒的尺寸

1）污染物去除效率高，出水水质稳定，出水中基本无悬浮固体，这主要得益于膜的高效过滤作用，各类膜分离颗粒的大小如图 12-24 所示。这就可使生物反应器保持较高的污泥浓度（MLSS），从而降低污泥负荷且同时提高反应器的容积负荷，进而减少反应器容积和系统的占地。

2）基本实现了生物固体平均停留时间与污水的水力停留时间的分离，有利于生物反应器中细菌种群多样性的培养和保持，使世代时间长的细菌也能生长，这为系统功能的多样性提供了条件。

3）由于反应器中 MLSS 很高，有时甚至可达 50g/L，因此反应器中 F/M 很低，使反应器中微生物因营养限制而处于内源呼吸阶段，其比增值率很低，甚至几乎为零。这样，膜生物反应器系统的剩余污泥量很少，大大降低了污泥处理和处置的费用。

4）膜生物反应器系统的结构比较紧凑，且易于自动控制，运行管理较方便。

膜生物反应器系统虽然存在上述诸多优点，但也存在一些缺点和有待研究的问题：主要是膜组件的污染与堵塞，理论上这是一个微生物的膜过滤过程，运行时间一长，膜的污染和堵塞不可避免，因此在运行一定时间后需要更换膜组件进行清洗，而清洗后的膜组件的通水能力势必会受到一定影响；另外是由于膜表面会因浓差极化而形成凝胶层，为降低凝胶层的阻力，不得不保持膜表面的高流速运行，这不仅造成能耗较高，也由于膜表面高流速产生的剧烈紊流和高剪切力，使原生动物等大个体的微生物生长受到限制，因此，膜生物反应器中的生物相不及普通活性污泥法系统丰富；第三是膜的制造成本较高，运行能耗也较高，使污水处理成本相对较高。

（3）膜生物反应器工艺的主要设计参数

MBR 工艺一般需要设置超细格栅作为预处理工艺，以分离细小纤维物质等，避免引起膜组件堵塞。在忽略膜替换下，MBR 的设计和运行主要需考虑水泵、膜的维护和曝气三个成本要素。

MBR 工艺脱氮除磷设计原则与传统生物脱氮除磷工艺一样，其主要设计参数宜根据试验资料确定。当无试验资料时，可采用经验数据或按表 12-4 的规定取值。

膜生物反应器工艺主要设计参数　　　　　　　　　　　　表 12-4

名称	单位	典型值或范围
膜池内污泥浓度（MLSS*）X	g/L	6~15（中空纤维膜） 10~20（平板膜）
生物反应池 BOD_5 污泥负荷 L_s	kgBOD₅/（kgMLSS・d）	0.03~0.10
总污泥龄 θ_c	d	15~30
缺氧区（池）至厌氧区（池）混合液回流比 R_1	%	100~200
好氧区（池）至缺氧区（池）混合液回流比 R_2	%	300~500
膜池至好氧区（池）混合液回流比 R_3	%	400~600

* 其他反应区（池）的设计 MLSS 可根据回流比计算得到。

258

膜通量是指单位时间内通过单位膜面积的物质的量，有时也称为渗透速率或过滤速率。膜通量与驱动力和总水力学阻力直接相关。MBR 工程中膜系统运行通量的取值应小于临界通量。临界通量的选取应考虑膜材料类型、膜组件和膜组器形式、污泥混合液性质、水温等因素，可实测或采用经验数据。同时，应根据生物反应池设计流量校核膜的峰值通量和强制通量。为了减轻膜污染、延长膜使用寿命，峰值通量和强制通量宜按临界通量的 80%~90% 选取。

由于 MBR 工艺一般间歇运行，因此，设计流量按平均通量计算。膜系统的实际运行通量可按式（12-54）换算成平均通量：

$$J_m = J_0 \frac{t_0}{t_0 + t_p} \tag{12-54}$$

式中　J_m——平均通量，$L/(m^2 \cdot h)$；

　　　J_0——运行通量，$L/(m^2 \cdot h)$；

　　　t_0——产水泵运行时间，min；

　　　t_p——产水泵暂停时间，min。

浸没式 MBR 平均通量的取值范围宜为 $15~25L/(m^2 \cdot h)$，外置式 MBR 平均通量的取值范围宜为 $30~45L/(m^2 \cdot h)$。

MBR 长期运行时，膜污染会导致膜的实际通量永久性降低，为满足污水处理规模要求，应预留 10%~20% 的富余膜组器空位作为备用。

为有效缓解膜污染，MBR 工艺应设置化学清洗设施。膜化学清洗设施一般包括在线和离线化学清洗设施。膜清洗药剂包括碱洗药剂和酸洗药剂，碱洗药剂包括次氯酸钠、氢氧化钠等，酸洗药剂包括柠檬酸、草酸、盐酸等。碱洗与酸洗管路系统要严格分开，不能混用。

膜离线清洗的废液宜采用中和等措施处理，处理后的废液应返回污水处理构筑物进行处理。

12.5　活性污泥法系统的工艺设计

12.5.1　概述

（1）设计内容

活性污泥处理系统是由曝气生物反应池、曝气系统、污泥回流系统、二次沉淀池等单元组成的。它的工艺设计主要包括下列几方面的内容：

1）选定工艺流程；

2）曝气生物反应池（区）容积的计算及工艺设计；

3）需氧量、供气量以及曝气系统的计算与工艺设计；

4）回流污泥量、剩余污泥量与污泥回流系统的计算与工艺设计；

5）二次沉淀池池型的选定、容积的计算与工艺设计。

（2）基本资料与数据

1）污水的日平均流量（m^3/d）、最大时流量（m^3/h）、最小时流量（m^3/h）。

《室外排水设计标准》GB 50014—2021 规定，污水处理构筑物的设计流量，应按分期建设的情况分别计算。当污水为自流进入时，应按每期的最高日最高时设计流量计算；当污水为提升进入时，应按每期工作水泵的最大组合流量校核管渠配水能力。生物反应池的设计流量，应根据生物反应池类型和曝气时间确定。曝气时间较长时，设计流量可酌情减少。

2）原污水和经一级处理后的主要水质指标，如 BOD_5、COD_{Cr}、SS、TOC、总固体、总氮、总磷等。

3）处理后出水的去向，要求处理后出水达到的水质指标，如 BOD_5、COD_{Cr}、SS 等。

4）对所产生的污泥的处理与处置的要求。

5）原污水中所含有的有毒有害物质、浓度，驯化微生物的可能性。

（3）确定主要设计参数

1）BOD-污泥负荷（COD-污泥负荷）；

2）混合液污泥浓度（MLSS、MLVSS）；

3）污泥回流比。

为此，相应地应掌握下列各项资料与数据：

① BOD-污泥负荷（或 COD-污泥负荷）与处理效果以及处理水 BOD（COD）之间的关系，确定 K_2；

② BOD-污泥负荷（或 COD-污泥负荷）与污泥沉降、浓缩性能的关系，确定 SV（%）与 SVI；

③ BOD-污泥负荷（或 COD-污泥负荷）与污泥增长率的关系，确定 Y 与 K_d（或 a 与 b）；

④ BOD-污泥负荷（或 COD-污泥负荷）与需氧量、需氧率之间的关系，确定 a' 与 b'。

以生活污水为主体的城市污水，上述各项原始资料、数据和主要设计参数已比较成熟。但是对工业废水所占比例较大的城市污水或工业废水，则应通过实验和现场实测，以确定其各项设计参数。

（4）处理工艺流程的确定

上述各项原始资料是确定处理工艺流程的主要根据。此外，还要综合考虑现场的地质、地形条件、气候条件以及施工水平等客观因素，综合分析所选工艺在技术上的可行性、先进性以及经济上的合理性等。

对工程量较大，投资额较高的工程，需要进行多种工艺流程方案的比选优化，以使所确定的工艺流程是技术上先进、适用，经济上合理的优选方案。通常，对工程量大的污水处理工程，一般都采用工程招标的方法，组织有关专家评审，选定其中技术上、经济上最佳的方案。

12.5.2　曝气生物反应池（区）容积计算

当以去除碳源污染物为主时，曝气生物反应池（区）容积的计算，可采用以下两种方法：

（1）按 BOD-污泥负荷计算，其计算公式为：

$$V = \frac{24Q(S_0 - S_e)}{1000L_sX} \qquad (12\text{-}55)$$

式中 L_s——曝气生物反应池的 BOD-污泥负荷，kgBOD$_5$/（kgMLSS·d）；

　　　Q——曝气生物反应池的设计流量，m^3/h；

　　　S_0——曝气生物反应池进水的 5 日生化需氧量，mg/L；

　　　S_e——曝气生物反应池出水的 5 日生化需氧量，mg/L，当去除率大于 90% 时可不计入；

　　　X——曝气生物反应池内混合液悬浮物固体平均浓度，gMLSS/L；

　　　V——曝气生物反应池容积，m^3。

由式（12-55）可见，合理地确定 BOD-污泥负荷（L_s）和混合液污泥浓度（X）是正确确定曝气生物反应池（区）容积的关键。

1）BOD-污泥负荷（L_s）的确定

确定 BOD-污泥负荷，首先必须结合要求处理后出水的 BOD$_5$（S_e）来考虑。适用于推流式曝气生物反应池的 BOD-污泥负荷（L_s）与处理后出水 BOD（S_e）之间关系的经验计算式，可参考式（12-56）：

$$L_s = 0.01295S_e^{1.1918} \qquad (12\text{-}56)$$

其次，确定 BOD-污泥负荷，还必须考虑污泥的凝聚、沉淀性能。即根据处理后出水 BOD 确定 L_s 后，应进一步复核其相应的污泥指数 SVI 是否在正常运行的允许范围内。对城市污水可按图 12-6 复核。

一般地说，对城市污水的 BOD-污泥负荷取值多为 0.2～0.4kgBOD$_5$/（kgMLSS·d）。这样，BOD$_5$ 去除率可达 90% 左右，污泥的吸附性能和沉淀性能都较好，SVI 为 80～150。

对剩余污泥不便处理与处置的污水处理厂，应采用较低的 BOD 污泥负荷，一般不宜高于 0.1kgBOD$_5$/（kgMLSS·d），这能够使污泥自身氧化过程加强，减少污泥排量。

在寒冷地区修建的活性污泥法系统，其曝气生物反应池也应当采用较低的 BOD 污泥负荷，这样能够在一定程度上补偿由于水温低对生物降解反应带来的不利影响，参见中国工程建设标准化协会制定的《寒冷地区污水活性污泥法处理设计规程》CECS 111：2000。

2）混合液污泥浓度（MLSS）的确定

曝气生物反应池内混合液的污泥浓度（MLSS），是活性污泥处理系统重要的设计与运行参数，采用高污泥浓度能够减少曝气生物反应池的有效容积，但会带来一系列不利的影响。在确定这一参数时，应考虑下列因素：

① 供氧的经济与可能性；

② 活性污泥的凝聚沉淀性能；

③ 沉淀池与回流设备的造价。

混合液中的污泥主要来自回流污泥，回流污泥浓度可近似地按式（12-9）修正后确定：

$$X_r = \frac{10^3}{SVI}r(kg/m^3) \qquad (12\text{-}57)$$

式中 *r*——考虑污泥在二次沉淀池中停留时间、池深、污泥厚度等因素有关的修正系数，一般取 1.2 左右。

从式（12-57）看出，X_r 与 SVI 呈反比。一般情况下，SVI 为 100 左右，X_r 为 8 ~ 12kg/m³（或 8000 ~ 12000mg/L）。

污泥浓度高，会增加二次沉淀池的固体负荷，从而使其造价提高。此外，对于分建式曝气生物反应池，混合液浓度越高，则维持平衡的污泥回流量也越大，从而使污泥回流设备的造价和动力费用增加。按物料平衡关系可得出混合液污泥浓度（X）和污泥回流比（R）及回流污泥浓度（X_r）之间的关系：

$$RQX_r = (Q + RQ)X$$

故：

$$X = \frac{R}{1 + R}X_r \cdot 10^3 \tag{12-58}$$

式中 *R*——污泥回流比；

  X——曝气生物反应池混合液污泥浓度，mg/L；

  X_r——回流污泥浓度，kg/m³。

将式（12-57）代入式（12-58），可估算出曝气生物反应池混合液污泥浓度：

$$X = \frac{R}{1 + R}\frac{10^6}{\text{SVI}}r \tag{12-59}$$

曝气生物反应池混合液污泥浓度（X）也可参照经验数据取值，一般普通曝气生物反应池可采用 2000 ~ 3000mg/L；吸附再生曝气生物反应池 4000 ~ 6000mg/L；延时曝气生物反应池 2000 ~ 4000mg/L。

在确定 L_s 和 X 后，曝气生物反应池（区）的容积便可根据设计规模 Q 和出水要求 S_e 按式（12-55）计算。《室外排水设计标准》GB 50014—2021 规定，对廊道式曝气生物反应池，池宽与有效水深比宜采用 1∶1 ~ 2∶1，有效水深一般可采用 4.0 ~ 6.0m；对合建式完全混合曝气生物反应池，曝气生物反应区的容积应含导流区。

（2）按污泥龄（θ_c）计算，其计算式为：

$$V = \frac{24Q\theta_c\hat{Y}(S_0 - S_e)}{1000X_v(1 + K_d\theta_c)} \tag{12-60}$$

式中 *V*——曝气生物反应池容积，m³；

  θ_c——设计污泥龄，d，其数值一般根据现行国家标准《室外排水设计标准》GB 50014 取值；

  Y——污泥产率系数，kgVSS/kgBOD₅；Y 根据试验资料确定，无试验资料时，一般取为 0.4 ~ 0.8kgVSS/kgBOD₅；

  X_v——混合液挥发性悬浮固体平均浓度，gMLVSS；

  K_d——衰减系数，d^{-1}，20℃时为 0.04 ~ 0.075d^{-1}，K_d 值应按当地冬季和夏季的污水温度加以修正，修正式为：

$$K_{dT} = K_{d20} \cdot (\theta_T)^{T-20} \tag{12-61}$$

式中 K_{dT}——T℃时的 K_d 值，d^{-1}；

K_{d20}——20℃时的 K_d 值，d^{-1}；

θ_T——温度系数，取值 1.02~1.06；

T——设计计算温度，℃。

12.5.3 曝气系统的设计计算

曝气系统的设计计算首先应选择曝气方式，然后计算所需充氧量或空气量：对鼓风曝气，按式（12-49）计算出 G_s；对机械曝气，按式（12-46）计算出 R_0。最后进行曝气系统的设计计算。鼓风曝气包括空气扩散装置（曝气装置）、空气输送管道（干管、支管和竖管）、选择空压机型号与台数以及空压机房的设计；机械曝气包括型式及其直径选择。

（1）鼓风曝气系统的设计计算

1）空气扩散装置的选定与布置

在选定空气扩散装置时，要考虑下列因素：

① 空气扩散装置应具有较高的氧利用率（E_A）和动力效率（E_P），布气均匀，阻力小，具有较好的节能效果。几种常见的空气扩散装置的 E_A、E_P 测定值见表 12-5。

几种常见的空气扩散装置的 E_A、E_P 测定值 　　　　　　　　表 12-5

扩散装置类型	氧利用率 E_A（%）	动力效率 E_P（kgO₂/kWh）
陶土扩散板、管（水深 3.5m）	10~12	1.6~2.6
绿豆沙扩散板、管（水深 3.5m）	8.8~10.4	2.8~3.1
穿孔管：φ5（水深 3.5m）	6.2~7.9	2.3~3.0
φ10（水深 3.5m）	6.7~7.9	2.3~2.7
倒盆式扩散器（水深 3.5m）	6.9~7.5	2.3~2.5
（水深 4.0m）	8.5	2.6
（水深 3.5m）	10	—
竖管扩散器（φ19，水深 3.5m）	6.2~7.1	2.3~2.6
射流式扩散装置	24~30	2.6~3.0
橡胶膜微孔曝气器（水深 4.3m）	20~23	6~7
钟罩式微孔曝气器（水深 4.0m）	17.3~24.8	5.7

② 不易堵塞，耐腐蚀，出现故障易排除，便于维护管理。

③ 构造简单，便于安装，工程造价及装置本身成本较低。

此外还应考虑污水水质、地区条件以及曝气生物反应池池型、水深等。

根据计算出的总供气量 G_s 和每个空气扩散装置的通气量、服务面积、曝气生物反应池池底面积等数据，计算、确定空气扩散装置的数目，并对其进行布置，可考虑满池布置或池侧布置，也可沿池长分段渐减布置。

2）空气管道系统的设计计算

① 一般规定

活性污泥系统的空气管道系统是从空压机的出口到空气扩散装置的空气输送管道，一般使用焊接钢管，管道内外应该有不同的耐热、耐腐蚀处理。小型污水处理站的空气管道系统一般为枝状，而大、中型污水处理厂则宜环状布置，以保证安全供气。空气管道一般敷设在地面上，且应考虑温度补偿。接入曝气池的输气立管管顶，应高出池水面 0.5m，以免产生回水。曝气生物反应池水面上的输气管，宜按需要布置控制阀，其最高点宜设置真空破坏阀。空气管道的流速：干、支管为 10～15m/s，通向空气扩散装置的竖管、小支管为 4～5m/s。

② 空气管道的计算

空气管道和空气扩散装置的压力损失，一般控制在 14.7kPa 以内，其中空气管道总损失控制在 4.9kPa 以内，空气扩散装置的阻力损失为 4.9～9.8kPa。

空气管道计算，根据流量（Q）、流速（v）按附录 C 选定管径，然后再核算压力损失，调整管径。

空气管道的压力损失（h）为沿程阻力损失（h_1）与局部阻力（h_2）之和

$$h = h_1 + h_2 \quad (Pa)$$

沿程阻力（摩擦损失）可以按附录 D 查出。而局部阻力则根据式（12-62）将各配件换算成管道的当量长度

$$l_0 = 55.5KD^{1.2} \tag{12-62}$$

式中　l_0——管道的当量长度，m；

　　　D——管径，m；

　　　K——长度换算系数，按表 12-6 采用。

长度换算系数 K

表 12-6

配件	长度换算系数	配件	长度换算系数
三通：气流转弯	1.33	大小头	0.1～0.2
直流异口径	0.42～0.67	球阀	2.0
直流等口径	0.33	角阀	0.9
弯头	0.4～0.7	闸阀	0.25

在查附录图、表时，气温可按 30℃ 考虑，空气压力则按式（12-63）估算：

$$P = (1.5 + H) \times 9.8 \tag{12-63}$$

式中　P——空气压力，kPa；

　　　H——空气扩散装置距水面的深度，m。

空压机所需压力：

$$H = h_1 + h_2 + h_3 + h_4 \tag{12-64}$$

鼓风曝气系统中压缩空气的绝对压力为：

$$P = \frac{h_1 + h_2 + h_3 + h_4 + h_5}{h_5} \tag{12-65}$$

式中　h_1——管道沿程阻力，Pa；

　　　h_2——管道局部阻力，Pa；

　　　h_3——空气扩散装置安装深度（以装置出口处为准），0.1mm（H_2O）；

　　　h_4——空气扩散装置的阻力，Pa，按产品样本或试验资料确定；

　　　h_5——所在地区大气压力，Pa。

3）空压机的选定与鼓风机房的设计要点

① 根据每台空压机的设计风量和风压选择空压机。各式罗茨鼓风机、离心式空压机、通风机等均可用于活性污泥系统。

定容式罗茨鼓风机噪声大，应采取消声措施并设置防止超负荷的装置，一般用于中、小型污水处理厂以及变水位运行反应池。离心式空压机噪声较小，效率较高，适用于大、中型污水处理厂以及水深不变的生物反应池。变速率离心空压机，节省能源，能根据混合液溶解氧浓度，自动调整空压机开启台数和转速。轴流式通风机（风压在 1.2m 以下），一般用于浅层曝气的生物反应池。

② 在同一供气系统中，应尽量选用同一型号的空压机。空压机的备用台数：工作空压机≤4 台时，备用 1 台；工作空压机≥5 台时，备用 2 台。

③ 空压机房应设双电源，供电设备的容量，应按全部机组同时启动时的负荷设计。当采用燃油发动机作为动力时，可与电动空压机共同布置，但相互应有隔离措施，并应符合国家现行防火防爆规范的要求。

④ 每台空压机应单设基础，基础间通道宽度应在 1.5m 以上。

⑤ 空压机房一般包括机器间、配电室、进风室（设空气净化设备）、值班室。值班室与机器间之间，应有隔声设备和观察窗，还应设自控设备。

⑥ 空压机房内、外应采取防止噪声的措施，使其符合现行国家标准《工业企业噪声控制设计规范》GB/T 50087 和《声环境质量标准》GB 3096 的有关规定。

（2）机械曝气装置的设计

机械曝气装置的设计内容主要是选择曝气器的形式和确定其直径。在选择曝气器型式时要考虑其充氧能力、动力效率以及加工条件等。直径的确定，主要取决于曝气生物反应池的需氧量，使所选择的曝气器的充氧量应能够满足混合液需氧量的要求。

如果选择叶轮，要考虑叶轮直径与曝气生物反应池直径的比例关系，叶轮过大，可能伤害污泥，过小则充氧不够。一般认为混流型叶轮或倒伞型叶轮直径与曝气生物反应池直径或正方形一边之比为 1:3 ~ 1:5，而泵型叶轮以 1:3.5 ~ 1:7 为宜；叶轮线速度 3.5 ~ 5.0m/s，叶轮直径与水深之比可采用 2:5 ~ 1:4，池深过大，将影响充氧和泥水混合。宜设置调节曝气器转速和浸没水深的设施。

根据按式（12-46）计算出的 R_0 值和曝气器相关计算图表，能够初步选定出叶轮的尺寸，然后再将其与池径的比例加以校核，如不符合要求，则作适当调整。

12.5.4　污泥回流系统的设计

分建式曝气生物反应池中，污泥从二次沉淀池回流需设污泥回流系统，其中包括污泥提升装置和污泥输送的管渠系统。

污泥回流系统的设计计算内容包括：回流污泥量的计算和污泥提升设备的选择

和设计。

（1）回流污泥量的计算

回流污泥量 Q_R 值为：

$$Q_R = RQ \tag{12-66}$$

R 值可通过式（12-67）求定：

$$R = \frac{X}{X_r - X} \tag{12-67}$$

由式（12-67）可知，回流比 R 取决于混合液污泥浓度（X）和回流污泥浓度（X_r），而 X_r 又与 SVI 有关。根据式（12-58）和式（12-60），并令 r 为 1.2，可以推测出随 SVI 和 X 而变化的回流污泥浓度 X_r，并据此可以按式（12-67）求定污泥回流比 R。SVI、X 和 X_r 三者关系列于表12-7。

SVI、X 和 X_r 三者关系　　　　　　　表 12-7

SVI	X_r（mg/L）	在下列 X（mg/L）时的回流比					
		1500	2000	3000	4000	5000	6000
60	20000	0.08	0.11	0.18	0.5	0.33	0.43
80	15000	0.11	0.15	0.25	0.36	0.50	0.66
120	10000	0.18	0.25	0.43	0.67	1.00	1.50
150	8000	0.24	0.33	0.60	1.00	1.70	3.00
240	5000	0.43	0.67	0.50	4.00	—	—

在实际运行的曝气生物反应池内，SVI 在一定的幅度内变化，且混合液浓度 X 也需要根据进水负荷的变化而加以调整，因此，在进行污泥回流系统的设计时，应按最大回流比考虑，并使其具有能够在较小回流比条件下工作的可能性，即应使回流污泥量可以在一定幅度内变化。

（2）污泥提升设备的选择与设计

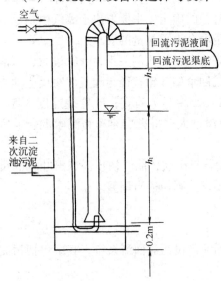

图 12-25　空气提升器构造示意

在污泥回流系统中，常用的污泥提升设备主要是污泥泵、空气提升器和螺旋泵。

1）污泥泵　污泥泵的主要形式是轴流泵，运行效率较高。可用于较大规模的污水处理工程。在选择时，首先应考虑的因素是不破坏活性污泥的絮凝体，使污泥能够保持其固有的特性，运行稳定可靠。采用污泥泵时，将从二次沉淀池流出的回流污泥集中到污泥井，再用污泥泵抽送至曝气生物反应池。大、中型污水处理厂则设回流污泥泵站，泵的台数视条件而定，一般采用 2~3 台，此外，还应考虑适当台数的备用泵。

2）空气提升器　空气提升器是利用升液管内、外液体的相对密度差而使污泥提升的（图 12-25）。它结构简单，管理方便，而且有利于提高活性污泥中的溶解氧和保持活性污泥的活性。多为中、小型污水处理厂采用。

空气提升器一般设在二次沉淀池的排泥井中或在曝气生物反应池进口处专设的回流井中。在每座回流井内只设一台空气提升器，而且只接受一座二次沉淀池污泥斗的来泥，以免造成二次沉淀池排泥量的相互干扰，污泥回流量则通过调节进气阀门的气量加以控制。

如图 12-25 所示，h_1 为淹没水深，h_2 为提升高度。升液筒在回流井中的最小淹没深度按式（12-68）计算：

$$h_{1(\min)} = \frac{h_2}{n - 1} \qquad (12\text{-}68)$$

式中 n——密度系数，一般取值 $2 \sim 2.5$。

一般情况下，

$$\frac{h_1}{h_1 + h_2} \geqslant 0.5$$

空气用量（Q_u）一般为最大提升污泥量的 $3 \sim 5$ 倍，也可以按式（12-69）计算：

$$Q_u = \frac{K_u Q_s h_2}{\left(23 \lg \dfrac{h_1 + 10}{10}\right) \eta} \qquad (12\text{-}69)$$

式中 Q_u——空气用量，m^3/h；

K_u——安全系数，一般采用 1.2；

Q_s——每台空气提升器设计提升流量，m^3/h；

η——效率系数，一般为 $0.35 \sim 0.45$。

空气压力应比淹没深度 h_1 大 3kPa 以上。升液筒的最小直径为 75mm，空气管的最小管径为 25mm。

3）螺旋泵　近年来，国内外在污泥回流系统中比较广泛地使用螺旋泵。螺旋泵由泵轴、螺旋叶片、上支座、下支座、导槽、挡水板和驱动装置组成。

采用螺旋泵的污泥回流系统，具有以下各项特征：

① 效率高，而且稳定，即使进泥量有所变化，仍能保持较高的效率。

② 能够直接安装在曝气生物反应池与二次沉淀池之间，不必另设其他附属设备。

③ 不因污泥而堵塞，维护方便，节省能源。

④ 转速较慢，不会打碎活性污泥絮凝体颗粒。

螺旋泵提升回流污泥，常使用无级变速或有级变速的传动装置，以便能够改变提升流量，也可以用电子计算机来控制回流污泥量。

螺旋泵的最佳转速，可按式（12-70a）计算：

$$v_j = \frac{50}{\sqrt[3]{D^2}} \quad (r/\min) \qquad (12\text{-}70a)$$

螺旋泵的工作转速 v_g 应处于下列范围：

$$0.6 v_j < v_g < 1.1 v_j \qquad (12\text{-}70b)$$

式中 v_j——螺旋泵的最佳转速，$r/\min$；

v_g——螺旋泵的工作转速，r/min；

D——螺旋管的外缘直径，m。

螺旋泵安设的倾角为 $30°~80°$。

螺旋泵的导槽可用混凝土建造，亦可采用钢构件。当使用混凝土导槽时，混凝土应有足够的强度。泵体外缘与导槽内壁之间必须保持一定的间隙 δ，δ 值可按式（12-71）计算：

$$\delta = 0.142 \sqrt{D} \pm 1 \tag{12-71}$$

式中 δ——允许间隙，mm；

D——螺旋泵外缘直径，m。

12.5.5 二次沉淀池的设计

二次沉淀池是活性污泥系统重要的组成部分，它的作用是泥水分离，使混合液澄清、污泥浓缩和回流活性污泥。其工作效果直接影响活性污泥系统的出水水质和回流污泥浓度。原则上，用于初次沉淀池的平流式沉淀池、辐流式沉淀池和竖流式沉淀池都可以作为二次沉淀池使用。但也有某些区别，大、中型污水处理厂多采用机械吸泥的圆形辐流式沉淀池，中型污水处理厂也可采用多斗式平流沉淀池，小型污水处理厂则比较普遍采用竖流式沉淀池。由于活性污泥黏度大，所以斜板沉淀池很少采用作为二次沉淀池。

（1）二次沉淀池的特点

二次沉淀池有别于其他沉淀池，首先在作用上它除了进行泥水分离外，还进行污泥浓缩，并由于水量、水质的变化，还要暂时贮存污泥。由于二次沉淀池需要完成污泥浓缩的作用，所需要的池面积大于只进行泥水分离所需要的池面积。其次，进入二次沉淀池的活性污泥混合液在性质上也有其特点。活性污泥混合液的浓度高（2000~4000mg/L），具有絮凝性能，属于成层沉淀。沉淀时泥水之间有清晰的界面，絮凝体结成整体共同下沉，初期泥水界面的沉速固定不变，仅与初始浓度 C 有关 $[u = f(c)]$。

同时，活性污泥质轻，易被出水带走，并容易产生异重流现象，使实际的过水断面远远小于设计的过水断面。因此，设计平流式二次沉淀池时，最大允许的水平流速要比初次沉淀池的小一半；池的出流堰常设在离池末端一定距离的范围内。辐流式二次沉淀池可采用周边进水的方式以提高沉淀效果；此外，出流堰的长度也要相对增加，使单位堰长的出流量不超过 $1.7L/(s \cdot m)$。

辐流式二次沉淀池的混合液是泥、水、气三相混合体，因此在稳流筒的下降流速不应超过 $0.03m/s$，以利气、水分离，提高澄清区的分离效果，曝气沉淀池的导流区，其下降流速还要小些（$0.015m/s$ 左右），因为其气水分离的任务更重。

二次沉淀池采用静水压力排泥时，其排泥管直径应不小于200mm，静水头不应小于 $0.9m$，污泥斗底坡与水平夹角不应小于 $55°$，以利于污泥顺利下滑和排泥通畅。

（2）二次沉淀池的设计计算

二次沉淀池的设计计算主要包括：池型选择，沉淀池（澄清区）面积、有效水深和污泥区容积的设计计算。

计算方法有水力表面负荷法和固体通量法。

1）水力表面负荷法

① 沉淀池表面面积 $A(\mathrm{m}^2)$：

$$A = \frac{Q}{q} = \frac{Q}{3.6u} \tag{12-72}$$

式中　Q——污水最大时流量，m^3/h；

　　　q——水力表面负荷，$\mathrm{m}^3/(\mathrm{m}^2 \cdot \mathrm{h})$；

　　　u——正常活性污泥成层沉淀之沉速，$\mathrm{mm/s}$。

u 值随污水水质和混合液浓度而异，变化范围介于 $0.2 \sim 0.5\mathrm{mm/s}$。表 12-8 是 u 值与混合液浓度之间关系的实测资料，可供设计时参考。若将表中不同的混合液浓度与对应的 u 值近似地换算成固体通量，则都接近于 $90\mathrm{kg}/(\mathrm{m}^2 \cdot \mathrm{d})$。由此可见，采用表 12-8 中 u 值计算出的沉淀池面积，既能起澄清作用又能起一定的浓缩作用。

随混合液浓度而变的 u 值 　　　　　　　　　　　　　　表 12-8

混合液污泥浓度 MLSS（mg/L）	上升流速 u（mm/s）	混合液污泥浓度 MLSS（mg/L）	上升流速 u（mm/s）
2000	<0.5	5000	0.22
3000	0.35	6000	0.18
4000	0.28	7000	0.14

计算沉淀池面积时，设计流量应为污水量的最大时流量，而不包括回流污泥量。这是因为一般沉淀池的污泥出口常在沉淀池的下部，混合液进池后基本分为方向不同的两路流出：一路通过澄清区从沉淀池上部的出水槽流出；另一路通过污泥区从下部排泥管流出。前一路流量为污水流量，后一路流量为回流污泥量和剩余污泥量，所以采用污水量最大时流量作为设计流量是能够满足要求的。但是中心管（合建式的导流区）的设计则应包括回流污泥量在内。否则将会增大中心管的流速，不利于气水分离。

② 二次沉淀池有效水深

澄清区要保持一定的水深 H：

$$H = \frac{Qt}{A} = qt \tag{12-73}$$

式中　t——水力停留时间，h，一般取 $1.5 \sim 4.0\mathrm{h}$；

　　　其他符号意义同式（12-72）。

③ 二次沉淀池污泥区容积

二次沉淀池污泥区应保持一定容积，使污泥在污泥区中保持一定的浓缩时间，以提高回流污泥浓度，减少回流量。但同时污泥区的容积又不能过大，以避免污泥在污泥区中因缺氧使其失去活性而腐化。因此对于分建式沉淀池，一般规定活性污泥法后二沉池污泥区的贮泥时间为不大于 2h，并有连续排泥措施；生物膜法后的二沉池的混区容积宜按 4h 计算。

对于合建式的曝气沉淀池，一般无需计算污泥区的容积，因为它的污泥区容积实际上决定于池的构造设计，当池的深度和沉淀区的面积确定之后，污泥区的容积也就决定了。这样得出的容积一般可以满足污泥浓缩的要求；又由于曝气与沉淀合建在一起，污泥回流迅速，污泥中可保持一定的溶解氧，不会使污泥的活性丧失。

2）固体通量法

固体通量理论是确定二次沉淀池浓缩容量的理论基础，因此，二次沉淀池在原则上也可以用固体通量法计算，但是，固体通量法在理论上与污泥浓缩过程更为贴切，用于浓缩池的计算更实际。

通常，二次沉淀池按水力表面负荷法设计，按固体通量法校核；而污泥重力式浓缩池按固体通量法设计，按水力表面负荷法校核。

12.5.6 活性污泥法处理后出水的水质

污水经活性污泥系统处理后出水中的 BOD（S_e），是由残存的溶解性 BOD 和非溶解性 BOD 两者组成的，而后者主要以生物污泥的残屑为主体。对处理后出水要求达到的 BOD 值，应当是总 BOD 即溶解性 BOD 与非溶解性 BOD 之和。活性污泥系统的净化功能，是去除溶解性 BOD 的。因此从活性污泥的净化功能考虑，应将非溶解性 BOD 从处理后出水的总 BOD 中减去，处理水中非溶解性 BOD 可用式（12-74）求定：

$$BOD_5 = 5(1.42bX_aC_e) = 7.1bX_aC_e \tag{12-74}$$

式中　b——微生物自身氧化率，$1/d$，取值范围为 $0.05 \sim 0.1$；

　　　X_a——在处理后出水的悬浮固体中，有活性的微生物所占的比例，X_a 的取值：对高负荷活性污泥处理系统为 0.8，延时曝气系统为 0.1，其他活性污泥处理系统，在一般负荷条件下，可取值 0.4；

　　　C_e——活性污泥系统处理后出水中的悬浮固体浓度，mg/L；

　　　5——常数，BOD 的 5 日培养期；

　1.42——细菌细胞的氧当量。

处理后出水中的总 BOD_5 含量为：

$$BOD_5 = S_e + 7.1bX_aC_e \tag{12-75}$$

应当说明的是，如果 S_e 是将出水滤后测出的，则处理后出水的总 BOD_5 应按式（12-75）计算得出；如果 S_e 是将出水静沉测得的，则式（12-75）中的 C_e 应按静沉下的污泥测定；如果 S_e 是从搅拌过的水样中测出的，则所得的 S_e 即为处理水的总 BOD_5。显而易见，活性污泥系统的总处理效果是由两部分组成的：曝气生物反应池处理溶解性 BOD；沉淀池处理固体性 BOD，两者统合形成总处理效果。

【例 12-2】某城市污水设计流量 $30000m^3/d$，总变化系数 $K_z = 1.2$，原污水 BOD_5（S_a）$225mg/L$，要求处理水 BOD_5 为 $20mg/L$，拟采用活性污泥系统处理。试计算曝气生物反应池主要尺寸和鼓风曝气系统。

【解】（1）污水处理程度的计算及曝气运行方式的确定

1）污水处理程度计算

① 原污水的 BOD（S_a）为 $225mg/L$，经初次沉淀池处理，BOD_5 按去除 25% 考虑，则进入曝气生物反应池的污水的 BOD_5（S_0）为：

$$S_0 = S_a(1 - 25\%) = 225(1 - 25\%) = 169mg/L$$

② 计算去除率

$$\eta = \frac{S_0 - S_e}{S_0} = \frac{169 - 20}{169} = 0.88$$

2）曝气运行方式的确定

本设计以传统活性污泥系统作为主要运行方式。

（2）曝气生物反应池的工艺计算与各部分尺寸的确定

曝气生物反应池按 BOD-污泥负荷计算。

1）BOD-污泥负荷的确定

根据常用的活性污泥法的设计与运行参数（表 12-1），拟采用 BOD-污泥负荷为 $0.3kgBOD_5/(kgMLSS \cdot d)$。

2）确定混合液污泥浓度（X）

按式（12-59）计算混合液污泥浓度（X）。取 SVI = 120，$r = 1.2$，根据表 12-1，R 为 25% ~ 75%，取 $R = 25\%$，代入各值得：

$$X = \frac{Rr \times 10^6}{(1 + R)SVI} = \frac{0.25 \times 1.2}{1 + 0.25} \times \frac{10^6}{120} = 2000mg/L$$

3）确定曝气生物反应池容积 V（m^3）

按式（12-60）计算，代入各值求得：

$$V = \frac{30000 \times (169 - 20)}{0.3 \times 2000} = \frac{4470000}{600} = 7450m^3$$

4）确定曝气生物反应池各部分尺寸

设 2 组曝气生物反应池，每组容积为：$V_0 = 7450/2 = 3725m^3$

池深取 4.2m；则每组曝气生物反应池的面积 F（m^2）为：

$$F = \frac{3725}{4.2} = 887m^2$$

池宽取 6.0m，池宽与有效水深比为 $B/H = 6.0/4.2 = 1.43$。

池长为：$F/B = 887/6 = 148m$。

设置 5 廊道式曝气生物反应池，廊道长为：$L_1 = L/5 = 148/5 = 29.6m$，取 30m。

超高取 0.5m，则池总高度为：$4.2 + 0.5 = 4.7m$。

在曝气生物反应池面对初次沉淀池和二次沉淀池的一侧，各设横向配水渠道，并在池中部设置纵向中间配水渠道与横向配水渠道相连接，在两侧横向配水渠道上设进水口，每组曝气生物反应池共有 5 个进水口，如图 12-26 所示。

在每组曝气生物反应池的一端（廊道 I）进水口处设回流污泥井，回流污泥由污泥泵站送入井内，由此通过空气提升器回流至曝气生物反应池。

按图 12-26 所示的平面布置，该曝气生物反应池可有多种运行方式：① 按传统活性污泥法处理系统运行，污水及回流污泥同步从廊道 I 的前侧进水口进入；② 按阶段曝气运行，回流污泥从廊道 I 的前侧进入，污水分别从两侧配水槽的 5 个进水口均量地进入；③ 按吸附再生曝气运行，回流污泥从廊道 I 的前侧进入，以廊道 I 作为污泥再生池，污水则从廊道 II 的后侧进水口进入，再生池为全部曝气生物反应池的 20%，或者以廊道 I 和廊道 II 作为再生池，污水从廊道 III 的前侧进水口进入，此时，再生池为 40%。运行方

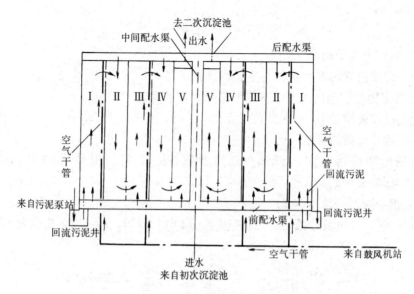

中间配水渠　　　去二次沉淀池
　　　　　　　　出水
　　　　　　　　　　　　　后配水渠

空气干管
　　　　　　　　　　　　　　　空气干管
　　　　　　　　　　　　　　　回流污泥
来自污泥泵站
回流污泥井　　　　　前配水渠　　　回流污泥井
　　　　　　进水
　　　来自初次沉淀池　　空气干管　　来自鼓风机站

图 12-26　曝气生物反应池平面示意

式灵活。

（3）需氧量计算

本设计采用鼓风曝气系统。

1）最高时需氧量的计算

本例题仅考虑去除 BOD_5 的需氧量，故按式（12-15）取前两项计算需氧量：

$$O_2 = 0.001aQ(S_0 - S_e) - c\Delta X_v$$

其中 ΔX_v 可按式（12-16）计算

$$\Delta X_v = YQ(S_0 - S_e) - K_dVX_v$$

故：

$$O_2 = 0.001aQ(S_0 - S_e) - c[YQ(S_0 - S_e) - K_dVX_v]$$

代入各值求得：

$$\begin{aligned}
O_2 &= 0.001 \times 1.47 \times 30000 \times (169 - 20) - 1.42 \times 0.001 \times \\
&\quad [0.5 \times 30000 \times (169 - 20) - 0.05 \times 7450 \times 2000 \times 0.75] \\
&= 6570.9 - 1.42 \times [2235 - 558.75] = 6570.9 - 2380.28 \\
&= 4190.62 kgO_2/d = 174.61 kgO_2/h
\end{aligned}$$

2）平均时需氧量的计算

将时变化系数 $K = 1.2$，代入上式得出：

$$\begin{aligned}
O_2 &= 0.001 \times 1.47 \times 30000 \div 1.2 \times (169 - 20) - 1.42 \times 0.001 \times \\
&\quad [0.5 \times 30000 \div 1.2 \times (169 - 20) - 0.05 \times 7450 \times 2000 \times 0.75] \\
&= 6570.9 \div 1.2 - 1.42 \times [2235 \div 1.2 - 558.75] \\
&= 5475.75 - 1851.325 = 3624.425 kgO_2/d = 151.02 kgO_2/h
\end{aligned}$$

最大时需氧量与平均时需氧量的比：

$$O_{2(max)}/O_2 = 174.61/151.02 = 1.16$$

272

每日去除 BOD_5 的值:

$$\Delta BOD_5 = 0.001Q(S_0 - S_e) = 0.001 \times 30000 \times (169 - 20) = 4470 kgBOD_5/d$$

最高日去除每 1kg BOD_5 的需氧量:

$$\Delta O_2 = \frac{O_2}{\Delta BOD_5} = \frac{4190.62 kgO_2/d}{4470 kgBOD_5/d} = 0.94 kgO_2/kgBOD_5$$

(4) 供气量的计算

采用网状膜型中微孔空气扩散器,敷设于距池底 0.2m 处,淹没水深 4.0m,计算温度定为 30℃。

水中溶解氧饱和度,查附录得出: $C_{s(20)} = 9.17 mg/L$; $C_{s(30)} = 7.63 mg/L$。

空气扩散器出口处的绝对压力(Pa)按式(12-41)计算:

$$P_b = 1.013 \times 10^5 + 9.8 \times 10^3 H$$

代入各值求得:

$$P_b = 1.013 \times 10^5 + 9.8 \times 4.0 \times 10^3 = 1.405 \times 10^5 Pa$$

空气离开曝气生物反应池面时氧的百分比,按式(12-42)计算:

$$O_t = \frac{21(1 - E_A)}{79 + 21(1 - E_A)} \times 100\%$$

式中 E_A 空气扩散器的氧转移效率,对于网状膜型中微孔空气扩散器可取 12%。代入可求得:

$$O_t = \frac{21(1 - 0.12)}{79 + 21(1 - 0.12)} \times 100\% = 18.96\%$$

1) 曝气生物反应池混合液中平均氧饱和度(按最不利的温度条件考虑)按式(12-40)计算:

$$C_{sb(T)} = \frac{C_s}{2}\left(\frac{P_b}{1.013 \times 10^5} + \frac{Q_t}{21}\right)$$

温度按 30℃ 考虑,代入各值求得:

$$C_{sb(30)} = 7.63\left(\frac{1.405 \times 10^5}{2.026 \times 10^5} + \frac{18.96}{42}\right) = 8.74 mg/L$$

2) 换算成 20℃ 条件下脱氧清水的充氧量,按式(12-46)计算:

$$R_0 = \frac{RC_{s(20)}}{a[\beta\rho C_{sb(T)} - C] \times 1.024^{T-20}}$$

取 $\alpha = 0.82$; $\beta = 0.95$; $C = 2.0$; $\rho = 1.0$

代入各值求得最高时需氧量为:

$$R_0 = \frac{174.61 \times 9.17}{0.82[0.95 \times 1.0 \times 8.74 - 2.0] \times 1.024^{(30-20)}} = 244.39 kgO_2/h$$

3) 曝气生物反应池最高时供气量,按式(12-49)计算:

$$G_s = \frac{R_0}{0.28 E_A} \times 100$$

代入各值求得:

$$G_s = \frac{244.39 \times 100}{0.28 \times 12} = 7273.51 m^3/h$$

去除 1kgBOD$_5$ 的供气量：

$$\frac{7273.51}{4470} \times 24 = 39.05 \text{m}^3 \text{ 空气 }/\text{kgBOD}$$

每立方米污水的供气量：

$$\frac{7273.51 \times 24}{30000} = 5.82 \text{m}^3 \text{ 空气 }/\text{m}^3 \text{污水}$$

4）系统的空气总用量：

除曝气生物反应池曝气外，还采用空气提升污泥，其空气量按回流污泥量的 8 倍考虑，污泥回流比 R 取 25%，提升回流污泥所需空气量为：

$$\frac{8 \times 0.25 \times 30000}{24} = 2500 \text{m}^3/\text{h}$$

故空气总用量为：

$$7273.51 + 2500 = 9773.51 \text{m}^3/\text{h}$$

（5）空气管路系统计算（略）。

（6）鼓风机的选定

经计算，空气管路系统总压力损失设计值取 9.8kPa（相当于 1.0m 水头）。

空气扩散装置安装在距曝气池池底 0.2m 处，因此，鼓风机所需压力为：

$$P = (4.2 - 0.2 + 1.0) \times 9.8 = 49 \text{kPa}$$

鼓风机最高时供气量：

$$7273.51 + 2500 = 9773.51 \text{m}^3/\text{h} = 162.89 \text{m}^3/\text{min}$$

12.6 活性污泥处理法系统的维护管理

12.6.1 活性污泥的培养与驯化

活性污泥处理法是利用人工强化培养微生物降解污水中有机物的方法，因此，活性污泥处理系统正式投产运行前首先需要在曝气生物反应池中培养出足够数量的活性污泥，即 MLSS 足够。同时，其质量也要足够好，即 MLVSS 要足够（MLVSS/MLSS 应在 0.7 左右），以及培养出的活性污泥能适应所处理污水的性质和环境条件。前者，即培养足够数量的活性污泥称活性污泥的培养；后者，即培养适应所处理污水水质的活性污泥称活性污泥的驯化。根据培养与驯化两者的关系，通常将活性污泥的培养与驯化分为：同步培驯法，即培养与驯化同时进行，城市污水处理厂启动时常采用这种培驯法；异步培驯法，即先培养足够数量的污泥，然后再逐步驯化已培养的活性污泥适应所处理的污水水质，工业废水处理站常采用这种方法；接种培驯法，是将已有的污水水质类似的污水处理厂活性污泥投入需启动的活性污泥处理系统曝气生物反应池进行活性污泥培养与驯化，这种培驯法只适用于小型污水处理厂，大型污水处理厂需接种量大，运输费用高，经济上不合算。

活性污泥培养可采用下述方法：

1）间歇培养。将曝气生物反应池注满水，然后停止进水，开始曝气。只曝气而不进水称为"闷曝"。闷曝 2 ~ 3d 后，停止曝气，静沉 1h，然后进入部分新鲜污水，这部分污水约占池容的 1/5 即可。以后循环进行闷曝、静沉和进水三个过程，但每次进水量应比上次有所增加，每次闷曝时间应比上次缩短，即进水次数增加。当污水的温度为 15 ~ 20℃ 时，采用这种方法，经过 15d 左右即可使曝气生物反应池中的 MLSS 达到 1000mg/L 以上。此时可停止闷曝，连续进水连续曝气，并开始污泥回流。最初的回流比不要太大，可取 25%，随着 MLSS 的增高，逐渐将回流比增至设计值。

2）低负荷连续培养。将曝气生物反应池注满污水，停止进水，闷曝 1d。然后连续进水连续曝气，进水量控制在设计水量的 1/2 或更低。待污泥絮体出现时，开始回流，回流比取 25%。至 MLSS 超过 1000mg/L 时，开始按设计流量进水，MLSS 至设计值时，开始以设计回流比回流，并开始排放剩余污泥。

3）满负荷连续培养。将曝气生物反应池注满污水，停止进水，闷曝 1d。然后按设计流量连续进水，连续曝气，待污泥絮体形成后，开始回流，MLSS 至设计值时，开始排放剩余污泥。

在活性污泥培养过程中应注意下列问题：

1）为提高培养速度，缩短培养时间，应在进水中增加营养。小型处理厂可投入足量的粪便，大型处理厂可让污水跨越初沉池，直接进入曝气池。

2）温度对培养速度影响很大，温度越高，培养越快。因此，污水处理厂一般应避免在冬季培养污泥，但实际中也应视具体情况。如污水处理厂恰在冬季完工，具备培养条件，也可以开始培养，以便尽早发挥环境效益。如北京高碑店污水处理厂在冬季利用 1 个月左右时间也成功地培养出了活性污泥。

3）污泥培养初期，由于污泥尚未大量形成，产生的污泥也处于离散状态，因而曝气量一定不能太大，一般控制在设计正常曝气池的 1/2 即可。否则，污泥絮体不易形成。

4）培养过程中应随时观察生物相，并测量 SV、MLSS 等指标，以便根据情况对培养过程作随时调整。活性污泥的生物相主体是细菌，培养初期出现大量的游离性细菌，随着培养过程的进程，这些细菌将依靠其胞外聚合物（extracellular polymeric substances，EPS）连接成"菌胶团"。菌胶团对活性污泥的形成及其各项功能的发挥，具有十分重要的作用。只有在菌胶团发育正常的情况下，才能很好地形成活性污泥絮凝体，并对活性污泥絮凝体周围的有机物发挥吸附功能，活性污泥才算培养完成。

在活性污泥的培养过程中还会逐步出现一些微生物，包括原生动物和后生动物等，微型生物随活性污泥培养的进程会表现出明显的种群更迭，其规律大致是：小型游泳型、大型游泳型、匍匐型、固着型。活性污泥培养过程中原生动物出现的顺序大致如图 12-27 所示。

从图 12-27 可以看出，活性污泥中原生动物的出现不仅在种类上有更迭的规律，而且在个体数量上也很有规律，活性污泥中的微型动物的数量随着培养时间延长而增加，污泥培养到 15 ~ 20d 时，微型动物的数量最大。此时，纤毛虫数量占绝对优势。只有当曝气生物反应池内出现大量匍匐性、固着性原生动物，如钟虫、等枝虫、盖纤虫等时，活性污泥絮凝体结构才稳定，水中游离细菌较少，有机物含量低，处理出水水质良好，过程已接近图 12-27 所示的高峰，可以认为活性污泥已经成熟，活性污泥培养驯化阶段完成。因此，钟虫、等枝虫等往往作为活性污泥培养是否已经完成的指示性生物。

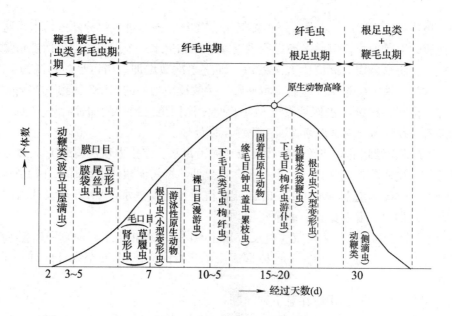

图 12-27　活性污泥培养过程原生动物出现的顺序

12. 6. 2　活性污泥法处理系统运行效果的控制

活性污泥处理系统运行正常后，为控制其处理效果，往往需对运行情况进行检测。检测项目及频率一般为：

（1）直接检测指标

1）流量：要测定的流量包括进水流量、出水流量、剩余污泥量、回流污泥量和供气量。

2）COD：包括进水 COD 和出水 COD。一般应做混合样，每日至少 1 次。

3）BOD_5：包括进水 BOD_5 和出水 BOD_5。一般应做混合样，每日至少 1 次。BOD_5 测定需要 5d 时间，因此，一般只能用于工艺效果评价和长期的工艺调控。对既定的处理厂，可以建立 BOD_5 和 COD 的相关关系，用 COD 粗估 BOD_5，一般在 3h 内即可得到结果。

4）SS：进水和出水应测总悬浮固体 TSS。曝气生物反应池混合液和回流污泥均应分别测总悬浮物固体 MLSS 和挥发性悬浮固体 MLVSS。一般可做瞬时样，且每日 1 次。

5）DO：主要测曝气生物反应池混合液的 DO。对于推流式曝气生物反应池，应取各点的平均值，例如入口、出口和中间三点的平均值。如有可能，还应测不同深度的 DO。DO 测定一般只能做瞬时样。每次测定间歇越短越好，小型处理厂每班至少测 1 次，大型污水处理厂一般应设在线仪表进行连续测定。同时，每日还应测二次沉淀池出水的 DO。

6）pH：测定进水、出水的 pH，每日至少 1 次。一般只做瞬时样。

7）温度：测入流污水温度，每日至少 1 次。

8）营养元素：应定期测定进水 $NH_3 - N$ 和 TKN 以及 TP，核算营养是否平衡，及 BOD:TKN:TP 是否为 100:5:1。应定期测定出水的 $NH_4^+ - N$、TKN 和 $NO_x^- - N$，观察是否存在硝化，一般每日 1 次测定，取混合样。

9）SV 与 SVI：混合液的 SV 和 SVI 是经常性测定的项目，可随时测定，用于工艺调控。

10）SOUR：应定期测曝气生物反应池末端混合液的 SOUR，每周一次。

11）生物相：包括观察混合液和回流污泥的生物相，每日应观察记录。

12）泥位：应定期测定二次沉淀池的泥位。小型污水处理厂可用顶部带有控制阀的取样管测定，大型处理厂应设在线泥位计。

（2）计算指标

通过以上直接测量指标算出计算指标。这些指标包括污泥负荷（F/M）、回流比 R、污泥龄 SRT、水力停留时间 HRT，二次沉淀池的表面水力负荷和污泥固体负荷，以及出水堰单长负荷。

12.6.3 活性污泥法处理系统中常见异常情况处理措施

活性污泥处理系统运行过程中，有时会出现各种异常情况，处理效果降低，污泥流失。下列为几种主要的异常现象及相应采取的措施。

（1）污泥膨胀

正常的活性污泥沉降性能良好，含水率在99%左右。当污泥变质时不易沉淀，SVI 增高，污泥的结构松散和体积膨胀，即所谓"污泥膨胀"。污泥膨胀主要是丝状菌恶性繁殖所引起的，也有由于污泥中结合水异常增多导致的污泥膨胀。一般污水中碳水化合物较多，缺乏氮、磷、铁等养料，溶解氧不足，水温高或 pH 较低等都容易引起丝状菌大量繁殖，导致污泥膨胀。此外，超负荷、污泥龄过长或有机物浓度梯度小等，也会引起污泥膨胀。排泥不通畅则易引起结合水性污泥膨胀。

为防止污泥膨胀，首先应加强操作管理，经常检测污水水质、曝气生物反应池内溶解氧、污泥沉降比、污泥指数和进行显微镜观察等，如发现不正常现象，应立即采取预防措施。一般可调整、加大空气量，及时排泥，有可能时采取分段进水，以减轻二次沉淀池的负荷等。

当污泥发生膨胀后，可针对引起膨胀的原因采取措施。如缺氧、水温高等可加大曝气量，或降低进水量以减轻负荷，或适当降低 MLSS，使需氧量减少等，如污泥负荷过高，可适当提高 MLSS，以调整负荷。必要时还要停止进水，"闷曝"一段时间。如缺氮、磷、铁养料，可投加硝化污泥液或氮、磷等成分。如 pH 过低，可投加石灰等调节 pH。若污泥大量流失，可投加 5～10mg/L 的氯化铁，帮助凝聚，刺激菌胶团生长；也可投加漂白粉或液氯（按干污泥的 0.3%～0.6% 投加），抑制丝状菌繁殖，且能控制结合水性污泥膨胀。也可投加石棉粉末、硅藻土、黏土等惰性物质，降低污泥指数。污泥膨胀的原因很多，有些原因迄今还没有弄清楚，上述方法只是对污泥膨胀的一般处理措施，可供参考。

（2）污泥解体

处理后水质浑浊，污泥絮凝体微细化，处理效果变坏等是污泥解体现象。导致这种异常现象的原因有运行中的问题，也有由于污水中混入了有毒物质。

运行不当，如曝气过量，会使活性污泥生物—营养的平衡遭到破坏，微生物量减少而失去活性，吸附能力降低，絮凝体缩小，一部分则成为不易沉淀的羽毛状污泥，使处理水质浑浊等。当污水中存在有毒物质时，微生物会受到抑制或中毒，净化能力下降或完全停止，从而使污泥失去活性。一般可通过显微镜观察来判别产生的原因。当鉴别出是运行方面的问题时，应对污水量、回流污泥量、空气量和排泥状态以及 SV、MLSS、DO、L_s 等多项指标进行检查，加以调整。当确定污水中混入有毒物质时，应考虑这是新的工业废水混入的结果，需查明来源，责成其按国家排放标准加以局部处理。

（3）污泥腐化

在二次沉淀池有可能由于污泥长期滞留而进行厌气发酵生成气体（H_2S、CH_4 等），从而使大块污泥上浮的现象称污泥腐化。它与污泥脱氮上浮不同，污泥腐败，颜色变黑，产生恶臭。此时也不是全部污泥上浮，大部分污泥都是正常地排出或回流，只有沉积在死角长期滞留的污泥才腐化上浮。防止的措施有：① 安设不使污泥外溢的浮渣清除设备；② 消除二次沉淀池的死角；③ 加大池底坡度或改进刮泥设备，不使污泥滞留于池底。

（4）污泥上浮

污泥在二次沉淀池呈块状上浮的现象，这多数是由于曝气生物反应池内污泥龄过长，硝化进程较高（一般硝酸铵达 5mg/L 以上），在沉淀池底部产生反硝化，硝酸盐的氧被利用，氮即呈气体脱出附于污泥上，从而使污泥相对密度降低，整块上浮。反硝化作用一般在溶解氧低于 0.5mg/L 时发生，可在实验室静沉 30～90min 以后出现。为防止这一异常现象发生，应增加污泥回流量或及时排除剩余污泥，在脱氮之前即将污泥排除；或降低混合液污泥浓度，缩短污泥龄和降低溶解氧等，使之达不到硝化阶段。

此外，如曝气生物反应池内曝气过度，使污泥搅拌过于激烈，生成大量小气泡附聚于絮凝体上，也可能引起污泥上浮。这种情况机械曝气较鼓风曝气为多。另外，当流入大量脂肪和油时，也容易产生这种现象。防止措施是将供气控制在搅拌所需的限度内，而脂肪和油则应在进入曝气生物反应池之前加以去除。

（5）泡沫问题

曝气生物反应池和二次沉淀池表面的泡沫集聚，是活性污泥系统经常遇到的运行问题之一。过去往往将泡沫的产生主要归因于表面活性剂。但研究证明，曝气过程产生的泡沫，主要起源于一些微生物的过度增殖。泡沫本身是微生物的机体和微气泡的结合物，实质上是一种生物泡沫。

生物泡沫对污水处理厂的运行是非常不利的。曝气生物反应池或二次沉淀池水面积聚大量泡沫，造成出水有机物浓度和悬浮固体浓度增加；产生恶臭或不良有害气体；降低机械曝气的氧转移效率；污泥消化时可能产生大量表面泡沫，造成腐化污泥的漫溢，引起管道、压缩机的堵塞和污泥泵的积气，影响污泥消化的正常运行。

曝气生物反应池的泡沫一般分为三类：① 启动泡沫。曝气生物反应池启动运行初期，由于废水中含有一些表面活性物质，引起表面泡沫。但随着活性污泥的成熟，废水中的表面活性物质经生物降解，泡沫可以逐渐消失。② 反硝化泡沫。如果曝气生物反应池中进行硝化反应，二次沉淀池或曝气生物反应池内曝气不足的地方会发生反硝化作用，产生的氮气气泡会带动部分污泥上浮，出现泡沫现象。③ 生物泡沫。由于曝气生物反应池中丝状微生物的异常生长，与气泡、颗粒混合而形成稳定、持续性的泡沫，较难消除。

控制生物泡沫的措施主要有：

1）喷洒水　这是最常用的控制生物泡沫的方法。通过喷洒水流或水珠以打碎浮在水面的气泡来减少泡沫。打散的污泥颗粒部分重新恢复沉降性能，但丝状菌仍然存在于混合液中，所以，不能根本消除生物泡沫。在美国抽样调查的75座发生生物泡沫的城市二级污水处理厂中，应用过喷水法的有58座，占调查总数的77%，成功率达88%。

2）投加消泡剂　可以投加具有强氧化性的杀菌剂，如氯、臭氧和过氧化物等。还有利用聚乙二醇、硅酮生产的市售药剂，以及氯化铁和铜材酸洗液的混合药剂等。药剂的作用仅仅能降低泡沫的增长，却不能消除泡沫的形成。杀菌剂普遍存在副作用，过量投加或投加位置不当，会大量降低曝气池中絮状菌的数量及生物总量。

3）降低污泥龄　降低污泥龄可以抑制有较长生长期的放线菌的生长。实践证明，当污泥龄在5~6d时，能有效控制诺卡氏菌属（Nocardia）的生长，可避免由其产生的泡沫问题。在上述美国抽样调查的污水处理厂中，有44座，占调查总数的59%，应用降低污泥龄的方法控制诺卡氏菌属（Nocardia），成功率达73%。大多数污水处理厂的污泥龄在6d以下。

4）回流厌氧消化池上清液　有试验表明，将厌氧消化池上清液回流到曝气生物反应池能控制曝气生物反应池表面的气泡形成。厌氧消化池上清液的主要作用是抑制红球菌属（Rhodococcus sp）和诺卡氏菌属（Nocardia）的生长。由于厌氧消化池上清液中含有高浓度需氧有机物和氨氮，它们都会影响最后的出水水质，因此本法应慎重采用。

13 城镇污水的生物膜法处理

13.1 概述

近年来，分子生物学领域技术的发展加深了我们对生物膜动力学和微生物生态学的理解，而相关法规对污染物浓度尤其是营养物浓度限制的要求越来越严格，其中氮、磷等指标的日益严格对污水处理设施的设计和运行产生了极大影响。这些改变促进了污水处理技术的发展，相应地也促使生物膜工艺发生重大改变。

在污水处理厂去除碳和氮的生物系统中，无论是生物膜系统还是活性污泥系统，尽管其基本代谢过程相同，但也有一些本质上的不同，使生物膜系统具有一些优点和挑战。活性污泥系统由生物絮体组成，但理论上所有溶解性底物对所有细胞都是可用的。对生物膜系统，基质必须扩散进生物膜才能被利用。利用扩散方式，基质从流体主体通过静止边界层转移到生物膜内部，这一扩散过程可能成为限制性因素，而代谢终端产物必须反方向扩散出去，因此，在一个完整生物膜的断面上会表现出不同的环境和动力学特征。一个生物膜内可能会有好氧、缺氧和厌氧过程同时发生，限制性基质可能会随着生物膜厚度而改变，故生物膜工艺的模拟非常复杂。

生物膜工艺的一些共同优点为：运行费用和能耗低、反应器容积小、对沉淀要求低、运行简单；生物膜工艺的共同缺点为：前面的固液分离不足将导致载体堵塞、过度生长堵塞载体或导致漂浮新载体下沉、混合不完全或导致载体利用率不高。

自20世纪50年代开始，合成载体的使用发展了生物膜的概念，对生物滤池持续不断的研究导致了高负荷工艺的产生，这些高负荷工艺包括曝气生物滤池、移动床生物膜反应器和集合了活性污泥与生物膜法系统优点的生物膜系统。

13.2 生物滤池

生物滤池是生物膜反应器的最初形式，可分为普通生物滤池、高负荷生物滤池、塔式生物滤池和曝气生物滤池。前三者一般均采用自然通风。为防止堵塞，减少占地，高负荷滤池工艺采用处理水回流，并采用碎石、炉渣、蜂窝、波形板等做滤料。而曝气生物滤池借鉴给水处理中过滤和反冲洗技术，由浸没式接触氧化与过滤相结合的生物处理工艺，在有氧条件下完成污水中有机物氧化、过滤过程，使污水获得净化。

13.2.1 高负荷生物滤池

高负荷生物滤池是在改善普通生物滤池净化功能和运行中存在的弊端基础上提出的，它通过采取处理水回流稀释进水 BOD_5 不高于200mg/L的技术措施，实现了高滤速，大幅度提高了滤池的负荷，其 BOD_5 容积负荷高于普通生物滤池 6~8 倍，水力负荷则高达10倍。

（1）高负荷生物滤池的构造

高负荷生物滤池构造如图 13-1 所示，其与普通生物滤池的差异如下：

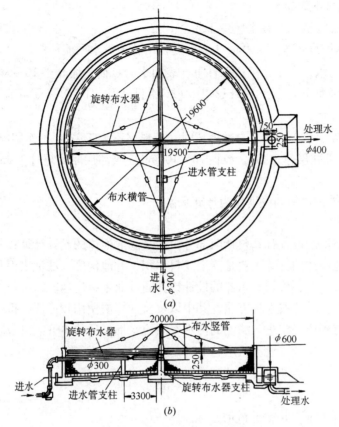

图 13-1　高负荷生物滤池构造

（a）平面图；（b）剖面图

1）高负荷生物滤池在平面上多为圆形。

2）高负荷生物滤池广泛使用由聚氯乙烯、聚苯乙烯、聚酰胺等材料制成的呈波形板状、列管状、蜂窝状等人工滤料。滤料粒径较大，多采用 40～100mm。滤料层亦由底部的承托层（厚 0.2m，无机滤料粒径 70～100mm）和其上的工作层（厚 1.8m，无机滤料粒径 40～70mm）充填而成。

3）高负荷生物滤池多采用旋转布水器布水。

（2）高负荷生物滤池的流程系统

采取处理水回流措施，可使高负荷生物滤池具有多种多样的流程系统。

（3）高负荷生物滤池的特点

高负荷生物滤池适宜于处理浓度和流量变化较大的废水。同普通生物滤池相比，通过污水回流，增大了进水量，既稀释了进水浓度，又增大了冲刷生物膜的力度，使其常保持活性，可防止滤料堵塞，抑制臭味及滤池蝇的过度滋生；同时增大了滤料粒径，可防止迅速增长的生物膜堵塞滤料，使水力负荷和 BOD_5 负荷大大提高；占地面积小，卫生条件较好；但出水水质较普通生物滤池差，出水 BOD_5 常大于 30mg/L；池内不产生硝化反应，脱氮效率低；二沉池污泥易腐化。

（4）高负荷生物滤池的设计计算

1）设计要求与主要参数

① 高负荷生物滤池的个数不应少于 2 个。

② 进水 BOD_5 浓度不大于 200mg/L，否则宜用处理后水回流稀释。

③ 处理城市污水，在正常温度条件下，表面水力负荷一般介于 $10 \sim 36m^3$ 废水/（m^2 滤池·d）；BOD_5 容积负荷宜小于 $1.8kgBOD_5$/（m^3 滤料·d）；BOD_5 表面负荷一般介于 $1.1 \sim 2.0kg\ BOD_5$/（m^2 滤池·d）。

④ 滤料层高度一般 $2 \sim 4m$。自然通风时，滤料层不大于 2m：工作层厚度 1.8m，滤料粒径 $40 \sim 70mm$；承托层厚 0.2m，粒径 $70 \sim 100mm$。当滤层厚度超过 2.0m 时，一般应采用人工通风措施。

⑤ 一般以冬季污水平均温度作为计算水温。

2）设计方法

高负荷生物滤池的设计计算包括两部分：一是滤池池体的设计计算；二是旋转布水器的设计计算。滤池池体的计算主要是确定滤料体积、滤池深度、滤池表面积。以下主要介绍滤池池体的计算方法，旋转布水器的设计计算同普通生物滤池。

滤池池体的工艺计算有多种方法，其中以负荷计算法使用较广泛，按平均日污水量进行计算。计算前首先应确定进入滤池的污水经回流水稀释后的 BOD_5 和回流比。

经处理水稀释后，进入滤池污水的 BOD_5 为：

$$S_a = \alpha S_e \tag{13-1}$$

式中 S_e——滤池处理后出水的 BOD_5，mg/L；

S_a——进入滤池污水的 BOD_5，mg/L；

α——系数，按表 13-1 取值。

系数 α 的取值 　　　　　　　　　　　　　　　　　　表 13-1

污水冬季平均温度（℃）	年平均气温（℃）	不同滤料层高度（m）的 α				
		2	2.5	3	3.5	4
8 ~ 10	<3	2.5	3.3	4.4	5.7	7.5
10 ~ 14	3 ~ 6	3.3	4.4	5.7	7.5	9.6
>14	>6	4.4	5.7	7.5	9.6	12

回流稀释倍数（n）：

$$n = \frac{S_0 - S_a}{S_a - S_e} \tag{13-2}$$

式中 S_0——原污水的 BOD_5，mg/L。

回流水量 Q_R 与原污水量 Q 之比称为回流比（R）：

$$R = \frac{Q_R}{Q} \tag{13-3}$$

回流稀释倍数（n）与回流比（R）在数值上是相等的。

喷洒在滤池表面上的总水量 Q_T 为：

$$Q_T = Q + Q_R \tag{13-4}$$

总水量 Q_T 与原污水量 Q 之比称为循环比 F：

$$F = \frac{Q_T}{Q} = 1 + R \tag{13-5}$$

回流比确定后的计算步骤如下：

① 确定负荷 负荷计算法属于经验计算法，负荷数据一般都是对运行数据归纳总结整理后得出的。采用人工塑料滤料的高负荷生物滤池的容积负荷与出水 BOD_5、滤层高度、污水冬季平均水温等因素有关，可按表13-2选用。

高负荷生物滤池（人工塑料滤料）的容积负荷　　表 13-2

出水 BOD_5 （mg/L）	BOD_5 容积负荷[$kgBOD_5/(m^3 \cdot d)$]					
	滤层高 3m			滤层高 4m		
	污水冬季平均水温(℃)					
	10~12	13~15	16~20	10~12	13~15	16~20
15	1.15	1.30	1.55	1.50	1.75	2.10
20	1.35	1.55	1.85	1.80	2.10	2.50
25	1.65	1.85	2.20	2.10	2.45	2.90
30	1.85	2.10	2.50	2.45	2.85	3.40
40	2.15	2.50	3.00	2.90	3.20	4.00

② 确定滤池尺寸

a. 按 BOD_5 容积负荷计算

滤料体积 V：

$$V = \frac{Q(n+1)S_a}{1000 \times L_V} \tag{13-6}$$

式中　Q——污水流量，m^3/d；

L_V——BOD_5 容积负荷，$kgBOD_5/(m^3$ 滤料 $\cdot d)$。

滤池面积 A：

$$A = \frac{V}{h_2} \tag{13-7}$$

式中　h_2——滤料层高，m。

b. 按 BOD 面积负荷率计算

滤池面积 A：

$$A = \frac{Q(n+1)S_a}{1000 \times L_A} \tag{13-8}$$

式中　L_A——BOD_5 面积负荷，$kgBOD_5/(m^2$ 滤池 $\cdot d)$。

滤料体积：

$$V = h_2 \times A \tag{13-9}$$

c. 按水力负荷计算

滤池面积 A：

$$A = \frac{Q(n+1)}{L_q} \tag{13-10}$$

式中　L_q——滤池表面水力负荷，$m^3/$（m^2滤池·d）。

设计计算时，可选用其中任一种负荷进行计算，以其余两种负荷进行校核。

③ 确定滤池总高度

$$H = h_1 + h_2 + h_3 \tag{13-11}$$

式中　H——滤池总高，m；

　　h_1——滤池超高，m，一般取 0.8m；

　　h_3——底部构造层高，m，一般取 1.5m。

④ 确定高负荷生物滤池的需氧与供氧

a. 生物膜量　生物滤池滤料表面生成的生物膜，相当于活性污泥法曝气生物反应池中的活性污泥。单位体积滤料的生物膜质量，也相当于曝气生物反应池内混合液浓度，能够用以表示生物滤池内的生物量。生物膜污泥量难于精确测定，处理城市污水的普通生物滤池的生物膜污泥量一般介于 4.5～7.0kg/m³，高负荷生物滤池则介于 3.5～6.5kg/m³。塑料滤料的生物膜污泥量也可根据生产厂家提供的滤料比表面积和滤料表面上覆盖生物膜的厚度进行计算。

b. 生物滤池的需氧量　对有脱氮功能的生物滤池，单位体积滤料的需氧量计算与活性污泥法的需氧量计算相同。若只考虑有机物的降解，则可简化按式（13-12）计算：

$$O_2 = 0.001aQ(S_0 - S_e) - c\Delta X_V \tag{13-12}$$

c. 生物滤池的供氧量　生物滤池的供氧，是在自然条件下通过池内外空气的流通使氧转移到污水中，继而从污水扩散传递到生物膜内部的。影响生物滤池通风状况的因素主要有滤池内外的温度差、风力、滤料类型及污水的布水量等，其中特别是池内外的温度差，能够决定空气在滤池内的流速、流向等。滤池内部的温度大致与水温相等，在夏季，滤池内温度低于池外气温，空气呈下向流，冬季则相反。

根据 Halveron 的研究结果，滤池内外温差 ΔT 与空气流速 v 的关系，可用式（13-13）计算：

$$v = 0.075 \times \Delta T - 0.15 \tag{13-13}$$

式中　v——空气流速，m/min；

　　ΔT——滤池内外温差，℃；

0.075 及 0.15 均为经验数值。

从式（13-13）可知，当 $\Delta T = 2$℃ 时，$v = 0$，空气流通停止。一般情况下，ΔT 值为 6℃，按式（13-13）计算，空气流通速度为 0.3m/min = 18m/h = 432m/d。即每 1m³ 滤料每日通过的空气量为 432m³，每 1m³ 空气中氧的含量为 0.28kg，则向生物膜提供的氧量为 120.96kg，氧的利用率以 5% 考虑，则实际上生物膜能够利用的氧量为 6.05kg。这样，当

BOD$_5$负荷为 1.2kgBOD$_5$/（m^{3}滤料·d）时，氧是充足的。可见，运行正常、通风良好的生物滤池，在供氧问题上是不存在问题的。

【例 13-1】 某城市设计人口为 100000 人，排水量标准为 200L/（人·d），BOD$_5$按每人 27g/d 考虑。市内设有排水量较大的肉类加工厂一座，生产废水量 1500m^3/d，BOD$_5$为 1800mg/L。该市年平均气温 10℃，城市污水冬季水温 15℃，处理水排放 BOD$_5$应低于 30mg/L。拟采用高负荷生物滤池处理。试进行工艺计算与设计。

【解】 1）设计水量、水质及回流稀释倍数的确定

① 计算污水水量 Q

$$Q = 100000 \times 0.2 + 1500 = 21500 \text{m}^3/\text{d}$$

② 计算污水的 BOD$_5$（S_0）

$$S_0 = （100000 \times 27 + 1500 \times 1800）/21500$$

$$= 251.16 \text{g/m}^3 = 251 \text{mg/L}$$

③ 因 $S_0 > 200$mg/L，原污水必须用处理水回流稀释，稀释后的污水达到的 BOD$_5$按式（13-1）计算，$S_e = 30$mg/L，α 按表 13-1 选用。滤池采用自然通风，滤料层高度取 2m。该市年平均气温 10℃ > 6℃，冬季污水平均水温为 15℃。按以上数据，查表 13-1，得 $\alpha = 4.4$，代入式（13-1），得：

$$S_a = \alpha S_e = 4.4 \times 30 = 132 \text{mg/L}$$

④ 回流稀释倍数，按式（13-2）计算。

$$n = \frac{251 - 132}{132 - 30} = \frac{119}{102} = 1.167 = 1.2$$

2）滤池容积及滤池表面面积计算

① 计算滤池面积

BOD$_5$表面负荷取 1.75kgBOD$_5$/（m^{2}滤池·d），按式（13-8）进行计算滤池面积：

$$A = \frac{21500 \times (1.2 + 1) \times 132}{1750} = \frac{6243600}{1750} = 3567.8 \text{m}^2$$

② 计算滤料总体积

$$V = 2.0 \times 3567.7 = 7135.6 \text{m}^3$$

③ 校核 BOD 容积负荷和水力负荷

校核 BOD 容积负荷

$$L_V = \frac{Q(n+1)S_a}{V} = \frac{21500 \times (1.2 + 1) \times 132}{7135.6} = 875 \text{g/（m}^3 \cdot \text{d）}$$

$L_V < 1800$g/（m^3·d），符合要求。

校核水力负荷

$$L_q = \frac{Q(n+1)}{A} = \frac{21500 \times (1.2 + 1)}{3567.8} = 13.26 \text{m}^3/\text{（m}^2 \cdot \text{d）}$$

L_q 介于 10～36m^3/（m^2·d）之间，符合要求。

3）滤池座数、每座滤池表面面积、滤池直径的确定

①拟采用 8 座滤池。

②每座滤池表面面积：

$$A_1 = \frac{3567.8}{8} = 446\text{m}^2$$

③每座滤池直径

$$D_F = \sqrt{\frac{4A_1}{\pi}} = 23.8\text{m}，取 24\text{m}。$$

即采用直径 24m，滤料层高 2.0m 的高负荷生物滤池 8 座。

13.2.2 曝气生物滤池

曝气生物滤池（Biological Aerated Filters，BAF）是 20 世纪 80 年代末由滴滤池发展而来，属于生物膜范畴，该工艺集曝气、高过滤速度、截留悬浮物、定期反冲洗等特点于一体，最开始用于三级处理，后来直接用于二级处理。随着研究的深入，BAF 从单一工艺逐渐发展成系列综合工艺，其内涵也扩展到生物活性滤池（Biological Active Filters，BAF），这就将缺氧条件下运行的反硝化滤池包括在内，即在好氧或缺氧条件下完成污水的生物处理（碳氧化、硝化、反硝化）和悬浮物去除。BAF 中的滤料提供生物附着生长的场所并起过滤作用，而反冲洗可将 BAF 内积聚的固体粒子去除，因此滤料的性质直接影响 BAF 工艺，如 BAF 的构型与滤料形式有关（见表 13-3），而过滤和反冲洗策略则与滤料的比重有关。

商业化的 BAF 反应器及滤料　　　　　　　　　表 13-3

工艺	供应商	水流形式	滤料	相对密度	粒径（mm）	比表面积（m²/m³）
Astrasand	Paques/西门子	上向流、移动床	砂	>2.5	1~1.6	
Biobead	Brightwater F. L. I.	上向流	聚乙烯	0.95		
Biocarbone	OTV/威立雅	下向流	膨胀页岩	1.6	2~6	
Biofor	得利满	上向流	膨胀黏土	1.5~1.6	2.7、3.5、4.5	1400~1600
Biolest	Stereau（法国 Gayancourt）	上向流	浮石/火山石	1.2		
Biopur	Sulzer/Aker Kvaerner	下向流	聚乙烯		结构化	
Biostyr	Kruger/威立雅	上向流	聚苯乙烯	0.04~0.05	2~6	1000~1400
Colox	水环纯	上向流	砂	2.6	2~3	656
Denite	水环纯	下向流	砂	2.6	2~3	656
Dynasand	Parkson	上向流、移动床	砂	2.6	1~1.6	
Eliminite	FB Leopold	下向流	砂	2.6	2	
SAF	水环纯	上/下流	炉渣 鹅卵石	2~2.5 2.6	28~40 19~38	240

滤料是 BAF 工艺的核心。影响滤料选择的因素有：相对密度、硬度、抗磨损性、表面粗糙度、形状、粒径、不均匀系数、可获得性和造价。

选择滤料时要考虑处理目的、进水和反冲洗策略以及厂家设备的特殊性等。滤料同时起到支撑微生物生长和截留固体粒子的作用。反冲洗时，滤料要能够释放出原来截留的固体粒子和生物量，还要有足够的坚固性，不至于反冲洗时因磨损而破裂。滤料可分为矿物类、结构塑料和随机塑料等。大多数情况下，矿物滤料比水重而塑料滤料比水轻。

污水经过格栅、沉砂和初沉处理后，就可使用 BAF 作为二级处理，或将 BAF 与其他原有二级处理工艺平行运行，而在对二级处理升级改造时常将 BAF 作为三级处理的硝化或反硝化单元。图 13-2 给出了 BAF 的 4 种不同工艺。

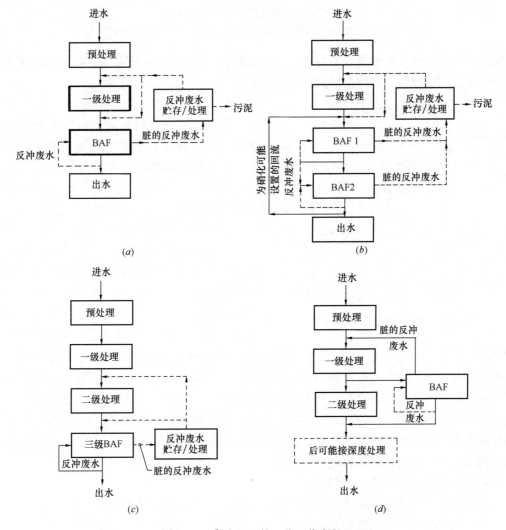

图 13-2　采用 BAF 的一些工艺流程

根据曝气生物滤池水流方向的不同，可分为上向流滤池和下向流滤池，如图 13-3 和图 13-4 所示。上向流和下向流滤池的池型结构基本相同，早期的曝气生物滤池大多都是

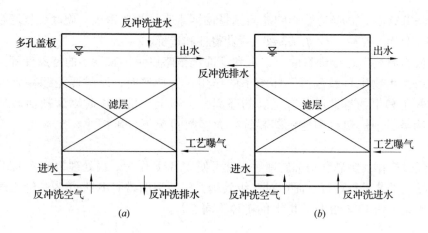

图 13-3　上向流曝气生物滤池示意

(a) 滤料相对密度小于 1（BIOSTYR）；(b) 滤料相对密度大于 1（BIOFOR）

下向流态。但上向流滤池具有不易堵塞、冲洗简便、出水水质好等优点，近年来，工程应用中采用上向流曝气生物滤池较多。

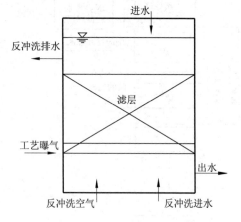

图 13-4　下向流曝气生物滤池示意

（1）曝气生物滤池的构造

曝气生物滤池在构造上与给水处理的快滤池类似。滤池底部设承托层，上部设滤料层。在承托层或滤料层设置曝气和反冲洗用的空气管及空气扩散装置，处理水集水管兼作反冲洗配水管，也设置在该层内。

（2）曝气生物滤池的特点

曝气生物滤池具有以下优点：① 气液在滤料间隙充分接触，由于气、液、固三相接触，氧的转移率较高，动力消耗较低；② 具有截留原污水中悬浮物与脱落的生物污泥的功能，因此，无需设沉淀池，占地面积少；

③ 以 3～5mm 的小颗粒作为滤料，比表面积大，较易被微生物附着；④ 池内能够保持较高的生物量，加上滤料的截留作用，污水处理效果良好；⑤ 无需污泥回流，也无污泥膨胀之虞，如反冲洗全部自动化，则维护管理也较方便。同时，曝气生物滤池也有如下缺点：如对进水的 SS 要求较高；水头损失较大，水的总提升高度较大；在反冲洗操作中，短时间内水力负荷较大，反冲出水直接回流入初沉池会造成较大的冲击负荷；因设计或运行管理不当时，还会造成滤料随水流失等。

（3）曝气生物滤池的设计计算

曝气生物滤池的工艺设计包括滤池池体和反冲洗系统设计两部分。

1）设计要求与主要设计参数

① 滤池的池型可采用上向流或下向流进水方式。滤池个数（格数）一般不应少于 2 个。

② 滤池前应设沉砂池、初沉池或絮凝沉淀池、除油池、超细格栅等预处理设施，也可设水解调节池，进水悬浮固体浓度不宜大于 60mg/L。曝气生物滤池后一般不设二次沉淀池。

③ 池体高度应考虑配水区、承托层、滤料层、清水区和超高等，池体高度一般为 5~9m。

④ 布水布气系统有滤头布水布气系统、穿孔管布水布气系统和栅型承托板布水布气系统。城市污水处理宜采用滤头布水布气系统。

⑤ 滤池宜分别设置充氧曝气和反冲洗供气布气系统。曝气装置可采用单孔膜空气扩散器和穿孔管等曝气器。曝气器可设在承托层或滤料层中。

⑥ 滤料承托层宜选用机械强度和化学稳定性良好的卵石，并按一定级配设置。其级配自上而下一般为 2~4mm、4~8mm、8~16mm，高度分别为 50mm、100mm、100mm。

⑦ 滤料层应选择具有强度高、不易磨损、孔隙率高、比表面积大、化学稳定性好、易挂膜、相对密度小、耐冲洗和不易堵塞的滤料，宜选用粒径 5mm 左右的均质陶粒和塑料球形颗粒。滤料层高一般为 2.0~4.5m。

⑧ 反冲洗系统宜采用气水联合反冲洗。反冲洗空气强度宜为 10~15L/($m^2 \cdot s$)，反冲洗水强度不应超过 8L/($m^2 \cdot s$)。工作周期一般为 24~72h，冲洗时间为 30~40min。

⑨ 曝气生物滤池用于二级处理时，污泥产率系数可为 0.3~0.5 kgVSS/kgBOD$_5$；

⑩ 曝气生物滤池设计参数宜根据试验资料确定；当无试验资料时，可采用经验数据或按表 13-4 取值。

曝气生物滤池设计参数 表 13-4

类型	功能	参数	单位	取值
碳氧化曝气生物滤池	降解污水中含碳有机物	滤池表面水力负荷(滤速)	$m^3/(m^2 \cdot h)$	3.0~6.0
		BOD$_5$负荷	kgBOD$_5$/($m^3 \cdot d$)	2.5~6.0
碳氧化/硝化曝气生物滤池	降解污水中含碳有机物并对氨氮进行部分硝化	滤池表面水力负荷(滤速)	$m^3/(m^2 \cdot h)$	2.5~4.0
		BOD$_5$负荷	kgBOD$_5$/($m^3 \cdot d$)	1.2~2.0
		硝化负荷	kgNH$_3$-N/($m^3 \cdot d$)	0.4~0.6
硝化曝气生物滤池	对氨氮进行硝化	滤池表面水力负荷(滤速)	$m^3/(m^2 \cdot h)$	3.0~12.0
		硝化负荷	kgNH$_3$-N/($m^3 \cdot d$)	0.6~1.0
前置反硝化曝气生物滤池	利用污水中的碳源对硝态氮进行反硝化	滤池表面水力负荷(滤速)	$m^3/(m^2 \cdot h)$	8.0~10.0 (含回流)
		反硝化负荷	kgNO$_3$-N/($m^3 \cdot d$)	0.8~1.2
后置反硝化曝气生物滤池	利用外加碳源对硝态氮进行反硝化	滤池表面水力负荷(滤速)	$m^3/(m^2 \cdot h)$	8.0~12.0
		反硝化负荷	kgNO$_3$-N/($m^3 \cdot d$)	1.5~3.0

2）设计方法

曝气生物滤池的设计计算一般采用容积负荷法。其步骤如下：

① 滤料体积

$$V = \frac{QS_0}{1000 \times L_V}$$ (13-14)

式中 V——滤料体积，m^3；

S_0——进水 BOD_5，mg/L；

Q——污水流量，m^3/d；

L_V——BOD_5 容积负荷，$kgBOD_5/(m^3 \cdot d)$，根据表 13-4 选择。

② 滤池面积：

$$A = \frac{V}{h_3} \tag{13-15}$$

式中 h_3——滤料高度，m。

③ 校核水力负荷 L_q（过滤速率）

$$L_q = \frac{Q}{A} \tag{13-16}$$

此值根据表 13-4 分处理类型选择。

④ 滤池总高度：

$$H = h_1 + h_2 + h_3 + h_4 + h_5 \tag{13-17}$$

式中 H——滤池总高度，m；

h_1——滤池超高，m，一般取 0.5m；

h_2——稳水层高度，m，一般取 0.9m；

h_4——承托层高度，m，一般取 0.25~0.3m；

h_5——配水室高度，m，一般取 1.5m。

⑤ 反冲洗系统计算

按设计要求选取适当的冲洗强度，然后按式（13-18）计算：

$$Q_气 = q_气 \times A \tag{13-18}$$

式中 $Q_气$——滤池冲洗需气量，m^3；

$q_气$——空气冲洗强度，$m^3/(m^2 \cdot h)$；

A——滤池面积，m^2。

同理：

$$Q_水 = q_水 \cdot A \tag{13-19}$$

式中 $Q_水$——滤池冲洗需水量，m^3；

$q_水$——水冲洗强度，$m^3/(m^2 \cdot h)$。

然后按设计要求校核冲洗水量，确定工作周期及冲洗时间。

【例 13-2】某污水处理厂污水量 $Q = 6000m^3/d$，进水 BOD_5 浓度 $S_0 = 160mg/L$，出水溶解 BOD_5 浓度 $S_e \leqslant 20mg/L$。拟采用碳氧化曝气生物滤池处理，试进行曝气生物滤池工艺设计计算。

【解】1）曝气生物滤池滤料体积

拟选用陶粒滤料，BOD_5 容积负荷 L_V 选用 $3.0kgBOD_5/(m^3 \cdot d)$。

$$V = \frac{QS_0}{1000 \times L_V} = \frac{6000 \times 160}{1000 \times 3.0} = 320m^3$$

2）曝气生物滤池面积

设滤池分两格，滤料高 h_3 为 4m，则曝气生物滤池面积为：

$$A = \frac{V}{h_3} = \frac{320}{4} = 80\text{m}^2$$

单格滤池面积：

$$A_单 = \frac{A}{2} = \frac{80}{2} = 40\text{m}^2$$

滤池每格采用方形，单格滤池边长 a 为：

$$a = \sqrt{A_单} = \sqrt{40} \approx 6.32\text{m}$$

3）校核水力负荷 L_q

$$L_q = \frac{Q}{A} = \frac{6000}{2 \times 40} = 75\text{m}^3/(\text{m}^2 \cdot \text{d}) = 3.125\text{m}^3/(\text{m}^2 \cdot \text{h})$$

水力负荷 L_q 介于 $3 \sim 6\text{m}^3$ 废水/（m^2滤池·h），满足要求。

4）滤池总高：$H = h_1 + h_2 + h_3 + h_4 + h_5 = 0.5 + 0.9 + 4 + 0.3 + 1.5 = 7.2\text{m}$

5）反冲洗系统计算

采用气水联合反冲洗。

① 空气反冲洗计算

选用空气冲洗强度为 $40\text{m}^3/(\text{m}^2 \cdot \text{h})$，两格滤池轮流反冲，每格需气量：

$$Q_气 = q_气 \times A_单 = 40 \times 40 = 1600\text{m}^3/\text{h} = 26.7\text{m}^3/\text{min}$$

② 水反冲洗计算

选用水冲洗强度为 $25\text{m}^3/(\text{m}^2 \cdot \text{h})$，每格需水量：

$$Q_水 = q_水 \times A_单 = 25 \times 40 = 1000\text{m}^3/\text{h} = 16.7\text{m}^3/\text{min}$$

③ 工作周期以 24h（1d）计，水冲洗每次 15min，冲洗水量与处理水量比为：
$$(16.7 \times 2 \times 15)/6000 = 8.35\%$$

13.3 生物转盘

13.3.1 引言

生物转盘（rotating biological contactor，RBC）是指一种在水平轴上装有圆形波纹状塑料介质的好氧附着生长式生物反应器，其中部分盘片（一般为 40%）淹没在盛有污水的池中，轴以一定速度旋转使介质交替浸没在水中和暴露在空气中。生物转盘示意图如图 13-5 所示。有许多制造商生产 RBC 设备，它们都很相似，处理结果也类似。

微生物生长在介质上，并且代谢废水中可生物降解有机物和含氮化合物，产生的微生物从介质上脱落，被废水带入到沉淀池，在沉淀池中与处理后的出水分离。

淹没式生物转盘（submerged biological contactor，SBC）是生物转盘工艺的一种变形，

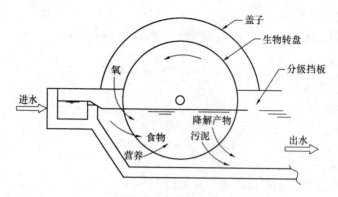

图 13-5 生物转盘示意图

图中标注：盖子、生物转盘、分级挡板、氧、进水、食物、营养、降解产物、污泥、出水

转盘的 70% ~90% 被淹没在污水中。这种工艺可降低轴的负荷并适合现有活性污泥曝气池的改造，其设计方法与空气驱动生物转盘类似。淹没式生物转盘也被用于反硝化，此时轴采用机械驱动，并应减少进入水中的空气，用盖子隔绝空气。

生物转盘可单独去除 BOD_5、单独硝化或者同时去除 BOD_5 和硝化，甚至缺氧反硝化。国内生物转盘大都用于处理工业废水，国外生物转盘用于处理城镇污水已有成熟经验。

生物转盘一般由标准单元组成。国外 RBC 每个标准单元的直径为 3.5 ~3.66m，长为 7.5 ~7.62m，轴长约为 8.23m，在典型的旋转速度 1.6r/min 下，盘片的圆周速度为 17.6 ~18.3m/min。介质由含有紫外线抑制剂的高密度聚乙烯、聚氯乙烯或聚酯玻璃钢制作而成，单个盘片可加工成波纹状，波纹可增加圆盘的强度和可利用的表面积、改善传质性能，并可用于界定各个盘片之间的空间，即波纹的大小限定了每个介质摆放在一起的紧密程度，因此也决定了介质的密度。国外标准密度介质的比表面积约为 $115m^2/m^3$，因此，每一标准单元可提供 $9300m^2$ 的介质表面积；高密度介质的比表面积约为 $175m^2/m^3$，每一标准单元可提供的介质表面积为 $13900m^2$。标准密度介质的生物转盘一般用于去除 BOD_5，此时生物膜相对较厚，因此要求介质的开放性要好，这样才能使污水流进介质并与之接触。高密度介质的生物转盘多用于硝化，此时生物膜相对较薄。

为防止藻类生长、冬季热量散失和紫外线对塑料载体的损伤，生物转盘一般加盖。生物转盘一般由多级组成。为了提供足够的表面积，每级有一个或多个轴，各级轴可布置成多行或一行。布置成一行时，多个轴一般共用一个池子，通过在轴之间安装挡板可将每个轴严格地分为不同的级。轴一般与来水方向垂直，用挡板分级。对于处理水量小的污水处理厂，轴可沿进水方向设置，用挡板分成多个级，从而形成一轴多级的模式。生物转盘的常见布置方式如图 13-6 所示。

生物转盘工艺的主要优缺点见表 13-5。

生物转盘工艺的主要优缺点　　　　　　　　　　　表 13-5

优点	缺点
机械上简单	性能易受废水性质的影响
工艺简单，易于操作	工艺运行灵活有限
所需能量低	大规模应用能力有限
标准化结构，易于建造和扩建	需要适当的预处理

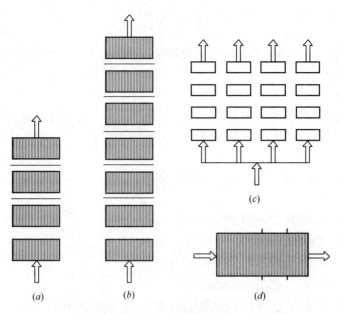

图 13-6　生物转盘的常见布置方式示意

（a）典型的二级处理；（b）典型的深度处理；

（c）典型的平行布置模式；（d）小型污水处理厂的尾水处理

13.3.2　生物转盘的设计计算

生物转盘的设计内容主要包括：确定盘片形状、直径、间距、浸没率、盘片材质；转盘的级数、转速；水槽的形状、所用材料及水流方向等。计算内容主要包括：所需转盘的总面积、转盘总片数、水槽容积、转轴长度以及污水在水槽内的停留时间等。

（1）设计要求

1）生物转盘一般按设计流量计算。

2）进入转盘污水的 BOD_5，应按经调节沉淀后的平均值考虑。

3）盘片直径一般以 2~3m 为宜。盘片厚度与盘材、直径及结构有关：以聚苯乙烯泡沫塑料为盘材时，厚度为 10~15mm；采用硬聚氯乙烯板为盘材时，厚度为 3~5mm；玻璃钢的盘片，厚度为 1~2.5mm；金属板盘材，厚度在 1mm 左右。

4）接触反应槽断面形状宜呈半圆形。

5）盘片外缘与槽壁的净距不宜小于 150mm。盘片净间距：首级转盘宜为 25~35mm，末级转盘宜为 10~20mm。

6）盘片在接触反应槽内的浸没深度不应小于盘片直径的 35%，转轴中心高度应高出水位 150mm 以上。转盘转速宜为 2~4r/min，盘片外缘线速度宜为 15~19m/min。

7）生物转盘的转轴强度和挠度必须满足盘体自重和运行过程中附加荷重的要求。

（2）主要设计参数

1）容积面积比

容积面积比，通称 G，它是接触反应槽实际容积 V（m³）与转盘盘片全部表面积 A（m²）之比：

$$G = \frac{V}{A} \times 10^3 \, (\text{L/m}^2) \qquad (13\text{-}20)$$

G 与盘片厚度、间距及盘片与接触氧化槽壁的净距有关。对城市污水，一般生物转盘的 G 为 $5 \sim 9 \text{L/m}^2$。

2）BOD_5 面积负荷

BOD_5 面积负荷是指单位盘片表面积（m^2）在 1d 内所接受并能处理达到预期效果的 BOD_5，即：

$$L_A = \frac{QS_0}{1000A} \qquad (13\text{-}21)$$

式中 S_0——原污水 BOD_5，mg/L；

A——转盘总面积，m^2；

Q——设计流量，m^3/d；

L_A——面积负荷，$\text{kgBOD}_5/(\text{m}^2 盘片 \cdot \text{d})$。

城市污水生物转盘的设计负荷应根据试验确定，无试验条件时，BOD_5 面积负荷(以盘片面积计)可参考表 13-6 所列数据采用，一般宜为 $0.005 \sim 0.02 \text{kgBOD}_5/(\text{m}^2 盘片 \cdot \text{d})$，首级转盘不宜超过 $0.03 \text{kgBOD}_5/(\text{m}^2 盘片 \cdot \text{d})$。

生活污水面积负荷与 BOD_5 去除率 　　　　　　　　表 13-6

面积负荷[$\text{kgBOD}_5/(\text{m}^2 盘片 \cdot \text{d})$]	0.006	0.01	0.025	0.030	0.060
BOD_5 去除率(%)	93	92	90	80	61

图 13-7 所示为生物转盘进出水 BOD_5 和面积负荷的关系曲线。

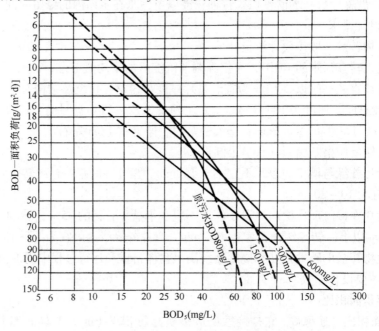

图 13-7　生物转盘进出水 BOD_5 与面积负荷之间的关系曲线

3）水力负荷

水力负荷是指单位时间（1d）单位盘片表面积（m^2）所接受并能处理达到预期效果的废水量（m^3）：

$$L_q = \frac{Q}{A} \quad\quad\quad (13\text{-}22)$$

式中　L_q——水力负荷，m^3 废水／（m^2 盘片·d）。

水力负荷因原废水浓度不同而有较大差异。一般表面水力负荷以盘片面积计，宜为 $0.04 \sim 0.2 m^3$ 废水／（m^2盘片·d）。不同 BOD_5 条件下，水力负荷与去除率之间的关系见图13-8。

4）平均接触时间

污水在接触反应槽内与转盘接触，并进行净化反应的时间 t 为：

$$t = \frac{V}{Q} \times 24 (h) \quad\quad (13\text{-}23)$$

式中　Q——设计流量，m^3/d；

　　　V——接触反应槽有效容积，m^3。

接触时间对污水的净化效果有一定的影响，增加接触时间，能提高净化效果。

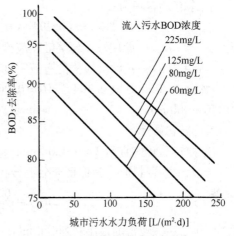

图 13-8　城市污水水力负荷与
BOD_5 去除率的关系

（3）设计方法

生物转盘一般按面积负荷或水力负荷进行设计。其步骤如下：

1）转盘总面积 A（m^2）

① 按面积负荷计算：

$$A = \frac{QS_0}{1000L_A} \quad\quad\quad (13\text{-}24)$$

式中　Q——设计流量，m^3/d；

　　　S_0——原污水 BOD_5，mg/L；

　　　L_A——面积负荷，$kgBOD_5$／（m^2盘片·d）。

② 按水力负荷计算：

$$A = \frac{Q}{L_q} \quad\quad\quad (13\text{-}25)$$

式中　L_q——水力负荷，m^3废水／（m^2盘片·d）。

2）转盘总片数

当所采用的转盘为圆形时，转盘的总片数按式（13-26）计算：

$$m = \frac{4A}{2\pi D^2} = 0.637 \times \frac{A}{D^2} \quad\quad\quad (13\text{-}26)$$

式中　m——转盘总片数；

　　　D——转盘直径，m。

在确定转盘总片数后，可根据现场的具体情况并参照类似条件的经验，决定转盘的级数，并求出每级转盘的盘片数。

3）转动轴有效长度 L（m）

$$L = m_1(d + b)K \tag{13-27}$$

式中　m_1——每级转盘盘片数；

　　　d——盘片间距，m；

　　　b——盘片厚度，m；

　　　K——考虑污水流动的循环沟道系数，一般取 1.2。

4）接触反应槽容积

当采用半圆形接触反应槽时，其总有效容积 V（m^3）为：

$$V = (0.294 \sim 0.335)(D + 2C)^2 L \tag{13-28}$$

而净有效容积为：

$$V' = (0.294 \sim 0.335)(D + 2C)^2(L - m_1 b) \tag{13-29}$$

式中　　　C——盘片外缘与接触反应槽内壁之间的净距，m；

　　$D + 2C$——接触反应槽的有效宽度，m。

当 $r/D = 0.1$ 时取 0.294，$r/D = 0.06$ 时取 0.335，r 为转轴中心距水面的高度，一般为 $150 \sim 300mm$。

5）转盘转速

生物转盘转速宜为 $2.0 \sim 4.0r/min$，盘体外缘线速度宜为 $15 \sim 19m/min$。

当无试验资料时，为保证充分混合，转盘的最小转速可按式（13-30）计算：

$$n_{min} = \frac{6.37}{D} \times \left(0.9 - \frac{1}{L_q}\right) \tag{13-30}$$

式中　n_{min}——转盘的最小转速，r/min；

　　　L_q——水力负荷，m^3 废水/（m^2 盘片·d）。

6）电机功率 N_p（kW）

$$N_p = \frac{3.85R^4 n_0}{10d} m_1 \alpha \beta \tag{13-31}$$

式中　R——转盘半径，cm；

　　　d——盘片间距，cm；

　　　α——同一电机上带动的转轴数；

　　　β——生物膜厚度系数，见表 13-7。

生物膜厚度系数 β 　　　　　　　　　　　　　　表 13-7

膜厚（mm）	β
$0 \sim 1$	2
$1 \sim 2$	3
$2 \sim 3$	4

7）接触时间

$$t = \frac{24V'}{Q'} \tag{13-32}$$

式中　t——单个接触反应槽的水力停留时间，h。

8）校核容积面积比

$$G = \frac{V'}{A} \times 10^3 \tag{13-33}$$

式中　G——容积面积比，L/m^2，G 以 $5 \sim 9L/m^2$ 为宜。

13.4　生物接触氧化法

生物接触氧化法亦称"淹没式生物滤池"或"接触曝气池"。生物接触氧化池内充装填料，填料浸没在曝气充氧的污水中，污水流经布满生物膜的填料，在微生物的代谢作用下，有机污染物得到去除。生物接触氧化法实质上是一种介于活性污泥法与生物滤池两者之间的生物处理技术。

13.4.1　生物接触氧化法的特点及工艺流程

（1）生物接触氧化法的特点

生物接触氧化法的主要优点是：① 容积负荷高，污泥生物量大，处理效率较高，抗冲击负荷能力强，占地面积小。② 无污泥膨胀问题。同其他生物膜法一样不存在污泥膨胀，适合于溶解性有机物较多易导致污泥膨胀的污水处理。③ 可以间歇运转。当停电或发生其他突然事故后，生物膜对间歇运转有较强的适应力。④ 维护管理方便，不需要回流污泥。由于微生物附着在填料上生长，生物膜剥落与增长可以自动保持平衡，无需回流污泥，运转方便。⑤ 剩余污泥量少。

生物接触氧化法的主要缺点是：① 生物膜的厚度随负荷的增高而增大，负荷过高则生物膜过厚，引起填料堵塞。故负荷不宜过高，同时要有防堵塞的冲洗措施。② 大量产生后生动物（如轮虫类）。后生动物容易造成生物膜瞬时大块脱落，易影响出水水质。③ 填料及支架等导致建设费用增加。

（2）生物接触氧化法工艺流程

根据进水水质和要求处理程度，生物接触氧化法可采用一段式或二段式，并不少于两组。

1）一段式生物接触氧化工艺

一段式生物接触氧化工艺流程如图 13-9 所示，原污水经初次沉淀池处理后进入接触氧化池，经接触氧化池的处理后进入二次沉淀池，在二次沉淀池进行泥水分离。接触氧化池的流态为完全混合型，微生物处于对数增殖期或衰减增殖期的前段，生物膜增长较快，有机物降解速率也较高。

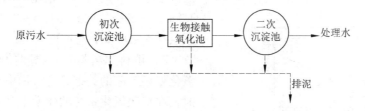

图 13-9　一段式生物接触氧化工艺流程

2）二段式生物接触氧化工艺

二段式生物接触氧化工艺流程如图 13-10 所示。其处理流程总体呈推流式，单级接触氧化池水的流态属完全混合型。在一段接触氧化池内，F/M 应高于 2.0，微生物增殖不受

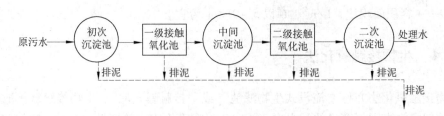

图 13-10　二段式生物接触氧化工艺流程

污水中营养物质的含量所制约，处于对数增殖期，生物膜增长较快。在二段接触氧化池内，F/M 一般为 0.5，微生物增殖处于减速增殖期或内源代谢期，处理水水质提高。根据处理水水质的要求等因素，也可不设中间沉淀池。

3）多段（级）生物接触氧化处理工艺

多段（级）生物接触氧化处理工艺流程如图 13-11 所示，它由连续串联的 3 座或 3 座以上的接触氧化池组成。其流态总体呈推流式，但每一座接触氧化池的流态又属于完全混合。

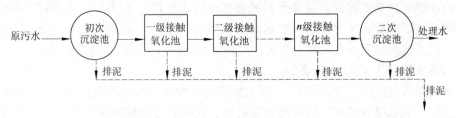

图 13-11　多段式生物接触氧化工艺流程

由于设置了多段接触氧化池，在各池间明显地形成有机物的浓度差和各池优势的微生物，有利于取得稳定的处理效果。

13.4.2　生物接触氧化池的构造与形式

（1）生物接触氧化池的构造特点

接触氧化池由池体、填料、支架、曝气装置、进出水装置及排泥管道等基本部件组成，见图 13-12。

1）池体　接触氧化池池体在平面上多呈圆形、方形或矩形，在材料上有钢板型、钢筋混凝土型和砖混型。池内填料高度为 3.0 ~ 3.5m；底部布气层高为 0.6 ~ 0.7m；顶部稳定水层 0.5 ~ 0.6m，总高度为 4.5 ~ 5.0m。

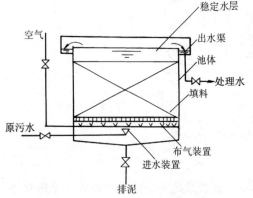

图 13-12　接触氧化池的基本构造示意

2）填料　填料是生物膜的载体，是接触氧化处理工艺的关键，直接影响处理效果，同时，在接触氧化系统的建设中其费用所占比例较大，选择适宜的填料非常重要。对接触氧化池填料的要求如下：① 在水力特性方面，空隙率高、水流畅通、阻力小、流速均匀；② 在生物膜附着性方面，应当有一定的生物膜附着性，填料的外观形状规则、尺寸均一，表面粗糙度较大、比表面积大等；③ 化学与生物稳定性较强，经久耐用，不溶出有害物质，不产生二次污染；④ 在经济方面要考虑货源、价格，也要考虑便于运输与安装。

根据安装条件分类，目前国内常用的填料有整体型、悬浮型和悬挂型，其技术性能见表 13-8。按填料的形状可分为蜂窝状、束状、筒状、列管状、波纹状、板状、网状、盾状、圆环辐射状、不规则粒状以及球状等。按性状分有硬性、半软性、软性等。按材质分则有塑料、玻璃钢、纤维等。

常用填料技术性能　　　　　　　　　　　表 13-8

填料名称		整体型		悬浮型		悬挂型	
		立体网状	蜂窝直管	柱状	内置式悬浮填料	半软性填料	弹性立体填料
比表面积（m²/m³）		50～110	74～100	378	650～700	80～120	116～133
空隙率（%）		95～99	98～99	90～97		>96	—
成品质量（kg/m³）		220	338～45	77.6	内置纤维束 12（束/个）	3.6～6.7kg/m	2.7～4.99kg/m
挂膜质量（kg/m³）		190～316	—	—		4.8～5.2（g/片）	—
填充率（%）		30～40	50～70	60～80	堆积数量1000个/m²，产品直径 φ100	100	100
填料容积负荷［kgCOD/（m³·d）］	正常负荷	4.4	—	3～4.5	1.5～2.0	2～3	2～2.5
	冲击负荷	5.7	—	4～6	3	5	—
安装条件		整体	整体	悬浮	悬浮	吊装	吊装
支架形式		平格栅	平格栅	绳网	绳网	框架或上下固定	框架或上下固定

目前，常用的填料有下列几种：

① 蜂窝状填料。这种填料材质为玻璃钢或塑料，具有比表面积大（133～360m²/m³）；空隙率高（达97%～98%）；质轻但强度高，堆积高度可达4～5m；管壁光滑无死角，衰老生物膜易于脱落等特点。

② 波纹板状填料。这种填料由硬聚氯乙烯平板和波纹板相隔粘接而成，其规格和主要性能见表13-9。其主要特点是孔径大，不易堵塞；结构简单，便于运输安装；可单片保存，现场粘合；质轻高强，防腐性能好；但难以得到均匀的流速。

波纹板状填料规格和性能　　　　　　　　　　表 13-9

型号	材质	比表面积（m²/m³）	孔隙率（%）	密度（kg/m³）	梯形断面孔径（mm）	规格（mm）
立波-Ⅰ型	硬聚氯乙烯	113	>96	50	50×100	1600×800×50
立波-Ⅱ型		150	>93	60	40×85	1600×800×40
立波-Ⅲ型		198	>90	70	30×65	1600×800×30

③ 软性填料。软性填料是软性纤维状填料，一般用尼龙、维纶、涤纶、腈纶等化纤编结成束并用中心绳连接而成。具有比表面积大、质轻高强、物理化学性能稳定、运输方便、组装容易等特点。这种填料的纤维束易造成生物膜结块，并在结块中心形成厌氧状态。

④ 半软性填料。半软性填料由变性聚乙烯塑料制成，既有一定的刚性，也有一定的柔性。这种填料具有良好的传质效果，对有机物去除效果好、耐腐蚀、不堵塞、易于安装。

⑤ 盾形填料。盾形填料由纤维束和中心绳组成，而纤维束由纤维及支架组成，支架用塑料制成，中心留有空洞，可通水、气。中心绳中间嵌套塑料管，用以固定距离及支承纤维束。填料能经常处在松散状态，避免了软性纤维填料出现的结团现象，便于布水、布气，与污水接触及传质条件良好。

⑥ 不规则粒状填料。砂粒、碎石、无烟煤、焦炭以及矿渣等都属于粒状填料，粒径一般由几毫米到数十毫米。主要特点是表面粗糙、易于挂膜、截留悬浮物的能力较强、易于就地取材、价格便宜。存在的问题是水力阻力大，易产生堵塞。

⑦ 球形填料。填料呈球状，直径不一，在球体内具有多个呈规律状或不规律的空间和小室，使其在水中能够保持动态平衡。这种填料便于充填，但要采取措施，防止其向出口处集结。

3）曝气装置　曝气装置为接触氧化池的重要组成部分，它对于充分发挥填料上生物膜降解作用，维持氧化池生物膜的更新等具有重要作用。同时，又与接触氧化池的动力消耗密切相关。

4）进出水装置　常用的进水方式有顺流式（水与空气同向）和从顶部进水的逆流式（水与空气逆向）两种。一般直接用管道进水。出水装置型式一般为顶部四周（或一侧）布置孔口、溢流堰等。

5）排泥管　为了定期从氧化池排出脱落的生物膜和积泥，池底设排泥管（维修时也可作放空管用）。当池内曝气强度足够，并且曝气管离池底较近时，可能无污泥可排，只用于维修放空用。

（2）生物接触氧化池的形式

目前，接触氧化池在形式上，按曝气装置的位置，分为分流式与直流式；按水流循环方式，又分为填料内循环式与外循环式。

国外多采用分流式，分流式接触氧化池根据曝气装置的位置可分为中心曝气型与单侧曝气型两种。图 13-13 所示为典型的标准分流式接触氧化池，表面曝气装置的中心曝气型接触氧化池见图 13-14。

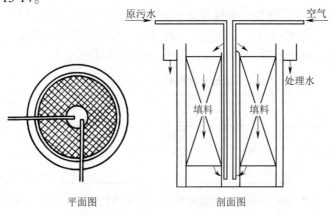

图 13-13　标准分流式接触氧化池

单侧曝气型接触氧化池，如图 13-15 所示，填料设在池的一侧，另一侧为曝气区，原污水首先进入曝气区，经曝气充氧后从填料上下向流过填料，污水反复在填料区和曝气区循环往复，处理水则沿设于曝气区外侧的间隙上升进入沉淀池。

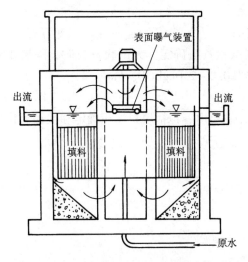

图 13-14 表面曝气器中心曝气型接触氧化池

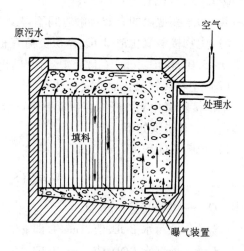

图 13-15 单侧曝气型接触氧化池

国内一般采用池底均布曝气方式的直流式接触氧化池，见图 13-16。这种接触氧化池的特点是直接在填料底部曝气，在填料上产生上向流，生物膜受到气流的冲击、搅动，加速脱落、更新，使生物膜经常保持较高的活性，而且能够避免堵塞。此外，上升气流不断地与填料撞击，使气泡反复切割，增加了气泡与污水的接触面积，提高了氧的转移率。

外循环直流式生物接触氧化池见图 13-17。在填料底部设密集的穿孔管曝气，在填料体内、外形成循环，均化负荷，效果良好。

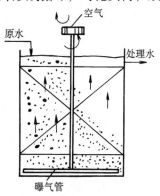

图 13-16 直流式接触氧化池

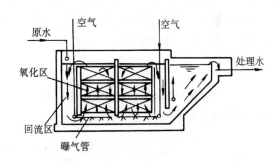

图 13-17 外循环直流式生物接触氧化池

13.4.3 生物接触氧化池的设计计算

生物接触氧化池应根据进水水质和处理程度确定采用一段式或二段式。城市污水处理一般采用一段式，以下设计计算按一段式考虑。

（1）设计要求及主要设计参数

1）生物接触氧化按设计流量计算；

2）池数不宜少于 2 个（格），每池可分为两室，并按同时工作考虑；

3）有效水深宜为 3~6m；

4）曝气强度应按供氧量、混合要求确定。池中污水的溶解氧含量一般控制在 2.5~3.5mg/L，气水比宜为 6:1~9:1；

5）污水在池内的有效接触时间不得少于 2h；

6）生物接触氧化池 BOD_5 容积负荷宜根据试验资料确定。无试验资料时，碳氧化宜为 2.0~5.0kgBOD$_5$/（m^3·d），碳氧化/硝化宜为 0.2~2.0kgBOD$_5$/（m^3·d）。

（2）生物接触氧化池的设计计算

生物接触氧化池一般按容积负荷进行设计，主要内容包括填料体积确定和接触氧化池池体设计。其步骤如下：

1）填料总体积 W（m^3）：

$$W = Q(S_0 - S_e)/1000L_V \tag{13-34}$$

式中 Q——设计流量，m^3/d；

S_0——原污水 BOD_5 值，mg/L 即 g/m^3；

S_e——处理水 BOD_5 值，mg/L 即 g/m^3；

L_V——BOD_5 容积负荷，kgBOD$_5$/（m^3·d）。

2）接触氧化池总面积 A（m^2）：

$$A = W/H \tag{13-35}$$

式中 H——填料层高度，m，一般取 3m。

3）接触氧化池座（格）数：

$$n = A/f \tag{13-36}$$

式中 n——接触氧化池座（格）数，一般 $n \geqslant 2$；

f——每座（格）接触氧化池面积，m^2，一般 $f \leqslant 25$m^2。

4）污水与填料的接触时间：

$$t = nfH/Q \tag{13-37}$$

式中 t——污水在填料层内的接触时间，h。

5）接触氧化池的总高度 H_0（m）：

$$H_0 = H + h_1 + h_2 + h_3 \tag{13-38}$$

式中 H——填料层高度，m；

h_1——超高，m，一般取 0.5~1.0m；

h_2——填料上部的稳定水层深，m，一般取 0.4~0.5m；

h_3——配水区高度，m，当考虑需要入内检修时，取 1.5m，当不需要入内检修时，取 0.5m。

6）空气量 D 和空气管道系统：

空气量 D 按式（13-39）计算：

$$D = D_0 \times Q \tag{13-39}$$

式中　D_0——每处理 $1m^3$ 污水所需要的空气量，m^3/m^3，一般取 $8m^3/m^3$。

空气管道系统的计算方法与活性污泥法相同。

【例 13-3】 某居民小区生活污水设计流量 $Q = 5000m^3/d$，$BOD_5 = 200mg/L$，处理水 BOD_5 要求达到 $60mg/L$。拟采用一段式生物接触氧化处理工艺，试进行生物接触氧化池的工艺计算。

【解】 1）填料总有效体积计算

BOD_5 容积负荷取 $1.0kg\ BOD_5/(m^3 \cdot d)$，填料的总有效体积为：

$$W = 5000(200 - 60)/1000 \times 1.0 = 700m^3$$

2）接触氧化池面积计算

填料层总高度（H）取 $3m$，接触氧化池总面积为：

$$A = 700/3 = 233m^2$$

3）接触氧化池座（格）数

每座（格）面积（f）取 $25m^2$，接触氧化池座（格）数为：

$$n = 233/25 = 9.3，拟采用 10 个（格）。$$

4）污水与填料的接触时间（即污水在填料层内的停留时间）

$$t = (10 \times 25 \times 3)/(5000/24) = 3.6h$$

5）接触氧化池的总高度

超高 h_1 取 $0.5m$；填料上部的稳定水层深 h_2 取 $0.4m$；配水区高度 h_3 取 $1.5m$，接触氧化池的总高度为：

$$H_0 = 0.5 + 0.4 + 3 + 1.5 = 5.4m$$

6）所需空气量

处理每 $1m^3$ 污水所需空气量取 $8m^3/m^3$，所需空气量为：

$$D = 8 \times 5000/24 = 1667m^3/h$$

13.5　移动床生物膜反应器（MBBR）

13.5.1　引言

移动床生物膜反应器（moving-bed biofilm reacter，MBBR）自 20 世纪 80 年代以来已发展成为简单、稳健、灵活、紧凑的污水处理工艺，不同构型的 MBBR 已经成功用于去除 BOD、氨氮和总氮，并能满足包括严格的营养物限制在内的不同出水水质标准。MBBR 使用与水密度接近的载体材料，所以在曝气或机械混合提供的最小混合动力下就能保持悬浮状态。该工艺既具有活性污泥法的高效性和运转灵活性，又具有传统生物膜法耐冲击负荷、污泥龄长、剩余污泥少的特点；它结合了传统流化床和生物接触氧化的优点，解决了固定床反应器需要定期反冲洗、流化床需要将载体流化、淹没式生物滤池易堵塞需要清洗填料更换曝气器等问题。该工艺因悬浮的填料能与污水频繁接触而被称为"移动的生物膜"（图 13-18）。

有无污泥回流都不会影响 MBBR 的运行（图 13-19）。

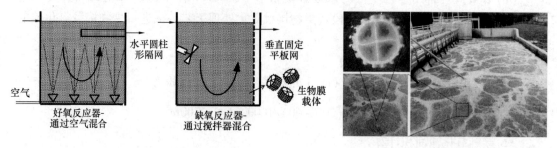

图 13-18　MBBR 原理图（左-好氧，右-缺氧）　　图 13-19　运行中的 MBBR 池与载体

如果没有污泥回流，MBBR 在系统中截留的生物量取决于附着在载体上的生物膜质量，称为纯 MBBR 系统，见图 13-20（a）。其具体特点与设计见第 13.5.2 节。

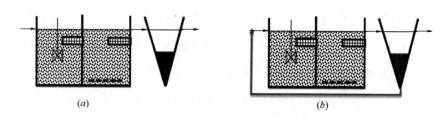

图 13-20　MBBR 工艺流程图

(a) 纯 MBBR 系统；(b) IFAS

具有污泥回流时，该系统同时具有生物膜和活性污泥两种特性，称为混合系统（intergrated fixed-film activated sludge system，IFAS），见图 13-20（b）。此时，生物膜载体需要选择不会被反应器中悬浮活性污泥阻塞的材料或者固定填料，包括塑料细绳、各种结构的 PVC 填充材料或浸没式生物转盘。一般来说，生长缓慢的细菌会更倾向于在生物膜中积累，如硝化菌。

IFAS 的初衷是在原有活性污泥反应器内增加额外生物量，以提高系统的处理能力或提升其性能。在 IFAS 中使用载体可使有效 MLSS 的浓度翻倍，而固定在载体上的生物量并不增加活性污泥的混合液浓度，故下游沉淀池的性能不会受到反应器内固体负荷增加的负面影响。在很多实例中，生物膜的生长导致 SVI 值降低，使沉淀性能提高。

IFAS 一般用于既有污水处理厂必须去除营养物质时的升级改造。IFAS 中的载体以及上面的生物量使好氧处理能在更小的空间内完成，因此，原有反应池的一部分节省出来可用作缺氧区或用作生物强化除磷的厌氧区。尽管增加处理能力后，沉淀池可能会受到水力方面的制约，但沉淀池并不受混合液浓度增加的影响，因此采用 IFAS 来增加絮体的处理能力也是可能的。基于以上原因，在用地紧张但又必须提高其性能的污水处理厂，IFAS 成为一种实用、经济有效的工艺选择。

任何形式的工艺和反应器构造几乎都可以采用 IFAS。但迄今为止，IFAS 主要用于处理工艺的好氧区，用以提高有机物的去除和硝化。如果采用不同类型的载体，IFAS 可用于缺氧区进行强化反硝化。尽管也可将 IFAS 引入生物强化除磷，但迄今为止还没有应用，因为生物除磷要求将微生物交替置于厌氧和好氧之中。

采用 IFAS 的主要目的就是增强 BOD 和氮的去除，而 IFAS 内的生物膜和活性污泥都有去除能力，因此与活性污泥工艺和纯 MBBR 相比，IFAS 的设计就复杂多了。历经演变，目前形成了两种 IFAS 的设计方法：①基于厂家或工艺供应商的经验方法；②将活性污泥和生物膜的动力学进行不同程度结合的过程动力学方法。

13.5.2 MBBR 的特点

移动床生物膜反应器使用特殊设计的塑料作为生物膜载体，通过曝气扰动、液体回流或机械混合可使载体悬浮在反应器中。在大多数情况下，载体填充在反应器的 1/3 ~ 2/3。反应器的出水端设置多孔盘或筛，这样可把载体截留在反应器内，而处理后的水进入下一单元。与其他生物膜反应器相比，MBBR 最大的不同就是它结合了活性污泥法和生物膜法的诸多优点，同时又尽可能地避免了它们的缺点：

（1）与其他淹没式生物膜反应器一样，MBBR 能形成高度专性的活性生物膜并适应反应器内的环境。高度专性的活性生物膜使反应器单位体积的效率较高，并增加了工艺的稳定性，从而减少了反应器的体积；

（2）与其他淹没式生物膜反应器不同，MBBR 是污水连续通过的工艺，无需为了保证效果和产水量所需的载体反冲洗，因此减少了水头和运行复杂性；

（3）MBBR 的灵活性和工艺流程与活性污泥法非常相似，可将多个反应器沿着水流方向顺序布置，以满足多种处理目标；

（4）MBBR 的大多数活性生物量持续滞留在反应器内，其生物作用与泥水分离无关，而出水固体浓度至少比反应器内的固体浓度低一个数量级，因此除了传统的沉淀池外，MBBR 可采用各种不同的固液分离工艺；

（5）MBBR 具有多样性，反应器采用不同的几何形式，非常适合既有池子的改造。

MBBR 的设计概念是，多个 MBBR 组成一个系列，每个 MBBR 都有特定的功能，这些 MBBR 共同完成污水处理任务。在提供可用的电子供体和电子受体条件下，每个反应器都能培养出能够达到某个处理目标的专性生物膜。这种模块化的方式可看做是由多个 CSTR 顺序组成，每个反应器都有特定处理目的，因此其设计简单明了；而活性污泥系统就相对复杂，因为总是存在竞争性菌群和竞争性反应。

1. 生物膜载体介绍

生物膜反应器成功的关键都是在反应器内维持高比例的活性生物量，但过高的微生物浓度会导致厌氧条件。从单位体积来看，MBBR 的去除率比活性污泥系统高得多，这可归功于以下几方面：①混合能（如曝气）施加在载体上的剪切力能够有效控制载体上的生物膜厚度，从而保证了较高的总生物活性；②能在每个反应器内的特点条件下保持较高的专性生物量，而且不受系统总水力停留时间的影响；③反应器内的紊流状态维持了所需的扩散速率。

MBBR 工艺成功的关键是载体设计。第一代生物膜载体如 Kaldnes K1 和最新 Z-MBBR 的材料都是高密度的聚乙烯（密度为 $0.95g/cm^3$），这样的选材便于其在反应器中得到均匀混合（见图13-21），而载体填充率可根据实际需求调整。

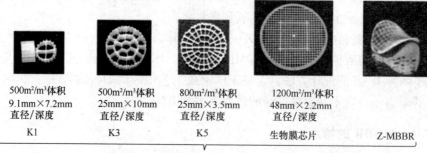

500m²/m³体积	500m²/m³体积	800m²/m³体积	1200m²/m³体积	
9.1mm×7.2mm	25mm×10mm	25mm×3.5mm	48mm×2.2mm	
直径/深度	直径/深度	直径/深度	直径/深度	
K1	K3	K5	生物膜芯片	Z-MBBR

由AnoxKaldnes授权

图13-21 MBBR 典型载体类型（Φdegaard）

因为载体可以通过筛网截留在反应器中，所以 MBBR 技术方便用于活性污泥工艺的改造项目；并且 MBBR 使用粗孔曝气系统的氧气传递率并不比微孔曝气系统差，因为载体会将大体积的气泡打散，然后通过物质传递原理被生物膜利用。

MBBR 可用于去除 BOD、硝化和反硝化，由此可组合成不同的连续流流程。表 13-10 总结了 MBBR 的各种流程。

MBBR 工艺流程总结 表 13-10

处理目的	工　艺
去除碳类物质	单独 MBBR 活性污泥前放置高负荷 MBBR
硝化	单独 MBBR 二级处理后设置 MBBR IFAS
反硝化	单独 MBBR 和前置反硝化 单独 MBBR 和后置反硝化 单独 MBBR 和前置、后置反硝化 硝化出水后置反硝化

生物膜反应器的基质去除多数受传质限制，因此，反应器中的基质去除程度不是取决于系统中的总生物量，而是由可利用的生物膜表面积以及进入生物膜的基质通量决定。对 MBBR 而言，有效生物膜净面积是关键的设计参数，而负荷和反应速率可表示为载体表面积的函数，因此，载体表面积就成为表达 MBBR 性能的常用和方便参数。MBBR 的负荷常表示为载体表面积去除速率（SARR）或载体表面积负荷（SALR）。当主体基质浓度较高（$S \gg K$）时，MBBR 的基质去除速率为零级反应；当主体基质浓度较低（$S \ll K$）时，MBBR 的基质去除速率为一级反应。在可控条件下，载体表面积去除速率（SARR）可表达为载体表面积负荷（SALR）的函数。

$$r = r_{max} \frac{L}{K + L}$$

(13-40)

式中　r——基质去除速率，g/(m² · d)；

　　r_{max}——最大基质去除率，g/(m² · d)；

　　L——载体表面积负荷率，g/(m² · d)；

　　K——半饱和常数，g/(m² · d)。

2. 碳类物质的去除

去除碳类物质所需的载体表面积（SALR）取决于其最重要的处理目的和固液分离方法。表 13-11 给出了常用的针对不同应用目的的 BOD 负荷范围。当下游为硝化时，应采用较低负荷；只有当仅考虑碳类物质去除时，才可采用高负荷。对碳类物质的去除，通常主体液相中的 DO 控制为 2~3mg/L。

典型的 BOD 负荷值　　　　　　表 13-11

应　　用	单位载体表面积的 BOD 负荷（SALR）
高负荷（75%~80% 的 BOD 去除）	>20g/(m² · d)
常规负荷（80%~90% 的 BOD 去除）	5~15g/(m² · d)
低负荷（硝化前）	5g/(m² · d)

3. 高负荷 MBBR 设计

要满足二级处理基本标准但需紧凑的高负荷系统时，可考虑采用移动床反应器。当采用高负荷运行 MBBR 时，其载体表面积负荷（SALR）较高，此时主要目的是去除进水中溶解性和易降解的 BOD。在高负荷下，脱落的生物膜丧失了沉降性（Φdegaard 等人，2000），因此，对高负荷 MBBR 的出水，常采用化学混凝、气浮等工艺来去除悬浮固体。尽管如此，总体上该工艺是能在较短的 HRT 条件下满足二级处理基本标准的简洁工艺。

4. 常规负荷 MBBR 设计

当考虑采用传统的常规二级处理工艺时，可采用顺序排列的 2 个 MBBR。表 13-12 总结了 4 座污水处理厂的 BOD₅ 的去除情况，它们都采用常规负荷 MBBR，其有机负荷为 6~8.7gBOD₅/(m² · d)（10℃以下），并在 MBBR 之前投加了化学药剂进行絮凝除磷，同时也采取了强化悬浮物分离的措施。

常规负荷 MBBR 与化学除磷工艺的运行结果　　　　　　表 13-12

污水处理厂	BOD₅ 均值（mg/L）		COD 均值（mg/L）		总磷均值（mg/L）	
	进水	出水	进水	出水	进水	出水
Steinsholt（1996~1997 年）	346	8.7	833	46	7.1	0.3
Tretten（2000~2002 年）	314	3.5	—	—	7.3	0.1
Svarstad（2000~2002 年）	—	—	403	44	5.1	0.25
Frya（2000~2002 年）	157	4.3	—	—	8.6	0.21

5. 低负荷 MBBR 的设计

当 MBBR 置于硝化反应器之前时，最经济的设计方案是去除有机物时考虑采用低负荷 MBBR，这样其下游的硝化反应器可获得较高的硝化速率。

低负荷 MBBR 的设计需保守选择载体表面积负荷（SALR），建议采用下述公式根据污水水温对载体表面积负荷（SALR）进行修正：

$$L_T = L_{10} 1.06^{(T-10)}$$ （13-41）

式中　L_T——温度 T 时的负荷，$g/(m^2 \cdot d)$；

　　　L_{10}——10℃时的负荷，为 4.5$g/(m^2 \cdot d)$。

6. 硝化

硝化 MBBR 的性能受到有机负荷、DO、氨氮浓度、污水温度以及 pH/碱度等因素影响。

当处于上游的 MBBR 去除了污水中的有机物时，处于下游的硝化 MBBR 才能获得满意的硝化速率，否则异养菌会与硝化菌竞争空间和氧，导致生物膜的硝化活性降低/丧失。在碱度和氨浓度足够时，硝化速率会随着有机负荷的降低而增加，直到 DO 成为限制性因素。在硝化生物膜生长良好的生物膜内，只要 $O_2:NH_4^+ - N$ 低于 2.0，DO 将限制载体上的硝化速率，故在设计硝化 MBBR 时，常取 $O_2:NH_4^+ - N$ 临界比值为 3.2。正如所有生物处理工艺面临的问题一样，温度对硝化速率影响很大，但可通过提高 MBBR 内的 DO 来缓解（表 13-13）。

$O_2:NH_4^+ - N$ 的一些例子　　　　　　　　　　表 13-13

参考文献	$O_2:NH_4^+ - N$
Hem 等人（1994）	<2（氧限制）
	2.7（临界 O_2 浓度为 9~10mg/L）
	3.2（临界 O_2 浓度为 6mg/L）
	>5（氨限制）
Bonomo 等人（2000）	> 3~4（氨限制）
	< 1~2（氧限制）

与活性污泥系统不同，在溶解氧限制条件下，MBBR 反应速率与液相主体中的 DO 表现出线性或近似线性关系。原因分析：氧穿过静止的液膜进入生物膜内可能是氧传递的限制性步骤；增加主体液相中的 DO 会增加生物膜内的溶解氧梯度；在较高的曝气速率下，增加的混合能也有助于氧从主体液相向生物膜传递。

7. 反硝化

MBBR 已成功用于前置、后置和组合反硝化工艺中。与其他反硝化工艺相同，在设计时必须考虑的因素有：①合适的碳源和适当的碳氮比；②所需的反硝化程度；③污水温度；④回流或上游来水中的 DO。

当需要去除 BOD、硝化和中等程度的脱氮时，可采用前置反硝化 MBBR。当污水性质适合、回流比为 100%~300% 时，其脱氮效率一般在 50%~70%（表 13-14）。

城镇污水前置反硝化速率的典型数据　　　　　　　　　　　　　　　表 13-14

数据来源	反硝化速率（以 NO_3^- -N 计）
Rusten 和 ϕdegaard（2007）	0.40～1.00g/（m²·d）（挪威 Ullensaker 的 Gardemoen 污水处理厂生产性数据）
Rusten 等人（2000）	0.15～0.50 g/（m²·d）（挪威 FredrikstadFREVAR 污水处理厂中试）
McQuarrie 和 Maxwell（2003）	0.40～1.00g/（m²·d）（怀俄明州夏延 Crow Creek 污水处理厂中试）

后置反硝化适用于污水中可生物降解有机物不足或已被上游工艺所消耗或污水处理厂占地受限需简洁工艺单元等情形，此时需要外加碳源。由于反硝化性能不受内循环或碳源影响，因此后置反硝化工艺可在较短 HRT 时获得很高的脱氮效率。

还可将前置和后置反硝化的 MBBR 组合起来，利用前置反硝化的经济性和后置反硝化的良好脱氮性能。设计时可考虑在冬季将前置反硝化 MBBR 作为曝气池使用，这是因为：①增加曝气池容积有利于提高硝化效果；②水温低会导致 DO 上升与溶解性 COD 减少，从而影响前置反硝化的效能。后置反硝化 MBBR 在冬季可承担所有的脱氮功能。

8. 搅拌器

在反硝化 MBBR 中，建议使用潜水机械搅拌器来循环混合反应器内的液体与载体。设计搅拌器时应考虑其位置、方向、类型以及搅拌能量。

生物膜载体的相对密度约为 0.96，在没有外加能量时会漂浮在水中，这与活性污泥法不同。因此，在 MBBR 中，搅拌器应放置在接近水面但不能离水面太近的位置，否则会在水面产生旋涡而将空气卷入反应器内；而且应略微向下倾斜，便于将载体推到反应器的深处。一般，不曝气的 MBBR 需要 25～35W/m³ 的能量来搅动全部载体。

9. 预处理

MBBR 的进水必需适当预处理。由于 MBBR 内填充了部分载体，而诸如碎屑、塑料和砂子等惰性物质一旦进入 MBBR 并累积就很难清除，因此需要适当的格栅和沉砂。有一级处理时，MBBR 厂商一般会建议格栅的间隙不能大于 6mm；如果没有一级处理，则必须安装 3mm 或更小的细格栅。对于在原有工艺基础上新增的 MBBR，如果原有处理程度已经很高，就无需再增加格栅。表 13-15 给出了一些采用 MBBR 的污水处理厂的格栅数据。

MBBR 所采用的格栅数据　　　　　　　　　　　　　表 13-15

采用 MBBR 设备的污水处理厂	预处理	格栅间隙参数
挪威 Lillehammer 污水处理厂	阶梯式格栅、沉砂、沉淀	粗格栅 15mm，细格栅 3mm
挪威 Gardemoen 污水处理厂	阶梯式格栅、沉砂、沉淀	6mm
怀俄明州夏延 Crow Creek 污水处理厂	滤网、沉砂、沉淀	10mm×15mm
Western 污水处理厂	阶梯式格栅、沉砂	3mm
新西兰 Mao Point 污水处理厂	阶梯式格栅、沉砂、沉淀	3mm

13.5.3　MBBR 的固液分离

与活性污泥工艺相比，MBBR 的生物处理效果与固液分离步骤无关，因此其固液分离单元可多种多样；另外，MBBR 的出水固体浓度至少比活性污泥工艺低一个数量级，故絮凝/沉淀、絮凝/气浮、微砂混凝沉淀、转盘式微过滤器、膜技术等多种固液分离技术都已成功应用（图 13-22）。在用地紧张处，MBBR 可以与气浮、斜板沉淀等简洁高效的固液分离技术联用；在既有污水处理厂改造时，原有的沉淀池或许可用（表13-16）。

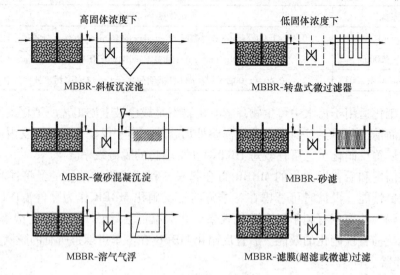

图13-22 MBBR 固液分离工艺（Φdegaard，2017）

MBBR 所采用的固液分离方式　　　　　　表13-16

MBBR 设备	分离工艺	设计值（平均-峰值）
挪威 Lillehammer 污水处理厂（多级 MBBR）	絮凝/沉淀	$1.3 \sim 2.2 \ m^3/(m^2 \cdot h)$
挪威 Gardemoen 污水处理厂（多级 MBBR）	絮凝/气浮	$3.1 \sim 6.4 m^3/(m^2 \cdot h)$
Nordre 污水处理厂（多级 MBBR）	絮凝/气浮	$5 \sim 7.5 m^3/(m^2 \cdot h)$
Crow Creek 污水处理厂（多级 MBBR）	利用原有沉淀池	$1.1 \sim 2.2 m^3/(m^2 \cdot h)$

13.5.4 MBBR 的设计

《室外排水设计标准》GB 50014—2021 规定，MBBR 工艺设计时应根据水质、水温和表面负荷等参数，计算出所需悬浮填料的有效填料表面积，再根据不同填料的有效比表面积，转换成该类型填料的体积。

表面负荷宜根据试验资料确定；当无试验资料时，在20℃水温时，BOD_5 表面负荷宜为 $5 \sim 15 gBOD_5/(m^2 \cdot d)$，表面硝化负荷宜为 $0.5 \sim 2 gNH_3\text{-}N/(m^2 \cdot d)$。

悬浮填料应满足易于流化、微生物附着性好、有效比表面积大、耐腐蚀、抗机械磨损的要求。纯高密度聚乙烯的悬浮填料还应满足现行行业标准《水处理用高密度聚乙烯悬浮载体填料》CJ/T 461 的有关规定。悬浮填料的填充率可采用20%～60%，一般不应超过反应池容积的2/3。

为防止填料随水流外泄，悬浮填料投加区与非投加区之间应设拦截筛网。同时，为避免填料在拦截筛网处的堆积堵塞，保证填料的充分流化和出水区过水断面的畅通，应在末端填料拦截筛网外增加穿孔管曝气的管路布置。

MBBR 反应池宜采用循环流态的构筑物形式，不宜采用完全推流式。池内水平流速不应大于35m/h，长宽比宜为2:1～4:1。当不满足此条件时，应增设导流隔墙和弧形导流隔墙，强化悬浮填料的循环流动。

14　污水的厌氧生物处理

厌氧生物处理又称为厌氧生物消化，是指在厌氧条件下由多种（厌氧或兼氧）微生物的共同作用，使有机物分解并产生 CH_4 和 CO_2 的过程。厌氧生物处理技术不仅用于有机污泥和高浓度有机废水的处理，而且能有效地处理城市污水等低浓度污水。近年来，相继开发的厌氧生物滤床、厌氧接触池、上流式厌氧污泥床、厌氧膨胀床、内循环厌氧反应器、厌氧折流板反应器和分段厌氧处理设备等，都属于新型的厌氧生物处理设备。与好氧生物处理法相比，厌氧生物处理具有下列优点：

1）能耗低，且可回收生物能，具有良好的环境效益与经济效益。厌氧生物处理不仅无需供氧，而且厌氧去除 1kgCOD 能产生 $0.35m^3CH_4$，而 $1m^3$ 甲烷可发电 $1.5\sim2.0kWh$。

2）厌氧废水处理设施负荷高，一般可达 $2\sim6kgCOD/(m^3 \cdot d)$，占地少。

3）剩余污泥量低，厌氧产生的剩余污泥量只相当于好氧法的 $1/10\sim1/6$。

4）厌氧生物处理对营养物的需求量小。好氧生物处理需要营养比为 $BOD_5 : N : P = 100 : 5 : 1$；厌氧法为 $BOD_5 : N : P = (200\sim400) : 5 : 1$。

5）应用范围广。厌氧既适合处理高浓度有机废水，又能处理低浓度有机废水；也能进行污泥消化稳定；还能处理某些含难降解有机物的废水。

6）对水温的适应范围较广。厌氧生物处理法在高温（$50\sim60℃$）、中温（$33\sim35℃$）和常温（$15\sim30℃$）条件下都能进行有效地处理。

7）厌氧污泥在长时间的停止运行后，较易恢复生物活性。

厌氧生物处理的缺点是：

1）出水 COD 浓度较高，仍须进行好氧处理，故它通常作为废水好氧处理的前处理。

2）厌氧细菌增殖速度较慢，厌氧反应器启动历时长，水力停留时间长。

3）厌氧微生物，特别是产甲烷菌，对有毒物质较敏感。

14.1　污水厌氧生物处理基本原理

厌氧消化过程的三阶段理论（图 14-1）：

第一阶段为水解酸化阶段。在该阶段，复杂的有机物在厌氧菌胞外酶的作用下，首先被分解成简单的有机物，如纤维素经水解转化成较简单的糖类；蛋白质转化成较简单的氨基酸；脂类转化成脂肪酸和甘油等。继而这些简单的有机物在产酸菌的作用下经过厌氧氧化成乙酸、丙酸、丁酸等脂肪酸和醇

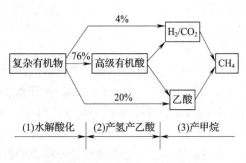

图 14-1　厌氧过程三阶段理论

类等。参与这个阶段的水解发酵菌主要是厌氧菌和兼性厌氧菌。

第二阶段为产氢产乙酸阶段。在该阶段，产氢产乙酸菌把除乙酸、甲酸、甲醇以外的第一阶段产生的中间产物，如丙酸、丁酸等脂肪酸和醇类等转化成乙酸和氢，并有CO_2产生。

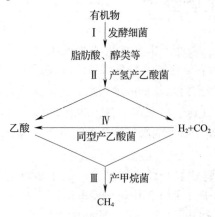

图 14-2　厌氧消化过程的三阶段理论
和四种群说理论

第三阶段为产甲烷阶段。在该阶段，产甲烷细菌把第一阶段和第二阶段产生的乙酸、H_2和CO_2等转化为甲烷。

图 14-2 表达了四种群说关于复杂有机物的厌氧消化过程。该理论认为复杂有机物的厌氧消化过程有四种群厌氧微生物参与作用，这四种群即是：水解发酵菌、产氢产乙酸菌、同型产乙酸菌（又称耗氢产乙酸菌）以及产甲烷菌。由图14-2 可知，复杂有机物在第 I 类种群（水解发酵菌）作用下被转化为有机酸和醇类。第 II 类种群（产氢产乙酸菌）将有机酸和醇类转化为乙酸和 H_2/CO_2、一碳化合物（甲醇、甲酸等）。第 III 类种群产甲烷菌把乙酸、H_2/CO_2 和一碳化合物（甲醇、甲酸）转化为 CH_4 和 CO_2。第 IV 类种群（同型产乙酸菌）将 H_2 和 CO_2 等转化为乙酸，一般情况下这类转化数量很少。在有硫酸盐存在条件下，硫酸盐还原菌也将参与厌氧消化过程。

目前为止，三阶段理论和四类群说理论是对厌氧生物处理过程较全面和较准确的描述。

图 14-2 中的 I 、II 、III 为三阶段理论，I 、II 、III 、IV 为四种群说理论，所产生的细胞物质图中未表示。

14.2　污水厌氧生物处理的影响因素及控制指标

（1）温度

温度是影响微生物生存及生物化学反应最重要的因素之一。各类微生物适宜的温度范围是不同的。一般认为，产甲烷菌的生存温度范围是 5 ~ 60℃，在 35℃和 53℃可分别达较高的消化效率，而温度为 40 ~ 45℃ 时，厌氧消化效率较低，如图 14-3 所示。

（2）pH

每种微生物可在一定的 pH 范围内活动，产酸细菌对酸碱度不及产甲烷菌敏感，其适宜的 pH 范围较广，在 4.5 ~ 8.0。产甲烷菌则要求环境介质 pH 在中性附近，最适宜的 pH 为 6.6 ~ 7.4。在普通单相厌氧反应器中，为了维持平衡，避免过多的酸积累，常保持 pH 在 6.5 ~ 7.5。

在厌氧过程中，pH 的变化除受外界的影响外，还取决于有机物代谢过程中某些产物的增减。产酸作用会使 pH 下降，含氮有机物分解产物氨的增加，会引起 pH 的升高，见图 14-4。

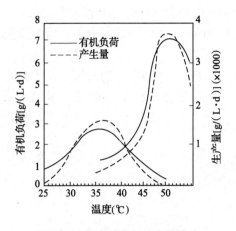

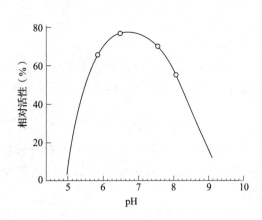

图 14-3　温度对厌氧消化的影响　　　　　　　图 14-4　pH 对产甲烷菌活性的影响

在 pH 为 6～8 范围内，控制消化液 pH 的主要化学系统是二氧化碳/重碳酸盐缓冲系统，见图 14-5，其影响消化液的 pH 的关系如下：

$$CO_2 + H_2O = H_2CO_3 = H^+ + HCO_3^-$$

$$pH = Pk_1 + lg[(HCO_3^-)/(H_2CO_3)]$$

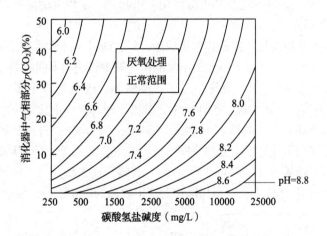

图 14-5　pH 与碳酸盐碱度之间的关系

可见，在厌氧生物处理过程中，pH 除受进水的 pH 影响外，还取决于代谢过程中自然建立的缓冲平衡，以及挥发酸、碱度、CO_2、氨氮、氢之间的平衡。

（3）氧化还原电位

严格厌氧（既无分子氧又无硝态氮氧）是产甲烷菌繁殖的最基本条件之一。产甲烷菌对氧和氧化剂非常敏感，这是因为它不像好氧菌那样具有过氧化氢酶。厌氧反应器介质中的氧浓度可根据浓度与电位的关系判断。氧化还原电位与氧浓度的关系可用能斯特（Nernst）方程确定。根据有关研究结果，产甲烷初始繁殖的环境条件是氧化还原电位小于或等于 -0.33V，按 Nernst 方程计算，相当于 2.36×10^{56} L 水中有 1mol 氧。由此可见，产甲烷菌对介质中分子态氧极为敏感。在厌氧消化全过程中，不产甲烷阶段可在兼氧条件下完成，氧化还原电位为 -0.25 ~ +0.1V，而在产甲烷阶段，氧化还原电位须控制在 -0.3 ~ -0.5V（中温厌氧）与 -0.56 ~ -0.6V（高温厌氧），常温消化与中温相近。

氧是影响厌氧反应器中氧化还原电位的重要因素。挥发性有机酸的增减、pH 的升降以及铵离子浓度的高低等因素也有影响，如 pH 低，氧化还原电位高；pH 高，氧化还原电位低。

（4）有机容积负荷

有机容积负荷是指反应器单位有效容积在单位时间内所承担的有机物量，量纲为 kgCOD/($m^3 \cdot d$)。有机容积负荷是厌氧消化过程中的重要参数，直接影响产气量和处理效率。

（5）搅拌与混合

混合搅拌是提高消化效率的工艺条件之一。通过搅拌可增加有机物与微生物之间的接触，避免产生分层，促进沼气分离；在连续投料的消化池中，搅拌还能使进料迅速与池中原有料液相匀混。采用搅拌措施能显著提高消化效率。

搅拌的方法有：① 机械搅拌器搅拌；② 消化液循环搅拌；③ 沼气循环搅拌等。其中沼气循环搅拌，还有利于使沼气中的 CO_2 作为产甲烷的基质被细菌利用，提高甲烷的产量。厌氧滤池和上流式厌氧污泥床等新型厌氧消化设备，虽没有专设搅拌装置，但以上流的方式连续投入料液，通过液流及其扩散作用，也起到一定程度的搅拌作用。

（6）废水的营养比

厌氧微生物生长繁殖需按一定的比例摄取碳、氮、磷以及其他微量元素。工程上主要控制进料的碳、氮、磷比例，其他营养元素不足的情况较少出现。不同的微生物在不同的环境条件下所需的碳、氮、磷比例不完全一致。一般认为，厌氧处理中碳、氮、磷的比例以（200 ~ 300）:5:1 为宜。在碳、氮、磷比例中，碳氮比例对厌氧消化的影响更为重要，研究表明，C/N 为（10 ~ 18）/1，如图 14-6 和图 14-7 所示。在厌氧处理时提供氮源，除满足合成菌体所需外，还有利于提高反应器的缓冲能力；若碳氮比太高，不仅厌氧菌增殖缓慢，而且消化液的缓冲能力降低，pH 容易下降；相反，若碳氮比太低，氮不能被充分利用，将导致系统中氨的过分积累，pH 上升，也可能抑制产甲烷菌的生长繁殖，使消化效率降低。

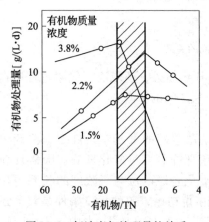

图 14-6　氮浓度与处理量的关系

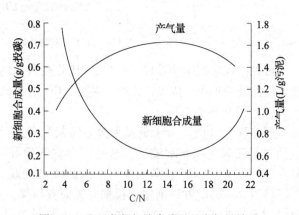

图 14-7　C/N 与新细胞合成量及产气量关系

（7）有毒物质

系统中的有毒物质会不同程度地对厌氧过程产生抑制作用，这些物质是进水中所含成分，或是厌氧菌代谢的副产物，包括有毒有机物、重金属离子和一些阴离子（如硫离子）等。对有机物来说，带醛基、双键、氯取代基、苯环等结构，往往具有抑制性。重金属是使反应器失效的最常见的因素，它通过与微生物酶中的巯基、氨基、羧基等相结合，而使生物酶失活，或者通过金属氢氧化物凝聚作用使生物酶沉淀。金属离子对厌氧的影响顺序为 $Cr > Cu > Zn > Cd > Ni$。毒性物质抑制厌氧的浓度范围见表 14-1。

毒性物质抑制厌氧的浓度范围 表 14-1

物质名称	物质的量浓度（mol/L）
碱金属或碱土金属（Ca^{2+}，Mg^{2+}，$Na+$，K^+）	$10^{-1} \sim 10^{+6}$
重金属（Cu^{2+}，Ni^{2+}，Zn^{2+}，Hg^{2+}，Fe^{2+}）	$10^{-5} \sim 10^{-3}$
H^+ 和 OH^-	$10^{-6} \sim 10^{-4}$
胺类	$10^{-5} \sim 1.0$

硫化氢是甲烷菌的必需营养物，甲烷菌的最佳生长需要量是 11.5mg/L（以 H_2S 计），但厌氧处理仅可在有限的硫化氢浓度范围内运行。硫化物过量存在（厌氧过程的中间产物），对厌氧过程会产生强烈的抑制作用：一是由硫酸盐的还原过程与产甲烷过程争夺有机物氧化脱出的氢；二是当介质中可溶性硫化物积累后，会对细菌细胞的功能产生直接抑制，影响产甲烷菌群的生长繁殖；三是使出水中含硫化氢产生臭味，影响环境；四是使沼气中含硫化氢引起管道、发动机或锅炉腐蚀。有资料介绍，硫化物的浓度达到 60 mg/L（以 H_2S 计），甲烷菌的活性下降 50%；达到 100mg/L 时，对产甲烷过程有抑制；超过 200mg/L，抑制作用十分明显。当然，有毒物质的最高容许浓度与处理系统的运行方式、污泥驯化程度、废水特性、操作控制条件等因素相关。目前，我国有的高负荷反应器中硫化物浓度在 150~200mg/L（以 H_2S 计），也获得了满意的负荷率和处理效果。

氨同样是厌氧生物处理过程中的营养物和缓冲剂，但高浓度时由于 NH_3-N 浓度增高和 pH 值上升也会产生抑制作用。

14.3　厌氧反应器的构造与设计

14.3.1　厌氧接触法（悬浮型）生物反应器

（1）厌氧接触法工艺流程

厌氧接触法的工艺流程见图 14-8，其消化池是一个完全混合厌氧污泥反应器。废水进入反应器，在搅拌作用下与厌氧污泥充分混合并进行消化反应，处理后的水与厌氧污泥混合液从上部流出进入沉淀池进行泥水分离，上清液排除后，沉淀污泥回流至消化池，以补充消化池中的生物量，通过回流比控制消化池中生物量的浓度。脱气器的作用是分离残留于污泥中的微小气泡，以提高沉淀效果。

厌氧接触法适用于处理以溶解性有机物为主的高浓度有机废水，COD 浓度范围为

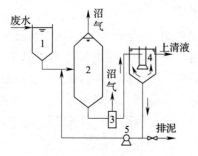

图 14-8　厌氧接触工艺流程

1—储水池；2—消化池；3—脱气器；
4—沉淀池；5—泵

2000～10000mg/L，甚至 100000mg/L，COD 去除率可达 90%～95%。由于具有污泥回流及搅拌混合使消化池内混合均匀，可降解部分难生物降解的有机化合物，处理效果好，便于人工控制。该工艺不适合于处理含悬浮有机物为主的废水，悬浮有机物在反应器中积累，减少了厌氧微生物量，同时影响沉淀池分离厌氧污泥的效果。

（2）厌氧接触法工艺设计

1）设计内容

厌氧接触法工艺设计内容主要包括消化池、脱气器、沉淀池、污泥与甲烷产生量、N、P 需要量、热量等的设计计算。本节只介绍消化池容积的计算。

2）设计参数

① 有机容积负荷

厌氧接触法处理城市污水时，不同温度条件下采用的有机容积负荷值不同，见表14-2。

厌氧处理可降解 COD 容积负荷（以 COD 去除80%～90%计）　　　　　表 14-2

厌氧处理工艺	不同温度条件下的容积负荷[kgCOD/(m³·d)]		
	15～25℃	30～35℃	50～55℃
厌氧接触法	0.5～2	2～6	3～9

② 动力学参数

在采用厌氧消化过程动力学进行设计时，首先根据污水的性质，确定污泥的产率系数 Y、内源呼吸系数 b 及最大反应速率 k。Y、b 值一般参照由劳伦斯与麦卡蒂提出的城市污水处理厂污泥的 Y 与 b 值采用，见表 14-3。

产甲烷阶段的 Y 与 b 值　　　　　表 14-3

参数	变化范围	低脂型废水或污泥平均值	高脂型废水或污泥平均值
Y（mg/mg）	0.040～0.054	0.044	0.04
b（d^{-1}）	0.010～0.040	0.019	0.015

温度对最大反应速率 k 的影响采用式（14-1）计算：

$$k_T = 6.67 \times 10^{-0.015(35-T)} \tag{14-1}$$

式中　k_T——与温度有关的生成产物的最大速率；

　　　T——反应器实际温度，℃。

温度对饱和常数 K_c 的影响采用式（14-2）计算：

$$(K_c)_T = 2224 \times 10^{0.46(35-T)} \tag{14-2}$$

式中　K_c——即 $\sum K_m$，在废水处理过程中发现或产生的各种脂肪酸饱和常数之和。

式（14-1）、式（14-2）适用于温度为 20~35℃ 的情况。

③ 污泥龄

正常运行的厌氧接触法污泥龄 θ_c 约等于临界污泥龄 θ_c^m 的 2~10 倍，临界污泥龄为出水有机物浓度等于进水有机物浓度时的污泥龄，由劳-麦方程式（12-24a），有：

$$\frac{1}{\theta_c^m} = Y\frac{kS_0}{K_m + S_0} - b \tag{14-3}$$

因 b 值很小，可略去不计，可得：

$$\theta_c^m = \frac{K_m + S_0}{YkS_0} \tag{14-4}$$

式中 K_m——饱和常数；

       S_0——进水 BOD_5 浓度，$kgBOD_5/m^3$；

       Y——污泥产率系数，$kgVSS/kgBOD_5$。

④ 沉淀池的水力表面负荷与污泥表面负荷

沉淀池的水力表面负荷与污泥表面负荷见表 14-4。

沉淀池的水力表面负荷与污泥表面负荷   表 14-4

沉淀分离技术	水力表面负荷 $[m^3/(m^2 \cdot h)]$	污泥表面负荷 $[kgVSS/(m^3 \cdot h)]$
沉淀池	0.5~1.0	2~4
斜板沉淀池	1.0~2.0	3~6
三相分离器顶部沉淀池	0.5~1.0	2~4

⑤ 反应器中的其他相关参数

采用厌氧接触法时，MLVSS 一般为 3~4g/L，混合液 SVI 为 70~150mL/g，水力停留时间为 0.5~5d。若有回流，回流比 R 一般为 2~4。此外，脱气器可采用真空脱气法、搅拌脱气法、上向流斜板脱气法。采用真空脱气法时，真空度约 4900Pa。

3）设计步骤

厌氧接触法可采用有机容积负荷或动力学关系式等方法进行设计，分别介绍如下：

① 有机容积负荷法   根据有机容积负荷定义，消化池容积为：

$$V = \frac{QS_0}{L_V} \tag{14-5}$$

式中 V——消化池容积，m^3；

       Q——进水流量，m^3/d；

       S_0——进水 COD 浓度，$kgCOD/m^3$；

       L_V——有机容积负荷，$kgCOD/(m^3 \cdot d)$。

② 动力学方法   消化池容积 V 由式（12-60）可得：

$$V = \frac{\theta_c YQ(S_0 - S_e)}{X(1 + b\theta_c)} \tag{14-6}$$

式中 S_e——出水可生物降解的 COD 浓度，由式（12-25）可得：

$$S_e = \frac{(1 + b\theta_c) \; K_c}{\theta_c \; (Yk - b) \; -1} \qquad (14\text{-}7)$$

式中　X——消化池中污泥浓度（以 VSS 计）；

　　　V——反应器容积，m^3；

　　　b——细菌内源呼吸系数，d^{-1}；

　　　k——微生物最大有机物利用速率。

14.3.2　厌氧膨胀床与厌氧流化床

（1）概述

厌氧膨胀床和厌氧流化床是应用固体流态化技术的污水厌氧生物反应器。固体流态化技术是一种改善固体颗粒与流体之间接触，并使整个系统具有流体性质的技术。由于流态化技术强化了厌氧反应器中的传质，同时有条件可采用小颗粒生物填料（表面积大），而又避免了固定床生物膜反应器会堵塞的缺点，因此，厌氧膨胀床和厌氧流化床的处理效率高，有机容积负荷大，占地省。

膨胀床和流化床的区别在于采用的水流上升流速不同，因而生物填料在床中的膨胀率不同。在膨胀床系统中，一般采用较小的上升流速，使床层膨胀率为 10%~20%，在该条件下，填料在水中处于部分流化状态，而流化床填料颗粒膨胀率达到 20%~70%，甚至高达 100%。

在含有固体颗粒的升流膨胀床/流化床系统中，颗粒与流体之间可以存在三种不同的相对运动，即固定床阶段、流化床阶段和输送床阶段。理想流态化上升流速、床层空隙率、压力降的关系见图 14-9。

（2）厌氧膨胀床与厌氧流化床的构造特点

厌氧膨胀床与厌氧流化床的构造见图 14-10。厌氧膨胀床与厌氧流化床都是由底部布水系统、床体、三相分离器和回流系统组成。

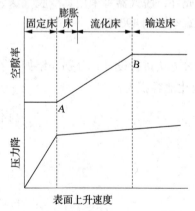

图 14-9　理想流态化上升流速、
床层空隙率、压力降的关系

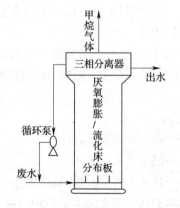

图 14-10　厌氧膨胀床与厌氧流化床的构造

典型的厌氧膨胀床一般为圆柱形结构，进水在反应器底部，水流沿反应器横截面分布。填料体积占反应器容积的 10%，填料采用砂、细小的砾石、无烟煤、塑料等，为了节省能量，填料密度要小，粒径一般在 0.2~1.0mm，比厌氧流化床填料颗粒稍大。为了使床层膨胀，须采用出水回流。在较大上升流速下，颗粒被水流提升，产生膨胀，实际运行中通过调节回流量来控制床层膨胀率。

厌氧流化床反应器工艺的反应器形式和运行方式与厌氧膨胀床基本相同，填料种类也相同，但厌氧流化床的填料颗粒粒径比较小。采用小粒径填料可以获得较大生物膜表面面积和易于流化，每立方米流化床颗粒表面积可以达到 300m²，生物量可以达到 40gVSS/L。流化床反应器的主要特点是流态化，能最大限度使厌氧污泥与被处理废水接触。由于颗粒与流体相对运动速度大，形成的生物膜较薄，传质作用强，因此生化反应进行较快，废水在反应器内的水力停留时间较短，反应器容积负荷较高，占地面积小。

（3）厌氧膨胀床与厌氧流化床的工艺设计

1）设计内容

厌氧膨胀床与厌氧流化床的设计主要包括有效容积、空床流速、回流比、反应器截面面积和高度，此外，还有消化温度与消化时间的确定等。

2）设计参数

① 有机容积负荷　有机容积负荷与消化温度有关，见表 14-5。

厌氧膨胀/流化床 COD 容积负荷（以 COD 去除率为 80%~90% 计）　　表 14-5

厌氧处理工艺	不同温度条件下的容积负荷 [kgCOD/(m³·d)]		
	15~25℃	30~35℃	50~55℃
厌氧膨胀床法	3~6	9~22	10~30
厌氧流化床法	3~8	10~25	12~33

② 水力停留时间　水力停留时间（HRT）一般为 6~16h。

③ 回流比

$$R = \frac{Q_r}{Q} = \frac{\text{回流水流量}}{\text{废水设计流量}} \qquad (14\text{-}8)$$

回流比的大小需要满足空床流速 v_f 的要求，即应满足 $(Q + Q_r)/A \geqslant v_f$，并与运行工艺、反应器高与反应器直径（或边长）比值有关，如图 14-11 所示。流化床回流比较大，而膨胀床较小。

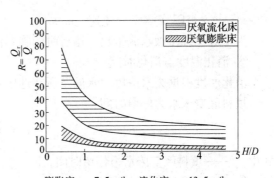

膨胀床 $v_f = 7.5\text{m/h}$；流化床 $v_f = 13.5\text{m/h}$

图 14-11　回流比与 H/D（或边长）关系

④ 其他相关指标　膨胀床生物膜厚度一般为 20~170μm，流化床则为 50~200μm，生物膜浓度一般为 20~30kgVSS/m³，污泥负荷为 0.26~4.3kgCOD/(kgVSS·d)，污泥产率一般为 0.12~0.15kgVSS/kgCOD，COD 去除率为 80%~90%。此外，pH 为 6.5~7.8，挥发性脂肪酸（VFA）<1000mg/L。

3）设计步骤

① 膨胀床、流化床反应器的有效容积：

$$V = \frac{QS_0}{L_V}$$ (14-9)

式中 V——膨胀床或流化床的有效容积，m^3；

Q——废水设计流量，m^3/d；

S_0——废水 COD 浓度，kg/m^3（当以 mg/L 为计量单位时，需要换算）；

L_V——容积负荷，$kgCOD/(m^3 \cdot d)$。

② 膨胀床或流化床空床临界和极限流速

临界流速：

$$v_f = \frac{d_s^2}{180}\left(\frac{\rho_s - \rho}{\mu}\right)\left(\frac{g\varepsilon_f^3}{1 - \varepsilon_f}\right)$$ (14-10)

式中 v_f——临界（空床）流速，m/s；

d_s——修正后的载体平均粒径，m，$d_s \approx \psi_s \times d_p$，$d_p$ 为载体的平均粒径，ψ_s 为载体形状修正系数，$\psi_s = \dfrac{\text{与载体颗粒平均粒径相等的球形表面积}}{\text{载体实际表面积}}$，一般为 0.75；

ρ_s——载体颗粒的密度，kg/m^3；

μ——水的动力黏滞系数，$kg/(m \cdot s)$，与水温有关；

ρ——废水的密度，kg/m^3；

ε_f——临界孔隙率，即床层开始膨胀时的载体孔隙率；

g——重力加速度，m/s^2。

极限流速：

$$v_t = \left[\frac{4(\rho_s - \rho)^2 g^2}{225\rho\mu}\right]^{\frac{1}{3}} d_s$$ (14-11)

式中 v_t——极限（空床）流速，m/s。

为了避免载体被水流带出，运行时的临界流速用 $v_f \leqslant (0.03 \sim 0.05)v_t$ 来控制。

③ 消化温度与消化时间

消化温度根据废水浓度、水温及所在地区冬季平均气温等条件确定。

填料区空床水力停留时间：

$$t = \frac{V}{Q}$$ (14-12)

式中 t——填料区空床水力停留时间，h。

④ 反应器截面面积及高度

反应器截面面积：

$$A = \frac{Qt}{24v_f}$$ (14-13)

式中 A——反应器截面面积，m^2；

t——空床水力停留时间，h；

v_f——临界空床流速，m/h。

反应器填料膨胀（或流化）后高度：

$$h_f = \frac{V}{A}$$ (14-14)

式中　h_f——载体膨胀后的（或流化后的）高度，m。

反应器高度 H：

$$H = h_f + 1 \tag{14-15}$$

式中　1——载体分离高度（或称保护高度），使处理水与载体分离，m。

14.3.3　升流式厌氧污泥床 UASB

UASB 工艺是在升流式厌氧生物滤池的基础上发展而成的。升流式厌氧生物滤池的填料（特别是下半部填料）容易造成堵塞。在取消了填料层以后，发现在反应器的相应部位，形成一层截留、吸附与降解有机物的厌氧污泥层。后来在反应器的上部增加气一液一固三相分离器，使经厌氧消化处理后的废水、产生的沼气以及厌氧污泥有效分离，完成废水外排、沼气收集并输出、沉淀下来的厌氧污泥直接回落至反应区，构成了完整的 UASB 反应器。UASB 工艺随废水性质的不同，其处理流程也有较大的差异。

（1）UASB 工艺流程

应用 UASB 法的工艺流程与废水水质有关。大致有四种工艺流程，如图 14-12 所示。

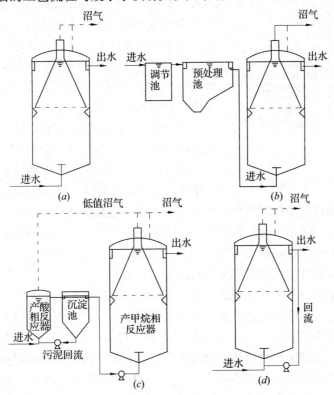

图 14-12　UASB 工艺流程

（a）普通 UASB 法；（b）有预处理的 UASB 法；（c）两相法；（d）有回流的 UASB 法

1）普通 UASB 法　工艺流程见图 14-12（a）。废水直接进入 UASB 进行处理，本流程适用于成分较单一的可溶性有机废水。

2）有预处理的 UASB 法　工艺流程见图 14-12（b）。废水经调节池、预处理构筑物，再进入 UASB 反应器。本流程适用于成分较复杂的废水，或悬浮 COD 占总 COD 30% ~ 60% 的部分可溶性有机废水。

3）两相法　工艺流程见图 14-12（c）。根据厌氧降解机理，使产酸阶段与产甲烷阶段分别在两个反应器中进行：① 产酸相反应器，主要控制条件有：低级脂肪酸浓度约为 5000mg/L，pH 为 5 ~ 6，水力停留时间为 6 ~ 24h。产酸相反应器后沉淀池的作用是回流产酸菌，以维持产酸相反应器中产酸菌的浓度，并避免产酸菌进入产甲烷相反应器。产酸相反应器的构造与传统消化池相同，有搅拌与加温设备。② 产甲烷相反应器，产酸相反应器的出水经沉淀后，上清液进入产甲烷相反应器。

4）有回流的 UASB 法　工艺流程见图 14-12（d）。主要适用于 COD 浓度大于 15000mg/L 的情况。处理水回流的目的是促进污泥与废水之间的充分接触以及在 UASB 反应器启动时，使进水 COD 浓度稀释至 5000mg/L 左右。

（2）UASB 的构造

UASB 构造与功能分区见图 14-13。

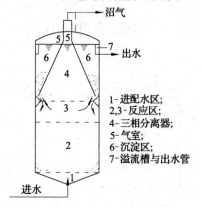

图 14-13　UASB 构造与功能分区

UASB 的池型分为圆柱形和方形两种，直径或边长为 5 ~ 30m。单池常用前者；多池组合可用后者，以节约占地面积，节省池壁材料，便于布水。

废水从底部进入，自下而上升流。基本功能分区为：进配水区、反应区（由生物颗粒污泥及絮状污泥组成）、三相分离器（由沉淀区、气室、沉淀污泥斗组成）和出水区。

1）进配水区　进配水区的主要功能是使废水进入并在过水断面布水均匀，避免产生涌流或死水区。

2）反应区　反应区由生物颗粒污泥层（图 14-13 中 2）及絮状污泥层（图 14-13 中 3）组成。生物颗粒污泥随颗粒表面气泡的成长向上浮动，当浮到一定高度后，由于减压使气泡释放，颗粒再回到污泥层。很小的颗粒或絮状污泥一般在污泥层之上，形成悬浮层。反应区是 UASB 反应器的核心，是培养和富集厌氧微生物的区域，废水与厌氧污泥在这里充分接触，通过截留、吸附等方式使大部分有机物得以降解。

3）三相分离器　三相（气、固、液）分离器，由气室 5、沉淀区 6 及上清液溢流槽与出水管 7 组成。气室的功能是收集并用沼气管排出沼气。为了确保释放出的沼气不随水流进入沉淀区，故在反应区与三相分离器交界处，设有“△”形状的挡板，阻止沼气随水流进入沉淀区。沉淀区的功能是使澄清水与污泥有效分离，沉淀污泥回落至反应区。上清液由溢流槽与出水管排出（图 14-13 中 7）。三相分离器的构造多种多样，其分离效果直接影响反应器的处理效果。

（3）UASB 的工艺设计计算

1）设计计算内容

UASB 工艺的设计内容主要包括进水配水系统，UASB 反应器（反应区的面积、容积、高度），三相分离器（沉淀区、回流缝、气液分离等）的设计计算。此外还包括出水系统，浮渣清除系统，排泥系统，沼气的收集、贮存，水封高度等的设计计算。

2）设计计算要点与主要参数

UASB 反应器设计计算需要考虑的主要因素为：废水组成成分和固体含量；有机容积负荷；上升流速和反应器截面面积；三相分离器的分离特性等。

① 废水水质　设计时应考虑废水是否会影响污泥的颗粒化，形成泡沫与浮渣，降解速率如何等。处理含蛋白质或脂肪较高的废水时，一般需考虑两个问题：溶解性 COD 含量越高，可选择的容积负荷越高；废水中含悬浮固体越多，所形成的污泥颗粒密度越小，进水悬浮固体浓度不应大于 6gTSS/L。

② 有机容积负荷　有机容积负荷的选择与处理废水的水质，预期达到的处理效率，以及废水所能形成的颗粒污泥大小与特性有关。根据设定的有机容积负荷，以及进水流量和 COD 浓度，可确定反应器的有效容积。在 UASB 工艺中，可溶性有机物的容积负荷与消化反应温度、废水性质、布水均匀程度、颗粒污泥浓度有关，可按表 14-6 选用或试验确定。

UASB 容积负荷（温度为 30℃）　　　　　　　　　　表 14-6

废水总 COD 浓度（mg/L）	悬浮 COD 所占比例（%）	容积负荷 L_V[kgCOD/($m^3 \cdot d$)]	
		絮状污泥	颗粒污泥
小于 2000	10～30	2～4	8～12
	30～60	2～4	8～14
2000～6000	10～30	3～5	12～18
	30～60	4～8	12～24
6000～9000	10～30	4～6	15～20
	30～60	5～7	15～24
9000～18000	10～30	5～8	15～24
	30～60	若 TSS>6～8g/L，不适用	若 TSS>6～8g/L，不适用

此外，对于经产酸发酵后的废水，UASB 可在较高的负荷下运行。Lettinga 等人推荐的有机容积负荷见表 14-7，不同温下平均污泥浓度 25g/L 时，COD 去除率可达 85%～90%。

③ 上流速度与反应器高度　上流速度亦为水力表面负荷，与进水流量和反应器横截面积有关，是重要的设计参数。上流速度的设计主要考虑颗粒污泥的沉降速率，与反应器高度有直接关系，表 14-8 所列为 Lettinga 等人推荐的典型上流速度和反应器高度。

推荐的溶解性 COD 容积负荷　　　　　　　　　　表 14-7

温度（℃）	容积负荷 [kgCOD/($m^3 \cdot d$)]			
	VFA 废水		非 VFA 废水	
	范围	典型值	范围	典型值
15	2～4	3	2～3	2
20	4～6	5	2～4	3
25	6～12	6	4～8	4
30	10～18	12	8～12	10
35	15～24	18	12～18	14
40	20～32	25	15～24	18

废水种类	上流速度 [$m^3/(m^2 \cdot h)$]		反应器高度 (m)	
	范围	典型值	范围	典型值
溶解性 COD 接近 100%	1.0~3.0	1.5	6~10	8
部分溶解性 COD	1.0~1.25	1.0	3~7	6
城市污水	0.8~1.0	0.9	3~5	5

④ 三相分离器　三相分离器的构造形式决定于池型。设计应遵循下述原则：产生的沼气能迅速释放并集中到气室，沼气不会随水流进入沉淀区干扰泥水分离；沉淀区有足够的容积使泥水分离；沉淀污泥能直接回流至反应区；沼气室与大气绝对隔离。三相分离器的设计主要包括沉淀区、回流缝、气液分离等。常见的沉淀区构造形式如图 14-14 所示。

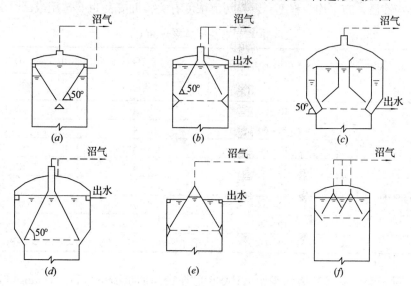

图 14-14　常见的沉淀区构造形式

(a)、(b)、(d)、(f) 多气室沉淀区；(c) 单气室；(e) 单气室敞开式

当废水中可溶性有机物浓度较低时，需要沉淀区面积较大，而反应区为了保证颗粒污泥床与絮状污泥层有足够高度，故反应区的直径较小。因此可以采用图 14-14 (c)、(d) 形式，即三相分离器的直径（或边长）大于反应区直径（或边长）。

沉淀区的设计方法与普通二次沉淀池相似，主要考虑两项因素，即沉淀面积和水深。沉淀区的面积根据废水量和沉淀区的表面负荷确定。三相分离器的具体设计见图 14-15。三相分离器沉淀区底部倾角应较大，$\alpha = 50° \sim 60°$，利于污泥下沉；沉淀区内最大截面的水力负荷应保持在 $u_s = 0.7 m^3/(m^2 \cdot d)$ 以

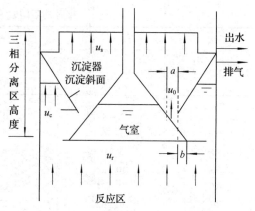

图 14-15　三相分离器基本设计参数

下，通过固—液分离空隙的水流平均流速 u_0 应小于 $2\mathrm{m^3/(m^2 \cdot d)}$；三角形集气罩回流缝的总面积 $A = a \cdot L \cdot 2n$ 不能小于反应器面积的 15%~20%（其中 a 为三角形集气罩回流缝的宽度，L 为三相分离器的长度，n 为反应器的三相分离器单元数），对于高为 5~7m 的反应器，气体收集器的高度应为 1.5~2m；气室与固—液分离的交叉板应重叠 $b = 100$~200mm，以免气泡进入沉淀区。此外，为避免泡沫堵塞排气系统，气室上部排气管应足够大。

⑤ 进水系统　进水系统兼有配水和水力搅拌的功能，所以必须满足以下要求：进水必须在反应器底部均匀分配，确保各单位面积的进水量基本相同，以防止短路或表面负荷不均匀等现象发生；应满足污泥床水力搅拌的需要，有利于沼气气泡逸出与污泥分离，并促进废水与污泥之间的充分接触，使污泥床处于完全混合状态，防止局部产生酸化现象。UASB 反应器进水系统主要有以下几种形式：

a. 树枝管式配水系统，如图 14-16（a）所示。为配水均匀，一般采用对称布置，各支管出水口中心距池底约 20cm，位于所服务面积的中心。管口对准池底所设的反射锥，使射流向四周均匀分布于池底，支管出水口直径采用 15~20mm，每个出水口服务面积一般为 2~4m^2。这种形式的配水系统只要施工安装正确，配水就能基本达到均匀分布的要求。

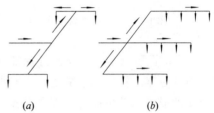

图 14-16　进水分配系统
（a）树枝管式；（b）穿孔管式

b. 穿孔管式配水系统，如图 14-16（b）所示。为配水均匀，配水管中心距可采用 1.0~2.0m，出水孔中心距也可采用 1.0~2.0m，孔径一般为 10~20mm，常采用 15mm，孔口向下或与垂线呈 45°方向，每个出水孔服务面积一般为 2~4m^2，配水管中心距池底一般为 20~25cm，配水管的直径最好不小于 100mm。为了使穿孔管各孔出水均匀，要求出口流速不小于 2m/s，使出水孔阻力损失大于穿孔管的沿程阻力损失，也可采用脉冲间歇进水来增大出水孔的流速。

c. 多点多管配水系统，如图 14-17 所示。此种配水系统的特点是每根配水管只服务一个配水点，配水管根数与配水点数相同。只要保证每根配水管流量相等，即可达到每个配水点流量相等。一般多采用配水渠道经三角堰使废水均匀流入配水管的方式，也有在反应器不同高度设置配水管和配水点的。国外还有脉冲配水器的专利。

配水系统的形式确定后，就可进行管道布置、计算管径和水头损失。根据水头损失和反应器（或配水渠）水面和调节池（或集水池）水面高程差计算进水水泵所需的扬程，选择合适的水泵型号。

⑥ 水封高度　对于 UASB 反应器，气室中气囊高度的控制是十分重要的。控制一定的气囊高度可压缩泡沫，并可避免泡沫和浮泥进入排气系统而使污泥流失或堵塞排气系统。气室中气囊的高度由水封的有效高度来控制和调节。设计水封高度的计算原理见图 14-18，计算式为：

$$H = H_1 - H_2 = (h_1 + h_2) - H_2 \tag{14-16}$$

式中　H——水封有效高度，m；

H_1——气室液面至出水（反应器最高水面）的高度，m；

H_2——水封后面的阻力，包括设计设备、管道系统的水头损失和沼气用户所要求的储气柜压力，m；

h_1——气室顶部到出水水面的高度，m，由沉淀器尺寸决定；

h_2——气室高度，m。

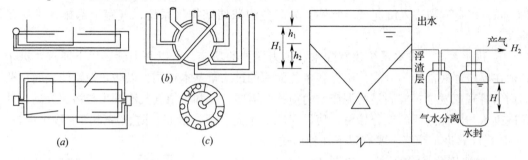

图 14-17　多点多管配水系统　　　　　图 14-18　水封高度计算示意

气室的高度（h_2）的选择应保证气室出气管在反应器运行中不被淹没，能畅通地将沼气排出池体，防止浮渣堵塞。从实践看，气室水面上经常有一层浮渣，浮渣层的厚度与水质（形成泡沫的可能性）及工艺条件（气体释放强度）有关。在选择 h_2 时，应当有浮渣层的高度，此外，必须有排放浮渣的出口，以便在必要时能排出浮渣。

（4）UASB 反应区的设计

UASB 反应区的设计，取决于原废水的性质及可溶性 COD 浓度、反应区的容积负荷、反应区水力表面负荷和厌氧反应的温度。

1）反应区容积

反应器容积的设计方法有 R. R. van der meer 等人提供的方法、Lettinga 等人提供的方法以及经验法。在此只介绍经验法，其他方法读者可参考相关资料。

反应区容积的计算式为：

$$V = \frac{QS_0}{L_V} \tag{14-17}$$

式中　V——UASB 反应器区的容积，m^3；

　　Q——废水设计流量，m^3/d；

　　L_V——可溶性有机容积负荷，$kgCOD/(m^3 \cdot d)$，可根据表 14-9 选用或试验确定；

　　S_0——原废水的总 COD 浓度，kg/m^3，即包括溶解性 COD 与悬浮 COD。

2）反应区表面积：

无回流时，反应区的表面积为：

$$A = \frac{Qt}{H} = \frac{V}{H} \tag{14-18}$$

式中　A——反应区表面积，m^2；

　　H——反应区高度，m；

　　t——反应区水力停留时间，h；

　　Q——废水设计流量，m^3/h。

3）反应区高度

$$H = qt \tag{14-19}$$

式中 q——反应区允许水力表面负荷（上流速度），$m^3/(m^2 \cdot h)$。

【例14-1】某啤酒厂日排出啤酒废水 $2600m^3/d$，废水的 COD 为 2200mg/L，SS 为 700mg/L，pH 为 $6 \sim 7$，水温为 $25 \sim 30℃$，要求处理后 SS $\leqslant 500$mg/L，COD $\leqslant 500$mg/L，拟采用 UASB 工艺处理。试用容积负荷法计算 UASB 反应器。

【解】参考表 14-7，取容积负荷 L_v 为 9.0kgCOD/$(m^3 \cdot d)$。经对同类工业废水用 UASB 反应器处理运行结果的调查，已知常温（$25 \sim 30℃$）条件下 UASB 反应器的进水容积负荷可达 $8.0 \sim 12.0$kgCOD/$(m^3 \cdot d)$，COD 和 SS 的去除率分别为 85% 和 70%，沼气表观产率为 $0.4m^3$/kgCOD（去除），污泥的表观产率为 0.05kgVSS/kgCOD（去除），VSS/SS $= 0.8$，厌氧污泥可实现颗粒化。

1）处理后出水水质

要求 COD 的去除率可达85%，则出水预期 COD 浓度应为：$2200 \times (1 - 0.85) = 330$mg/L；
要求 SS 的去除率可达70%，则出水预期 SS 浓度应为：$700 \times (1 - 0.70) = 210$mg/L。
以上两项指标均可达到排入城市下水道的要求。

2）UASB 反应器有效容积及长、宽、高尺寸的确定

采用进水 COD 容积负荷率为 9.0kgCOD/$(m^3 \cdot d)$，UASB 反应器的有效容积为：

$$V = QS_0/L_v = [2600 \times 2200/1000]/9.0 = 635.6m^3$$

考虑检修时不至于全部停产，采用两座 UASB 反应器，每个反应器的容积为：

$$V/2 = 635.6/2 = 317.8m^3$$

按表 14-8，取反应器有效高为 4.2m，则每个反应器的面积为：$317.8/4.2 = 75.7m^2$；设反应器的宽为 6.2m，则反应器的长为：$75.7/6.2 = 12.2m$。

3）反应区反应时间：$t = V/Q = 635.6/2600 = 0.25d = 5.9h$
4）水力表面负荷（上流速度）：$q = [2600/(2 \times 24)]/75.7 = 0.72m^3/(m^2 \cdot h)$
5）三相分离器设计：取沉淀区水力负荷 $q_{沉}$ 为 $0.5m^3/(m^2 \cdot h)$，则沉淀区面积为

$$Q/q_{沉} = [2600/(2 \times 24)]/0.5 = 108.3m^2。$$

14.4 两级厌氧消化

（1）两级厌氧工艺

两级厌氧工艺由两个消化池串联运行，生污泥首先进入一级消化池，然后再重力排入二级消化池。一级消化池中设置搅拌和加热以及集气设备，污泥温度应保持在 $33 \sim 35℃$，宜有防止浮渣结壳和排出上清液的措施，污泥中的有机物分解主要在一级消化池中完成。二级消化池不设搅拌和加热，而是利用一级消化池排出污泥余热继续消化，二级消化池应设置集气和排出上清液的管道，并有防止浮渣结壳的措施。两级消化工艺比一级消化工艺的总耗热量少，并减少了搅拌能耗、熟污泥的含水率和上清液的固体含量（图 14-19）。

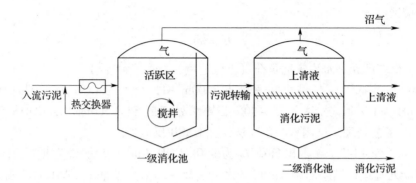

图 14-19 两级厌氧消化池

（2）池体设计

消化池有效容积可按污泥消化时间或固体容积负荷计算。

1）按消化时间计算消化池的总有效容积

$$V = Q_0 \cdot t_d \qquad (14\text{-}20)$$

式中 V——消化池总有效容积，m^3；

t_d——消化时间，d，宜为 20～30d；

Q_0——每日投入消化池的原污泥量，m^3/d。

2）按固体容积负荷计算消化池的总有效容积

$$V = \frac{W_S}{L_{VS}} \qquad (14\text{-}21)$$

式中 V——消化池总有效容积，m^3；

W_S——每日投入消化池的原污泥中挥发性干固体质量，kgVSS/d；

L_{VS}——消化池挥发性固体容积负荷，$kgVSS/(m^3 \cdot d)$。

重力浓缩后的原污泥宜采用固体容积负荷 0.6～1.5kgVSS/($m^3 \cdot d$)，机械浓缩后的高浓度原污泥不应大于 2.3 kgVSS/($m^3 \cdot d$)。

厌氧消化池应密封，并能承受污泥气的工作压力。厌氧消化池施工完成后应进行气密性试验，应有防止池内产生超压和负压的措施。厌氧消化池内壁应采取防腐措施。同时，厌氧消化池及其辅助构筑物的单体和总图设计必须符合现行的消防规范要求。用于污泥投配、循环、加热、切换控制的设备和阀门设施宜集中布置，室内应设置通风设施。污泥气压缩机房、阀门控制间和管道层等宜集中布置，室内应设置通风设施和污泥气泄漏报警装置。厌氧消化系统的电气集中控制室不宜与存在污泥气泄漏可能的设施合建，场地条件许可时，宜建在防爆区外。防爆区内的电机、电器和照明等均应符合防爆要求。

【例 14-2】某城镇污水处理厂，初沉污泥量为 315m^3/d，浓缩后的剩余活性污泥 200m^3/d，其含水率均为 97%，污泥相对密度为 1.01，挥发性有机物占 65%。采用两级中温消化。试计算消化池池体。

【解】（1）按固体负荷计算消化池有效容积。采用固体负荷为 1.0kgVSS/($m^3 \cdot d$)，消化池有效容积为：

$$V = \frac{W_S}{L_{VS}} = \frac{515 \times 0.03 \times 1.01 \times 1000 \times 0.65}{1.0} = 10143m^3，取 10200m^3$$

两级消化池的容积比一级∶二级 = 2∶1，则一级消化池容积为 6800m³，设计两座池，每座一级消化池的有效容积为 3400m³。二级消化池的有效容积为 3400m³。

（2）计算污泥投配率

一级消化池污泥投配率：

$$p = \frac{1}{t_d} \times 100\% = \frac{Q_0}{V} \times 100\% = \frac{515}{6800} \times 100\% = 7.57\%$$

（3）计算消化时间

一级消化池消化时间 $t_1 = (1/7.57) \times 100 = 13.2d$；

二级消化池消化时间 $t_2 = 3400/515 = 6.6d$。

（4）计算消化池高度

一级消化池直径 D 采用 19m，集气罩直径 $d_1 = 2m$，高 $h_1 = 2m$，池底锥底直径 $d_2 = 2m$，锥角 15°，上、下锥体高 $h_2 = h_4 = 2.4m$。消化池柱体高度 h_3 应大于 $D/2 = 9.5m$，故采用 $h_3 = 11m$。则消化池总高度为：

$$H = h_1 + h_2 + h_3 + h_4 = 2 + 2.4 + 11 + 2.4 = 17.8m$$

（5）计算消化池各部分容积

一级消化池集气罩容积：

$$V_1 = \pi d^2/4 \times h_1 = 3.14 \times 2^2/4 \times 2 = 6.28m^3$$

上锥体（盖）容积：

$$V_2 = 1/3 \times \pi D^2/4 \times h_2 = 1/3 \times 3.14 \times 19^2/4 \times 2.4 = 226.7m^3$$

下锥体容积等于锥体（盖）容积，故 $V_4 = 226.7m^3$

柱体容积：

$$V_3 = \pi D^2/4 \times h_3 = 3.14 \times 19^2/4 \times 11 = 3117.2m^3$$

消化池总有效容积：

$$V = V_2 + V_3 + V_4 = 226.7 + 3117.2 + 226.7 = 3570.6m^3 > 3400m^3$$

二级消化池尺寸与一级消化池尺寸相同。

14.5 两相厌氧消化

两相厌氧消化系统是 20 世纪 70 年代初美国戈什（Ghosh）和波兰特（Pohland）开发的厌氧生物处理新工艺，于 1977 年在比利时首次应用于生产。

（1）两相厌氧消化原理

在传统消化中，产酸菌和产甲烷菌在同一个反应器中并存，由于这两种微生物在生理学、营养需求、生长速率及对周围环境的敏感程度等方面存在较大的差异，因此，控制两类菌群之间的平衡，使厌氧消化过程稳定运行总存在一定的问题，迫使人们寻找新的解决途径。

一般情况下，产甲烷阶段是整个厌氧消化的控制阶段。为了使厌氧消化过程完整地进行，必须首先满足产甲烷细菌的生长条件，如维持严格的厌氧条件、适宜的温度、较长的反应时间等。两相厌氧消化工艺使酸化和甲烷化两个阶段分别在两个串联的反应器中进行，使产酸菌和产甲烷菌各自在最佳环境条件下生长，这样不仅有利于充分发挥其各自的活性，而且提高了处理效果，达到了提高容积负荷率，减少反应器容积，增加运行稳定性的目的。从生物化学角度看，产酸相主要是水解、产酸，产甲烷相主要是产氢产乙酸和产甲烷。从微生物学角度看，产酸相一般仅存在产酸发酵细菌，而产甲烷相虽然主要存在产甲烷细菌，但也不同程度地存在产酸发酵细菌。

（2）两相厌氧工艺中相的分离

1）相分离的方法

相分离的实现，是研究和应用两相厌氧生物处理工艺的第一步。一般来说，所有相分离的方法都是根据两大类菌群生理生化特性的差异来实现的。目前，主要的相分离技术可以分为物理化学法和动力学控制法两种。

① 物理化学法　在产酸相反应器中投加产甲烷细菌的选择性抑制剂（如氯仿和四氯化碳等）来抑制产甲烷细菌的生长；或者向产酸相反应器中供给一定量的氧气，调整反应器内的氧化还原电位，利用产甲烷细菌对溶解氧和氧化还原电位比较敏感的特点来抑制其在产酸相反应器中的生长；或者调整产酸相反应器的 pH 在较低水平（如 5.5~6.5），利用产甲烷细菌要求中性偏碱的 pH 的特点，来保证在产酸相反应器中产酸细菌能占优势，而产甲烷细菌则会受到抑制。也可采用有机酸的选择性半透膜，使产酸相反应器出水中的多种有机物只有有机酸才能进入后续的产甲烷相反应器，从而实现产酸相和产甲烷相分离等。这些方法均是选择性地促进产酸细菌在产酸相反应器中的生长，而在一定程度上抑制产甲烷细菌的生长，或者是选择性地促进产甲烷细菌在产甲烷相反应器中生长，从而实现产酸细菌和产甲烷细菌的分离。

② 动力学控制法　由于产酸细菌和产甲烷细菌在生长速率上存在很大的差异，一般来说，产酸细菌的生长速率很快，其世代时间较短，一般在 10~30min 的范围内；而产甲烷细菌的生长很缓慢，其世代时间相当长，一般在 4~6d。因此，在产酸相反应器中控制其水力停留时间在一个较短的范围内，可以使世代时间较长的产甲烷细菌被"冲出"，从而保证在产酸相反应器中选择性地培养出以产酸发酵细菌为主的菌群，而在后续的产甲烷相反应器中则控制相对较长的水力停留时间，使得产甲烷细菌在其中能存留下来。同时由于产甲烷相反应器的进水完全来自于产酸相反应器的含有很高比例有机酸的废水，保证了在产甲烷相反应器中产甲烷细菌的生长，最终实现相的分离。

目前，在实际工程中应用最为广泛的实现相分离的方法，是将动力学控制法与物理化学法中调控产酸相反应器 pH 相结合的方法，即通过将产酸相反应器的 pH 调控在偏酸性的范围内（5.0~6.5），同时又将其水力停留时间调控在相对较短的范围内（对于可溶性易降解的有机废水，一般仅为 0.5~1.0h）。这样一方面通过较低的 pH 对产甲烷细菌产生一定的抑制性，同时在该反应器内水力停留时间很短，相应的 SRT 也较短，使得世代时间较长的产甲烷细菌难以在其中生长。

应当说明，不管采用哪种方法，实际上都只能在一定程度上实现相的分离，而不可能实现相的绝对分离。

2）相分离的实现对整个工艺的影响

一般地说，实现相分离，对于整个处理工艺来说主要可以带来两方面的好处：① 可以提高产甲烷相反应器中污泥的产甲烷活性；② 可以提高整个处理系统的稳定性和处理效果。

由于实现了相的分离，进入产甲烷相反应器的废水是经过产酸相反应器预处理过的出水，其中的有机物主要是有机酸，而且主要以乙酸和丁酸等为主，这样的一些有机物为产甲烷相反应器中的产氢产乙酸细菌和产甲烷细菌提供了良好的基质。同时由于相的分离，可以将产甲烷相反应器的运行条件控制在更适宜于产甲烷细菌生长的环境条件下，因此可以使得产甲烷相反应器中的产甲烷细菌活性得到明显提高。

在传统单相厌氧反应器中，往往由于冲击负荷或环境条件的突然变化，会造成氢分压的增加从而引起丙酸积累，导致 pH 下降，进而影响丁酸和乙醇的降解，结果使反应器运行失败。而实现相的分离后，在产酸相反应器中，由于发酵产酸过程而产生的大量的氢不会进入到后续产甲烷相反应器中，整个系统的稳定性提高了。同时，产酸相还能有效地去除某些毒性物质、抑制性物质或改变某些难降解有机物的结构，减少这些物质对产甲烷相反应器中产甲烷细菌的不利影响或提高其可生物降解性，有利于产甲烷相的运行，提高了整个系统的运行效果和处理能力。

（3）两相厌氧工艺流程

两相厌氧工艺流程及装置的选择主要取决于所处理废水的水质及其生物降解性能，通常采用的工艺流程主要有以下三种：① 主要用于处理易降解的、含低悬浮物有机工业废水的两相厌氧工艺流程，如图 14-20 所示。其中的产酸相反应器一般可以是完全混合式的 CSTR，或者是 UASB、上流式厌氧滤池等不同形式的厌氧反应器，产甲烷相反应器则主要是 UASB 反应器，也可以是上流式厌氧滤池等。② 主要用于处理难降解、含高浓度悬浮物的有机废水或有机污泥的两相厌氧工艺流程，如图 14-21 所示。其中的产酸相和产甲烷

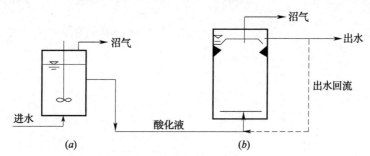

图 14-20　两相厌氧工艺处理易降解的低悬浮物有机废水
（a）产酸相；（b）产甲烷相

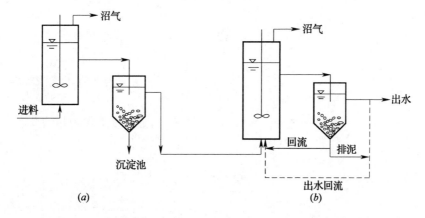

图 14-21　处理难降解、含高悬浮物有机废水或污泥的两相厌氧工艺
（a）产酸相；（b）产甲烷相

相反应器采用完全混合式的 CSTR 反应器，产甲烷相反应器的出水是否回流则需要根据实际运行的情况而定。③ 主要用于处理固体含量很高的农业有机废弃物或城市有机垃圾的两相厌氧工艺流程，如图 14-22 所示。其中的产酸相反应器主要采用浸出床（Leaching-Bed）反应器，而产甲烷相反应器则采用 UASB、CSTR、上流式厌氧滤池等反应器，产甲烷相反应器的部分出水回流到产酸相反应器，以提高产酸相反应器的运行效果。

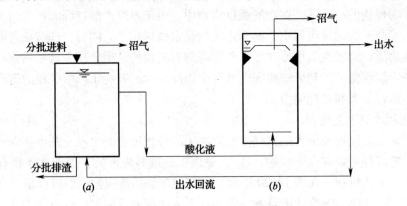

图 14-22　处理固含量高的农业废物或城市垃圾的两相厌氧工艺
(a) 产酸相；(b) 产甲烷相

15 污水的深度处理与回用

污水的深度处理是对城市污水二级处理厂的出水进一步处理，以去除其中的悬浮物和溶解性无机物与有机物等，使之达到相应的水质标准。污水深度处理后利用途径不同，处理的水质目标也不同，选择一种或几种工艺按照实用、经济、高效、运行稳定、操作管理方便等原则，通过技术经济比较后组合成相应的深度处理工艺。

根据污水二级处理技术（如活性污泥法）净化功能对城市污水所能达到的处理程度，一般情况下，污水中还含有相当数量的有机污染物、无机污染物、植物性营养盐，还可能含有细菌和重金属等有毒有害物质。对二级处理后污水回用进行进一步深度处理的对象与目标是：

1）去除水中残存的悬浮物（包括活性污泥颗粒）；脱色、除臭，使水进一步得到澄清。

2）进一步降低水中的 BOD_5、COD、TOC 等含量，使水进一步稳定。

3）进行脱氮、除磷，消除能够导致水体富营养化的因素。

4）进行消毒杀菌，去除水中的有毒有害物质。

经过深度处理后的污水应能达到：

1）排放至包括具有较高经济价值的水体及缓流水体在内的任何水体，补充地面水源。

2）回用于农田灌溉、市政杂用，如浇灌城市绿地、冲洗街道、车辆清洗、景观用水等。

3）居民小区中水回用于冲洗厕所。

4）作为冷却水和工艺用水的补充用水，回用于工业企业。

5）用于防止地面下沉或海水入浸，回灌地下。

表 15-1 所列是对二级处理水进行深度处理的目的、去除对象和可采用的处理技术。

深度处理的目的、去除对象和可采用的处理技术   表 15-1

处理目的	去除对象		有关指标	采用的主要处理技术
排放水体再用	有机物	悬浮状态	SS、VSS	快滤池、微滤机、混凝沉淀
		溶解状态	BOD_5、COD TOC、TOD	混凝沉淀、活性炭吸附、臭氧氧化
防止富营养化	植物性营养盐类	氮	$T-N$、$K-N$ NH_3-N NO_2^--N NO_3^--N	吹脱、折点氯化脱氮、生物脱氮
		磷	$PO_4^{3-}-P$ $T-P$	金属盐混凝沉淀、石灰混凝沉淀 晶析法、生物除磷

处理目的	去除对象	有关指标	采用的主要处理技术
再用	微量成分 溶解性无机物、 无机盐类	电导度 Na^+、Ca^{2+}、Cl^- 离子	膜处理、离子交换
	微生物	细菌、病毒	臭氧氧化、消毒、 （氯气、次氯酸钠紫外线）

15.1 污水生物脱氮除磷技术

15.1.1 污水生物脱氮原理

以传统活性污泥法为代表的好氧生物处理法，其传统功能主要是去除污水中溶解性的有机物。至于氮、磷，活性污泥法只能去除细菌由于生理上的需求而摄取的数量。因此，氮的去除率只有 20%～40%，而磷的去除率仅为 5%～20%。

（1）氨化

在未经处理的新鲜污水中，含氮化合物存在的主要形式有：① 有机氮，如蛋白质、氨基酸、尿素、胺类化合物、硝基化合物等；② 氨态氮（NH_3，NH_4^+）。含氮化合物在微生物的作用下，首先会产生氨化反应。有机氮化合物，在氨化菌的作用下分解、转化为氨态氮，这一过程称之为"氨化反应"。

（2）硝化

1）硝化过程

在亚硝化菌的作用下，氨态氮进一步分解氧化，首先使氨（NH_4^+）转化为亚硝酸氮，反应式为：

$$NH_4^+ + \frac{3}{2}O_2 \rightarrow N_2O^- + H_2O + 2H^+ \tag{15-1}$$

继之，亚硝酸氮在硝酸菌的作用下，进一步转化为硝酸氮，其反应式为：

$$NO_2^- + \frac{1}{2}O_2 \rightarrow NO_3^- \tag{15-2}$$

硝化反应的总反应式为：

$$NH_4^+ + 2O_2 \rightarrow NO_3^- + H_2O + 2H^+ \tag{15-3}$$

2）硝化菌

亚硝酸菌和硝酸菌统称为硝化菌，硝化菌是化能自养菌，属革兰氏染色阴性和不生芽孢的短杆状细菌，广泛存活在土壤中，在自然界氮的循环中起着重要的作用。这类细菌的生理活动不需要有机性营养物质，而从 CO_2 获取碳源，从无机物的氧化中获取能量。硝化菌是专性好氧菌，只有在有溶解氧的条件下才能增殖，厌氧和缺氧条件都不能增殖，但在厌氧、缺氧、好氧状态下均会发生衰减死亡。

3）影响硝化反应的环境因素

硝化菌对环境的变化很敏感，为了使硝化反应正常进行，必须保持硝化菌所需要的环境条件。影响硝化反应的主要因素有：

① 溶解氧　氧是硝化反应过程中的电子受体，反应器内溶解氧的高低，必将影响硝

化反应的进程。在进行硝化反应的曝气生物反应池内，需保持良好的好氧条件，一般情况下，溶解氧含量不低于2mg/L为宜。

②pH与碱度　硝化菌对pH的变化十分敏感，最佳pH为8.0~8.4。在这一最佳pH条件下，硝化速率、硝化菌最大的比增殖速率可达最大值。为了保持适宜的pH，应当在污水中保持足够的碱度，以保证对反应过程中pH的变化起缓冲作用。一般地说，1g氨态氮（以N计）完全硝化，需碱度（以$CaCO_3$计）7.14g，因此，好氧池（区）总碱度（以$CaCO_3$计）宜大于70mg/L。

③有机物浓度　硝化菌是自养型细菌，有机物浓度虽然不是它的生长限制因素，但是若有机物浓度过高，会使增殖速率较高的异养型细菌迅速增殖，从而使自养型的硝化菌不能成为优势种属，硝化反应难于进行。故在硝化反应过程中，混合液中有机物含量不应过高，BOD值宜在20mg/L以下。

④温度　硝化反应的适宜温度是20~30℃，15℃以下时，硝化速率下降，5℃时完全停止。

⑤污泥龄（θ_c）　一般θ_c至少应为硝化菌最小世代时间的2倍以上，即安全系数应大于2。$(\theta_c)_N$值与温度密切相关，温度低，$(\theta_c)_N$明显增长。

⑥重金属及有害物质　除重金属外，对硝化反应产生抑制作用的物质还有：高浓度的NH_4^+-N、高浓度的NO_x^--N、有机物以及络合阳离子等。

（3）反硝化

1）反硝化过程

反硝化反应是硝酸氮（NO_3^--N）和亚硝酸氮（NO_2^--N）在反硝化菌的作用下，被还原成气态氮（N_2）的过程。这一过程可能同时有两种转化途径：一种是同化反硝化（合成），最终形成有机氮化合物，成为菌体的组成部分；另一种是异化反硝化（分解），最终产物是气态氮，如图15-1所示。污水处理脱氮关注的是异化过程，在这一过程中，

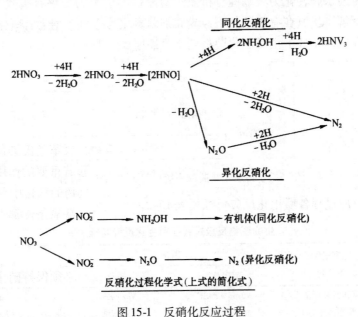

图15-1　反硝化反应过程

氮从正五（或三）价转化成零价（气态氮），氮都是获得电子被还原的，电子供体是有机物（有机碳）。

2）反硝化菌

反硝化菌是异养型兼性厌氧菌。在厌氧条件下，进行厌氧呼吸，以有机物（有机碳）为电子供体，以硝态氮（$NO_2^- - N$、$NO_3^- - N$）为电子受体。在这种条件下，不能释放出更多的 ATP，相应合成的细胞物质较少。

3）影响反硝化反应的环境因素

① 碳源　一般当污水中 $BOD_5/TN > 5$ 时，可认为碳源充足，无需外加碳源。另一类是当原污水中碳、氮比过低，如 $BOD_5/TN < 3$，需另投加有机碳源。通常 BOD_5/TN 宜大于 4，当 BOD_5/TN 为 3~4 时，虽然可产生反硝化反应，但反硝化速率很慢。

② pH　pH 是反硝化反应的重要影响因素，对反硝化菌最适宜的 pH 是 6.5~7.5，在该 pH 条件下，反硝化速率最高，当 pH 高于 8 或低于 6 时，反硝化速率将大为下降。

③ 溶解氧　反硝化过程溶解氧宜控制在 0.5mg/L 以下。

④ 温度　反硝化反应的适宜温度是 20~40℃，低于 15℃ 时，反硝化菌的增殖速率和代谢速率都会降低，从而降低反硝化速率。此外，温度对反硝化反应速率的影响大小，与反应设备的类型有关，温度对流化床反硝化反应的影响明显小于生物转盘或悬浮污泥床反应池。负荷高，温度的影响大，负荷低，温度影响小。反硝化反应过程的温度系数 θ 值介于 1.06~1.15。在冬季低温季节，为保持一定的反硝化速率，应考虑提高反硝化反应系统的污泥龄 θ_c，降低负荷，延长水力停留时间。

15.1.2　污水生物脱氮工艺

在城市污水生物脱氮系统中，氮的转化过程如图 15-2 所示。颗粒性不可生物降解有机氮经生物絮凝作用成为活性污泥组分，通过剩余活性污泥将其从系统中去除；颗粒性可生物降解有机氮经水解转化为溶解性有机氮。溶解性不可生物降解有机氮，随出水排出；溶解性可生物降解有机氮在有氧条件下经异养细菌氨化为氨氮，继之由硝化菌将氨氮氧化为硝态氮，再在缺氧条件下由反硝化菌将硝态氮还原成气态氮从污水中逸出。

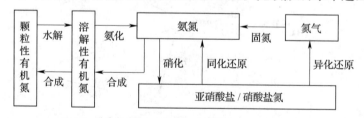

图 15-2　污水生物脱氮系统中氮的生物转化过程

生物脱氮反应过程各项生化反应特征见表 15-2。

生物脱氮反应过程各项生化反应特征　　　　　　　　　　　　表 15-2

生化反应类型	去除有机物（好氧分解）	硝化		反硝化
		亚硝化	硝化	
微生物	好氧菌和兼性厌氧菌（异养型微生物）	*Nitrosomonas* 自养型细菌	*Nitrobacter* 自养型细菌	兼性菌 异养型细菌

生化反应类型	去除有机物（好氧分解）	硝化		反硝化
		亚硝化	硝化	
能源	有机物	化学能	化学能	有机物
氧源（H 受体）	O_2	O_2	O_2	NO_2^-，NO_3^-
溶解氧	1～2mg/L 以上	2mg/L 以上	2mg/L 以上	0～0.5mg/L
碱度	没有变化	氧化 1mg NH_4^+－N 需要 7.14mg 的碱度	没有变化	还原 1mg NO_3^-－N（NO_2^-－N）生成 3.57g 碱度
氧的消耗	分解 1mg 有机物（BOD_5）需氧 2mg	氧化 1mg NH_4^+－N 需氧 3.43mg	氧化 1mg NO_2^-－N 需氧 1.14mg	分解 1mg 有机物（COD）需要 0.58mg NO_3^-－N，0.35mg NO_2^-－N，以提供化合态的氧
最适 pH	6～8	7～8.5	6～7.5	6～8
最适水温	15～25℃ $\theta=1.0～1.04$	30℃ $\theta=1.1$	30℃ $\theta=1.1$	34～37℃ $\theta=1.06～1.15$
增殖速度（d^{-1}）	1.2～3.5	0.21～1.08	0.28～1.44	好氧分解 $\frac{1}{2}～\frac{1}{2.5}$
分解速度	70～870mg BOD/（gMLSS·h）	7mg NH_4^+－N/（gMLSS·h）	—	2～8mg NO_3^-－N/（gMLSS·h）
污泥产率	—	0.04～0.13mgVSS/ mgNH_4^+－N	0.02～0.07mgVSS/ mgNO_2^-－N	—

（1）活性污泥法脱氮传统工艺

1）三级生物脱氮系统

活性污泥法脱氮的传统工艺是由巴茨（Barth）开创的，污水连续经过三套生物处理装置，依次完成氨化、硝化和反硝化三项功能的三级活性污泥生物脱氮系统。三套处理装置都有各自独立的反应池（第一级曝气池、第二级硝化池、第三级反硝化池）、沉淀池和污泥回流系统。

三级活性污泥生物脱氮系统第一级曝气池为一般的二级处理曝气生物反应池，其主要功能是去除 BOD、COD 和使有机氮完成氨化过程。

第二级硝化池，使 NH_3 和 NH_4^+ 氧化为 NO_3^-－N。硝化反应要消耗碱度，因此需要投碱，以防 pH 下降。

第三级反硝化池，在缺氧条件下，NO_3^-－N 还原为气态 N_2，并逸至大气。这一级应采取厌氧—缺氧交替的运行方式，其中碳源可投加 CH_3OH（甲醇），亦可引入原污水。为了去除由于投加甲醇而带来的 BOD，可设后曝气生物反应池，处理最终排放水。

当以甲醇作为外加碳源时，投入量可按式（15-4）计算：

$$C_m = 2.47N_2 + 1.53N + 0.87D \qquad (15\text{-}4)$$

式中　C_m——需投加的甲醇量，mg/L；

$\quad\quad N_2$——初始的 $NO_3^- - N$ 浓度，mg/L；

$\quad\quad N$——初始的 $NO_2^- - N$ 浓度，mg/L；

$\quad\quad D$——初始的溶解氧浓度，mg/L。

这种系统的优点是有机物降解菌、硝化菌、反硝化菌分别在各自反应池内生长繁殖，容易保持适宜的环境条件，反应速率快而彻底。但处理设备多，造价高，管理不够方便，目前已很少使用。

2）两级生物脱氮系统

在三级生物脱氮系统的基础上开发了两级生物脱氮系统。两级生物脱氮系统是将三级处理系统的第一级并入第二级，使碳源有机物氧化、氨化和硝化合并在硝化池内完成，它比三级处理系统减少了一级。

（2）缺氧–好氧活性污泥脱氮系统（$A_N O$ 工艺）

1）工艺特性

20 世纪 80 年代后期开发了缺氧—好氧活性污泥法脱氮系统，其主要特点是将反硝化反应池放置在系统之首，故又称为前置反硝化生物脱氮系统，或称 $A_N O$ 工艺，这是目前采用比较广泛的一种脱氮工艺，如图 15-3 所示。

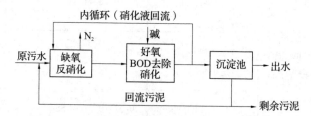

图 15-3　分建式缺氧—好氧活性污泥脱氮系统

在缺氧—好氧活性污泥脱氮系统中，反硝化、硝化与 BOD 去除分别在两座不同的反应池内进行。原污水、回流污泥同时进入系统之首的反硝化池（缺氧池），同时硝化反应池内已经充分反应的一部分硝化液回流至反硝化反应池（称混合液回流或内循环），反硝化反应池内的反硝化菌以原污水中的有机物作为碳源，将硝态氮还原为气态氮（N_2），可不外加碳源。之后，混合液进入好氧池，完成有机物的氧化、氨化和硝化反应。缺氧—好氧活性污泥脱氮系统又名 A/O 工艺，为区别除磷 A/O 工艺，一般将本工艺称为 A_N/O 工艺，将后者称为 A_P/O 工艺。

缺氧—好氧活性污泥脱氮系统中设内循环系统，向前置的反硝化池回流混合液是本工艺的特征。由于原污水直接进入反硝化池（缺氧池），为缺氧池中内循环混合液（硝化液）的硝态氮的反硝化反应提供了足够的碳源，不需要外加碳源，可保证反硝化过程C/N的要求。此外，由于前置的反硝化池消耗了一部分碳源有机物，有利于降低后续好氧池的有机负荷，减少了好氧池中有机物氧化和硝化的需氧量。本系统硝化池在后，使反硝化残留的有机物得以进一步去除，提高了处理后出水的水质。

在该系统中，反硝化反应所产生的碱度可以补偿硝化反应消耗的部分碱度。如前所述，反硝化过程中，还原1mg硝态氮能产生 3.57mg 的碱度，而在硝化反应过程中，将

1mg 的 $NH_4^+ - N$ 氧化为 $NO_3^- - N$，要消耗 7.14mg 的碱度，因而在缺氧—好氧系统中，反硝化反应所产生的碱度可补偿硝化反应消耗的一半左右。所以，对含氮浓度不高的废水（如生活污水、城市污水）可不必另行投碱以调节 pH。

该系统工艺流程简单，省去了中间沉淀池，构筑物少，无需外加碳源，降低了工程投资成本和运行费用。

该系统的主要不足是处理后的出水来自硝化池，所以在出水中含有一定浓度的硝酸盐，如果沉淀池运行不当，在沉淀池内也会发生反硝化反应，使污泥上浮，处理后出水水质恶化。此外，如需提高脱氮率，必须加大混合液回流比，这样势必使运行费用增加。同时，混合液回流来自曝气的硝化池，污水中含有一定量的溶解氧，使反硝化池难于保持理想的缺氧状态，影响反硝化反应，因此脱氮率很难达到90%。

2）影响因素

① 水力停留时间　为了取得 70%～80% 的脱氮率，总水力停留时间一般为 9～22h，其中缺氧池（区）2～10h。

② 混合液回流（内循环）比（R_i）　混合液回流的作用是向反硝化池（区）提供硝态氮作为反硝化反应的电子受体，从而达到脱氮的目的。混合液回流比不仅影响脱氮效果，而且影响本工艺系统的动力消耗，是一项非常重要的参数。

混合液回流比与要求达到的处理效果和反应池类型有关，适宜的混合液回流比应通过试验或对运行数据进行分析后确定。回流比在 50% 以下时，脱氮率很低；回流比在 50%～200% 之间时，脱氮率随回流比增高而显著上升；回流比高于 200% 后，脱氮率提高较慢，回流比不宜高于 400%。

③ MLSS 值　反应池内的 MLSS 值一般应在 2500～4500mg/L，通常不应低于 3000mg/L。

④ 污泥龄（θ_c）　为保证在硝化池（区）内有足够数量的硝化菌，应采用较长的污泥龄，一般取值为 11～23d。

⑤ TN/MLSS 负荷　TN/MLSS 负荷应不高于 0.05kgTN/（kgMLSS·d），高于此值时，脱氮效果将急剧下降。

3）工艺设计计算

① 按污泥负荷法或泥龄法计算

根据缺氧池（区）水力停留时间经验值 2～10h 计算缺氧池（区）容积 V_N，然后计算好氧池（区）容积 V_0。

考虑到脱氮的需要，生物反应池应保证硝化作用能尽量完全地进行。自养硝化细菌比异养菌的比生长速率小得多，如果没有足够长的泥龄，硝化细菌就会从系统中流失。为了保证硝化发生，泥龄应大于 $1/\mu$ 并有足够的安全余量，以便环境条件不利于硝化细菌生长时，系统中仍能存留硝化细菌。为此，污泥负荷通常取较低的值 0.05～0.1kgBOD₅/（kgMLSS·d）。同时，A_N/O 系统的污泥产率较低，需氧量较大，水力停留时间也较长。

② 动力学计算法

a. 好氧池（区）容积 V_0，可按式（15-5）计算：

$$V_O = \frac{Q(S_0 - S_e)\theta_{CO}Y_t}{1000X} \tag{15-5}$$

式中 Q——设计流量，m^3/d；

S_0——生物反应池进水 BOD_5 浓度，mg/L；

S_e——生物反应池出水 BOD_5 浓度，mg/L；

X——好氧池（区）内混合液悬浮固体平均浓度，gMLSS/L；

Y_t——污泥总产率系数（kgMLSS/kgBOD$_5$），宜根据试验资料确定。无试验资料时，应考虑原污水中总悬浮固体量对污泥净产率系数的影响。由于原污水总悬浮固体中的一部分沉积到污泥中，系统产生的污泥量将大于由有机物降解产生的污泥量，在不设初次沉淀池的处理工艺中这种现象更明显。因此，系统有初次沉淀池时宜取 $Y_t = 0.3 \sim 0.6$，无初次沉淀池时宜取 $Y_t = 0.8 \sim 1.2$。

θ_{CO}——好氧池（区）设计污泥龄，d，可按式（15-6）计算：

$$\theta_{CO} = F\frac{1}{\mu} \tag{15-6}$$

式中 F——安全系数，为 $1.5 \sim 3.0$；

μ——硝化细菌比生长速率，d^{-1}，可按式（15-7）计算：

$$\mu = 0.47\frac{N_a}{K_N + N_a}e^{0.098(T-15)} \tag{15-7}$$

式中 N_a——好氧池（区）中氨氮浓度，mg/L；

K_N——硝化作用中氮的半速率常数，mg/L；

T——设计温度，℃；

0.47——15℃时，硝化细菌最大比生长速率，d^{-1}。

b. 缺氧池（区）容积 V_N 可按式（15-8）计算：

$$V_N = \frac{0.001Q(N_k - N_{te}) - 0.12\Delta X_v}{K_{de}X} \tag{15-8}$$

式中 Q——设计流量，m^3/d；

0.12——微生物中氮的质量分数，由表示微生物细胞中各组分质量比的分子式 $C_5H_7NO_2$ 计算得出；

X——缺氧池（区）内混合液悬浮固体平均浓度，gMLSS/L；

N_k——缺氧池（区）进水总凯氏氮浓度，mg/L；

N_{te}——生物反应池出水总氮浓度，mg/L；

K_{de}——缺氧池（区）反硝化脱氮速率，$kgNO_3^- - N/(kgMLSS \cdot d)$。其值宜根据试验资料确定。无试验资料时，20℃的 K_{de} 可取 $0.03 \sim 0.06 kgNO_3^- - N/(kgMLSS \cdot d)$。$K_{de}$ 与混合液回流比、进水水质、温度和污泥中反硝化菌的比例等因素有关。混合液回流量大，带入缺氧池的溶解氧多，K_{de} 取低值；进水有机物浓度高且较易生物降解时，K_{de} 高值。K_{de} 按式（15-9）进行温度修正：

$$K_{de(t)} = K_{de(20)}1.08^{(T-20)} \tag{15-9}$$

式中 $K_{de(t)}$、$K_{de(20)}$——分别为 T 和20℃时的脱氮速率，T 为设计温度，℃。

ΔX_v——微生物的净增量，即排出系统的微生物量，kgMLVSS/d，可按式（15-10）计算：

$$\Delta X_V = yY_t \frac{Q(S_0 - S_e)}{1000} \tag{15-10}$$

式中 y——MLSS 中 MLVSS 所占比例。

c. 混合液回流量可按式（15-11）计算：

$$Q_{Ri} = \frac{1000V_N K_{de} X}{N_{te} - N_{ke}} - Q_R \tag{15-11}$$

式中 Q_{Ri}——混合液回流量，m^3/d，混合液回流比宜取 100%~400%；

Q_R——污泥回流量，m^3/d，污泥回流比宜取 50%~100%；

N_{ke}——生物反应池出水总凯氏氮浓度，mg/L；

V_N——缺氧池（区）容积，m^3；

N_{te}——生物反应池出水总氮浓度，mg/L。

4）设计参数

缺氧/好氧法（A_NO 法）生物脱氮的主要设计参数，宜根据试验资料确定。无试验资料时，可采用经验数据或按表 15-3 的规定取值。

缺氧/好氧法（A_NO 法）生物脱氮的主要设计参数 　　　　表 15-3

项目	单位	参数值
BOD$_5$污泥负荷 L_s	kgBOD$_5$/(kgMLSS·d)	0.05~0.10
总氮负荷率	kgTN/(kgMLSS·d)	≤0.05
污泥浓度（MLSS）X	g/L	2.5~4.5
污泥龄 θ_c	d	11~23
污泥产率系数 Y	kgVSS/kgBOD$_5$	0.3~0.6
需氧量 O$_2$	kgO$_2$/kgBOD$_5$	1.1~2.0
水力停留时间 HRT	h	9~22
		其中缺氧段 2~10h
污泥回流比 R	%	50~100
混合液回流比 R_i	%	100~400
总处理效率 η	%	90~95（BOD$_5$）
	%	60~85（TN）

（3）生物脱氮新技术简述

近几年中有不少研究和实践证明，在各种不同的生物处理系统中存在有氧条件下的反硝化现象。研究还发现一些与传统脱氮理论有悖的现象，如硝化过程可以有异养菌参与、反硝化过程可在好氧条件下进行、NH$_4^+$ 可在厌氧条件下转变成 N$_2$ 等。这些研究的结果，导致了不少脱氮新工艺的诞生。

1）厌氧氨氧化（ANAMMOX）工艺

厌氧氨氧化（Anaerobic Ammonium Oxidation, ANAMMOX）工艺是1990年荷兰Delft技术大学Kluyver生物技术实验室开发的。在厌氧条件下，以氨为电子供体，以硝酸盐或亚硝酸盐为电子受体，将氨氧化成氮气，这比全程硝化（氨氧化为硝酸盐）节省60%以上的供氧量。以氨为电子供体还可节省传统生物脱氮工艺中所需的碳源。同时由于厌氧氨氧化菌细胞产率远低于反硝化菌，所以，厌氧氨氧化过程的污泥产量只有传统生物脱氮工艺中污泥产量的15%左右。

厌氧氨氧化涉及的是自养菌，反应过程无需添加有机物。红色厌氧氨氧化细菌的比生长速率和产率都很低，故ANAMMOX工艺的污泥龄越长越好。

厌氧氨氧化细菌的比生长速率产率非常低。

自厌氧氨氧化工艺提出以来，人们对这一全新的氨氧化过程进行了大量的研究。结果发现，在自然界的许多缺氧环境中（尤其是在缺氧/有氧界面上），如土壤、湖底沉积物等，均有厌氧氨氧化细菌存在。因此，厌氧氨氧化菌在自然界分布广泛。

2）同时硝化/反硝化（SND）工艺

在各种不同的生物处理系统中，有氧条件下的反硝化现象确实存在，如生物转盘、SBR、氧化沟、CAST工艺等。

同时硝化/反硝化的优点如下：

① 硝化过程中碱度被消耗，而同时反硝化过程又产生碱度，因此SND能有效地保持反应器中pH稳定，考虑到硝化菌最适pH范围很窄（7.5~8.6），这便很有价值。

② SND意味着在同一反应器、相同的操作条件下，使硝化、反硝化同时进行。如果能够保证在好氧池中一定效率的硝化与反硝化反应同时进行，那么对于连续运行的SND工艺，可以省去缺氧池或至少减少其容积。对于序批式反应器来讲，SND能够降低完全硝化、反硝化所需的时间。

3）短程硝化/反硝化（SHARON）工艺

短程硝化/反硝化生物脱氮技术（shortcut nitrification – denitrification）也称为亚硝酸型生物脱氮。

亚硝酸菌和硝酸菌虽然彼此为邻，但并无进化谱系上的必然性，完全可以独立生活。从氨的生物化学转化过程看，氨被氧化成 NO_3^- 是由两类独立的细菌完成的两个不同生物化学反应，也应该能够分开。这两类细菌的特征有明显的差异。对于反硝化菌，无论是 NO_2^- 还是 NO_3^- 均可以作为最终电子受体，因此整个生物脱氮过程可以通过 $NH_4^+ - N$ 到 $NO_2^- - N$ 到 N_2 这样的短途径来完成。所谓短程硝化/反硝化生物脱氮就是将硝化过程控制在 NO_2^- 阶段，随后进行反硝化。控制在亚硝酸型阶段易于提高硝化反应速率，缩短硝化反应时间，减小反应器容积，节省基建投资。此外，从亚硝酸菌的生物氧化反应可以知道，控制在亚硝酸型阶段可以节省氧化 $NO_2^- - N$ 为 $NO_3^- - N$ 所需的氧量。从反硝化的角度看，从 $NO_2^- - N$ 还原到 N_2 所需要的电子供体比从 $NO_3^- - N$ 还原到 N_2 所需要的电子供体要少，这对于低 C/N 比废水的脱氮是很有价值的。

氧限制自养硝化反硝化（OLAND）工艺由比利时GENT微生物生态实验室开发。研究表明，低溶解氧条件下亚硝酸菌增殖速率加快，补偿了由于低氧所造成的代谢活动下降，使得整个硝化阶段中氨氧化未受到明显影响。低氧条件下亚硝酸积累是由于亚硝酸菌对溶解氧的亲和力较硝酸菌强。亚硝酸菌氧饱和常数一般为 $0.2 \sim 0.4 mg/L$，硝酸菌为 $1.2 \sim 1.5 mg/L$。OLAND 工艺就是利用这两类菌动力学特性的差异，实现了在低溶解氧状态下淘汰硝酸菌和积累大量亚硝酸的目的。然后以 NH_4^+ 为电子供体，以 NO_2^- 为电子受体进行厌氧氨氧化反应产生 N_2。

OLAND 工艺与 SHARON 工艺同属亚硝酸型生物脱氮工艺。

15.1.3　污水生物除磷原理

城市污水中磷酸盐按物理特性可以划分为溶解态磷和颗粒态磷，按化学特性可以划分为正磷酸盐、聚合磷酸盐和有机磷酸盐。污水除磷方法包括两个必要的过程，首先将污水中溶解性含磷物质转化成不溶性颗粒形态，然后通过将颗粒固体去除从而达到污水除磷的目的。能够结合磷酸盐实现除磷的固体包括难溶性金属磷酸盐化学沉淀物和富磷的生物固体。根据产生固体颗粒的不同，除磷技术分为化学除磷和生物除磷。本节主要阐述污水生物除磷。

（1）污水生物除磷机理

生物除磷主要是利用聚磷菌（属于不动杆菌属、气单胞菌属和假单胞菌属等）在厌氧条件下释放磷和在好氧条件下蓄积磷的作用。

在厌氧条件下，聚磷菌在分解体内聚磷酸盐的同时产生三磷酸腺苷（ATP），聚磷菌利用 ATP 以主动运输方式将细胞外的有机物摄入细胞内，以聚 β - 羟基丁酸（PHB）及糖原等有机颗粒的形式储存在细胞内。聚磷菌在厌氧条件下释放出的磷是 ATP 的水解产物，反应式如下：

$$ATP + H_2O \rightarrow PDP + H_2PO_4 \tag{15-12}$$

应当说明，这里所谓的厌氧（anaerobic）条件是指既无分子氧也无氮氧化物氧（NO_x），以区别于只无分子氧的缺氧（anoxic）条件。

在好氧条件下，储存有机物的聚磷菌在有溶解氧和氧化态氮的条件下进行有机物代谢，同时产生大量的 ATP，产生的 ATP 大部分供给细菌合成和维持生命活动，一部分则用于合成磷酸盐蓄积在细菌细胞内。

上述释放和过量吸收磷的过程，可通过图 15-4 形象地描述。图中 ΔE_a 为主动运输能量，ΔE_m 为维持生命活动的能量，ΔE_s 为合成能量，ΔE_p 为合成聚合磷的能量。

（2）影响污水生物除磷的环境因素

1）厌氧/好氧条件的交替　生物除磷要求创造适合聚磷菌生长的环境，

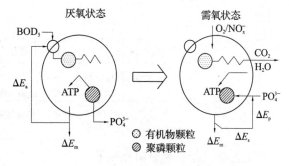

图 15-4　聚磷菌释放和吸收磷的代谢过程

从而使聚磷菌群体增殖。在工艺上可设置厌氧、好氧交替的环境条件，使聚磷菌获得选择性增长。聚磷菌在厌氧段大量吸收水中挥发性脂肪酸（VFAs），并在体内转化为聚 β - 羟基丁酸，聚磷菌进入好氧段后就无需同其他异养菌争夺水中残留的有机物，从而成为优势群体。在好氧反应池中，聚磷菌一方面进行磷的吸收和聚磷的合成，以聚磷的形式在细胞内存储磷酸盐，以聚磷酸高能键的形式捕积存储能量，将磷酸盐从液相中去除，另一方面合成新的聚磷菌细胞和存储细胞内糖，产生富磷污泥。

2）硝酸盐　硝酸盐在厌氧阶段存在时，反硝化细菌与聚磷菌竞争优先利用底物中甲酸、乙酸、丙酸等低分子有机酸，聚磷菌处于劣势，抑制了聚磷菌的磷释放。只有在污水中聚磷菌所需的低分子脂肪酸量足够时，硝酸盐的存在才可能不会影响除磷效果。

3）pH 与碱度　污水生物除磷好氧池的适宜 pH 为 6～8。污水中保持一定的碱度具有缓冲作用，可使 pH 维持稳定，为使好氧池的 pH 维持在中性附近，池中剩余总碱度宜大于 70mg/L。

4）BOD_5/TP　聚磷菌厌氧释磷时，伴随着吸收易降解有机物贮存于菌体内，若 BOD_5/TP 过低，影响聚磷菌在释磷时不能很好地吸收和贮存易降解有机物，从而影响其好氧吸磷，使除磷效果下降。《室外排水设计标准》GB 50014—2021 规定生物除磷时，BOD_5/TP 宜大于 17。

5）污泥龄　生物除磷主要是通过排除剩余污泥来实现的，因此剩余污泥的多少会对除磷效果产生影响，污泥龄短的系统产生的剩余污泥较多，可以取得较高的除磷效果。

6）温度　温度在 10～30℃，都可以取得较好的除磷效果。

15.1.4　污水生物除磷工艺

（1）弗斯特利普（Phostrip）除磷工艺

弗斯特利普除磷工艺实质上是生物除磷与化学除磷相结合的一种工艺。该工艺具有很高的除磷效果。

1）弗斯特利普除磷工艺流程

弗斯特利普除磷工艺流程如图 15-5 所示。

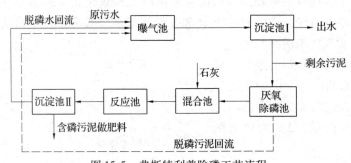

图 15-5　弗斯特利普除磷工艺流程

本工艺各设备单元的功能如下：

① 含磷污水进入曝气生物反应池，同步进入的还有由除磷池回流的已释放磷但含有聚磷菌的污泥。曝气生物反应池的功能是：使聚磷菌过量地摄取磷和去除有机物（BOD 或 COD），还希望产生硝化作用。

② 从曝气生物反应池流出的混合液（污泥含磷，污水已经除磷）进入沉淀池Ⅰ，在

这里进行泥水分离，含磷污泥沉淀，已除磷的上清液排放。

③ 含磷污泥进入除磷池，除磷池应保持厌氧（anaerobic）状态，含磷污泥在这里释放磷，并投加冲洗水，使磷充分释放，已释放磷的污泥沉于池底，并回流至曝气生物反应池，再次用于吸收污水中的磷。含磷上清液从上部流出进入混合池。

④ 含磷上清液进入混合池时，同步投加石灰乳，经混合后进入搅拌反应池，使磷与石灰反应，形成磷酸钙 $[Ca_3(PO_4)_2]$ 固体物质。

⑤ 沉淀池 II 为混凝沉淀池，经过混凝反应形成的磷酸钙固体物质在混凝沉淀池与上清液分离。已除磷的上清液回流至曝气生物反应池，而含有大量 $Ca_3(PO_4)_2$ 的污泥排出，这种含有高浓度磷的污泥可用做肥料。

2）弗斯特利普除磷工艺的特点

弗斯特利普除磷工艺已有很多应用实例，根据实际运行数据，该工艺有如下特征：

① 本法是生物除磷与化学除磷相结合的工艺，除磷效果良好，处理水中含磷量一般都低于 1mg/L。

② 本法产生的污泥中，含磷率较高，为 2.1% ~ 7.1%，污泥回流应经过厌氧除磷池。

③ 石灰用量一般较低，介于 21 ~ 31.8mgCa(OH)$_2$/m^{3}污水。

④ SVI < 100，污泥易于沉淀、浓缩、脱水，污泥肥分高，丝状菌难于增殖，污泥不膨胀。

⑤ 可根据 BOD/P 灵活调节回流污泥量与混凝污泥量的比例。

⑥ 本工艺流程较复杂，运行管理比较麻烦，投加石灰乳，运行和建设费用均较高。

⑦ 沉淀池 I 的底部可能形成缺氧状态而产生释磷现象，因此，应当及时排泥和回流。

（2）厌氧好氧生物除磷（A$_p$O）工艺

厌氧好氧生物除磷（A$_p$O）工艺的流程如图 15-6 所示。

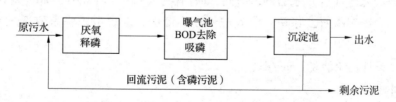

图 15-6 厌氧好氧生物除磷（A$_p$O）工艺流程

1）工艺特征

该工艺流程简单，既不投药，也无需考虑混合液回流，因此，建设及运行费用都较低，而且由于无混合液回流的影响，厌氧反应器能够保持良好的厌氧（或缺氧）状态。

根据该工艺实际应用情况，它具有如下特点：

① 污水在反应池内的停留时间较短，一般为 5 ~ 8h。

② 曝气生物反应池内污泥浓度一般为 2700 ~ 3000mg/L。

③ BOD 的去除率大致与一般传统活性污泥法系统相同，磷的去除率较好，处理水中

磷含量一般都低于 1.0mg/L, 去除率大致在 76% 。

④ 沉淀污泥含磷约 4% , 污泥的肥效较好。

⑤ 混合液的 SVI≤100, 污泥易沉淀, 不膨胀。

根据试验与运行实践也发现本工艺具有如下问题:

① 除磷率难于进一步提高, 因为微生物对磷的过量吸收是有一定限度的, 特别是当进水 BOD 不高或废水中含磷量过高时, 即 BOD/P 低时, 由于污泥产量低, 将更是如此。

② 在沉淀池内容易产生磷的释放现象, 特别是当污泥在沉淀池内停留时间较长时更是如此。

2) 影响因素

① 好氧反应池中的溶解氧应维持在 2mg/L 以上。聚磷菌对磷的吸收和释放是可逆的, 其控制因素是溶解氧浓度。溶解氧浓度高易于吸收, 低则易于释放。

② pH 应控制在 7~8。有研究表明: 当 pH 为 6 以下时, 混合液中的磷在 1h 内急剧增加; 当 pH 为 7~8 时, 含磷量减少, 且比较稳定。

③ 原水中的 BOD_5 浓度应在 50mg/L 以上。据研究, 向废水中投加有机物可提高磷的吸收率。因此废水中的有机物必须保证有一定的浓度。

④ 好氧池曝气时间不宜过长, 污泥在沉淀池中的停留时间宜尽可能短, 因为聚磷菌吸收磷是可逆的。

3) 工艺设计计算

① 按污泥负荷法或泥龄法计算

② 按水力停留时间法

按水力停留时间先计算出厌氧池 (区) 容积 V_P:

$$V_P = \frac{t_P Q}{24} \tag{15-13}$$

式中 t_P——厌氧池 (区) 水力停留时间, h, 宜为 1~2h (若 t_P 小于 1h, 磷释放不完全, 会影响磷的去除率; 但 t_P 过长亦不经济, 综合考虑除磷效率和经济性, 取 $t_P = 1~2h$);

Q——设计污水流量, m^3/d。

4) 设计参数

厌氧/好氧法 (A_PO 法) 生物除磷的主要设计参数, 宜根据试验资料确定; 无试验资料时, 可采用经验数据或按表 15-4 的规定取值。

厌氧/好氧法 (A_PO) 生物除磷的主要设计参数   表 15-4

项目	单位	参数值
BOD_5 污泥负荷 L_s	kgBOD$_5$/(kgMLSS·d)	0.4~0.7
污泥浓度 (MLSS) X	g/L	2.0~4.0
污泥龄 θ_c	d	3.5~7

项目	单位	参数值
污泥产率系数 Y	kgVSS/kgBOD$_5$	0.4 ~ 0.8
污泥含磷率	kgTP/kgVSS	0.03 ~ 0.07
需氧量 O$_2$	kgO$_2$/kgBOD$_5$	0.7 ~ 1.1
水力停留时间 HRT	h	5 ~ 8h 其中厌氧段 1 ~ 2h
污泥回流比 R	%	40 ~ 100
总处理效率 η	%	80 ~ 90 (BOD$_5$)
	%	75 ~ 85 (TP)

5）应用实例

表 15-5 列出了一些厌氧好氧活性污泥法（A$_p$O 法）脱磷的数据。

A$_p$O 法脱磷的数据

表 15-5

实例	运行条件		进水/出水水质（mg/L）			污泥含磷（%）		规模	处理水量（m³/d）
	MLSS（mg/L）	停留时间（h）厌氧池 + 需氧池	BOD	P	TN	以 MLSS 计	以 MLVSS 计		
1	—	1.2 + 2.1	110/10	8.4/0.9	—	5	—	生产性	11400
2	2700	1.8 + 3.2	47/5.9	3.8/0.7	32.7/28.7	4 ~ 4.7	6.1	中试	50
3	2990	1.0 + 3.0	180/4	5.2/0.3	—		4 ~ 4.7	中试	5
4	2800	3.0 + 3.0	130/27	3.6/0.7	—			中试	36

（3）反硝化除磷工艺

近年来研究发现，在厌氧、缺氧、好氧交替的环境下，活性污泥中除了以氧为电子受体的聚磷菌 PAO 外，还存在一种反硝化聚磷菌（*Denitri - fying Phosphorus Removing Bacteria*，简称 DPB）。DPB 能在缺氧环境下以硝酸盐为电子受体，在进行反硝化脱氮反应的同时过量摄取磷，从而使摄磷和反硝化脱氮这两个传统观念认为互相矛盾的过程能在同一反应池内一并完成。其结果不仅减少了脱氮对碳源（COD）的需要量，而且摄磷在缺氧区内完成可减小曝气生物反应池的体积，节省曝气的能源消耗。此外，产生的剩余污泥量亦有望降低。

图 15-7 所示的反硝化除磷（Dephanox）工艺采用固定膜硝化及交替厌氧和缺氧流程。世代时间长的硝化细菌固定在生物膜上，不随回流污泥暴露在缺氧条件下。交替厌氧和缺氧则为缺氧摄磷提供了条件，实测结果表明，DPB 的除磷效果相当于总除磷量的 50%。用于处理生活污水时，与 A$_p$O 法相比，可节省 30% 的 COD。

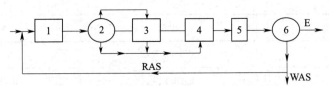

图 15-7 反硝化除磷（Dephanox）工艺流程

1—厌氧池；2—沉淀池；3—固定膜硝化反应池；4—反硝化摄磷池；5—后曝气池；

6—终沉池；E—出流；RAS—回流污泥；WAS—剩余污泥

15.1.5 同步脱氮除磷

（1）AAO 法同步脱氮除磷工艺

1）工艺特征

AAO（A^2/O）工艺，是英文 Anaerobic - Anoxic - Oxic 第一个字母的简称，亦称厌氧—缺氧—好氧工艺，如图 15-8 所示。

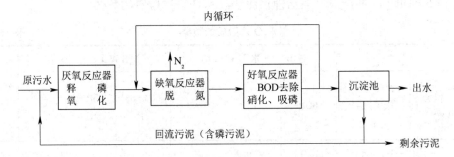

图 15-8 AAO 法同步脱氮除磷工艺流程

图 15-8 中各单元的功能分别是：原污水进入厌氧反应池，同时进入的还有从沉淀池排出的含磷回流污泥，该反应池的主要功能是污泥释放磷，同时将部分有机物进行氨化。污水经过厌氧反应池后进入缺氧反应池，缺氧反应池的首要功能是脱氮，硝态氮由好氧反应池内回流混合液送入，混合液回流量较大，回流比≥200%。然后污水从缺氧反应池进入好氧反应池（曝气池），这一反应池是多功能的：去除 BOD、硝化和吸收磷等多项功能都在该反应池内完成。沉淀池的功能是泥水分离，上清液作为出水排放，污泥的一部分回流至厌氧反应池，另一部分作为剩余污泥排放。

该工艺的特点是：在系统上可以称为是最简单的同步脱氮除磷工艺，总的水力停留时间少于其他同类工艺；在厌氧、缺氧、好氧交替运行条件下，丝状菌不能大量增殖，无污泥膨胀之虞，SVI 一般小于 100；污泥中含磷浓度高，具有很高的肥效。运行中不需投药，厌氧、缺氧两反应池只需轻缓搅拌，以达到泥水混合之度，运行费用低。

该工艺也存在如下待解决的问题：污泥增长有一定的限度，除磷效果不易再行提高，特别是当 BOD/P 较低时更是如此；脱氮效果也难于进一步提高，混合液回流量较大，能耗高；进入沉淀池处理的出水要保持一定的溶解氧浓度，以防止产生厌氧状态和污泥释磷现象出现，但溶解氧浓度又不能过高，以防回流混合液中的溶解氧干扰缺氧反应池的反应。

2）工艺计算及设计参数

生物反应池的总水力停留时间为 10 ~ 23h。

AAO 法生物脱氮除磷的主要设计参数，宜根据试验资料确定；无试验资料时，可采用经验数据或按表 15-6 的规定取值。

厌氧/缺氧/好氧法（AAO 法，又称 A^2O 法）生物脱氮除磷的主要设计参数　表 15-6

项目	单位	参数值
BOD_5 污泥负荷 L_s	$kgBOD_5/(kgMLSS \cdot d)$	0.05 ~ 0.10
污泥浓度（MLSS）X	g/L	2.5 ~ 4.5
污泥龄 θ_c	d	10 ~ 22
污泥产率系数 Y	$kgVSS/kgBOD_5$	0.3 ~ 0.6
需氧量 O_2	$kgO_2/kgBOD_5$	1.1 ~ 1.8
水力停留时间 HRT	h	10 ~ 23
		其中厌氧 1 ~ 2
		缺氧 2 ~ 10
污泥回流比 R	%	20 ~ 100
混合液回流比 R_i	%	≥200
总处理效率 η	%	85 ~ 95（BOD_5）
	%	60 ~ 85（TP）
	%	60 ~ 85（TN）

（2）巴颠甫（Bardenpho）脱氮除磷工艺

该工艺是以高效同步脱氮、除磷为目的而开发的，其工艺流程如图 15-9 所示。

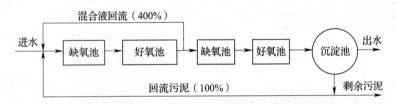

图 15-9　巴颠甫（Bardenpho）脱氮除磷工艺流程

该工艺各组成单元的功能如下：

1）原污水进入第一缺氧反应池，该单元的首要功能是反硝化脱氮，含硝态氮的污水通过混合液回流来自第一好氧反应池；第二功能是使从沉淀池回流的污泥释放磷。

2）污水经第一缺厌氧反应池处理后进入第一好氧反应池，它的功能有三个：首要功能是去除由原污水带入的有机污染物 BOD；其次是硝化，但由于 BOD 浓度还较高，因此，硝化程度较低，产生的 $NO_3^- - N$ 也较少；再次是聚磷菌吸收磷。按除磷机理，只有在 NO_x^- 较低时，才能取得良好的除磷效果，因此，在第一好氧反应池内，吸磷效果不会太好。

3）然后污水进入第二缺氧反应池，其功能与第一缺氧反应池相同，一是脱氮，二是释磷，以前者为主。

4）污水第二缺氧反应池后进入第二好氧反应池，其功能主要是吸收磷，其次是进一步硝化和进一步去除 BOD。

5）沉淀池的主要功能是泥水分离，上清液作为出水排放，含磷污泥的一部分作为回流污泥回流到第一缺氧反应池，另一部分作为剩余污泥排出系统。

从上述可知，无论哪一种反应，在系统中都反复进行，因此本工艺脱氮、除磷的效果很好，脱氮率达 90%～95%，除磷率 97%。缺点是工艺较复杂，反应单元多，运行繁琐，成本较高。

（3）Phoredox 工艺

由于发现混合液回流中的硝酸盐对生物除磷有非常不利的影响，通过 Bardenpho 工艺的中试研究，Barnard 于 1976 年提出了 Phoredox 生物除磷脱氮工艺。它是在 Bardenpho 工艺的前端增设一个厌氧池，反应池的排序为厌氧/缺氧/好氧/缺氧/好氧，混合液从第一好氧池回流到第一缺氧池，污泥回流到厌氧池的进水端。该工艺又称五段 Bardenpho 工艺或改良型 Bardenpho 工艺。它通常按低污泥负荷（较长泥龄）方式设计和运行，目的是提高脱氮率。

（4）UCT 工艺

UCT 工艺是将污泥回流到缺氧池而不是厌氧池，在缺氧池和厌氧池之间建立第二套混合液回流，使进入厌氧池的硝态氮负荷降低。在 UCT 工艺中，来自好氧池的回流量需加以控制，使进入厌氧池的硝态氮负荷尽可能小。但这样一来，该工艺过程的反硝化作用就被削弱了，脱氮潜力得不到充分发挥。UCT 工艺的 TKN/COD 上限为 0.12～0.14，超过此值就不能达到预期的除磷效果。UCT 工艺的厌氧、缺氧、好氧池是单个反应池，通常采用机械曝气，完全混合流态，串联组合，泥龄 13～25d，工艺过程的典型水力停留时间为 24h。

（5）VIP 工艺

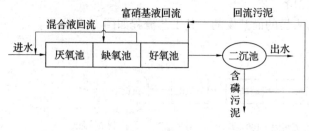

图 15-10　VIP 除磷脱氮工艺流程

VIP 工艺（图 15-10）与 UCT 工艺非常类似，两者的差别主要在于池型构造和运行参数方面。VIP 工艺的反应池由多个完全混合型反应格串联组成，采用分区方式，每区由 2～4 格组成，通常采用空气曝气，泥龄 4～12d，工艺过程的典型水力停留时间为 6～7h。VIP 工艺的有机负荷高于 UCT 工艺，污泥龄短，系统总容积也较小。两者的对比见表 15-7。

VIP 工艺与 UCT 工艺的比较　　　　　　　　　　　　　　　　　　　　表 15-7

VIP 工艺	UCT 工艺
（1）多个完全混合型反应格组成	（1）厌氧、缺氧、好氧区是单个反应池
（2）流程采用分区方式，每区由 2～4 格组成	（2）每个反应池都是完全混合的
（3）SRT 为 4～12d	（3）SRT 为 13～25d，通常为 20d，污泥得到稳定
（4）污泥回流通常与混合液回流混合在一起	（4）污泥直接回流到缺氧池
（5）来自缺氧区的缺氧混合液回流与进水混合	（5）从完全混合的缺氧池将缺氧混合液直接回流到厌氧池
（6）工艺过程的典型水力停留时间为 6～7h	（6）工艺过程的典型水力停留时间为 24h

（6）氧化沟同步脱氮除磷工艺

严格地说，氧化沟不属于专门的生物除磷脱氮工艺。但氧化沟特有的廊道式布置形式为厌氧、缺氧、好氧的运行方式提供了得天独厚的条件，因此，将氧化沟设计或改造成脱氮除磷工艺是不难的。关键是工艺参数、功能分区和操作方式的选择。

奥贝尔（Orbal）氧化沟是在氧化沟内设置厌氧区、缺氧区和好氧区，使之具有脱氮除磷功能的氧化沟。如生物除磷要求较高，也可在氧化沟前设单独的厌氧池（图15-11）。

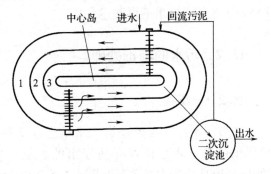

图15-11 奥贝尔氧化沟

奥贝尔氧化沟的脱氮除磷机理可以分析如下：

由第一沟道（外沟道）进水，第三沟道（内沟道）出水。三个沟道的 DO 从外到内控制在 0、1mg/L、2mg/L。大多数 BOD 在外沟道去除，并同时进行硝化反硝化，反硝化几乎全部在此进行。奥贝尔氧化沟三条沟道的功能特别是外沟的功能由供氧决定，当系统只要求脱氮不要求除磷时，相当于 A/O 脱氮工艺；当系统要求同时脱氮除磷时，相当于 AAO 工艺。

氧化沟作为 AAO 工艺运行时，外沟的供氧从 50% 降为 35%，供氧用于去除大部分 BOD、活性污泥内源呼吸和约 40% TKN 的硝化，系统脱氮率降低，但这时外沟亏氧加剧，沟中除部分区域是缺氧和好氧外，还有相当一部分处于厌氧状态，既无溶解氧，又无硝态氮氧，为聚磷菌的释磷提供了厌氧环境，再经中沟、内沟的超量吸磷达到除磷效果。显然，除磷是以牺牲脱氮率来实现的。Orbal 氧化沟 AAO 工况时的脱氮率比 A/O 工况时要低，如果希望提高脱氮率，只有通过调节混合液回流实现。中沟起调节缓冲作用，当外沟处理效率不够理想时，中沟可以近似按外沟工况运行，调低 DO，补充外沟的不足，当外沟处理效果很好，需要加强后续好氧工况时，中沟可按内沟状态运行，调高 DO，使整个系统具有较大的调节缓冲能力。

当氧化沟前设置单独的厌氧池进行生物脱氮除磷时，厌氧池的计算与 AAO 工艺的厌氧池计算相同。

（7）序批式反应器（SBR）同步脱氮除磷工艺

SBR 工艺用于脱氮除磷时，其运行方式分为 6 期 4 阶段：

1）进水厌氧段（进水期），为使微生物与底物有充分的接触，可以只搅拌混合而不曝气，保证混合液处于厌氧状态。

2）曝气-好氧段（好氧反应期），进水结束后进行充氧曝气，该阶段在反应池内进行碳氧化、硝化和磷的吸收，好氧反应期的历时一般由要求处理的程度决定。

3）停止曝气-缺氧段（缺氧反应期），在此阶段停止曝气，保持搅拌混合。主要是在缺氧条件下进行反硝化，达到脱氮的目的，缺氧反应期不宜过长，以防止聚磷菌过量吸收的磷发生释放。

4）沉淀-排水段（沉淀期和排水期），此阶段反应池内混合液先进行固液分离，然后排放处理后出水。由于是静置沉淀，所以沉淀效率较高，沉淀历时一般 1.0h，而排水期的长短由一个周期的处理水量和排水设备决定。

5）闲置期，当处理系统为多池运行时，反应池会有一个闲置期，在此期可从反应池排出废弃富磷的活性污泥。

目前，工程上具有脱氮除磷功能的 SBR 工艺还有不少，例如 ICEAS、CASS、UNI-TANK 工艺等。这里不再赘述。

15.2 污水的消毒处理

15.2.1 概述

城市污水经深度处理后，水质已经改善，细菌含量也大幅度减少，但细菌的绝对值仍很可观，并存在着有病原菌的可能。《城镇污水处理厂污染物排放标准》GB 18918—2002 将粪大肠菌群列为基本控制项目。该标准规定执行二级标准和一级 B 类标准的污水处理厂，粪大肠菌群最高允许排放浓度不超过 10000 个/L，执行一级 A 类标准的不超过 1000 个/L。《室外排水设计标准》GB 50014—2021 规定，深度处理的再生水必须进行消毒。

污水消毒的主要方法是向污水中投加消毒剂。目前用于污水消毒的消毒剂有液氯、臭氧、次氯酸钠、紫外线等。这些消毒剂的优缺点与适用条件见表 15-8。

消毒剂优缺点及适用条件

表 15-8

名称	优点	缺点	适用条件
液氯	效果可靠，投配设备简单，投量准确，价格便宜	氯化形成的余氯及某些含氯化合物低浓度时对水生物有毒害；当污水含工业废水比例大时，氯化可能生成致癌物质	适用于大、中型污水处理厂
臭氧	消毒效率高并能有效地降解污水中残留有机物、色、味等，污水 pH 与温度对消毒效果影响很小，不产生难处理的或生物积累性残余物	投资大、成本高，设备管理较复杂	适用于出水水质较好，排入水体的卫生条件要求高的污水处理厂
次氯酸钠	用海水或浓盐水作为原料，产生次氯酸钠，可以在污水处理厂现场产生并直接投配，使用方便，投量容易控制	需要有次氯酸钠发生器与投配设备	适用于中、小型污水处理厂
紫外线	是紫外线照射与氯化共同作用的物理化学方法，消毒效率高	紫外线照射灯具货源不足，电耗能量较多	适用于小型污水处理厂

15.2.2 氯消毒

（1）液氯消毒

1）消毒原理

液氯消毒的原理是氯投入水中后有下列反应：

$$Cl_2 + H_2O \rightarrow HOCl + HCH$$

$$HOCl \rightarrow H^+ + OCl^-$$

其中所产生的次氯酸 $HOCl^-$，是极强消毒剂，可以杀灭细菌和病原体。消毒的效果与水温，pH、接触时间、混合程度、污水浊度及所含的干扰物质、有效氯浓度有关。液氯消毒的工艺流程如图 15-12 所示。

2）设计参数

污水处理后出水的加氯量应根据试验资料或类似运行经验确定。无试验资料时，二级处理出水可采用 5～15mg/L，再生水的加氯量按卫生学指标和余氯量确定。

混合池设计历时为 5～15s，当用鼓风混合时，鼓风强度为 $0.2m^3/(m^3 \cdot min)$。当采用隔板式混合时，池内平均流速不应小于 0.6m/s。

接触消毒池的接触时间不应小于 30min，沉降速度采用 1～1.3mm/s。保证余氯量不少于 0.5mg/L。

【例 15-1】已知设计污水流量 $Q_1 = 150000m^3/d = 6250m^3/h$（包括水厂用水量），拟采用投液氯消毒，最大投氯量为 $a = 5mg/L$，接触消毒池水力停留时间 $T = 0.5h$，仓库储氯量按 30d 计。试设计计算该接触消毒池。

【解】1）加氯量 Q：

$$Q = 0.001aQ_1 = 0.001 \times 5 \times 150000 = 750kg/d = 31.25kg/h$$

储氯量 G

$$G = 30Q = 30 \times 750 = 22500kg$$

2）氯瓶及加氯机：

① 氯瓶数量　采用容量为 1000kg 的氯瓶，共 23 只。

② 氯机选型　采用 5～45kg/h 加氯机 2 台，1 用 1 备。

3）按接触时间要求计算消毒池有效容积 V：

$$V = QT = 6250 \times 0.5 = 3125m^3$$

消毒池池体具体尺寸设计示意见图 15-13。

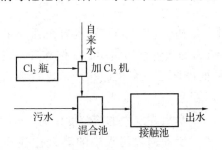

图 15-12　液氯消毒工艺流程

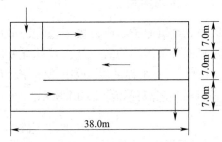

图 15-13　接触消毒池池体尺寸设计示意

消毒池分格数 $n = 3$；

消毒池有效水深设计为 $H = 4.0m$；

消毒池池长 $L = 38m$，每格池宽 $b = 7.0m$，长宽比 $L/b = 5.4$；

消毒池总净宽 $B = nb = 3 \times 7.0 = 21.0m$；

接触池设计为纵向折流反应池。在第一格，每隔 7.6m 沿纵向设垂直折流板，第二格，每隔 12.67m 沿纵向设垂直折流板，第三格不设。

4) 校核接触消毒池实际有效容积 V'：

$V' = BLH = 21.0 \times 38.0 \times 4.0 = 3192.0 m^3 > 3125 m^3$，满足有效停留时间要求。

（2）二氧化氯消毒

二氧化氯消毒也是氯消毒法的一种，它一般只起氧化作用，不起氯化作用，因此它与水中有机物形成的消毒副产物比液氯消毒少得多。二氧化氯在碱性条件下仍具有很好的杀菌能力，在 pH = 6~10 范围内，二氧化氯的杀菌效率几乎不受 pH 影响。二氧化氯与氨不起作用，因此可用于高氨废水的杀菌。二氧化氯的杀菌消毒能力虽次于臭氧但高于液氯。与臭氧消毒相比，其优点在于它有剩余消毒效果且无氯臭味。通常情况下，二氧化氯不能储存，只能用二氧化氯发生器现制现用。

在城市污水深度处理工艺中，二氧化氯投加量与原水水质有关，实际投加量应试验确定，并应保证管网末端有 0.05mg/L 的剩余氯。二氧化氯消毒应使污水与二氧化氯进行混合和接触，接触时间不应小于 30min。

（3）次氯酸钠消毒

次氯酸钠可用次氯酸钠发生器，以海水或食盐水为电解液电解产生：

$$2NaOH + Cl_2 \rightarrow NaOCl + NaCl + H_2O$$

次氯酸钠的消毒也是依靠 OCl^- 的作用，即：

$$NaOCl + H_2O \rightarrow HOCl + NaOH$$

从次氯酸钠发生器产生的次氯酸可直接注入污水，进行接触消毒。

次氯酸钠是近年来污水处理厂使用较多的一种消毒剂，因其系统简单、副作用小、使用方便而受欢迎，尤其是在污水处理厂提标改造工程中，所耗投资较低，增加的设备设施简单，安全隐患小。

次氯酸钠溶液宜低温、避光储存，储存时间不宜大于 7d。

次氯酸钠消毒后应进行混合和接触，接触时间不应小于 30min。

15.2.3 臭氧消毒

臭氧由 3 个氧原子组成，极不稳定，分解时产生初生态氧 [O]，具有极强的氧化能力，是除氟以外最活泼的氧化剂，对具有极强抵抗力的微生物如病毒、芽孢等具有很强的杀伤力。[O] 还有很强的渗入细胞壁的能力，从而破坏细菌有机链状结构导致细菌的死亡。臭氧消毒工艺流程如图 15-14 所示。

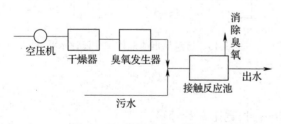

图 15-14 臭氧消毒工艺流程

臭氧在水中的溶解度仅为 10mg/L 左右，因此通入污水中的臭氧往往不可能全部被利用，为了提高臭氧的利用率，接触反应池最好建成水深为 4~6m 的深水池，或建成封闭的几格串联的接触池，用管式或板式微孔扩散器扩散臭氧。臭氧消毒迅速，接触时间可采用 15min，能够维持的剩余臭氧量为0.4mg/L。接触池排出的剩余臭氧，具有腐蚀性，因此需作尾气破坏处理。臭氧不能贮存，需现场边发生边使用。臭氧消毒具有如下特点：

1）反应快，投量少，在水中不产生持久性残余，无二次污染；

2）适应能力强，在pH=5.6~9.8，水温0~35℃范围内，消毒性能稳定；

3）臭氧没有氯那样的持续消毒作用。

臭氧消毒接触池设计为如图15-15所示的类型时，其容积可采用式（15-14）计算：

$$V = \frac{QT}{60} \tag{15-14}$$

式中　V——接触池容积，m^3；

　　　Q——所需消毒的污水流量，m^3/h；

　　　T——水力停留时间，min，一般取5~15min。

图15-15中，接触池的2、4室的容积和布气量可按6:4分配，1、3、5室的水流速度可取5~10cm/s。池顶应密封，以防尾气漏出。当臭氧发生器低于接触池顶时，进气管应先上弯到池顶以上再下弯到接触池内，以防池中的水倒流入臭氧发生器。

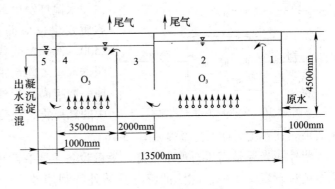

图15-15　臭氧接触池

通常，接触池的深度取4~6m，可保证臭氧和水的接触时间大于15min。

臭氧需要量可按式（15-15）计算：

$$D = 1.06aQ \tag{15-15}$$

式中　D——臭氧需要量，g/h；

　　　a——臭氧投加量，g/m^3；

　1.06——安全系数；

　　　Q——所需消毒的污水流量，m^3/h。

【例15-2】已知设计污水流量$Q=2000m^3/h$（包括水厂用水量），拟采用臭氧消毒，经试验确定其最大投加臭氧量$a=2mg/L$。试设计计算采用图15-15所示的臭氧消毒接触池。

【解】1）臭氧消毒接触池设计计算

① 容积　取水力停留时间$T=9min$，则臭氧消毒接触池容积为：

$$V = \frac{QT}{60} = \frac{2000 \times 9}{60} = 300m^3$$

② 尺寸设计　设池宽为5.2m，其余尺寸如图15-15所示，则其容积为：

$$V = 5.2 \times 4.5 \times 13.5 = 316m^3 > 300m^3，满足有效停留时间要求。$$

③ 1、3、5室的水流速度v_1、v_3、v_5计算：

$$v_1 = v_5 = \frac{2000 \times 10^2}{3600 \times 5.2 \times 1.0} = 10.7cm/s$$

$$v_3 = \frac{1}{2}v_1 = 5.4\text{cm/s}$$

2）臭氧发生器所需空气量计算

① 臭氧需要量：

$$D = 1.06aQ = 1.06 \times 2 \times 2000 = 4240\text{g/h}$$

② 臭氧化所需空气量　取臭氧化空气的臭氧含量 $c = 10\text{g/m}^3$，则臭氧化所需空气量为

$$V_{\mp} = \frac{D}{c} = \frac{4240}{10} = 424\text{m}^3/\text{h}$$

15.2.4　紫外线消毒

（1）工作原理

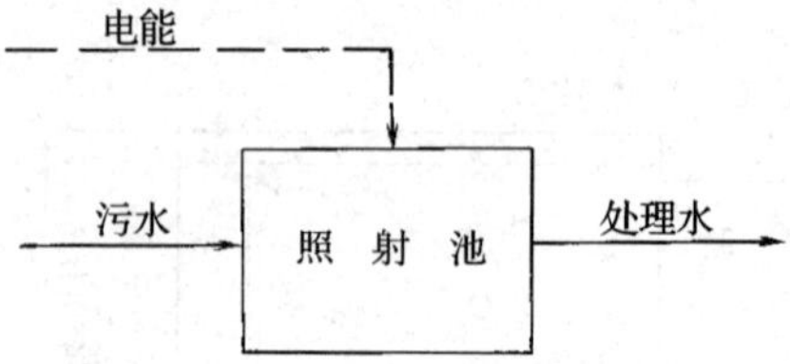

图 15-16　紫外线消毒工艺流程

水银灯发出的紫外光，能穿透细胞壁并与细胞质发生反应而达到杀菌消毒的目的。波长为 2500～3600Å 的紫外光杀菌能力最强。紫外光需照透水层才能起消毒作用，因此处理水水质光传播系数越高，紫外线的消毒效果越好。所以污水中的悬浮物、浊度、有机物都会干扰紫外光的杀菌效果。紫外线消毒工艺流程见图 15-16。

紫外线光源是高压石英水银灯，杀菌设备主要有两种：浸水式和水面式。浸水式是把石英灯管置于水中，此法的特点是紫外线利用效率较高，杀菌效能好，但设备的构造较复杂。水面式的构造简单，但由于反光罩吸收紫外线以及光线散射，杀菌效果不如前者。

紫外线消毒和液氯消毒比较，具有如下优点：① 消毒速度快，效率高。据试验证实，经紫外线照射几十秒钟即能杀菌，一般大肠杆菌的平均去除率可达 98%，细菌总数的平均去除率为 96.6%。此外还能去除液氯法难以杀死的芽孢和病毒。② 不影响水的物理性质和化学成分，不增加水的臭和味。③ 操作简单，便于管理，易于实现自动化。紫外线消毒的缺点是：不能解决消毒后管网中的再污染问题，电耗较大，受水中悬浮杂质影响大等。

（2）影响因素

1）紫外透光率　紫外透光率是废水透过紫外光能力的量度，它是设计紫外消毒系统的重要依据。

2）悬浮固体　悬浮固体会通过吸收和散射降低废水中的紫外光强度。用紫外消毒的废水悬浮固体浓度要严格控制，一般不宜超过 20mg/L。

3）悬浮固体颗粒分布　溶液中所含悬浮固体颗粒分布不同，杀菌所需的紫外光的剂量也不同，因为颗粒尺寸影响紫外光的穿透能力。小于 $10\mu\text{m}$ 的粒子容易被紫外光穿透，$10\sim40\mu\text{m}$ 的粒子可以被紫外光穿透，但紫外光量需要增加，而大于 $40\mu\text{m}$ 的粒子则很难被紫外光穿透。为提高紫外光的利用率，宜对二级处理出水进行过滤去除大颗粒悬浮固体后再进行紫外消毒处理。

4）无机化合物　在废水处理过程中，为提高处理效果，有时会向水中投加金属盐，

比较常用的是铝盐或铁盐絮凝剂。

（3）设计参数

紫外线消毒系统的消毒能力可用辐照剂量（简称剂量）来表示，用剂量率（Doesrate）表示紫外线杀灭微生物作用的强度，包括紫外线灯的发射波长、停留时间、紫外线灯到水体任何位置的距离和灯的辐射强度等。实际应用中，用紫外线灯辐射强度和照射接触时间这两个参数来决定剂量率。用化学药剂消毒时，采用 CT（化学剂浓度和接触时间的乘积）来表示化学剂剂量，紫外线消毒时则采用 IT（紫外线强度和接触时间的乘积）来表示紫外线剂量。

《室外排水设计标准》GB 50014—2021 规定的污水紫外线消毒的设计参数如下：

1）污水的紫外线剂量宜根据试验资料或类似运行经验确定；无试验资料时，也可采用下列设计值：二级处理的出水为 $15 \sim 25 \mathrm{mJ/cm^2}$；再生水为 $24 \sim 30 \mathrm{mJ/cm^2}$。

2）紫外线照射渠的设计，应符合下列要求：照射渠水流均布，灯管前后的渠长度不宜小于 1m；水深应满足灯管的淹没要求，一般为 $0.65 \sim 1.0 \mathrm{m}$。

3）紫外线照射渠不宜少于 2 条。当采用 1 条时，宜设置超越渠。

表 15-9 为一些城镇污水处理厂消毒的紫外线剂量值。表 15-10 为城镇污水处理厂紫外线消毒的应用实例。

一些城镇污水处理厂消毒的紫外线剂量 　　　　　　　表 15-9

厂名	拟消毒的水	紫外线剂量（$\mathrm{mJ/cm^2}$）	建成时间（年）
上海市长桥污水处理厂	$A_N O$ 二级出水	21.4	2001
上海市龙华污水处理厂	二级出水	21.6	2002
无锡市新城污水处理厂	二级出水	17.6	2002
深圳市大工业区污水处理厂（一期）	二级出水	18.6	2003
苏州市新区第二污水处理厂	二级出水	17.6	2003
上海市闵行区污水处理厂	$A_N O$ 二级出水	15.0	1999

城镇污水处理厂紫外线消毒的应用实例 　　　　　　　表 15-10

污水水质	水质特点	工程实例	处理规模（$\times 10^4 \mathrm{m^3/d}$）	紫外消毒系统
低质污水（只经过 1 级处理或 1 级强化处理的污水）	TSS 50 ~ 150mg/L 紫外穿透率 5%~25%	美国夏威夷沙岛污水处理厂（世界上最大的用紫外线对低质污水消毒的城市污水处理厂）	56	明渠式中压灯
合流管道溢流废水	水质可以在短时间内大幅度变化，如 TSS 可在 10 ~ 100mg/L，紫外穿透率可在 5%~70% 间变化	美国 Village Creek 污水处理厂（目前世界上最大的紫外线污水消毒系统）	136	明渠式中压灯

污水水质	水质特点	工程实例	处理规模 ($\times 10^4 m^3/d$)	紫外消毒系统
再生水（消毒标准严格）	低浊度、高紫外穿透率。出水浊度一般不超过2NTU，紫外穿透率一般在65%～80%	美国加利福尼亚州SantaRosa污水处理厂（世界上最大的用紫外线消毒技术的再生水处理厂）	25	明渠式中压灯
常规二级生化处理后的污水（紫外线污水消毒应用最为普遍的领域）	TSS一般在10～30mg/L 紫外穿透率在40%～70%	美国Valley Creek污水处理厂（在建，世界上最大的紫外线污水消毒系统）227明渠式中压灯	227	明渠式中压灯
		上海闵行污水处理厂	5	低压高强度灯
		香港石湖墟污水处理厂	24	低压高强度灯
		深圳市龙岗大工业区污水处理厂	5.6	低压高强度灯
		上海长桥污水处理厂	2.2	低压高强度灯
		上海松江北区污水处理厂	8	低压高强度灯
		无锡新区污水处理厂	3	低压高强度灯
		苏州新区第二污水处理厂	4	低压高强度灯
		上海龙华污水处理厂	10.5	低压高强度灯

15.3 污水的回用处理

15.3.1 悬浮物的去除

为提高二级处理出水的水质，提升深度处理和污水脱氮除磷效果，去除这些残留的悬浮物是必要的。采用的处理技术一般根据悬浮物的状态和粒径而定：呈胶体状态的粒子，一般采用混凝沉淀法去除；粒径在1μm以上的颗粒，一般采用砂滤去除；粒径从几百埃到几十微米的颗粒，可用微滤技术去除；而粒径在1000Å至几埃的颗粒，则应采用去除溶解性盐类的膜技术加以去除。

（1）混凝沉淀

混凝沉淀是污水深度处理常用的一种技术。混凝沉淀工艺去除的对象是污水中呈胶体和微小颗粒状态的有机和无机污染物，也能去除污水中的某些溶解性物质，如砷、汞等。还可有效地去除能够导致缓流水体富营养化的氮、磷等。从感官上讲，混凝沉淀是去除污水中的浊度和色度。

采用混凝法去除污水中的有机物，去除效果良好，但投药量较大，如采用商品浓度的工业硫酸铝，往往需要投加50～100mg/L，这会产生大量的含水率很高（可达99.0%以上）的污泥，且难于脱水，给污泥处置带来很大困难。

污水深度处理采用混凝沉淀工艺时，投药混合设施中平均速度梯度值宜采用300s^{-1}，混合时间宜采用30~120s。混凝沉淀工艺的设计，宜符合下列要求：混合反应时间为5~20min；平流沉淀池的沉淀时间为2.0~4.0h，水平流速为4.0~12.0mm/s；上向流斜管沉淀池表面水力负荷宜为4.0~7.0m³/（m²·h），侧向流斜板沉淀池表面水力负荷可采用5.0~9.0m³/（m²·h）。

（2）过滤

滤池是污水回用保证再生水水质的关键过程，但如将给水处理过滤技术直接用于废水处理过滤，由于截留的废水处理污泥黏度大而且易破碎，污泥很快在滤料表面积聚，形成泥封，如加大水头，污泥又很容易穿透滤层。经过多年针对废水处理的特点进行试验研究，人们开发出了适合废水特点的过滤技术，并应用到工程上，从而使污水回用得以顺利实现。

1）污水深度处理中过滤的主要作用：

① 进一步去除废水二级处理后的生物絮体和胶体物质，显著降低出水的悬浮物含量和浊度，为出水的安全回用提供保证；

② 进一步去除废水的 BOD、COD，对重金属、细菌、病毒也有很高的去除率；

③ 去除化学絮凝过程产生的铁盐、铝盐、石灰等沉积物；

④ 去除化学法除磷时水中的不溶性磷；

⑤ 在活性炭吸附或离子交换之前，作为预处理设施提高处理装置的安全性和处理效率；

⑥ 减少废水消毒的费用。

2）二级处理出水过滤的主要特点：

① 在一般情况下，不需要投加药剂。但由于胶体污染物难于通过过滤法去除，滤后水的浊度有可能欠佳，在这种情况下应考虑投加一定的药剂。如处理水中含有溶解性有机物，则应考虑采用活性炭吸附法去除。

② 反冲洗困难，二级处理出水的悬浮物多是生物絮凝体，在滤料层表面较易形成一层滤膜，致使水头损失迅速上升，过滤周期大为缩短。絮凝体贴在滤料表面，不易脱离，因此需辅助冲洗，即加表面冲洗，或用气水共同反冲洗。在一般条件下，气水共同反冲，气强度为20L/（m²·s），水强度为10L/（m²·s）。

③ 所用滤料粒径应当加大，以增大单位体积滤料的截泥量和减缓滤料堵塞。

3）设计参数

污水深度处理采用的滤池设计参数宜符合下列要求：

① 滤池的进水 SS 宜小于 20mg/L。

② 滤池可采用双层滤料滤池、单层滤料滤池、均质滤料滤池。

③ 双层滤料滤池可采用无烟煤和石英砂。滤层厚度：无烟煤宜为300~400mm，石英砂宜为400~500mm。滤速宜为5~10m/h。

④ 单层石英砂滤料滤池的滤层厚度可采用0.7~1.0m，滤速宜为4~6m/h。

⑤ 均质滤料滤池的滤层厚度可采用1200~1500mm，滤速宜为5~8m/h。

⑥ 滤池宜设气水反冲洗或表面冲洗辅助系统。

⑦ 滤池的工作周期宜采用12~24h。

⑧ 滤池的构造形式可根据具体条件，通过技术经济比较确定。

⑨ 滤池应备有冲洗滤池表面污垢和泡沫的冲洗水管。滤池设在室内时，应设通

风装置。

4）处理效果

废水经不同类型生物处理工艺处理后出水的过滤效果见表15-11。因为好氧/兼性塘出水存在藻类，所以去除效率较低。

二级处理出水过滤效果 表 15-11

滤池进水类型	无化学混凝	经化学混凝（双层过滤）		
	SS（mg/L）	SS（mg/L）	PO_4^{3-}（mg/L）	浊度（NTU）
高负荷生物滤池出水	10~20	0	0.1	0.1~0.4
二级生物滤池出水	6~15	0	0.1	0.1~0.4
接触氧化出水	6~15	0	0.1	0.1~0.4
普通活性污泥法出水	3~10	0	0.1	0.1~0.4
延时曝气法出水	1~5	—	0.1	0.1~0.4
好氧/兼性塘出水	10~50	0~30	0.1	—

15.3.2 溶解性物质的去除

（1）溶解性有机物的深度去除技术

污水中溶解性有机物的深度去除技术较多，但从经济合理和技术可行性方面考虑，采用活性炭吸附较为适宜。本书在第20章工业废水处理中对该工艺有比较详细的阐述，这里只作简要的说明。为了避免活性炭层被悬浮物所堵塞，用活性炭处理二级处理出水时，需进行一定程度的预处理，主要是混凝沉淀和过滤。

活性炭吸附处理二级处理出水时，其影响因素有：

① 活性炭对分子量在1500以下的环状化合物和不饱和化合物以及分子量在数千以上的直链化合物（糖类）有较强的吸附能力，效果良好。

② 在吸附塔内有微生物滋生，根据镜检，在活性炭层内存活有根足虫类的表壳虫（*Arcella*）、变形虫（*Amoeba*）等，此外还检出有游仆虫（*Euplotes*）和内管虫（*Entosiphon*）等。由于有微生物存活，部分有机物为微生物所分解，能够显著地提高吸附塔去除溶解性有机物的功能。但如吸附塔内形成厌氧状态，就会滋生硫酸还原菌，导致产生硫化氢，出现设备腐蚀，且产生恶臭，处理水呈乳白色。抑制吸附塔内产生硫化氢的有效措施是向进水中投加硝酸钠，这样还能提高活性炭的有机物负荷。

活性炭吸附处理二级处理出水设计时，宜进行静态或动态试验，合理确定活性炭的用量、接触时间、水力负荷和再生周期。无试验资料时，其设计参数可采用：空床接触时间一般为20~30min，以平均流量为准进行计算；炭层厚度为3~4m；下向流的空床滤速采用7~12m/h，上向流的空床滤速采用9~12m/h；炭层最终水头损失为0.4~1.0m；常温下经常性冲洗时，水冲洗强度宜为39.6~46.8$m^3/(m^2 \cdot h)$，历时10~15min，膨胀率15%~20%，定期大流量冲洗时，水冲洗强度为54.0~64.8$m^3/(m^2 \cdot h)$，历时8~12min，膨胀率为25%~35%。活性炭再生周期由处理后出水水质是否超过水质目标值确定，经常性冲洗周期宜为3~5d。冲洗水可用砂滤水或炭滤水，冲洗水浊度宜小于5NTU。

活性炭吸附处理的运行方式可采用多塔串联运行或并联运行。吸附罐的设计参数为：罐径 1~4m，罐的最小高度与直径之比 2:1；操作压力每 0.3m 炭层为 7kPa。

活性炭用于污水深度处理的效果，参见表 15-12 和表 15-13。

活性炭吸附的去除效果 表 15-12

项目	单位	美国科罗拉多泉处理厂			美国洛杉矶导试厂			我国大连市政污水		
		进水	出水	去除率（%）	进水	出水	去除率（%）	进水	出水	去除率（%）
pH	—	6.9	6.9	—	—	7.5	—	7.4	7.8	—
浊度	NTU	62	6	90	1.5	0.8	46	4.2	3.4	19
色度	度	39	18	54	30	<5	83	46	19	59
COD	mg/L	139	39	72	29.9	10.7	64	65	44	32
BOD	mg/L	57	24	58	5.7	2.4	58	5.3	—	—
总磷	mg/L	0.7	0.9	—	2.9	2.9	—	4.1	3.6	12
$NH_4^+ - N$	mg/L	23.9	26.9	—	7.4	7.1	4	34.9	33.2	5
SS	mg/L	15	3	79	5.4	2.4	56	4.8	0.9	81

美国 21 世纪水厂活性炭对有机物的去除效果 表 15-13

项目	单位	进水浓度	去除率（%）
COD	mg/L	24	63
TOC	mg/L	10.4	53
酞酸二异丁酯	mg/L	1.18	91
溴二氯甲烷	mg/L	7.44	83
1,4-二氯苯	mg/L	0.20	80
苯	mg/L	0.31	80
氯仿	mg/L	12.93	67
二溴氯甲烷	mg/L	5.23	63
苯乙烯	mg/L	0.05	60

（2）溶解性无机物的深度去除技术

污水二级处理工艺对溶解性无机盐类几乎没有去除功能，城市污水处理厂尾水中若含有较高浓度的溶解性无机盐，在回用或农灌前应进行脱盐处理。

污水中无机盐类的来源，可分为自然和人为两种。城市污水含有的无机盐类，多介于 200~400mg/L，平均一般为 300mg/L。但也有些城市污水中的无机盐类含量高达 1000mg/L 以上。在生活污水中，无机盐类的主要来源是粪便和合成洗涤剂。每人每日排出的粪便中，无机成分约为 11g，其中 60% 为氯化钠。在粉状洗涤剂中，无机盐类占 80%。进入城市污水中的粉状洗涤剂数量，因工业消费量和居民使用水平不同而异，我国尚无比较可靠的统计数据。在日本，每人每日粉状洗涤剂的使用量为 15g，排入城市污水中的无机盐类为 12g。工业废水中含溶解性无机盐类较多的行业有：炼油、制浆造纸、染料等，其含量因厂而异，应通过实测确定。滨海城市因受海水的影响，其城市污水中的无机盐类含量高于内陆城市。海水的含盐度为 3.5%，在城市污水中如渗入 1% 的海水，溶解性无机物质即达 350mg/L，氯离子可能增加 190mg/L。

当前，有效去除二级处理出水溶解性无机盐类的处理技术，主要有电渗析、离子交换以及膜处理技术等工艺。本节只对膜处理技术作简要的说明。

膜处理技术，包括微滤、超滤、纳滤和反渗透，是非常重要的废水深度处理技术。微滤去除颗粒物的效果优于粒状材料过滤；超滤不仅能够有效去除颗粒物，而且能够去除大部分有机物以及细菌和部分病菌，超滤对二级出水中 COD、BOD_5 的去除率均大于 50%；纳滤和反渗透不仅可以有效地去除颗粒物和有机物，而且能够去除溶解性盐类和病原菌。

目前反渗透技术已广泛用于海水淡化、纯净水制取、污水再生利用以及改善工业供水水质等多个领域。在膜组件方面，目前也已大批量生产出由醋酸纤维或芳烃聚酰胺制成的螺旋卷式或空心纤维状膜组件。表 15-14 所列为各种形式反渗透膜组件的技术特征。如以城市污水为处理对象，操作压力为 $20 \sim 40 \mathrm{kg/cm^2}$，膜通量为 $0.5 \sim 1.0 \mathrm{m^3/(m^2 \cdot d)}$，脱盐率达 90%，水的回收率达 80%。

反渗透膜组件的技术特征   表 15-14

技术特征	管式	平板式	螺旋卷式	中空纤维式
单位容积膜面积（$\mathrm{m^2/m^3}$）	小（33～330）	中（180～360）	大（830～1660）	特大（33000～66000）
单位容积透过水量	小	中	大	大
要求的前处理程度	低	中	高	高
膜面冲洗难易程度	易	中	较难	难

反渗透系统的性能参数一般包括：渗透压力、水质要求、渗透回收率、膜类型、膜平均水通量、装置的尺寸和数量。通常按总溶解固体（TDS）的去除率来衡量反渗透质量。反渗透装置一般由供水单元、预处理单元、高压泵入单元、膜装配单元、仪表及控制单元、出水贮存单元、清洗单元等部分组成。在膜的选择方面，合成聚酰胺膜对 pH 和温度的适应范围大，渗透通量和排盐率较高，因而高盐度苦咸水或海水的除盐大多数优先选用聚酰胺膜。但对于城市污水深度处理而言，因通常用游离性余氯来控制污水中的微生物，在这种情况下，聚酰胺膜不如醋酸纤维素膜稳定，此时多选用醋酸纤维素膜。醋酸纤维膜对有机污染物的亲和力较小，并可在低浓度游离氯条件下运行（可到 1mg/L）。醋酸纤维膜的特点是相对低的渗透水通量及相对高的盐通量。

15.3.3 城镇污水的资源化与再生利用

城市污水是水量稳定、供给可靠的水资源。在传统的二级处理基础上，对污水再进行深度处理，使其水质达到回用要求，使城市污水成为名副其实的水资源方面，许多国家已做了大量的工作。我国对城市污水的利用是从 20 世纪 50 年代采用污水进行农田灌溉开始的。近年来，我国组织了城市污水资源化的科技攻关，建立了示范工程并进行了推广应用。

（1）城市污水再生利用分类

为贯彻我国水污染防治和水资源开发利用的方针，减轻污水对环境的污染，提高城市污水利用效率，做好城市节约用水工作，实现城市污水资源化，国家质量监督检验检疫总局发布了《城市污水再生利用 分类》GB/T 18919—2002，见表15-15。

城市污水再生利用分类 表 15-15

序号	分类	范围	示例
1	农、林、牧、渔业用水	农田灌溉	种籽与育种、粮食与饲料作物、经济作物
		造林育苗	种籽、苗木、苗圃、观赏植物
		畜牧养殖	畜牧、家畜、家禽
		水产养殖	淡水养殖
2	城市杂用水	城市绿化	公共绿地、住宅小区绿化
		冲厕	厕所便器冲洗
		道路清扫	城市道路的冲洗及喷洒
		车辆冲洗	各种车辆冲洗
		建筑施工	施工场地清扫、浇洒、灰尘抑制、混凝土制备与养护、施工中的混凝土构件和建筑物冲洗
		消防	消火栓、消防水炮
3	工业用水	冷却用水	直流式、循环式
		洗涤用水	冲渣、冲灰、消烟除尘、清洗
		锅炉用水	中压、低压锅炉
		工艺用水	溶料、水浴、蒸煮、漂洗、水力开采、水力输送、增湿、稀释、搅拌、选矿、油田回注
		产品用水	浆料、化工制剂、涂料
4	环境用水	娱乐性景观环境用水	娱乐性景观河道、景观湖泊及水景
		观赏性景观环境用水	观赏性景观河道、景观湖泊及水景
		湿地环境用水	恢复自然湿地、营造人工湿地
5	补充水源水	补充地表水	河流、湖泊
		补充地下水	水源补给、防止海水入浸、防止地面沉降

（2）污水再生利用的水质要求

城市污水经过以生物处理技术为中心的二级处理和一定程度的深度处理后，可以作为水资源加以利用，利用的途径以不直接与人体接触为准，其中主要回用于城市公共事业，如园林浇灌、喷洒马路和补给市政景观水域，也可以用于冲水公厕的冲洗。

为了维护人们的身体健康，回用的城市污水应满足下列要求：必须经过完整的二级处理和一定深度的处理，在水质上保证达到回用水的要求；在卫生方面不出现危害人们健康的问题；在使用上人们不产生不快感；对设备和器皿不会造成不良的影响；处理成本、经济核算合理。要绝对避免人们对再生回用水的误饮、误用，必须切实保证居民的安全。城市污水回用于城市公用事业，应慎重从事，先通过小规模试验，再逐步扩大。

当再生水同时用于多种用途时，其水质标准应按最高要求确定。对于向服务区域内多用户供水的城市再生水厂，可按用水量最大用户的水质标准确定；个别水质要求更高的用户，可自行补充处理，直至达到用水水质标准。

城市污水再生利用 水质标准视用途而异。再生水用于农田灌溉时，其水质应符合现行国家标准《农田灌溉水质标准》GB 5084；用于厕所便器冲洗、道路清扫、消防、城市绿化、车辆冲洗、建筑施工杂用水时，其水质应符合现行国家标准《城市污水再生利用 城市杂用水水质》GB/T 18920，见表15-16；用于景观环境用水时，其水质应符合现行国家标准《城市污水再生利用 景观环境用水水质》GB/T 18921。当以城市污水再生水为水源，作为工业用水的冷却用水（包括直流式、循环式补充水）、洗涤用水（包括冲渣、冲灰、消烟除尘、清洗等）、锅炉用水（包括低压、中压锅炉补给水）、工艺用水（包括溶料、蒸煮、漂洗、水力开采、水力输送、增湿、稀释、搅拌、选矿、油田回注等）、产品用水（包括浆料、化工制剂、涂料等）时，其水质应符合现行国家标准《城市污水再生利用 工业用水水质》GB/T 19923。

城市污水再生利用 城市杂用水水质标准　　　　　　　　　表 15-16

序号	项目	冲厕	道路清扫、消防	城市绿化	车辆冲洗	建筑施工
1	pH	6.0~9.0				
2	色度（度）	≤30				
3	臭	无不快感				
4	浊度（NTU）	≤5	≤10	≤10	≤5	≤20
5	溶解性总固体（mg/L）	≤1500	≤1500	≤1000	≤1000	—
6	BOD_5（mg/L）	≤10	≤15	≤20	≤10	≤15
7	氨氮（mg/L）	≤10	≤10	≤20	≤10	≤20
8	阴离子表面活性剂（mg/L）	1.0	1.0	1.0	0.5	1.0
9	铁（mg/L）	≤0.3	—	—	≤0.3	—
10	锰（mg/L）	≤0.1	—	—	≤0.1	—
11	溶解氧（mg/L）	≥1.0				
12	总余氯（mg/L）	接触30min后≥1.0，管网末端≥0.2				
13	总大肠菌群（个/L）	≤3				

（3）污水再生利用处理系统

表15-17所列是以回用为目的的城市污水处理再生利用系统的组合工艺方案。

城市污水再生利用系统的组合工艺方案　　　　　　　　　表 15-17

系统	前处理	主处理	后处理
系统1	格栅－初沉池	生物处理－二沉池	滤池－（臭氧氧化－）消毒－出水
系统2	格栅－初沉池	生物处理－二沉池	混凝沉淀－过滤－消毒
系统3	格栅－初沉池	生物处理－二沉池	生物膜法－沉淀池－过滤－消毒
系统4	格栅－初沉池	生物处理－二沉池	生物膜法－混凝沉淀－过滤－消毒

系统	前处理	主处理	后处理
系统5	格栅 – 初沉池	膜分离法	活性炭吸附 – 消毒
系统6	格栅 – 初沉池 – 混凝沉淀	膜分离法	消毒
系统7	格栅 – 初沉池 – 混凝沉淀 – 生物处理 – 二沉池	膜分离法	消毒
系统8	格栅 – 初沉池 – 混凝沉淀 – 生物处理 – 混凝沉淀	膜分离法	消毒

由表15-17可知，处理系统由3个阶段组成：前处理、主处理和后处理。前处理是为了保证主处理能够正常进行而设置的，它的组成根据主处理技术而定，当以生物处理为主处理技术时，即以一般的一级处理技术（格栅和初次沉淀池）为前处理，但当以膜分离技术为主处理技术时，生物处理也被纳入前处理。主处理技术，是系统的中间环节，起着承前启后的作用，主处理技术分为两类：一类是一般的二级处理，即生物处理（活性污泥法或生物膜法），另一类则是膜分离技术。后处理设置的目的是使处理水达到回用水规定的各项指标，包括采用滤池去除悬浮物；采用混凝沉淀去除悬浮物和大分子的有机物；采用生物处理技术、臭氧氧化和活性炭吸附去除溶解性有机物、色度和臭味；用臭氧和投氯杀灭细菌等。

表15-18所列是表15-17中各处理系统所能达到的处理效果。

城市污水回用处理系统的处理效果　　　　　　　　　　　表 15-18

主处理方式	处理系统编号	处理水质						
		BOD（mg/L）	COD（mg/L）	SS（mg/L）	臭味	色度（度）	浊度（NTU）	pH
生物处理	1	15 左右	30 左右	10 以下	不使人感到不快	40 以下如采用臭氧为 30 以下	20 以下	5.8 ~ 8.6
	2	10 左右	20 左右	10 以下	不使人感到不快	30 以下	15 以下	5.8 ~ 8.6
	3	10 以下	20 以下	10 以下	不使人感到不快	40 以下	15 以下	5.8 ~ 8.6
	4	10 以下	20 以下	10 以下	不使人感到不快	30 以下	15 以下	5.8 ~ 8.6
膜分离处理	5	10 以下	20 以下	痕量	不使人感到不快	10 以下	痕量	5.8 ~ 8.6
	6	10 以下	20 以下	痕量	不使人感到不快	10 以下	痕量	5.8 ~ 8.6
	7	10 以下	20 以下	痕量	不使人感到不快	10 以下	痕量	5.8 ~ 8.6
	8	10 以下	20 以下	痕量	不使人感到不快	10 以下	痕量	5.8 ~ 8.6

16 污水的自然处理

污水的自然处理方法主要有稳定塘和人工湿地等。稳定塘主要通过菌藻共生系统或水生生物系统对污水进行自然处理；人工湿地是由人工建造和控制运行的、与沼泽地类似的污水处理系统。

污水的自然生物处理系统是一种利用天然净化能力与人工强化技术相结合并具有多种功能的生态处理系统。采用自然处理时，应采取防渗措施，严禁污染地下水。

污水自然生物处理系统与常规处理技术相比，具有工艺简便、操作管理方便、建设投资和运转成本低的特点。尤其是其运转费用仅为常规处理技术的 $1/10 \sim 1/2$，可大幅度降低污水处理成本。

16.1 稳定塘

污水在稳定塘内经较长时间的停留，通过水中包括水生植物在内的多种生物的综合作用，使有机污染物、营养素和其他污染物质进行转换、降解和去除，从而实现污水的无害化、资源化和再利用的目的。

稳定塘有多种分类方式，通常根据塘内微生物类型及供氧方式分为四类，见表 16-1。

稳定塘的分类、净化机理和应用　　　　　　　　　　　　　　表 16-1

类型	分类	净化机理	应用
好氧塘	1. 高负荷好氧塘； 2. 普通好氧塘； 3. 深度处理好氧塘	完全依靠光合作用供氧，池体较浅，塘内溶解氧高，菌藻共生，发生好氧反应	脱氮、溶解性有机物的转化与去除，对二级生物处理出水进行深度处理
厌氧塘	1. 厌氧生物处理塘； 2. 厌氧预处理塘	有机负荷高，主要的生化反应是酸化和甲烷发酵；必须以甲烷发酵反应作为厌氧发酵的控制阶段	适用于处理高温高浓度且水量不大的有机废水；城市污水有机物含量低，很少采用厌氧塘处理
兼氧塘	1. 普通兼性塘； 2. 具有机械表面曝气装置的兼性生物塘	塘内存在三个区域：好氧层、厌氧层和兼性层。不同区域存在不同的微生物、发生相应的生化反应。可根据需要选择曝气装置	适用于城市污水和工业废水，为小城镇废水最常用的处理系统；用于水质波动较大的污水，耐冲击负荷
曝气塘	1. 好氧曝气塘； 2. 兼性曝气塘	利用曝气装置供氧，保证水中好氧反应时有足够的溶解氧	用以城市污水和工业废水的完全处理

稳定塘处理工艺流程的选择和确定原则是：确保出水能满足预期的要求，且在经济上合理。稳定塘处理工艺流程包括预处理、稳定塘系统、后续处理及出水利用等多种工艺单元。

（1）预处理　预处理一般为物理处理，其目的在于尽量去除水中杂质或粒径不利于后续处理的物质，减少塘中的积泥。预处理工艺包括格栅、沉砂、沉淀或水解酸化等。大多数稳定塘系统之前需要设置进水提升泵站，如泵站中格栅间隙不大于20mm时，塘前可不另设格栅。

（2）稳定塘系统

稳定塘系统应根据不同的废水水质、处理程度及气候条件，选用不同类型的塘或组合形式，或串联运行或并联运行。稳定塘串联运行时，一般要求每一种稳定塘至少应有2~3个塘并联。

图16-1所示是几种常见的稳定塘组合工艺流程。

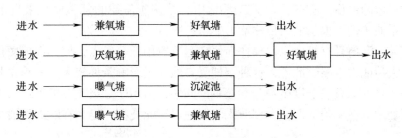

图16-1　几种常见的稳定塘组合工艺流程

（3）后续处理

后续处理在于进一步提高出水水质或是将净化出水加以利用，后续处理也可采用稳定塘，如各种水生动植物的废水稳定塘（综合生物塘）、鱼塘、贮存塘等，但进入养鱼塘的水质应符合现行的有关渔业水体水质的规定。

16.2　人工湿地

人工湿地是一种由人工建造和调控的湿地系统，通过其生态系统中物理、化学和生物作用的优化组合处理污水。人工湿地一般由人工基质和生长在其上的水生植物组成，形成基质—植物—微生物生态系统。当污水通过该系统时，污染物和营养物被系统吸收、转化或分解，水体得以净化。

虽然人工湿地已广泛用于处理城市暴雨径流、生活污水、工业废水、农业排水和矿山酸性排水等多种类型污水、不同处理水平，但通常是指适用于市政污水二级处理的人工湿地，即接收初级处理污水并将其处理至二级排放标准或更高；而强化/深度处理湿地则是接收二级处理污水并对其进一步处理，达标后再排入受纳水体，这种湿地可为野生动植物提供生境。

为满足排放和回用要求，当以人工湿地为市政污水二级处理单元时，需对污水进行预处理和后续深度处理。

人工湿地如果进行合理设计、建设、运行和维护，其性能是有效和可靠的。

16.2.1 人工湿地类型

人工湿地的分类是基于设计过程中不同的物理构造，主要的依据为水文和植物的特征，其中水文特征包括水流位置、方向、床体浸水饱和度和布水方式，植物特征主要根据植物的固着性、植物生长特征等。按照人工湿地布水方式的不同或水流方式的差异，可以将人工湿地系统分为表面流人工湿地和潜流型人工湿地。后者又包含水平潜流人工湿地和垂直潜流人工湿地。

（1）表面流人工湿地

表面流人工湿地在内部构造、生态结构和外观上都十分类似天然湿地。表面流人工湿地的水面位于湿地基质以上，其水深宜为0.3~0.6m。污水从进口以一定深度缓慢流过湿地表面（图16-2），污水经溢流流出。绝大部分污染物靠生长在水下植物茎、杆上的微生物膜去除。湿地中接近水面的部分为好氧区，较深部分及底部通常为厌氧区，因此具有某些与兼性塘相似的性质。在表面流人工湿地中，系统所需要的氧主要是来自水体表面扩散、植物根系的传输。根系的氧传输能力非常有限。

表面流人工湿地具有投资少、操作简便、运行费用低等优点，但其占地面积较大、水力负荷低、去污能力有限。此外，这种湿地受自然气候影响条件较大，冬季在北方地区其表面会结冰，夏季则有蚊子滋生和公共接触的问题，多用于二级或三级处理出水的后续深度处理或预处理。在北美地区，大多数人工湿地属于此类型，但其在欧洲发展缓慢。

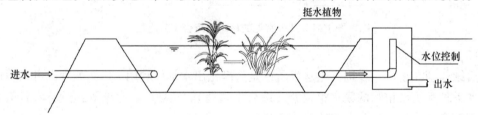

图16-2　表面流人工湿地的典型结构

（2）水平潜流人工湿地

污水在基质层表面下以水平流动的方式流过湿地，从出水口流出，在此过程中，污染物得到有效降解（图16-3）。床体底部需设置防渗层，防止地下水污染。介质通常选用水力传导性良好的材料，避免或减少湿地的堵塞。氧气主要通过植物根系释放。单个湿地系统的建设面积一般小于0.5hm²。

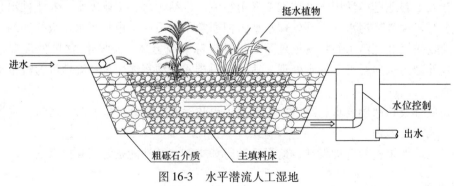

图16-3　水平潜流人工湿地

在该系统中，污水在湿地床表面以下流动，一方面可以充分利用填料表面生长的生物膜、丰富的植物根系及填料截留等作用，因此比表面流人工湿地的水力负荷要高，对COD、BOD、SS、重金属等污染物的去除效果更好。另一方面，由于污水在地表以下流动，故有保温性能较好、处理效果受季节影响小、卫生条件好等优点。水平潜流人工湿地处理效率中等，对有机物、悬浮物等去除效果优良，普通水平潜流人工湿地对N、P去除率一般，占地面积中等。

（3）垂直潜流人工湿地

垂直潜流人工湿地构造如图16-4所示。该系统由多孔介质组成，污水从湿地表面垂直向下流过填料进入底部或者从底部垂直向上流进表面。

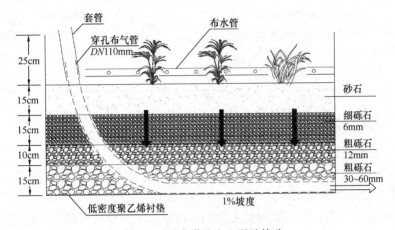

图16-4 垂直潜流人工湿地构造

垂直流人工湿地主要有间歇进水向下流、非饱和连续下向流、饱和连续上/下向流和潮汐式4种模式。其中间歇进水向下流模式加强了氧向填料床的转移，提高湿地床溶解氧水平，强化了生物降解有机物和氨氮硝化过程，在欧美国家比较受欢迎，也是垂直流人工湿地的主要形式。

垂直潜流人工湿地（间隙进水方式）处理效率相对较高，对有机物、N、悬浮物等去除效果好，占地面积相对较小，但运行管理相对复杂，易发生堵塞风险，小规模污水处理应用是可以考虑反冲洗系统。

三种人工湿地工艺比较见表16-2。

三种人工湿地工艺比较   表16-2

项目	表面流人工湿地	水平潜流人工湿地	垂直潜流人工湿地
工艺特点	水位较浅，水流缓慢，以水平流的流态沿湿地表面流经处理单元，湿地一般填有基质材料，供水生植物固定根系	水面位于基质层以下，水流以水平流流态流经处理单元。主体分层，填料较复杂，能发挥植物、微生物和基质间协同作用	水流方向和根系层呈垂直状态，表层通常为渗透性能良好的砂层，间歇进水。大气中氧气较好传输进入湿地，提高处理效果
工程建设	简单	一般	较复杂
运行管理	工艺较简单，工程建造、维护与管理相对简单	建造费用较高，管理也比表面流人工湿地复杂	建造费用较高，运行和管理较复杂

项目	表面流人工湿地	水平潜流人工湿地	垂直潜流人工湿地
运行费用	少	中	高
占地面积	大	中	小
工艺优点	投资及运行费用低。建造、运行、维护与管理相对简单。对土地状况与质量要求不高。适合污水污染物含量不高的污水处理	有机物和 SS 去除效果较高，水力负荷较高。污水基本上在地面以下流动，保温效果好，卫生条件较好	污染物处理效率高，处理效果稳定，单位面积处理效率高，硝化能力高，去除污染物能力强，占地少
工艺局限	工程占地大，处理不当的情况下夏季可能滋生蝇蚊。需要远离居民点建造，或者在居民点下风向	建设和运行费用略高。控制较复杂。冬季处理效果受气温影响较大	对有机物的去除不如水平潜流人工湿地，落干/淹水时间较长，控制相对复杂。建设与投资费用高

16.2.2　人工湿地设计

（1）人工湿地选型

在人工湿地系统选型时应充分考虑人工湿地系统的工艺特点和当地的条件，选择最佳的系统类型。其设计原则概括为：

1）污水的类型　若目标污染物易去除的污染物，或污染浓度低，可以考虑选择单一的湿地类型。

2）用地条件　对于用地紧张的地区，水平潜流和垂直流是不错的选择。

3）技术可行性　设计的水流方式要符合现实的技术条件。

4）经济性　表面流相对水平潜流和垂直流的建设成本较低。

5）生态环境健康　表面流的人工湿地易滋生蚊子、产生臭味，靠近居民区的需要有防臭措施。

（2）基本设计参数

人工湿地的设计参数会影响到其运行效果，主要的设计参数包括湿地尺寸参数、水力参数和构造参数三类。其中，湿地尺寸参数主要包括湿地长宽比、面积、深度等；水力参数主要包括水力停留时间、表面水力负荷、水力坡度等；构造参数主要包括填料种类、渗透性、植物选种等。

1）表面有机负荷（Organic Surface Loading）

指每平方米人工湿地在单位时间去除的五日生化需氧量。按式（16-1）计算：

$$q_{os} = \left[Q \times (C_0 - C_1) \times 10^{-3} \right] / A \tag{16-1}$$

式中　q_{os}——表面有机负荷，$kg/(m^2 \cdot d)$；

Q——人工湿地设计水量，m^3/d；

C_0——人工湿地进水 BOD_5 浓度，mg/L；

C_1——人工湿地出水 BOD_5 浓度，mg/L；

A——人工湿地面积，m^2。

2）表面水力负荷（Hydraulic Surface Loading）

指每平方米人工湿地在单位时间所能接纳的污水量。按式（16-2）计算：

$$q_{hs} = Q/A \qquad (16-2)$$

式中　q_{hs}——表面水力负荷，$m^3/(m^2 \cdot d)$；

　　　Q——人工湿地设计水量，m^3/d；

　　　A——人工湿地面积，m^2。

3）水力停留时间（Hydraulic Retention Time，HRT）

指污水在人工湿地内的平均驻留时间。理论上的 HRT 按式（16-3）计算：

$$HRT = [V \times \varepsilon]/Q \qquad (16-3)$$

式中　HRT——水力停留时间，d；

　　　V——人工湿地基质在自然状态下的体积，包括基质实体及其开口、闭口空隙，m^3；

　　　ε——孔隙率，%；

　　　Q——人工湿地设计水量，m^3/d。

HRT 影响系统的脱氮除磷效果，水力停留时间越长，对氮磷的去除效果越好，但停留时间增长到一定的天数后，去除率的增长将会下降，故从总处理效果出发，针对不同的污染物和具体条件，有相应较佳的停留时间。湿地的长度和宽度、植物、基底的材料空隙率、水深及床体坡度等因素影响着水力停留时间。我国环保部的人工湿地处理工程技术规范指出表面流人工湿地的停留时间 4~8d 为宜，潜流人工湿地 1~4d 为佳。

4）水力坡度（Hydraulic Slope，HS）

指污水在人工湿地内沿水流方向单位渗流路程长度上的水位下降值。按式（16-4）计算：

$$HS = [\Delta H/L] \times 100\% \qquad (16-4)$$

式中　HS——水力坡度，%；

　　　ΔH——污水在人工湿地内渗流路程长度上的水位下降值，m；

　　　L——污水在人工湿地内渗流路程的水平距离，m；

HS 也是人工湿地重要的参数之一，可以防止湿地内部发生回水，进水产生滞留阻塞等问题。有研究者建议，表面流人工湿地的 HS 取 0.1%~0.5%，潜流人工湿地取 0.5%~1%。

（3）工艺流程

按工程接纳的污水类型，基本工艺流程如下：

1）当工程接纳城镇生活污水及与生活污水性质相近的其他污水时，基本工艺流程为：

2）当工程接纳城镇污水处理出水时，基本工艺流程为：

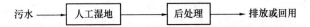

① 预处理

预处理的程度和方式应综合考虑污水水质、人工湿地类型及出水水质要求等因素，可选择格栅、沉砂、初沉、均质等一级处理工艺，物化强化法、AB 法前段、水解酸化、浮动生物床等一级强化处理工艺，以及 SBR、氧化沟、A/O、生物接触氧化等二级处理工艺。

② 人工湿地

a. 设计参数

人工湿地面积应按五日生化需氧量表面有机负荷确定，同时应满足水力负荷的要求。

人工湿地的主要设计参数，宜根据试验资料确定；无试验资料时，可采用经验数据或按表 16-3 的数据取值。

人工湿地的主要设计参数　　　　　表 16-3

人工湿地类型	表面有机负荷 $[g/(m^2 \cdot d)]$	表面水力负荷 $[m^3/(m^2 \cdot d)]$	水力停留时间 (d)
表面流人工湿地	1.5 ~ 5	≤0.1	4 ~ 8
水平潜流人工湿地	4 ~ 8	≤0.3	1 ~ 3
垂直潜流人工湿地	5 ~ 8	<0.5	1 ~ 3

b. 几何尺寸

a）潜流人工湿地几何尺寸设计，应符合下列要求：

潜流人工湿地单元的面积宜小于 800m²。潜流人工湿地水深宜为 0.4 ~ 1.6m，水力坡度宜为 0.5% ~ 1%，水平潜流人工湿地单元的长宽比宜为 3:1 ~ 4:1；垂直潜流人工湿地单元的长宽比宜控制在 3:1 以下。规则的潜流人工湿地单元的长度宜为 20 ~ 50m。对于不规则潜流人工湿地单元，应考虑均匀布水和集水的问题。

b）表面流人工湿地几何尺寸设计，应符合下列要求：表面流人工湿地的水深宜为 0.3 ~ 0.6m，水力坡度宜小于 0.5%，长宽比宜控制在 3:1 ~ 5:1。

c. 集、配水及出水

人工湿地单元宜采用穿孔管、配（集）水管、配（集）水堰等装置来实现集配水的均匀。穿孔管的长度应与人工湿地单元的宽度大致相等。管孔密度应均匀，管孔的尺寸和间距取决于污水流量和进出水的水力条件，管孔间距不宜大于人工湿地单元宽度的 10%。穿孔管周围宜采用粒径较大的基质，其粒径应大于管穿孔孔径。

在寒冷地区，集、配水及进、出水管的设置应考虑防冻措施。

人工湿地出水可采用沟排、管排、井排等方式，并设置流堰、可调管道及闸门等具有水位调节功能的设施。人工湿地出水量较大且跌落较高时，应设置消能设施。人工湿地出水应设置排空设施。

d. 清淤及通气

潜流人工湿地底部应设置清淤装置。垂直潜流人工湿地内可设置通气管，同人工湿地底部的排水管相连接，并且与排水管道管径相同。

e. 基质（填料）

在湿地系统中，填料是植物的载体，是微生物的生长介质，它将湿地中发生的所有处理过程连成一个整体。基质还能够通过沉淀、过滤和吸附等作用直接去除污染物。

对于填料的配置，主要考虑其种类、粒径、深度等，特别需要关注对磷的去除能力。填料安装后湿地孔隙率不宜低于 0.3，一般为 0.3~0.5。常用填料有石灰石、蛭石、沸石、砂石、高炉渣、火山岩、页岩、陶粒等。填料深度一般为 0.6~1.2m。

f. 湿地植物选择与种植

人工湿地可选择一种或多种植物作为优势种搭配栽种，增加植物的多样性并具有景观效果。湿地植物按其生长形态可分为挺水植物、浮水植物和沉水植物。

潜流人工湿地可选择芦苇、蒲草、荸荠、莲、水芹、水葱、茭白、香蒲、千屈菜、菖蒲、水麦冬、风车草、灯芯草等挺水植物。表面流人工湿地可选择菖蒲、灯芯草等挺水植物；凤眼莲、浮萍、睡莲等浮水植物；伊乐藻、茨藻、金鱼藻、黑藻等沉水植物。

人工湿地的选择宜符合以下要求：根系发达，输氧能力强；适合当地气候环境，优先选择本土植物；耐污能力强、去污效果好；具有抗冻、抗病害能力；具有一定经济价值；容易管理；有一定的景观效应。人工湿地出水直接排入河流、湖泊时，应谨慎选择"凤眼莲"等外来入侵物种。

g. 防渗层

防渗设施的作用是防止湿地系统因渗漏二污染地下水，人工湿地污水处理系统建设时，应在底部和侧面进行防渗处理。当原有土层渗透系数大于 10^{-8}m/s 时，应构建防渗层。防渗层可采用黏土层、聚乙烯薄膜及其他建筑工程防水材料。

17 污水处理厂污泥的处理

城镇污水处理厂污水处理过程中产生的污泥产量约占处理水量的0.3%~0.5%（以含水率为97%计）。对于城镇污水处理厂的污泥应进行减量化、稳定化和无害化处理，并应在保证安全、环保的前提下推进资源化利用。

城镇污水处理厂的污泥处理工艺应根据污泥性质、处理后的泥质标准、当地经济条件、污泥处置出路、占地面积等因素合理选择，包括浓缩、厌氧消化、好氧消化、好氧发酵、脱水、石灰稳定、干化和焚烧等。污泥的处置方式应综合考虑污泥特性、当地自然环境条件、最终出路等因素确定，包括土地利用、建筑材料利用和填埋等。

城镇污水处理厂污泥的减量化处理包括污泥体积的减少和污泥质量的减少。污泥体积的减少一般采用污泥浓缩、脱水、干化等技术，污泥质量的减少一般采用污泥消化、好氧消化、好氧发酵、污泥焚烧等技术。城镇污水处理厂污泥的无害化处理包括污泥稳定（不易腐败）和减少污泥中致病菌数量与寄生虫卵数量，降低污泥臭味，以利于对污泥的进一步处理和利用。城镇污水处理厂污泥的资源化处理包括污泥消化产生沼气回收生物能源、污泥土地利用、建材利用等，变废为宝。

17.1 污水处理厂污泥分类及其特性

17.1.1 污泥的分类

（1）按成分分类

1）有机污泥 以有机物为主要成分的污泥。这种污泥易于腐化发臭，颗粒较细，相对密度较小（1.02~1.006），含水率高且不易脱水。生活污水和工业废水处理过程中产生的剩余污泥属典型的有机污泥。

2）无机污泥 以无机物为主要成分的污泥或沉渣。该类污泥颗粒较粗，相对密度较大（约为2），含水率较低且易于脱水，流动性差。沉砂池与某些工业废水处理沉淀池中的沉淀物属无机污泥。

（2）按来源分类

1）初次沉淀污泥 来自初次沉淀池，含水率一般为95%~98%。

2）剩余活性污泥 来自活性污泥法后的二次沉淀池，含水率一般为99%~99.5%。

3）腐殖污泥 来自生物膜法后的二次沉淀池，含水率一般为97%~99%。

以上三种污泥统称为生污泥或新鲜污泥。

4）消化污泥 生污泥经消化处理后的污泥称为消化污泥或熟污泥。

5）化学污泥 絮凝沉淀和化学处理过程中产生的污泥，如酸、碱废水中和以及电解法等产生的沉淀物。

污泥的来源和形成过程十分复杂，不同来源的污泥，其物理、化学和微生物学特性不同，掌握污泥的性质是正确选择污泥处理方法和处理工艺的基础。

17.1.2 污泥的特性

（1）污泥的物理性质

污泥的物理性质对污泥的处理过程有明显的影响。表征污泥物理性质的常用指标有含水率（或含固率）、密度（或重度）、比阻、可压缩性、水力特性和粒度等。不同类别的污泥由于组成不同，物理性质有较大差异。

1）污泥含水率与含固率

污泥中所含水分的质量与湿污泥总质量之比称为污泥含水率，含水率是污泥最重要的物理性质，它决定了污泥体积。

污泥含水率可用式（17-1）计算：

$$P_W = \frac{W}{W+S} \times 100\% \tag{17-1}$$

式中　P_W——污泥含水率，%；

　　　W——污泥中所含水分质量，g；

　　　S——污泥中所含固体质量，g。

污泥含固率可用式（17-2）计算：

$$P_S = \frac{S}{W+S} \times 100\% = 1 - P_W \tag{17-2}$$

式中　P_S——污泥含固率，%；

　　　W——污泥中水分质量，g；

　　　S——污泥中总固体质量，g。

由此可得出：

$$W = \frac{S(1-P_S)}{P_S} \tag{17-3}$$

同一污泥的体积、含水质量、含水率和含固体物浓度存在下述比例关系：

$$\frac{V_1}{V_2} = \frac{W_1}{W_2} = \frac{1-P_2}{1-P_1} = \frac{c_2}{c_1} \tag{17-4}$$

式中　V_1，W_1，c_1——含水率为P_1时的污泥体积、含水质量与含固体物浓度；

　　　V_2，W_2，c_2——含水率为P_2时的污泥体积、含水质量与含固体物浓度。

式（17-4）适用于含水率大于65%的污泥，因含水率低于65%时，污泥内出现很多气泡，体积与质量不再符合式（17-4）所示关系。

初沉污泥的含水率通常为97%~98%；活性污泥的含水率为99.2%~99.6%；污泥浓缩后含水率通常为97%~98%；经脱水之后，可使含水率降低到80%左右，甚至更低。

由式（17-4）可知，污泥的含水率与污泥的体积之间关系密切，当污泥含水率由99%降到98%，或由98%降到96%，或由96%降到92%时，污泥体积均能减少一半，即污泥含水率越高，降低污泥的含水率对减容的作用越大。

2）湿污泥与干污泥相对密度

湿污泥相对密度γ可用式（17-5）计算：

$$\gamma = \frac{\gamma_s}{\gamma_s P + (1 - P)} \tag{17-5}$$

式中　γ ——湿污泥相对密度；

　　　P——污泥含水率；

　　　γ_s ——干污泥相对密度。

干固体物质中，有机物（即挥发性固体）所占百分比及其相对密度分别用 p_v，γ_v 表示，无机物（即灰分）的相对密度用 γ_i 表示，则干污泥平均相对密度 γ_s 可用式（17-6）计算。

$$\gamma_s = \frac{\gamma_i \gamma_v}{\gamma_v + p_v(\gamma_i - \gamma_v)} \tag{17-6}$$

因为有机物相对密度一般等于 1，无机物相对密度为 2.5～2.65，以 2.5 计，则式（17-6）可简化为：

$$\gamma_s = \frac{2.50}{1 + 1.5p_v} \tag{17-7}$$

所以湿污泥相对密度为：

$$\gamma = \frac{2.50}{(1 + 1.5p_v)(1 - p) + 2.50p} \tag{17-8}$$

【例 17-1】　求污泥含水率从 99% 降低至 97% 时，污泥体积减小多少？若已知污泥的含水率为 97%，有机物含量为 60%。求干污泥和湿污泥相对密度。

【解】　由式（17-4）得：

$$V_2 = V_1 \frac{1 - P_1}{1 - P_2} = V_1 \frac{1 - 0.99}{1 - 0.97} = \frac{1}{3} V_1$$

故当污泥含水率从 99% 降低至 97% 时，体积减小了 2/3。

干污泥相对密度用式（17-7）计算：

$$\gamma_s = \frac{2.50}{1 + 1.5p_v} = \frac{2.50}{1 + 1.5 \times 0.60} = 1.32$$

湿污泥的相对密度用式（17-5）计算：

$$\gamma = \frac{\gamma_s}{\gamma_s p + (1 - p)} = \frac{1.32}{0.97 \times 1.32 + (1 - 0.97)} = 1.007$$

故干污泥相对密度为 1.32，湿污泥的相对密度为 1.007。

3）比阻和压缩系数

污泥比阻为单位过滤面积上，滤饼单位干固体质量所受到的阻力，其单位为 m/kg，可用来衡量污泥脱水的难易程度，污泥比阻通过试验确定。不同种类的污泥，其比阻差别较大，一般地说，比阻小于 1×10^{11} m/kg 的污泥易于脱水，大于 1×10^{13} m/kg 的污泥难于脱水。机械脱水前应先进行污泥的调理以降低比阻。

污泥具有一定的可压缩性，通常采用压缩系数来评价污泥压滤脱水的性能。压缩系数大的污泥，其比阻随过滤压力的升高而上升较快，这种污泥宜采用真空过滤或离心脱水；压缩系数小的污泥宜采用板框和带式压滤机脱水。污泥的比阻和压缩系数见表 17-1。

污泥的比阻和压缩系数 表 17-1

污泥种类	比阻（$\times 10^{12}$ m/kg）	压缩系数
初次沉淀污泥	$20 \sim 60$	0.54
厌氧消化污泥	$40 \sim 80$	$0.64 \sim 0.74$
活性污泥	$100 \sim 300$	0.81
腐殖污泥	$61 \sim 83$	1.0

（2）污泥的化学性质

污泥化学性质复杂，影响污泥处理处置技术方案选择的主要因素，包括挥发分、植物营养成分、热值、重金属含量等。

1）理化成分

城镇污水处理厂污泥的基本理化成分见表 17-2。城镇污水处理厂污泥的有机物含量较高，不稳定，易腐化发臭，因此，城镇污水处理厂污泥应进行稳定处理。挥发分是污泥最重要的化学性质、决定了污泥的热值与可消化性，通常挥发分含量越高，污泥热值也高，可消化性越好。污泥中有机物含量通常用挥发性固体（VSS）表示。另两项相关的重要指标是挥发性有机酸（VFA）和矿物油。

城镇污水处理厂污泥的基本理化成分 表 17-2

成分	初次污泥	剩余活性污泥	厌氧活性污泥
pH	$5.0 \sim 6.5$	$6.5 \sim 7.5$	$6.5 \sim 7.5$
干固体总量（%）	$3 \sim 8$	$0.5 \sim 1.0$	$5.0 \sim 10.0$
挥发性固体总量（%，以干重计）	$50 \sim 70$	$60 \sim 85$	$30 \sim 50$
污泥干固体密度（g/cm³）	$1.3 \sim 1.5$	$1.2 \sim 1.4$	$1.3 \sim 1.6$
污泥密度（g/cm³）	$1.02 \sim 1.03$	$1.0 \sim 1.005$	$1.03 \sim 1.04$
BOD_5/VSS	$0.5 \sim 1.1$	—	—
COD/VSS	$1.2 \sim 1.6$	$2.0 \sim 3.0$	—
碱度（mg/L，以 $CaCO_3$ 计）	$500 \sim 1500$	$200 \sim 500$	$2500 \sim 3500$

2）植物营养成分

污泥的植物营养成分主要取决于污水水质及其处理工艺。我国城镇污水处理厂污泥的植物营养成分组成状况见表 17-3。污水处理厂污泥含有丰富的植物营养，可转化为植物培植基质如人造表土、土壤调理剂、有机肥等。

我国城镇污水处理厂污泥的植物营养成分（%） 表 17-3

污泥类型	总氮	磷（P_2O_5）	钾（K）	腐殖质	有机质	灰分
初沉污泥	$2.0 \sim 3.4$	$1.0 \sim 3.0$	$0.1 \sim 0.3$	33	$30 \sim 60$	$50 \sim 75$
生物滤池污泥	$2.8 \sim 3.1$	$1.0 \sim 2.0$	$0.11 \sim 0.8$	47	—	—
活性污泥	$3.5 \sim 7.2$	$3.3 \sim 5.0$	$0.2 \sim 0.4$	41	$60 \sim 70$	$30 \sim 40$

3）污泥热值（含能量）

污泥的燃烧热值表示了污泥的含能量，污水处理厂污泥的热值与污水水质、排水体制、污水及污泥处理工艺有关。城镇污水处理厂产生的各类污泥的燃烧热值见表 17-4。

显然，就干固体而言，污泥具有较高的能量利用价值，可通过将污泥直接干化焚烧，或利用水泥窑焚烧、污泥和生活垃圾混合焚烧等途径对污泥中的热值进行资源化利用。

各类污泥的燃烧热值   表 17-4

污泥种类		燃烧热值（kJ/kg，以干污泥计）
初次沉淀污泥	生污泥	15000～18000
	消化污泥	7200
初次沉淀污泥与腐殖污泥混合	生污泥	14000
	厌氧消化污泥	6700～8100
初次沉淀污泥与活性污泥混合	生污泥	17000
	厌氧消化污泥	7400
生污泥		14900～15200

4）有毒有害物质含量

污水处理厂污泥中所含的有毒有害物质主要有重金属和有机化合物两类，都来自于污水，而污水中的有毒有害物质主要来源于工业废水。因此，城市污水中工业废水所占比例和工业废水排入城市市政排水管道前的预处理水平，是决定污水处理厂污泥中有毒有害物质含量的关键因素。表 17-5 所示为我国城镇污水污泥中重金属的平均含量。

我国城镇污水污泥中重金属含量与污泥农用标准（mg/kg）   表 17-5

项目	Cd	Cu	Pb	Zn	Cr	Ni	Hg	As
平均值	3.03	338.98	164.09	789.82	261.15	87.8	5.11	44.52
最大值	24.1	3068.4	2400	4205	1411.8	467.6	46	560
最小值	0.1	0.2	4.13	0.95	3.7	1.1	0.12	0.19
中值	1.67	179	104.12	944	101.7	40.85	1.9	14.6
《农用污泥污染物控制标准》GB 4284—2018 A 级/B 级	3/15	500/1500	300/1000	1200/3000	300/1000	100/200	3/15	30/75

（3）污泥的生物性质

城镇污水处理厂污泥的生物性质主要包括生物含量和可生化性两方面。

1）生物含量

由于城镇污水主要来源于人类生活的排出物，而大肠菌、大肠粪菌、粪链球菌等是哺乳动物直肠正常的排泄物，因此，它们在城市污水和污泥中的含量较高，且基本保持恒定。而其他各种病原菌，如沙门氏菌、痢疾菌、肠道病毒和寄生生物在污水、污泥中的比率同当地当时传染病的流行有关。

对于特定的城镇污水，污泥中的微生物种类和数量，特别是病原菌含量，很大程度上取决于城镇的生活水平，且随时间的改变而变化较大。

在污水处理过程中，细菌及大部分寄生生物留存在污泥中，病毒可以吸附在污水的悬浮颗粒上，随颗粒的沉淀也沉积到污泥中。

污水处理厂污泥卫生学指标主要包括细菌总数、粪大肠菌群数、寄生虫卵含量等。城镇污水处理厂细菌与寄生虫卵均值见表17-6。

城镇污水处理厂细菌与寄生虫卵均值　　　　表 17-6

污泥类型	细菌总数 [10^5 个/g（干）]	大肠菌群 [10^5 个/g（干）]	寄生虫卵 [10 个/g（干）]	肠道致病菌 （%）
初沉污泥	471.7	200.1	23.3（活卵率78.3%）	100
二沉污泥	738.0	18.3	17.0（活卵率67.8%）	66.7
消化污泥	38.3	1.6	13.9（活卵率60%）	0

2）污泥可生化性

有机质中一般含约50%的碳（占干重），污泥中含有大量的有机物，有机物主要为纤维素、半纤维素、木质素、油脂、脂肪、蛋白质，其中碳水化合物可被微生物利用作为生命活动的能源和碳源。

根据污泥中有机物降解速率的不同，可将其分为易生物降解、中等可生物降解和难生物降解有机物，污泥的生化度是指污泥挥发性悬浮固体中可被生物降解的百分率：

$$\rho_{VSS} = \left[1 - \left(c_{VSS_1}/c_{VSS_0} \right) \right] \times 100\% \qquad (17-9)$$

式中　ρ_{VSS} ——污泥生化度，%；

c_{VSS0} ——生化处理前挥发性悬浮固体含量，g/L；

c_{VSS1} ——生化处理后挥发性悬浮固体含量，g/L。

对污泥厌氧消化，生化度一般为40%~45%，好氧消化一般为25%~30%。

17.2　污泥产量与计量

城镇污水处理厂污泥是污水处理的产物，主要来源于初次沉淀地、二次沉淀池、化学除磷等工艺环节。每1万 m³ 污水经处理后污泥产生量一般为 5~10t（按含水率80%计），城镇污水处理厂的污泥处理和处置设施的规模应以污泥产生量为依据，并应综合考虑排水体制、污水水量、水质和处理工艺、季节变化对污泥产生量的影响，合理确定。污泥产生量会受到多种因素的影响而发生变化。主要影响污泥产生量的因素有：①不同的排水体制和管网运行维护程度造成污水处理厂进水水量、水质的差异；②不同的污水处理工艺产泥量差异；③季节交替等因素造成的水温波动从而影响污泥产生量；④雨季时污水污泥增量。处理截流雨水的污水系统，其污泥处理处置设施的规模，应考虑截流雨水的水量、水质，至少在旱流污水量对应的污泥量上增加20%。

17.2.1　污泥产量

（1）污泥产量计算公式

城镇污水处理厂采用一级处理、一级强化处理、二级处理、二级强化处理和深度处理等污水处理工艺时，各工艺段污泥产生量计算公式如下：

1）预处理工艺的污泥产量，包括初沉池、水解池、AB 法 A 段和化学强化一级处理工艺等：

$$\Delta X_1 = \alpha \cdot Q(SS_i - SS_o) \qquad (17\text{-}10)$$

式中　ΔX_1——预处理污泥产生量，kg/d；

SS_i、SS_o——分别为进出水悬浮物浓度，kg/m³；

Q——设计日平均污水流量，m³/d；

α——系数，无量纲，初沉池 $\alpha = 0.8 \sim 1.0$，排泥间隔较长时，取下限；AB 法 A 段 $\alpha = 1.0 \sim 1.2$，水解工艺 $\alpha = 0.5 \sim 0.8$，化学强化一级处理和深度处理工艺根据投药量，$\alpha = 1.5 \sim 2.0$。

2）带预处理系统的活性污泥法及其变形工艺剩余污泥产生量：

$$\Delta X_2 = \frac{aQS_r - bX_V V}{f} \qquad (17\text{-}11)$$

式中　ΔX_2——剩余活性污泥量，kg/d；

f——MLVSS 与 MLSS 之比值，对于生活污水，一般在 $0.5 \sim 0.75$；

Q——设计日平均污水流量，m³/d；

S_r——有机物浓度降解量，kg/m³；$S_r = S_a - S_e$，S_a、S_e 为曝气池进水、出水有机物（BOD₅）浓度；

V——曝气池容积，m³；

X_V——混合液挥发性污泥浓度，kg/m³；

a——污泥产生率系数（kg 挥发性悬浮固体/kgBOD），一般可取 $0.5 \sim 0.65$；

b——污泥自身氧化率，kg/d，一般可取 $0.05 \sim 0.1$。

对于生活污水，污泥龄长，a 取小值，b 取大值；污泥龄短，a 取大值，b 取小值。

3）不带预处理系统的活性污泥法及其变型工艺剩余污泥产生量：

$$\Delta X_3 = YQ(S_o - S_e) - K_d V X_v + \beta Q(SS_o - SS_e) \qquad (17\text{-}12)$$

式中　ΔX_3——剩余活性污泥量，kg/d；

Y——污泥产率系数，kgVSS/kgBOD₅，20℃时为 $0.3 \sim 0.8$；

Q——设计日平均污水流量，m³/d；

S_o——生物反应池内进水五日生化需氧量，kg/m³；

S_e——生物反应池内出水五日生化需氧量，kg/m³；

K_d——衰减系数，d⁻¹，一般可取 $0.05 \sim 0.1$；

V——生物反应池容积，m³；

X_v——生物反应池内混合液挥发性悬浮固体平均浓度，kgMLVSS/m³；

β——悬浮物（SS）的污泥转化率，宜根据试验资料确定，无试验资料时可取 $0.5 \sim 0.7$gMLSS/gSS，带预处理系统的取小值，不带预处理系统的取大值；

SS_o——生物反应池内进水悬浮物浓度，kg/m³；

SS_e——生物反应池内出水悬浮物浓度，kg/m³。

（2）城镇污水处理厂的污泥产量计算

1）带有预处理的好氧生物处理工艺

一般带有初沉池、水解池、AB 法 A 段等预处理工艺的二级污水处理系统及深度处理系统，会产生两部分污泥，其总污泥产生量计算公式如下：

$$W_1 = \Delta X_1 + \Delta X_2 \tag{17-13}$$

2）消化工艺

城镇污水处理厂就地采用好氧消化或厌氧消化工艺对污泥进行减量稳定化处理，处理后污泥量计算公式如下：

$$W_2 = W_1 \cdot (1 - \eta)\left(\frac{f_1}{f_2}\right) \tag{17-14}$$

式中　W_2——消化后污泥质量，kg/d；

W_1——原污泥质量，kg/d；

η——污泥挥发性有机固体降解率；

f_1——原污泥中挥发性有机固体含量，%；

f_2——消化污泥中挥发性有机固体含量，%。

3）不带预处理的好氧生物处理工艺

一般指具有污泥稳定功能的延时曝气活性污泥工艺（包括部分氧化沟工艺、SBR 工艺），污泥龄较长，污泥负荷较低。该工艺只产生剩余活性污泥，其总污泥产生量计算公式如下：

$$W_3 = \Delta X_3 \tag{17-15}$$

17.2.2　污泥量的计量

城镇污水处理厂宜在污泥产生、贮存和处理各单元均设置计量装置，如初沉池、集泥池（或浓缩池）、污泥消化池、污泥脱水机房等。

初次沉淀池不接收剩余活性污泥时，初沉污泥理论产量可根据式（17-10）计算。当间歇排泥时，宜采用容积法计量，通过人工或仪表测定泥位变化的方式，计量装置或仪表设在集泥池或浓缩池中。初沉池每日排泥量计算公式如下：

$$Q_1 = S \sum_{i=1}^{n} (h_{f,i} - h_{a,i}) + Q_i t_i \tag{17-16}$$

式中　Q_1——初沉池每日排泥量，m³/d；

n——每日排泥次数，$n = 24/T$，T 为排泥周期；

S——初沉池截面积，m²；

$h_{f,i}$——集泥池中初沉污泥排泥前泥位，m；

$h_{a,i}$——集泥池中初沉污泥排泥后泥位，m；

Q_i——初沉池排泥期间，集泥池（浓缩池）提升泵流量，m³/h；

t_i——初沉池排泥时间，h。

设初沉池的城镇污水处理厂，剩余活性污泥理论产量可根据式（17-11）计算。剩余活性污泥连续排放时，宜通过设置流量计方式进行计量，流量计设在剩余污泥压出管道上；生物膜法二沉池污泥间歇排出时，宜采用容积法计量，通过人工或仪表测定泥位变化的方式，计量装置或仪表设在集泥池或浓缩池。

不设初沉池的城镇污水处理厂，剩余活性污泥理论产量可根据式（17-12）计算。剩余污泥连续排放时，宜通过设置流量计方式进行计量。流量计设在剩余污泥压出管道上。

剩余污泥每日排放量计算公式如下：

$$V_s = Q_p t \tag{17-17}$$

式中　V_s——剩余污泥排放量，m^3；

　　　Q_p——污泥提升泵流量，m^3/h；

　　　t——排泥时间，h。

采用深度处理工艺的城镇污水处理厂，化学污泥理论产量宜根据式（17-10）计算。间歇排放时，宜采用容积法计量，通过人工或仪表测定泥位变化，计量装置或仪表设在浓缩池中。其计算公式类同式（17-16）。

厌氧消化池进、出泥量和沼气产量需设置计量装置或仪表。

（1）消化池处理污泥量为初沉污泥和剩余活性污泥之和，采用式（17-13）进行计算。连续进泥时，宜采用流量计计量，进泥装置宜选用柱塞泵或螺杆泵，并记录累计流量（Q_a）。采用投配池间歇进泥时，宜采用容积式计量，记录每次投泥前后投配池中污泥液位高度和每日进泥次数。

（2）出泥量须计量。连续出泥时，宜采用流量计计量，流量计设置在靠近消化池的污泥输送管线上；间歇出泥时，宜采用容积式计量，计量装置设在后续的浓缩池或集泥池中，记录每次出泥前后浓缩池或集泥池中污泥液位高度和每日出泥次数。

（3）污泥消化池产生的沼气计量装置或仪表宜安装在消化池出气管道上，沼气计量装置应具有瞬时流量和累计流量读取的功能。

城镇污水处理厂污泥机械脱水输送管线应设置计量泵。进泥宜采用螺杆计量泵输送，絮凝剂宜采用加药计量泵投加。出厂脱水污泥可通过重量法进行计量，计量装置宜采用地衡。城镇污水处理厂应为出厂污泥建立完善的记录制度。

污泥好氧堆肥应为进出厂污泥设置运行良好的计量设施，计量设施宜采用汽车衡。并建立完善的进出厂污泥记录制度。

城镇污水处理厂污泥总的排放出口，应记录污泥输出车次、重量、取样测定含水率，并采用转移联单制度，将记录结果分交污水处理厂、相关环境行政管理部门和污泥处理处置单位，每月定期进行校核。

17.3　污泥处理处置的技术路线与方案选择

17.3.1　污泥处理处置的原则与基本要求

（1）污泥处理处置的原则

污泥处理处置应从节能减排的角度出发，综合考虑处置效率、能源消耗、碳足迹等因素，工艺选择以减量化处理为基础，以稳定化和无害化处理为核心，以资源化利用为目标，以对环境总体影响最小为宗旨。因此，污泥处理工程建设之前应进行污泥中有机质、营养物、重金属、病原菌、污泥热值、有毒有机物的分析测试，根据泥质确定经济合理且对环境安全的处置方式，再根据处置方式选定合理的处理工艺。

城镇污水处理厂的污泥处置工艺应遵循"处置决定处理，处理满足处置"的原则，综合考虑污泥性质、处置出路、当地经济条件和占地面积等因素确定，应选择高效低碳的污泥处理工艺。由污泥处置出路决定污泥处理工艺，并经过技术经济比较，确定污泥处理工艺。一般包括浓缩、厌氧消化、好氧消化、好氧发酵、脱水、石灰稳定、干化和焚烧等。

城镇污水处理厂的污泥处理和处置应从工艺全流程角度确定技术路线。城镇污泥处理和处置应进行工艺全流程分析，选择合理的技术路线及各工艺段的处理工艺，使整个污泥处理和处置工艺安全、绿色、低碳、循环和可持续发展。

乡村生活污水处理产生的污泥应按资源化利用的原则处理和处置。乡村生活污水处理产生的污泥应定期处理处置，污泥处理和处置应符合资源化的原则，并根据当地条件选择适宜的污泥处理和处置方式。

按照《城镇污水处理厂污泥处理处置及污染防治技术政策（试行）》的要求，参考国内外的经验与教训，我国污泥处理处置应符合"安全环保、循环利用、节能降耗、因地制宜、稳妥可靠"的原则。

安全环保是污泥处理处置必须坚持的基本要求。污泥中含有病原体、重金属和持久性有机物等有毒有害物质，在进行污泥处理处置时，应对所选择的处理处置方式，根据必须达到的污染控制标准，进行环境安全性评价，并采取相应的污染控制措施，确保公众健康与环境安全。

循环利用是污泥处理处置时应努力实现的重要目标。污泥的循环利用体现在污泥处理处置过程中充分利用污泥中所含有的有机质、各种营养元素和能量。污泥循环利用，一是土地利用，将污泥中的有机质和营养元素补充到土地；二是通过厌氧消化或焚烧等技术回收污泥中的能量。

节能降耗是污泥处理处置应充分考虑的重要因素。应避免采用消耗大量的优质清洁能源、物料和土地资源的处理处置技术，以实现污泥低碳处理处置。鼓励利用污泥厌氧消化过程中产生的沼气热能、垃圾和污泥焚烧余热、发电厂余热或其他余热作为污泥处理处置的热源。

因地制宜是污泥处理处置方案比选决策的基本前提。应综合考虑污泥泥质特征及未来的变化、当地的土地资源及特征、可利用的水泥厂或热电厂等工业窑炉状况、经济社会发展水平等因素，确定本地区的污泥处理处置技术路线和方案。

稳妥可靠是污泥处理处置贯穿始终的必需条件。在选择处理处置方案时，应优先采用先进成熟的技术。对于研发中的新技术，应经过严格的评价、生产性应用，及工程示范确认后，可靠后方可采用；在制订污泥处理处置规划方案时，应根据污泥处理处置阶段性特点，同时，考虑应急性、阶段性和永久性三种方案，最终应保证永久性方案的实现；在永久方案完成前，可把充分利用其他行业资源进行污泥处理处置作为阶段性方案，并应具有应急的处理处置方案，防止污泥随意弃置，保证环境安全。

（2）污泥处理处置设施规划建设的基本要求

污泥处理处置设施建设应首先编制污泥处理处置规划。污泥处理处置规划应与本地区的土地利用、环境卫生、园林绿化、生态保护、水资源保护、产业发展等有关专业规划相协调，符合城乡建设总体规划，并纳入城镇排水或污水处理设施建设规划。污泥处理处置设施应与城镇污水处理厂同时规划、同时建设、同时投入运行。

污泥处理处置应包括处理与处置两个阶段。处理主要是指对污泥进行稳定化、减量化和无害化处理的过程。处置是指对处理后污泥进行消纳的过程。污泥处理设施的方案选择及规划建设应满足处置方式的要求。在一定的范围内，污泥的稳定化、减量化和无害化等处理设施宜相对集中设置，污泥处置方式可适当多样。污泥处理处置设施的选址，应与水源地、自然保护区、人口居住区、公共设施等保持足够的安全距离。

应根据城镇排水或污水处理设施建设规划，结合现有污水处理厂的运行资料，确定并预测污泥的泥量与泥质，作为合理确定污泥处理处置设施建设规模与技术路线的依据。必要时，还应在污水处理厂服务范围内开展污染源调查、分析未来城镇建设以及产业结构的变化趋势，更加准确地掌握泥量和泥质资料。

城镇污水处理厂的污泥处理和处置设施的能力必须满足设施检修维护时的污泥处理和处置要求，并应达到全量处理处置目标。污水处理每天都产生污泥，而不同的污泥处理和处置设施有不同的运行和维护保养周期。如单套污泥焚烧系统的设计年运行时间一般为7200h，因此，必须通过放大设计能力，以保证设施检修维护时污泥的全量处理和处置。此外，在特殊工况条件下，污泥产生量会超出原有规模，因此，污泥处理和处置设施的能力还应留有余地。污泥处理处置设施还应预先规划备用方案，以保证污泥的稳定处理与处置，应急处理处置方案可视情况作为备用方案。利用其他行业资源确定的污泥处理处置方案宜作为阶段性方案，不宜作为永久性方案。污泥处理处置应根据实际需求，建设必要的中转和贮存设施。污泥中转和贮存设施的建设应符合《环境卫生设施设置标准》CJJ 27—2012 等规定。

污泥处理处置设施建设时，相应安全设施的建设也必须执行同时规划、同时建设、同时投入的原则，确保污泥处理处置设施的安全运行。

（3）污泥处理处置过程管理的基本要求

污泥处理处置应执行全过程管理与控制原则。应从源头开始制定全过程的污染物控制计划，包括工业清洁生产、厂内污染物预处理、污泥处理处置工艺的强化等环节，加强污染物总量控制。

在污泥处理处置过程中，可采用重金属析出及钝化、持久性有机物的降解转化及病原体灭活等污染物控制技术，以满足不同污泥处置方式的要求，实现污泥的安全处置。

污泥运输应采用密闭车辆和密闭驳船及管道等输送方式。加强运输过程中的监控和管理，城镇污水处理厂、污泥运输单位、污泥接收单位应建立污泥转运联单制度，记录污泥的去向、用途和数量等，严禁擅自倾倒、堆放、丢弃或遗撒污泥。防止因暴露、洒落或滴漏造成对环境的二次污染。

污泥处理处置运营单位应建立完善的检测、记录、存档和报告制度，对处理处置后的污泥及其副产物的去向、用途、用量等进行跟踪、记录和报告，并将相关资料保存 5 年以上。

应由具有相应资质的第三方机构，定期就污泥土地利用对土壤环境质量的影响、污泥填埋对场地周围综合环境质量的影响、污泥焚烧对周围大气环境质量的影响等方面进行安全性评价。

污泥处理处置运营单位应严格执行国家有关安全生产法律法规和管理规定，落实安全生产责任制；执行国家相关职业卫生标准和规范，保证从业人员的卫生健康；制定相关的应急处置预案，防止危及公共安全的事故发生。

17.3.2 污泥处理处置方案选择与评价

（1）污泥处置方式的选择

污泥处置包括土地利用、建材利用、填埋等方式。应综合考虑污泥泥质特征及未来的出路，以及当地的土地资源及环境背景状况、可利用的水泥厂或热电厂等工业窑炉状况、经济社会发展水平等因素，结合可采用的处理技术，合理确定本地区的主要污泥处置方式或组合。根据处置方式确定具体技术方案时，应进行经济性分析、环境影响分析以及碳排放分析。

1）污泥土地利用

应首先调查本地区可利用土地资源的总体状况，按照国家相关标准要求，结合污泥泥质以及厌氧消化、好氧发酵等处理技术，优先研究污泥土地利用的可行性。鼓励将城镇生活污水产生的污泥经厌氧消化或好氧发酵处理后，严格按国家相关标准进行土地利用。如果当地存在盐碱地、沙化地和废弃矿场，应优先使用污泥对这些土地或场所进行改良，实现污泥处置。用于土地改良的泥质应符合现行国家标准《城镇污水处理厂污泥处置 土地改良用泥质》GB/T 24600 的规定。应对改良方案进行环境影响评价，防止对地下水以及周围生态环境造成二次污染。当污泥经稳定化和无害化处理满足现行国家标准《城镇污水处理厂污泥处置 园林绿化用泥质》GB/T 23486 的规定和有关标准要求时，应根据当地的土质和植物习性，提出包括施用范围、施用量、施用方法及施用期限等内容的污泥园林绿化或林地利用方案，进行污泥处置。污泥处理产物农用时，泥质应符合现行国家标准《农用污泥污染物控制标准》GB 4284 的规定，以防范污泥处理产物在农用过程中的二次污染。当污泥经稳定化和无害化处理达到国家和地方现行的有关农用标准和规定时，应根据当地的土壤环境质量状况和农作物特点及《土壤环境质量 农用地土壤污染风险管控标准（试行）》GB 15618—2018，研究提出包括施用范围、施用量、施用方法及施用期限等内容的污泥农用方案，经污泥施用场地适用性环境影响评价和环境风险评估后，进行污泥农用并严格进行施用管理。

污泥土地利用方案通常包括土地改良、园林和农用三种土地利用形式，每一种形式的利用量可考虑随季节等因素进行动态调整并应分别满足以上三个标准。

当污泥以农用、园林绿化为土地利用方式时，可采用厌氧消化或高温好氧发酵等工艺对污泥进行处理。有条件的污水处理厂，应首先考虑采用污泥厌氧消化对污泥进行稳定化及无害化处理的可行性，污泥消化产生的沼气应收集利用。为提高能量回收率，可采用超声波、高温高压热水解等污泥破解技术，对剩余活性污泥在厌氧消化前进行预处理。当污水处理厂厌氧消化所需场地条件不具备，或污水处理厂规模较小时，可将脱水后污泥集中运输至统一场地，采用厌氧消化或高温好氧发酵等工艺对脱水污泥进行稳定化及无害化处理。高温好氧发酵工艺应维持较高的温度与足够的发酵时间，以确保污泥泥质满足土地利用要求。如污泥泥质经处理后暂不能达到土地利用标准，应制定降低污泥中有毒有害物质的对策，研究土地利用作为永久性处置方案的可行性。

2）污泥建材利用

当污泥不具备土地利用条件时，可考虑采用建材利用的处置方式。

当污泥采用焚烧后建材利用方式时，应首先全面调查当地的垃圾焚烧、水泥及热电等行业的窑炉状况，优先利用上述窑炉资源对污泥进行协同焚烧，降低污泥处理处置设施的建设投资。当污泥单独进行焚烧时，干化和焚烧应联用，以提高污泥的热能利用效率。污泥焚烧后的灰渣，应首先考虑建材综合利用；若没有利用途径时，可直接填埋；经鉴别属于危险废物的灰渣和飞灰，应纳入危险固体废弃物管理。

污泥也可直接作为原料制造建筑材料，经烧结的最终产物可以用于建筑工程的材料或制品。建材利用的主要方式有：制作水泥添加料、制砖、制陶粒、制路基材料等。污泥用于制作水泥添加料也属于污泥的协同焚烧过程。污泥建材利用应符合国家、行业和地方相关标准和规范的要求（《城镇污水处理厂污泥处置　单独焚烧用泥质》GB/T 24602—2009、《城镇污水处理厂污泥处置　制砖用泥质》GB/T 25031—2010）并严格防止在生产和使用中造成二次污染。

3）污泥填埋

当污泥泥质不适合土地利用，且当地不具备建材利用条件，可采用填埋处置。严禁未经稳定化和无害化处理的污泥直接填埋。未经稳定化和无害化处理的污泥直接填埋，会导致环境安全风险，极易传播疾病，造成二次污染。当填埋场防渗技术不完善时，还可能导致潜在的土壤和地下水污染，应严格限制，并逐步禁止未经稳定化和无害化处理的污泥直接填埋。污泥填埋前需进行稳定化处理，处理后泥质应符合现行国家标准《城镇污水处理厂污泥处置　混合填埋用泥质》GB/T 23485 的要求。污泥以填埋为处置方式时，可采用石灰稳定等工艺对污泥进行处理，也可通过添加粉煤灰或陈化垃圾对污泥进行改性处理。污泥填埋处置应考虑填埋气体收集和利用，减少温室气体排放。严格限制并逐步禁止未经深度脱水的污泥直接填埋。

（2）污泥处理处置方案的选择

污泥处理处置应从节能减排的角度出发，综合考虑处置效率、能源消耗、碳足迹等因素。工艺选择以减量化处理为基础，以稳定化和无害化处理为核心，以资源化利用为目标，以对环境总体影响最小为宗旨。因此，污泥处理工程建设之前，应对污泥中有机质、营养物、重金属、病原菌、污泥热值、有毒有机物进行分析测试，根据泥质确定经济合理且对环境安全的处置方式，再根据处置方式选定合理的处理工艺。污泥处理处置应进行工艺全流程分析，选择合理的技术路线和各工艺段的处理工艺，使整个污泥处理处置工艺绿色、低碳、循环、可持续发展。

1）污泥处理处置的方案制定原则

① 以城镇总体规划为主要依据，从全局出发，近远结合，以"稳定化、减量化、无害化"为目的，积极采用符合绿色、循环、低碳、生态的技术路线，充分利用污泥中的物质和能量，实现"资源化"。②结合污泥的性质、最终处置方式、环境承载能力及当地经济、技术水平选择。③对技术方案进行综合的技术经济比选。技术经济比选应以全局协调、经济合理、技术先进、安全稳定、环境友好为原则，综合评价社会效益、环境效益和经济效益。④应综合考虑厂址、运输、运行管理、防止二次污染、人员安排和经济效益等因素。城镇污水处理厂的污泥可在污水处理厂内就地处理，也可在污水处理厂外的专用污泥处理处置设施处理或协同处理。

2）污泥处理处置方案的内容

① 确定污泥性质，进行工艺单元优化组合，确定污泥处理处置系统工艺及布局；

②确定工程规模、选址、处理要求和处置途径；③进行工程投资估算、运行费用估算、效益分析、风险评价和环境影响评价等。

3）污泥处理处置方案

污泥处理处置系统应包含污泥稳定化、减量化、无害化处理处置过程，在此基础上宜实现资源化。城镇污水处理厂的污泥处理系统可由预处理、浓缩、脱水、厌氧消化、好氧发酵、热干化、碳化、焚烧等工艺单元组成，污泥处置包括土地利用、建材利用、填埋，可按图 17-1 进行工艺单元组合。

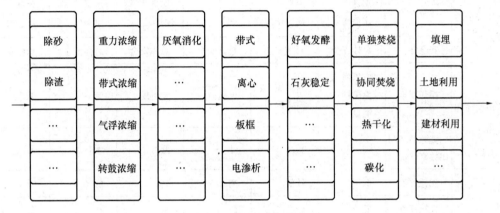

图 17-1　单元工艺流程图

① 适用于大规模（20t 干污泥/d 及以上）、有机物含量高的污泥处理工艺

a. 污泥浓缩→常规消化或高级厌氧消化→污泥脱水→土地利用；

b. 污泥浓缩→污泥脱水→好氧发酵→土地利用；

c. 污泥浓缩→常规消化或高级厌氧消化→污泥脱水→污泥热干化→（协同）焚烧→填埋或建材利用。

② 适用于大规模（20t 干污泥/d 及以上）、有机物含量低的污泥处理工艺

a. 污泥浓缩→高级厌氧消化或生物质协同厌氧消化→污泥脱水→土地利用；

b. 污泥浓缩→污泥脱水→好氧发酵→土地利用；

c. 污泥浓缩→高级厌氧消化或生物质协同厌氧消化→污泥脱水→污泥热干化→（协同）焚烧→填埋或建材利用。

③ 适用于小规模的污泥处理工艺

a. 污泥浓缩→污泥脱水→好氧发酵→土地利用；

b. 污泥浓缩→污泥脱水→石灰稳定→填埋或建材利用。

4）典型污泥处理处置方案的综合评价

在确定最终的污泥处理处置方案时，应对所选方案进行环境影响、技术经济等方面的综合分析。对于较大规模的污泥处理处置设施，还应对处理处置方案进行碳排放综合评价，尽量实现污泥的低碳处理处置。

对各种污泥处理处置方案进行的经济性分析与评价，在研究确定具体的污泥处理处置工程投资和运行费用时，应结合实际情况，进行详细测算。典型污泥处理处置方案的综合分析与评价，见表 17-7。

典型处理处置方案		厌氧消化 +土地利用	好氧发酵 +土地利用	机械干化 +焚烧	工业窑炉协同焚烧	石灰稳定 +填埋	深度脱水 + 填埋
最佳适用的污泥种类		生活污水污泥	生活污水污泥	生活污水及工业废水混合污泥	生活污水及工业废水混合污泥	生活污水及工业废水混合污泥	生活污水及工业废水混合污泥
环境安全性评价	污染因子	恶臭病原微生物	恶臭病原微生物	恶臭烟气	恶臭烟气	恶臭重金属	恶臭重金属
	安全性	总体安全	总体安全	总体安全	总体安全	总体安全	总体安全
资源循环利用评价	循环要素	有机质氮磷钾能量	有机质氮磷钾	无机质	无机质	无	无
	资源循环利用效率评价	高	较高	低	低	无	无
能耗物耗评价	能耗评价	低	较低	高	高	低	低
	物耗评价	低	较高	高	高	高	高
技术经济评价	建设费用	较高	较低	较高	较低	较低	低
	占地	较少	较多	较少	少	多	多
	运行费用	较低	较低	高	高	较低	低

污泥处理处置设施的设计能力应满足设施检修维护时的污泥处理处置要求，当设施检修时，应仍能全量处理处置产生的污泥。

污泥处理构筑物和主要设备的数量不应少于 2 个。

污泥处理处置过程中产生的臭气应收集后进行处理。

污泥处理和处置过程中产生的污泥水，应单独处理或返回污水处理构筑物进行处理。

17.4　污泥运输

17.4.1　污泥输送方式分类

污泥输送的主要方法有管道输送、螺旋输送、皮带输送、卡车、火车船运送，以及组合输送方法等。采用何种方法输送决定于污泥的性质与数量、污泥处理的方式、输送距离与费用、最终处置与利用方式等。各输送方法的特点如下：

1）管道输送：管道输送是常用的一种输送方法，含水率为 80%～99.5% 的污泥可采用管道输送。用管道输送污泥的一次性投资较大，适用于污泥输送的目的地稳定不变，污泥的流动性能较好，含水率较高，污泥所含油脂成分较少，污泥的腐蚀性低；污泥的流量较大，一般应超过 $30m^3/h$。污泥管道输送的优势主要是卫生条件好，无气味与污泥外溢，操作方便并利于实现自动化控制，在远郊集中设污泥处置设施时，规模较大，效率较高。但管道输送一旦建成后，输送的地点固定，则存在灵活性较差等缺点。

2）螺旋、皮带、抓头输送：螺旋输送含水率为 60%~85% 的污泥。输送距离小于 25m，扬程宜小于 8m；皮带输送可用于含水率小于 85% 的污泥，输送距离小于 100m，扬程宜小于 20m；抓斗输送宜用于含水率小于 85%，较松散污泥，后续系统无需连续进料，输送距离宜小于 15m，提升高小于 20m。

3）卡车运送：适用于中、小型污水处理厂，不受运输目的地的限制，不需经过中间转运。卡车运输方便，灵活性大，但相对运输量较小，运输费用较高，运输过程中对环境带来噪声和臭味，有时还会散漏污泥，对环境影响较大。卡车运送应采用液罐车以免气味与污泥外溢，若运输脱水泥饼则可采用翻斗车。

4）驳船运送：适用于不同含水率的污泥。具有灵活方便，运行费用低的优点，但需设中转站。

污泥输送系统的设计应依据污泥水力特性。

17.4.2 污泥管道输送

含水率为 80%~99.5% 的污泥可采用管道输送，管道输送宜采用离心泵、螺杆泵或柱塞泵，根据含水率选择无缝钢管或超低摩阻耐磨复合管。管道输送设计，应符合下列规定：管道选线应以最短距离最少弯头为原则；管道尽量平直，转弯时宜采用 45° 弯头，转弯半径不低于 5 倍直径；管道应考虑疏通、清洗及排气；与污泥泵连接段应预留设备检修空间，必要时设置高压伸缩节连接阀件；依据污泥的黏度进行管道损失计算，脱水污泥设计流速采用 $0.16 \sim 0.06 \mathrm{m/s}$。

17.4.3 污泥管道输送设计

污泥管道输送是污水处理厂内或长距离输送的常用方法，具有经济、安全、卫生等特点。其输送系统可分为重力管道与压力管道两种形式。

（1）设计内容

污泥输送管道的主要设计内容是确定其管径。污泥管道的管径确定按不同性质的污泥，根据输送泥量、含水率、临界流速及水头损失等条件，通过试算与比较，选定合理的管径。选定管径后，需要根据运转过程中可能发生的污泥量和含水率变化，对管道的流速和水头损失等进行核算。

（2）设计要求与参数

1）最小设计流速：污泥压力管道最小设计流速见表 17-8。

污泥压力管道最小设计流速　　　　　　　　　　表 17-8

污泥含水率（%）	最小设计流速（m/s）	
	管径 150~250mm	管径 300~400mm
90	1.5	1.6
91	1.4	1.5
92	1.3	1.4

污泥含水率（%）	最小设计流速（m/s）	
	管径 150~250mm	管径 300~400mm
93	1.2	1.3
94	1.1	1.2
95	1.0	1.1
96	0.9	1.0
97	0.8	0.9
98	0.7	0.8

2）管材：管材多采用有衬里的延性铸铁管，如球墨铸铁管等，也可选用塑料管和石棉水泥管，个别地段用钢管，但需内涂环氧焦油防腐。

3）最小管径：压力输泥管最小管径为 150mm。管中流速一般采用 1.5~2m/s，对长距离管道用低值。管道的坡度一般宜向污泥泵站方向倾斜，为放空管内积水，管道坡度宜为 0.001~0.002，有条件时还可适当加大。当管道纵向坡度出现高低折点时，在管子凸部必须设排气阀，在凹部必须设泄空阀排向下水道或检修井的贮泥池。在平面和纵向布置中，应尽量减少急剧的转折。采用管道输送污泥时，弯头的转弯半径不应小于 5 倍管径。要求管线尽可能顺直，同时应注意合理设置隔断阀、排泥阀和排气阀。

重力输泥管最小管径为 200mm，相应最小设计坡度为 0.01。

4）污泥管道的埋深：当间歇输送污泥时，管顶应埋在冰冻线以下；当连续输送时，管底可设在冰冻线以上。

5）污泥管道的敷设位置，应尽量设置在下水道管线附近，以便排除冲洗水及泄空污泥。

6）检查井：沿污泥管线，每 100~200m 或适当地点须设检查井，主要是作为观察、检查及清洗管道之用。

7）节点检修井：沿污泥管线每 1000m 左右或适当地点，须设节点检修井，主要作管道检修用。

8）倒虹管：污泥的倒虹管，应保证经常可以进行检查及排气。必要时应能冲洗、泄空及检修。倒虹管一般应设置双线，互为备用。

（3）污泥管道水力计算

1）沿程水头损失　压力输泥管道的沿程水头损失一般采用哈森 - 威廉姆斯（Hazen - Williams）紊流公式计算：

$$h_f = 6.82 \left(\frac{L}{D^{1.17}}\right) \left(\frac{v}{C_H}\right)^{1.85} \tag{17-18}$$

式中　h_f——输泥管沿程水头损失，m；

　　　L——输泥管长度，m；

　　　D——输泥管管径，m；

　　　v——污泥流速，m/s；

C_H——哈森－威廉姆斯（Hazen－Williams）系数，其值决定于污泥浓度，适用于各种类型的污泥，根据污泥浓度，查表 17-9 获得。

污泥浓度与 C_H 表 17-9

污泥浓度（%）	C_H	污泥浓度（%）	C_H
0.0	100	6.0	45
2.0	81	8.5	32
4.0	61	10.1	25

长距离管道输送时，由于污泥，特别是生污泥、浓缩污泥，可能含有油脂且固体浓度较高，使用长时间后，管壁被油脂粘附以及管底沉积，水头损失增大。为安全考虑，用哈森－威廉姆斯紊流公式计算出的水头损失值，应乘以水头损失系数 K。K 与污泥类型及污泥浓度有关，可查图 17-2 获得。

2）压力输泥管的局部水头损失

长距离输泥管道的水头损失，主要是沿程水头损失。局部水头损失所占比重很小，故可忽略不计。但污水处理厂内部的输泥管道，因输送距离短，局部水头损失必须计算。当污泥管内的流速为 0.6～2.0m/s 时，其局部水头损失 h 按式（17-19）计算：

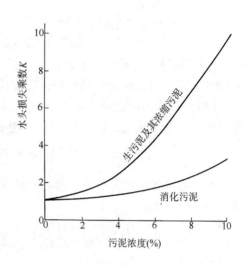

图 17-2 污泥类型及污泥浓度与 K

$$h = \xi \frac{v^2}{2g} \tag{17-19}$$

式中　h——局部阻力水头损失，m；

ξ——局部阻力系数，根据污泥的不同含水率，按表 17-10、表 17-11 选用；

v——管内污泥流速，m/s；

g——重力加速度，9.81m/s^2。

各种管件的污泥局部阻力系数 ξ 表 17-10

管件	水的 ξ 值	污泥含水率98% 的 ξ 值	污泥含水率96% 的 ξ 值
盘承短管	0.40	0.27	0.43
三盘丁字（三通）	0.80	0.60	0.73
90°双盘弯头	1.46（$r/R=0.9$）	0.85（$r/R=0.7$）	1.14（$r/R=0.8$）
四盘十字（四通）	—	2.5	—

闸门的污泥局部阻力系数 ξ 表 17-11

开启度	0.9	0.8	0.7	0.6	0.5	0.4	0.3	0.2
水的 ξ 值	0.03	0.05	0.2	0.7	2.03	5.27	11.42	28.7
污泥含水率96% 的 ξ 值	0.04	0.12	0.32	0.9	2.57	6.30	13.0	27.7

3）污泥倒虹管计算：

$$h = \left(il + \Sigma\xi\frac{v^2}{2g} \right)e \tag{17-20}$$

式中　h ——倒虹吸的水头损失，m；

　　　i ——单位长度的水头损失，m/m；

　　　l ——倒虹吸的长度，m；

　　$\Sigma\xi$ ——所有管件的局部阻力系数的总和；

　　　v ——流速，m/s；

　　　g ——重力加速度，9.81m/s²；

　　　e ——安全系数，一般为1.05～1.15。

【例17-2】　某城镇污水处理厂的设计污泥流量为169.6m³/h（0.047m³/s），含水率为98%。用管道输送至农场利用，管道长度为1km，求管道输送时的水头损失值。

【解】　因为污泥流量为0.047m³/s，采用紊流状态输送污泥，取流速为1.5m/s，管径为200mm。水头损失用式（17-18）计算：

$$h_f = 6.82\left(\frac{L}{D^{1.17}}\right)\left(\frac{v}{C_H}\right)^{1.85}$$

由于污泥含水率为98%，即污泥浓度为2%，查表17-9得 $C_H = 81$。将已知数据代入式（17-18），得：

$$h_f = 6.82\left(\frac{L}{D^{1.17}}\right)\left(\frac{v}{C_H}\right)^{1.85} = 6.82\left(\frac{1000}{0.2^{1.17}}\right)\left(\frac{1.5}{81}\right)^{1.85} = 27.96m$$

17.4.4　污泥螺旋输送机输送

螺旋输送机可用于输送含水率为60%~85%的污泥。输送距离宜小于25m，扬程宜小于8m。单台单螺旋输送机的输送能力可达40m³/h，单台双螺旋输送机的输送能力可达120m³/h。螺旋的输送倾角宜小于30°，且宜采用无轴螺旋输送机。

17.4.5　污泥皮带输送

皮带输送机可用于输送含水率小于85%的污泥，输送距离宜小于100m，扬程宜小于20m。皮带输送机分为直行皮带机和爬坡皮带机。单台设备最大输送能力可达250m³/h。皮带的输送倾角应小于20°。

17.4.6　污泥抓斗输送

抓斗输送宜用于含水率小于85%、较松散的污泥，且后续系统无须连续进料。水平输送距离宜小于15m，提升高度宜小于20m。抓斗输送可用于大中型集中式污泥处理处置工艺的前端进料，或污泥处理处置的转运或外运环节。抓斗可配套双梁桥式起重机、悬臂吊车、汽车吊等起吊装置。

17.5　污泥预处理

污泥中的砂、渣将加速污泥处理设备设施的磨损，加重设施堵塞程度，影响处理设施的运行保障能力，因此宜根据污水处理除砂和除渣情况设置相应的预处理工艺。

17.5.1　一般规定

污泥预处理宜设置除砂及除渣装置，除砂和除渣工艺单元设于户外时，冬季应防冻，宜采取封闭型设备减少臭气扩散。

17.5.2　除砂

除砂工艺单元可用于去除含水率不大于99.5%的初沉污泥和剩余污泥中的砂砾。旋流除砂工艺单元的设计，应符合下列规定：①以去除相对密度2.65，粒径0.1mm以上的砂粒设计；②沉砂池（器）的个数应不少于2个；③污泥应以一定速度沿切向进入沉砂池（器），在池（器）壁形成旋流；④表面负荷应不高于150m/h；⑤停留时间应不少于30s。旋流除砂工艺单元运行，应符合下列规定：①旋流器应连续不间断进泥，避免旋流器进口压力波动，或污泥中夹带空气；②旋流进口流速应不低于1m/s，旋流速度应不低于6m/s；③正常工作时进泥压力不得低于30kPa；④采用旋流除砂时，旋流器内部宜进行耐磨处理。应定期监测旋流器和排砂螺杆衬套的磨损情况。

17.5.3　除渣

除渣工艺单元用于拦截固体污染物和部分絮状物。除渣工艺单元设计，应符合下列规定：①可根据不同处理要求选择筛网间距，筛网间距宜小于10mm；②过栅流速应根据污泥浓度、设备类型、过滤精度进行确定。除渣工艺单元运行，应符合下列规定：①进泥含水率宜为95%~98%；②应定期检查出泥情况，必要时停机清理，防止絮状物堵塞。

17.6　污泥浓缩

污泥中含有大量的水分。初次沉淀污泥含水率介于95%~97%，剩余活性污泥达99%以上，导致污泥体积大，对污泥的后续处理造成困难。通过浓缩能够减少污泥的体积，节省污泥处理处置费用。污泥浓缩的目的在于减容。

污泥中所含水分大致分为四类：颗粒间的空隙水、毛细水、污泥颗粒吸附水和颗粒内部水，如图17-3所示。空隙水一般占污泥中总水分的65%~85%，这部分水是污泥浓缩的主要对象，因空隙水所占比例最大，故浓缩是减容的主要方法。毛细水，即颗粒间的毛细管内的水，约占污泥中总水分的10%~25%，脱除这部分水必须要有较高的机械作用力和能量，可采用自然干化和机械脱水法去除。污泥颗粒吸附水指由于污泥颗粒的表面张力作用而吸附的水，而内部水指污泥中微生物细胞体内的水分，这两部分水约占污泥中水分的10%，可通过干燥和焚烧法脱除。

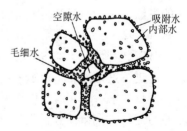

图 17-3　污泥水分示意

污泥浓缩的方法主要分为重力浓缩、机械浓缩和气浮浓缩。初沉污泥和混合污泥宜采用重力浓缩和机械浓缩；剩余污泥宜采用气浮浓缩。目前，经常采用重力浓缩和机械浓缩。重力浓缩电耗少、缓冲能力强，但其占地面积较大，易产生磷的释放，臭味大，需要增加除臭设施。初沉池污泥用重力浓缩，含水率一般可从97%～98%降至95%以下；剩余污泥一般不宜单独进行重力浓缩；初沉污泥与剩余活性污泥混合后进行重力浓缩，含水率可由96%～98.5%降至95%以下。机械浓缩主要有离心浓缩、带式浓缩、转鼓浓缩和螺压浓缩等方式，具有占地少、避免磷释放等特点。与重力浓缩相比电耗较高并需要投加高分子助凝剂。机械浓缩一般可将剩余污泥的含水率从99.2%～99.8%降至94%～96%。由于污泥浓缩一般不需要添加调理剂，污泥浓缩设施的主要能源消耗为其主机设备及其配套设备的驱动动力。污泥浓缩段产生的上清液一般回流入污水处理系统，浓缩污泥进入后续污泥处理段。因此，浓缩段主要考虑能源消耗，不同浓缩工艺的污泥浓缩物料消耗比较见表17-12。

不同浓缩工艺的污泥浓缩能耗比较　　　　　　　　　　表17-12

序号	浓缩工艺	污泥类型	浓缩含固率（%）	比能耗（kWh/tDS）	药耗（kgPAM/tDS）
1	重力浓缩	初沉污泥	8～10	1.3～2.9	0
2	重力浓缩	剩余活性污泥	2～3	4.4～13.2	0
3	离心浓缩	剩余活性污泥	5～7	200～300	0
4	带式浓缩机	剩余活性污泥	3～5	30～120	0.2～2
5	转鼓浓缩机	剩余活性污泥	4～8	50～100	3～7.5
6	螺压浓缩机	剩余活性污泥	4～8	50～100	3～7.5
7	气浮浓缩	剩余活性污泥	3～5	100～240	0

从表17-12可以看出，污泥浓缩工艺中，重力浓缩的能耗要比其他工艺能耗低很多，仅仅是离心浓缩的1%。气浮浓缩次之，离心浓缩能耗最高。药剂消耗主要是机械浓缩装置，如转鼓浓缩机和带式浓缩机。

17.6.1　重力浓缩

重力浓缩是利用污泥中固体颗粒与水之间的相对密度差来实现污泥浓缩的，是目前最常用的方法之一。初沉池污泥可直接进入浓缩池进行浓缩，含水率一般可从95%～97%浓缩至90%～92%。剩余污泥一般不宜单独进行重力浓缩。如果采用重力浓缩，含水率可从99.2%～99.8%降到97%～98%。对于设有初沉池和二沉池的污水处理厂，可将这两种污泥混合后进行重力浓缩。含水率可由96%～98.5%降至93%～95%。重力浓缩储存污泥能力强，操作要求一般，运行费用低，动力消耗小；但占地面积大，污泥易发酵产生臭气；对某些污泥（如剩余活性污泥）浓缩效果不理想；在厌氧环境中停留时间太长，产生磷的释放。一般适合没有除磷要求的污水处理厂，如用于除磷脱氮工艺，需要对上清液进行化学除磷处理。

（1）重力浓缩池分类

重力浓缩是利用沉降原理浓缩污泥。重力浓缩构筑物称重力浓缩池。根据运行方式不同，可分为连续式和间歇式两种。

1）间歇式重力污泥浓缩池

间歇式重力污泥浓缩池多用于小型污水处理厂，池形可为矩形或圆形，间歇式重力浓缩池主要设计参数是停留时间。设计停留时间最好由试验确定，在不具备试验条件时，浓缩时间不宜小于12h。间歇式重力污泥浓缩池应设置可排出深度不同的污泥水的设施，浓缩池上清液应返回污水处理构筑物进行处理。

2）连续式污泥重力浓缩池

连续运行的重力浓缩池一般采用辐流式沉淀池的形式，如图17-4所示。多用于大中型污水处理厂。

图17-4中，污泥由中心进泥管1连续进泥，上清液由溢流堰2出水，浓缩污泥用刮泥机4缓缓刮至池中心的污泥斗并从排泥管3排除。刮泥机4上装有随刮泥机转动的搅拌栅5，周边线速度为1~2m/min，每条栅条后面，可形成微小涡流，有助于颗粒之间的絮凝，使颗粒逐渐变大，并可造成空穴，促使污泥颗粒的空隙水与气泡逸出，浓缩效果约可提高20%以上。搅拌栅可促进浓缩作用，提高浓缩效果。浓缩池的底坡一般采用0.05。

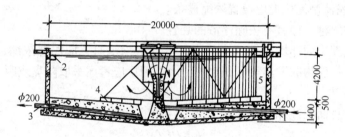

图17-4　有刮泥机及搅动栅的连续式重力浓缩池
1—中心进泥管；2—上清液溢流堰；3—排泥管；4—刮泥机；5—搅动栅

（2）浓缩池主要设计参数及要求

1）固体通量（或污泥固体负荷）：单位时间内通过单位浓缩池表面的干固体量，单位为kg/(m² · d)。污泥固体负荷一般宜采用30~60kg/(m² · d)。当浓缩初沉污泥时，污泥固体负荷可取较大值；当浓缩剩余污泥时，应采用较小值。浓缩池的一般运行参数见表17-13。

重力浓缩池生产运行数据（入流污泥浓度为2~6g/L）　　　　　表17-13

污泥种类	污泥固体通量[kg/(m² · h)]	浓缩污泥浓度（g/L）
生活污水污泥	1~2	50~70
初次沉淀污泥	4~6	80~100
改良曝气活性污泥	3~5.1	70~85
活性污泥	0.5~1.0	20~30
腐殖污泥	1.6~2.0	70~90
初沉污泥与活性污泥混合	1.2~2.0	50~80
初沉污泥与改良曝气活性污泥混合	4.1~5.1	80~120
初沉污泥与腐殖污泥混合	2.0~2.4	70~90
给水污泥	5~10	80~120

2）水力负荷：单位时间内通过单位浓缩池表面积的上清液溢流量，单位为 $m^3/(m^2 \cdot h)$ 或 $m^3/(m^2 \cdot d)$。初沉污泥最大水力负荷可取 $1.2 \sim 1.6 m^3/(m^2 \cdot h)$；剩余污泥取 $0.2 \sim 0.4 m^3/(m^2 \cdot h)$。按固体负荷计算出浓缩池的面积后，应与按水力负荷核算出的面积进行比较，取较大值。

3）浓缩时间：一般不宜小于 12h。

4）浓缩池有效水深：一般宜为 4m，池底坡向泥斗的坡度不宜小于 0.05。

5）污泥室容积和排泥时间：应根据排泥方法和两次排泥的时间间隔而定，当采用定期排泥时，两次排泥的间隔时间一般可采用 8h。

6）浓缩后污泥的含水率：由二沉池进入污泥浓缩池的污泥含水率为99.2% ~99.6% 时，浓缩后污泥含水率可达 97% ~98%。

7）采用栅条浓缩机时，其外缘线速度一般宜为 $1 \sim 2 m/min$，池底向泥斗的坡度不宜小于 0.05。

8）当采用生物除磷工艺进行污水处理时，不宜采用重力浓缩。

9）重力浓缩池刮泥机上应设置浓缩栅条。

10）污泥浓缩池一般宜有去除浮渣的装置。

考虑污水处理厂的环境要求越来越高，设计浓缩池时，应注意浓缩池的二次污染控制。污泥浓缩池一般均散发臭气，新建的污水处理厂应考虑采取防臭或脱臭措施。

（3）设计方法

重力浓缩池总面积计算：

$$A = QC/M \qquad (17-21)$$

式中　A——浓缩池总面积，m^2；

　　　Q——污泥量，m^3/d；

　　　C——污泥固体浓度，g/L；

　　　M——浓缩池污泥固体通量，$kg/(m^2 \cdot d)$。

单池容积：

$$A_1 = A/n \qquad (17-22)$$

式中　A_1——单池面积，m^2；

　　　n——浓缩池个数，个。

浓缩池直径：

$$D = \sqrt{\frac{4A_1}{\pi}} \qquad (17-23)$$

浓缩池工作部分高度：

$$h_1 = TQ/24A \qquad (17-24)$$

式中　h_1——浓缩池工作部分高度，m；

　　　T——设计浓缩时间，h。

浓缩池总高度：

$$H = h_1 + h_2 + h_3 \qquad (17-25)$$

式中　H——浓缩池总高度，m；

　　　h_2——超高，m；

h_3——缓冲层高度，m。

浓缩后污泥量：

$$V_2 = \frac{Q(1 - P_1)}{1 - P_2} \tag{17-26}$$

式中　V_2——浓缩后污泥量，m^3/d；

　　　P_1——进泥含水率，%；

　　　P_2——出泥含水率，%。

17.6.2　气浮浓缩

（1）气浮浓缩池的基本构造与形式

气浮浓缩池有圆形与矩形两种，如图 17-5 所示。圆形气浮浓缩池的刮浮泥板、刮沉泥板都安装在中心旋转轴上一起旋转。矩形气浮浓缩池的刮浮泥板与刮沉泥板由电机用链带连动刮泥。

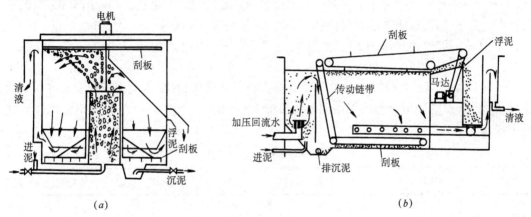

图 17-5　气浮浓缩池
（a）圆形气浮池；（b）矩形气浮池

（2）气浮浓缩池的设计

气浮浓缩池的设计内容主要包括气浮浓缩池面积、深度、空气量、溶气罐压力等。

气浮浓缩的设计，应符合下列规定：①北方地区气浮浓缩系统宜安装于室内，如在室外应采取防冻措施。②剩余污泥气浮浓缩的气固比为 0.005 ~ 0.02。③溶气系统应按最大出泥量进行设计。④刮泥机应按最大出泥量的 1.5 倍，24h 连续运行进行设计。⑤可调的刮泥机，行走速度宜为 0.75m/min，可调范围为 0.3 ~ 7.6m/min。

气浮浓缩的运行，应符合下列规定：运行应重点控制进泥量、气量、加压水量、刮泥和排底泥等，确保气浮分离清液清澈；固体负荷、水力负荷应满足设计要求；剩余污泥气浮浓缩的絮凝剂可采用阳离子聚丙烯酰胺，配药浓度宜为 2‰，加药量宜为 1‰ ~ 2‰；应调整溶气系统进气流量，使溶气压力稳定在 0.4 ~ 0.5MPa；溶气系统和刮泥机宜 24h 连续运行，浮泥层厚度宜稳定在 0.3 ~ 0.6m；应定期清理溶气释放器。

1）溶气比的确定

气浮时有效空气质量与污泥中固体物质量之比称为溶气比或气固比，用 A_a/S 表示。

无回流时，采用全部污泥加压：

$$\frac{A_a}{S} = \frac{S_a(fP - 1)}{C_0} \quad\quad\quad (17\text{-}27)$$

有回流时，采用回流水加压：

$$\frac{A_a}{S} = \frac{S_a R(fP - 1)}{C_0} \quad\quad\quad (17\text{-}28)$$

式中　$\dfrac{A_a}{S}$——溶气比，一般为 0.005 ~ 0.006，或通过气浮浓缩试验确定，$S = Q_0 C_0$，mg/h，Q_0 为入流污泥流量，L/h；

　　　　C_0——入流污泥固体浓度，mg/L；

　　　　S_a——在 0.1MPa 大气压下，空气在水中的质量饱和溶解度，mg/L，其值等于空气在水中的容积饱和溶解度（L/L）与空气密度（mg/L）的乘积，0.1MPa 大气压下空气在不同温度时的容积溶解度及密度列于表 17-14；

　　　　R——回流比，等于加压溶气水的流量与入流污泥流量之比，一般用 1.0 ~ 3.0；

　　　　f——回流加压水的空气饱和度，%，一般为 50% ~ 80%；

　　　　P——溶气绝对压力，一般为 0.2 ~ 0.4MPa，当应用式（17-27）、式（17-28）时，以 2 ~ 4kg/cm² 代入。

　　式（17-27）和式（17-28）的等号右侧，分子是在 0.1MPa 大气压下加压水可释放的空气质量（mg/L），分母是污泥中固体物质量（mg/L），式中 "－1" 是由于气浮在大气压下操作。

空气容积溶解度及密度表　　　　　　　　　　　　　　　表 17-14

气温（℃）	溶解度（L/L）	空气密度（mg/L）	气温（℃）	溶解度（L/L）	空气密度（mg/L）
0	0.0292	1252	30	0.0157	1127
10	0.0228	1206	40	0.0142	1092
20	0.0187	1164			

2) 气浮浓缩池的表面积

无回流时　　　　　　　　　$A = \dfrac{Q_0}{q}$　　　　　　　　　（17-29）

有回流时　　　　　　　　　$A = \dfrac{Q_0(R + 1)}{q}$　　　　　　　（17-30）

式中　A——气浮浓缩池表面积，m²；

　　　　q——气浮浓缩池的表面水力负荷，见表 17-15，m³/(m²·h) 或 m³/(m²·d)；

　　　　Q_0——入流污泥量，m³/h 或 m³/d；

　　　　R——回流比，等于加压溶气水的流量与入流污泥流量之比。

　　求出表面积 A 后，需用固体负荷通量校核，如不能满足，则应采用固体负荷求得的面积。气浮浓缩可以使污泥含水率从 99% 以上降低到 95% ~ 97%，澄清液的悬浮物浓度不超过 0.1%，可回流到污水处理厂的进水泵房处理。

污泥种类	入流污泥固体浓度（%）	表面水力负荷[$m^3/(m^2 \cdot h)$]		气浮污泥固体浓度（%）	表面固体负荷[$kg/(m^2 \cdot h)$]
		无回流	有回流		
活性污泥混合液	<0.5				1.04~3.12
剩余活性污泥	<0.5				2.08~4.17
纯氧曝气剩余活性污泥	<0.5	0.5~1.8	1.0~3.6	3~6	2.50~6.25
初沉污泥与剩余活性污泥	1~3				4.17~8.34
初次沉淀污泥	2~4				<10.8

（3）混凝剂在气浮浓缩中的应用

气浮浓缩可采用无机混凝剂如铝盐、铁盐、活性二氧化硅等，或有机高分子混凝剂如聚丙烯酰胺（PAM）等，提高气浮浓缩的效果。混凝剂可在水中形成便于吸附或俘获空气泡的表面，使污泥与气泡易于互相吸附。采用混凝剂的种类及剂量，宜通过试验决定。

当气浮浓缩后的污泥要回流到曝气池时，不宜使用混凝剂。因为混凝剂会影响曝气池活性污泥的质量。

【例 17-3】某污水处理厂剩余污泥量为 1000m^3/d，含水率为 99.6%，水温 20℃，采用气浮浓缩不投加混凝剂，浓缩后污泥浓度达到 4%。试设计无回流加压溶气气浮浓缩池。

解： 1）溶气比 $\dfrac{A_a}{S}$ 计算

溶气比 $\dfrac{A_a}{S}$ 采用式（17-27）计算：

查表 17-22 可知，在 20℃ 时，$S_a = 0.0187 \times 1164 = 21.77$mg/L，取 $f = 80\%$，$P = 3.5$kg/cm^2，$C_0 = 4000$mg/L，故：

$$\frac{A_a}{S} = \frac{S_a(fP-1)}{C_0} = \frac{21.77 \times (0.8 \times 3.5 - 1)}{4000} = 0.01$$

2）气浮区面积确定

表面水力负荷 q 取 1.0m^3/($m^2 \cdot h$)，气浮区面积为：

$$A = \frac{Q_0}{24q} = \frac{1000}{24 \times 1.0} = 41.7m^2$$

3）固体通量校核

$$G = \frac{Q_0 C_0}{24A} = \frac{1000 \times 4}{24 \times 41.7} = 4.0kg/(m^2 \cdot h)$$

固体通量符合要求。

17.6.3　机械浓缩

污泥机械浓缩的分类如下：

（1）离心浓缩

离心浓缩法的原理是利用污泥中的固体和液体的相对密度差，在离心力场中所受的离心力不同而被分离。由于离心力几千倍于重力，只需十几分钟，污泥含水率便可由99.2%~99.5%浓缩至91%~95%，因此，离心浓缩占地面积小，设备全密闭，臭气少，工作环境较卫生；停留时间较短，对于富磷污泥，可以避免磷的二次释放，从而可提高污水系统总的除磷率。但离心浓缩法耗电量和噪声较大，运行费用与机械维修费用较高；对操作人员要求较高。离心浓缩一般不需絮凝剂调质，如果要求浓缩污泥含固率大于6%，则可适量加入部分絮凝剂以提高含固量，但切忌加药过量，造成输送困难。离心浓缩适合于有除磷脱氮要求的污水处理厂，以及对不易重力浓缩的剩余活性污泥进行浓缩。

用于离心浓缩的离心机有转盘式（Disk）离心机，篮式（Basket）离心机和转鼓离心机等。各种离心浓缩的运行参数与效果见表17-16。

各种离心浓缩的运行参数与效果   表17-16

污泥种类	离心机型式	入流污泥量（L/s）	入流污泥固体浓度（%）	出流污泥固体浓度（%）	固体回收率（%）	混凝剂量（kg/t）
剩余活性污泥	转盘式	9.5	0.75~1.0	5.0~5.5	90	不用
剩余活性污泥	转盘式	25.3	—	4	80	不用
剩余活性污泥	转盘式	3.2~5.1	0.7	5.0~7.0	93~87	不用
剩余活性污泥	篮式	2.1~4.4	0.7	9.0~10	90~70	不用
剩余活性污泥	转鼓式	0.6~0.76	1.5	9~13	90	—
剩余活性污泥		4.7~6.30	0.4~0.78	5~7	90~80	不用
剩余活性污泥		6.9~10.1	0.5~0.7	5~8	65 85 90 95	不用 少于2.26 2.26~4.54 4.54~6.8

离心浓缩的运行，应符合下列规定：絮凝剂投加量宜小于4‰；主电机转速应根据出泥浓度调整，控制在1800~2800r/min；差速宜为最高差速的60%~80%；正常运行时堰板开度宜为70%~80%。

（2）带式浓缩

带式浓缩主要由重力带构成，重力带在由变速装置驱动的辊子上移动，用聚合物调理过的污泥均匀分布在移动的带子上，在疏水犁的作用下将污泥中的水释放出来。带式浓缩通常在污泥含水率大于98%的情况下使用，常用于剩余污泥的浓缩，将其含水率从99.2%~99.5%浓缩至93%~95%。带式浓缩可与脱水机一体，节省空间；工艺控制能力强；投资和动力消耗较低；噪声低，设备日常维护简单；添加少量絮凝剂便可获得较高固体回收率（高于90%），可提供较高的浓缩固体浓度；停留时间较短，对于富磷污泥，可以避免磷的二次释放，从而可提高污水系统总的除磷率，适合有除磷脱氮要求的污水处理厂。带式浓缩存在现场环境卫生差、需添加絮凝剂、产生臭气和腐蚀等问题。

带式浓缩的设计，其水力负荷应满足表17-17要求。

带式浓缩机水力负荷范围			表 17-17	
有效带宽（m）	1.0	1.5	2.0	3.0
水力负荷范围（L/s）	6.7~16	9.6~24	12.7~32	18~47

带式浓缩的运行，应符合下列规定：

1）絮凝剂投加量宜为 1‰~10‰。

2）带速应控制在 4~16m/min。

3）应进行上机试验，选择适宜的网带。

（3）转鼓浓缩

转鼓浓缩系统包括絮凝调理和转动的圆柱形筛网或滤布。污泥与絮凝剂充分反应后，进入转鼓中，污泥被截留在转鼓的筛网或滤布上，而水分通过筛网或滤布流出，达到浓缩的目的。转鼓浓缩可用于对初沉污泥、剩余活性污泥以及两者的混合污泥进行浓缩。一般可将污泥含水率从 97%~99.5% 浓缩到 92%~94%。转鼓浓缩可与脱水机一体，节省空间；噪声低；投资和动力消耗较低；容易获得高的固体浓度，固体回收率高于 90%；滤网更换方便；停留时间较短，对于富磷污泥，可以避免磷的二次释放，从而可提高污水系统总的除磷率，适合有除磷脱氮要求的污水处理厂。但转鼓浓缩存在现场环境卫生差、加药量较大（一般在4~7g 药剂/kg 干泥）、产生臭气、腐蚀以及滤网易被细小颗粒堵塞等问题。

转鼓浓缩的设计，应符合下列规定：

1）筛网筛距范围为 0.5~2mm；

2）固体负荷 15~3000kgDS/h；

3）水力负荷 15~100m³/h。

转鼓浓缩的运行，应符合下列规定：

1）固体负荷、水力负荷应满足设计要求；

2）螺旋转速 10~68r/min；

3）絮凝剂投加量宜为 4‰~7‰；

4）应定期清洗筛网，确保过滤效果；

5）当滤液含固量升高时，应检查过程控制参数。

17.7 污泥稳定

17.7.1 污泥的厌氧消化

（1）污泥厌氧消化的作用

污泥厌氧消化是利用兼性菌和厌氧菌进行厌氧生化反应，分解污泥中有机物质，实现污泥稳定化非常有效的一种污泥处理工艺。污泥厌氧消化的作用主要体现在：①污泥稳定化。对有机物进行降解，使污泥稳定化，不会腐臭，避免在运输及最终处置过程中对环境造成不利影响；②污泥减量化。通过厌氧过程对有机物进行降解，减少污泥量，同时可以改善污泥的脱水性能，减少污泥脱水的药剂消耗，降低污泥含水率；③消化过程中产生沼气。它可以回收生物质能源，降低污水处理厂能耗及减少温室气体排放。厌氧消化处理后的污泥可满足现行国家标准《城镇污水处理厂污染物排放标准》GB 18918 中污泥稳定化相关指标的要求。

污泥厌氧消化可以实现污泥处理的减量化、稳定化、无害化和资源化，减少温室气体排放。该工艺可以用于污水处理厂污泥的就地或集中处理。它通常处理规模越大，厌氧消化工艺综合效益越明显。

（2）污泥厌氧消化的分类

1）中温厌氧消化

中温厌氧消化温度维持在35℃±2℃，固体停留时间应大于20d，有机物容积负荷一般为2.0~4.0kg/(m³·d)，有机物分解率可达到35%~45%，产气率一般为0.75~1.10Nm³/kgVSS$_{去除}$。

2）高温厌氧消化

高温厌氧消化温度控制在55℃±2℃，适合嗜热产甲烷菌生长。高温厌氧消化有机物分解速度快，可以有效杀灭各种致病菌和寄生虫卵。一般情况下，有机物分解率可达到35%~45%，停留时间可缩短至10~15d。缺点是能量消耗较大，运行费用较高，系统操作要求高。

（3）污泥厌氧消化工艺流程与系统组成

传统污泥厌氧消化系统工艺流程如图17-6所示。当污水处理厂内没有足够场地建设污泥厌氧消化系统时，可将脱水污泥集中到其他建设地点，经适当浆液化处理后再进行污泥厌氧消化。

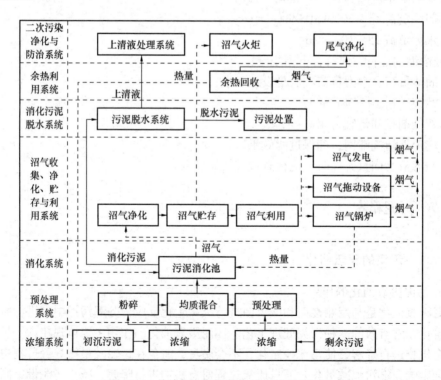

图 17-6　传统污泥厌氧消化系统工艺流程图

传统污泥厌氧消化系统主要包括：污泥进出料系统、污泥加热系统、消化池搅拌系统及沼气收集、净化利用系统。

（4）污泥厌氧消化预处理技术

在污泥厌氧消化过程中，可通过微生物细胞壁的破壁和水解，提高有机物的降解率和系统的产气量。近年来，开发应用较多的污泥细胞破壁和强化水解技术，主要有物化、生物强化预处理技术。

污泥热水解预处理技术：

① 工艺原理

污泥的主要成分是微生物细胞，微生物细胞膜刚性结构阻碍了细胞物质的水解，导致水解阶段成为厌氧消化的限速阶段。采用污泥热水解对污泥进行预处理的目的就是为了将微生物的细胞膜破坏，释放细胞内物质，提高污泥的可生物降解性，为后续厌氧消化创造有利条件。

污泥的热水解预处理可以分为低温预处理（<100℃）和高温预处理（>100℃）温度不同会导致细胞破坏部位的不同，微生物胞外聚合物能够在热处理过程中溶解，蛋白质和核酸等分子也会发生变性和破坏，在45~65℃时，细胞膜会破裂，rRNA遭破坏；50~70℃时 DNA 被破坏；在65~90℃时细胞壁破裂；70~95℃时蛋白质将发生变性。热水解温度从80℃升至100℃时，多糖和总有机碳的释放量增高，而蛋白质的释放量却减少。剩余污泥热水解温度通常在150~200℃，压力范围为600~2500kPa，升高处理温度能够提高污泥中溶解性物质所占的比例。

② 污泥热水解的特点

a. 热水解处理使污泥的胶体结构和毛细结构破坏，污泥细胞破碎，改变了污泥中固体颗粒和水分的结合形态，大量被束缚在污泥微生物细胞内部的结合水以及吸附在细胞表面的水分释放出来变成自由水，大大改善了污泥的沉降性能和脱水性能。

b. 污泥中的有机成分在热水解过程中发生变化，污泥中的固体有机物在热水解过程中溶解，并且部分溶解性的大分子有机物进一步水解成为小分子物质，有利于提高污泥的生物降解（如厌氧消化）性能。

c. 泥的热水解过程是在高压密闭容器内进行的，尽管热水解处理的反应温度高于热干化的温度，但是反应过程中污泥的水分不发生相变，避免了水的蒸发潜热损失，与传统的热干化工艺相比，处理相同含水率的污泥热水解工艺能耗大大降低这一特点也是污泥热水解实现节能的核心。

③ 工艺流程

基于高温热水解（THP）预处理的高含固污泥厌氧消化技术，以高含固的脱水污泥（含固率15%~20%）为对象，通过高温高压热水解进行污泥厌氧消化预处理（Thermal Hydrolysis Pre-Treatment）。工艺采用高温（155~170℃）、高压（6bar）对污泥进行热水解与闪蒸处理，使污泥中的胞外聚合物和大分子有机物发生水解、并破解污泥中微生物的细胞壁，强化物料的可生化性能，改善物料的流动性，提高污泥厌氧消化池的容积利用率、厌氧消化的有机物降解率和产气量，同时能通过高温高压预处理，改善污泥的卫生性能及消化污泥的脱水性能、进一步降低消化污泥的含水率，有利于厌氧消化后污泥的资源化利用。

该污泥处理工艺流程如图 17-7 所示。此工艺已在欧洲国家得到规模化工程应用。

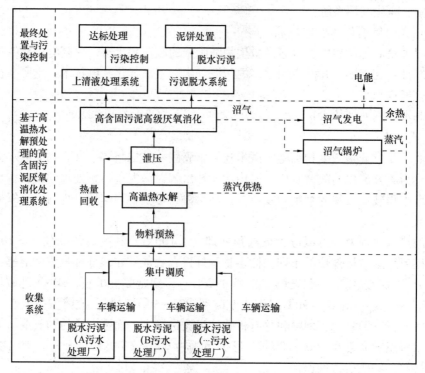

图 17-7　基于高温高压热水解预处理的高含固城市污泥厌氧消化流程图

④ 污泥热水解设计参数

热水解工艺由储存罐、浆化罐、反应器、闪蒸器、换热器等构成，应根据设计规模及运行保障度要求，确定单条热水解生产线生产能力及生产线数量；应根据项目整体规划，确定热源、污泥输送及余热利用方案；热水解系统内的压力容器的设计和生产应按照相关标准执行。

热水解系统的设计工艺参数应符合下列规定：系统前应设置除渣除砂设备，防止粒径大于 10mm 的杂质进入系统；系统前的污泥缓存仓，应该设置通风除臭设施；系统内部应设置应急排放措施；宜采用蒸汽与污泥直接混合加热；系统中的压力容器、管道应采用耐腐蚀材料或防腐处理；系统中的压力容器、管道、设备等应考虑绝热、防烫措施；换热设备应选用大通道、防堵塞、宜清理的热交换设备；系统内部的电动设备选型考虑高温因素；系统设在室外时，应考虑冬季防冻；系统的设备应设置巡视检修平台；系统的热量宜回收利用；系统产生的气体，需经处理后排放或引入消化池处理。冷凝液宜排放至污水处理厂进水。

热水解系统的运行应符合下列规定：热水解系统宜采取全自动化运行；污泥在缓存仓内的存储时间不宜超过 24h；进入热水解反应器的污泥含固率宜控制在 14%~18%；反应温度为 160~200℃；反应压力为 0.6~1.6MPa；反应时间为 20~30min；采用蒸汽作为热源的热水解系统，蒸汽压力应高于 1.1MPa；热水解后的污泥应经过降温处理，达到后续消化池的进泥要求方可进入消化池。厌氧消化池温度宜为 37~42℃，污泥含水率为 88%~

92%，消化时间宜为 15~20d，挥发性固体容积负荷宜为 2.8~5kgVSS/(m³·d)。

（5）污泥厌氧消化的影响因素

污泥厌氧消化是一个极其复杂的过程，其机理已在本书第 14 章污水厌氧生物处理中论述过，这里不再重复。厌氧消化污泥的影响因素主要有：

1）温度

按产甲烷菌对温度的适应性，可将其分为两类，即中温产甲烷菌（适应温度为 30~36℃）和高温产甲烷菌（适应温度为 50~53℃）。温度在两区之间时，随着温度的上升，反应速度反而降低。

中温或高温厌氧消化允许的温度变动范围较小。当有 ±3℃ 以上的变动时，就会抑制消化速率，有超过 ±5℃ 的急剧变化时，就会突然停止产气，使有机酸大量积累而破坏厌氧消化。由于中温消化的温度与人的体温接近，故对寄生虫卵及大肠杆菌的杀灭率较低；高温消化对寄生虫卵的杀灭率可达 90% 以上，消化污泥的大肠杆菌指数可达 10~100，能基本满足卫生无害化要求。

2）生物固体平均停留时间（污泥龄）与负荷

厌氧消化效果的好坏与污泥龄有直接关系，污泥龄的表达式是：

$$\theta_c = \frac{M_t}{\phi_e} \tag{17-31}$$

式中　θ_c——为污泥龄，d；

　　　M_t——为消化池内的总污泥量，kg；

　　　ϕ_e——为消化池每日排出的污泥量，$\phi_e = M_e/\Delta t$，其中 M_e 为排出消化池的总污泥量（包括上清液带出的），kg；Δt 为排泥时间，d。

有机物降解程度是污泥龄的函数，而不是进水有机物浓度的函数。消化池的容积设计应按有机负荷、污泥龄或消化时间设计，所以只要提高进泥的有机物浓度，就可以更充分地利用消化池的容积。由于产甲烷菌的增殖较慢，对环境条件的变化十分敏感，因此，要获得稳定的处理效果就需要保持较长的污泥龄。

污泥中有机物的降解率与消化时间相关，消化时间越长，降解率越高。对于初沉污泥，60%~70% 的有机物可被降解；对于剩余污泥一般为 35%~40%。图 17-8 反映了 SRT 和不同挥发性固体含量对初沉污泥厌氧消化效果的影响。

当初沉污泥和剩余污泥合并一起进行厌氧消化时，各自的有机物降解率和消化污泥脱水性能都比各自单独消化时有所下降。图 17-9 反映了含有不同比例剩余污泥的混合污泥有机物降解率的变化。

消化池的有效容积一般按挥发性有机物负

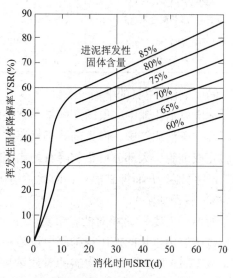

图 17-8　SRT 和污泥中挥发性固体含量对初沉污泥厌氧消化效果的影响

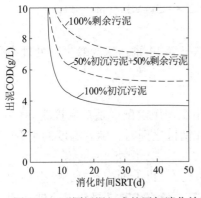

图 17-9　不同污泥组成的厌氧消化效果
（进泥 COD = 10g/L）

荷计算：

$$V = \frac{S_v}{S} \qquad (17\text{-}32)$$

式中　V——消化池有效容积，m^3；

　　　　S_v——新鲜污泥挥发性有机物量，kg/d；

　　　　S——消化池挥发性有机物负荷，$kg/(m^3 \cdot d)$。

3）投配率

消化池的投配率是每日投加新鲜污泥体积占消化池有效容积的百分率。显然，消化池投配率的倒数就是污泥在消化池中的停留时间。投配率是消化池设计的重要参数，投配率过高，消化池内脂肪酸可能积累，pH 下降，污泥消化不完全，产气率降低；投配率过低，污泥消化较完全，产气率较高，但消化池容积大，基建费用高。

4）营养与 C/N

厌氧消化池中，细菌生长所需营养由污泥提供。有关研究表明，污泥的 C/N 以（10～20）/1 为宜。如 C/N 太高，合成细胞的氮源不足，消化液的缓冲能力低，pH 容易降低；C/N 太低，氮量过多，pH 可能上升，铵盐容易积累，会抑制消化。根据研究，各种污泥的可降解物含量及 C/N 见表 17-18。从 C/N 看，初沉污泥具有适宜的消化条件，混合污泥次之，而剩余活性污泥单独进行厌氧消化处理时，C/N 偏低。

各种污泥生物可降解物含量及 C/N　　　　表 17-18

底物名称	污泥种类		
	初沉污泥	活性污泥	混合污泥
碳水化合物含量（%）	32.0	16.5	26.3
脂肪、脂肪酸含量（%）	35.0	17.5	28.5
蛋白质含量（%）	39.0	66.0	45.2
C/N	（9.40～10.35）/1	（4.60～5.04）/1	（6.80～7.50）/1

5）消化池中氮的平衡

在厌氧消化池中，氮的平衡是非常重要的因素，尽管消化系统中的硝酸盐可被还原成氮气存于消化气中，但大部分仍然存在于系统中，由于细胞的增殖很少，故只有很少的氮转化成细胞，大部分可生物降解的氮都转化为消化液中的 NH_3，氮量过多，铵盐容易积累，pH 可能上升而抑制消化，因此，消化池运行时应注意消化液中氮的平衡。

6）有毒物质

所谓"有毒"是相对的，事实上任何一种物质对甲烷消化都有两个方面的作用，即有促进甲烷菌生长的作用与抑制甲烷菌生长的作用。关键在于它们的浓度界限，即毒阈浓度。表 17-19 列举了某些物质的毒阈浓度。低于毒阈浓度下限，对甲烷菌生长有促进作用；在毒阈浓度范围内，有中等抑制作用，如果浓度是逐渐增加的，则甲烷菌可被驯化；超过毒阈浓度上限，将对甲烷菌有较强的抑制作用。

某些物质的毒阈浓度

表 17-19

物质名称	毒阈浓度（mmol/L）	物质名称	毒阈浓度（mmol/L）
碱金属和碱土金属	$10^{-1} \sim 10^{4}$	H^{+} 和 OH^{-}	$10^{-6} \sim 10^{-4}$
Ca^{2+}、Mg^{2+}、Na^{+}、K^{+}		胺类	$10^{-5} \sim 10^{0}$
重金属	$10^{-5} \sim 10^{-3}$	有机物质	$10^{-6} \sim 10^{0}$
Cu^{2+}、Ni^{2+}、Zn^{2+}、Hg^{2+}、Fe^{2+}			

7）酸碱度和消化液的缓冲作用

消化池中的碱度（ALK）很大程度上与进料的固体浓度成比例，良好的消化池总碱度应为 2000～5000mg/L（以 $CaCO_3$ 计）。在消化池中主要消耗碱度的是 CO_2，消化池气体中的 CO_2 的浓度反映了碱度的需要量。挥发酸（VFA）是消化反应的中间副产物，消化系统中典型的挥发酸浓度为 50～300mg/L，当系统中存在足够的碱度缓冲时，也可允许更高浓度的挥发酸存在。挥发酸与碱度之比（VFA/ALK）反映了产酸菌和产甲烷菌的平衡状态。该比例是衡量消化系统运行是否正常的指标，VFA/ALK 应保持在 0.1～0.2 之间。对 VFA/ALK 的监测和变化趋势的分析能够在 pH 发生变化之前发现系统存在的问题。

厌氧消化首先产生有机酸，使污泥的 pH 下降，随着甲烷菌分解有机酸时产生的重碳酸盐不断增加，使消化液的 pH 得以保持在一个较为稳定的范围内。由于产酸菌对 pH 的适应范围较宽，而甲烷菌对 pH 非常敏感，pH 微小的变化都会使其受抑制，甚至停止生长。消化系统 pH 应在 6.0～8.0 之间运行，最佳 pH 范围为 6.8～7.2。当 pH 低于 6.0 时，非离子化的挥发酸会对产甲烷菌产生毒性。当 pH 高于 8.0 时，非离子化的氨也会对产甲烷菌产生毒性。消化系统的 pH 决定于挥发酸和碱度的浓度。为了保证厌氧消化的稳定运行，提高系统的缓冲能力和 pH 的稳定性，要求消化液的碱度保持在 2000mg/L 以上。

（6）污泥厌氧消化技术的选择

日处理能力在 $10 \times 10^4 m^3$ 以上的污水二级处理厂产生的污泥，宜采取厌氧消化工艺进行处理，产生的沼气应综合利用。如果污水处理规模过小，建设厌氧消化系统可能不经济。对中小型规模的污水处理厂，沼气综合利用方式有限，难以获得合理收益。

污泥处理工艺选择应与污水处理工艺相结合考虑，如果污水处理工艺为延时曝气氧化沟，则不宜选择污泥厌氧消化处理工艺。因为延时曝气使污泥进行了部分自身氧化，从而使剩余污泥已较稳定，没有必要再进行厌氧消化处理。

高温消化比中温消化分解速率快，产气速率高，所需的消化时间短，对寄生虫卵的杀灭率高。但高温消化消耗热量大，耗能高。因此，只有在卫生要求严格，或对污泥气产生量要求较高时才选用。与高温消化相比，中温消化速度稍慢一些，产气率要低一些，但维持中温消化的能耗较少，整体上能维持在一个较高的消化水平，可保证常年稳定运行。因此，多选用中温消化。消化温度一般控制在 33～35℃。污泥消化池的最大能耗是为维持反应池温度的能耗。在我国华北地区，冬季污泥的温度约为 10～16℃，如果采用中温消化，设定消化温度 35℃，则加热 $1m^3$ 污泥的耗热量为 11～29kW，而高温消化所需要的加热量是中温厌氧消化的 2 倍。单级消化对可分解有机物的分解率可达 90%，二级消化产气率一般比单级消化只高约 10%，为减少污泥处理总投资，采用一级

407

消化工艺比较好。

消化池搅拌方式较多采用的是沼气搅拌和机械搅拌，泵循环搅拌因耗电量较大且搅拌效果不好已很少使用。

（7）污泥厌氧消化池池型

消化池池型的选择，从众多污水处理厂的运行和经验看，值得推荐的是圆柱形池，但对于大容量（10000m³以上）消化池，采用卵形池有一定的优点。实际工程应用中，应根据污水处理厂污泥处理量的大小及经济的可行性，合理确定消化池池型。

圆柱形消化池的池径一般为 6 ~ 35m，池总高与池径之比为 0.8 ~ 1.0，池底、池盖倾角一般取 15° ~ 20°，池顶集气罩直径取 2 ~ 5m，高 1 ~ 3m。其特点是：反应器外形简单，可设置贮气柜式的顶盖，允许池内有较大的贮气量，投资较低；但反应器的构造导致搅拌不充分，搅拌效果较差，大的池面易形成浮渣和泡沫积聚，需要定期清理，清理浮渣时需停用消化池。

蛋形消化池由于构造上的特点，搅拌较均匀，不易形成死角；池内污泥表面不易生成浮渣；在池容相等的条件下，池子总表面积比圆柱形小，散热面积小，易于保温；蛋形结构受力条件好，节省建筑材料；防渗水性能好，聚集沼气效果好。但贮存气体的容积很小，需要设置单独的贮气设施；池顶安装设备困难，需要设高的阶梯塔或升降机；需要较复杂的基础设计和抗震设计；气体搅拌消化池的泡沫在收集气体时可能会产生问题；建设费用高，施工难度大。

（8）污泥厌氧消化系统

污泥厌氧消化系统的主要组成包括：污泥投配、排泥及溢流系统；搅拌设备；加热设备和沼气排出、收集与贮气设备等。

1）污泥投配、排泥与溢流系统

① 投配 生污泥一般先排入污泥投配池，再由污泥泵提升，经池顶进泥管送入消化池内。污泥投配泵可选用离心泵或螺杆泵。

② 排泥 排泥管一般设在消化池池底或池子中部。进泥和排泥可以连续或间歇进行，进泥和排泥管的直径不应小于 200mm。

③ 溢流 消化池必须设置溢流装置，及时溢流，以保持沼气室压力恒定。溢流装置必须绝对避免集气罩与大气相通。溢流管出口不得放在室内，并必须有水封。

2）搅拌设备

搅拌的目的是使厌氧微生物与污泥充分混合接触，一方面可提高污泥分解速率；另一方面可有效降低有机负荷或有毒物质的冲击，保持消化池内污泥浓度、pH、微生物种群均匀一致，均衡消化池内的温度，减少池底沉砂量及液面浮渣量。当消化池内各处污泥浓度相差不超过 10% 时，被认为混合均匀。

消化池搅拌有沼气搅拌、机械搅拌、泵循环搅拌等方式。沼气循环搅拌的优点是搅拌比较充分，可促进厌氧分解，缩短消化时间，一般宜优先采用。可连续搅拌或间歇搅拌，间歇搅拌时，规定每次搅拌的时间不宜大于循环周期的一半，按每日 3 次考虑，每次搅拌时间在 4h 以下。

3）加热设备

消化池污泥的加热分为池内加热和池外加热两种方式。池内加热采用直接蒸汽加热或池内盘管加热。池外加热是将池内污泥抽出，加热到所需温度后再送回消化池，通常用泥水热交换器对污泥进行加热。热交换器的型式有螺旋板式、套管式、管壳式等。

厌氧消化系统主要耗热量包括将进料污泥加热到所需的反应温度的热量、消化池及配套设施及管路系统向周围空气及土壤散发损失的热量。系统热平衡设计时，应回收消化池出料污泥热量。热源主要来自沼气锅炉产热、沼气发电和沼气驱动的余热。污水水源热泵是一种具有很高热效率的设备，可采用水源热泵从污水处理厂出水中回收热能作为补充热能。

系统设计时，需考虑不同季节、设备检修等不同工况的运行方案，包括全部采用发电机余热、全部采用锅炉供热以及联合供热等情况，如图 17-10 所示。

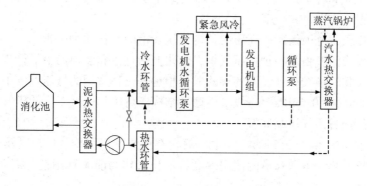

图 17-10　加热系统配置

4）沼气排出、收集与贮气设备

① 沼气的产生及性质

污泥厌氧消化会产生大量的沼气，理论上每降解 1kgCOD 将产生 0.35Nm³ 的甲烷。初沉污泥 1kgVS 约折合 2kgCOD，剩余污泥 1kgVS 约折合 1.42kgCOD。根据设计的挥发性固体降解率计算出降解的挥发性固体量，再折合成相应的 COD，从而可以计算出甲烷的产量。每千克挥发性固体全部消化后估算可产生 0.75 ~ 1.1m³ 沼气（含甲烷 50% ~ 60%）。挥发性固体的消化率一般为 40% ~ 60%。

沼气的组成与污泥的性质相关。设计中需要重点考虑的成分有 CH_4、CO_2、H_2S、N_2 和 H_2，其典型浓度分别为 55% ~ 75%、25% ~ 45%、0.01% ~ 1%、2% ~ 6% 和 0.1% ~ 2%。甲烷和氢的含量决定了沼气的热值。CO_2 反映了工艺运行的情况，异常的 CO_2 含量表明工艺运行存在问题。H_2S 会产生腐蚀和臭味。

污泥厌氧消化产生的污泥气应综合利用。污泥厌氧消化产生的污泥气中含约 60% 的甲烷，其热值一般可达到 21 ~ 25MJ/m³，是一种可利用的生物质能污泥气，既可用作燃料，又可作为化工原料。污泥厌氧消化产生的污泥气，可用于消化池加温发电等，加以利用，可节约污水处理厂的能耗。沼气的热值一般为 21000 ~ 25000kJ/m³（5000 ~ 6000kcal/m³），是一种可利用的生物能源。

② 沼气收集与净化

a. 沼气的收集　消化池中产生的沼气从污泥的表面散逸出来，聚集在消化池的顶部，因此应保持气室的气密性，以免泄漏。同时沼气中含有饱和蒸汽和 H_2S，具有一定的腐蚀性，因此气室应进行防腐处理，防腐层应延伸至最低泥位下不小于500mm。顶部的集气罩应有足够尺寸和高度。气体的出气口应高于最高泥面1.5m以上。集气罩顶部应设有排气管、进气管、取样管、测压管、测温管，必要时设冲洗管。

沼气管的管径按日平均产气量计算，管内流速按7~15m/s计。当消化池采用沼气循环搅拌时，则应加入循环搅拌所需沼气量计算管径。但应不小于DN100。沼气管道应按顺气流方向设置不小于0.5%的坡度，在低点应设置凝结水罐。为减少因气体降温而形成凝结水，室外沼气管道必要时应进行保温处理，并在适当位置设置水封罐，以便调节和稳定压力，并起隔气作用。

b. 沼气的贮存　沼气发电、焚烧等沼气利用设备一般都需要稳定的沼气流量，所以需设置沼气贮柜来调节产气量与用气量之间的平衡，调节容积一般为日平均产气量的25%~40%，即6~10h的产气量。

气柜按贮存压力分为低压和高压两种。低压气柜的工作压力一般为3~4kPa。设置在消化池上的浮顶式沼气柜是一种低压气柜，消化池的直径和浮顶的上下行程决定了沼气柜的贮存容积。膜式气柜和单独设置的湿式贮气柜也是一种常用的低压贮气柜。高压气柜的工作压力一般为0.4~0.6MPa，一般采用球形结构。高压气柜可以比低压气柜贮存更多的沼气，但是必须配置沼气压缩装置。

c. 沼气净化与脱硫　厌氧消化气中一般含有泡沫、沉淀物、H_2S以及硅氧烷和饱和水蒸气。为延长后续设备和管道的使用寿命，消化气作为能源利用前，需对其进行脱硫、去湿和除浊处理。

沼气中的H_2S对于管道和设备具有很强的腐蚀作用，同时燃烧时将产生二氧化硫等有害气体污染环境。用于沼气脱硫的方法主要有两类，即生物法和化学法。所谓生物脱硫，就是在适宜的温度、湿度和微氧条件下，通过脱硫细菌的代谢作用将H_2S转化为单质硫。生物脱硫既经济又无污染，是较理想的脱硫技术。物化法脱硫主要有干法和湿法两种，根据H_2S含量可以设计成单级和多级脱硫。沼气中H_2S含量高，且气体量较大时，适用湿式脱硫；如果用地面积小，则可用干式脱硫。干法脱硫的脱硫剂一般为氧化铁，来源于经过活化处理的炼钢赤泥或硫化铁矿灰。湿法脱硫是使沼气通过喷嘴或扩散板进入脱硫塔底部，沼气从下向上流经脱硫塔，与从上向下流经脱硫塔的吸收剂逆流接触，吸收剂一般为NaOH或Na_2CO_3溶液，沼气中的H_2S与NaOH或Na_2CO_3反应而被去除，经湿法脱硫的沼气还需再次冷凝去除水分。

d. 沼气利用　消化产生的沼气一般可以用于沼气锅炉、沼气发电和沼气拖动。

沼气发电系统主要有燃气发动机、发电机和热回收装置。沼气经过脱硫、脱水、稳压后供给燃气发动机，驱动与燃气内燃机相连接的发电机而产生电力。通常$1m^3$的沼气可发电1.5~2kWh，污水处理厂沼气发电可补充污水处理厂20%~70%的电耗，燃气内燃机发电效率通常达25%~32%。沼气发电机在发电的同时产生大量废热，一般从内燃机热回收系统中可回收40%~50%的能量，可通过热交换来给厌氧消化池加温。

5）污泥厌氧消化池的设计

消化池的设计内容包括：工艺确定、池体设计、加热保温系统设计和搅拌设备的设计。这里主要介绍污泥消化池池体的设计，加热保温和搅拌设备设计可参考相关设计手册。

① 消化池的设计参数及要求

a. 消化温度　中温消化温度为 34 ~ 38℃，宜为 35℃；高温消化温度为 50 ~ 56℃，宜为 55℃。允许的温度变动范围 ±(1.5 ~ 2.0)℃。热水解消化温度为 38 ~ 40℃。

b. 消化时间　中温消化 20 ~ 30d（即投配率 3.33% ~ 5%），高温消化 10 ~ 15d（即投配率 6.67% ~ 10%），当采用两级消化时，一、二级停留时间可按 1:1、2:1 或 3:2 确定。

c. 有机负荷　对于重力浓缩后的污泥，当消化时间在 20 ~ 30d 时，相应的厌氧消化池挥发性固体容积宜采用 0.6 ~ 1.5kgVSS/(m^3·d)，对于机械浓缩后的原污泥，当消化时间在 20 ~ 30d 时，相应的厌氧消化池挥发性固体容积负荷宜采用 0.9 ~ 2.3kgVSS/(m^3·d)，且不应大于 2.3kgVSS/(m^3·d)。

d. 两级消化中一、二级消化池的容积比　可采用 1:1、2:1 或 3:2，常用的是 2:1。

e. 污泥浓度　进入消化池的新鲜污泥含水率应尽量减少，即应尽可能地浓缩降低污泥体积，可以减少消化池容积，降低耗热量，并可提高污泥中的产甲烷菌浓度，加速消化反应。进入消化池的污泥应保持良好的流动性能，含固量宜小于 12%。采用传统消化工艺的污泥消化池进泥含固量宜为 3% ~ 5%，采用高含固消化工艺的污泥消化池的进泥含固量为 8% ~ 12%。

f. 污泥消化的挥发性固体去除率不宜小于 40%。

g. 为了防止检修时全部污泥停止厌氧处理，消化池的数量应至少设计为两座。

h. 消化池采用固定盖池顶时，池顶至少应装有两个直径为 0.7m 的人孔。工作液位与池圆柱部分的墙顶之间的超高应不小于 0.3m，以防止固定盖因超高不足受内压而使池顶遭到破坏。同时，池顶下沿应装有溢流管，最小管径为 200mm。

i. 厌氧消化池和污泥气贮罐必须密封，并应采取防止池（罐）内产生超压和负压的措施。污泥厌氧消化系统在运行时，厌氧消化池和贮气罐是用管道连接的，厌氧消化池和贮气罐应进行气密性试验。为防止超压或负压造成的破坏，厌氧消化池和贮气罐应采取相应的措施，如设置超压和负压检测、报警和释放装置，放空阀、排泥阀采用双阀布置等。

j. 在污泥消化池、污泥气管道、贮气罐、污泥气燃烧装置等具有火灾或爆炸风险的场所，必须采取防火防爆措施。消化池、污泥气管道、贮气罐、污泥气燃烧装置等处如发生污泥气泄漏，可能会引起火灾和爆炸。为有效阻止和减轻火灾灾害，需采取相关安全防范措施，包括对污泥气含量和温度进行自动监测和报警，采用防爆照明和电气设备，出气管一定要设置防回火装置，厌氧消化池、溢流口和表面排渣管出口不得置于室内，并一定要有水封装置等。

k. 用于污泥投配、循环、加热、切换控制的设备和阀门设施宜集中布置，室内应设置通风设施。污泥气压缩机房、阀门控制间和管道层等宜集中布置，室内应设置通风设施和污泥气泄漏报警装置。厌氧消化系统的电气集中控制室不宜与存在污泥气泄漏可能的设施合建，场地条件许可时，宜建在防爆区外。防爆区内的电机、电器和照明等均应符合防爆要求。

l. 污泥处理构筑物的放空管管径应尽可能加大。同时，处理构筑物的放空井不宜很深，否则应考虑下井操作时的安全措施。

m. 整个污泥消化系统的污泥管路、沼气管路应考虑跨越管，以便为实现灵活多种运行方式提供条件。

n. 考虑污泥管的清洗，应在污泥管的适当位置设置便于安装冲洗管的快速安装接头。

o. 为便于对消化池运行工况进行监测，了解消化池内的污泥分布状况，应在池内的高、中、低等位置设置污泥取样管。

p. 进入消化池污泥应先除砂和除渣，消化池应考虑设置定期清砂的设备。

q. 宜配套回收工艺单元回收消化液中的磷。

r. 储气柜的体积应满足最大调节容量。

s. 应配套沼气脱水、脱硫装置。

t. 沼气管道、沼气储罐设计，应符合现行国家标准《城镇燃气设计规范》GB 50028规定。

u. 污泥有机质含量低或以剩余污泥为主时可采用两相式厌氧消化。其中前置高温阶段运行温度为 $50 \sim 56℃$，污泥停留时间为 $1 \sim 3d$；后续中温段运行温度为 $33 \sim 38℃$，污泥停留时间为 15d 左右。

v. 污泥有机物含量低或污泥厌氧消化系统未满负荷运行时可采用生物质协同厌氧消化。

w. 消化系统产气量降低或产生泡沫时，应对系统进行检查，及时排除异常。

除了上述一般规定，常规厌氧消化、高温厌氧消化、高含固厌氧消化工艺设计要求如下：

常规厌氧消化适用于污泥有机分含量高并易降解的污泥处理。常规厌氧消化的设计应符合下列规定：可采用柱形、卵形等池型；池容应根据消化池的挥发性固体负荷率进行计算；挥发性固体容积负荷宜为 $0.6 \sim 1.5kgVSS/(m^3 \cdot d)$；宜采用上部进泥下部溢流方式排泥；搅拌强度宜为 $5 \sim 10W/m^3$ 池容。常规厌氧消化的运行应符合下列规定：进泥浓度宜为 $3\% \sim 5\%$；反应温度宜为 $35℃ \pm 1℃$；固体停留时间宜为 $20 \sim 30d$；pH 宜为 $6.8 \sim 7.4$；挥发性脂肪酸与总碱度的比值 VFA/ALK 应小于 0.3。

高温厌氧消化的设计应符合下列规定：宜采用钢制柱形消化罐；池容应根据消化时间和容积负荷确定；挥发性固体容积负荷宜为 $2.0 \sim 2.8kgVSS/(m^3 \cdot d)$；搅拌强度宜为 $5 \sim 10W/m^3$ 池容；宜采用上部进泥下部溢流方式排泥。高温厌氧消化的运行应符合下列规定：进泥浓度宜为 $4\% \sim 6\%$；反应温度宜为 $50 \sim 56℃$，温度变化率不宜超过 $0.5℃/d$；固体停留时间宜为 $10 \sim 15d$；pH 应为 $6.4 \sim 7.8$；挥发性脂肪酸与总碱度的比值 VFA/ALK 应小于 0.3；氨氮浓度宜小于 2000mg/L。

高含固厌氧消化可用于已高温热水解、超声处理、酸碱处理等方式预处理后的污泥或生物质协同厌氧消化过程。高含固厌氧消化的设计应符合下列规定：消化池的温度宜为 $33 \sim 38℃$；污泥含水率宜为 $90\% \sim 92\%$；消化时间宜为 $20 \sim 30d$；挥发性固体容积负荷取值宜为 $1.6 \sim 3.5kgVSS/(m^3 \cdot d)$ 宜采用柱形消化池，宜采用机械搅拌；高含固厌氧消化的有效容积应根据消化时间和容积负荷确定；搅拌强度宜为 $15 \sim 40W/m^3$ 池容。高含固厌氧消化的运行应符合下列规定：进泥浓度应为 $8\% \sim 12\%$；高含固消化采用中温消化消化时消化温度为 $35℃ \pm 1℃$；采用高温消化时消化温度为 $50 \sim 56℃$，且温度变化率不宜超过 $0.5℃/d$ 对于未进行预处理的污泥，高含固厌氧消化的停留时间应高于 20d；经过预处理的污泥，高含固厌氧消化停留时间宜为 $15 \sim 18d$；消化池内 pH 范围应控制在 $6.4 \sim 7.8$；

挥发性脂肪酸与总碱度的比值 VFA/ALK 应小于 0.3；应保证厌氧消化池内氨氮浓度不超过 2500mg/L。

② 消化池的设计计算

a. 消化池容积

$$V = Q_0 \cdot t_d \tag{17-33}$$

或

$$V = \frac{W_S}{L_{VS}} \tag{17-34}$$

式中　V——消化池总有效容积，m^3；

　　　t_d——消化时间，d；

　　　Q_0——每日投入消化池的原污泥容积，m^3/d；

　　　W_S——每日投入消化池的原污泥中挥发性干固体质量，$kgVSS/d$；

　　　L_{VS}——消化池挥发性干固体容积负荷，$kgVSS/(m^3 \cdot d)$。

b. 单池容积

$$V_0 = \frac{V}{n} \tag{17-35}$$

式中　n——消化池座数，座；

　　　V_0——单池容积，m^3。

c. 池顶圆锥部分高度

$$h_1 = \left(\frac{D}{2} - \frac{d_1}{2} \right) \tan\alpha \tag{17-36}$$

式中　h_1——池顶圆锥部分高度，m；

　　　D——消化池直径，m；

　　　d_1——集气罩直径，m；

　　　α——消化池斜顶与水平的倾角，度。

d. 池顶圆锥部分体积

$$V_1 = \frac{1}{3}\pi h_1 (R^2 + Rr_1 + r_1^2) \tag{17-37}$$

式中　V_1——池顶圆锥部分体积，m^3；

　　　R——消化池半径，m；

　　　r_1——集气罩半径，m。

e. 池底圆锥部分高度

$$h_3 = \left(\frac{D}{2} - \frac{d_2}{2} \right) \tan\alpha \tag{17-38}$$

式中　h_3——池底圆锥部分高度，m；

　　　d_2——池底直径，m；

　　　α——消化池斜底与水平的倾角，度。

f. 池底圆锥部分体积

$$V_3 = \frac{1}{3}\pi h_3 (R^2 + Rr_2 + r_2^2) \tag{17-39}$$

式中 V_3——池底圆锥部分体积，m^3；

r_2——池底半径，m。

g. 池圆柱部分体积

$$V_2 = V_0 - V_3 \qquad (17\text{-}40)$$

h. 池圆柱高度

$$h_2 = \frac{4V_2}{\pi D^2} \qquad (17\text{-}41)$$

i. 消化池总高度

$$H = h_1 + h_2 + h_3 + h_4 \qquad (17\text{-}42)$$

式中 H——消化池总高度，m；

h_4——集气罩安全保护高度，m，一般为 $1.5 \sim 2m$。

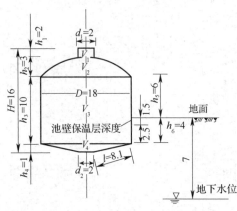

图 17-11 消化池计算尺寸（单位：m）

【例17-4】 某城镇污水处理厂，初沉污泥量为 $313m^3/d$，剩余活性污泥量经浓缩后为 $180m^3/d$，两种污泥混合后含水率为 95%，采用中温两级消化处理。消化池的停留时间为 30d，其中一级消化池 20d（即投配率 5%），二级消化池 10d（即投配率 10%）。一级消化池进行加温、搅拌，二级消化池不加热、不搅拌。均为固定盖。试计算消化池的各部分尺寸。

【解】 采用如图 17-11 所示的圆柱形消化池。

1）消化池容积计算

① 一级消化池总容积：

$$V = (313 + 180)/0.05 = 9860m^3$$

采用四座一级消化池，则每座池的有效容积为：

$$V_0 = V/4 = 9860/4 = 2465m^3$$

消化池直径 D 采用 18m；集气罩直径 d_1 采用 2m；池底下锥底直径 d_2 采用 2m；集气罩高度 h_1 采用 2m；上锥体高度 h_2 采用 3m；消化池柱体高度 h_3 应大于 $D/2 = 9m$，采用 10m；下锥体高度 h_4 采用 1m；则消化池总高度为

$$H = h_1 + h_2 + h_3 + h_4 = 2 + 3 + 10 + 1 = 16m$$

一级消化池各部分容积计算：

集气罩容积为

$$V_1 = \frac{\pi d_1^2}{4}h_1 = \frac{3.14 \times 2^2}{4} \times 2 = 6.28m^3$$

弓形部分容积为

$$V_2 = \frac{\pi}{24}h_2(3D^2 + 4h_2^2) = \frac{3.14}{24} \times 3(3 \times 18^2 + 4 \times 3^2) = 395.6m^3$$

圆柱部分容积为

$$V_3 = \frac{\pi D^2}{4} \times h_3 = \frac{3.14 \times 18^2}{4} \times 10 = 2543.4m^3$$

下锥体部分容积为

$$V_4 = \frac{1}{3}\pi h_4 \left[\left(\frac{D}{2}\right)^2 + \frac{D}{2} \times \frac{d_2}{2} + \left(\frac{d_2}{2}\right)^2 \right]$$

$$= \frac{1}{3} \times 3.14 \times 1(9^2 + 9 \times 1 + 1^2) = 95.3\text{m}^3$$

则消化池实有效容积为

$$V_0 = V_3 + V_4 = 2543.4 + 95.3 = 2638.7\text{m}^3$$

② 二级消化池总容积

$$V = (313 + 180)/0.10 = 4930\text{m}^3$$

采用两座二级消化池,每两座一级消化池串联一座二级消化池,则每座二级消化池的有效容积为

$$V_0 = V/2 = 4930/2 = 2465\text{m}^3$$

二级消化池各部分尺寸同一级消化池。

2) 消化池各部分表面面积计算

池盖表面积:集气罩表面积为

$$F_1 = \frac{\pi}{4}d_1^2 + \pi d_1 h_1 = \frac{3.14}{4} \times 2^2 + 3.14 \times 2 \times 2 = 15.7\text{m}^2$$

池顶表面积为

$$F_2 = \frac{\pi}{4}(4h_2^2 + D) = \frac{3.14}{4}(4 \times 3^2 + 18) = 42.39\text{m}^2$$

则池盖表面积为

$$F_1 + F_2 = 15.7 + 42.4 = 58.1\text{m}^2$$

池壁表面积为

$$F_3 = \pi D h_5 = 3.14 \times 18 \times 6 = 339.1\text{m}^2(\text{地面以上部分})$$

$$F_4 = \pi D h_6 = 3.14 \times 18 \times 4 = 226.1\text{m}^2(\text{地面以下部分})$$

池底表面积为

$$F_5 = \pi l \left(\frac{D}{2} + \frac{d_2}{2}\right) = 3.14 \times 8.1 \times (9 + 1) = 254.3\text{m}^2$$

(9) 消化池安全管理

沼气中含有大量的 CH_4 和 CO_2 气体,二者均无色无味,但能引起人的窒息。因此,厌氧消化系统应配置气体检测分析仪器,并配自力式呼吸装置,以便气体泄漏时使用。甲烷属易燃气体,在空气中的浓度达到 5%~20% 时,可能会引起爆炸。因此,气体处理系统的设计工作压力应为正压,以免引入空气。

未经脱硫处理的沼气中 H_2S 含量一般为 100~200mg/L,有时会达到 800mg/L,甚至更高。

为防止沼气爆炸和 H_2S 中毒,需注意以下事项:

1) 应在消化池及沼气系统中安装消焰器、真空压力安全阀、负压防止阀及回流阀等。

2) 沼气系统应设置易燃气体和 H_2S 气体探测仪。H_2S 气体的相对密度大于空气,应在消化设施的不同高度设置足够的探头。

3）消化设施区域应按照受限空间对待。参照《化学品生产单位受限空间作业安全规范》AQ 3028—2008 执行。

4）定期检查沼气管路系统及设备的严密性，如发现泄漏，应迅速停气检修。沼气主管路上部不应设建筑物或堆放障碍物，严禁通行重型卡车。

5）沼气贮存设备因故需要放空时，应间断释放，严禁将贮存的沼气一次性排入大气。放空时应认真选择天气，在可能产生雷雨或闪电的天气严禁放空。此外，放空时应注意下风向不能有明火或热源。

6）沼气系统内的所有可能的泄漏点，均应设置在线报警装置，并定期检查其可靠性，防止误报。

7）沼气系统区域内一律禁止明火，严禁烟火，严禁铁器工具撞击或电焊作业。操作间内地面敷设橡胶地板，入内必须穿胶鞋。

8）电气装置设计及防爆设计应符合现行国家标准《爆炸危险环境电力装置设计规范》GB 50058 相关规定。

9）沼气系统区域周围一般应设防护栏，并应建立出入检查制度。

10）沼气系统区域的所有厂房场地应按国家规定的甲级防爆要求设计，并符合现行国家标准《建筑设计防火规范》GB 50016 和《石油化工企业设计防火标准》GB 50160 相关条款的要求。

17.7.2 污泥的好氧消化

（1）基本原理

污泥好氧消化是在不投加其他有机物的条件下，对污泥进行较长时间的曝气，使污泥中微生物处于内源呼吸阶段进行自身氧化。在此过程中，细胞物质中可生物降解的组分被逐渐氧化成 CO_2、H_2O 和 NH_3，NH_3 再进一步被氧化成 NO_3^-。污泥好氧消化的机制取决于所处理污泥的类型。

对初沉污泥来说，其中的有机物必须通过生物酶的作用而转化成微生物可降解的溶解有机物，并作为微生物所需的能量和养料。在好氧消化中，由于有机物供应受到限制，随着有机物氧化的继续，微生物进入衰亡期。当初沉污泥的有机物耗尽时，迫使微生物进入内源代谢期。因此，初沉污泥好氧消化的初期，曝气消化池中 F/M 是较高的，要达到细菌的细胞质破坏占优势阶段，需要较长的停留时间。

对于二沉污泥，其好氧消化过程可看作是活性污泥曝气的延续。有机物与微生物之比相当低，很少发生细胞合成，主要是内源代谢和细胞组分破坏的细胞溶解。由于微生物的细胞壁是多糖类物质组成的，具有相当大的耐氧化能力，因此好氧消化法排出物中仍有挥发性悬浮固体存在，但这一残留挥发部分较稳定，对后续的污泥处理或土壤处置，不会产生影响。

（2）污泥好氧消化工艺种类及特点

污泥好氧消化包括常温好氧消化和高温好氧消化（50~60℃）两类，高温好氧消化技术由于杀菌消毒效果好，近几年得到了越来越多的研究和应用，如美、德等国正试图将此项技术应用于较大型的污水处理厂。常用的污泥好氧消化工艺有以下三种：

1）延时曝气　非洲和中东国家多采用延时曝气活性污泥法，即活性污泥在曝气生物反应池中同时获得稳定。曝气池中污泥负荷一般在 0.05kg/(kg·d)，其污泥龄需保持在

25d 以上，污水在曝气生物反应池中的停留时间为 24 ~ 30h。此工艺由于大大增加了曝气池容积，污水处理厂的能耗急剧增加，一般认为仅限于小型污水处理厂使用，有些国家在较大的污水处理厂中也采用此工艺，但从整体上看，难以真正保证污泥的稳定效果。

2）污泥单独好氧消化　污泥单独好氧消化工艺可视为活性污泥法过程的延续。污泥在好氧消化池中的停留时间取决于污水处理工艺中所采用的泥龄。一般而言，污泥在好氧消化池中的泥龄和污水处理时活性污泥在曝气生物反应池中的泥龄之和不低于 25d。污泥单独好氧消化一般也只限于小型污水处理厂，对大型污水处理厂目前已较少使用。

3）高温好氧消化　污泥高温好氧消化池温度一般维持在 50 ~ 60℃，污泥在消化池中的停留时间一般在 8d 左右。消化池需采取隔热措施，为使消化池温度即使在冬天也能维持在高温范围，根据不同的进泥温度、池子形状、环境温度等，进入消化池的污泥含固率一般应维持在 2.5% ~ 6.75%。污泥高温好氧消化方法基本上能杀灭病原菌，污泥中有机物降解效率也较高，因而可以达到较高的污泥稳定程度。

好氧消化的优势在于设备投资少、操作相对简单、无臭味、杀菌效果好。局限性主要是能耗大、污泥脱水性能差。

（3）污泥好氧消化池构造及分类

好氧消化池包括好氧消化室、泥液分离室、消化污泥排除管、曝气系统等。按运行方式，可将好氧消化池分为连续式消化池和间歇式消化池，分别如图 17-12 和图 17-13 所示。

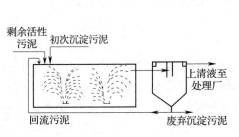

图 17-12　连续式好氧消化池

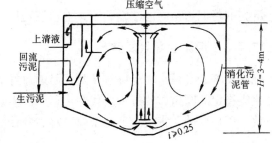

图 17-13　间歇式好氧消化池

（4）设计计算

设计参数及要求：

好氧消化池的设计参数见表 17-20。

好氧消化池设计参数表　　表 17-20

序号	参数名称		数值
1	有机负荷［kgVSS/（m³·d）］		0.7 ~ 2.8
2	污泥停留时间 （d）	活性污泥	10 ~ 15
		初沉污泥、初沉与活性污泥混合污泥	15 ~ 25
3	空气需要量（鼓风曝气） ［m³/（min·m³）］	活性污泥	0.02 ~ 0.04
		初沉污泥、初沉与活性污泥混合污泥	0.04 ~ 0.06
4	机械曝气所需功率（kW/m³ 池容）		0.03

序号	参数名称	数值
5	最低溶解氧（mg/L）	2
6	温度（℃）	>15
7	挥发性固体去除率，以 VSS 计（%）	50 左右
8	VSS/SS 值（%）	60～70
9	污泥含水率（%）	<98
10	污泥需氧量（kgO$_2$/去除 kgVSS）	3～4
11	VSS 去除率（%）	30～40

好氧消化池的有效深度，应根据曝气方式确定。当采用鼓风曝气时，根据鼓风机的输出风压、管路及曝气器的阻力损失来确定，一般宜为 5.0～6.0m。当采用机械表面曝气时，应根据设备的充氧深度来确定，一般宜为 3.0～4.0m。好氧消化池的超高，不宜小于 1.0m。消化池底坡度应不小于 0.25。

好氧消化池中污泥的溶解氧浓度，不应低于 2.0mg/L。

间歇运行的好氧消化池应设有排出上清液的措施；连续运行的好氧消化池宜设有排出上清液的措施。

沉淀的污泥送至污泥浓缩装置，上清液送回处理厂前部与原污水一并处理。

17.7.3 污泥的好氧发酵

好氧发酵通常是指高温好氧发酵，是通过好氧微生物的生物代谢作用，使污泥中有机物转化成稳定的腐殖质的过程。代谢过程中产生热量，可使堆料层温度升高至 55℃ 以上，可有效杀灭病原菌、寄生虫卵和杂草种籽，并使水分蒸发，实现污泥稳定化、无害化、减量化。

污泥好氧发酵处理工艺既可作为土地利用的前处理手段，又可作为降低污泥含水率，提高污泥热值的预处理手段。

污泥好氧发酵厂的选址应符合当地城镇建设总体规划和环境保护规划的规定；与周边人群聚居区的卫生防护距离应符合环评要求。

采用好氧发酵的污泥应符合下列规定：含水率不宜高于 80%；有机物含量不宜低于 40%；有害物质含量应符合现行国家标准《城镇污水处理厂污泥泥质》GB 24188 的规定。

好氧发酵工艺过程主要由预处理、进料、一次发酵、二次发酵、发酵产物加工及存贮等工序组成，如图 17-14 所示。污泥发酵反应系统是整个工艺的核心。污泥好氧发酵系统应包括混料、发酵、供氧、除臭等设施。

污泥接收区、混料区、发酵处理区、发酵产物储存区的地面和周边车行道应进行防渗处理。

（1）污泥好氧发酵稳定化的技术指标

《城镇污水处理厂污染物排放标准》GB 18918—2002 规定，城镇污水处理厂的污泥应进行稳定化处理，处理后应达到表 17-21 所规定的标准。

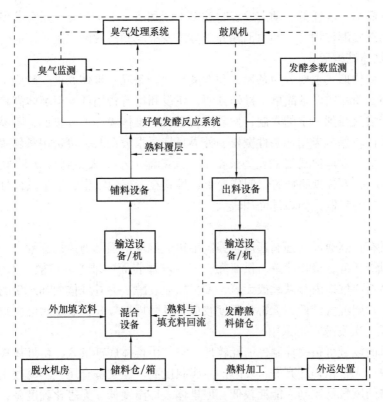

图 17-14　污泥好氧发酵工艺流程

污泥好氧发酵稳定控制指标　　　　　　　　　　　　　　　　表 17-21

稳定化方法	控制项目	控制指标
好氧发酵	含水率（%）	<65
	有机物降解率（%）	>50
	蠕虫卵死亡率（%）	>95
	粪大肠菌群菌值*	>0.01

* 其含义为：含有一个粪大肠菌的被检样品克数或毫升数，该值越大，含菌量越少。

（2）好氧发酵的工艺类型

发酵反应系统是污泥好氧发酵工艺的核心。工艺流程选择时，可根据工艺类型、物料运行方式、供氧方式的适用条件，进行合理的选择使用，灵活搭配构成各种不同的工艺流程。

1）工艺类型

工艺类型分一步发酵工艺和两步发酵工艺。一步发酵优点是工艺设备及操作简单，省去部分进出料设备，动力消耗较少；缺点是发酵仓造价略高，水分散发、发酵均匀性稍差。两步发酵工艺优点是一次发酵仓数少，二次发酵加强翻堆效应，使堆料发酵更加均匀，水分散发较好，缺点是额外增加出料和进料设备。

2）物料运行方式

按物料在发酵过程中运行方式分为静态发酵，动态发酵，间歇动态发酵（半动态）。

静态发酵设备简单、能耗低。动态发酵时物料不断翻滚，发酵均匀，水分蒸发好，但能耗较大。间歇动态发酵较均匀，动力消耗介于静态发酵与动态发酵之间。

3）发酵堆体结构形式

发酵堆体结构形式主要分为条垛式和发酵池式。条垛式堆体高度一般为1~2m，宽度一般为3~5m。条垛式设备简单，操作方便，建设和运行费用低，但堆体高较低，占地面积较大。由于供氧受到一定的限制，发酵周期较长，堆体表面温度较低，不易达到无害化要求，卫生条件较差。当用地条件宽松、外界环境要求较低时，可选用条垛式，此方式也适用于二次发酵。发酵池式发酵仓为长槽形，发酵池上小下大，侧壁有5°倾角，堆高一般控制在2~3m，设施价格便宜，制作简单，堆料在发酵池槽中，卫生条件好，无害化程度高，二次污染易控制，但占地面积较大。

4）供氧方式

供氧方式有自然通风、强制通风、强制抽风、翻堆、强制通风加翻堆。

自然通风能耗低，操作简单。供氧靠空气由堆体表面向堆体内扩散，但供氧速度慢，供气量小，易造成堆体内部缺氧或无氧，发生厌氧发酵；另外堆体内部产生的热量难以达到堆体表面，表层温度较低，无害化程度较低，发酵周期较长，表层易滋生蚊蝇类。需氧量较低时（如二次发酵）可采用。

强制通风的风量可精确控制，能耗较低，空气由堆体底部进入，由堆体表面散出，表层升温速度快，无害化程度高好，发酵产品腐熟度高。但发酵仓尾气不易收集。

强制抽风的风量易控制，能耗较低，但堆体表层温度低，无害化程度差，表层易滋生蝇类。堆体抽出气体易冷凝成的腐蚀性液体，对抽风机侵蚀较严重。

翻堆有利于供氧与物料破碎，但翻堆能耗高，次数过多增加热量散发，堆体温度达不到无害化要求。次数过少，不能保证完全好氧发酵。一次发酵翻堆供氧宜与强制供氧联合使用。二次发酵可采用翻堆供氧。

强制通风加翻堆，通风量易控制，有利于供氧、颗粒破碎和水分的蒸发及堆体发酵均匀。但投资、运行费用较高，能耗大。

5）发酵温度

温度是影响发酵过程的关键工艺参数。高温可以加快好氧发酵速率，更有利于杀灭病原体等有害生物，但温度过高（>70℃），对嗜高温微生物也会产生抑制作用，导致其休眠或死亡，影响好氧发酵的速度和效果。因此，好氧发酵过程中要避免堆体温度过高，以确保嗜高温微生物菌群的最优环境条件，从而达到加速发酵过程，增强杀灭虫卵、病原菌、寄生虫、孢子以及杂草籽的功能。北方寒冷地区的污泥好氧发酵工程应采取措施保证好氧发酵车间环境温度不低于5℃，并应采取措施防止冷凝水回滴至发酵堆体。

频繁的动态翻抛不利于维持高温，会大大延长达到腐熟和无害化的时间，增加能耗和运行成本。

通风过程可以补充氧气，促进好氧微生物活动和产热，但与此同时也会带走堆体的热量，从而降低堆体温度。

缩短发酵周期，促进污泥发酵腐熟。该系统包括操作平台、自动实时采集及反馈控制软件、便携式设备等。

（3）污泥好氧发酵影响因素

1）含水率 污泥脱水泥饼含水率一般为80%左右，必须调节到55%~60%方可进入好氧发酵工序。含水率调节的方法有添加干物料（调理剂）、成品回流、热干化、晾晒等。

2）C/N 在发酵过程中，污泥有机物碳氮比对分解速率有重要影响。好氧发酵最适宜的C/N为25/1~35/1。如果C/N高达40/1，可供消耗的碳元素多，氮素养料相对缺乏，细菌和其他微生物的生长受到限制，有机物的分解速率慢，发酵过程长。若碳氮比低于20/1，可供消耗的碳素少，氮素养料相对过剩，则氮将变成氨态氮而挥发，导致氮元素大量损失而降低肥效。如污泥C/N不在适宜范围内，应通过向脱水污泥中加入含碳较高的物料，如木屑、秸秆粉、落叶等对其进行调节。C/P则应控制在70/1~150/1。

3）pH pH在污泥的发酵过程中是十分重要的。由于在中性或微碱性条件下，细菌和放线菌生长最适宜，所以污泥发酵的pH应控制在6~8，且最佳pH在8.0左右，当pH≤5时，发酵就会停止进行。污泥一般情况下呈中性，发酵时一般不必特别调节。即使发酵过程中pH发生了变化，到发酵结束后，污泥的pH几乎都在7~8之间。因此，可以用pH作为发酵熟化与否的控制指标。常用调理剂有$CaCO_3$、石灰和石膏等。

4）温度 温度是反映发酵效果的综合指标。根据卫生学要求，发酵温度至少要达到55℃，才能杀灭病原菌和寄生虫卵。发酵温度范围在55~65℃时，发酵综合效果最佳。

5）发酵时间 发酵时间受污泥种类、脱水时加药方式及堆料前处理方法的影响，这是因为其中易分解有机物的种类和含量有所不同。采用发酵槽系统，一般发酵期为10~15d。

（4）污泥好氧发酵的设计

1）混料系统

污泥、辅料和返混料的配比应根据三者的含水率、有机物含量和碳氮比等经计算确定，冬季可适当提高辅料投加比例。进入发酵系统的混合物料应符合下列规定：含水率应为55%~65%，有机物的含量不应低于40%，C/N应为20~30，pH应为6~9；混合物料应结构松散、颗粒均匀、无大团块，颗粒直径不应大于2cm。给料设备应能按比例配备进入混料设备的污泥、辅料和返混料。当采用料斗方式给料时，应采取防止污泥架桥的措施。混料设备的额定处理能力可按每天8~16h工作时间计算，设备选择时应根据物料堆积密度进行处理能力校核。污泥好氧发酵采用的辅料应具备稳定来源，并应因地制宜利用当地园林废弃物或农业废弃物。辅料的来源及其经济性，直接影响污泥好氧发酵设施运行稳定性和运行成本。污泥好氧发酵工艺使用的辅料来源应稳定，同时因地制宜，尽量利用当地的废料，如秸秆、木屑、锯末、园林废弃物等，达到处理和综合利用的目的。辅料储存量应根据辅料来源并结合实际情况确定，并应满足消防的相关要求。

2）发酵系统

一次发酵仓的数量和容积应根据进料量和发酵时间确定，堆体高度的确定应综合考虑供氧方式、物料含水率、有机物含量等因素，并宜符合下列规定：当采用自然通风供氧时，堆体高度宜为1.2~1.5m；当采用机械强制通风供氧时，堆体高度不宜超过2.0m。一次发酵阶段堆体氧气浓度不应低于5%（按体积计），温度达到55~65℃时持续时间应大于 3d，总发酵时间不应小于 7d。

二次发酵宜采用静态或间歇动态发酵，堆体供氧方式应根据场地条件和经济成本等因素确定。二次发酵阶段堆体氧气浓度不宜低于 3%，堆体温度不宜高于 45℃，发酵时间宜为 30～50d。

翻堆机选型应根据翻堆物料量、翻堆频次、堆体宽度和堆体高度等因素确定。发酵系统中和物料、水汽直接接触的设备、仪表和金属构件应采取防腐蚀措施。

污泥好氧发酵场地应采取防渗和收集处理渗沥液等措施。污泥好氧发酵接收区、混料区、发酵处理区、发酵产物贮存区的地面及周边车行道应进行防渗处理，好氧发酵采用露天方式时还需考虑场地雨水，防止对土壤和地下水等造成污染。

3）供氧系统

污泥好氧发酵的供氧可采用自然通风、强制通风和翻堆等方式。

强制通风的风量宜按式（17-43）计算：

$$Q = R \cdot V \tag{17-43}$$

式中　Q——强制通风量，m^3/min；

　　　R——单位时间内每立方米物料通风量，$m^3/(min \cdot m^3)$，宜取 $0.05～0.20m^3/(min \cdot m^3)$；

　　　V——污泥好氧发酵容积，m^3。

强制通风的风压宜按式（17-44）计算：

$$P = (P_1 + P_2 + P_3) \cdot \lambda \tag{17-44}$$

式中　P——鼓风风压，kPa；

　　　P_1——鼓风机出口阀门压力损失，kPa；

　　　P_2——管道及气室压力损失，kPa；

　　　P_3——气流穿透物料层的压力损失，kPa，取值不宜低于 3kPa/m 堆体高度；

　　　λ——供氧系统风压余量系数，宜取 1.05～1.10。

鼓风机或抽风机和堆体之间的空气通道可采用管道或气室的形式，应尽量减少管道或气室的弯曲、变径和分叉。

污泥好氧发酵应通过臭气源隔断和供氧量控制等措施对臭气源进行控制。臭气源隔断措施包括卸料池设置液压启闭盖，仅在卸料时开启，隔开发酵舱与车间其他区域，使发酵舱形成独立的密闭空间，并在发酵舱上抽气形成微负压，防止臭气溢出，在堆体表面覆盖塑料，减少堆体臭气的释放。通过设置隔墙，实现巡视通道和生产区完全隔离等，通过调节供氧量，控制堆体温度、氧气浓度等关键影响因子，优化好氧发酵过程运行，避免堆砌局部产生厌氧状态，也可以减少臭气的产生和释放。

17.8 污泥机械脱水

污泥经浓缩、消化后，尚有 95%～97% 的含水率，体积仍很大。污泥脱水可进一步去除污泥中的空隙水和毛细水，减少其体积。经过脱水处理，污泥含水率能降低到 70%～80%，其体积为原体积的 1/10～1/4，有利于后续运输和处理。

机械脱水主要有带式压滤脱水、离心脱水及板框压滤脱水等方式。机械脱水工艺主要类型及特点如下：

1）带式压滤脱水噪声小、电耗少，但占地面积和冲洗水量较大，车间环境较差。带式脱水进泥含水率要求一般为97.5%以下，出泥含水率一般可达82%以下。

2）离心脱水占地面积小、不需冲洗水、车间环境好，但电耗高，药剂量高，噪声大。离心脱水进泥含水率要求一般为95%～99.5%，出泥含水率一般可达75%～80%。

3）板框压滤脱水泥饼含水率低，但占地和冲洗水量较大，车间环境较差。板框压滤脱水进泥含水率要求一般为97%以下，出泥含水率一般可达65%～75%。

4）螺旋压榨脱水和滚压式脱水占地面积小、冲洗水量少、噪声低、车间环境好，但单机容量小，上清液固体含量高，国内应用实例尚不多。螺旋压榨脱水进泥含水率要求一般为95%～99.5%，出泥含水率一般可达75%～80%。

污泥脱水机械的类型，应按污泥的脱水性质和脱水要求，经技术经济比较后选用。表17-22所示为各种污泥脱水机械技术的经济比较。表17-23 所示为几种脱水设备的性能比较。

各种污泥脱水机械的技术经济比较　　　　　　　　　　　　　　表17-22

性能指标	自动板框压滤机	带式压滤机	离心脱水机
脱水泥饼含水率（%）	65～70	70～80	75～80
投资费用	高	较低	较低
运行成本	高	较高	较高
预处理	无	无	无
适用规模	中、小型	大、中型	大、中型
比能耗（kWh/tDS）	—	5～20	30～60

几种脱水设备的性能比较　　　　　　　　　　　　　　表17-23

项目	带式压滤脱水	离心脱水	板框压滤脱水	螺压脱水	滚压脱水
脱水设备部分配置	进泥泵、带式压滤机、滤带清洗系统、卸料系统、控制系统	进泥泵、离心脱水机、卸料系统、控制系统	进泥泵、板框压滤机、冲洗水泵、空压系统、卸料系统、控制系统	进泥泵、螺压脱水机、冲洗水泵、空压系统、卸料系统、控制系统	进泥泵、滚压脱水机、卸料系统、控制系统
进泥含固率（%）	3～5	2～3	1.5～3	0.8～5	0.5～5
脱水污泥含固率（%）	20	25	30	25	25～40
运行状态	可连续运行	可连续运行	间歇式运行	可连续运行	可连续运行
操作环境	开放式	封闭式	开放式	封闭式	封闭式
占地	大	紧凑	大	紧凑	紧凑
冲洗水量	大	少	大	很少	最少
需换磨损件	滤布	基本无	滤布	基本无	基本无
噪声	小	较大	较大	很小	很小
脱水设备费用	低	较贵	贵	较贵	贵

17.8.1 污泥机械脱水前的预处理

（1）预处理目的

预处理的目的在于改善污泥脱水性能，提高机械脱水设备的生产能力与脱水效果。

初次沉淀污泥、活性污泥、腐殖污泥、消化污泥均由亲水性带负电荷的胶体颗粒组成，特别是活性污泥的颗粒分散，包括平均粒径小于 $0.1\mu m$ 的胶体颗粒、平均粒径为 $1.0 \sim 100\mu m$ 的超胶体颗粒及由胶体颗粒聚集的大颗粒，挥发性固体含量高，脱水困难。消化污泥的脱水性能与消化的搅拌方法有关，若用水力提升或机械搅拌，污泥受机械剪切使絮体破坏，脱水性能较差，采用沼气搅拌时脱水性能较好。

（2）预处理方法

预处理的方法主要有化学调节法、淘洗法、热处理法及冷冻法等，常用的是化学调节法与淘洗法。

化学调理法是在污泥中加入混凝剂、助凝剂等化学药剂，使污泥颗粒絮凝，改善脱水性能。化学调理法效果可靠，设备简单，操作方便，被广泛采用。污泥进入脱水机前的含水率一般不应大于98%，污泥加药后，应立即混合反应，并进入脱水机。药剂种类应根据污泥的性质和出路等选用，投加量应通过试验或参照类似污泥的数据确定。常用的化学调理剂分无机混凝剂和有机絮凝剂两大类，见表17-24。无机调理剂用量较大，一般均为污泥干固体质量的5%~20%，所以滤饼体积大。值得注意的是，若用三氯化铁作为调理剂，当污泥滤饼焚烧时还会腐蚀设备。与无机调理剂相比，有机调理剂用量较少，一般为0.1%~0.5%（污泥干重），无腐蚀性，污泥调质常用有机调理剂是阳离子型PAM。从价格角度考虑，无机混凝剂的价格普遍比有机絮凝剂便宜。

常用混凝剂种类及用量　　　　　　　　　　　　　表17-24

分类		项目	用量 t/t（TDS）
无机絮凝剂	铁盐	氯化铁（$FeCl_3 \cdot 6H_2O$）、硫酸铁[$Fe_2(SO_4)_3 \cdot 4H_2O$]　硫酸亚铁（$FeSO_4 \cdot 7H_2O$）、聚合硫酸铁（PFS）	5%~20%
	铝盐	硫酸铝[$Al_2(SO_4)_3 \cdot 18H_2O$]、三氯化铝（$AlCl_3$）　碱式氯化铝[$Al(OH)_2Cl$]、聚合氯化铝（PAC）	5%~20%
有机絮凝剂	聚丙烯酰胺（PAM）	阳离子聚丙烯酰胺（PAM）	0.1%~0.5%
		阴离子聚丙烯酰胺（PAM）	0.1%~0.5%

淘洗法是以污水处理厂的出水或自来水、河水淘洗污泥，以便节省混凝剂用量，但需增设淘洗池及搅拌设备。淘洗法适用于消化污泥的预处理，因消化污泥的碱度超过2000mg/L，在进行化学调节前需将污泥中的碱度洗掉，否则，化学调节所加的混凝剂会先中和碱度，然后才起混凝作用，使混凝剂的用量大大增加。

17.8.2 污泥过滤脱水

（1）过滤脱水的基本原理与污泥比阻

1) 过滤脱水基本原理

污泥过滤脱水是以过滤介质两面的压力差作为推动力，使污泥水分被强制通过过滤介质形成滤液，而固体颗粒被截留在介质上形成滤饼，从而达到污泥脱水的目的。过滤基本过程如图 17-15 所示。

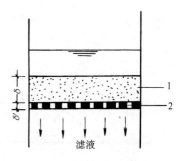

图 17-15　过滤基本过程
1—过滤；2—过滤介质

过滤开始时，滤液仅需克服过滤介质的阻力。当滤饼逐渐形成后，还必须克服滤饼本身的阻力。著名的卡门（Carman）过滤基本方程式如下：

$$\frac{t}{V} = \frac{\mu wr}{2PA^2}V + \frac{\mu R_f}{PA} \qquad (17\text{-}45)$$

式中　V——滤液体积，m^3；

$\quad t$——过滤时间，s；

$\quad P$——过滤压力，kg/m^2；

$\quad A$——过滤面积，m^2；

$\quad \mu$——滤液的动力黏滞系数，$kg \cdot s/m^2$；

$\quad w$——滤过单位体积的滤液在过滤介质上截留的干固体质量，kg/m^3；

$\quad r$——污泥比阻，m/kg；

$\quad R_f$——过滤介质的阻抗，$1/m$。

2) 污泥比阻及固体回收率

① 比阻　单位过滤面积上，单位干重滤饼对过滤所具有的阻力称污泥比阻。根据卡门（Carman）公式可知，在压力一定的条件下过滤时，t/V 与 V 成直线关系 [图 17-16 (a)]，直线的斜率与截距分别是：

$$b = \frac{\mu wr}{2PA^2} \text{ 和 } a = \frac{\mu R_f}{PA} \qquad (17\text{-}46a)$$

可得比阻值为：

$$r = \frac{2PA^2}{\mu} \cdot \frac{b}{w} \qquad (17\text{-}46b)$$

可见比阻与过滤压力、斜率 b 及过滤面积的平方成正比，与滤液的动力黏滞系数 μ 及 w 成反比。为求得污泥比阻值，需首先计算出 b 及 w 值。

b 值可通过如图 17-16 (b) 所示装置测得。测定时先在布氏漏斗中放置滤纸，用蒸馏水喷湿，再开动水射器，把量筒中抽成负压，使滤纸紧贴漏斗，然后关闭水射器，把 100mL 化学调节好的泥样倒入漏斗，再次开动水射器，进行污泥脱水试验。记录过滤时间与滤液量。当滤纸上面的泥饼出现龟裂或滤液达到 80mL 时所需的时间，作为衡量污泥脱水性能的参数。

在直角坐标纸上，以 V 为横坐标，$\frac{t}{V}$ 为纵坐标作直线，斜率即 b 值，截距即 a 值，见图 17-16(a)。

由 w 的定义可写出式（17-47）：

$$w = \frac{(Q_0 - Q_f)C_k}{Q_f} \qquad (17\text{-}47)$$

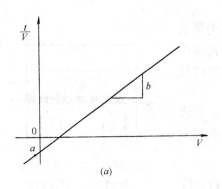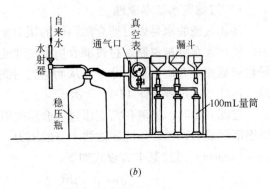

图 17-16　比阻与过滤压力关系

式中　Q_0——原污泥量，mL；

　　　Q_f——滤液量，mL；

　　　C_k——滤饼中固体物质浓度，g/mL。

根据液体物料平衡关系式可得：

$$Q_0 = Q_f + Q_k \tag{17-48}$$

根据固体物料平衡关系式可得：

$$Q_0 C_0 = Q_f C_f + Q_k C_k \tag{17-49}$$

式中　C_0——原污泥中固体物质浓度，g/mL；

　　　C_f——滤液中固体物质浓度，g/mL；

　　　Q_k——滤饼量，mL。

由式（17-48）、式（17-49）可得：

$$Q_f = \frac{Q_0(C_0 - C_k)}{C_f - C_k} \ 或 \ Q_k = \frac{Q_0(C_0 - C_f)}{C_k - C_f} \tag{17-50}$$

将式（17-50）代入式（17-47），并设 $C_f = 0$ 可得：

$$w = \frac{C_k \cdot C_0}{C_k - C_0} \tag{17-51}$$

将所得之 b、w 值代入式（17-46b）可求出比阻值 r。在工程单位制中，比阻的量纲为 m/kg 或 cm/g，在 CGS 制中比阻的量纲为 s^2/g。

② 固体回收率　机械脱水的效果既要求过滤产率高，也要求固体回收率高。固体回收率等于滤饼中的固体质量与原污泥中固体质量之比，用百分数表示：

$$R = (Q_k C_k / Q_0 C_0) \times 100\% \tag{17-52}$$

将式（17-50）代入式（17-52）得：

$$R = [C_k(C_0 - C_f) / C_0(C_k - C_f)] \times 100\% \tag{17-53}$$

3）机械过滤脱水产率的计算

过滤产率是指单位时间在单位过滤面积上产生的滤饼干质量，以 kg/（m^2·s）或 kg/（m^2·h）计。过滤产率决定于污泥性质、压滤动力、预处理方法、过滤阻力及过滤面积。可用卡门公式计算过滤产率。

由式（17-45），若忽略过滤介质的阻抗，即 $R_f = 0$，则

$$\frac{t}{V} = \frac{\mu wr}{2PA^2}V \quad 或 \quad \left(\frac{V}{A}\right)^2 = \left(\frac{滤液体积}{过滤面积}\right)^2 = \frac{2Pt}{\mu wr}$$

设滤饼干重为 W，则 $W = wV$，$V = \dfrac{W}{w}$ 代入上式得：

$$\left(\frac{W}{wA}\right)^2 = \frac{2Pt}{\mu wr} \quad 或 \quad \left(\frac{W}{A}\right)^2 = \frac{2Ptw}{\mu r}$$

$$\frac{W}{A} = \frac{滤饼干重}{过滤面积} = \left(\frac{2Ptw}{\mu r}\right)^{1/2} \tag{17-54}$$

由于 t 为过滤时间，若过滤周期为 t_c（包括准备时间、过滤时间 t 及卸滤饼时间），则过滤时间与过滤周期之比 $m = t/t_c$。根据过滤产率的定义和式（17-54），可得过滤产率计算式：

$$L = \frac{W}{At_c} = \left(\frac{2Ptw}{\mu rt_c^2}\right)^{1/2} = \left(\frac{2Ptwm^2}{\mu rt^2}\right)^{1/2} = \left(\frac{2Pwm^2}{\mu rt}\right)^{1/2} = \left(\frac{2Pwm}{\mu rt_c}\right)^{1/2} \tag{17-55}$$

式中　L——过滤产率，$kg/(m^2 \cdot s)$；

　　　w——单位体积滤液产生的滤饼干重，kg/m^3；

　　　P——过滤压力，N/m^2；

　　　μ——滤液动力黏滞系数，$N \cdot s/m^2$；

　　　r——比阻，m/kg；

　　　t_c——过滤周期，s。

【例 17-5】　活性污泥固体浓度 $C_0 = 2\%$（$P_0 = 98\%$），过滤压力 $P = 3.45 \times 10^4 N/m^2$，滤饼固体浓度 $C_k = 17.1\%$，滤液温度为 $20\,℃$，$\mu = 0.001 N \cdot s/m^2$，比阻试验结果 $r = 46.4 \times 10^{11} m/kg$，过滤周期 $t_c = 120s$，过滤时间 $t = 36s$，求过滤产率。

【解】　用卡门公式计算。因已知 $C_k = 17.1\% = 0.171 g/mL$，$C_0 = 0.02 g/mL$ 代入式（17-51）得：

$$w = \frac{0.171 \times 0.02}{0.171 - 0.02} = 0.0226 g/mL = 22.6 g/L$$

又因已知 $P = 3.45 \times 10^4 N/m^2$，$m = t/t_c = 36/120 = 0.3m$，$\mu = 0.001 N \cdot s/m^2$，$r = 46.4 \times 10^{11} m/kg$ 代入式（17-55），得：

$$L = \left(\frac{2Pwm}{\mu rt_c}\right)^{\frac{1}{2}} = \left(\frac{2 \times 3.45 \times 10^4 \times 22.6 \times 0.3}{0.001 \times 46.4 \times 10^{11} \times 120}\right)^{\frac{1}{2}} = 0.00092 \; kg/(m^2 \cdot s)$$

$$= 3.3 kg/(m^2 \cdot h)$$

（2）带式压滤机

1）带式压滤机的构造

带式压滤机的种类很多，其主要构造基本相同，常用的有如图 17-17 所示两例。主机的组成主要有导向辊轴、压榨辊轴和上下滤带，以及滤带的张紧、调速、冲洗、纠偏和驱动装置。

压榨辊轴的布置方式一般有两大类：P 形布置和 S 形布置。P 形布置有两对辊轴，辊径相同，滤带平直，污泥与滤带的接触面较小，压榨时间短，污泥所受到的压力则大而强烈，如图 17-17（a）所示。这种布置的带式压滤机一般适用于疏水的无机污泥。S 形布置的一组辊轴相互错开，辊径有大有小，滤带呈 S 形，辊轴与滤带接触面大，压榨时间长，污泥所受到的压力较小而缓和，如图 17-17（b）所示，城镇污水处理厂污泥和亲水的有机污泥脱水，一般适宜采用这种结构的带式压滤机。

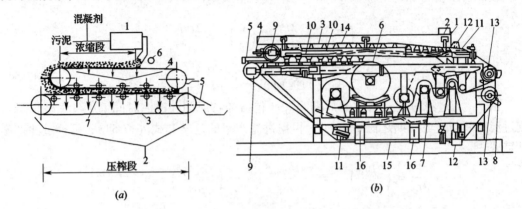

图 17-17　带式压滤机构造

（a）压榨辊轴 P 形布置

1—混合槽；2—滤液与冲洗水排出；3—涤纶滤布；4—金属丝网；

5—刮刀；6—洗涤水管；7—滚压轴

（b）压榨辊轴 S 形布置

1—污泥进料管；2—污泥投料装置；3—重力脱水区；4—污泥翻转；5—楔形区；6—低压区；

7—高压区；8—卸泥饼装置；9—滤带张紧辊轴；10—滤带张紧装置；11—滤带导向装置；

12—滤带清冲装置；13—机器驱动装置；14—顶带；15—底带；16—滤液排出装置

带式压滤机的滤带具有抗拉强度大、耐折性好，耐酸碱、耐高温、滤水性好、质量轻等优点。其型号规格的选用应根据试验确定。

2）带式压滤机的设计要求

① 泥饼宜采用皮带输送机输送；

② 应按带式压滤机的要求配置空气压缩机，并至少应有 1 台备用机；

③ 应配置冲洗泵，其压力宜为 0.4~0.6MPa，其流量可按 5.5~11.0m³/（m 带宽·h）计算。至少应有 1 台备用泵。

④ 对于采用除氮、除磷工艺的小型污水处理厂，必须考虑滤液对进水负荷的影响。

3）带式压滤机的主要设计参数

带式压滤的主要设计参数是：进泥量 q 和进泥固体负荷 q_s。通常 q 可达 4~7 m³/（m·h），q_s 可达 150~250kg/（m·h）。进泥固体负荷宜根据试验确定，当无试验资料时，可参考我国规范建议的污泥脱水负荷选用。带式脱水的设计，应符合表 17-25 规定：

带式脱水设计参数　　　　　　　　　　　　　　　表 17-25

污泥种类		进泥含固率（%）	进泥固体负荷 [kg/（m·h）]	PAM 加药量（‰）
非消化污泥	初沉污泥	3~10	200~300	1~5
	剩余污泥	0.5~4	40~150	1~10
	混合污泥	3~6	100~200	1~10

污泥种类		进泥含固率 (%)	进泥固体负荷 [kg/(m·h)]	PAM加药量 (‰)
消化污泥	初沉污泥	3~10	200~400	1~5
	剩余污泥	3~4	40~135	2~10
	混合污泥	3~9	150~250	2~8

带式脱水的运行，应符合下列规定：

① 混合污泥药剂加药量宜小于4‰，初沉污泥宜小于3‰，剩余污泥宜小于5‰。

② 带式脱水机的处理量应根据设备设计负荷调整。处理初沉污泥可为最大进泥负荷，处理混合污泥可为设计最大负荷的90%。

③ 带速应为2~5m/min。如冬季污泥中有机物含量增高，宜降低带速。

④ 网带张力应控制在0.3~0.7MPa，宜为0.5MPa。

⑤ 带式脱水机运行中，可通过纠偏装置保证网带正常运行。

4）带式压滤机的选型

由于带式压滤机的形式较多，各厂商产品的特点及性能也不尽一致，加之污泥类型和性质的不同，设计前应尽可能进行脱水试验，或参考生产厂商的建议值（经验值）选用。

压滤机有效滤带宽度按污泥脱水负荷计算：

$$\omega = 1000 \times (1 - P_0) \times \frac{Q}{L_V} \times \frac{1}{T} \tag{17-56}$$

式中　ω——有效滤带宽度，m；

P_0——湿污泥含水率，%；

Q——脱水污泥量，m^3/d；

1000——脱水污泥密度，kg/m^3；

L_V——过滤能力，$kg/(m·h)$；

T——压滤机工作时数，h/d。

根据脱水污泥量 Q 和计算所得的有效滤带宽度 ω 进行带式压滤机选型。

5）带式压滤脱水机的工艺控制

带式压滤脱水机的工艺控制主要是考虑带速调节、滤带张力调节以及调质效果调节。对于混合污泥，带速一般控制在2~5m/min，不宜超过5m/min，张力宜控制在0.3~0.7MPa。单纯活性污泥带速需控制在1.0m/min以下。污泥调质剂最佳投加量应根据试验确定，或在运行中反复调整。

【例17-6】　已知初沉池污泥和剩余活性污泥经混合消化后的含水率为96%，需脱水的污泥量为335m^3/d。采用高分子有机絮凝剂调理，投加量为干固体的4%。脱水后的泥饼含水率要求为75%。试计算压滤机的有效带宽。

【解】　采用带式压滤机，污泥脱水负荷采用200kg/(m·h)，则设计带宽为：

$$\omega = 1000 \times (1 - 0.96) \times \frac{335}{200} \times \frac{1}{21} = 3.19m$$

选用3台1.6m宽的带式压滤机，其中一台备用。

（3）板框压滤机

板框压滤机一般为间歇操作、基建设备投资较大、过滤能力也较低，但由于其具有过滤推动力大、滤饼的含固率高、滤液清澈、固体回收率高、调理药品消耗量少等优点，在一些小型污水处理厂仍被广泛应用。

1）板框压滤机的构造

板框压滤机的滤板、滤框和滤布的构造示意见图17-18，板框压滤机结构及板框结构见图17-19，板框压滤机及附属设备的布置方式见图17-20，除板框压滤机主机外，还有进泥系统、投药系统和压缩空气系统。

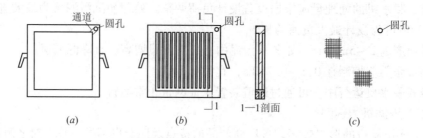

图 17-18　板框压滤机的滤板、滤框和滤布构造
（a）滤框；（b）滤板；（c）滤布

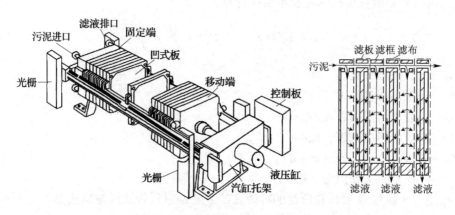

图 17-19　板框压滤机结构及板框结构示意

2）板框压滤机的脱水过程

板与框相间排列而成，在滤板的两侧覆有滤布，用压紧装置把板与框压紧，即在板与框之间构成压滤室。在板与框的上端中间相同部位开有小孔，压紧后成为一条通道，加压到 0.2~0.4MPa 的污泥，由该通道进入压滤室，滤板的表面刻有沟槽，下端钻有供滤液排出的孔道，滤液在压力下，通过滤布、沿沟槽与孔道排出滤机，使污泥脱水。

近年来，国内外已开发出自动化的板框压滤机，国外最大的自动化板框压滤机的板边长度为 1.8~2.0m，滤板多达 130 块，总过滤面积高达 800m^2，而国内的自动板框压缩机尺寸相对较小。板框压滤机比真空过滤机能承受较高的污泥比阻，这样就可降低调理剂的消耗量，可使用较便宜的药剂（如 $FeSO_4 \cdot 7H_2O$）。当污泥比阻为 5×10^{11} ~ 8×10^{12} m/kg 时，可以不经过预先调理而直接进行过滤。板框压滤机其泥饼产率和泥饼含水率，应根据

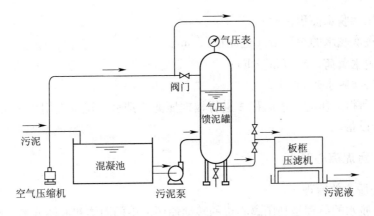

图 17-20　板框压滤机结构及附属设备的布置方式

试验资料或类似运行经验确定。泥饼含水率一般可为 75%～80% 。板框脱水出泥含水率可低于 60% 。

3）板框压滤机的设计要求

① 过滤压力宜为 0.4～0.6MPa（4～6kg/cm²）；

② 过滤周期不大于 4h；过滤能力不应小于 2～4kgDS/（m² · h）。

③ 每台过滤机可设污泥压入泵一台，泵宜选用柱塞式；

④ 压缩空气量为每 1m³ 滤室不小于 2m³/min（按标准工况计）；

⑤ 板框脱水应注意良好的通风、高压冲洗系统、调理前污泥磨碎机设置、压滤后泥饼破碎机设置等。

压滤脱水的设计方法，主要是根据污泥处理量、脱水污泥浓度、压滤机工作程序、压滤压力等计算泥饼产率、所需压滤机面积及台数。

板框脱水的运行，应符合下列规定：

① 板框压滤调质药剂常用无机混凝剂或复合药剂。

② 低压进料时间宜为 45～60min，高压进料时间宜为 45～60min，压榨时间宜为 60min，反吹时间宜为 30～60s。并根据进泥压力变化曲线进行时序调整。

4）板框压滤机的主要设计参数

板框压滤机的主要设计参数是脱水负荷。生物处理污水处理厂污泥经调理后推荐的脱水负荷可参考表 17-26 选用。

板框压滤机脱水负荷一览表		表 17-26
污泥调理方式	脱水负荷[m³/（m² · h）]	泥饼含固率（%）
物理调理（投加粉煤灰、污泥灰）	0.025～0.035	45～60
化学调理（投加 $FeCl_3$ 和石灰）	0.040～0.060	40～70
化学调理（投加有机高分子）	0.030～0.055	30～38

5）板框压滤机的计算选型

板框压滤机的脱水面积按式（17-57）计算：

$$A = \frac{Q_s}{q \cdot t} \tag{17-57}$$

式中　A——压滤脱水面积，m^2；

　　　Q_s——每次脱水的污泥量（进泥量），m^3；

　　　q——脱水负荷，$m^3/(m^2 \cdot h)$；

　　　t——每次脱水时间，h。

根据计算所得的压滤脱水面积 A 进行板框压滤机选型。至少选用 2～3 台，并在脱水车间布置全套设备。

17.8.3　污泥离心脱水

（1）离心脱水的原理

污泥离心脱水的原理是利用离心机的转动使污泥中的固体和液体分离。颗粒在离心机内的离心分离速度可达到在沉淀池中沉速的 1000 倍以上，可以在很短的时间内使污泥中很小的颗粒与水分离。此外，离心脱水技术与其他脱水技术相比，还具有固体回收率高、处理量大、基建费少、占地少、工作环境卫生等优点，特别是可以不投加或少投加化学调理剂，但动力运行费用较高。

（2）离心脱水机的构造及分类

离心机的分类：按分离因数 α（固体颗粒离心加速度与重力加速度之比）的大小，可分为高速离心机（$\alpha > 3000$）、中速离心机（$\alpha = 1500 \sim 3000$）、低速离心机（$\alpha = 1000 \sim 1500$）；按几何形状可分为转筒式离心机、盘式离心机、板式离心机等。

图 17-21 所示是低速（同向流）转筒式离心机转筒式离心机适用于相对密度有一定差别的固液相分离，尤其适用于含油污泥、剩余活性污泥等难脱水污泥的脱水，脱水泥饼的含水率可达 70%～80%。

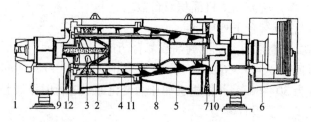

图 17-21　卧式低速（同向流）转筒式离心机构造

1—进料口；2—入口容器；3—输料孔；4—转筒；5—螺旋卸料器；6—变速箱；
7—固体物料排放口；8—机器；9—机架；10—斜槽；11—回流管；12—堰板

（3）离心脱水机的设计要求

1）卧式离心脱水机分离因数宜小于 3000。

2）离心脱水机前应设置污泥切割机，切割后的污泥粒径不宜大于 8mm。

3）离心脱水设计需重点考虑化学调理剂种类选择及投加量、噪声控制、破碎机的设置等。工艺控制重点考虑分离因数控制、转速差控制、液环层厚度控制、调质效果控制和进泥量控制及综合调控等。城市污水混合污泥的分离因数一般在 800～1200，液环层宜控制在 5～15cm，转速差一般在 2～35r/min。

离心脱水的设计参数，应符合表 17-27 的规定。

<table>
<tr><td colspan="2" align="center">离心脱水设计参数</td><td colspan="2" align="right">表 17-27</td></tr>
</table>

污泥种类		进泥含固率（%）	PAM 加药量（‰）
剩余污泥	初沉污泥	3~10	2~3
	剩余污泥	0.5~4	6~10
	混合污泥	3~6	3~7
消化污泥	初沉污泥	3~10	2~3
	剩余污泥	3~4	6~10
	混合污泥	3~9	3~8

离心脱水的运行，应符合下列规定：

① 药剂常选用聚丙烯酰胺，其投加量应根据现场试验确定，宜为 5‰~10‰。

② 进泥量宜为额定值的 80%。

③ 扭矩宜为 17%~30%。滤液澄清度要求高时，扭矩宜为 18%；泥饼干度要求高时，扭矩宜为 25%。

④ 差速宜为 4~7。滤液澄清度要求高时，差速宜为 7；泥饼干度要求高时，差速宜为 4~5。

17.8.4 污泥深度脱水

污泥深度脱水是指脱水后污泥含水率达到 55%~65%，特殊条件下污泥含水率还可以更低。目前，我国城镇污水处理厂大都无初沉池，且不经厌氧消化处理，故脱水后的污泥含水率大都在 78%~85% 之间。高含水率给污泥后续处理、运输及处置均带来了很大的难度。因此，在有条件的地区，可进行污泥的深度脱水。深度脱水前应对污泥进行有效调理。调理作用机制主要是对污泥颗粒表面的有机物进行改性，或对污泥的细胞和胶体结构进行破坏，降低污泥的水分结合容量；同时降低污泥的压缩性，使污泥能满足高干度脱水过程的要求。

调理方法主要有化学调理、物理调理和热工调理三种类型。化学调理所投加化学药剂主要包括无机金属盐药剂、有机高分子药剂、各种污泥改性剂等。物理调理是向被调理的污泥中投加不会产生化学反应的物质，降低或者改善污泥的可压缩性。该类物质主要有：烟道灰、硅藻土、焚烧后的污泥灰、粉煤灰等。热工调理包括冷冻、中温和高温加热调理等方式，常用的为高温热工调理。高温热工调理可分成热水解和湿式氧化两种类型，高温热工调理在实现深度脱水的同时还能实现一定程度的减量化。目前，带式压滤机或离心脱水机采用热工、化学和物理组合调理后含水率达到 50%~65%，而板框压滤机泥饼含水率达到 50% 以下。

深度脱水压滤机的设计应符合下列规定：进料压力宜为 0.6~1.6MPa；压榨压力宜为 2.0~3.0MPa，压榨泵至隔膜腔室之间的连接管路配件和控制阀，其承压能力应满足相关安全标准和使用要求；压缩空气系统应包括空压机、储气罐、过滤器、干燥器和配套仪表阀门等部件，控制用压缩空气、压株用压缩空气和工艺用压缩空气三部分不应相互干扰。

17.8.5 污泥脱水二次污染控制

（1）上清液

污泥脱水过程产生的上清液和滤液的污染物浓度较高，其水质特征见表17-28。

污泥脱水上清液及滤液水质特征   表 17-28

水样	检测项目（mg/L）		
	COD	氨氮	TP
污泥重力浓缩上清液	300～1000	0～300	10～20
污泥脱水滤液	100～450		30～40

脱水的上清液及滤液一般通过厂内污水管排到进水泵房，然后，随同污水经污水处理工艺进行处理。如果上清液及滤液的含磷浓度较高，影响污水处理系统总磷的去除，应单独进行化学除磷的处理后，再排至进水泵房。

（2）臭气

污泥脱水臭气的主要产生源为污泥脱水机房及污泥堆置棚或料仓。脱水机房的臭味是污泥脱水过程臭气处理的重点区域。

应根据环境影响评价的要求采取除臭措施。新建污水处理厂应对浓缩池、储泥池、脱水机房、污泥储运间采取封闭措施，通过补风抽气并送到除臭系统进行除臭处理，达标排放。针对除臭的改建工程应根据构筑物的情况进行加盖或封闭，并增设抽风管路及除臭系统。一般采用生物除臭方法，必要时也可采用化学除臭等。

17.9 污泥干化与焚烧

17.9.1 自然干化

（1）污泥自然干化场的分类与构造

污泥自然干化的主要构筑物是干化场，干化场可分为自然滤层干化场和人工滤层干化场两种。前者适用于自然土质渗透性能好，地下水位低的地区。人工滤层干化场的滤层是人工铺设的，又可分为敞开式干化场和有盖式干化场两种。

人工滤层干化场的构造如图17-22所示，它由不透水底层、排水系统、滤水层、输泥管、隔墙及围堤等部分组成。有盖式的，设有可移开（晴天）或盖上（雨天）的顶盖，顶盖一般呈弓形，覆有塑料薄膜，开启方便。

滤水层由上层的细矿渣或砂层（铺设厚度200～300mm）和下层用粗矿渣或砾石层（铺设厚度200～300mm）组成，滤水容易。

排水管道系统用100～150mm陶土管或盲沟铺成，管道接头不密封，以便排水。管道之间中心距4～8m，纵坡0.002～0.003，排水管起点覆土深（至砂层顶面）为0.6m。

不透水底板由200～400mm厚的黏土层或150～300mm厚三七灰土夯实而成。也可用100～150mm厚的素混凝土铺成。底板有0.01～0.02的坡度坡向排水管。

隔墙与围堤，把干化场分隔成若干分块，轮流使用，以便提高干化场利用率。

近年来在气候干燥、蒸发量大的地区，采用由沥青或混凝土铺成的不透水层而无滤水层的干化场，依靠蒸发脱水。这种干化场的优点是泥饼容易铲除。

（2）干化场的脱水特点及影响因素

干化场脱水主要依靠渗透、蒸发与撇除。渗透过程约在污泥排入干化场最初的 2～3d 内完成，可使污泥含水率降低至 85% 左右。此后水分不能再被渗透，只能依靠蒸发脱水，约经 1 周或数周（决定于当地气候条件）后，含水率可降低至 75% 左右。研究表明，水分从污泥中蒸发的数量约等于从清水中直接蒸发量的 75%。降雨量的 57% 左右要被污泥所吸收，因此在干化场的蒸发量中必须考虑所吸收的降雨量，但有盖式干化场可不考虑。我国幅员辽阔，上述各数值应视各地天气条件加以调整或通过试验决定。

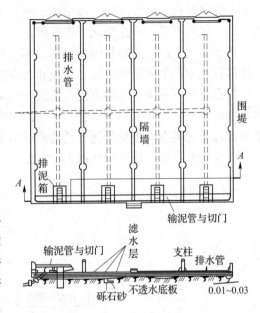

图 17-22　人工滤层干化场

影响干化场脱水的因素：

1）气候条件　当地的降雨量、蒸发量、相对湿度、风速和年冰冻期。

2）污泥性质　如消化污泥在消化池中承受着高于大气压的压力，污泥中含有很多沼气泡，一旦排到干化场后，压力降低，气体迅速释出，可把污泥颗粒挟带到污泥层的表面，使水的渗透阻力减小，提高了渗透脱水性能；而初次沉淀污泥或经浓缩后的活性污泥，由于比阻较大，水分不易从稠密的污泥层中渗透过去，往往会形成沉淀，分离出上清液，故这类污泥主要依靠蒸发脱水，可在干化场围堤或围墙的一定高度上开设撇水窗，撇除上清液，加速脱水过程。

3）污泥调理　采用化学调理可以提高污泥干化场的脱水效率，投加混凝剂可以显著提高渗滤脱水效果。如当投加硫酸铝时，除了有絮凝作用外，硫酸铝还能与溶解在污泥中的碳酸盐作用，产生二氧化碳气体，使污泥颗粒上浮到表面，24h 内就能见到混凝脱水效果，干化时间大致可以减少一半。

（3）干化场的设计

污泥自然干化场的设计宜符合下列规定：污泥固体负荷宜根据污泥性质、年平均气温、降雨量和蒸发量等因素，参照相似地区经验确定；污泥自然干化场划分块数不宜小于 3 块；围堤高度宜为 0.5～1.0m，顶宽宜为 0.5～0.7m；污泥自然干化场宜设人工排水层。除特殊情况外，人工排水层下应设不透水层，不透水层应坡向排水设施，坡度宜为 0.01～0.02；污泥自然干化场宜设排除上层污泥水的设施。

17.9.2　热干化

经机械脱水后的污泥含水率仍在 78% 以上，污泥热干化可以通过污泥与热媒之间的传热作用，进一步去除脱水污泥中的水分使污泥减容。干化后污泥的臭味、病原体、黏度、不稳定等得到显著改善，可用作肥料、土壤改良剂、制建材、填埋、替代能源或是转变成油、气后再进一步提炼化工产品等。

热干化工艺应与余热利用相结合，不宜单独设置热干化工艺。可充分利用污泥厌氧消化处理过程中产生的沼气热能、垃圾和污泥焚烧余热、热电厂余热或其他余热干化污泥。

根据干化污泥含水率的不同，污泥干化类型分为全干化和半干化。"全干化"指较低含水率的类型，如含水率10%以下；而"半干化"则主要指含水率在40%左右的类型。采用何种干化类型取决于干化产品的后续出路。

污泥热干一般工艺流程如图17-23所示。

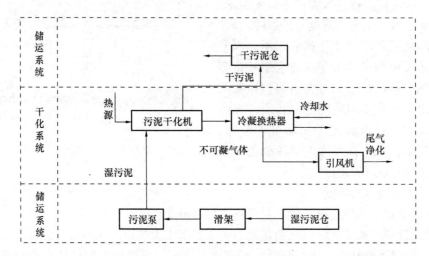

图17-23 污泥热干化工艺流程

污泥热干化系统主要包括储运系统、干化系统、尾气净化与处理、电气自控仪表系统及其辅助系统等。污泥热干化的设计应符合下列规定：应充分考虑热源和进泥性质波动等因素；应充分利用污泥处理过程中产生的热源，热干化出泥应避开污泥的黏滞区；热干化系统内的氧含量小于3%时，必须采用纯度较高的惰性气体。

储运系统主要包括料仓、污泥泵、污泥输送机等；干化系统以各种类型的干化工艺设备为核心；尾气净化与处理包括干化后尾气的冷凝和处理系统；电气自控仪表系统包括满足系统测量控制要求的电气和控制设备；辅助系统包括压缩空气系统、给排水系统、通风供暖、消防系统等。

（1）污泥热干化设备的类型

污泥热干化设备按热介质与污泥接触方式可分为直接加热式、间接加热式和直接/间接联合干燥式三种。按设备进料方式和产品形态大致分为两类：一类是供用干料返混系统，湿污泥在进料前先与一定比例的干泥混合，产品为球状颗粒；另一类是湿污泥直接进料，产品多为粉末状。按工艺类型可分为流化床干化、带式干化、桨叶式干化、卧式转盘式干化和立式圆盘式干化五种。设计年运行时间不宜小于8000h。

（2）污泥干化技术与设备

1）流化床污泥干化技术

流化床干化设备推荐采用间接加热，热媒采用通过燃烧沼气、天然气或煤等加热的热油，也可以采用蒸汽或其他废热。床内氧含量应小于 5%。加热介质温度宜控制在 180 ~ 250℃，床内干化气体温度应为 85℃ ± 3℃。可直接将污泥加入流化床，而不需要干污泥返混。热量约 720kcal/kg 蒸发水，同时需电耗约 100 ~ 200kWh/t 蒸发水。流化床干化工艺设备单机蒸发水量 1000 ~ 20000kg/h，单机污泥处理能力 30 ~ 600t/d（含水率以 80% 计），适用于各种规模的污水处理厂，尤其适用于大型和特大型污水处理厂。流化床干化工艺设备既适用于污泥全干化，也适用于污泥半干化处理。最终产品的污泥颗粒分布较均匀，直径 1 ~ 5mm。

2）间歇式多盘干化技术

该干化工艺设备采用间接加热，热媒一般只采用热油。颗粒温度 10 ~ 40℃，系统氧含量小于 5%，热媒温度 250 ~ 300℃。脱水污泥涂覆到干燥颗粒上后的含水率可降至 30% ~ 40%。所需热量为 690kcal/kg 蒸发水量，同时需电耗为 45 ~ 60kWh/t 蒸发水。单机蒸发水量一般为 3000 ~ 10000kg/h，单机污泥处理能力一般为 90 ~ 300t/d（以含水率 80% 计），适用于污泥全干化处理的大中型污水处理厂。干化污泥颗粒粒径分布均匀，平均直径为 1 ~ 5mm，无需特殊的粒度分配设备。

3）带式干化技术

根据干化温度的不同有以下两种带式干化装置：① 低温干化装置。温度 65℃，系统氧含量小于 10%，直接加料，无需干泥返混。② 中温干化装置。温度 110 ~ 130℃，系统氧含量小于 10%，直接加料，无需干泥返混。带式干化工艺设备可采用直接或间接加热方式，可利用各种热源，如天然气、燃油、蒸汽、热水、热油等。设备单位水蒸发能耗约 760kcal/kg 蒸发水，同时需电耗 20 ~ 30kWh/t 蒸发水。

低温干化装置单机蒸发水量一般小于 1000kg/h，单机污泥处理能力一般小于 30t/d（以含水率 80% 计），只适用于小型污水处理厂；中温干化装置单机蒸发水量可达 4000kg/h，单机污泥处理能力最高可达约 120t/d（以含水率 80% 计），可用于大中型污水处理厂，但台数可能会偏多。带式干化工艺设备既适应于污泥全干化，又适用于污泥半干化。出泥含水率可以自由设置，使用灵活。在部分干化时，出泥颗粒的含水率一般可在 15% ~ 40% 之间，出泥颗粒中灰尘含量很少；当全干化时，含水率小于 15%，粉碎后颗粒粒径范围在 3 ~ 5mm。

4）桨叶式干化设备

桨叶式干化设备通过采用中空桨叶和带中空夹层的外壳，具有较高的热传递面积和物料体积比。热媒主要为热油或蒸汽，通过旋转接头进入中空的轴内，均匀分布到所有桨叶。干化污泥在旋转的桨叶斜面间移动，产生剪力，清洁了桨叶表面，并让热传导效率达到最高。反向运动的轴让污泥离开槽壁，通过每个桨叶前端的翼片清洁槽壁。颗粒温度低于 80℃，系统氧含量小于 10%，热媒温度 150 ~ 220℃。干污泥不需返混，出口污泥的含水率可以通过轴的转动速度进行调节。桨叶式干化设备采用间接加热，热媒首选蒸汽，也可采用热油。单位水蒸发能耗约 688kcal/kg 蒸发水，同时需电耗 50 ~ 80kWh/t 蒸发水。桨叶式干化设备单机蒸发水量最高可达 8000kg/h，单机污泥处理能力约 250t/d（以含水率 80% 计），适用于各种规模的污水处理厂。桨叶式干化设备既适应于污泥全干化，又适用于污泥半干化。全干化污泥的颗粒粒径小于 10mm，半干化污泥为疏松团状。

5）转鼓式干化技术

间接加热转鼓干化技术，脱水后的污泥被输送至干化机的进料斗，经螺旋转送器送至干化机内（可变频控制定量输送）。干化机由转鼓和翼片螺杆组成，转鼓通过燃烧炉加热，转鼓最大转速为 1.5r/min。翼片螺杆通过循环热油传热，最大转速为 0.5r/min。转鼓和翼片螺杆同向或反向旋转，污泥可连续前移进行干化，转鼓经抽风为负压操作，水汽和灰尘无外逸。污泥经螺杆推移和加热被逐步烘干，最终送至储存仓；污泥蒸发出的水汽通过系统抽风机送至冷凝和洗涤吸附系统。该工艺的特点是：流程简单，污泥的干度可控制，产品为粉末状。

（3）污泥干化系统的设计要求

1）污泥热干化蒸发单位水量所需的热能应小于 $3300kJ/kgH_2O$。

污泥热干化工艺应与余热利用相结合，可考虑利用垃圾焚烧余热、发电厂余热或其他余热作为污泥干化处理的热源，不宜采用优质一次能源作为主要干化热源。

干化尾气载气冷凝处理后冷凝水中的热量宜进行回收利用。污泥热干化设备的选型应根据热干化的实际需要确定。

污泥热干化可采用直接干化和间接干化，宜采用间接干化。

2）由于脱水污泥的含水率可能会有变动，污泥干化设备处理规模设计时应考虑所需蒸发的水量，而不能简单地依据脱水污泥量。污泥热干化处理的污泥固体负荷和蒸发量应根据污泥性质、设备性能等因素，参照相似设备运行经验确定。污泥热干化设备宜设置 2 套。若设 1 套，应考虑采取设备故障检修和常规检修期间的应急措施，包括污泥储存设施或其他备用的污泥处理处置途径。

3）污泥干化设备的能源：间接加热方式可以使用所有的能源，包括污泥气、烟气、燃煤、蒸汽、燃油、沼气、天然气等，其利用的差别仅在温度、压力和效率；直接加热方式则因能源种类不同，受到一定限制，其中燃煤炉和焚烧炉因烟气大，并存在腐蚀而较少使用。当污泥干化热交换介质为导热油时，导热油的闪点温度必须大于运行温度。

4）污泥干化设施存在爆炸风险的过程或区域必须采取防火防爆措施。污泥干化时产生的粉尘是 St1 级爆炸粉尘，具有潜在的爆炸危险，干化设施和污泥舱内的干化污泥也可能会自燃。应高度重视污泥干化系统的安全性，采取相应的防火防爆措施。氧气含量、粉尘浓度和颗粒温度是控制爆炸的主要因素。安全措施包括设置降尘储存设施，对粉尘浓度和颗粒温度等进行自动监测和报警，采用防爆照明和电器设备等。干化过程应根据干化设备类型，严格控制氧气含量、粉尘浓度和颗粒温度。干化污泥储存仓应妥善设计和监测，尤其是全干化污泥储存时，应采取防火防爆措施，运输环节应避免形成粉尘燃爆环境，降低产品燃爆风险。与干化设备爆炸有关的三个主要因素是氧气、粉尘和颗粒的温度。不同的工艺会有些差异，但必须控制的安全要素是：氧气含量小于 12%；粉尘浓度小于 $60g/m^3$；颗粒温度低于 110℃。污泥干化设备应设有安全保护措施。

5）湿污泥仓中甲烷浓度应控制在 1% 以下；干泥仓中干泥颗粒温度应控制在 40℃以下。

6）为避免湿污泥敞开式输送对环境造成影响，应采用污泥泵和管道将湿污泥密封输送入干化机。干化机出料口须设置事故储仓或紧急排放口，供污泥干化机停运或非正常运行时暂存或外排。

7）砂石混入污泥对干化设备的安全性存在负面影响。对于含砂量较大的污泥，可通过增加耐磨量、降低转动部件转速等方法以减少换热面的磨损，特别是采用导热油作为热媒介质时，必须十分注意。

8）污泥热干化产品应妥善保存、利用或妥善处置，避免二次污染。污泥热干化的尾气烟气，应处理达标后排放。污泥自然干化场及其附近应设长期监测地下水质量的设施。

（4）二次污染控制要求

污泥干化后蒸发出的水蒸气和不可凝气体（臭气）需进行分离，水蒸气通过冷凝装置冷凝后处理。焚烧厂的废水经过处理后应优先回用。当废水需直接排入水体时，其水质应符合现行国家标准《污水综合排放标准》GB 8978 的规定。

污泥热干化设施应设置尾气净化处理设施，并应达标排放。污泥热干化产生的尾气中含有粉尘、臭气成分等，直接排放会对环境造成严重的污染，必须进行处理并达标排放。为防止污泥干化过程中臭气外泄，干化装置必须全封闭，污泥干化机内部和污泥干化间需保持微负压。干化后污泥应密封储存，以防止由于污泥温度过高而导致臭气挥发。干化厂恶臭污染物控制与防治应符合现行国家标准《恶臭污染物排放标准》GB 14554 的规定。干化厂的噪声应符合现行国家标准《声环境质量标准》GB 3096 和《工业企业厂界环境噪声标准》GB 12348 的规定，对建筑物内直接噪声源控制应符合现行国家标准《工业企业噪声控制设计规范》GB 50087 的规定。干化厂噪声控制应优先采取噪声源控制措施。厂区内各类地点的噪声控制宜采取以隔声为主，辅以消声、隔振、吸声的综合治理措施。

（5）投资和运行成本分析

投资成本是由系统复杂程度、设备国产化率等因素决定的。一般情况下，若有可利用的余热能源，热干化采用国产设备时，单位投资成本在10万～20万元/t污泥（含水率80%）；若干化设备采用进口设备，单位投资成本在30万～40万元/t污泥（含水率80%）。

污泥热干化的运行成本是由众多因素所决定的，例如干化热源的价格、最终干化污泥的含水率、是否需单独建设尾气净化系统等，难以转化到具体金额。各干化设备的具体能耗，见表17-29。

各种干化设备的具体能耗 表17-29

干化设备	热量消耗	电耗
流化床	720kcal/kg 蒸发水量	100～200kWh/t 蒸发水量
带式	760kcal/kg 蒸发水量	50～55kWh/t 蒸发水量
桨叶式	688kcal/kg 蒸发水量	50～80kWh/t 蒸发水量
卧式转盘式	688kcal/kg 蒸发水量	50～60kWh/t 蒸发水量
立式圆盘式	690kcal/kg 蒸发水量	50～60kWh/t 蒸发水量
喷雾式	850kcal/kg 蒸发水量	80～100kWh/t 蒸发水量

17.9.3 污泥焚烧

采用焚烧法处理污泥可大大减少污泥的体积和质量（焚烧后体积可减少90%以上），同时焚烧后的灰渣还可综合利用；污泥中的污染物可以被彻底无害化和稳定化；污泥处理的速度快，占地面积小，不需要长期储存；焚烧厂可建在污泥源附近，不需要长距离运输；在污泥焚烧的过程中可回收能量用于供热或发电。但也存在诸多问题：污泥中的重金属会随烟尘的扩散而污染空气；焚烧装置设备复杂，建设和运行费高于一般污泥处理方法，焚烧成本是其他处理工艺的 2~4 倍；污泥应具有较低的含水率才能作为燃料，这就要求污泥进行干化预处理，费用较高等。在下列条件下：即当污泥重金属及有毒物质含量高，不能作为农业利用时；大城市卫生要求高，用地紧缺时；污泥自身的燃烧热值高时；有条件与城市垃圾混合焚烧，或与城市热电厂燃煤混合焚烧时，可考虑采用污泥焚烧处理。

（1）污泥焚烧的影响因素

污泥焚烧的主要影响因素是污泥的含水率、温度、焚烧时间、污泥与空气之间的混合程度等。

1）污泥的含水率　污泥含水率是污泥焚烧的一个关键因素，它直接影响污泥焚烧设备和处理费用。浓缩污泥的含水率一般在 95% 以上，采用机械脱水装置脱水处理后，一般仍达 80% 左右。如此高的含水率一方面不能维持燃烧过程的自动进行，必须加入辅助燃料；另一方面是污泥体积庞大，增加了焚烧过程的运输困难。因此，降低污泥含水率对于降低污泥焚烧设备及处理费用是至关重要的。一般应将污泥含水率降至与挥发物含量之比小于 3.5 时，可形成自燃，节约燃料。

2）温度　温度高则燃烧速度快，污泥在炉内停留的时间短，此时燃烧速度受扩散控制，温度的影响较小，即使温度上升 40℃，燃烧时间只减少 1%，但炉壁、管道等容易损坏。当温度较低时，燃烧速度受化学反应控制，温度影响大，温度上升 40℃，燃烧时间减少 50%，所以，控制合适的温度十分重要。

3）焚烧时间　燃烧反应所需要的时间就是烧掉污泥中有机污染物的时间。这就要求污泥在燃烧层内有适当的停留时间。燃料在高温区的停留时间应超过燃料燃烧所需的时间。一般来说，燃烧时间与污泥粒度的 1~2 次方成正比，加热时间近似与粒度的平方成正比。粒度越细，与空气的接触面积越大，燃烧速度越快，污泥在燃烧室内停留的时间就越短。因此，在确定污泥在燃烧室内的停留时间时，必须考虑污泥的粒度大小。

4）污泥、燃料与空气之间的混合程度　为了使污泥燃烧完全，必须往燃烧室内鼓入过量的空气，氧浓度高，燃烧速度快，这是燃烧的最基本条件。但除了空气供应充足，还要注意空气在燃烧室内的分布，污泥、燃料和空气的混合（湍流）程度。如混合不充分，将导致不完全燃烧产物的生成。对于废液的燃烧，混合可以加速液体的蒸发；对于固体废物的燃烧，湍流有助于破坏燃烧产物在颗粒表面形成的边界层，从而提高氧的利用率和传质速率，特别是扩散速率为控制因素时，燃烧时间随传质速率的增大而减少。

（2）污泥焚烧工艺

污泥焚烧工艺经过几十年的发展，根据不同地区的经济、技术、环境情况，形成了许多工艺过程，主要有两大类：即直接焚烧和混合焚烧。直接焚烧是利用污泥本身有机物所含有的热值，将污泥经过脱水和干化等处理后添加少量的助燃剂送入焚烧炉进行焚烧。混合焚烧是将污泥与煤或固体废弃物等混合焚烧。

1）污泥直接焚烧

如果污泥的含水率较低，热值较高，污泥添加少量的辅助燃料后可直接入炉进行焚烧。而如果污泥含水率较高，热值较低，直接入炉焚烧需要消耗大量的辅助燃料，运行成本太高，因此需要将污泥机械脱水后再进行加热干燥，以降低其水分，提高入炉污泥的热值，使焚烧在运行过程中不需要辅助燃料，这种方法又称干化焚烧。干化焚烧是一种节能型处理工艺，也是目前污泥焚烧应用较多的一种工艺。污泥焚烧设施应与热干化设施同步建设。

干化焚烧处理主要包括干化预处理、焚烧和后处理三个阶段，污泥在焚烧前加以必要的干化预处理，能使焚烧更有效地进行。干化预处理主要包括脱水、粉碎、预热等。污泥脱水可降低含水率，使污泥能够达到自燃；污泥粉碎可使投入炉内污泥易燃，保障燃烧充分；污泥预热，可进一步降低污泥含水率，同时降低污泥焚烧时所耗能源。

2）污泥混合焚烧

污泥混合焚烧是指将污泥与其他可燃物混合进行燃烧，既充分利用了污泥的热值，又达到了节能的目的。污泥的混合焚烧主要有污泥与发电厂用煤的混合焚烧、污泥与固体废弃物的混合焚烧等。

① 污泥与发电厂用煤的混合焚烧

将污泥送发电厂与煤混合进行燃烧用以发电，既可以利用热电厂余热作为干化热源，又可利用热电厂已有的焚烧和尾气处理设备，节省投资和运行成本。在进行混烧时，污泥的量相对于煤来说较少，因此混烧对电站的影响不明显。值得注意的是，燃煤电站锅炉对燃料的发热量、粒径分布和含水率等指标都有严格的要求，污泥排放和处理也有专门的装置和流程。

② 污泥与固体废弃物的混合焚烧

污泥与固体废弃物混合燃烧的主要目的是降低成本，因为分别燃烧污泥和固体废弃物的成本较高。污泥与固体废弃物混合焚燃烧有三种方法，如图 17-24 所示。前两种方法是典型的炉内燃烧，释放的热量用来制取水蒸气或进行供暖或干燥污泥。第三种方法采用多段式和流化床焚烧炉，要求将固体废弃物和污泥颗粒化后送入炉内。

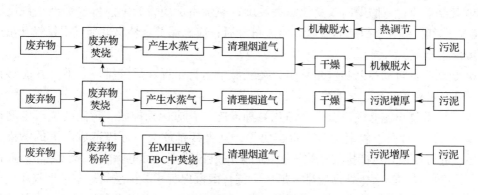

图 17-24　污泥与固体废弃物混合燃烧技术路径

③ 污泥与水泥生产窑的混合焚烧

水泥生产窑协同处理城镇污水处理厂污泥，主要利用水泥高温煅烧窑炉焚烧处理污泥。在焚烧过程中，有机物彻底分解，灰渣作为水泥组分直接进入水泥熟料产品中，实现彻底减量化。水泥生产过程中的余热可用于干化湿污泥，干污泥中有机组分焚烧产生热量被水泥生产回收，实现整个工艺过程能量利用最优化。利用水泥回转窑处理城市污泥，不仅具有焚烧法的减容、减量化特征，且燃烧后的残渣成为水泥熟料的一部分，不需要对焚烧灰进行填埋处置，烟气焚烧彻底，污染物形成总量显著降低，是一种清洁有效的污泥处置技术。

3）污泥焚烧设备

污泥焚烧的设备有回转焚烧炉、多段焚烧炉和流化床焚烧炉等。由于立式多段炉存在搅拌臂难耐高温、焚烧能力低、污染物排放难控制等问题；回转式焚烧炉的炉温控制困难，同时对污泥发热量要求较高，一般需加燃料稳燃。所以流化床焚烧炉已成为主要的污泥焚烧设备，一般推荐采用。

4）污泥焚烧处理设计应考虑的因素

① 污泥焚烧系统的设计应对污泥进行特性分析。污泥焚烧过程中，应保证污泥的充分燃烧。如污泥为未充分燃烧，则污泥中的挥发份燃烧不彻底，恶臭不能有效分解，烟气中一氧化碳等污染物的含量可能增加，不利于烟气的处理及其达标排放。

② 在已有或拟建垃圾焚烧设施、水泥窑炉、火力发电锅炉等设施的地区，污泥焚烧宜首先考虑与垃圾同时焚烧，或掺入水泥窑炉、火力发电锅炉的燃料煤中同时焚烧。污泥在生活垃圾焚烧厂或水泥窑等协同焚烧时，应控制掺烧比。垃圾焚烧等设施协同处理污泥，必须在保证原焚烧炉焚烧性能和科学合理满足污染物排放控制标准等的条件下进行。由于污泥和垃圾性质存在较大的差异，污泥的掺烧容易对现有焚烧炉的运行造成不利影响。为保证协同焚烧设施的正常运行，应控制协同处理的污泥的掺烧比。应对污泥进行干化预处理。

③ 污泥焚烧宜采用流化床工艺。污泥焚烧区域空间应满足污泥焚烧产生烟气在850℃以上高温区域停留时间不小于2s。

④ 焚烧炉的处理能力应有适当的余量，进料量应可调节。污泥焚烧设施的设计年运行时间不应小于7200h。

⑤ 焚烧炉应设置防爆门或其他防爆设施；燃烧室后应设置紧急排放烟囱，并设置联动装置，使其只能在事故或紧急状态时方可开启；应确保焚烧炉出口烟气中氧气含量达到6%～10%（干气）。

⑥ 必须配备自动控制和监测系统，在线显示运行工况和尾气排放参数，并能够自动反馈，以便对有关主要工艺参数进行自动调节。

⑦ 污泥焚烧设施必须设置烟气净化处理设施，并应达标排放。污泥焚烧产生的烟气含有烟尘、酸性成分、氮氧化物、重金属等，其直接排放会对环境造成严重的污染，因此，必须进行处理并达标排放。烟气净化可采用旋风除尘、静电除尘、袋式除尘、脱硫和脱硝等处理技术，经净化处理后排放烟气应符合国家现行相关标准的规定。烟气净化系统必须设置袋式除尘器。焚烧设备宜设置2套。若设1套，应考虑设备故障检修和常规检修期间的应急措施，包括污泥储存设施或其他备用的污泥处理处置途径。

⑧ 污泥焚烧的炉渣和除尘设备收集的飞灰应分别收集、贮存和运输。符合要求的炉渣应进行综合利用，飞灰应经鉴别后妥善处置。

17.10 污泥的最终处置

污泥最终处置与利用的主要途径有土地利用、污泥填埋、污泥制建材等。目前常用的是前两种方法，污泥生产建材尚在试验研究中。

17.10.1 污泥的土地利用

污泥的土地利用是一种积极、有效而安全的污泥处置方式。污泥的土地利用包括农田利用、林地利用、园林绿化利用等。

尽管污泥的土地利用能耗低，可回收利用污泥中 N、P、K 等营养物质，但污泥中也含有大量病原菌、寄生虫（卵）、重金属，以及一些难降解的有毒有害物。污泥必须经过厌氧消化、生物堆肥或化学稳定等处理后才能进行土地利用。污泥通过处理后，污泥中有机物将得到不同程度的降解，大肠杆菌数量及含水率明显降低，从而实现了污泥的稳定化、无害化和减量化。经厌氧消化、高温堆肥后的污泥，不仅消除了污泥的恶臭，同时杀灭了虫卵、致病菌，也可部分降解有毒物质。但污泥土地利用时应注意：凡用于园林绿化的污泥含水率、盐分、卫生学指标等必须符合国家及地方有关标准规定的要求，并进行监测。污泥用于沙化地、盐碱地和废弃矿场土壤改良时，应根据当地实际，经科学研究制定标准，并由有关主管部门批准后才可实施。污泥农用时，应严格执行国家及地方的有关标准规定，并密切注意污泥中的重金属含量，要根据农用土壤本底值，严格控制污泥的施用量和施用期限，以免重金属在土壤中积累。污泥土地利用首先要根据其来源判断是否适用，其次要通过对污染物、养分含量的监测和污泥腐熟度来确定污泥的用量和利用方式，并定期进行风险监测与环境评估。

（1）污泥土地利用的适用条件

1）污泥农田利用的适用条件

城市污水处理厂污泥中大量的腐殖质和氮、磷、钾以及植物生长的微量元素钙、镁、锌、铜、铁等，施用于农田能够改良土壤结构，增加土壤肥力，促进作物生长。

其污染物浓度应满足现行国家标准《农用污泥污染物控制标准》GB 4284、《城镇污水处理厂污染物排放标准》GB 18918 的相关要求。其他指标应满足表 17-30 的要求。

污泥农用其他指标限值　　　　　　　　　　　　　　表 17-30

项目	控制项目	限值
物理指标	含水率（%）	≤60
	粒径（mm）	≤10
	杂物	无粒度 >5mm 的金属、玻璃、陶瓷、塑料、瓦片等有害物质，杂物质量≤3%
卫生学指标	蛔虫卵死亡率	≥95%
	粪大肠菌群值	≥0.01
营养学指标	有机物含量（g/kg 干基）	≥200
	氮磷钾	≥30
	酸碱度 pH	5.5~9

2）污泥园林绿化利用的适用条件

将城镇污水处理厂污泥作为有机肥料用于城市园林绿地的建设，或以污泥为主要原料作为植物生长的载体，可用于城市育苗、容器栽培和草坪建植等，不仅是有效的污泥处置途径，而且是城市绿化的要求，可实现城市废物的循环利用。污泥用于城市园林绿地建设时，污泥以养分含量高和腐熟度好为佳。根据不同植物的要求，污泥可以粉状或颗粒状使用，可单独或与其他肥料混合施用，但施用时间受限，用量少。泥质要求为：有机质含量 ≥300g/kg 干污泥，氮磷钾（$N + P_2O_5 + K_2O$）含量≥40g/kg 干污泥，污染物含量应符合现行国家标准《城镇污水处理厂污泥处置　园林绿化用泥质》GB/T 23486 的要求。其他指标限值如表 17-31 所示。

污泥园林绿化利用其他指标限值　　　　　　　　表 17-31

项目	控制项目	限值
理化指标	pH	6.5～8.5 在酸性土壤（pH<6.5）上
		5.5～7.8 在中碱性土壤（pH>6.5）上
	含水率（%）	<40
卫生学指标	蛔虫卵死亡率	>95%
	粪大肠菌群值	>0.01
养分指标	有机物含量（%）	≥25
	总养分［总氮（以 N 计）＋总磷（以 P_2O_5 计）＋总钾（以 K_2O 计）］（%）	≥3

以污泥为主要原料作为植物生长的载体时，污泥以密度轻、孔隙度大、理化性质稳定为佳，商业价值较高，用量大，对污泥腐熟度要求高。泥质要求有机质含量 ≥200g/kg 干污泥，氮磷钾无要求，污染物含量应符合现行国家标准《城镇污水处理厂污泥处置　园林绿化用泥质》GB/T 23486 的要求。

3）污泥用于生态修复

利用污泥有机质含量高的特性，可单独或与其他材料混合用于废弃矿山和退化土地生态修复。泥质要求低，用量大，使用范围小，但二次污染风险高。泥质要求为：有机质含量≥150g/kg 干污泥，氮磷钾无要求，污染物含量应符合现行国家标准《城镇污水处理厂污泥处置　园林绿化用泥质》GB/T 23486 的要求。

（2）污泥土地利用要求及方法

1）污泥农田利用

农田使用污泥的数量有一定限度，当达到这一限度时，就应停止一段时间使用污泥。整个污泥利用区应建立严密的使用、管理、检测和监控体系，使污泥的农用更加安全有效，促进农业的可持续发展。污泥施用年限可根据土壤重金属允许含量计算：

$$n = \frac{CW}{QP} \tag{17-58}$$

式中　n——污泥施用年限，年；

C——土壤中允许重金属的增加量，它等于安全控制值减土壤本底值，mg/kg；

W——每公顷耕作层土重，kg/ hm²；

Q——每年每公顷污泥用量，kg/（hm²·年）；

P——污泥中重金属含量，mg/kg。

2）污泥园林绿化利用

污泥在园林绿化中一般用作底肥，用量在 7.5～15t/ hm²，具体用量视污泥的养分含量、植物需肥量、土壤供肥量而定。以污泥为主要原料制成的基质，应达到密度小于 0.8g/cm³，孔隙度大于60%，电导率小于1500μs/cm，pH 为 5.5～8.0。不同的栽培基质使用的方式不同：育苗基质可采用营养钵、穴盘、育苗基质块等形式。以微喷、地表洇水等方式进行水肥补充。育苗基质污泥所占比例不超过 40%（*V/V*）。

容器栽培基质分为盆式、槽式、立柱式、袋式等多种容器栽培类型，主要采用滴灌进行灌溉。容器基质污泥所占比例不超过 60%（*V/V*）。

草坪建植是将污泥与土壤进行混合作为草坪栽培基质使用，污泥的用量一般占基质层的20%～50%（*V/V*）。

$$肥料用量 = \frac{（某一阶段植物需肥量 - 土壤供肥量）}{肥料利用率 \times 肥料养分含量} \tag{17-59}$$

针对不同的植物可采用不同的施肥方式。草坪可撒施，结合浇水，一年可多次施肥；林木可沟施、穴施、环状施肥和放射状施肥，施肥深度一般在 30cm 左右，施肥时期一般为春季或秋后冬前，每年施用一到两次；露地栽培花卉可条施或撒施，结合浇水，一年可多次施肥；盆栽花卉可与盆栽土或基质混匀作为底肥施用。

用于矿山废弃地及退化土地如沙荒地的修复，可采用机械掺混合地表覆盖等方式。施用时期应避开集中降水季节。修复后的土地主要用于恢复生态景观，不宜用于农作物生长。在湖泊水库等封闭水体及敏感水域周围 1000m 范围内，禁止采用污泥作为生态修复材料使用。

17.10.2 污泥建材利用

污泥的建材利用主要是指以污泥作为原料制造建筑材料，最终产物是可以用于工程的材料或制品。建材利用的主要方式有：污泥用于水泥熟料的烧制（即水泥窑协同处理处置）、污泥制陶粒等。用于建材的污泥应根据实际产品要求，工艺情况和污泥掺入量，对污泥中的硫、氯、磷和重金属等的含量设置最高限。

（1）污泥用于水泥熟料的烧制

1）原理与作用

污泥的水泥窑协同处置是利用水泥窑高温处置污泥的一种方式。水泥窑中的高温能将污泥焚烧，并通过一系列物理化学反应使焚烧产物固化在水泥熟料的晶格中，成为水泥熟料的一部分，从而达到污泥安全处置的目的。

利用水泥窑对污泥进行协同处置，具有以下作用：有机物彻底分解，污泥得以彻底的减容、减量和稳定化；燃烧后的残渣成为水泥熟料的一部分，无残渣飞灰产生，不需要对焚烧灰另行处置；回转窑内碱性环境在一定程度内可抑制酸性气体和重金属排放；水泥生产过程余热可用于干化湿污泥；回转窑热容量大、工作状态稳定，污泥处理量大。

2）适用条件

利用水泥窑协同处置污泥必须建立在社会污泥处置成本最优化原则之上，如果在生态和经济上有更好的回收利用方法时，则不要将污泥使用在水泥窑中。同时，污泥的协同处置应保证水泥工业利用的经济性。

水泥窑协同处置污泥应确保污染物的排放，不高于采用传统燃料的污染物排放与污泥单独处置污染物排放总和。协同处置污泥水泥窑产品必须达到品质指标要求，并应通过浸析试验，证明产品对环境不会造成任何负面影响。

利用水泥窑协同处置污泥作为跨行业的协同处置方式，应保证从产生到处置完成良好的记录追溯，在全处置过程确保污染物的达标排放和相关人员健康和安全，确保所有要求符合现有的国家法律、法规和制度。能够有效地对废物协同处置过程中的投料量和工艺参数进行控制，并确保与地方、国家和国际的废物管理方案协调一致。

3）工艺形式

① 污泥与水泥窑协同处置方式

城镇污水处理厂污泥可在不同的喂料点进入水泥生产过程。常见的喂料点是：窑尾烟室、上升烟道、分解炉、分解炉的三次风风管进口。污泥焚烧残渣可通过正常的原料喂料系统进入，含有低温挥发成分（例如烃类）的污泥必须喂入窑系统的高温区。

通常，湿污泥经过泵送直接入窑尾烟室；利用水泥窑协同处置干化或半干化后的污泥时，在窑尾分解炉加入；外运来的污泥焚烧灰渣，可通过水泥原料配料系统处置。

利用水泥窑废热干化污泥，与通常的污泥热干化系统相同。

② 利用水泥窑直接焚烧处置湿污泥

含水率为60%~85%的市政污泥可以利用水泥窑直接进行焚烧处置。

利用水泥窑直接焚烧污泥可在水泥窑窑尾端烟室或上升烟道设置喷枪。水泥窑应进行如下方面改造：窑尾烟室耐火材料改用抗剥落浇注材料；水泥窑窑尾上升烟道增设压缩空气炮，以便清理结皮；水泥窑窑尾分解炉缩口应做相应调整；对窑尾工艺收尘器进行改造；窑内通风面积扩大5%~10%。

③ 利用水泥窑焚烧处置干化或半干化的污泥

干化或半干化后的污泥发热量低、着火点低、燃烧过程形成的飞灰多、燃烧时间短，不适合作为原料配料大规模利用，应当尽可能在分解炉、窑尾烟室等高温部位投入，以保证焚毁效果。

来自干污泥储存仓的污泥经皮带秤计量后，经双道锁风阀门进入分解炉，分解炉内部增设污泥撒料盒，在撒料盒下方设置压缩空气进行吹堵和干污泥的抛洒分散。如干污泥仓布置离窑尾较远，也可采用气动输送，利用罗茨风机作为动力，经管道输送进入分解炉，干污泥燃烧采用单通道喷管即可。

④ 污泥焚烧灰渣替代水泥生产原料利用

在污泥焚烧灰渣作为替代原料利用之前，应仔细评估硫、氯、碱等物质可能引起系统运行稳定性有害元素总输入量对系统的影响。这些成分的具体验收标准，应根据协同处置污泥性质和窑炉具体条件，现场单独进行确定。

4）污泥制水泥工艺参数

① 对污泥直接进行建材利用时，污泥含水率须小于80%，臭度小于2级（六级臭度）。综合利用对污泥须除臭、去除重金属等无害化处理后方可利用。

② 污泥和污泥焚烧灰中的重金属、放射性污染物、有机污染物等要满足现行国家标准《危险废物鉴别标准》GB 5085 和《建筑材料放射性核素限量》GB 6566 中的有关规定。如超出限值应进行污泥综合利用。

③ 将脱水污泥或污泥焚烧灰制水泥时，脱水污泥混入水泥原料中的最大体积比应不大于10%，污泥焚烧灰混入水泥原料中的最大质量比应小于4%，且其质量应符合表17-32的要求。

污泥焚烧飞灰作水泥掺加料的质量要求 表17-32

序号	项目	标准限值（mg/kg）	序号	项目	标准限值（mg/kg）
1	Cd	<10	10	MgO	≤5
2	Cr	<900	11	活性 CaO	≤10
3	Cu	<800	12	自由 CaO	≤1.5
4	Hg	<8	13	硫酸盐	≤3.5
5	Ni	<200	14	碱金属盐	≤4
6	Pb	<900	15	Cl$^-$	≤0.1
7	Zn	<2500	16	LOI	≤5
8	P_2O_5	<25%	17	粒度	40% >0.045mm
9	SiO_2	≥25			

④ 污泥在替代混凝土中砂的利用时，必须符合现行行业标准《硅酸盐建筑制品用砂》JC/T 622 的规定。污泥在水泥制作利用时，产品质量必须符合现行国家标准《通用硅酸盐水泥》GB 175 的规定。

5）二次污染控制要求

利用水泥窑直接焚烧湿污泥主要的环境问题为烟气的排放。污染物的排放控制应符合现行国家标准《生活垃圾焚烧污染控制标准》GB 18485 的规定。

17.10.3　污泥填埋

污泥填埋可采用建设污泥专用卫生填埋场的形式。在不具备建设污泥专用填埋场条件时，也可在原有城市生活垃圾填埋场将污泥与垃圾混合后填埋处理。此外，污泥经处理后还可作为垃圾填埋场覆盖土。

（1）污泥与垃圾混合填埋

城市生活垃圾卫生填埋场库容应满足混合填埋要求，而污泥又不具备土地利用和建筑材料综合利用条件，且污水处理厂与垃圾填埋场距离不远时，污泥可采用与垃圾混合填埋。进入城市生活垃圾卫生填埋场的污泥必须经过工程措施处理，达到相关技术标准。

污泥和生活垃圾混合填埋，污泥应进行稳定化、无害化处理，并应满足垃圾填埋场填埋土力学要求。污泥与生活垃圾的重量混合比例应≤8%。污泥与生活垃圾混合填埋时，必须首先降低污泥的含水率，同时进行改性处理，可通过掺入矿化垃圾、黏土等调理剂，以提高其承载力，消除其膨润持水性，避免雨季时污泥含水率急剧增加，无法进行填埋作业。混合填埋污泥泥质应满足现行国家标准《城镇污水处理厂污泥处置 混合填埋用泥质》GB/T 23485 的要求。混合填埋用泥质基本指标见表17-33。

混合填埋用泥质基本指标 表17-33

序号	控制项目	限值
1	污泥含水率	<60%
2	pH	5 ~ 10
3	混合比例	≤8%

注：表中 pH 指标不限定采用亲水性材料（如石灰等）与污泥混合以降低其含水率。

（2）污泥作为生活垃圾填埋场覆盖土

污泥用于垃圾填埋场覆盖土时，首先必须对污泥进行改性处理，可通过在污泥中掺入一定比例的泥土或矿化垃圾混合均匀并堆置 4d 以上，用以提高污泥的承载能力并消除其膨润持水性。用作覆盖土的污泥泥质标准应满足现行国家标准《城镇污水处理厂污泥处置 混合填埋用泥质》GB/T 23485 和《生活垃圾填埋场污染控制标准》GB 16889 要求，见表17-34。

作为垃圾填埋场覆盖土的污泥基本指标 表17-34

序号	控制项目	限值
1	含水率	<45%
2	臭度	<2 级（六级臭度）
3	横向剪切强度	>25kN/m²

污泥用作垃圾填埋场终场覆盖土时，其泥质基本指标除满足表17-35要求外，还需满足现行国家标准《城镇污水处理厂污染物排放标准》GB 18918 中的卫生学指标要求，同时不得检测出传染性病原菌。

作为垃圾填埋场终场覆盖土的污泥卫生学指标 表17-35

序号	控制项目	限值
1	粪大肠菌群值	>0.01
2	蛔虫卵死亡率（%）	>95

（3）污泥填埋方法

1）混合填埋

污泥与生活垃圾混合填埋场必须为卫生填埋场，污泥与生活垃圾应充分混合、单元作业、定点倾卸、均匀摊铺、反复压实和及时覆盖。每层污泥压实后，应采用黏土或人工衬层材料进行日覆盖，黏土覆盖层厚度应为 20 ~ 30cm。

2）污泥作为生活垃圾填埋场覆盖土

日覆盖应实行单元作业，其面积应与垃圾填埋场当日填埋面积相当。改性污泥应进行定点倾卸、摊铺、压实，覆盖层在经过压实后厚度应不小于 20cm，压实密度应大于

$1000kg/m^3$。在污泥中掺入泥土或矿化垃圾时应保证混合充分，混合材料的承载能力应大于50kPa。污泥入场用作覆盖材料前必须对其进行监测。含有毒工业制品及其残留物的污泥、含生物危险品和医疗垃圾的污泥、含有毒药品的制药厂污泥以及其他严重污染环境的污泥，不能进入填埋场作为覆盖土，未经监测的污泥严禁入场。其他技术要求及处理措施详见《生活垃圾卫生填埋处理技术规范》GB 50869—2013。

18 除 臭

污水处理厂中臭气产生源主要分为污水收集系统、污水处理系统和污泥处理系统，臭气主要来源于污水中含氮硫有机物在厌氧条件下的生物降解，工业废水中的成分与污水中的物质反应产生的致臭物，曝气池的搅拌和充氧产生部分臭气，泥线中的浓缩池、厌氧消化、污泥脱水、污泥堆放、外运过程等，因蛋白质类高聚物分解产生大量臭气。臭气的主要成分有硫化氢、氨、甲烷、有机硫化物、有机胺和其他含苯、含氮化合物等，臭气对人体呼吸、消化、心血管、内分泌及神经系统都会造成不同程度的危害；恶臭污染物排入到大气中后，在光或大气中一些颗粒物的作用下与其他物质发生反应，导致酸雨、灰霾和光化学烟雾等环境问题，因此，在排放前需要降低污水处理厂的臭气浓度，使其不影响周围环境和人体健康，特别是运营环境相对密闭的地下污水处理厂。我国于"十一五"时期开始建设的污水处理厂大都设有臭气处理设施，《"十四五"城镇污水处理及资源化利用发展规划》要求，靠近居民区和环境敏感区的污水处理厂应建设除臭设施并保证除臭效果。《城乡排水工程项目规范》GB 55027—2022 规定污水处理厂和污水泵站等应根据环境影响评价要求设置臭气处理设施。

污水处理厂的除臭是一项系统工程，涵盖从源头收集到末端排放的全过程控制，由臭气收集系统和臭气处理系统组成，主要包括臭气源加盖、臭气收集、臭气处理和处理后排放等。污水处理厂臭气处理工程应与项目主体工程同时设计、同时施工、同时运行，并符合现行标准《室外排水设计标准》GB 50014、《城镇污水处理厂臭气处理技术规程》CJJ/T 243 和《城乡排水工程项目规范》GB 55027 等规定。

城镇污水处理厂臭气可采用硫化氢、氨等常规污染因子和臭气浓度表示，根据实测数据确定。当无实测数据时，可采用经验数据或按表 18-1 的规定取值。

污水处理厂臭气污染物浓度　　　　　　　　　　　　表 18-1

处理区域	硫化氢（mg/m³）	氨（mg/m³）	臭气浓度（无量纲）
污水预处理和污水处理区域	1 ~ 10	0.5 ~ 5.0	1000 ~ 5000
污泥处理区域	5 ~ 30	1 ~ 10	5000 ~ 100000

污水处理厂厂界的臭气污染物排放和监测应符合现行国家标准《城镇污水处理厂污染物排放标准》GB 18918 的有关规定，厂界（防护带边缘）废气排放最高浓度见表 18-2。

厂界（防护带边缘）废气排放最高浓度　　　　　　　　表 18-2

序号	控制项目	一级	二级	三级
1	氨（mg/m³）	1.0	1.5	4.0
2	硫化氢（mg/m³）	0.03	0.06	0.32

序号	控制项目	一级	二级	三级
3	臭气浓度（无量纲）	10	20	60
4	甲烷气（厂区最高浓度%）	0.5	1	1

18.1 一般规定

排水工程设计时，宜采用臭气散发量少的污水、污泥处理工艺和设备，并应通过臭气源隔断、防止腐败和设备清洗等措施，对臭气源头进行控制。

通过改进工艺以减少臭气产生量是除臭技术中最经济有效的方法。改进方法包括：污水收集严格执行排放标准和排放程序，对工业废水进行预处理、设调节池等措施减少排入系统的恶臭物质；污水管道系统设计应确保管内流速不致引起固体物质沉降和积累；在收集系统和长距离压力管中，可投加过氧化氢、纯氧或空气，避免污水处于厌氧状态，其溶解氧浓度宜在 0.5mg/L 以上；进行消毒或调节 pH 控制厌氧生物生长，投加硝酸钙等化学药剂氧化或沉淀致臭物质。

污水泵站可减少集水井的跌水高度，避免渠道内紊流，采用变频泵等措施减少集水井容积，集水井设底坡防止沉淀，及时清除油脂类物质等减少臭气产生。

污水处理厂进水段应及时清除栅渣和沉砂，定期清洗格栅，采用封闭式栅渣粉碎机、封闭式计量设备；采用淹没式出水；格栅除污机、输送机和压榨脱水机的进料口宜采用密封形式；初次沉淀池减少出水跌水高度，采用完全密闭接口排泥，避免污泥长时间停留；注重选用敞开面积小、臭气散发量小的工艺；好氧池需要加盖时，不宜选择表面曝气系统；降低生物处理的工艺负荷，确保充氧充分、混合均匀；采用鼓风曝气和水下搅拌器；将出水和排泥口置于水面下，以减少臭气排放；低负荷工艺可减少污泥量，从而减少后续污泥处理中的臭气量。

储泥池和重力浓缩池应减少污泥存放时间，防止污泥及上清液排放时发生飞溅，应采用低速搅拌；机械浓缩和脱水可减少存放时间，为防止污泥及上清液排放时发生飞溅，可采用密封性能较好的处理设备，对污泥进行密闭转运和处理等。

臭气处理设施的运行维护，应符合下列规定：①臭气处理设施的防护范围内，严禁明火作业；②当进入臭气收集和处理系统的封闭空间进行检修维护时，应佩戴防毒面具，并应进行自然通风或强制通风；③更换除臭用活性炭时，应停机断电，关闭进气和出气阀门，佩戴防毒面具方可打开卸料口。

18.2 臭气收集系统

除臭设施收集的臭气风量按经常散发臭气的构筑物和设备的风量计算，臭气风量应按式（18-1）、式（18-2）计算：

$$Q = Q_1 + Q_2 + Q_3 \tag{18-1}$$

$$Q_3 = K(Q_1 + Q_2) \tag{18-2}$$

式中　　Q ——除臭设施收集的臭气风量，m^3/h；

　　　　Q_1 ——需除臭的构筑物收集的臭气风量，m^3/h；

　　　　Q_2 ——需除臭的设备收集的臭气风量，m^3/h；

　　　　Q_3 ——收集系统漏失风量，m^3/h；

　　　　K ——漏失风量系数，可按 5% ~10% 取值。

除臭风量设计应符合量少、质浓的原则。在满足密闭空间内抽吸气均匀和浓度控制的条件下，应尽量采取小空间密闭、负压抽吸的收集方式。污水、污泥处理构筑物的臭气风量宜根据构筑物的种类、散发臭气的水面面积和臭气空间体积等因素确定；设备臭气风量宜根据设备的种类、封闭程度和封闭空间体积等因素确定；臭气风量应根据监测和试验确定，当无数据和试验资料时，可按下列规定计算：

1）进水泵房集水井或沉砂池臭气风量可按单位水面积臭气风量指标 $10m^3/(m^2 \cdot h)$ 计算，并可增加 1~2 次/h 的空间换气量；

2）初次沉淀池、浓缩池等构筑物臭气风量可按单位水面积臭气风量指标 $3m^3/(m^2 \cdot h)$ 计算，并可增加 1~2 次/h 的空间换气量；

3）曝气处理构筑物臭气风量可按曝气量的 110% 计算；

4）半封闭设备臭气风量可按机盖内换气次数为 8 次/h 或机盖开口处抽气流速为 0.6m/s 计算，按两种计算结果的较大者取值。

臭气处理装置应靠近臭气风量大的臭源。当臭气源分散布置时，可采用分区处理。脱水机房、污泥堆棚及污泥处理车间等构筑物宜将设备分隔除臭；难以分隔时，人员需要进入的处理构（建）筑物，抽气量宜按换气次数不少于 8 次/h 计算，人员经常进入且要求较高的场合换气次数可按 12 次/h 计算，贮泥料仓等一般人员不进入的空间按 2 次/h 计算。

臭气收集系统是气体净化系统中用于收集污染气体的关键部件，可将粉尘和气态污染物导入净化系统，同时防止污染物向大气扩散造成污染。除臭收集系统包括集气罩、管道系统和动力设备三部分。

（1）集气罩设计

绝大多数收集装置呈罩子形状，又称为集气罩。集气罩的性能对整个气体净化系统的技术、经济效果有很大影响。

污染物收集装置按气流流动方式可分为吸气式集气装置和吹息式集气装置两类。吸气式集气装置按形状可分为集气罩和集气管，对于密闭设备（如污泥脱水机），污染物在设备内部产生，会通过设备的孔和缝隙外逸，如果设备内部允许微负压时，可采用集气管捕集污染物；对于密闭设备内部不允许微负压或污染物产生在污染源的表面上时，则可用集气罩进行捕集。

集气罩种类繁多，按照集气罩与污染源的相对位置和围挡情况，可分为密闭集气罩、半密闭集气罩和外部集气罩，其中密闭集气罩使用较多，其他两种采用较少。按照密闭集气罩的结构特点主要分为局部密闭罩、整体密闭罩、大容积密闭罩三种。

（2）管道设计

管道系统是除臭系统中重要的组成部分，合理确定除臭风量，设计、安装和使用管道系统，不仅能充分发挥除臭装置的能效，而且直接关系到设计与运行的经济合理性。

要使管道设计经济合理，必须选择适当流速，使投资和运行费的总和最低，并防止磨损、噪声、粉尘和堵塞。在已知流量和预先选取流速时，管道内径可按式（18-3）计算：

$$D = \sqrt{4Q/3600\pi v} \tag{18-3}$$

式中　　D——风管管径，m；

　　　　Q——空气流量，m^3/h；

　　　　v——管内平均流速，m/s。

收集风管宜采用玻璃钢、PVC-U 和不锈钢等耐腐蚀材料。风管管径和截面尺寸应根据风量和风速确定，风管内的风速可按表 18-3 确定。各并联收集风管的阻力宜保持平衡，各吸风口宜设置带开闭指示的阀门。

风管内的风速（m/s）　　　　　　　　　　　　　表 18-3

风管类别	钢板和非金属风管内	砖和混凝土风道内
干管	6~14	4~12
支管	2~8	2~6

（3）动力设备

风机可分为离心式、轴流式和贯流式三种。在工程应用中选择风机时，应考虑到系统管网的漏风、风机运行工况与标准状况不一致等情况，因此，在计算风量和风压时必须考虑一定的附加系数和气体状态修正系数。

1）风量计算

在确定管网抽风量的基础上，考虑风管、设备的漏风，选用风机的风量应大于管网计算的风量。计算公式如下：

$$Q_0 = K_Q Q \tag{18-4}$$

式中　　Q_0——选择风机时的计算风量，m^3/h；

　　　　Q——管网计算确定的风量，m^3/h；

　　　　K_Q——风量附加安全系数，一般管道系统取 $K_Q = 1 \sim 1.1$。

2）风压计算

考虑到风机的性能波动及管网阻力计算误差，风机的风压应大于管网计算确定的风压：

$$\Delta P_0 = K_P \Delta P \tag{18-5}$$

式中　　ΔP_0——选择风机时的计算风压，Pa；

　　　　K_P——风压附加安全系数，一般管道系数取 $K_P = 1.1 \sim 1.15$；

　　　　ΔP——管网计算确定的风压，Pa。

3）电机的选择

所需电机功率可按式（18-6）进行计算：

$$N_e = \frac{Q_0 \Delta P_0 K_d}{3600 \times 1000 \eta_1 \eta_2} \tag{18-6}$$

式中　　N_e——电机功率，kW；

　　　　Q_0——风机的总风量，m^3/h；

ΔP_0 ——风机的风压，Pa；

K_d ——电机备用系数，电机功率为 2~5kW 时取 1.2，大于 5kW 时取 1.3；

η_1 ——风机全压效率，可从风机样本中查到，一般为 0.5~0.7；

η_2 ——机械传动效率，对于直联传动 $\eta_2 = 1$，轴联传动 $\eta_2 = 0.98$，三角皮带传动 $\eta_2 = 0.95$。

在臭气组分中，氨气和硫化氢等都具有腐蚀性，故臭气收集通风机壳体和叶轮材质应选用玻璃钢等耐腐蚀材料。风机宜配备隔声罩，且面板应采用防腐材料，隔声罩内应设散热装置。

《室外排水设计标准》GB 50014—2021 要求臭气源加盖时应符合下列规定：① 正常运行时，加盖不应影响构筑物内部和相关设备的观察和采光要求；② 应设检修通道，加盖不应妨碍设备的操作和维护检修；③ 盖和支撑的材料应具有良好的物理性能，耐腐蚀、抗紫外老化，并在不同温度条件下有足够的抗拉、抗剪和抗压强度，承受台风和雪荷载，定期进行检修，且不应有与臭气源直接接触的金属构件；④ 盖上宜设置透明观察窗、观察孔、取样孔和人孔，并应设置防起雾措施，窗和孔应开启方便，且密封性良好；⑤ 禁止踩踏的盖应设置栏杆或醒目的警示标识；⑥ 臭气源加盖设施应与构筑物（设备）匹配，提高密封性，减少臭气溢出。

18.3 臭气处理

臭气处理技术难度较大的主要原因为：①恶臭物质成分复杂，且阈值低，对恶臭治理的技术要求高；②许多污水收集和处理构筑物已建成，无法在设计阶段就开始预防抑制臭气产生；③污水处理厂与周围居民的防护距离较小，空气自然扩散稀释可能性小；④除臭要求处理效果好、运行简单可靠、投资和运行费用都不能太高。

目前常用除臭技术主要有物理法、化学法和生物法三类。

（1）物理法

包括稀释扩散法、水洗法和吸附法，其中用于除臭的吸附剂主要有活性炭、沸石分子筛、活性白土、海泡石、磺化煤等，最常用的是颗粒活性炭。活性炭对硫化氢的吸附容量约为 $10kg/m^3$，硫化氢被吸附在活性炭表面后会发生化学氧化，活性炭又具有催化功能，从而加强对硫化氢的吸附能力。活性炭除臭高效，但运行费用高，需定期维护，常用于低浓度臭气和脱臭的后处理。采用活性炭处理时，活性炭吸附单元的空塔停留时间应根据臭气浓度、处理要求和吸附容量确定，且宜为 2~5s。

（2）化学法

主要包括化学洗涤法、化学氧化法、热处理法及天然植物提取液技术。

1）化学洗涤法

化学洗涤法是将污染物从气相转移到液相进行净化的过程，也称为洗涤，可在填料床或文丘里接触器内进行，处理效率可达 95%~98%，常用氢氧化钠、次氯酸钠混合液、乙醛水溶液等作为洗涤剂。化学洗涤法常用于大流量、中低浓度的臭气处理，适合处理水溶性好的化合物。采用洗涤处理时，洗涤塔（器）的空塔流速可取 0.6~1.5m/s，臭气在填料层停留时间可取 1~3s。

2）化学氧化法

化学氧化法是采用臭氧、高锰酸钾、次氯酸盐、氯气、二氧化氯、过氧化氢等强氧化剂氧化恶臭物质，将其转变成无臭或弱臭物的方法，氧化过程可在液相或气相进行。

3）热处理法

热处理法是在相对较高的温度下对臭气进行快速氧化燃烧，将臭味物质转化为无臭无害的二氧化碳和水等。根据是否使用催化剂分为直接燃烧与催化燃烧。

4）天然植物提取液技术

天然植物提取液是以天然植物的根、茎、叶、花等为原料，通过提取其中能与致臭成分发生反应的有效活性成分，经特殊微乳化技术工艺配制而成的产品，其除臭机理为臭气中的异味分子被喷洒分散在空间的植物提取液液滴吸附，在常温下发生各种反应生成无味无毒的分子，主要应用于提升泵房、生物处理池、污泥脱水车间等产生恶臭气体但不便于收集的构筑物内，根据实际工况采用喷嘴连续或间歇雾化方式。

（3）生物法

1）生物除臭原理

生物除臭是利用固相和固液相反应器中微生物的生命活动降解气流中所携带的恶臭成分，将其转化为臭气浓度比较低或无臭的简单化合物。

恶臭气体成分不同，微生物种类也不同，分解代谢的产物都不一样。如当恶臭气体为氨时，氨先溶于水，然后在好氧时经硝化反应转化成硝酸盐，在缺氧时经反硝化反应转化成氮气；当恶臭气体为硫化氢时，自养型硫氧化菌会在一定条件下将其氧化成硫酸根；当恶臭气体为甲硫醇时，则首先需要异养菌将其转化成硫化氢、硫化氢再由自养菌氧化成硫酸根。

2）生物除臭措施

生物除臭工艺目前主要有土壤除臭法、传统生物滤池法、生物吸收法和生物滴滤池等。其中，生物滴滤池由传统生物滤池改进而成，使用无机非孔固体填料如塑料或陶瓷等代替木片、泥炭、堆肥滤料等易生物降解的传统生物滤池介质，微生物在其表面固定生长，液体与污染气体以顺向或逆向通过柱体循环，流动液相的存在可为微生物提高营养物质和 pH 控制，这是维持生物滴滤池处于最佳运行条件的关键。

就污染物浓度、物理性质和污染物的处理成本而言，生物滴滤池是臭气处理中最可行的技术，具有能耗低、运行维护费用少、较少出现二次污染和跨介质污染转移等特点。

采用生物滤池和生物滴滤池工艺处理臭气时，填料区停留时间不宜小于 15s，寒冷地区宜根据进气温度情况延长空塔停留时间；空塔气速不宜大于 300m/h；单位填料负荷宜根据臭气浓度和去除要求确定，硫化氢负荷不宜高于 $5g/(m^3 \cdot h)$。

（4）其他技术

污水处理厂除臭技术还有高能离子除臭法、等离子除臭法、光催化法、联合法等。

随着对大气环境质量要求和污水设施臭气排放标准的提高，臭气处理难度和运行成本也不断增加，因此，污水除臭系统应进行源强和组分分析，根据臭气散发量、浓度和臭气成分选用合适的处理工艺。周边环境要求高的场合宜采用多种处理工艺组合。

寒冷地区的除臭系统包括臭气收集管道和处理装置等，应采取防冻和保温措施，保证处理装置尤其是生物处理装置能够正常运行。

18.4 臭气排放

臭气排放应进行环境影响评估。当厂区周边存在环境敏感区域时，应进行臭气防护距离计算。采用高空排放时，应设避雷设施，室外采用金属外壳的排放装置，还应有可靠的接地措施。

19 城镇污水处理厂的设计

城市污水处理厂工程工艺设计主要有厂址选择、工艺流程设计、构筑物选型、构筑物或设施的设计计算、主要辅助构（建）筑物设计计算、主要设备设计计算与选择、污水处理厂总体布置（平面或竖向）及厂区道路、绿化和管线综合布置、处理构（建）筑物、主要辅助构（建）筑物、非标设备设计图绘制、主要设备材料表及设计说明书编制。

19.1 设计水质、水量及处理程度的确定

19.1.1 设计水质

确定城镇污水的设计水质，一般应考虑城市发展规模、城市类型（工业化城市、消费性城市还是旅游城市等）、居民生活习惯及城市气候特点的影响、城市的排水体制，在充分调查研究和实测、分析的基础上，经反复比较论证后确定。

由于工业废水中含有大量不可降解或者有毒有害的有机物和重金属，城镇污水处理厂的工艺流程对这些污染物的去除能力极其有限。在普遍提高城镇污水处理厂处理标准的背景下，工业废水即使达到纳管标准，也会给城镇污水处理厂的正常运行和达标排放带来困难，而且随着工业废水带入的有毒有害污染物，还会限制城镇污泥处理处置的途径，使污泥无法回用土地，不利于城镇污泥的资源化利用。如果工业园区废水处理后的尾水和达到环境排放标准的分散式工业废水处理设施的尾水排入市政污水管道，会稀释城市污水，影响排水系统提质增效目标的实现。如果工业园区废水处理后的尾水排入城镇雨水管渠，会导致雨水管渠旱天出流，影响黑臭水体等治理效果。因此，工业企业应向园区集中，工业园区的污水和废水应单独收集处理排放，其尾水不应排入市政污水管道和雨水管渠。分散式工业废水处理达到环境排放标准的尾水，不应排入市政污水管道。工程建设施工降水不应排入市政污水管道。

排入市政污水管道的污水水质必须符合国家现行相关标准的规定，不应影响污水管道和污水处理设施等的正常运行，确保城镇污水管道不阻塞、不损坏、不产生易燃易爆和有毒有害气体，不传播致病菌和病原体，不应对运行管理人员造成危害，不应影响处理后出水的再生利用和安全排放，不应影响污泥的处理和处置。

（1）生活污水

生活污水包括厨房洗涤、淋浴、洗衣等废水以及冲洗厕所等污水，其成分及变化取决于居民生活的状况、水平和习惯。污染物浓度与用水量有关，一般情况下，城镇污水都具有生活污水的特征。因此，城镇污水的设计水质，在有实际监测数据的情况下，采用实际监测数据，或参照临近城镇、同类型居住区的水质确定；在无资料的情况下，生活污水中

污染物指标的设计人口当量可根据《室外排水设计标准》GB 50014—2021 的规定计算:

BOD_5: 40~60g/(人·d)   SS: 40~70g/(人·d)

TN: 8~12g/(人·d)   TP: 0.9~2.5g/(人·d)

（2）水质浓度的计算

水质浓度按式（19-1）计算:

$$S = \frac{1000a_s}{Q_s}$$ （19-1）

式中 S——某污染物质在污水中的浓度，mg/L;

a_s——每人每日排出该污染物的克数，g/(人·d);

Q_s——每人每日（平均日）的排水量，L/(人·d)。

城镇污水混合水质按各种污水的水质、水量加权平均计算。对于合流制排水系统，进入污水处理厂的合流污水的 BOD_5、SS、TN 和 TP 应采用实测值。

（3）进水水质分析

进水水质中不同成分之间的比值直接影响处理工艺的选择和功能。因此，在确定水质浓度后，应对其进行如下水质分析:

1）BOD_5/COD_{Cr}

污水 BOD_5/COD_{Cr} 是判定污水可生化性的常用方法。一般认为 $BOD_5/COD_{Cr} > 0.45$ 可生化性较好，$BOD_5/COD_{Cr} > 0.3$ 可生化，$BOD_5/COD_{Cr} < 0.3$ 较难生化，$BOD_5/COD_{Cr} < 0.25$ 不易生化。

2）BOD_5/TKN（即 C/N）

C/N 是判断能否有效脱氮的重要指标。理论上 C/N≥2.86 就能脱氮，但一般认为，C/N≥4 才能进行有效脱氮;《室外排水设计标准》GB 50014—2021 规定 C/N 宜大于 4。

3）BOD_5/TP

BOD_5/TP 是判断能否有效除磷的重要指标，《室外排水设计标准》GB 50014—2021 规定 BOD_5/TP 宜大于 17，比值越大，生物除磷效果较好。

19.1.2 设计水量

城镇污水处理厂的设计水量直接影响工程投资、占地和运行费用。对于污水处理厂的设计水量（规模）应对以下因素进行分析后确定:

（1）城镇人口

城镇人口包括常住人口和流动人口。通常根据城镇总体规划中近、远期及远景人口预测来确定。当城镇总体规划编制年限较早，尚未修编或在修编中，需对现状人口核实并进行合理地分析和预测。同时，确定人口时，要特别注意旅游城市在旅游旺季出现人口峰值的特点及对城镇水量变化的影响。

（2）城镇居民用水量标准及污水定额

城镇的性质、经济水平、城镇所在地域自然条件、经济发达程度、人们的生活习惯及住房条件等因素会影响城镇居民用水量标准，因而不同城镇居民的用水量标准不同。综合生活污水定额应根据当地采用的用水定额，结合建筑内部给排水设施水平确定，可按当地相关用水定额的 90% 采用。

（3）城镇排水体制

城镇排水体制的选择直接影响污水处理厂规模。分流制污水系统的雨季设计流量应在旱季设计流量基础上，根据保护水环境的要求，控制径流污染，将一部分雨水径流纳入污水系统，进入污水处理厂处理。根据调查资料增加截流雨水量。分流制截流雨水量应根据受纳水体的环境容量、雨水受污染情况、源头减排设施规模和排水区域大小等因素确定。同时，污水处理厂应通过扩容或增加调蓄设施，保证雨季设计流量下的达标排放。当采用雨水调蓄时，污水处理厂的雨季设计流量可根据调蓄规模相应降低。分流制污水管道应按旱季设计流量设计，并在雨季设计流量下校核。

截流式合流制污水系统截流的合流污水可输送至污水处理厂或调蓄设施。截流倍数 n_0 应根据旱流污水的水质、水量、受纳水体的环境容量和排水区域大小等因素经计算确定，宜采用 2～5，并宜采取调蓄等措施，提高截流标准，减少合流制溢流污染对河道的影响。同一排水系统中可采用不同截流倍数。输送至污水处理厂时，截流井前合流管道的设计流量为综合生活污水量、工业废水量、雨水设计流量的总和；截流井后合流管道的设计流量为 $(n_0 + 1)(Q_{设计综合生活污水量} + Q_{设计工业废水量})$ L/s，合流污水的截流量应根据受纳水体的环境容量，由溢流污染控制目标确定。

（4）污水管网完善程度

污水管网完善程度对确定城镇污水处理厂设计规模十分重要。管网的作用主要是承担城镇污水的收集和输送，由于各城镇管网建设程度不同，输送能力不同，如果将其定义为"污水收集率"，则各城镇现状污水收集率和规划污水收集率是不同的。在设计流域范围内处理污水量确定后，必须乘以污水收集率才能得到排入污水处理厂的实际污水量。当需要保证该处理厂具有一定处理能力时，必须有相应规模的配套污水管网同步建成。

（5）规划年限

规划年限是合理确定污水处理厂近、远期及远景处理规模的重要因素。排水工程的规模期限应与城镇总体规划期限一致。根据《城市排水工程规划规范》GB 50318—2017 对规划年限条文的说明，设市城市一般为 20 年，建制镇一般为 15～20 年。规划年限分期，原则上应与城镇总体规划和排水专项规划相一致。一般近期按 3～5 年，远期按 8～10 年考虑。

根据上述因素进行全面的综合分析后，以城镇总体规划和城镇排水规划为依据，根据规划区的污水接纳范围，分析在不同规划年限的总污水量及污水收集率，可确定城镇污水处理厂设计水量（规模）。

用于城镇污水处理厂的设计水量主要有以下几种：

1）平均日流量（m³/d）　城镇污水处理厂的规模应按平均日流量确定用以表示处理总水量，计算污水处理厂年电耗与耗药量、总污泥量。

2）最大日最大时流量（m³/h）或（L/s）　污水处理厂的各处理构筑物（除另有规定外）及厂内连接各处理构筑物的管渠，都应采用最大日最大时流量设计。当污水为提升进入时，城镇污水泵站的设计流量，应按泵站进水总管的旱季设计流量确定，总装机流量按雨水设计流量确定。

3）最小流量（m³/d）或（L/s）　根据经验估计，一般为平均日污水量的 1/4～1/2。

最小污水流量常用来作为污水泵选型或处理构筑物分组的考虑因素。当最小污水流量进入处理厂时，可以开启一台泵或运行构筑物的一组。

4）污水处理构筑物的设计应符合以下规定：

构筑物的处理能力应满足旱季设计流量和雨季设计流量的要求。城镇污水处理厂作为城镇污水系统的组成部分，构筑物的设计应满足旱季设计流量和雨季设计流量达标排放的要求，避免厂前溢流。

① 提升泵站、格栅、沉砂池，按雨季设计流量计算；

② 初次沉淀池，宜按旱季流量设计，用雨季设计流量校核，校核的沉淀时间不宜小于30min；

③ 二级处理构筑物，应按旱季设计流量设计，雨季设计流量校核；

④ 污泥浓缩池、湿污泥池和消化池的容积，以及污泥脱水规模，应根据合流水量水质计算确定，可按旱流情况加大10%~20%计算；

⑤ 管渠应按雨季设计流量计算。

当污水处理厂为分期建设时，设计流量用相应的各期流量。对于水质和（或）水量变化大的污水处理厂，宜设置调节水质和水量的设施。

乡村污水系统的规模应根据当地实际污水量和变化规律确定。

城镇再生水处理设施的规模应根据当地水资源情况、再生水用户的水量水质要求、用户分布位置、输配水管线路布置和再生利用经济性基础上合理确定。

19.1.3 污水处理程度确定

污水处理应根据国家规定的排放标准、污水水质特征、处理后出水用途等确定污水处理程度，合理选择处理工艺。乡村严禁未经处理的粪便污水直接排入环境。城镇污水处理程度可按式（19-2）计算：

$$\eta = \left[\left(C_0 - C_e \right) / C_0 \right] \times 100\% \tag{19-2}$$

式中 η——污水需要处理的程度，%；

C_0——未经处理的城镇污水中某种污染物质的平均浓度，mg/L；

C_e——允许排入水体的污水中该污染物质的平均浓度，mg/L。

确定污水处理程度的几种方法：

1）根据相关城镇污水处理厂污染物排放标准的要求确定

对不同的地表水域环境功能和保护目标，在现行国家标准《城镇污水处理厂污染物排放标准》GB 18918 中有不同等级的排放要求，有些地方政府也根据实际情况制定了更为严格的地方排放标准，因此，要遵从国家和地方现行的排放标准。结合污水水质特征、处理后出水用途等，确定污水处理程度。根据处理程度，综合考虑污水水质特征、地质条件、气候条件、当地经济条件、处理设施运行管理水平，统筹兼顾污泥处理处置，合理选择污水处理工艺，做到稳定达标，又节约运行维护费用。

2）根据处理水的用途确定

当污水处理厂出水作为回用水时，应根据回用水用途，按国家或地方的相关标准等确定出水水质和污水处理厂应达到的处理程度。

3）根据受纳水体的稀释自净能力确定

若设计污水处理厂所在地的水体环境容量大，可利用水体稀释和自净能力，使水处理过程中的经济投入相对较小。但需要取得当地环保部门的同意。一般可考虑采用水质混合模型来计算污水处理厂所在地的水体环境容量。

4）根据城镇污水处理厂处理工艺能达到的处理程度确定。

根据我国目前技术经济水平的实际情况，城镇污水处理程度的确定方法通常根据现行国家和地方的有关排放标准、污染物的来源及性质、排入地表水域环境功能和保护目标确定。

19.2　设计原则

污水处理工程设计应遵循如下原则：

1）遵循国家有关环境保护法律、法规、污染物排放标准和地方标准；在实施重点污染物排放总量控制的区域内，还必须符合重点污染物排放总量控制的要求。

2）应全面规划、分期实施，遵循城镇总体规划、水污染防治和环境规划要求，以近期为主，充分考虑远期的发展。

3）在城镇总体规划的指导下，合理确定工程建设规模，使工程建设与城镇的发展相协调，既保护环境，又最大程度发挥工程效益。

污水处理厂及其配套的污水管网、污水处理设施和污泥处理处置设施应同步规划、同步建设和同步运行管理。城镇污水系统输送、处理等设施的规模应相互匹配。污水系统应包括污水管网、污水处理、再生水处理利用，以及污泥处理处置，实现污水的有效收集、输送、处理、处置和资源化利用。污水处理厂的出水、产生的污泥、臭气和噪声，以及城镇再生水应符合国家现行相关标准的规定。

4）采用技术先进成熟、高效节能、管理简单、运行灵活、稳妥可靠的处理工艺，确保污水处理效果。同时，选用的处理工艺既要符合我国国情，又要积极吸收和引进国外先进技术和经验。

5）根据当地的自然环境及农业利用、园林利用、建材利用、卫生填埋等条件综合考虑，妥善处置污水处理过程中产生的栅渣、沉砂和污泥，避免造成二次污染。

6）坚持经济合理原则。在确保污水处理效果的前提下，以投资省、运行费低、工期短、技术经济指标最佳为目标。

污水处理后的尾水、处理过程中产生的污泥和固体废弃物（如膜生物反应器 MBR 模组件、填料、滤料、活性炭等）应尽可能资源化回收利用，对无法利用的废弃物应妥善处理处置，以免对环境造成二次污染。污水处理厂应能有效去除水污染物，保障出水达标排放，并应促进资源的回收利用。

7）充分考虑便于污水处理厂运行管理的措施。采用可靠的控制系统，做到技术先进、管理方便。

8）考虑安全运行条件，注意环境保护、绿化与美观。

9）城镇污水处理厂及其配套污水管网应一体化、专业化运行管理，并应保障污水收集处理的污水处理的系统性和完整性。

随着对城镇排水与污水处理设施维护运营单位的管理要求提高，上下游设施的关系更加紧密。由于管网的问题，比如雨污混接、破损等，不仅会影响到上游的排水户的排水安全，还会影响到污水处理厂的进水水质和水量，降低污水处理厂运行效率，甚至对再生水厂和污泥处理处置工艺的平稳运行，也会造成影响。即使厂和网的权属不在同一管理单位，也应该建立起厂网一体化的管理模式。

10）乡村污水处理和污泥处理处置应因地制宜，优先资源化利用。

19.3 厂址选择和工艺流程的确定

19.3.1 厂址选择

污水处理厂厂址选择是设计中的重要环节，直接影响基建投资、管理费用和环境效益等。城镇污水处理厂厂址选择，应符合城镇总体规划和排水工程专业规划的要求，与城市的总体规划，城市排水系统的走向、布置，处理后废水的出路都密切相关。虽然在城镇总体规划和排水工程专项规划中，污水处理厂的位置范围已有规定。但在污水处理厂总体设计时，对具体厂址的选择，仍须进行深入的调查研究和进一步的技术经济比较。一般城镇污水处理厂设在城镇水体的下游。污水处理厂在城镇水体的位置应选在城镇水体下游的某一区段，污水处理厂处理后出水排入该河段，对该水体上下游水源的影响最小。由于某些原因，污水处理厂厂址不能设在城镇水体下游时，出水口应设在城镇水体下游。

污水处理厂、污泥处理厂位置的选择应符合城镇总体规划和排水工程专业规划的要求，并应根据下列因素综合确定：

1）便于污水收集和处理后回用及安全排放。

2）便于污泥集中处理与处置。

3）污水处理厂应选在对周围居民点的环境质量影响最小的方位，一般在城镇夏季主导风向的下风侧。

4）有良好的工程地质条件，包括土质、地基承载力和地下水位等因素，可为工程的设计、施工、管理和节省造价提供有利条件。

5）少拆迁，少占地，根据环境影响评价要求，有一定的卫生防护距离。根据我国耕地少、人口多的实际情况，选厂址时应尽量少拆迁、少占农田、不占良田。同时，根据环境评价要求，应与附近居民点有一定的卫生防护距离。

6）有扩建的可能。厂址的区域面积不仅应考虑规划远期的需要，还应考虑满足不可预见的将来扩建的可能。

7）厂区地形不受洪涝灾害影响，防洪标准不应低于城镇防洪标准，有良好的排水条件。厂址的防洪和排水问题必须重视，一般不应在淹水区建污水处理厂，当必须在可能受洪水威胁的地区建厂时，应采取防洪措施。

8）有方便的交通、运输和水电条件。为缩短污水处理厂建造周期和有利于污水处理厂的日常管理，应有方便的交通、运输和水电条件。

9）独立设置的污泥处理厂，还应有满足生产需要的燃气、热力、污水处理及其排放系统等设施条件。

由于城镇污水处理厂位置选择影响因素多，应进行深入调查研究，进行多方案论证比较，确定最佳方案。

污水处理厂的建设用地应按项目总规模控制；近期和远期用地布置应按规划内容和本期建设规模，统一规划，分期建设；公用设施宜一次建设，并尽量集中预留用地。污水处理厂占地面积与处理水量和所采用的处理工艺有关。

19.3.2 污水处理工艺流程的确定

污水处理工艺流程是指对污水处理所采用的一系列处理单元的有机组合形式。在污水处理工程设计中，处理工艺流程的确定是最重要的一个环节。污水处理工艺流程的设计，直接影响污水处理厂处理效果、操作管理、工程投资和运行费用。

(1) 工艺流程选择的影响因素

1) 污水量和水质特征　污水量和水质特征是工艺流程选择最重要的影响因素。对城镇污水处理厂，去除的对象主要是有机物和氮磷污染物。除水质外，进水水量及其变化幅度也是选择工艺流程时应考虑的问题，如城镇污水处理厂规模较小且水质水量变化大时，应考虑设置调节池，或选用耐冲击负荷能力较强的处理工艺，如 SBR 工艺及其改进型工艺。

2) 污水处理程度　污水处理程度决定了污水处理工艺流程的复杂程度。一般而言，需要采用二级处理；在一定条件下，也可采用一级或强化一级处理；若排入封闭水体，一般需要采用强化二级处理；若处理水回用，则无论回用的用途如何，在进行深度处理之前，城镇污水都必须经过完整的强化二级处理后再进行深度处理。

3) 工程造价与运行费用　工程造价与运行费用是污水处理最重要的两项经济性指标，一般应在达到处理水质标准要求和运行可靠的前提下，选择低造价、低成本、低能耗、高效率、占地少，且操作简便的处理工艺流程。选择高效的工艺流程，一般可采用多方案的经济技术比较，也可以水质标准作为约束条件，以造价低、成本低为目标函数，进行工艺流程优化，选择较佳工艺。

4) 自然条件　当地的地形、气候、水资源等自然条件，也对污水处理工艺流程的选择有较大的影响。如当地有废弃的旧河道、池塘、洼地、河滩、沼泽地与山谷等地域，则可优先考虑采用工程造价低廉的自然净化技术。寒冷地区宜采用适合于低温季节运行的生物膜工艺或在采取适当技术措施确保能在低温季节运行的处理工艺。

5) 运行管理与施工难易程度　运行管理所需的技术条件与施工的难易程度也是选择工艺流程时应考虑的因素。如采用技术密集、运行管理复杂的处理工艺，就需要有技术水平高的管理人员。目前，我国城镇污水处理厂的运行管理存在较多问题，因此，在选择运行管理复杂的工艺时，应在充分的可行性论证基础上确定。地下水水位较高与地质条件较差的地区不宜选择施工难度大的处理构筑物。

此外，资金筹措等情况、可利用的土地面积、处理过程中的二次污染问题，特别是污泥处理与利用问题等，也是工艺流程选择时不可忽略的因素。

(2) 城镇污水处理工艺流程的选择

污水处理各级去除的主要污染物质和主要处理方法见表19-1。污水处理厂工艺单元处理效率见表 19-2。

为避免污水中砂粒对后续机械设备和管道的磨损，减少砂粒和无机悬浮物在管渠和处理构筑物内的沉积，以及对生物处理系统和后续污泥处理处置的影响，污水预处理应保证对砂粒、无机悬浮物的去除效果。

城镇污水处理厂二级处理通常是指生物处理法，其核心是曝气生物反应池（或生物滤池）和二沉池。不同的生物法主要在于采用的生物处理单元不同。在确定生物处理工艺前应进行技术经济比较。为了保护受纳水体，防止水体富营养化，新建和改建的城镇污水处理厂多数广泛采用了生物脱氮除磷技术，目前应用较多的改良 A/O、A^2/O、SBR 系列、氧化沟系列等工艺类型。如考虑处理出水达一级 A 标准和回用时，则需要进行强化二级处理或深度处理，进一步去除常规二级处理不能除去的成分，如水中残留微生物、细小悬浮物、残留有机物（大多为难生物降解）、氮、磷等。

各级去除的主要污染物和主要处理方法 表 19-1

处理级别	去除的主要污染物	主要处理方法
一级处理	悬浮或漂浮状态的固体	格栅、沉砂、沉淀
二级处理	呈胶体和溶解态的有机污染物，以及氮、磷等可溶性无机污染物	活性污泥法、生物膜法等
三级处理	二级处理中微生物未能降解的有机物	混凝沉淀、气浮、砂滤、活性炭吸附、臭氧氧化、超滤等
	氮磷等溶解性无机物	混凝沉淀、离子交换、电渗析等
	病毒、细菌等	消毒

污水处理厂的处理效率 表 19-2

处理级别	处理方法	主要工艺	处理效率（%）			
			SS	BOD_5	TN	TP
一级	沉淀法	沉淀（自然沉淀）	40~55	20~30	—	5~10
二级	生物膜法	初次沉淀、生物膜反应、二次沉淀	60~90	65~90	60~85	—
	活性污泥法	初次沉淀、活性污泥反应、二次沉淀	70~90	65~95	60~85	75~85
深度处理	混凝沉淀过滤	—	90~99	80~96	65~90	80~95

注：1. SS 表示悬浮固体量，BOD_5 表示五日生化需氧量，TN 表示总氮量，TP 表示总磷量；
2. 活性污泥法根据水质、工艺流程等情况，可不设置初次沉淀池。

国内污水处理工艺大多采用活性污泥法。活性污泥法主要分为以下几大类：① 传统活性污泥法及其改进型 A^2/O 工艺；② 氧化沟法及其改进型工艺；③ SBR 法及其改进型工艺。④ AB 法及其改进型工艺；⑤ 其他类型，如水解酸化—好氧法等。各种处理工艺都有其各自的适用条件和特点，大规模污水处理宜选用传统活性污泥法及其改进型 A^2/O工艺。工艺流程中设有初沉池、A^2/O 生物反应池、二沉池；该工艺具有去除有机物和氮磷效率高、出水水质稳定的特点，且规模越大，优势越明显。中小规模污水处理厂，特别当规模 $\leq 10 \times 10^4 \mathrm{m}^3 / \mathrm{d}$ 时，宜选用氧化沟法、SBR 法及其改进型工艺。氧化沟法及其改进型工艺流程中设有氧化沟及其改进型生物反应池和二沉池，不设初沉池；SBR 法及其改进型工艺流程中设有 SBR 及其改进型生物反应池，不设初沉池及二沉池；它们具有有机物及氮磷去除效率高，抗冲击负荷能力强，设施简单，基建投资省，管理方便的特点；而且规模越小，基建投资低的优势越明显，处理设备基本可实现国产化，设备费低。由于中小城镇水量、水质变化大，经济水平有限，技术力量相对薄弱，管理水平相对较低等特点，采用 SBR、氧化沟及其改进型工艺以及生物滤池（特别是曝气生物滤池）是适宜的。

污水生物处理应提高碳源利用效率，促进污水处理厂节能降耗。污水中的可生物降解的有机物是生物除磷脱氮系统的重要影响因素。污水处理厂可超越初沉池或缩短污水在初沉池中的停留时间，以充分利用进水中的碳源。此外，可考虑将初沉污泥等处理后作为碳源补充进入生物反应系统，以有效提高碳源利用效率，减少外加碳源，节能降耗，节约运行成本。

乡村污水应结合各地的排水现状、排放要求、经济社会条件和地理自然条件等因素因地制宜选择处理模式，应优先选用小型化、生态化、分散化的处理模式。根据农村的生产生活特征，生活污水中的污染物也是农业生产中的营养物质，因此，应优先考虑污水的资源化利用，黑水、灰水的源头分离技术可提高污水的资源化效率。

污水和再生水处理系统应设置消毒设施，应符合国家现行相关标准的规定。应对疫情等重大突发事件时，污水处理厂应加强出水消毒工作。消毒设施应符合《城市给水工程项目规范》GB 55026—2022 的相关规定。应对疫情等重大突发事件时，污水处理厂应确保运行稳定，加强出水消毒工作，加大进水水质检测频率，保障出水消毒效果稳定达标。对采用紫外线消毒，出水水质不能稳定达标的情况，应增加氯消毒等设施，保障出水稳定达标。

19.4 污水处理厂的平面与高程布置

19.4.1 污水处理厂的平面布置

污水处理厂总平面布置应因地制宜。布置内容包括厂区内各种污水处理构筑物，污泥处理构筑物，办公、化验、控制及其他附属构筑物，各类管（渠）道、电缆、道路及绿化等。污水处理厂的平面布置关系到占地面积大小，运行管理是否安全可靠、方便，以及厂区环境卫生状况等多项问题。为了使平面布置更经济合理，应遵循下列原则：

1）总图布置应考虑近、远期结合，污水处理厂的厂区面积应按远期规划总规模控制，分期建设，合理确定近期规模，近期工程投入运行一年内水量应达到近期设计规模的60%。同时，在布置上应考虑分期建设内容的合理衔接。

2）污水处理厂的总体布置应根据厂内建筑物和构筑物的功能和流程要求，结合厂址地形、气候和地质条件，做到厂区功能分区明确，一般分为厂前区、污水处理区、污泥处理区、辅助性生产建筑物区。其中厂前区应布置在城镇常年主导风向的上风向，各区之间相对独立并考虑污水进出处理厂方便、短捷、工艺流程顺畅等因素。污水和污泥的处理构筑物宜根据情况尽可能分别集中布置。污泥处理构筑物应尽可能布置成单独的区域，以保安全，并方便管理。处理构筑物的间距应紧凑、合理，符合国家现行的防火规范要求，并应满足各构筑物的施工、设备安装和埋设管道以及养护、维修和管理的要求。生产管理建筑物和生活设施宜集中布置，其位置和朝向应力求合理，并应与处理构筑物保持一定距离，各处理构筑物与附属建筑应根据安全、运行管理方便与节能的原则布置。如鼓风机房应位于曝气池附近，总变电站宜设在耗电大的构筑物附近，办公楼处于夏季主风向的上风向，距处理构筑物有一定距离，同时远离设备间，并应有隔离带等。污水处理厂附属建筑的组成及其面积，应根据污水处理厂规模、工艺流程、计算和监控系统的水平和管理体制等，结合当地实际情况，本着节约的原则确定，并应符合现行的有关规定。污水处理厂内可根据需要，在适当地点设置堆放材料、备件、燃料和废渣等物料的场地及停车位。堆放场地，尤其是堆放废渣（如泥饼和煤渣）的场地宜设置在较隐蔽处，不宜设在主干道两侧。

3）厂区建筑物风格宜统一，布置做到美观、协调、有特色，并要处理好平面与空间的关系，使之适应于周围的环境。

4）构筑物之间的连接管、渠要便捷、直通，避免迂回曲折，尽量减少水头损失；处理构筑物之间应保持一定距离，以便敷设连接管渠。当污水处理厂内管线种类较多时，应考虑综合布置、避免发生矛盾。主要生产管线（污水、污泥管线）要便捷直通，尽可能考虑重力自流；辅助管线应便于施工和维护管理，有条件时设置综合管廊或管沟；污水处理厂应设置超越管道，以便在发生事故时，使污水能超越部分或全部构筑物，进入下一级构筑物或事故溢流；各污水处理构筑物间的管渠连通，明渠水头损失小、不易堵塞，便于清理，在条件适宜时，应采用明渠。特别是管线之间及其他构（建）筑物之间，应留出适当的距离，给水管或排水管距构（建）筑物不小于3m；给水管和排水管的水平距离，当 $d \leqslant 200$mm 时，不应小于1.5m，当 $d > 200$mm 时不小于3m。管渠尺寸应按可能通过的最高时流量计算确定，并按最低时流量复核。

5）交通运输方便，宜分设人流及货流大门，保持厂区清洁。

6）将主要构筑物布置在厂区内工程地质相对较好的区域，节省工程造价。

7）厂区平面布置应充分利用地形，减少能耗，平衡土方。

8）应充分考虑绿化面积，各区之间宜设有较宽的绿化隔离带，以创造良好的工作环境，厂区绿化面积不得小于30%。

9）厂区的消化池、贮气罐、污泥气压缩机房、污泥气发电机房、污泥气燃烧装置、污泥气管道、污泥干化装置、污泥焚烧装置、危险品仓库、污泥好氧发酵工程辅料存储区、有火灾和爆炸危险的场所，位置和设计应符合现行国家标准《建筑设计防火规范》GB 50016、《消防给水及消火栓系统技术规范》GB 50974 和《城镇燃气设计规范》GB 50028的有关规定。

10）污水处理厂内应合理布置通道，包括双车道、单车道、人行道和人行天桥等。其设计应满足运输、检查、维护和管理的需要，应符合下列要求：

① 主要车行道的宽度：单车道宜为4.0m，双车道宜为6.0~7.0m；

② 车行道的转弯半径宜为 6.0~10.0m；

③ 人行道的宽度宜为 1.5~2.0m；

④ 通向高架构筑物的扶梯倾角宜采用 30°，不宜大于 45°；

⑤ 天桥宽度不宜小于 1.0m；

⑥ 车道、通道的布置应符合现行防火标准的有关规定，并应符合当地有关部门的规定。

总之，污水处理厂的总平面布置应以节约用地为原则，根据污水各构（建）筑物的功能和工艺要求，结合厂址地形、气象和地质条件等因素，使总平面布置合理、经济、节约能源，并应便于施工、维护和管理。

19.4.2 污水处理厂的高程布置

污水处理厂的平面布置确定了各处理构筑物的平面位置，而其高程位置则需由污水处理厂的高程布置来确定。污水处理厂高程布置主要依据的技术参数是构筑物的高度和水头损失。在处理流程中，相邻构筑物的相对高差取决于两个构筑物之间的水面高差，这个水面高差的数值就是流程中的水头损失，它主要由三部分组成，即构筑物本身的、连接管（渠）的及计量设备的水头损失等。因此进行高程布置时，应首先计算水头损失，且计算所得数值应考虑安全因素，留有余地。污水处理厂的高程布置应注意下列事项：

1）水力计算时，应选择一条距离最长、水头损失最大的流程进行较准确的计算，并适当考虑预留水头，以防止淤积时水头不够而造成涌水现象，影响处理系统的正常运行。

2）计算水头损失时以最大流量（涉及远期流量的管渠与设备应按远期最大流量考虑）作为构筑物与管渠的设计流量。还应考虑当某座构筑物停止运行时，与其并联运行的其余构筑物及有关的连接管渠能通过全部流量，以及雨天流量和事故时流量的增加，并留有一定余地。

3）高程计算时，常以受纳水体的城镇防洪水位作为起点，逆污水处理流程向上倒推计算，以使处理后污水在洪水季节也能自流排出。如果最高水位较高，应在处理后污水排入水体前设置泵站，以便水体水位高时抽水排放。如果水体最高水位低时，可在处理后污水排入水体前设跌水井，此时，处理构筑物可按最适宜的埋深来确定标高。

4）污水应尽量经一次提升就能靠重力通过全部处理构筑物，必须设置中间提升泵站或末端提升泵站时，应使能耗最小。

设计时，污水处理厂高程布置可按表 19-3 所列数据估算各处理构筑物的水头损失。污水流经处理构筑物的水头损失，主要产生在进口、出口和需要的跌水处，而流经处理构筑物本身的水头损失则较小。

污水处理厂高程布置时，应注意考虑远期发展，水量增加的预留水头。避免处理构筑物之间跌水等浪费水头的现象，充分利用地形高差，实现自流。在计算并留有余量的前提下，力求缩小全程水头损失及提升泵站的扬程，以降低运行费用。需要排放的尾水，常年大多数时间能够自流排放水体。注意排放水位一般不选取每年最高水位，因为其出现时间较短，易造成常年水头浪费，而应选取经常出现的高水位作为排放水位。应尽可能使污水处理工程的出水管渠高程不受洪水顶托，并能自流。

<table>
<tr><td colspan="2" align="center">污水流经各处理构筑物的水头损失</td><td colspan="2" align="right">表 19-3</td></tr>
<tr><td>构筑物名称</td><td>水头损失（m）</td><td>构筑物名称</td><td>水头损失（m）</td></tr>
<tr><td>格栅</td><td>0.1 ~ 0.25</td><td>曝气池</td><td></td></tr>
<tr><td>沉砂池</td><td>0.1 ~ 0.25</td><td>　污水潜流入池</td><td>0.25 ~ 0.5</td></tr>
<tr><td>沉淀池</td><td></td><td>　污水跌水入池</td><td>0.5 ~ 1.5</td></tr>
<tr><td>　平流式</td><td>0.2 ~ 0.4</td><td>生物滤池（工作高度为2m）</td><td></td></tr>
<tr><td>　竖流式</td><td>0.4 ~ 0.5</td><td>　装有旋转式布水器</td><td>2.7 ~ 2.8</td></tr>
<tr><td>　辐流式</td><td>0.5 ~ 0.6</td><td>　装有固定喷洒布水器</td><td>4.5 ~ 4.75</td></tr>
<tr><td rowspan="2">双层沉淀池</td><td rowspan="2">0.1 ~ 0.2</td><td>混合池或接触池</td><td>0.1 ~ 0.3</td></tr>
<tr><td>污泥干化场</td><td>2 ~ 3.5</td></tr>
</table>

19.4.3　污水处理厂设计应考虑的其他因素

1）污水处理厂周围根据现场条件应设置围墙，其高度不宜小于2.0m。

2）污水处理厂的大门尺寸应能容许运输最大设备或部件的车辆出入，并应另设运输废渣的侧门。

3）污水处理厂并联运行的处理构筑物间应设均匀配水装置，处理构筑物系统间宜设可切换的连通管渠。

4）构筑物应设排空设施，排出水应回流处理，排空设施有构筑物底部预埋排水管和临时设泵抽水2种形式。

5）污水处理厂内的给水设施，再生水利用设施严禁和处理装置直接连接。为了防止污染给水设施和再生水利用设施，一般通过空气间歇和设置中间储存池，然后再和处理装置衔接，严禁和处理装置直接连接。

6）城镇再生水贮存设施的排空管道、溢流管道严禁直接和污水管道或雨水管渠连接，并应做好卫生防护工作，保障再生水水质安全。城镇再生水的供水管理、分配和传统水源的管理有明显的不同。城镇再生水利用工程要根据再生水水量和回用类型的不同，确定再生水贮存方式和容量，其中部分地区还要考虑再生水的季节性储存，同时强调再生水储存设施应严格做好卫生防护工作，切断污染途径，保障再生水水质安全。为防止污水管道或雨水管渠排水不畅时引起倒灌，影响再生水水质，再生水贮存设施的排空管道、预留管道严禁和污水管道或雨水管渠直接连接。

7）污水处理和再生水处理构筑物及设备的数量必须满足检修维护时污水处理和再生水处理的要求。根据国内污水处理厂的设计和运行经验，污水和再生水处理构筑物的个数（格数）不应少于2个（格），设备配置的数量也应满足检修维护需要，同时按并联的系列设计，使污水处理的运行更加可靠、灵活和合理。

8）再生水应优先作为城市水体的景观生态用水或补充水源，并应考虑排水防涝，确保城市安全。再生水应优先作为河道、湖泊等城市水体的景观生态用水或补充水源，并应充分论证受纳水体的排水防涝能力，不得影响城市排水安全。

9）位于寒冷地区的污水处理构筑物，应有保温防冻措施。

10）处理构筑物应设置栏杆、防滑梯等安全措施，高架处理构筑物还应设置避雷设施。根据维护需要，宜在厂区适当地点设置配电箱、照明、联络电话、冲洗栓、浴室、厕所等。

11）污水处理厂设计和运行维护应确保液氯、二氧化氯、臭氧、活性炭等易燃、易爆和有毒化学危险品使用安全。污水处理过程中使用的消毒剂、氧化剂和活性炭等属于易燃易爆或有毒化学危险品，为了防止人身伤害和灾害性事故发生，应对经常发生人身伤害和事故灾害的主要部位，重点完善相关防护设施的建设、配备和监督管理。

12）臭氧、氧气管道及其附件在安装前必须进行脱脂。臭氧氧气管道运转时，随着气流运动与管壁发生摩擦，撞击会产生大量的摩擦热，当达到一定温度时，如遇油脂、铁屑等在密闭的空间易产生火花，发生爆炸。为保证人身和系统运行的安全，在安装前必须对臭氧和氧气管道、管件、垫片及所有与氧气接触的设备和材料进行严格的除臭、吹扫脱脂。

13）管道复杂时宜设置管廊，并应符合下列规定：①管廊内宜敷设仪表电缆、电信电缆、电力电缆、给水管、污水管、污泥管、再生水管、压缩空气管等，并设置色标；②管廊内应设通风、照明、广播、电话、火警及可燃气体报警系统、独立的排水系统、吊物孔、人行通道出入口和维护需要的设施等，并应符合国家现行防火标准的有关规定。

14）采用稳定塘或人工湿地处理时，应采取防渗措施，严禁污染地下水。稳定糖和人工湿地处理，在深度处理和径流污染控制方面具有良好的应用前景。但如果不采取防渗措施，包括自然防渗和人工防渗，必定会造成污水下渗，影响地下水水质。因此，应采取防渗措施，避免对地下水产生污染。

15）当污水处理厂位于用地非常紧张、环境要求高的地区，可采用地下或半地下污水处理厂的建设方式，其主要适用于用地非常紧张、对环境要求高、地上污水处理厂选址困难的区域，可以提高土地使用效率、提升地面景观和周边土地价值等，但由于其建设成本较高，加上地下或半地下式污水处理厂本身所存在的消防、通风等问题，应进行充分的必要性和可行性论证。地下或半地下污水处理厂设计应综合考虑规模、用地、环境、投资等各方面因素，确定处理工艺、建筑结构、通风、除臭、交通、消防、供配电及自动控制、照明、给排水、监控等系统的配置，各系统之间应相互协调。地下或半地下污水处理厂设计需考虑社会效益、环境效益和经济效益的协调统一，并遵循"运行安全、能源节约、环境协调"的设计理念。地下或半地下污水处理厂一般位于用地紧张的城市区域，上部空间也根据当地实际情况采取建设开放式的绿地公园、停车场，设置太阳能回收装置等措施，充分利用土地资源。

由于地下或半地下污水处理厂箱体进出通道的最低点比周围地面低很多，形成盆地，且纵坡很大，雨水迅速向最低点汇集，易造成积水。因此，从安全和节能的角度出发，地下或半地下污水处理厂箱体宜设置车行道进出通道，通道坡度不宜大于8%，通道敞开部分宜采用透光材料进行封闭；进入地下污水处理厂箱体的通道前应设置驼峰，避免地面雨水进入箱体，驼峰高度不应小于0.5m，驼峰后在通道的中部和末端均应设置横截沟，并应配套设置雨水泵房，将进入箱体通道的雨水迅速排出。应将高处可以以重力流排出的雨水和低处需要借助水泵排出的雨水分开，建成高水高排和低水低排系统，高水自流排放，低水水泵排放。

地下或半地下污水处理厂的综合办公楼、总变电室、中心控制室等运行和管理人员集中的建筑物宜设置于地面上；有爆炸危险或火灾危险性大的设施或处理单元应设置于地面上。地下或半地下污水处理厂污水进口应至少设置一道速闭闸门。地下或半地下污水处理厂产生臭气的主要构筑物应封闭除臭，箱体内应设置强制通风设施。地下或半地下污水处理厂箱体顶部覆土厚度应根据上部种植绿化形式选择确定，并宜为 0.5~2m。地下或半地下污水处理厂箱体内人员操作层的净空不应小于 4.0m，并宜选用便于拆卸、重量较轻和便于运输的设备。

16）污水处理厂内应充分体现海绵城市建设理念，利用绿色屋顶、透水铺装、生物滞留设施等进行源头减排，并结合道路和建筑物布置雨水口和雨水管道，地形允许散水排水时，可采用植草沟和道路边沟排水。

17）污水处理厂附属建筑物的组成和面积，应根据污水处理厂的规模、工艺流程、计算机监控系统水平和管理体制等，结合当地实际情况确定，并应符合现行国家标准的有关规定。

19.5 城镇污水处理厂运行过程的水质监测与自动控制

（1）污水处理厂的主要监测项目

污水处理厂进出水应按现行国家排放标准和环境保护部门的要求设置相关检测仪表。

污水处理厂工艺参数监测及监测点布置均应根据污水处理厂的规模、工艺要求和运行管理要求，并按照现行国家相关标准和行业标准确定。

污水处理和再生水利用设施进出水处应设置水量计量和水质监测设备。化验检测设备的配置应满足正常生产条件下质量控制的需要。污水处理厂进水的水质监测点和化验取样点应设置在总进水口，并应避开厂内排放污水的影响。出水的水质监测点和化验取样点应设置在总出水口。为减少污水处理厂的污泥处理上清液等厂内排放污水对污水处理厂进水水质监测和化验取样的影响，厂内排放污水的接入点应位于净水水质监测和化验取样点下游，出水的水质监测点和化验取样点应设置在总出水口处。

污水处理厂进出水、泵站和各处理单元或主要构筑物宜设置生产控制、运行管理所需的监测仪表；参与控制和管理的机电设备应监测其工作与事故状态。污水处理厂进水应检测流量、温度、pH、COD 和氨氮和其他相关水质参数。污水处理厂出水应检测流量、pH、COD、NH_3-H、TP、TN 和其他相关水质参数。应根据当地环保部门的要求对污水处理厂进出水检测仪表配置进行适当调整。

应设相关监测仪表和报警装置的位置主要有：①排水泵站：硫化氢（H_2S）浓度；②厌氧消化区域：甲烷（CH_4）、硫化氢（H_2S）浓度；③加氯间：氯气（Cl_2）浓度；④地下式泵房、地下式雨水调蓄池和地下式污水处理厂箱体：硫化氢（H_2S）、甲烷（CH_4）浓度；⑤其他易产生有毒有害气体的密闭房间或空间：硫化氢（H_2S）浓度。

排水泵站内应配置 H_2S 监测仪，监测可能产生的有害气体，并采取防范措施。在人员进出且 H_2S 易聚集的密闭场所应设在线式 H_2S 气体监测仪；泵站的格栅井下部、水泵间底部等易积 H_2S 但安装维护不方便、无人员活动的地方，可采用便携式监测仪监测，也可安装在线式 H_2S 监测仪和报警装置。

厌氧消化池、厌氧消化池控制室、脱硫塔、沼气柜、沼气锅炉房和沼气发电机房等应设 CH_4 泄漏浓度监测和报警装置，并采取相应防范措施。厌氧消化池控制室应设 H_2S 泄漏浓度监测和报警装置，并采取相应防范措施。

加氯间应设氯气泄漏浓度监测和报警装置，并采取相应防范措施。地下式泵房、地下式雨水调蓄池和地下式污水处理厂预处理段、生物处理段、污泥处理段的箱体内应设 H_2S 监测仪，其出入口应设 H_2S、CH_4 报警显示装置，并和通风设施联动。

其他易产生有毒有害气体的密闭房间和空间包括：粗细格栅间（房间内）、进水泵房、初沉污泥泵房、污泥处理处置车间（浓缩机房、脱水机房、干化机房）等。

排水泵站：排水泵站应检测集水池或水泵吸水池水位、水量和水泵电机工作相关的参数，并纳入该泵站控制系统。为便于管理，大型雨水泵站和合流污水泵站宜设自记雨量计，设置条件应符合国家相关标准的规定，并纳入该泵站自控系统。

污水处理包括一级处理、二级处理、深度处理和再生利用等几种常用污水处理工艺的检测项目，可按表 19-4 执行。

常用污水处理工艺检测项目　　　　　　　　　　　　　　　　表 19-4

处理级别	处理方法		检测项目	备注
一级处理	沉淀法		粗、细格栅前后水位（差）；初次沉淀池污泥界面或污泥浓度及排泥量	为改善格栅间的操作条件，一般均采用格栅前后水位差来自动控制格栅的运行
二级处理	活性污泥法	传统活性污泥法	生物反应池：MLSS、溶解氧（DO）、NH_3-N、硝氮（NO_3-N）、供气量、污泥回流量、剩余污泥量； 二次沉淀池：泥水界面	只对各个工艺提出检测内容，而不做具体数量和位置的要求，便于设计的灵活应用
		厌氧/缺氧/好氧法（生物脱氮、除磷）	生物反应池：MLSS、溶解氧（DO）、NH_3-N、NO_3-N、供气量、氧化还原电位（ORP）、混合液回流量、污泥回流量、剩余污泥量； 二次沉淀池：泥水界面	
		氧化沟法	氧化沟：活性污泥浓度（MLSS）、溶解氧（DO）、氧化还原电位（ORP）、污泥回流量、剩余污泥量； 二次沉淀池：泥水界面	
		序批式活性污泥法（SBR）	液位、活性污泥浓度（MLSS）、溶解氧（DO）、氧化还原电位（ORP）、污泥排放量	
	生物膜法	曝气生物滤池	单格溶解氧、过滤水头损失	只提出了一个常规参数溶解氧的检测，实际工程设计中可根据具体要求配置
		生物接触氧化池、生物转盘、生物滤池	溶解氧（DO）	

处理级别	处理方法	检测项目	备注
深度处理和再生利用	高效沉淀池	泥水界面、污泥回流量、剩余污泥量、污泥浓度	只提出了典型工艺的检测，实际工程设计中可根据具体要求配置
	滤池	液位、过滤水头损失、进出水浊度	
	再生水泵房	液位、流量、出水压力、pH、余氯（视消毒形式）、悬浮固体量（SS）、浊度和其他相关水质参数	
消毒	紫外线消毒、加氯消毒、臭氧消毒	液位或流量	只提出了常规参数，应视所采用的消毒方法确定安全生产运行和控制操作所需要的检测项目

污泥处理包括浓缩、消化、好氧发酵、脱水干化和焚烧等，可按表 19-5 确定检测项目。

常用污泥处理工艺检测项目　　　　　　　　　　　　　表 19-5

污泥处理方法	检测项目
重力浓缩池	进出泥含水率、上清液悬浮固体浓度、上清液总磷，处理量、浓缩池泥位
机械浓缩	进出泥含水率、滤液悬浮固体浓度，处理量、药剂消耗量
脱水	进出泥含水率、滤液悬浮固体浓度，处理量、药剂消耗量
热水解	进出泥含水率、出泥 pH，处理量、蒸汽消耗量
厌氧消化	消化池进出泥含水率、有机物含量、总碱度、氨氮，污泥气的压力、流量；污泥处理量、消化池温度、压力、pH
好氧发酵	发酵前后污泥含水率、pH，处理量、调理剂添加量、污泥返混量、发酵温度、鼓风气量、氧含量
热干化	干化前后含水率，处理量、能源消耗量、氧含量、温度
焚烧	进泥含水率、有机物含量、进泥低位热值、处理量、能源消耗量、燃烧温度，排放烟气监测

（2）污水处理厂的自动控制

污水处理厂自动控制的目的主要是：保证污水处理厂的安全可靠运行，改善劳动条件和提高科学管理水平；监测和控制各处理单元和关键工艺参数，保证出水水质；最大限度地发挥设备功效和节能降耗。

自动化系统应能监视和控制全部工艺流程和设备的运行，并应具有信息收集、处理、控制、管理和安全保护功能。

污水处理厂生产管理和控制的自动化控制系统应能够监视主要设备的运行工况和工艺参数，提供实时数据传输、图形显示、控制设定调节、趋势显示、超限报警和制作报表等功能，对主要生产过程实现自动控制。污水处理厂应采用"集中管理、分散控制"的控制模式设立自动化控制系统，应设中央控制室进行集中运行监视、控制和管理。

排水泵站和排水管网宜采用"少人（无人）值守，远程监控"的控制模式，建立自动化系统，设置区域监控中心进行远程的运行监视、控制和管理。排水泵站控制模式应根据各地区的经济发展程度、人力成本情况运行管理要求进行经济技术比较，有条件的地区可按照"无人值守"全自动控制的方式考虑，所有工艺设备均可实现泵站无人自动化控制，达到"远程监控"的目的。在区域监控中心远程监控，实现正常运行时现场少人（无人）值守，管理人员定时巡检。排水泵站的运行管理应在保证运行安全的条件下实现自动化控制。为便于生产调度管理，实现遥测、遥信和遥控等功能。排水管网关键节点的自动化控制系统宜根据当地经济条件和工程需要建立。

1）污水处理厂自动控制系统的结构

污水处理厂的自动控制系统宜采用三层结构，包括信息层、控制层和设备层，并应符合下列规定：

① 信息层设备设置在中控室，采用客户机/服务器（C/S）模式，局域网宜采用100/1000M 以太网；

② 控制层宜采用工业以太网或其他成熟的工业控制网络，以主/从、对等或混合结构的通信方式连接中央监控站、工程师站和各现场控制站；控制层设备设在各个现场控制站，控制站下可设远程 I/O 站。现场控制站宜为无人值守模式，操作界面采用触摸显示屏。小型污水处理厂不宜设现场控制层。

③ 大、中型污水处理厂设备层宜采用现场总线网络。小型污水处理厂设备层通常以硬接线方式直接将仪表与现场控制站相连。

2）污水处理厂自动控制系统的主要功能

① 工艺参数监测，包括物理量监测及超限报警，如物（水、泥）位、流量、温度、压力、液位等的监测和超限报警；水质参数监测，如悬浮物浓度（SS）、污泥浓度（MLSS）、酸碱度（pH）、溶解氧（DO）、总有机碳（TOC）、总磷（TP）、氨氮（NH_3-N）、硝氮（NO_x^--N）、化学需氧量（COD）、生化需氧量（BOD）、氧化还原电位（ORP）、余氯等。

② 环境与安全监测，包括有毒、有害、易燃、易爆气体的监测；厂区视频图像监视及安全防范系统；火灾自动报警系统等。

③ 工艺设备运行状态监测，包括电机类工艺设备的状态监测，如设备运行/停止、正常/故障、自动/手动状态等；电动阀门类的状态监测，如阀门开到位、关到位、过力矩、正常/故障、自动/手动状态以及阀位信号（模拟量输入）等。

④ 电力系统参数及状态监测，包括电源状态监测、变压器温度监测、低压配电系统主进线断路器状态监测、联络断路器状态监测，以及低压配电系统进线电流、电压监测等。

⑤ 工艺设备控制，污水处理厂中央监控站根据采集到的各种信息，经数学模型计算或逻辑分析判断后，发出控制命令到各现场控制站，现场控制站控制工艺设备执行相应的运行/停止命令、开/关阀门命令或调节阀门开度的命令等。

⑥ 中央监控站的功能包括：a. 与上级区域监控中心通信；b. 通过模拟屏或投影仪、计算机显示器等显示设备监测全厂工艺流程，并显示各处理单元的动态模拟图形及工艺设备的工作状态、报警信息等；c. 远控各现场控制站，实时接收现场控制站采集的各种数据，建立全厂监测参数数据库，处理并显示各种监测数据；d. 显示工艺参数历史记录和趋势分析曲线，编制和打印生产日、月、年统计报表等；e. 控制系统手动、自动控制方式转换等。

⑦ 现场控制站的功能包括：与中央监控站和现场层设备通信的功能；数据采集、处理和控制功能；控制系统手动、自动两种控制方式转换等。

3）污水处理厂自动控制系统的设备配置

① 污水处理厂自动控制系统应采用工业级设备，应具备防尘、防潮、耐腐蚀、耐高温、抗电磁干扰的能力。

② 控制系统设备的防护等级要求为，室内安装时不低于 IP44，室外安装时不低于 IP65，浸水安装时不低于 IP68。

③ 大、中型污水处理厂中央监控站应采用两台监控计算机按双机热备方式运行，两台计算机的软硬件配置相同，功能可互换。

④ 根据工艺要求，在主要处理单元设置现场控制站，现场控制站应采用模块式结构，具有工业以太网、现场总线、远程 I/O 连接、自检和故障诊断功能，并能带电插拔。现场控制站操作界面宜采用彩色触摸显示屏。

⑤ 中央监控站与现场控制站应配置在线浮充式不间断电源。

自动化系统的设计应符合下列规定：①系统宜采用信息层、控制层和设备层三层结构形式；②设备应设基本、就地和远控三种控制方式；③应根据工程具体情况，经技术经济比较后选择网络结构和通信速率；④操作系统和开发工具应运行稳定、易于开发，操作界面方便；⑤电源应做到安全可靠，留有扩展裕量，采用在线式不间断电源（UPS）作为备用电源，并应采取过电压保护等措施。排水工程宜设置能耗管理系统。

20 工业废水处理

20.1 概述

20.1.1 工业废水分类

工业废水是指工业生产过程中产生的废水、污水和废液，其中含有随水流失的工业生产用料、中间产物和产品以及生产过程中产生的污染物。从不同角度出发，工业废水可分为以下不同种类：

1）按工业废水中所含主要污染物的化学性质可分为无机废水和有机废水。例如冶金废水是无机废水；食品加工废水是有机废水。

2）按工业企业的产品和加工对象分类，如电镀废水、造纸废水、炼焦煤气废水、化学肥料废水、染料废水、制革废水、农药废水等。

3）按废水中所含污染物的主要成分分类，如酸性废水、碱性废水、含氰废水、含铬废水、含汞废水、含酚废水、含油废水、含硫废水、含有机磷废水和放射性废水等。

前两种分类法不涉及废水中所含污染物的主要成分，也不能表明废水的危害性。第三种分类法，明确地指出废水中主要污染物的成分，能表明废水一定的危害性。

20.1.2 工业废水排放标准

（1）《污水综合排放标准》GB 8978—1996

该标准按污水排放去向，分年限规定了 69 种污染物最高允许排放浓度及部分行业最高允许排水量。该标准适用于现有单位水污染物的排放管理，以及建设项目的环境影响评价、建设项目环境保护设施设计、竣工验收及其投产后的排放管理。

该标准将排放的污染物按其性质及控制方式分为两类。

第一类污染物是指总汞、烷基汞、总镉、总铬、六价铬、总砷、总铅、总镍、苯并（α）芘、总铍、总银、总 α 放射性和 β 放射性等毒性大、影响长远的有毒物质。含有此类污染物的废水，不分行业和污水排放方式，也不分受纳水体的功能类别，一律在车间或车间处理设施排放口采样，其最高允许排放浓度必须达到本标准要求（采矿行业的尾矿坝出水口不得视为车间排放口）。第一类污染物最高允许排放浓度见 GB 8978—1996 中表 1。

第二类污染物，指 pH、色度、悬浮物、BOD_5、COD、石油类等。这类污染物的排放标准，按污水排放去向分别执行一、二、三级标准，并与《地表水环境质量标准》GB 3838—2002 和《海水水质标准》GB 3097—1997 联合使用。

废水排向渔业水体或海洋时应符合《渔业水质标准》GB 11607—1989 及《海水水质标准》GB 3097—1997 的规定。

（2）《污水排入城镇下水道水质标准》GB/T 31962—2015

为了保护城镇下水道设施不受破坏，保护城镇污水处理厂的正常运行，保障养护管理人员的人身安全，标准规定了 A、B、C 三级，当城镇污水处理厂为一级强化处理时执行 C 标准；二级生化处理时执行 B 标准；三级再生处理时执行 A 标准。同时规定：

1）严禁排入腐蚀下水道设施的污水。

2）严禁向城镇下水道倾倒垃圾、积雪、粪便物质、工业废渣和易于凝集堵塞下水道的物质。

3）严禁向城镇下水道排放剧毒物质（氰化钠、氰化钾）、易燃、易爆物质（汽油、煤油、重油、润滑油、煤焦油、苯系物、醚类及其他有机溶剂）和有害气体。

4）医疗卫生、生物制品、科学研究、肉类加工等含有病原体的污水，排入下水道时必须经严格消毒处理，且除遵守本标准的规定外，还必须按有关专业标准执行。

5）放射性污水向城镇下水道排放，除遵守本标准规定外，还必须符合《电离辐射防护与辐射源安全基本标准》GB 18871—2002 的规定。

6）水质超过本标准的污水，不得用稀释法降低其浓度排入城镇下水道。

（3）《农田灌溉水质标准》GB 5084—2021

向农田灌溉渠道排放处理后的工业废水，应保证其下游最近灌溉取水点的水质符合 GB 5084—2021 的要求。

20.1.3 工业废水处理方法的选择

工业废水处理方法一般可参考已有的相同或相近工厂的工艺流程选择。如无资料可参考时，可通过试验确定。

（1）有机废水

1）含悬浮物较多时，可用滤纸过滤，测定滤液的 BOD_5、COD。若滤液中的 BOD_5、COD 均已达到了排放或回用标准，这种废水可采取物理处理方法，在悬浮物去除的同时，也能将 BOD_5、COD 一起去除。

2）若滤液中的 BOD_5、COD 高于排放或回用标准，则需考虑采用生物处理方法。通过进行生物处理试验，确定能否将 BOD_5 与 COD 去除至相应的标准。

好氧生物处理法去除废水中的 BOD_5 和 COD，由于工艺成熟，效率高且稳定，获得了十分广泛的应用，但由于需要供氧，故耗电较高。为了节能并回收沼气，也常采用厌氧法去除 BOD_5 和 COD，特别是处理高浓度（BOD_5 >1000mg/L）废水时比较适用。但从厌氧法去除效率看，BOD_5 去除率不一定高，而 COD 去除率反而高些。这是由于难降解的 COD 经厌氧处理后转化为容易生物降解的 COD，高分子有机物转化为了低分子有机物。例如，仅用好氧生物处理法处理焦化厂含酚废水，出水 COD 往往保持在 400～500mg/L，很难继续降低。如果采用厌氧作为第一级，再串以第二级好氧法，就可以使出水 COD 下降到 100～150mg/L。因此，厌氧法常用于含难降解 COD 工业废水的前处理。

3）若经生物处理后 COD 不能降低到排放标准时，就要考虑采用深度处理。

（2）无机废水

1）含悬浮物时，需要进行沉淀试验。若在常规的静置时间内达到排放标准时，这种废水可采用自然沉淀法处理。若在规定的静置时间内达不到要求值时，则需进行混凝沉淀处理。

476

2）当悬浮物去除后，废水中仍含有有害物质时，可考虑采用调节pH、化学沉淀、氧化还原等化学方法。

3）对上述方法仍不能去除的溶解性物质，为了进一步去除，可考虑采用吸附、离子交换等深度处理方法。

（3）含油废水

首先做静置上浮分离除油试验，再进行分离乳化油的试验，通常采用隔油和气浮处理。

20.2 工业废水的物理处理

20.2.1 调节池

调节池是废水进入主体处理构筑物之前，对废水的水量和水质进行调节的构筑物。工业废水通常需要进行水量水质调节，为后续主体处理构筑物的正常运行创造条件。

（1）调节池功能

提供对污染负荷的缓冲能力，防止后续处理系统负荷急剧变化；控制pH，减少中和作用中化学药剂的用量；减小对物理化学处理系统的流量波动，使化学品添加速率适合加料设备的定额；当工厂停产时，仍能对生物处理系统继续输入废水；控制废水向市政系统的排放，缓解废水负荷的变化；防止高浓度有毒物质进入生物处理系统。

（2）设置调节池的优缺点

设置调节池可消除或降低冲击负荷，使抑制性物质得到稀释，稳定pH，为后续生物处理创造了条件；由于水量水质得到了调节，对于需要投加化学药剂的情况，提高了工艺运行的可靠性。设置调节池本身也存在一些不足，如占地面积大，可能需要设置去除异味的附属设施等。

（3）调节池的分类

根据调节池在废水处理流程中的位置，可分为在线调节和离线调节两种方式。在线调节是指调节池位于废水处理工艺流程主线上，所有的废水均流经调节池，使得废水的水量水质均能最大限度地得到调节；离线调节是指调节池位于废水处理工艺流程主线之外，只有超出已设流量之外的废水流入调节池，使得废水的水量水质能够在一定程度上得到调节。根据调节池的功能，可分为水量调节池、水质调节池和贮水池（事故池）。图20-1所示为水量调节池。

（4）调节池的计算

1）水量调节池

常用的水量调节池如图20-1所示。进水为重力流，出水用泵抽升，池中最高水位不高于进水管的设计水位，有效水深一般为2～3m。最低水位为死水位。

调节池的容积可以用图解法计算。假设某工厂的废水在生产周期（T）内的废水流量变化曲线如图20-2所示。T小时内所围的曲线下面积等于废水总量W_T（m^3）。

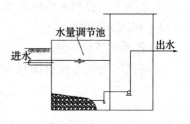

图20-1　水量调节池

$$W_T = \sum_{i=0}^{T} q_i t_i \qquad (20\text{-}1)$$

式中　　q_i——在 t_i 时段内废水的平均流量，m^3/h；

　　　　t_i——时段，h。

在周期 T 内废水平均流量 Q（m^3/h）为：

$$Q = \frac{W_T}{T} = \frac{1}{T}\sum_{i=0}^{T} q_i t_i \qquad (20\text{-}2)$$

根据废水量变化曲线，可绘制如图 20-3 所示的废水流量累积曲线。流量累积曲线与周期 T（本例为 24h）的交点 A 读数为 W_T（1464m^3），连接 OA 直线，其斜率为 Q（61m^3/h）。

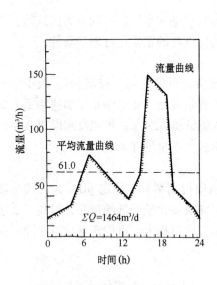

图 20-2　废水流量变化曲线

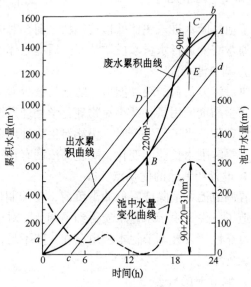

图 20-3　废水流量累积曲线

对废水流量累积曲线，做平行于 OA 的两条切线 ab、cd，切点为 B 和 C，通过 B、C，做平行于纵坐标的直线 BD 和 CE，这两条直线与出水累积曲线分别相交于 D 和 E 点。从纵坐标可得到 BD 和 CE 的水量分别为 220m^3 和 90m^3，两者加和为 310m^3，即为所需调节池容积。

水量调节池容积也可按给水工程中水塔容积的计算方法列表计算，这里从略。

2）水质调节池

① 普通水质调节池

对普通水质调节池有物料平衡方程：

$$C_1 QT + C_0 V = C_2 QT + C_2 V \qquad (20\text{-}3)$$

式中　Q——取样间隔时间内的平均流量，m^3/h；

　　C_1——取样间隔时间内进入调节池污染物的浓度，mg/L；

　　T——取样间隔时间，h；

C_0——取样间隔开始时调节池内污染物浓度，mg/L；

V——调节池容积，m³；

C_2——取样间隔时间终了时调节池出水污染物的浓度，mg/L。

假设取样间隔内出水浓度不变，由式（20-3）得：

$$C_2 = \frac{C_1 T + C_0 V/Q}{T + V/Q} \qquad (20\text{-}4)$$

【例20-1】某工厂生产周期为8h，取样测得废水水量和BOD浓度变化如表20-1所示。取样间隔时间1h。求调节池平均水力停留时间为8h和4h的出水BOD浓度。取样测定开始时（即取样时段1时），调节池内BOD浓度为179mg/L。

【解】由表20-1可知平均流量为4.63m³/min，停留时间为8h，调节池容积为：

$$V = Qt = 4.63 \times 8 \times 60 = 2222.4 \text{m}^3$$

第一时间间隔后的出水浓度为：

$$C_2 = \frac{C_1 T + C_0 V/Q}{T + V/Q} = \frac{245 \times 1 + 179 \times 2222.4/(6.1 \times 60)}{1 + 2222.4/(6.1 \times 60)} = 188.4 \text{mg/L}$$

其他时间间隔后的出水浓度列于表20-1中。

进水流量和进出水 BOD 浓度　　　　　　　　表 20-1

取样时段	流量（m³/min）	进水浓度（mg/L）	出水浓度（mg/L）	
			$t = 8\text{h}$	$t = 4\text{h}$
1	6.1	245	188	195
2	0.8	64	185	193
3	3.8	54	173	169
4	4.5	167	172	169
5	6.0	329	194	208
6	7.6	48	169	162
7	4.5	55	157	141
8	3.8	395	179	181
平均	4.63	178	178	178
P	—	—	1.09	1.17

调节池进水最大浓度与最小浓度之比 P 为：

$$P = 395/48 = 8.2$$

调节池出水最大浓度与平均浓度之比 P 为：

$$P = 194/178 = 1.09$$

同理可得停留时间为4h时调节池的容积和各时间间隔后的出水浓度及出水P。

调节池出水P应小于1.2。实际调节池宜采用4h。

② 穿孔导流槽式水质调节池

穿孔导流槽调节池如图20-4所示，废水从调节池两端同时进入，从对角线设置的穿孔导流槽出水，由于流程长短不同，使前后进入调节池的废水相混合，以此来均和水质。

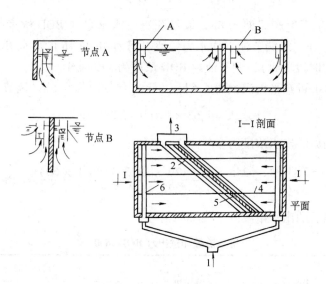

图 20-4　穿孔导流槽调节池

1—进水；2—集水；3—出水；4—纵向隔墙；5—斜向隔墙；6—配水槽

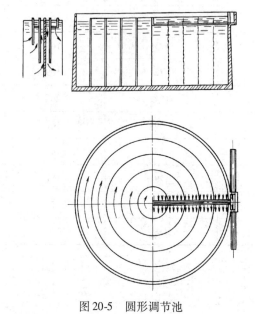

图 20-5　圆形调节池

这种调节池的容积可按式（20-5）计算：

$$W_T = \sum_{i=1}^{t} \frac{q_i}{2} \qquad (20-5)$$

考虑到废水在池内流动可能出现短路等因素，一般引入$\eta = 0.7$的安全系数。则式（20-5）可改写为：

$$W_T = \sum_{i=1}^{t} \frac{q_i}{2\eta} \qquad (20-6)$$

这种水质调节池的形式除上述矩形形式外还有方形和圆形调节池（图20-5）。

3）分流贮水池

对于某些工业，如果有偶然泄漏或周期性负荷发生时，常设置分流贮水池。当废水浓度超过一定值时，将废水排入分流贮水池，如图20-6所示。

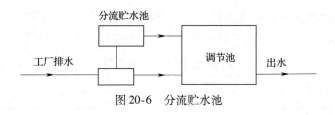

图 20-6　分流贮水池

20.2.2　除油池

（1）平流隔油池

图 20-7 为传统平流隔油池。废水从池子一端流入，从另一端流出。由于流速降低，相对密度小于 1.0 的大粒径油珠上浮到水面，而相对密度大于 1.0 的杂质沉于池底。在出水一侧的水面上设集油管。集油管一般用直径为 200～300mm 的钢管制成，沿其长度在管壁的一侧开有切口，集油管可以绕轴线转动。平时切口在水面上，当水面浮油达到一定厚度时，转动集油管，使切口浸入水面油层之下，油进入管内排出池外。

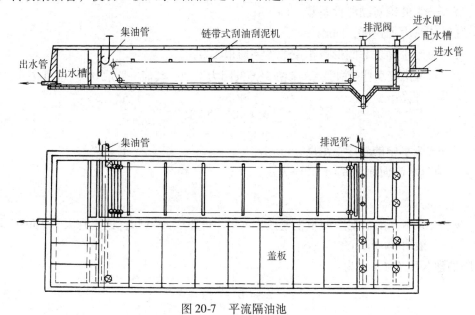

图 20-7　平流隔油池

平流式隔油池的优点是构造简单，运行管理方便，除油效果稳定。缺点是池体大，占地面积大。根据国内外的运行资料，这种隔油池，可能去除的最小油珠粒径，一般为 100～150μm。此时油珠的最大上浮速度不高于 0.9mm/s。

平流式隔油池的计算有两种方法。

1）按油粒上浮速度计算

计算所用的基本数据为油粒的上浮速度，按式（20-7）计算隔油池表面面积：

$$A = \alpha \frac{Q}{u} \tag{20-7}$$

式中　A——隔油池表面面积，m^2；

　　　Q——废水设计流量，m^3/h；

　　　u——设计油珠上浮速度，m/h；

α——对隔油池表面积的修正系数，该值与池容积利用率和水流紊动情况有关。α与速度比（v/u）的关系数值（v 为水流速度）见表20-2。

α 与速度比（v/u）的关系数值　　　　　　　　　　　　　表 20-2

v/u	20	15	10	6	3
α	1.74	1.64	1.44	1.37	1.28

设计上浮速度 u 值宜通过废水静浮实验确定。按照实验数据绘制油水分离效率与上浮速度之间的关系曲线，然后根据应达到的分离效率选定 u 的设计值。也可以根据修正的斯笃克斯公式求定：

$$u = \frac{\beta g}{18\mu\varphi}(\rho_\mathrm{w} - \rho_0)d^2 \tag{20-8}$$

式中　u——静止水中直径为 d 的油珠上浮速度，cm/s；

ρ_w、ρ_0——分别为水与油珠的密度，g/cm^3；

d——可上浮的最小油珠粒径，cm；

μ——水的绝对黏滞性系数，Pa·s；

g——重力加速度，cm/s^2；

φ——废水油珠非圆形修正系数，一般取 1.0；

β——考虑废水悬浮物引起的颗粒碰撞的阻力系数，其值一般取 0.95，也可按式（20-9）计算：

$$\beta = \frac{4 \times 10^4 + 0.8S^2}{4 \times 10^4 + S^2} \tag{20-9}$$

式中　S——废水中的悬浮物浓度，mg/L。

隔油池过水断面面积 A_c（m^2）为：

$$A_\mathrm{c} = \frac{Q}{v} \tag{20-10}$$

式中　v——废水在隔油池中的水平流速，m/h，一般取 $v \leqslant 15u$，但不宜大于 15mm/s（一般取 2~5mm/s）。

隔油池长度 L（m）为：

$$L = \alpha\left(\frac{v}{u}\right)h \tag{20-11}$$

隔油池每格的有效水深 h 一般为 1.5~2.0m，有效水深与池宽比 h/b 宜取为 0.3~0.4，每格的长宽比 L/b 不宜小于 4.0。

2）按废水停留时间计算

隔油池容积 W（m^3）为：

$$W = Qt \tag{20-12}$$

式中　Q——隔油池设计流量，m^3/h；

t——废水在隔油池的设计停留时间，h，一般取 1.5~2.0h。

隔油池过水断面 A_c（m^2）为：

$$A_\mathrm{c} = \frac{Q}{3.6v} \tag{20-13}$$

式中　v——废水在隔油池中的水平流速，mm/s。

隔油池格间数 n：

$$n = \frac{A_c}{b \times h} \qquad\qquad (20\text{-}14)$$

式中　b——隔油池每个格间的宽度，m；

　　　h——隔油池工作水深，m。

隔油池的格间数一般至少 2 格。

隔油池有效长度 L：

$$L = 3.6vt \qquad\qquad (20\text{-}15)$$

隔油池总高度 H：

$$H = h + h' \qquad\qquad (20\text{-}16)$$

式中　h'——隔油池超高，一般 0.4m 以上。

（2）斜板隔油池

斜板隔油池构造如图 20-8 所示。这种隔油池采用波纹形斜板，板间距宜采用 40mm，倾角不应小于 45°。废水沿板面向下流动，从出水堰排出。油珠沿板的下表面向上流动，然后经集油管收集排出。水中悬浮物沉降到斜板上表面，滑入池底部经排泥管排出。实践表明，这种隔油池油水分离效率高，可除去粒径不小于 80μm 的油珠，表面水力负荷宜为 $0.6 \sim 0.8 \text{m}^3/(\text{m}^2 \cdot \text{h})$，停留时间短，

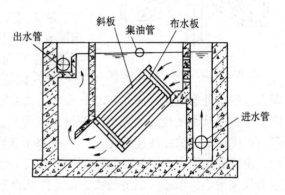

图 20-8　斜板隔油池

一般不大于 30min，占地面积小。目前我国新建的一些含油废水处理站多采用斜板隔油池，斜板材料应耐腐蚀、不沾油和光洁度好。

20.2.3　离心分离

（1）离心分离原理

物体作高速旋转时会产生离心力，利用离心力分离废水中杂质的处理方法称为离心分离法。当废水作高速旋转时，由于悬浮固体与水的密度不同，因而所受的离心力也不相同。密度大的悬浮固体被抛向外围，密度小的水被推向内层，从而使悬浮固体和水从各自出口排出，达到净化废水的目的。

（2）离心分离设备

按照产生离心力的方式不同，离心分离设备可分为水旋和器旋两类。前者称为水力旋流器，其特点是器体固定不动，而由沿切向高速进入器内的水产生离心力；后者指各种离心机，其特点是由高速旋转的转鼓带动水产生离心力。

1）离心机

离心机的种类和形式有多种。按分离因素大小可分为高速离心机（$\alpha > 3000$）、中速离心机（$\alpha = 1000 \sim 3000$）和低速离心机（$\alpha < 1000$）。中、低速离心机通称为常速离心机。按转鼓的几何形状不同，可分为转筒式、管式、盘式和板式离心机；按操作过程可分为间歇式和连续式离心机；按转鼓的安装角度可分为立式和卧式离心机。

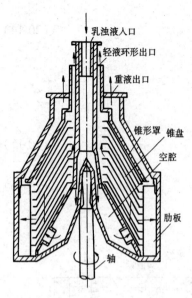

图 20-9　盘式离心机转筒结构

图 20-9 所示为盘式离心机转筒结构。在转鼓中有十几到几十个锥形金属盘片，盘片的间距为 0.4～1.5mm，斜面与垂线的夹角为 30°～50°。这些盘片缩短了悬浮物分离时所需移动的距离，减少涡流的形成，从而提高了分离效率。离心机运行时，乳浊液沿中心管自上而下进入下部的转鼓空腔，并由此进入锥形盘分离区，在 5000r/min 以上的高转速作用下，乳浊液的重组分（水）被抛向器壁，汇集于重液出口排出，轻组分（油）则沿盘间锥形环状窄缝上升，汇集于轻液出口排出。

2）压力式水力旋流器

图 20-10 所示是压力式水力旋流器。水力旋流器用钢板或其他耐磨材料制造，其上部是直径为 D 的圆筒，下部是锥角为 θ 的截头圆锥体。进水管以逐渐收缩的形式与圆筒以切向连接。废水通过加压后以切线方式进入器内，进口处的流速可达 6～10m/s。废水在器内沿器壁向下作螺旋运动形成一次涡流，废水中粒径及密度较大的悬浮颗粒被抛向器壁，并在下旋水推动和重力作用下沿器壁下滑，在锥底形成浓缩液连续排出。锥底部水流在越来越窄的锥壁反向压力作用下改变方向，由锥底向上作螺旋运动，形成二次涡流，经溢流管进入溢流筒后，从出水管排出。在水力旋流中心，形成一束绕轴线分布的自下而上的空气涡流柱，如图20-11所示。

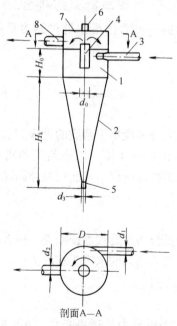

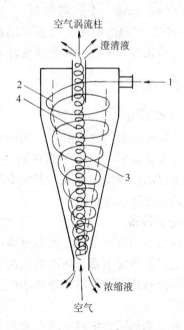

图 20-10　压力式水力旋流器构造
1—圆筒；2—圆锥体；3—进水管；
4—溢流管；5—排渣口；6—通气管；
7—溢流筒；8—出水管

图 20-11　物料在水力旋流器内的流动情况
1—入流；2——次涡流；3—二次涡流；
4—空气涡流柱

水力旋流器的计算，一般首先确定分离器各部分的尺寸，然后计算处理水量和极限截留颗粒直径，最后确定分离器台数。

20.2.4 过滤

（1）上向流滤池

上向流滤池如图 20-12 所示。废水自滤池下部进入，向上流经滤层，从上部流出。滤料通常采用石英砂，粒径根据进水水质确定，尽量使整个滤层都能发挥截污作用，并使水头损失缓慢上升。上向流滤池的滤料级配列于表 20-3。

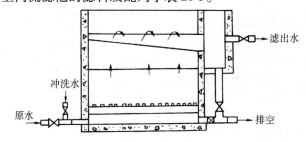

图 20-12　上向流滤池

上向流滤池的滤料级配 表 20-3

滤料层及承托层	粒径（mm）	厚度（mm）	滤料层及承托层	粒径（mm）	厚度（mm）
上部细砂层	1~2	1500	下部粗砂层	10~16	250
中部砂层	2~3	300	承托层	30~40	100

由于上向流滤池过滤和冲洗时的水流方向相同，要求不同流量时能均匀布水，为此，在滤池下部设有安装了许多配水喷嘴的配水室。为防止气泡进入滤层引起气阻，需将进水中的气体分离出来，经排气阀排到池外。

上向流滤池的特点是：

1）滤池的截污能力强，水头损失小。污水先通过粗粒的滤层能较充分地发挥滤层的作用，可延长滤池的运行周期。

2）配水均匀、易于观察出水水质。

3）污物被截留在滤池下部，滤料不易冲洗干净。

（2）多层滤料滤池

多层滤料滤池，常用的有双层滤料滤池和三层滤料滤池，如图 20-13 所示。双层滤池的滤料可采用上层为无烟煤，下层为石英砂。由于无烟煤的相对密度（1.4~1.6）比石英砂的相对密度（2.6）小，无烟煤的粒径可选择大些。因此，上层的孔隙率大，可截留较多的污物，下层的孔隙率较小，可进一步截留污物，污物可穿透滤池的深处，能较好地发挥整个滤层的过滤作用。水头损失也增加较慢。同样，在双层滤料的下面再加一层密度更大、更细的石榴石（相对密度为 4.2）便构成了三层滤料滤池。我国石榴石来源不足，可用磁铁矿石（相对密度为 4.7~4.8）作为重滤料。

多层滤料滤池主要用于饮用水处理，现已推广到废水的深度处理中。双层滤料滤池，无烟煤粒径要求在滤层高度内，将 75%~90% 的悬浮物去除。例如，要求滤池悬浮物的去除率为 90% 时，则悬浮物的 60%~80% 应由煤层去除，其余的由砂层去除。多层滤料的粒

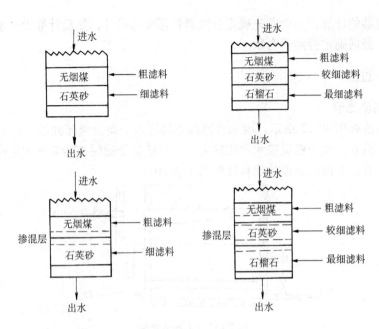

图 20-13 混层和不混层的双层滤料与三层滤料滤池

径和厚度见表 20-4。图 20-14 表示了单层和双层滤料中杂质的分布情况。

多层滤料粒径和厚度   表 20-4

层数	材料	粒径（mm）	厚度（cm）	层数	材料	粒径（mm）	厚度（cm）
双层滤料	无烟煤	1.0~1.1	50.8~76.2	双层滤料	石英砂	0.45~0.60	25.4~30.5
三层滤料	无烟煤 石英砂	1.0~1.1 0.45~0.55	45.7~61.0 20.4~30.5	三层滤料	石榴石	0.25~0.4	5.1~10.2

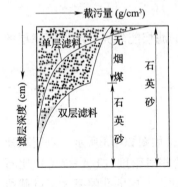

图 20-14 单层和双层滤料中杂质分布示意

多层滤料滤池，根据滤料层界面处允许混层与否可分为混层滤池和非混层滤池。经验表明，无烟煤滤料的最小粒径与石英砂最大粒径之比为 3~4 时，无明显混层现象。不混层时，双层滤料和三层滤料滤池进水悬浮物的最大允许浓度分别为 100mg/L 和 200mg/L。

（3）压力滤池

压力滤池有立式和卧式两类，如图 20-15 所示。立式压力滤池，因横断面面积受限制，多为小型的过滤设备。规模较大的废水处理厂宜采用卧式压力滤池，如国外污水三级处理中采用直径为 3m、长 11.5m 的卧式压力滤池。

压力滤池的特点是：

1）由于废水中悬浮物浓度较高，过滤时水头损失增加较快，所以滤池的允许水头损失也较高，重力式滤池允许水头损失一般为 2m，而压力滤池可达 6~7m。

2）在废水深度处理中，过滤常作为活性炭吸附或臭氧氧化法的预处理，压力滤池的出水水头能满足后处理的要求，不必再次提升。

3）压力滤池是密闭式的，可防止有害气体从废水中逸出。

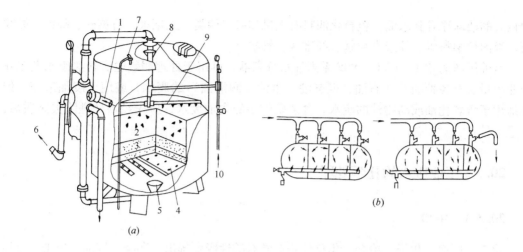

图 20-15　压力滤池的构造和工作情况

（a）立式压力滤池结构示意；（b）卧式压力滤池工作情况

1—进水管；2—无烟煤滤池；3—砂滤层；4—滤头；5—下部配水盘；6—出水口；

7—排气管；8—上部配水盘；9—旋转式表面冲洗装置；10—表面冲洗高压水进口

4）压力滤池采用多个并联时，各滤池的出水管可相互连接，当其中一个滤池进行反冲洗时，冲洗水可由其他几个滤池的出水供给，这样可省去反冲洗水箱和水泵。

压力滤池滤层的组成，采用下向流时，多为无烟煤和石英砂双层滤料。日本为去除二级出水中的悬浮物，无烟煤有效粒径采用 1.6～2.0mm，无烟煤有效粒径为石英砂的 2.7 倍以下，无烟煤和砂组成的滤层厚度为 600～1000mm，砂层厚度为无烟煤厚度的 60% 以下。最大滤速采用 12.5m/h。为加强冲洗，采用表面水冲洗和空气混合冲洗方法。

（4）新型滤料滤池

近年来，国内外都在研究采用塑料或纤维球等轻质材料作为滤料的滤池，这种滤池具有滤速高、水头损失小、过滤周期长、冲洗水耗量低等优点。

1）塑料、石英砂双层滤料滤池　上层采用圆柱形塑料滤料，直径为 3mm，滤层高 1000mm，下层为石英砂滤料，粒径为 0.6mm，层高 500mm，支撑层高 350mm，滤速为 30m/h。因塑料比无烟煤粒径大，而且均匀、空隙率大，所以，悬浮物截留量大。又因塑料的相对密度小，反冲时采用同样的反冲强度时，塑料的膨胀率大、清洗效果好，可缩短反洗时间，节省冲洗水量。另外塑料的磨损率也小。

2）纤维球滤料滤池　采用耐酸、耐碱、耐磨的合成纤维球作滤料，用直径为 20～50μm 的纤维丝制成直径为 10～30mm 的纤维球。纤维可用聚酯等合成纤维。滤速为 30～70m/h，生物处理后出水经过滤处理后，悬浮物浓度由 14～28mg/L 降到 2mg/L。采用空气搅动，冲洗水量只占 1%～2%。

（5）聚结过滤池

聚结过滤法又称为粗粒化法，用于含油废水处理。含油废水通过装有粗粒化滤料的滤池，使废水中的微小油珠聚结成大颗粒，然后进行油水分离。该法用于处理含油废水中的分散油和乳化油。粗粒化滤料，具有亲油疏水性质。当含油废水通过时，微小油珠便附聚在其表面形成油膜，达到一定厚度后，在浮力和水流剪力的作用下，脱离滤料表面，形成颗粒大的油珠浮升到水面。粗粒化滤料有无机和有机两类,无烟煤、石英砂、陶粒、蛇纹石及聚丙烯塑料等。外形有粒状、纤维状、管状等。

目前国产的 SCF、CYF、YSF 系列油水分离器,可用于处理船舶舱底含油废水及工业企业少量含有各种油类(石油、轻柴油、重油、润滑油)的废水,或用于废油浓缩。但不适用于含乳化油或动物油的废水。含杂质较多的含油废水,应先经预处理除去杂质后,再进行处理。

20.3 工业废水的化学处理

20.3.1 中和

化工、电镀、化纤、冶金、焦化等企业常有酸性废水排出。印染、炼油、造纸、金属加工等企业常有碱性废水排出。酸性废水含有无机酸或有机酸或同时含有无机酸和有机酸;有时含有重金属离子、悬浮固体或其他杂质。废水含酸浓度从小于1%至大于10%。碱性废水含有无机碱或有机碱,浓度可达10%。

为了保护城镇下水道免遭腐蚀,以及后续处理和生化处理能顺利进行,废水的 pH 宜为 $6.5 \sim 8.5$。对于某些化学处理如混凝、除磷等,也要将废水 pH 调节到适宜范围。用化学法去除废水中过量的酸、碱,调节 pH 在中性范围的方法称为中和。当废水含酸或碱浓度偏高,如浓度达 $3\% \sim 5\%$ 以上时,应考虑是否进行回收利用。如浓度低于 2%,回收利用不经济时,即应采用中和处理。

中和处理方法有三种:酸、碱废水直接混合反应中和,药剂中和,过滤中和等。

(1)中和方法的选择

中和方法的选择要考虑以下因素:

1)废水含酸或含碱性物质浓度、水质及水量的变化情况;

2)酸性废水和碱性废水来源是否相近,含酸、碱总量是否接近;

3)有无废酸、废碱可就地利用;

4)各种药剂市场供应情况和价格;

5)废水后续处理、接纳水体、城镇下水道对废水 pH 的要求。

表20-5是酸性废水中和方法比较,表20-6是碱性废水中和方法比较。

酸性废水中和方法比较   表 20-5

中和方法	适用条件	主要优点	主要缺点
利用酸碱废水互相混合中和	1. 适于各种酸性废水; 2. 在邻近处有碱性废水可资利用; 3. 酸、碱废水含酸碱总当量数宜大致相等	1. 以废治废,运行费用少; 2. 如酸、碱当量平衡,水量、水质变化不大时,管理方便	1. 往往酸、碱当量不平衡,所以仍需补充药剂中和; 2. 水量、水质变化大时,要进行均化处理
投药中和	1. 适于各种酸性废水; 2. 尤其适用于含重金属杂质的酸性废水	1. 适应性较强,能去除重金属离子等杂质; 2. 如控制严格可保证出水 pH 达到要求	1. 要求设备较多; 2. 管理要求严格; 3. 当用石灰、电石渣为中和剂时,沉淀泥渣量大; 4. 处理费用较高

中和方法	适用条件	主要优点	主要缺点
固定床过滤中和	1. 适用于含盐酸、硝酸的废水中和； 2. 水质不含大量悬浮固体，油脂及重金属离子等	1. 设备简单； 2. 操作维护工作量小； 3. 沉渣量少	1. 含悬浮固体和油脂多的废水应做预处理； 2. 不宜用于高浓度含硫酸废水； 3. 出水 pH 偏低，一般不能兼顾去除重金属
升流膨胀过滤中和	1. 适用于含盐酸、硝酸的废水中和； 2. 适用于含硫酸浓度小于 2g/L 的废水中和	1. 设备简单； 2. 滤速较快，反应快，滤池容积较小； 3. 区别于固定床，可处理含硫酸废水	1. 同固定床； 2. 对滤料粒径要求严格
滚筒式过滤中和	1. 适用于含盐酸、硝酸的废水中和； 2. 废水含硫酸浓度可大于 2g/L	对滤料粒径无严格要求	1. 滚筒设备结构复杂，须做防腐层； 2. 电耗高； 3. 噪声大

碱性废水中和方法比较　　　　　　　　　　　　　　　　　表 20-6

中和方法	适用条件	主要优点	主要缺点
用酸性废水相互中和	1. 适用于各种碱性废水； 2. 酸、碱废水中酸、碱当量最好基本平衡	1. 节省中和药剂，费用省； 2. 当酸、碱总量基本平衡时，设备简化，管理也较简单	1. 废水流量、浓度变化大时，应预先作均化处理； 2. 酸、碱总量不平衡时，还须补充作投药中和处理
加酸中和	用工业酸或废酸	用废酸或副产品作中和剂时，较经济	用工业酸作中和处理剂时，费用高
烟道气中和	1. 要求有大量，且连续供给的，能满足中和处理的烟气； 2. 当碱性废水不排出时，且烟气继续排放时，应备用的除尘水	1. 利用烟气中的 CO_2、SO_2 中和废水中的碱性物质、使 pH 降至 6~7，以废治废； 2. 省去除尘用水和酸，费用省	废水经烟气中和后，水温升高、色度、COD、硫化物含量一般均提高

（2）中和处理方法及其工艺计算

1）酸、碱废水相互中和

① 酸性或碱性废水需要量

利用酸性废水和碱性废水相互中和时，应进行中和能力的计算，公式如下：

$$Q_1 M_1 = Q_2 M_2 \qquad (20\text{-}17)$$

式中　Q_1——酸性废水流量，L/h；

　　　M_1——酸性废水酸的摩尔浓度，[H^+] mol/L；

　　　Q_2——碱性废水流量，L/h；

M_2——碱性废水碱的摩尔浓度，$[OH^-]$ mol/L。

在中和过程中，酸和碱的当量（物质的当量是指该物质在化学反应过程中所表现的单位化合价的分子量，它等于分子量除以化合价）恰好相等时称为中和反应的等当点。强酸强碱互相中和时，由于生成的强酸强碱盐不发生水解，因此等当点即中性点，溶液的pH 等于 7.0。但若中和的一方为弱酸或弱碱时，由于中和过程中所生成的盐的水解，尽管达到等当点，但溶液并非中性，pH 大小取决于所生成盐的水解度。

② 中和设备及设计计算

中和设备可根据酸碱废水排放规律及水质变化来确定。

a. 当水质水量变化较小或后续处理对 pH 要求不严时，可在集水井（或管道、混合槽）内进行连续混合反应。

b. 当水质水量变化不大或后续处理对 pH 要求严时，可设连续流中和池。中和时间 t 视水质水量变化情况确定，一般采用 $1 \sim 2h$。有效容积按式（20-18）计算：

$$V = (Q_1 + Q_2) t \tag{20-18}$$

式中　V——中和池有效容积，m^3；

　　　Q_1——酸性废水设计流量，m^3/h；

　　　Q_2——碱性废水设计流量，m^3/h；

　　　t——中和时间，h。

c. 当水质水量变化较大，且水量较小时，连续流无法保证出水 pH 符合要求，或出水中还含有其他杂质或重金属离子时，多采用间歇式中和池。池有效容积可按污水排放周期（如一班或一昼夜）中的废水量计算。中和池至少两座（格）交替使用。在间歇式中和池内完成混合、反应、沉淀、排泥等工序。

由于工业废水一般水质水量变化较大，为了降低后续处理的难度，一般需设置调节池，用于均化水质水量，所以酸碱废水的中和一般可以结合调节池的设计进行。

【例 20-2】甲车间排出酸性废水，含盐酸浓度为 0.629%，流量 $16.3m^3/h$；乙车间排出碱性废水，含氢氧化钠浓度为 1.4%，流量 $8.0m^3/h$。试计算废水混合中和处理后废水的 pH。

【解】① 将百分比浓度换算成摩尔浓度

含 HCl 废水的摩尔浓度 = $(1000 \times 0.629\%)/36.5 = 0.1723 mol/L$

含 NaOH 废水的摩尔浓度 = $(1000 \times 1.4\%)/40 = 0.35 mol/L$

② 每小时两种废水各流出的总酸、碱量

HCl 量 = $0.1723 \times 16.3 \times 1000 = 2808.49 mol$

NaOH 量 = $0.35 \times 8.0 \times 1000 = 2800 mol$

HCl 的量略大于 NaOH 量，混合后的废水中尚有 HCl 的量：

$2808.49 - 2800 = 8.49 mol$

③ 混合后酸的摩尔浓度

混合后废水酸的摩尔浓度 = $8.49/[1000 \times (8.0 + 16.3)] = 0.35 \times 10^{-3} mol/L$

④ 混合后废水的 pH

因为 HCl 在水中全部离解，所以混合后废水的 $[H^+] = 0.35 \times 10^{-3} mol/L$

故： $$pH = -lg[H^+] = -lg(0.35 \times 10^{-3}) = 3.46。$$

2）投药中和法

① 投药中和法的工艺要点

a. 根据化学反应式计算酸、碱药剂的耗量；

b. 药剂有干法投加和湿法投加，湿法投加比干法投加反应完全；

c. 药剂用量应大于理论用量；

d. 如废水量小于 $20m^3/h$，宜采用间歇中和设备；

e. 为提高中和效果，常采用 pH 粗调、中调与终调装置，且投药由 pH 计自动控制。

② 中和反应工艺计算包括中和反应计算、投药量计算及沉渣量计算。

a. 常见的中和反应如下：

$$H_2SO_4 + Ca(OH)_2 \rightarrow CaSO_4 \downarrow + 2H_2O$$

$$2HNO_3 + Ca(OH)_2 \rightarrow Ca(NO_3)_2 + 2H_2O$$

$$2HCl + Ca(OH)_2 \rightarrow CaCl_2 + 2H_2O$$

$$H_2SO_4 + CaCO_3 \rightarrow CaSO_4 \downarrow + H_2O + CO_2 \uparrow$$

$$HCl + NaOH \rightarrow NaCl + H_2O$$

$$H_2SO_4 + 2NaOH \rightarrow Na_2SO_4 + 2H_2O$$

$$2HCl + CaCO_3 \rightarrow CaCl_2 + H_2O + CO_2 \uparrow$$

根据化学反应计量式，可计算参与反应物质的理论耗量，如：

$$H_2SO_4 + Ca(OH)_2 \rightarrow CaSO_4 + 2H_2O$$

$$98 \qquad 74$$

则按上式，当中和 1kg 100% H_2SO_4 时，应消耗 $Ca(OH)_2$ 为：$1 \times 74/98 = 0.76kg$。

而采用 HCl 中和 NaOH 时，则：

$$NaOH + HCl \rightarrow NaCl + H_2O$$

$$40 \qquad 36.5$$

按该式，当中和 1kg 100% NaOH，应消耗 HCl 为：$1 \times 36.5/40 = 0.91kg$。常用中和剂的理论耗量就是根据上述化学反应计量式的计算得出的。用于中和酸性废水的碱性药剂单位理论耗量见表 20-7，用于中和碱性废水的酸性药剂单位理论耗量见表20-8。

中和酸性废水的碱性药剂理论耗量（kg/kg）　　　　　　　表 20-7

| 酸类名称 | 分子量 | NaOH | CaO | Ca(OH)₂ | CaCO₃ |
		40	56	74	100
HCl	36.5	1.10	0.77	1.01	1.37
HNO_3	63	0.64	0.45	0.59	0.80
H_2SO_4	98	0.82	0.57	0.76	1.02
H_2PO_4	98	1.22	0.86	1.13	1.53
CO_2	44	1.82	—	1.68	—

中和碱性废水的酸性药剂理论耗量（kg/kg）　　表 20-8

碱类名称	分子量	HCl	H_2SO_4	HNO_3
		36.5	98	63
NaOH	40	0.91	1.23	1.58
CaO	56	1.30	1.75	2.25
$Ca(OH)_2$	74	0.99	1.32	1.70

b. 投药量计算　　市售酸性药剂在应用时须将理论消耗量除以酸的百分浓度，以得出市售产品的用量。碱性物质理论耗量也要除以纯度（%）以得出市售产品的用量。

在中和酸性废水的实际应用中，废水常含有其他消耗碱的物质，如重金属等杂质，并考虑反应不完全等因素，所以实际消耗碱性药剂的数量，要比理论耗量大。在实际应用中常将理论耗量乘以反应不均匀系数 K，K 值宜用试验确定；也可参照如下数据：当用石灰干投法中和含硫酸废水时，K 为 1.5~2.0；当用石灰乳中和含硫酸废水时，K 为 1.1~1.2；当用石灰中和含盐酸或硝酸废水时，K 为 1.05~1.1；当用石灰中和硫酸亚铁或氯化亚铁时，K 为1.1；当用氢氧化钠中和硫酸亚铁或氯化亚铁时，K 为 1.2。

总耗药量可按式（20-19）计算：

$$G = QCKa/\alpha \text{（kg/h）} \tag{20-19}$$

式中　Q——废水流量，m^3/h；

　　　C——废水中酸（碱）浓度，kg/m^3 或 g/L；

　　　a——药剂单位理论耗量，kg/kg；

　　　α——药剂纯度，以百分比计；

　　　K——反应不均匀系数。

c. 中和沉渣量计算　　中和过程产生的沉渣量应根据试验确定；当无试验资料时，也可按式（20-20）估算：

$$G_2 = G(B + e) + Q(S - C_1 - d) \text{（kg/h）} \tag{20-20}$$

式中　G_2——沉渣量（干重），kg/h；

　　　G——总耗药量，kg/h；

　　　B——单位药耗产生的盐量，kg/kg，见表 20-9；

　　　e——单位药耗中杂质含量，kg/kg；

　　　Q——废水流量，m^3/h；

　　　S——中和处理前废水悬浮物浓度，kg/m^3；

　　　C_1——中和处理后废水增加的含盐浓度，kg/m^3，见表 20-10；

　　　d——中和处理后废水的悬浮物浓度，kg/m^3。

中和过程单位药耗产生的盐量（kg/kg）　　表 20-9

酸	盐	NaOH	$Ca(OH)_2$	$CaCO_3$	HCO_3^-
盐酸	$CaCl_2$	—	1.53	1.53	—
	NaCl	1.61	—	—	—
	CO_2	—	—	0.61	1.22

酸	盐	NaOH	Ca(OH)$_2$	CaCO$_3$	HCO$_3^-$
硫酸	CaSO$_4$	—	1.39	1.39	—
	Na$_2$SO$_4$	1.45	—	—	—
	CO$_2$	—	—	0.45	0.90
硝酸	Ca(NO$_3$)$_2$	—	1.30	1.30	—
	NaNO$_3$	1.25	—	—	—
	CO$_2$	—	—	0.35	0.70

盐类溶解度表（kg/m^3）　　　　　　　　　表 20-10

盐类名称	0℃	10℃	20℃	30℃
CaSO$_4$·2H$_2$O	1.76	1.93	2.03	2.10
CaCl$_2$	595	650	745	1020
NaCl	375	358	360	360
NaNO$_3$	730	800	880	960
Ca(NO$_3$)$_2$	1021	1153	1293	1526

③ 药剂中和处理工艺流程

药剂中和处理工艺流程如图 20-16 所示。

④ 设备和装置　包括石灰乳制备、混合反应、沉淀及沉渣脱水等。

a. 石灰乳溶液槽　应设置不少于 2 个，采用机械搅拌时，搅拌机转速一般为 20~40r/min；如用压缩空气搅拌，其强度为 8 ~ 10L/(m^2·s)；亦可采用水泵搅拌。

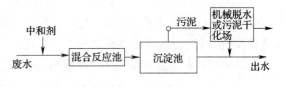

图 20-16　药剂中和处理工艺流程

b. 混合反应装置　当废水量较小、浓度不高、沉渣量少时，可将中和剂投于集水井中，经泵混合，在管道中反应，但应有足够的反应时间。

c. 沉淀池可选择竖流式或平流式。竖流式沉淀池适用于沉渣量少的情况；平流沉淀池适用于沉渣量大、重力排泥困难的情况。

d. 沉渣脱水装置　中和过程产生的泥渣含水较多。可用泵抽出后，经进一步浓缩，例如采用设有刮泥装置的辐流式浓缩池，并投加凝聚剂处理，以进一步使其含水率下降，然后用真空过滤或压滤机脱水。

20.3.2　化学沉淀

（1）氢氧化物沉淀法

1）原理

以氢氧化物如 NaOH、Ca(OH)$_2$ 等作为沉淀剂加入含有金属离子的废水中，生成金属氢氧化物沉淀，从而从废水中除去金属离子的方法，即氢氧化物沉淀法。

金属氢氧化物沉淀受废水 pH 的影响，如以 M(OH)$_n$ 表示金属氢氧化物，则有如下反应：

$$M(OH)_n \rightleftharpoons M^{n+} + nOH^-$$

$$L_{M(OH)n} = [M^{n+}][OH^-]^n \tag{20-21}$$

此时水亦离解：
$$H_2O = H^+ + OH^-$$

水的离子积
$$K_{H_2O} = [H^+][OH^-] = 1 \times 10^{-14}(25℃) \tag{20-22}$$

将式(20-22)代入式(20-21)，取对数，整理得：

$$\lg[M^{n+}] = 14n - npH + \lg[L_{M(OH)_n}] \tag{20-23}$$

由式（20-23）可知，金属氢氧化物的生成和状态与溶液的 pH 有直接关系。

2) 氢氧化物沉淀法的应用

① 沉淀剂的选择　氢氧化物沉淀法最经济常用的沉淀剂为石灰，一般适用于浓度较低不回收金属的废水。如废水浓度高，欲回收金属时，宜用氢氧化钠为沉淀剂。

② 控制 pH 是废水处理成败的重要条件，由于实际废水水质比较复杂，影响因素较多，理论计算的氢氧化物溶解度与 pH 关系和实际情况有出入，所以宜通过试验取得控制条件。

有些金属如 Zn、Pb、Cr、Sn、Al 等的氢氧化物具有两性，当溶液 pH 过高，形成的沉淀又会溶解。以 Zn 为例：

$$Zn(OH)_2 \rightleftharpoons Zn^{2+} + 2OH^-$$

$$Zn(OH)_2 \downarrow + OH^- \rightleftharpoons Zn(OH)_3^-$$

$$Zn(OH)_2 \downarrow + 2OH^- \rightleftharpoons Zn(OH)_4^{2-}$$

Zn 沉淀的 pH 宜为 9，当 pH 再高，就会因络合阴离子的增多，使锌溶解度上升。所以处理过程的 pH 过低或过高都会使处理失败。

表 20-11 为某些金属氢氧化物沉淀析出的最佳 pH。

某些金属氢氧化物沉淀析出的最佳 pH　　　　　　　　　　　　表 20-11

金属离子	Fe^{2+}	Fe^{3+}	Sn^{2+}	Al^{3+}	Cr^{3+}	Cu^{2+}	Zn^{2+}	Ni^{2+}	Pb^{2+}	Cd^{2+}	Mn^{2+}
沉淀最佳 pH	5~12	6~12	5~8	5.5~8	8~9	>8	9~10	>9.5	9~9.5	>10.5	10~14
加碱溶解的 pH				>8.5	>9		>10.5		>9.5		

（2）硫化物沉淀法

由于金属硫化物的溶度积远小于金属氢氧化物的溶度积，所以此法去除重金属的效果更佳。经常使用的沉淀剂为硫化钠、硫化钾及硫化氢等。

1) 原理

将可溶性硫化物投加于含重金属的废水中，重金属离子与硫离子反应，生成难溶的金属硫化物沉淀而从废水中去除重金属的方法，称为硫化物沉淀法。

根据金属硫化物溶度积的大小，将金属硫化物析出先后排序为：$Hg^{2+} \rightarrow Ag^+ \rightarrow As^{3+} \rightarrow Bi^{3+} \rightarrow Cu^{2+} \rightarrow Pb^{2+} \rightarrow Cd^{2+} \rightarrow Sn^{2+} \rightarrow Zn^{2+} \rightarrow Co^{2+} \rightarrow Ni^{2+} \rightarrow Fe^{2+} \rightarrow Mn^{2+}$。排在前面的金属，其硫化物的溶度积比排在后面的溶度积更小，如 HgS 溶度积为 4.0×10^{-53}，而 FeS 的溶度积为 3.2×10^{-18}。

以硫化氢作沉淀剂时，硫化氢在水中离解：

$$H_2S \rightleftharpoons H^+ + HS^-$$

$$HS^- \rightleftharpoons H^+ + S^{2-}$$

离解常数分别为：

$$K_1 = \frac{[H^+][HS^-]}{H_2S} = 9.1 \times 10^{-8}$$

$$K_2 = \frac{[H^+][S^{2-}]}{[HS^-]} = 1.2 \times 10^{-15}$$

$$K_1 \times K_2 = \frac{[H^+]^2[S^{2-}]}{[H_2S]} = 1.09 \times 10^{-22}$$

$$[S^{2-}] = \frac{1.09 \times 10^{-22} \times [H_2S]}{[H^+]^2} \tag{20-24}$$

在金属硫化物饱和溶液中有：

$$MS \rightleftharpoons M^{2+} + S^{2-}$$

$$[M^{2+}] = \frac{L_{MS}}{[S^{2-}]} \tag{20-25}$$

将式（20-24）代入式（20-25），则：

$$[M^{2+}] = \frac{L_{MS}[H^+]^2}{1.09 \times 10^{-22} \times [H_2S]} \tag{20-26}$$

在 1 个标准大气压下，25℃，pH≤6 时，H_2S 在水中的饱和浓度约为 0.1mol/L。将 $[H_2S] = 1 \times 10^{-1}$mol/L 代入式（20-26）得：

$$[M^{2+}] = \frac{L_{MS}[H^+]^2}{1.09 \times 10^{-23}} \tag{20-27}$$

由式（20-27）可知，金属离子的浓度与 $[H^+]^2$ 成正比，即废水 pH 低，金属离子浓度高；反之，pH 高，金属离子浓度低。

2）硫化物沉淀法处理含汞废水

用硫化物沉淀法处理含汞废水，应在 pH = 9～10 的条件下进行，通常向废水中投加石灰乳和过量的硫化钠，硫化钠与废水中的汞离子反应，生成难溶的硫化汞沉淀：

$$Hg^{2+} + S^{2-} \rightleftharpoons HgS \downarrow$$

$$2Hg + S^{2-} \rightleftharpoons Hg_2S \rightleftharpoons HgS \downarrow + Hg \downarrow$$

生成的硫化汞以很细微的颗粒悬浮于水中，为使其迅速沉淀与废水分离，并去除废水中过量的硫离子，可再向废水中投加硫酸亚铁，这样即可生成 FeS 除去多余的 S^{2-}，同时还会生成 $Fe(OH)_2$ 沉淀，它可以与 HgS、FeS 共沉，加快沉淀速度。

$$FeSO_4 + S^{2-} \rightarrow FeS \downarrow + SO_4^{2-}$$

$$Fe^{2+} + 2OH^- \rightarrow Fe(OH)_2 \downarrow$$

由于硫化汞的溶度积为 4×10^{-53}，低于硫化亚铁的溶度积 3.2×10^{-18}，所以首先生成硫化汞，再生成硫化亚铁，最后才是 $Fe(OH)_2$。

（3）钡盐沉淀法

钡盐沉淀法主要用于处理含六价铬废水。多采用碳酸钡、氯化钡等钡盐作为沉淀剂。以使用碳酸钡为沉淀剂处理含铬酸废水为例，有如下反应：

$$H_2CrO_4 + BaCO_3 \rightarrow BaCrO_4 \downarrow + CO_2 \uparrow + H_2O$$

这是由于铬酸钡的溶度积为 1.6×10^{-10} 小于碳酸钡的溶度积 7.0×10^{-9}，所以可得出 $BaCrO_4$ 沉淀。

上述反应适宜的 pH 为 4.5 ~ 5.0，投药比 Cr^{6+}：$BaCO_3$ = 1 : (10 ~ 15)。反应时间为 20 ~ 30min。

处理后废水去除 $BaCrO_4$ 沉淀后，废水中仍残留有过量的钡，可用石膏与之反应而除去：

$$CaSO_4 + Ba^{2+} \Longrightarrow BaSO_4 \downarrow + Ca^{2+}$$

上述反应历时只需 2 ~ 3min。

(4) 磷的化学沉淀法

含磷废水的化学沉淀可以通过向废水中投加含高价金属离子的盐来实现。常用的高价金属离子有 Ca^{2+}、Al^{3+}、Fe^{3+}，聚合铝盐和聚合铁盐除了可以和磷酸根离子形成沉淀外还能起到辅助混凝的效果。由于 PO_4^{3-} 和 Ca^{2+} 的化学反应与 PO_4^{3-} 和 Al^{3+}、Fe^{3+} 相差很大，所以可以分别讨论。

1) 钙盐化学沉淀除磷

Ca^{2+} 通常可以 $Ca(OH)_2$ 的形式投加。当废水 pH 超过 10 时，过量的 Ca^{2+} 离子会与 PO_4^{3-} 离子发生反应生成羟磷灰石 $Ca_{10}(PO_4)_6(OH)_2$ 沉淀，其反应方程式如下：

$$10Ca^{2+} + 6PO_4^{3-} + 2OH^- \Longrightarrow Ca_{10}(PO_4)_6(OH)_2 \downarrow$$

需要指出的是，当石灰投入废水时，会和废水中的重碳酸或碳酸碱度反应生成 $CaCO_3$ 沉淀。在实际应用中，由于废水中碱度的存在，石灰的投加量往往与磷的浓度不直接相关，而主要与废水中的碱度具有相关性。典型的石灰投加量是废水中总碱度（以 $CaCO_3$ 计）的 1.4 ~ 1.5 倍。废水经石灰沉淀处理后，往往需要再回调 pH 至正常水平，以满足后续处理或排放的要求。

2) 铝、铁盐化学沉淀除磷

铝盐或铁盐与磷酸根离子发生化学沉淀反应的基本反应方程式如下：

铝盐与磷酸根离子发生化学沉淀的反应式：

$$Al^{3+} + H_n PO_4^{3-n} \Longrightarrow AlPO_4 \downarrow + nH^+$$

铁盐与磷酸根离子发生化学沉淀的反应式：

$$Fe^{3+} + H_n PO_4^{3-n} \Longrightarrow FePO_4 \downarrow + nH^+$$

表面上，1mol Al^{3+} 或 Fe^{3+} 可以和 1mol PO_4^{3-} 发生反应生成沉淀，但该反应会受到很多竞争反应的影响。废水的碱度、pH、痕量元素等都会对上述反应产生影响。所以实际应用时，不能按照上述反应方程式直接计算铝盐或铁盐的投加量，而需要进行小型试验或规模试验后再决定实际投加量。尤其当采用聚合铝盐或聚合铁盐时，反应会更加复杂。

【例 20-3】 某工业废水流量 $Q = 12000m^3/d$，含 P 8mg/L。通过实验室试验，每去除 1mol P 需要投加 1.5mol 的 Al。所采用的铝盐溶液是聚合硫酸铝 $Al_2(SO_4)_3 \cdot 18H_2O$ 溶液，含铝盐 48%，溶液密度为 1.2kg/L，计算该铝盐溶液投加量。

【解】 1) 计算该铝盐溶液中 Al 的总量

① 每升溶液中铝盐质量为：$0.48 \times 1.2 = 0.58kg/L$；

② 每升溶液中 Al 的质量为：$0.58 \times 2 \times 26.98/666.5 = 0.047kg/L$。

（26.98 为 Al 的分子量，666.5 为铝盐的分子量）。

2) 计算每去除 1kg P 所需 Al 的质量

① 理论需要量：$26.98/30.97 = 0.87kg/kg$；

（30.97 为 P 的分子量）。

② 实际需要量：$1.5 \times 0.87 = 1.31 \mathrm{kg/kg}$。

3）计算铝盐溶液的投加量

铝盐溶液的投加量 $= (12000 \times 8 \times 1.31)/(0.047 \times 10^3) = 2676 \mathrm{L/d}$。

20.3.3 氧化还原

（1）氧化法及其应用

1）氯氧化法

氯作为氧化剂在水和废水处理领域的应用已经有很长历史了。可以用于去除氰化物、硫化物、醇、醛等，并可用于杀菌、防腐、脱色和除臭等。在工业废水处理领域主要用于脱色和去除氰化物。

氰化物的去除主要采用碱性氯化法。碱性氯化法是在碱性条件下，采用次氯酸钠、漂白粉、液氯等氯系氧化剂将氰化物氧化。其基本原理是利用次氯酸根离子的氧化作用。

将氯、次氯酸钠或漂白粉溶于水中都能生成次氯酸：

$$Cl_2 + H_2O \rightarrow HOCl + HCl$$

$$2CaOCl_2 + 2H_2O \rightarrow 2HOCl + Ca(OH)_2 + CaCl_2$$

$$HOCl \rightleftharpoons H^+ + OCl^-$$

碱性氯化法常用的有局部氧化法和完全氧化法两种工艺。

① 局部氧化法

氰化物在碱性条件下被氯氧化成氰酸盐的过程，常称为局部氧化法，其反应式如下：

$$CN^- + ClO^- + H_2O \xrightarrow{\text{慢}} CNCl + 2OH^-$$

$$CNCl + 2OH^- \xrightarrow{\text{快}} CNO^- + Cl^- + H_2O$$

上述第一个反应，pH 可为任何值，反应速度较慢，第二个反应，pH 最小为 9～10，建议采用 11.5，反应速率很快。反应的中间产物氯化氰 CNCl 是剧毒气体，必须立即消除。同时 CNCl 也很不稳定，在高 pH 条件下，很快会转化为氰酸盐 CNO^-，氰酸盐的毒性是 HCN 的千分之一。

② 完全氧化法

完全氧化法是继局部氧化法后，再将生成的氰酸根 CNO^- 进一步氧化成 N_2 和 CO_2，消除氰酸盐对环境的污染。

$$2CNO^- + 3OCl^- \longrightarrow CO_2 \uparrow + N_2 \uparrow + 3Cl^- + CO_3^{2-}$$

pH 宜控制在 8～8.5，pH 过高（>12）会导致反应停止；pH 也不能太低（<7.6），否则连续进水时，会导致剧毒的 HCN 从废水中逸出。

氧化剂的用量一般为局部氧化法的 1.1～1.2 倍。完全氧化法处理含氰废水必须在局部氧化法的基础上才能进行，药剂应分两次投加，以保证有效地破坏氰酸盐，适当的搅拌可加速反应进行。

2）臭氧氧化法

① 臭氧氧化的接触反应装置　臭氧氧化接触反应装置有多种类型，分为气泡式、水膜式和水滴式三种。无论哪种装置，其设计宗旨都要利于臭氧的气相与水的液相之间的传

质。同时需要臭氧与污染物质的充分接触。臭氧与污染物质的化学反应进行的快慢，不但与化学反应速率大小有关，同时也受相间传质速率大小的制约。例如臭氧与某些易于与其反应的污染物质如氰、酚、亲水性染料、硫化氢、亚硝酸盐、亚铁等之间的反应速率甚快，此时反应速率往往受制于传质速率。又如一些难氧化的有机物，如饱和脂肪酸、合成表面活性剂等，臭氧对它们的氧化反应甚慢，相间传质很少对其构成影响。所以选择何种接触反应装置，要根据处理对象的特点决定。

② 尾气处理　由于臭氧与废水不可能完全反应，自反应器中排出的尾气会含有一定浓度的臭氧和反应产物。因此，需要对臭氧尾气进行处理，尾气处理方法有燃烧法、还原法和活性炭吸附法等。

③ 臭氧处理工艺设计

a. 臭氧发生器的选择

（a）臭氧需要量计算：

$$G = KQC \tag{20-28}$$

式中　G——臭氧需要量，g/h；

　　　K——安全系数，取 1.06；

　　　Q——废水量，m^3/h；

　　　C——臭氧投加量，mgO_3/L，应根据试验确定。

（b）臭氧化空气量计算：

$$G_干 = G/C_{O_3} \tag{20-29}$$

式中　$G_干$——臭氧化干燥空气量，m^3/h；

　　　C_{O_3}——臭氧化空气之臭氧浓度，g/m^3，一般为 $10 \sim 14g/m^3$。

（c）臭氧发生器的气压计算：

$$H > h_1 + h_2 + h_3 \tag{20-30}$$

式中　H——臭氧发生器的工作压力，m；

　　　h_1——臭氧接触反应器的水深，m；

　　　h_2——臭氧布气装置（如扩散板、管等）的阻力损失，m；

　　　h_3——输气管道的阻力损失，m。

根据 G、$G_干$ 和 H，可选择臭氧发生器；且宜有备用，备用台数占 50%。

b. 臭氧接触反应器计算　臭氧接触反应器的容积按式（20-31）计算：

$$V = \frac{Qt}{60} \tag{20-31}$$

式中　V——臭氧接触反应器的容积，m^3；

　　　t——水力停留时间，min，应按试验确定，一般为 $5 \sim 10min$。

3）过氧化氢氧化法

用于废水处理的过氧化氢 H_2O_2 常为 30% ~ 50% 的溶液。

在碱性（如 pH = 9.5）条件下，过氧化氢可将甲醛氧化：

$$2CH_2O + H_2O_2 + 2OH^- \rightarrow 2HCOO^- + H_2 + 2H_2O$$

在 pH = 10 ~ 12 条件下，过氧化氢可有效地破坏氰化物：

$$CN^- + H_2O_2 \rightarrow OCN^- + H_2O$$

$$OCN^- + 2H_2O \rightarrow NH_4^+ + CO_3^{2-}$$

以上反应都是单独使用 H_2O_2 的情况，其氧化反应过程很缓慢。近年来过氧化氢已广泛用于去除有毒物质，特别是难处理的有机物。其做法是投加催化剂以促进氧化过程。常用催化剂是硫酸亚铁（Fenton 试剂）、络合 Fe（Fe – EDTA）、Cu 或 Mn，或使用天然酶。但最常用的是 $FeSO_4$。

4）光催化氧化法

光催化氧化法是利用光和氧化剂共同作用，强化氧化反应分解废水中有机物或无机物，去除有害物质。

常用氧化剂有臭氧、氯、次氯酸盐、过氧化氢等。常用光源为紫外光（UV）。

① UV – H_2O_2 系统　当 H_2O_2 被紫外光激活后，反应产物是·OH 自由基。有如下反应：

$$H_2O_2 \xrightarrow{\text{UV}} 2 \cdot OH$$

利用 UV – H_2O_2 系统可有效处理多种机有物，包括苯、甲苯、二甲苯、三氯乙烯，还有难降解的有机物如三氯甲烷、丙酮、三硝基苯以及 n – 辛烷等。UV – H_2O_2 系统适于处理低色度、低浊度和低浓度废水。

② UV – Cl_2 系统　氯在水中生成的次氯酸，在紫外光作用下，能分解生成初生态氧 [O]，[O] 具有很强的氧化作用。它在光照下，可将含碳的有机物氧化成 CO_2 和 H_2O：

$$Cl_2 + H_2O \rightarrow HOCl + HCl$$

$$HOCl \xrightarrow{\text{UV}} HCl + [O]$$

$$[H - C] + [O] \xrightarrow{\text{UV}} H_2O + CO_2$$

式中 [H – C] 表示含碳有机物。

③ UV – O_3 系统　臭氧—紫外光系统可显著地加快废水中有机物的降解。对于芳香烃类及含卤素等有机物的氧化也很有效。O_3 与 UV 之间有协同作用：

$$O_3 \xrightarrow{\text{UV}} O + O_2$$

$$O + H_2O \xrightarrow{\text{UV}} H_2O_2$$

$$H_2O_2 \xrightarrow{\text{UV}} 2 \cdot OH$$

臭氧在紫外光照射下的显著优点在于加速了臭氧的分解，同时促使有机物形成大量活化分子。因此臭氧氧化效果更加显著。

（2）还原法及其应用

还原法是用投加还原剂或电解的方法，使废水中的污染物质经还原反应转变为无害或低害新物质的废水处理方法。这里以处理含铬废水为例介绍药剂还原法。

1）处理原理　在酸性条件下，利用还原剂将 Cr^{6+} 还原为 Cr^{3+}，再用碱性药剂调 pH，使 Cr^{3+} 形成 Cr（OH）$_3$ 沉淀而除去。

2）还原反应　常用的还原剂有亚硫酸钠、亚硫酸氢钠、硫酸亚铁等。它们与 Cr^{6+} 的还原反应都宜在 pH = 2 ~ 3 的条件下进行。亚硫酸氢钠还原 Cr^{6+} 的反应为：

$$2H_2Cr_2O_7 + 6NaHSO_3 + 3H_2SO_4 \rightarrow 2Cr_2(SO_4)_3 + 3Na_2SO_4 + 8H_2O$$

亚硫酸钠还原 Cr^{6+} 的反应为：

$$H_2Cr_2O_7 + 3Na_2SO_3 + 3H_2SO_4 \rightarrow Cr_2(SO_4)_3 + 3Na_2SO_4 + 4H_2O$$

硫酸亚铁还原 Cr^{6+} 的反应为：

$$H_2Cr_2O_7 + 6FeSO_4 + 6H_2SO_4 \rightarrow Cr_2(SO_4)_3 + 3Fe_2(SO_4)_3 + 7H_2O$$

将 Cr^{6+} 还原成 Cr^{3+} 后，可将废水 pH 调至 7~9，此时 Cr^{3+} 生成 $Cr(OH)_3$ 沉淀：

$$Cr_2(SO_4)_3 + 6NaOH \rightarrow 2Cr(OH)_3 \downarrow + 3Na_2SO_4$$

或 $$Cr_2(SO_4)_3 + 3Ca(OH)_2 \rightarrow 2Cr(OH)_3 \downarrow + 3CaSO_4$$

如用 $FeSO_4$ 作还原剂，则同时生成 $Fe(OH)_3$ 沉淀。

3）反应条件

① 用亚硫酸盐还原时，废水六价铬浓度一般宜为 100~1000mg/L。用硫酸亚铁还原时，废水六价铬浓度宜为 50~100mg/L。

② 还原反应 pH 宜控制为 1~3。

③ 投药量：当用亚硫酸盐作还原剂时，1 份重量六价铬消耗还原剂为 4 份。当用 $FeSO_4 \cdot 7H_2O$ 作还原剂时，1 份重量六价铬消耗还原剂为 25~30 份。

④ 还原反应时间约为 30min。

⑤ $Cr(OH)_3$ 沉淀时的 pH 宜控制为 7~9。

20.3.4 电解

（1）作用原理

电解质溶液在电流的作用下，发生电化学反应的过程称为电解。与电源负极相连的电极从电源接受电子，称为阴极；与电源正极相连的电极把电子传递给电源，称为阳极。在电解过程中，阴极放出电子，使废水中的阳离子得到电子而被还原；阳极得到电子，使废水中的阴离子失去电子而被氧化。因此废水电解时在阳极和阴极上发生了氧化还原反应。产生的新物质或沉积在电极上，或沉淀在水中，或生成气体从水中逸出，从而降低了废水中有毒物质的浓度。这种利用电解原理来处理废水的方法称为电解法，可对废水进行氧化处理、还原处理、凝聚处理及浮上处理。

（2）基本理论

1）法拉第电解定律

电解时在电极上析出或溶解的物质质量与通过的电量成正比，并且每通过 96487C 的电量，在电极上发生反应而改变的物质量均为 1 克当量。公式表示为：

$$G = \frac{EQ}{F} = \frac{EIt}{F} \tag{20-32}$$

式中　G——析出或溶解的物质质量，g；

　　　E——物质的克当量；

　　　Q——通过的电量，C；

　　　I——电流强度，A；

　　　t——电解时间，s；

　　　F——法拉第常数，96487C/当量。

2）分解电压

能使电解正常进行所需要的最小外加电压称为分解电压。分解电压的大小受以下因素影响：

① 浓差极化作用　由于电解时离子的扩散运动不能立即完成，靠近电极表面溶液薄

层内的离子浓度与溶液内部的离子浓度不同，结果产生一种浓度差电池，其电位差同外加电压方向相反，这种现象称浓差极化。浓差极化可以通过加强搅拌的方法使之减小，但由于存在电极表面扩散作用，不可能完全把它消除。

② 化学极化作用　由于在电解时两极析出的产物构成了原电池，该原电池电位差也与外加电压方向相反，这种现象称为化学极化。

③ 电解液中离子的运动受到一定的阻碍，需要一定的外加电压予以克服，其值为 IR，I 为电解时通过的电流，R 为电解液的电阻。

此外，分解电压还与电极的性质、废水性质、电流密度及电解液温度等因素有关。

（3）电解法的应用

1）处理含氰废水　电解氧化含氰废水有不投加食盐和投加食盐之分。当不投加食盐时，反应式为：

$$2(OH)^- + CN^- - 2e \rightarrow CNO^- + H_2O$$

$$CNO^- + 2H_2O \rightarrow NH_4^+ + CO_3^{2-}$$

$$2CNO^- + 4(OH)^- - 6e \rightarrow 2CO_2 \uparrow + N_2 \uparrow + 2H_2O$$

当投加食盐时，反应式为：

$$2Cl^- - 2e \rightarrow 2[Cl]$$

$$CN^- + 2[Cl] + 2OH^- \rightarrow CNO^- + 2Cl^- + H_2O$$

$$2CNO^- + 6[Cl] + 4OH^- \rightarrow 2CO_2 \uparrow + N_2 \uparrow + 6Cl^- + 2H_2O$$

氧化反应过程会生成有毒气体 HCN。极板一般采用石墨阳极。极板间距 30 ~ 50mm。采用压缩空气搅拌。

2）处理含酚废水　用电解氧化法去除酚通常以石墨作为电极。为了加强氧化反应，并降低电耗，要向电解槽内投加食盐，其投加量一般为 20g/L。

电解氧化处理酚时，电流密度一般采用 1.5 ~ 6A/dm²，电解历时 6 ~ 40min。废水含酚浓度可从 250 ~ 600mg/L 降到 0.8 ~ 4.3mg/L。

3）处理含铬废水

在工业废水处理中，常利用电解还原处理含铬废水，六价铬在阳极还原。采用钢板作电极，通过直流电，铁阳极溶解出亚铁离子，将六价铬还原为三价铬，亚铁氧化为三价铁：

$$Fe - 2e \rightarrow Fe^{2+}$$

$$Cr_2O_7^{2-} + 6Fe^{2+} + 14H^+ \rightarrow 2Cr^{3+} + 6Fe^{3+} + 7H_2O$$

$$CrO_4^{2-} + 3Fe^{2+} + 8H^+ \rightarrow Cr^{3+} + 3Fe^{3+} + 4H_2O$$

在阴极主要为 H^+ 反应，析出氢气。废水中的六价铬可直接还原为三价铬。反应如下：

$$2H^+ + 2e \rightarrow H_2 \uparrow$$

$$Cr_2O_7^{2-} + 6e + 14H^+ \rightarrow 2Cr^{3+} + 7H_2O$$

$$CrO_4^{2-} + 3e + 8H^+ \rightarrow Cr^{3+} + 4H_2O$$

电解过程由于析出氢气，pH 逐渐上升，从 4.0 ~ 6.5 上升至 7.0 ~ 8.0。在这种条件下，有如下反应：

$$Cr^{3+} + 3(OH)^- \rightarrow Cr(OH)_3 \downarrow$$

$$Fe^{3+} + 3(OH)^- \rightarrow Fe(OH)_3 \downarrow$$

阳极溶解产生的 Fe^{2+} 还原 Cr^{6+} 成 Cr^{3+} 是电解还原的主反应；而阴极直接将 Cr^{6+} 还原成 Cr^{3+} 是次反应。这可从铁阳极受到严重腐蚀得到证明。所以采用铁阳极，且在酸性条件下进行电解，可以提高电解效率。

应当注意的是，在电解反应的同时，在阳极上还有如下反应：

$$4OH^- - 4e \rightarrow 2H_2O + O_2 \uparrow$$

$$3Fe + 2O_2 \rightarrow FeO + Fe_2O_3$$

两反应相加：

$$8OH^- + 3Fe - 8e \rightarrow Fe_2O_3 \cdot FeO + 4H_2O$$

由于电极表面生成 $Fe_2O_3 \cdot FeO$ 钝化膜，阻碍了 Fe^{2+} 进入废水中，从而使反应缓慢。为了维持电解的正常进行，要定时清理阳极的钝化膜。人工清除钝化膜是较繁重的劳动。一般可将阴、阳极调换使用。利用阴极上产生氢气的还原和撕裂作用，可清除钝化膜，反应如下：

$$2H^+ + 2e \rightarrow H_2 \uparrow$$

$$Fe_2O_3 + 3H_2 \rightarrow 2Fe + 3H_2O \uparrow$$

$$FeO + H_2 \rightarrow Fe + H_2O$$

20.4 工业废水的物理化学处理

20.4.1 混凝

（1）污水处理混凝影响因素

影响因素主要包括：水温、水化学特性、杂质性质和浓度、水力条件等。

1）水温　低温条件下混凝效果较差，主要因为：① 无机盐水解吸热；② 温度降低，黏度升高，布朗运动减弱；③ 胶体颗粒水化作用增强，妨碍凝聚。

2）pH 及碱度　无机盐水解，造成 pH 下降，影响水解产物形态。水质、去除对象不同，最佳 pH 范围也不同。有时需碱度来调整 pH，碱度不够时通常投加石灰。

3）水中杂质浓度　杂质浓度低，颗粒间碰撞几率下降，混凝效果差。对策有：① 投加高分子助凝剂；② 投加黏土；③ 投加混凝剂后直接过滤。

（2）常用混凝剂和助凝剂

1）常用混凝剂

混凝剂种类较多，常用的混凝剂及其分类见表 20-12。

常用混凝剂及分类　　　　　　　　　　　　　　　　　表 20-12

无机混凝剂	铝系	硫酸铝 明矾、聚合氯化铝（PAC） 聚合硫酸铝（PAS）	适宜 pH：5.5~8
	铁系	三氯化铁 硫酸亚铁、硫酸铁（国内生产少） 聚合硫酸铁 聚合氯化铁	适宜 pH：5~11，但腐蚀性强

		阳离子型：含氨基、亚氨基的聚合物	国外开始增多，国内尚少
有机混凝剂	人工合成	阴离子型：水解聚丙烯酰胺（HPAM）	
		非离子型：聚丙烯酰胺（PAM） 聚氧化乙烯（PEO）	
		两性型：聚合铝/铁—聚丙烯酰胺	使用极少
	天然	淀粉、动物胶、树胶、甲壳素等	
		微生物絮凝剂	

2）助凝剂

助凝剂种类也较多，常用助凝剂及其分类有：① 酸碱类：调整水的 pH，如石灰、硫酸等；② 加大矾花的粒度和结实性：如活化硅酸（$SiO_2 \cdot nH_2O$）、骨胶、高分子絮凝剂；③ 氧化剂类：破坏干扰混凝的物质，如有机物。如投加 Cl_2、O_3 等。

助凝剂在混凝过程中可能参与混凝，也可能不参与混凝。

20.4.2 气浮

（1）散气气浮法

1）扩散板散气气浮法 该法是通过微孔陶瓷、微孔塑料等板管将压缩空气形成气泡分散于水中实现气浮。此法简单易行，但所得气泡偏大，气泡直径可达 1～10mm，气浮效果不佳。

2）叶轮气浮法 此法是将空气引至高速旋转叶轮，利用旋转叶轮造成负压吸入空气，废水则通过叶轮上面固定盖板上的小孔进入叶轮，在叶轮搅动和导向叶片的共同作用下，空气被粉碎成细小气泡。叶轮通过轴由位于水面以上的电机带动。

（2）溶气气浮法

1）溶气真空气浮法

废水在常压下被曝气，使其充分溶气，然后在真空条件下使废水中溶气析出形成细微气泡，粘附颗粒杂质上浮于水面形成泡沫浮渣而除去。此法的优点是：气泡形成、气泡粘附于颗粒以及絮凝体的上浮都处于稳定环境，絮体很少被破坏。气浮过程能耗小。缺点是：溶气量小，不适于处理含悬浮物浓度高的废水；气浮在负压下运行，刮渣机等设备都要求在密封气浮池内，所以气浮池的结构复杂，维护运行困难，故此法应用较少。

2）加压溶气气浮法

① 工作原理 在加压条件下，使空气溶于水中，形成空气过饱和状态。然后减至常压，使空气析出，以微小气泡释放于水中，实现气浮。此法形成气泡小（20～100μm），处理效果好，应用广泛。

② 基本流程 加压溶气气浮又分三种流程：全溶气流程、部分溶气流程和回流加压溶气流程。全溶气流程是将被处理的废水全部进行加压溶气，然后再经释放器进入气浮池，进行固液分离。部分溶气流程是将被处理废水的一部分进行加压溶气，其余废水直接进入浮选池。由于是部分水加压溶气，所以相对于全溶气流程，气泡量较少。如欲增大溶气量，则应提高溶气罐的压力。回流加压溶气流程是将一部分处理后出水回流，进行加压

溶气，废水直接入气浮池。此法适于废水含悬浮物浓度高的情况。气浮池容积比其余两流程大。

③ 溶气方式　常用的溶气方式有：水泵吸水管吸气溶气方式、水泵压水管射流溶气方式和水泵 – 空压机溶气方式。

④ 设备选择

a. 加压泵　水泵选择依据的压力与流量应按照所需的空气量决定。如采用回流加压溶气流程，回流水量一般是进水量的 25% ~ 50%。

b. 溶气罐　溶气罐的容积按加压水停留 2 ~ 3min 计算。目前多采用喷淋填料罐，其溶气效率比空罐高约 25%，填料高度超过 0.8m 时，即可达到饱和状态。溶气罐的直径根据过水断面负荷 $100 ~ 150m^3/(m^2 \cdot h)$ 确定，罐高 2.5 ~ 3m。

c. 溶气释放器　溶气释放器应能将溶于水中的空气迅速均匀地以细微气泡形式释放于水中。其产生气泡的大小和数量，直接影响气浮效果。目前国内常用的释放器特点是可在较低压力下（如 ≥ 0.15MPa），即可释放溶气量 99%，释放的气泡平均粒径只有20 ~ 40μm，且粘附性好。

d. 气浮池　气浮池基本形式有平流式和竖流式两种。目前常用平流式气浮池。平流式气浮池的优点是池身较浅，造价低，管理方便。图 20-17 所示为有回流的平流式气浮池。图 20-18所示为竖流式气浮池。

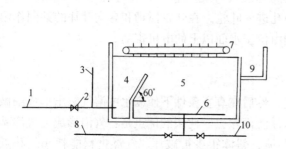

图 20-17　有回流的平流式气浮池
1—溶气水管；2—减压释放及混合设备；3—原水管；
4—接触区；5—分离区；6—集水管；7—刮渣设备；
8—回流管；9—集渣槽；10—出水管

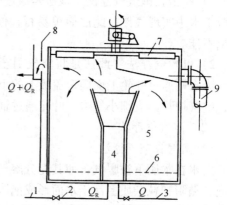

图 20-18　竖流式气浮池
1—溶气水管；2—减压释放器；3—原水管；
4—接触区；5—分离区；6—集水管；7—刮渣机；
8—水位调节器；9—排渣管

（3）电解气浮法

电解气浮法是用不溶性阳极和阴极，通以直流电，直接将废水电解。阳极和阴极产生氢和氧的微细气泡，将废水中污染物颗粒或先经混凝处理所形成的絮体粘附而上浮至水面，生成泡沫层，然后将泡沫刮除，实现污染物的去除。电解过程所产生的气泡远小于散气气浮法和溶气气浮法所产生的气泡，且不产生紊流。电解法不但起一般气浮分离作用，它兼有氧化还原作用，能脱色和杀菌。处理流程对废水负荷变化适应性强，生成的泥渣量相对较少，占地面积也少。

(4) 平流式气浮池的设计

1) 设计参数 气浮池有效水深 2.0 ~ 2.5m；长宽比 1.5:1 ~ 1:1；设计水力停留时间 10 ~ 20min；分离区水流下降流速 1 ~ 3mm/s。水力表面负荷 5 ~ 10m³/(m²·h)。

为防止进水干扰分离区的工作，在气浮池入口设有隔板，隔板前为接触区，设计参数为隔板下端直立部分，水流上升流速取 20mm/s；隔板上端一般与水平呈 60°角，此区水流上升流速取 5 ~ 10mm/s；接触区水力停留时间 ≥ 2min。隔板下部竖直部分高 300 ~ 500mm，隔板上端与气浮池水面距离取 300mm，以防止扰动浮渣层。

集水管布置在分离区底部，可为枝状或环状布置，力求集水均匀。

池顶刮渣机行车速度不大于 5m/min。

2) 计算步骤

① 溶气水量计算 在计算溶气水量时，涉及一个重要参数，即气固比（A/S），其意义为压力溶气水中释放的空气质量与废水中悬浮固体质量之比，可按式（20-33）计算：

$$\frac{A}{S} = \frac{C_a(fP - 1)Q_R}{1000 \times QS'} \quad (20\text{-}33)$$

式中 A——压力溶气水在 0.1MPa 大气压下释放的空气质量，kg/d；

　　S——废水中悬浮固体质量，kg/d；

　　Q——气浮处理废水量，m³/d；

　　S'——废水中悬浮固体浓度，kg/m³；

　　C_a——0.1MPa 大气压下空气在水中的饱和溶解度，g/m³，见表 20-13；

　　Q_R——回流加压溶气水量，m³/d；

　　f——加压溶气系统的溶气效率，一般取 0.6 ~ 0.8；

　　P——溶气绝对压力，0.1MPa。

0.1MPa 大气压下空气在水中的饱和溶解度　　　　　　表 20-13

水温（℃）	溶解度 C_a（mg/L）	水温（℃）	溶解度 C_a（mg/L）
0	36.56	30	17.70
10	27.50	40	15.51
20	21.77		

A/S 的值宜通过试验确定。如无试验资料，可按 0.005 ~ 0.06 的范围选用。废水悬浮固体浓度高时取低值；低时取高值。

根据式（20-33），回流加压水量为：

$$Q_R = 1000 \frac{A}{S} QS' / [C_a(fP - 1)] \quad (20\text{-}34)$$

② 接触区计算

接触区容积按式（20-35）计算：

$$V_j = \frac{(Q + Q_R)t_1}{24 \times 60} \quad (20\text{-}35)$$

式中 V_j——接触区容积，m³；

　　Q——处理废水量，m³/d；

Q_R——回流溶气水量，m^3/d；

t_1——接触区接触时间，min。

接触区面积按式（20-36）计算：

$$A_j = \frac{V_j}{H} \qquad (20\text{-}36)$$

式中　A_j——接触区面积，m^2；

　　　H——有效水深，m。

接触区长度按式（20-37）计算：

$$L_j = A_j / b \qquad (20\text{-}37)$$

式中　L_j——接触区长度，m；

　　　b——气浮池宽度，m。

③ 气浮池分离区计算

气浮池分离区容积按式（20-38）计算：

$$V_f = \frac{(Q + Q_R)t_2}{24 \times 60} \qquad (20\text{-}38)$$

式中　V_f——分离区容积，m^3；

　　　t_2——分离区停留时间，min。

气浮池有效水深按式（20-39）计算：

$$H = v_s t_2 \qquad (20\text{-}39)$$

式中　H——气浮池有效水深，m；

　　　v_s——分离区水流下降的平均流速，m/s；

　　　t_2——分离区停留时间，s。

分离区面积按式（20-40）计算：

$$A_f = \frac{V_f}{H} \qquad (20\text{-}40)$$

式中　A_f——分离区面积，m^2。

分离区长度按式（20-41）计算：

$$L_f = \frac{A_f}{b} \qquad (20\text{-}41)$$

式中　L_f——分离区长度，m；

　　　b——气浮池宽度，m。

【例 20-4】某厂废水拟用回流加压气浮法处理。废水量 $Q = 2000 m^3/d$，SS 浓度 600mg/L，水温40℃。气浮试验数据如下：A/S 为 0.02；溶气罐压力为 0.35MPa（表压）；水温为 40℃；溶气罐内停留时间 t 为 3min；气浮池接触区接触时间 t_1 为 5min；气浮池分离区停留时间 t_2 为 30min；气浮池分离区水流下降流速 v_s 为 1.5mm/s。试设计计算加压气浮设备。

【解】1）计算回流加压溶气水量

$$Q_R = \frac{A}{S}QS'/[C_a(fP - 1)]$$

f 取 0.6；当水温 40℃时，按表 20-13，空气在水中饱和溶解度 15.51mg/L，则：

$$Q_R = 0.02 \times 2000 \times 600/[15.51 \times (0.6 \times 4.5 - 1)]$$
$$= 24000/26.37 = 910 \text{m}^3/\text{d}$$

2）气浮池计算

接触区容积：

$$V_j = \frac{(Q + Q_R)t_1}{24 \times 60} = \frac{(2000 + 910) \times 5}{24 \times 60} = 10.1 \text{m}^3，取 10 \text{m}^3$$

分离区容积：

$$V_f = \frac{(Q + Q_R)t_2}{24 \times 60} = \frac{(2000 + 910) \times 30}{24 \times 60} = 60.63 \text{m}^2$$

气浮池有效水深：

$$H = v_s t_2 = 0.0015 \times 30 \times 60 = 2.7 \text{m}$$

分离区面积：

$$A_f = \frac{V_f}{H} = \frac{60.63}{2.7} = 22.46 \text{m}^2$$

分离区长度：

$$L_f = \frac{A_f}{b}，b \text{ 取 } 4.0 \text{m}，则$$

$$L_f = \frac{A_f}{b} = \frac{22.46}{4} = 5.62 \text{m}$$

接触区面积：

$$A_j = \frac{V_j}{H} = \frac{10}{2.7} = 3.7 \text{m}^2$$

接触区长度：

$$L_j = \frac{A_j}{b} = \frac{3.7}{4} = 0.93 \text{m}$$

气浮池出水管：气浮池出水管为 DN150 的穿孔管，孔口流速 v' 取 1m/s，孔口总面积为：

$$S = \frac{Q + Q_R}{24 \times 3600 v'} = \frac{2000 + 910}{24 \times 3600 \times 1} = 0.034 \text{m}^2$$

取孔径 D' 为 15mm，开孔数为：

$$n = \frac{S}{\frac{\pi}{4}D'^2} = \frac{0.034}{\frac{\pi}{4} \times (0.015)^2} = 192 \text{ 个}$$

3）溶气罐计算　溶气罐容积为：

$$V_R = \frac{Q_R t}{24 \times 60} = \frac{910 \times 3}{24 \times 60} = 1.9 \text{m}^3$$

20.4.3 吸附

工业废水中常有许多可用吸附法除去的污染物。吸附法常用于去除：因酚、石油等引起的异味；由各种染料、有机物、铁、锰形成的色度；难降解的有机物，如多种农药、芳香化合物、氯代烃等；重金属等。

（1）吸附平衡、吸附容量与吸附等温线

1）吸附平衡 如果吸附与解吸的速度相等，即单位时间内被吸附的吸附质数量与解吸数量相等时，废水中吸附质的浓度和吸附剂表面上的浓度都不再改变而达到平衡。此时废水中吸附质的浓度称为平衡浓度。吸附过程也达到吸附平衡。

2）吸附容量 吸附容量是单位质量的吸附剂所能吸附的吸附质质量。如向含吸附质浓度为 C_0，容积为 V 的废水中投加质量为 W 的活性炭，在吸附平衡时，废水中吸附质剩余浓度为 C 时，吸附容量可按式（20-42）表示：

$$q = \frac{V(C_0 - C)}{W} \tag{20-42}$$

式中 q——吸附容量，g/g；

V——废水容积，L；

C_0——原废水的吸附质浓度，g/L；

C——吸附平衡时，废水中剩余的吸附质浓度，g/L；

W——活性炭投加量，g。

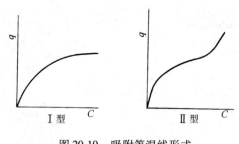

图 20-19 吸附等温线形式

3）吸附等温线 在温度一定时，吸附容量随吸附质平衡浓度的提高而增加，吸附容量随平衡浓度而变化的曲线称为吸附等温线，如图 20-19 所示。

表示吸附等温线的方程式称为吸附等温式。常用的吸附等温式有弗兰德里希（Freundlich）等温式、朗谬尔（Langmuir）等温式等。

① 弗兰德里希等温式 在水处理中，通常采用弗兰德里希经验公式：

$$q = KC^{1/n} \tag{20-43}$$

式中 q——吸附剂的吸附容量，g/g；

C——废水中吸附质平衡浓度，g/L；

K、$1/n$——表现吸附特性的参数。

式（20-43）可改写成对数式：

$$\lg q = \lg K + \frac{1}{n}\lg C \tag{20-44}$$

将 C 和与之对应的 q 点划在双对数坐标纸上，便可得一条近似直线，直线的截距为 K，斜率为 $1/n$。

② 朗谬尔等温式 朗谬尔等温式是建立在一些假定条件基础上的。这些假定是：吸附剂的表面均一，其各点的吸附能相同；吸附是单分子层的，当吸附剂表面被吸附质饱和

时，达到最大吸附量；在吸附剂表面上的各吸附点之间不存在吸附质的转移；当达到吸附平衡时，吸附速率和脱附速率相等。

由动力学方法推导出平衡吸附量 q_e 与液相平衡浓度 C_e 的关系式如下：

$$q_e = \frac{abC_e}{1 + bC_e} \tag{20-45}$$

式中　a——与最大吸附量有关的常数；

　　　b——与吸附有关的常数。

朗谬尔等温式所根据的假定，并非严格正确，它适于解释单分子层的化学吸附情况。

（2）吸附工艺

在水处理中应用的活性炭主要有粉末活性炭（Powdered Activated Carbon，PAC）和粒状活性炭（Granular Activated Carbon，GAC），它们的应用条件和处理工艺也不一样。

1）粉末活性炭（PAC）

粉末活性炭可以用于二级生物处理出水的深度处理，或直接投加入生物反应池中形成粉末炭/活性污泥工艺（PACT），也可以用于一些物理化学工艺。在二级生物处理出水的深度处理中，粉末活性炭与二级生物处理出水一起进入接触池，经过一段时间的水炭接触，水中的一些残余污染物质会被活性炭吸附。活性炭可以沉入池底，深度处理后的水则可以排放或回用。由于粉末活性炭颗粒非常细小，自身难于通过重力沉淀，所以常辅助投加混凝剂（如聚合电解质）来形成混凝沉淀，或采用快速砂滤池过滤来去除吸附了污染物质的粉末活性炭。在工业废水的物理化学处理流程中，粉末活性炭常与一些化学药剂配合使用形成沉淀来去除一些特殊的物质。

2）粒状活性炭（GAC）

采用粒状活性炭处理废水时，被处理废水一般通过活性炭填充床反应器（通常称为吸附塔或吸附池），可采用几种不同类型的活性炭填充床，其典型形式有固定床、移动床和流动床三种。

① 固定床　固定床是吸附处理最常用的吸附塔形式，它又分为降流式和升流式两种。降流式是废水自上而下流过吸附剂层，由吸附塔底部出水。这种方式处理效果稳定。但经过吸附层的水头损失较大，如果废水含悬浮物浓度高时尤为严重。为了防止堵塞吸附层，常用定期反冲洗，还要在吸附层上部装设反冲洗装置。

升流式固定床的操作是废水自下向上流经吸附剂层。运行时，水头损失增加较慢，所以运行周期长。如水头损失增大，可提高升流流速，使吸附剂层膨胀，可达到自清的目的。如果进水水流不均衡，又不能及时调整操作，有可能导致吸附剂（活性炭）随出水流失。

根据处理水量、原水水质和处理要求的不同，可选择单床式、多床串联式和多床并联式三种操作方式。

② 移动床　移动床的运行特点是，废水自吸附塔底部流入吸附塔，水流向上与吸附剂活性炭逆流接触，处理水由塔顶排出。活性炭由塔顶加入，接近吸附饱和的活性炭从塔底定期排出塔外。

与固定床相比，移动床能充分利用吸附剂的吸附容量，水头损失也较小。被截流在吸附剂层的悬浮固体可随饱和活性炭一起从塔底排出。因此可免去反冲洗。运行时要求保持塔内吸附剂上下层不互混，操作管理要求严格。

③ 流化床　水由下向上升流通过活性炭层，炭由上向下移动。活性炭在塔内处于膨胀状态或流化状态。水与炭逆流接触。炭与水的接触面大，能使炭充分发挥吸附作用。废水含悬浮物浓度高也能适应，无需进行反冲洗。要求连续排炭和投炭。宜保持炭层成层状向下移动。操作管理要求严格。

(3) 吸附塔的设计

1) 设计要点

① 废水经常规处理后，出水水质中某些指标不能符合排放标准时，才考虑采用活性炭吸附处理。

② 设计活性炭处理工艺前，应用拟处理的废水水样进行吸附试验。对不同品牌的活性炭进行筛选，并得出各项设计参数，诸如滤速、接触时间、饱和周期、反冲洗周期等。

③ 废水在吸附处理前，宜经过滤处理，防止堵塞炭层。拟进行吸附处理的废水污染物（吸附质）浓度也不宜过高，否则应作预处理，当进水 COD 大于 $50 \sim 80 mg/L$ 时，可考虑采用生物活性炭工艺。

④ 如废水污染物浓度经常变化，宜采用均化设备，或设置旁通管，如遇污染物浓度低于排放标准不需吸附处理时，可通过旁通管跨越吸附塔。

⑤ 为防止腐蚀，吸附塔内表面应进行防腐处理。

⑥ 采用活性炭固定床吸附塔时，其主要设计参数和操作条件，根据实际运行资料，建议采用下列数据：

吸附塔直径	$1.0 \sim 3.5 m$;
充填层厚度	$3 \sim 10 m$;
充填层与塔径之比	$1:1 \sim 4:1$;
活性炭粒径	$0.5 \sim 2.0 mm$;
接触时间	$10 \sim 50 min$;
容积速度（即单位容积吸附剂在单位时间内通过处理水的容积）	$2 m^3/(m^3 \cdot h)$;
过滤线速度　升流式	$9 \sim 25 m/h$;
降流式	$7 \sim 12 m/h$;
反冲洗线速度	$28 \sim 32 m/h$;
反冲洗时间	$3 \sim 8 min$;
反冲洗周期	$8 \sim 72 h$;
反冲洗膨胀率	$30\% \sim 50\%$。

2) 吸附塔的设计计算步骤

如已知设计流量 Q（m^3/h）、废水含吸附质浓度 C_0（mg/L）、出水容许吸附质浓度 C_e。试验已得出空塔速度 v、接触时间 T、通水倍数 n、活性炭填充层密度 ρ，则吸附塔的设计计算步骤为：

① 吸附塔总面积

$$F = \frac{Q}{v} \ (m^2) \tag{20-46}$$

② 如吸附塔个数为 N，每塔面积

$$f = \frac{F}{N} \ (m^2) \tag{20-47}$$

③ 塔直径

$$D = \sqrt{\frac{4f}{\pi}} \ (m) \tag{20-48}$$

④ 炭层高

$$h = vT \ (m) \tag{20-49}$$

⑤ 每塔填充活性炭容积 V 及质量 G

$$V = fh \ (m^3) \tag{20-50}$$

$$G = V\rho \ (t) \tag{20-51}$$

⑥ 每天再生的活性炭质量

$$W = \frac{24Q}{n} \ (t) \tag{20-52}$$

（4）吸附法在废水处理中的应用

1）吸附法的处理对象

在废水处理工艺中，吸附法主要用于处理重金属离子、难降解的有机物及色度、异味。难降解的有机物主要包括木质素、合成染料、洗涤剂、由氯和硝基取代的芳烃化合物、杂环化合物、除草剂和 DDT 等。废水中的无机重金属离子常有：汞、镉、铬、铅、镍、钴、锡、铋、锑等。

2）活性炭吸附废水中有机物的影响因素

① 有机物的分子结构　芳香族化合物一般比脂肪族化合物更易于被吸附。例如苯酚的吸附量大于丁醛的吸附量约 1 倍。

② 表面自由能　能够使液体表面自由能降低越多的吸附质，也越容易被吸附。例如活性炭在水溶液中吸附脂肪酸，由于含碳越多的脂肪酸分子可使炭液界面自由能降低得越多，所以吸附量也越大。

③ 分子大小　一般分子量越大，吸附性越强。但分子量过大，在活性炭细孔内扩散速率会降低。如果分子量大于 1500 时，其吸附速度显著下降。如能预先利用臭氧氧化法或生化法将其分解成分子较小的物质，再进行吸附处理，效果会更好。

④ 离子和极性　有些有机酸和胺类在溶于水后呈弱酸性或弱碱性。它们在分子状态时要比离子状态时的吸附量大。在极性方面，如葡萄糖和蔗糖类分子由于有羟基使极性增大，吸附量减少。

⑤ 废水 pH　一般将废水 pH 调低至 2 ~ 3，能提高有机物的去除率。原因是低 pH 时，有机酸呈离子状态的比例较少，故吸附量大。

⑥ 溶解度　活性炭是疏水性物质，所以吸附质的疏水性越强越易被吸附。如将烷基碳数量相等的直链型醇、脂肪酸和酯等物质加以比较，则发现溶解度越低越易被吸附。

⑦ 共存物的影响　有些金属离子如汞、铁、铬等在活性炭表面发生氧化还原反应，其生成物沉淀在细孔内，结果会影响有机物向颗粒内的扩散。

3）吸附法与其他处理方法联合应用

吸附法可与其他物理处理和化学处理法联合使用，如：

① 与臭氧氧化法联合使用　如用臭氧先将印染废水中的大分子染料分解，进行脱色，然后将残留的溶解有机物用活性炭吸附去除。

② 生物活性炭法　向曝气池投加粉状活性炭，利用炭粒作为微生物生长的载体或作为生物流化床的介质，也可在生化处理后，再进行吸附处理。

（5）活性炭吸附法在废水处理中的应用举例

1）染色废水　活性炭对染料的吸附是有选择性的。对阳离子染料、直接染料、酸性染料、活性染料等水溶性染料废水有很好的吸附性能。但对硫化染料、还原染料等不溶性染色废水，则吸附时间需很长，吸附能力很差。处理染色废水一般采用粒状活性炭。如果采用生物活性炭法处理染色废水，由于利用微生物所分泌的外酶渗入到炭的细孔内，使被吸附的有机物陆续分解成二氧化碳和水或合成新细胞，然后渗出活性炭的结构而被除去。这样可以延长活性炭的再生周期。

应用生物活性炭法处理经活性污泥法处理后的染色废水的主要运行参数，列于表20-14。

生物活性炭法处理染色废水运行参数　　　　　　　　表 20-14

项目	参数	项目	参数
活性炭类型	8 号净水炭	溶解氧（mg/L）	二级出水 0.5
预曝气时间（min）	28	水头损失（cm）	30
接触时间（min）	49	反冲强度（m/h）	40
空塔流速（m/h）	8	反冲时间（min）	10
炭床深度（分二级，m）	每级 1.5		

2）二硝基氯苯废水　某废水含二硝基氯苯 700mg/L，流量为 8m³/h。废水经三台尺寸为 0.9m×5m 活性炭吸附塔吸附处理后，其出水含二硝基氯苯小于 5mg/L。吸附塔两塔串联使用，另一塔轮流再生。空塔流速 15m/h，停留时间 15~20min。

饱和炭用氯苯脱附、蒸汽吹扫再生。氯苯先经预热至 90~95℃后，送入吸附塔，其流量为 2t/h。氯苯与活性炭的质量比为 10∶1。在经氯苯脱附后，用蒸汽吹扫 10h，蒸汽温度 250℃，流量 500kg/h，蒸汽量与活性炭的质量比为 5∶1。

3）含汞废水处理　含汞废水经硫化物沉淀法处理后仍含有汞。含汞浓度 1~3mg/L。采用间歇式粉末活性炭吸附处理后，出水含汞可降至 0.05mg/L 以下。

某含汞废水量为 20m³/d，经沉淀去除悬浮物及部分汞化合物后，再经活性炭吸附，吸附池为两池串联。每池容积 40m³。经第一池后一般可去除 95% 的汞。吸附池用压缩空气搅拌 30min，静止 2h。每池用活性炭 2.7m³。活性炭再生在活化炉内进行，炉温为 1000℃，由于金属汞沸点 357℃，氯化汞沸点 301℃，所以汞呈蒸气状导入冷凝器内，冷凝成金属汞。部分汞会与分解出来的氯再生成氯化汞，可以回收。

20.4.4　渗析

（1）扩散渗析

扩散渗析是高浓度溶液中的溶质透过薄膜向低浓度溶液中迁移的过程。薄膜两侧的浓度差是扩散渗析的推动力。主要用于回收酸和碱，但不能将它们浓缩。

扩散渗析使用的薄膜最初是惰性膜，大多用于高分子物质的提纯。使用离子交换膜的扩散渗析，可利用膜的选择透过性分离电解质。离子交换膜扩散渗析器除没有电极外，其他构造与电渗析器基本相同。现以回收酸洗钢材废水中的硫酸为例来说明扩散渗析原理，如图 20-20 所示，含酸原液自下而上通入 1、3、5、7 隔室中，这些隔室称为原液室。水自上而下地通入 2、4、6 隔室中，这些隔室称为回收室。原液室含酸液中的 Fe^{2+}、H^+、SO_4^{2-} 离子的浓度较高，三种离子都有向两侧回收室的水中扩散的趋势。由于阴膜的选择透过性，硫酸根离子极易通过阴膜，而氢离子和亚铁离子则难以通过。又由于回收室中 OH^- 离子的浓度比原液室中高，则回收室中的 OH^- 离子极易通过阴膜进入原液室，与原液室中的 H^+ 离子结合成水。为了保持电中性，SO_4^{2-} 渗析的当量数与 OH^- 渗析的当量数相等。在回收室得到硫酸，由下端流出。原液脱除硫酸后，从原液室的上端排出，成为主要含 $FeSO_4$ 的残液。

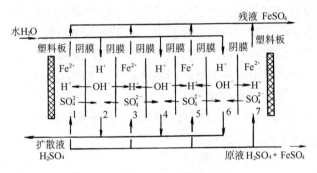

图 20-20　扩散渗析原理

扩散渗析的渗析速率与膜两侧溶液的浓度差成正比。只有当原液硫酸的浓度不小于 10% 时，扩散渗折的回收才有实用价值。

（2）电渗析

1）基本原理和特点

电渗析脱盐原理如图 20-21 所示。交替排列的阳膜和阴膜将电渗析器分隔成许多小水室。当原水进入这些小室时，在直流电场的作用下，溶液中的离子作定向迁移。阳膜只允许阳离子通过而把阴离子截留下来；阴膜只允许阴离子通过而把阳离子截留下来。结果使这些小室的一部分变成含离子很少的淡水室，出水称为淡水。而与淡水室相邻的小室则变

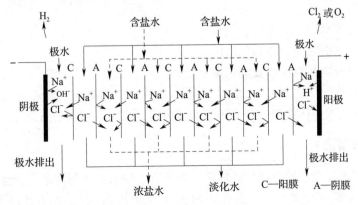

图 20-21　电渗析脱盐原理示意图

成聚集大量离子的浓水室，出水称为浓水。从而使离子得到分离和浓缩，水便得到了净化。

2）电渗析器

利用电渗析原理进行脱盐或处理废水的装置，称为电渗析器。

电渗析器由膜堆、极区和压紧装置三大部分构成。

a. 膜堆　膜堆的结构单元包括阳膜、隔板、阴膜，一个结构单元也叫一个膜对。一台电渗析器由许多膜对组成，这些膜对总称为膜堆。隔板常用1~2mm的硬聚氯乙烯板制成，板上开有配水孔、布水槽、流水道、集水槽和集水孔。

b. 极区　极区的主要作用是给电渗析器供给直流电，将原水导入膜堆的配水孔，将淡水和浓水排出电渗析器，并排出极水。极区由托板、电极、极框和弹性垫板组成。电极托板的作用是加固极板和安装进出水接管，常用厚的硬聚氯乙烯板制成。电极的作用是接通内外电路，在电渗析器内造成均匀的直流电场。阳极常用石墨、铅等材料，阴极可用不锈钢等材料制成。极框用来在极板和膜堆之间保持一定的距离，构成极室，也是极水的通道。极框常用厚5~7mm的粗网多水道式塑料板制成。垫板起防止漏水和调整厚度不均的作用，常用橡胶或软聚氯乙烯板制成。

c. 压紧装置　压紧装置的作用是把极区和膜堆组成不漏水的电渗析器整体。可采用压板和螺栓拉紧，也可采用液压压紧。

3）电渗析法在废水处理中的应用

电渗析法最先用于海水淡化制取饮用水和工业用水，海水浓缩制取食盐，以及与其他单元技术组合制取高纯水，后来在废水处理方面也得到较广泛应用。

在废水处理中，根据工艺特点，电渗析操作有两种类型：一种是由阳膜和阴膜交替排列而成的普通电渗析工艺，主要用来从废水中单纯分离污染物离子，或者把废水中的污染物离子和非电解质污染物分离开来，再用其他方法处理；另一种是由复合膜与阳膜构成的特殊电渗析分离工艺，利用复合膜中的极化反应和极室中的电极反应以产生 H^+ 离子和 OH^- 离子，从废水中制取酸和碱。

目前，电渗析法在废水处理实践中应用最普遍的有：

① 处理碱法造纸废液，从浓液中回收碱，从淡液中回收木质素；

② 从含金属离子的废水中分离和浓缩金属离子，然后对浓缩液进一步处理或回收利用；

③ 从放射性废水中分离放射性元素；

④ 从芒硝废液中制取硫酸和氢氧化钠；

⑤ 从酸洗废液中制取硫酸及沉积重金属离子；

⑥ 处理含 Cu^{2+}、Zn^{2+}、Cr（Ⅳ）、Ni^{2+} 等金属离子的电镀废水和废液，其中应用较广泛的是从镀镍废液中回收镍，许多工厂实践表明，这样可实现闭路循环。

20.4.5　反渗透

反渗透在废水处理中的应用日益增多，主要有：废水再生回用处理、某些贵重金属废水的处理（回收贵重金属）、某些有毒或复杂难降解有机废水（如垃圾渗滤液）的处理等。

（1）反渗透膜

反渗透膜的种类很多，通常以制膜材料和膜的形式或其他方式命名。目前研究比较多和应用比较广的是醋酸纤维素膜和芳香族聚酰胺膜两种，其他类型的膜材料也在不断地研制中。现将具有代表性的几种反渗透膜的透水和脱盐性能列于表20-15。

几种反渗透膜的透水和脱盐性能　　　　　　　　表 20-15

品种	测试条件	透水量[$m^3/(m^2 \cdot d)$]	脱盐率(%)
$CA_{2.5}$膜	1% NaCl,4.9MPa	0.8	99
CA_3超滤膜	海水，9.8MPa	1.0	99.8
CA_3中空纤维膜	海水，5.88MPa	0.4	99.8
醋酸丁酸纤维素膜	海水，9.8MPa	0.48	99.4
CA 混合膜（二醋酸和三醋酸纤维）	3.5% NaCl，9.8MPa	0.44	99.7
醋酸丙酸纤维素膜	3.5% NaCl，9.8MPa	0.48	99.5
芳香聚酰胺膜	3.5% NaCl，9.8MPa	0.64	99.5
聚乙烯亚胺膜（异氰酸脂改性膜）	3.5% NaCl，9.8MPa	0.81	99.5
聚苯并咪唑膜	0.5% NaCl，3.92MPa	0.65	95
硫化聚苯醚膜	苦咸水，7.35MPa	1.15	98

（2）反渗透装置

反渗透装置主要有板框式、管式、螺旋卷式和中空纤维式四种。

1）板框式反渗透装置

在多孔透水板的单侧或两侧贴上反渗透膜，即构成板式反渗透元件。再将元件紧粘在用不锈钢或环氧玻璃钢制作的承压板两侧。然后将几块或几十块元件成层叠合，用长螺栓固定，装入密封耐压容器中，按压滤机形式制成板框式反渗透器，如图20-22所示。这种装置的优点是结构牢固、能承受高压、占地面积不大；其缺点是液流状态差、易造成浓差极化、设备费用较大、清洗维修也不太方便。

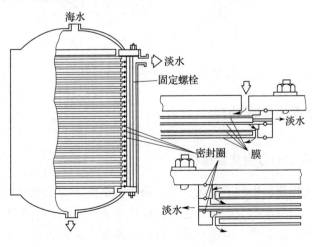

图 20-22　板框式反渗透器

2）管式反渗透装置

这种装置是把膜装在（或者将铸膜液移接涂在）耐压微孔承压管内侧或外侧，制成管状膜元件，然后再装配成管束式反渗透器。这种装置的优点是水力条件好，适当调节水流状态就能防止膜的沾污和堵塞，能够处理含悬浮物的溶液，安装、清洗、维修都比较方便；缺点是单位体积的膜面积小、装置体积大、制造的费用较高。

3）螺旋卷式反渗透装置

这种装置是在两层反渗透膜中间夹一层多孔支撑材料（柔性格网），并将它们的三端密封起来，再在下面铺上一层供废水通过的多孔透水格网，然后将它们的一端粘贴在多孔集水管上，绕管卷成螺旋卷，简便形成一个卷式反渗透膜组件。最后把几个组件串联起来，装入圆筒形耐压容器中，便组成螺旋卷式反渗透器。这种反渗透器的优点是单位体积内膜的装载面积大、结构紧凑、占地面积小；缺点是容易堵塞、清洗困难。因此，对原液的预处理要求严格。

4）中空纤维式反渗透装置

这种装置中装有由制膜液空心纺丝而成的中空纤维管，管的外径为 $50 \sim 100 \mu m$，壁厚 $12 \sim 25 \mu m$，管的外径与内径之比约为 $2:1$。将几十万根中空纤维膜弯成 U 字形装在耐压容器中，即可组成反渗透器，如图 20-23 所示。这种装置的优点是单位体积的膜表面积大、装备紧凑；缺点是原液预处理要求严，难以发现损坏了的膜。

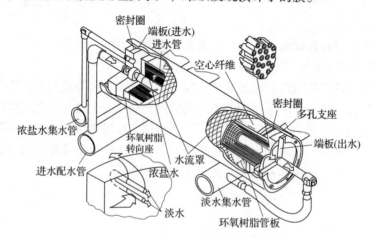

图 20-23　中空纤维式反渗透器

20.5　工业废水的生物处理

20.5.1　工业废水的可生化性指标

工业废水的可生化性，也称工业废水的生物可降解性，即工业废水中有机污染物被生物降解的难易程度，是废水的重要特性之一。确定工业废水的可生化性，对于工业废水处理方法的选择、确定生化处理工段进水量、有机负荷等工艺参数具有重要的意义。用于评价废水中有机物的生物降解性和毒害或抑制性指标很多，常用的指标有水质指标、微生物好氧速率和微生物脱氢酶活性以及有机化合物分子结构。

（1）水质指标

BOD_5/COD_{Cr}是最经典也是目前最常用的一种评价废水可生化性的水质指标。传统观点认为，BOD_5/COD_{Cr}体现了废水中可生物降解的有机物占总有机物量的比值，从而可以用该值来评价废水在好氧条件下的微生物可降解性。目前普遍认为，$BOD_5/COD_{Cr} < 0.30$时，废水含有大量难生物降解的有机物；而 $BOD_5/COD_{Cr} > 0.45$ 时，该废水易生物处理；BOD_5/COD_{Cr}介于 0.30 ~ 0.45 时可生化处理，比值越高，表明废水采用好氧生物处理所达到的效果越好。

（2）微生物耗氧速率

根据微生物与有机物接触后耗氧速率的变化特征，可评价有机物的降解和微生物被抑制或毒害的规律。表示耗氧速率度随时间变化的曲线称为耗氧曲线。曲线是以时间为横坐标，以生化反应过程中的耗氧量为纵坐标作图得到的一条曲线，曲线特征主要取决于废水中有机物的性质。测定耗氧速率的仪器有瓦勃氏呼吸仪和电极式溶解氧测定仪。处于内源呼吸期的活性污泥的耗氧曲线称为内源呼吸耗氧曲线，投加有机物后的耗氧曲线称为底物（有机物）耗氧曲线。一般用底物耗氧速率与内源呼吸速率的比值来评价有机物的可生化性。

应该指出的是，用耗氧速率评价有机物的可生化性时，必须对生物污泥（微生物）的来源、浓度、驯化、有机物浓度、反应温度等条件作严格规定。

（3）微生物脱氢酶活性

微生物对有机物的氧化分解是在各种酶的参与下完成的，其中脱氢酶起着重要的作用，它能使被氧化有机物的氢原子活化并传递给特定的受氢体，单位时间内脱氢酶活化氢的能力表现为它的活性。可以通过测定微生物的脱氢酶活性来评价废水中有机物的可生化性。由于脱氢酶对毒物的作用非常敏感，当有毒物存在时，它的活性（单位时间内活化氢的能力）下降。因此，可以利用脱氢酶活性作为评价微生物分解污染物能力的指标。

（4）有机化合物分子结构

有机物的生物降解性与其分子结构有关，目前研究还不够充分，但总的来说，人们已经初步认识了一些有机化合物的分子结构与其生物降解特性的规律，主要有：

1）对于烃类化合物，一般是链烃比环烃易分解，直链烃比支链烃易分解，不饱和烃比饱和烃易分解。

2）官能团的性质、多少以及有机物的同分异构作用，对其可生化性影响很大。如，含有羧基（R—COOH）、酯类（R—COO—R）或羟基（R—OH）的非毒性脂肪族化合物属易生物降解有机物，而含有二羧基（HOOC—R—COOH）的化合物比单羧基化合物较难降解。又如，伯醇、仲醇非常容易被生物降解，而叔醇却较难降解，因为叔碳原子的键十分稳定，它不仅能抵抗一般的化学反应，对生化反应也具有很强的抵抗能力。卤代作用将使生物降解特性降低，卤代化合物的生物降解性随卤素取代程度的提高而降低。

3）含有羰基（R—CO—R）或双键（—C ＝C—）的化合物属中等程度可生物降解的化合物，微生物需要较长驯化时间。

4）有机化合物在水中的溶解度也直接影响其可生化性，例如油在水中的溶解度很低，很难与细菌接触并为其利用，因此油的生物降解性能差。

5）含有氨基（R—NH$_2$）或羟基（R—OH）化合物的生物降解性取决于与基团连接的碳原子的饱和程度，并遵循如下的顺序：伯碳原子＞仲碳原子＞叔碳原子。

20.5.2　工业废水的好氧生物处理

（1）活性污泥法

微生物在其生命活动过程中，所需的营养物质包括：C、N、P 以及 Na、K、Ca、Mg、Fe、Co、Ni 等。生活污水一般能提供活性污泥微生物的最佳营养源，其 BOD:N:P=100:5:1，经过初沉池或水解酸化工艺等预处理后，BOD 有所下降，N 和 P 含量相对提高，这样进入生物处理系统的污水，其 BOD:N:P 可能变为 100:20:2.5。对工业废水而言，上述营养比一般不满足，此时需补充相应组分，以保证活性污泥法的正常运行。

当废水中氮源不足时，会发生多糖类物质在微生物细胞内的积累，当积累超过了一定限度时，会影响有机物的去除率，还会刺激丝状微生物的生长。易被微生物利用的氮源形式为铵（NH$_4^+$）或硝酸根（NO$_3^-$）。废水中以蛋白质或氨基酸形式存在的有机氮化合物，必须先通过微生物水解产生铵，才能被微生物利用。所以，对以有机氮为主要氮源的工业废水，必须通过试验来确定有机氮被微生物利用的有效性，因为某些芳香族氨基化合物或脂肪族叔氨基化合物不易被水解为铵。废水中的磷必须以溶解性正磷酸盐的形式才能被微生物利用，所以含磷无机物和有机物必须先被微生物水解为正磷酸盐。氮和磷不足时，会造成有机物去除率下降。

例如，某印染废水来源于纯棉印染布、混纺印染布、纯化纤印染布、灯芯绒生产工段，含硫化染料、纳夫妥、士林染料、活性染料及少量直接染料、涂料等。废水量为 1600m^3/d。水质为：pH 8～12，COD$_{Cr}$ 450～800mg/L，BOD$_5$ 200～450mg/L，色度 250～1000 倍，硫化物 20～40mg/L，悬浮物 50～150mg/L，六价铬 0.2～1.7mg/L。采用如图 20-24 所示的流程处理。

曝气池停留时间 4h，污泥负荷 0.3 kgBOD$_5$/（kgMLSS·d）。处理效果：出水 BOD$_5$ 14.6mg/L，去除率 95.8%；COD$_{Cr}$ 134.2mg/L，去除率 80.6%；色度 142 倍，去除率 58.2%；硫化物 1.5mg/L，去除率 93.6%；悬浮物 38.3mg/L，去除率 57.4%；六价铬 0.07mg/L，去除率 72.7%。

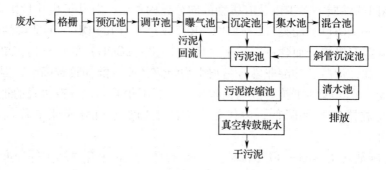

图 20-24　某印染废水处理流程

（2）生物膜法

生物膜法设备种类很多，按生物膜与废水的接触方式不同，可分为填充式和浸没式两类，前者的典型设备有生物滤池，后者有接触氧化法和生物流化床。

1）生物滤池

生物滤池采用塑料填料，有效高度可达12m，水力负荷可达230m³/（m²·d）。对于某些工业废水，根据水力负荷及填料深度的不同，BOD去除率可达90%。为避免滤池蝇的滋生，要求最小水力负荷为29m³/（m²·d）。为避免滤池堵塞，当处理含碳废水时，建议填料比表面积最大为100m²/m³。比表面积大于320m²/m³的滤料可用于硝化，此时污泥产率低。在多数情况下，由于溶解性工业废水的反应速率比较低，因此，对这类废水进行高去除率的处理时，不宜选用生物滤池。但塑料填料滤池可用于高浓度废水的预处理。

几种工业废水用高负荷生物滤池处理的情况列于表20-16。

2）生物接触氧化

生物接触氧化是一种介于活性污泥法与生物滤池两者之间的生物处理技术，兼具两者的优点，是目前工业废水生物处理采用较广泛的一种方法。

高负荷生物滤池处理工业废水的性能　　　　　表20-16

废水	水力负荷 [m³/（m²·d）]	深度 （m）	原水BOD （mg/L）	回流比	经二沉后BOD 去除率（%）	温度 （℃）	BOD负荷 [kg/（m³·d）]
柑橘加工 废水	67	6.6	542	3	69		3.18
	177		464	2	42		9.79
牛皮纸废水	341	5.5	250	0	10	34	
	173	5.5	250	0	24	36	
	187	6.6	250	0	23	40	
	84	6.6	250	0	31	33	
黑液	44	5.5	400	0	73	24	3.2
	89	5.5	400	0	58	29	6.08
	177	5.5	400	0	58	35	12.48

① 生物接触氧化法的设计

a. 生物接触氧化法处理流程选择

生物接触氧化法有很多种处理流程，应根据废水种类、处理程度、基建投资和地方条件等因素来确定。在处理工业废水时，一般处理量小，要求操作简单、管理方便、运行稳定。

b. 填料选择

填料不仅关系到处理效果，还影响建设投资。填料的比表面积、生物附着性、是否易于堵塞无疑是重要条件，而经济也是重要因素。由于填料在投资中占的比重较大，所以选择填料时，不宜单纯追求技术上的高性能，还需考虑价格问题。如有的填料虽性能稍差，但价格便宜，也可考虑选用，在设计时可采取适当增加接触时间等方法予以弥补。

c. 接触停留时间的确定

接触停留时间越长，处理效果越好，但所需池容和填料量多；接触时间短，对难降解物质来说，氧化不完全会影响处理效果。接触停留时间应根据水质、处理程度要求、填料的种类，通过试验或同类工厂的运行资料来确定。当处理生活污水或与其水质类似的工业废水时，由于污水浓度低，可生化性高，可采用较短的接触停留时间，一般为 0.8 ~ 1.2h。而处理工业废水，由于废水种类不同，其成分和浓度差异很大，可生化性不一，应采用不同的接触停留时间。处理一般浓度（COD 为 500mg/L 左右）的工业废水，如印染废水、含酚废水，接触停留时间一般采用 3 ~ 4h。处理浓度较高（COD 为 1000mg/L 左右）的工业废水，如绢纺废水、石油化工废水等，接触停留时间宜取 10 ~ 14h。

d. 气水比的确定

确定气水比时应留有余地。特别是处理 BOD 浓度较高的工业废水时，一方面由于 BOD 负荷高，生物膜数量多，耗氧速率高；另一方面由于进水不均匀，有机负荷变化大，以及鼓风机使用年限和电力供应等因素的影响，气水比应留有适当余地，增加运行上的灵活性。

e. 防止填料堵塞的措施

为防止填料堵塞，填料选择时要考虑废水的水质。在处理高浓度有机废水时，可选用不易堵塞的填料，如软性纤维填料、半软性填料，在印染、啤酒、石化、农药废水处理中多选用这种填料。实践表明，这些填料一般不会发生堵塞。

定期反冲洗。在一个生产班次中，定期加大气量反冲洗填料，每次反冲 5 ~ 10min。这对于吹脱填料上衰老的生物膜，防止填料堵塞是有效的。

填料分层设置。设计时如采用蜂窝填料时，可分层设置填料，每层填料厚度为 0.8 ~ 1.0m，层间留有 0.25 ~ 0.3m 的空隙，层间空隙有重新整流作用，以防止堵塞。

② 应用举例 某丝绸废水来源于真丝、人造丝、合成纤维、交织印染绸，其中以合成纤维交织织物为主的生产工段。废水的水量 2000m³/d；水质：pH 5.5 ~ 7.2，COD_{Cr} 380 ~ 900mg/L，BOD_5 150 ~ 300mg/L，色度 65 ~ 250 倍，硫化物 2.4 ~ 6.2mg/L，悬浮物 50 ~ 260mg/L。

采用如图 20-25 所示流程处理。丝绸废水经格栅至污水泵房升至调节池，调节池设有曝气装置进行预曝气，经预曝气后进入接触氧化池，然后投加各种混凝剂至混合池再进入二次沉淀池，出水可直接外排或回用。污泥采用真空转鼓脱水，脱水后污泥掺入煤渣制砖。

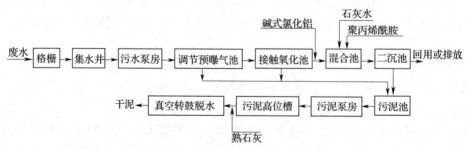

图 20-25 某丝绸废水废水处理流程

主要构筑物：调节预曝气池调节时间 4.7h，预曝气强度 7.8m³/(m² · d)，接触氧化池为推流式，停留时间为 3.5h，COD_{Cr} 容积负荷 2.8kg/(m³ · d)，气水比 20∶1，斜管沉淀池停留时间 1.2h，上升流速 0.45mm/s。

处理效果：出水 pH6.8~7.8；COD_{Cr} 80.5mg/L，去除率 87.6%；BOD_5 10.0mg/L，去除率 95.6%；色度 17 倍，去除率 88.4%；硫化物 0.7mg/L，去除率 87.5%；悬浮物 18.6mg/L，去除率 86.3%。

20.5.3　工业废水的厌氧生物处理

（1）厌氧接触法

厌氧接触法的工艺特征是在厌氧反应器后设沉淀池，污泥进行回流，使厌氧反应器内能维持较高的微生物浓度，降低水力停留时间，同时减少了出水微生物浓度。在反应器与沉淀池之间设脱气器，维持约 5000Pa 的真空度，尽可能将混合液中的沼气脱除。但这种措施不能抑制产甲烷菌在沉淀池内继续产气，结果使沉淀池已下沉的污泥上翻，固液分离效果不佳，出水中 SS、COD、BOD 等各项指标较高，回流污泥浓度较低，影响到反应器内污泥浓度的提高。对此可采取下列措施：

1）在反应器与沉淀池之间设冷却器，使混合液的温度由 35℃ 降至 15℃，以抑制产甲烷菌在沉淀池内活动，将冷却器与脱气器联用能够比较有效地防止产生污泥上浮现象。

2）投加混凝剂以提高沉淀效果。

图 20-26 所示为应用厌氧接触法处理某屠宰厂废水的处理工艺流程，该厌氧反应器的容积负荷为 2.5kg BOD_5/（m^3·d），水力停留时间 12~13h，反应温度 27~31℃，污泥浓度 7~12 g/L，生物固体平均停留时间 3.6~6d，沉淀池水力停留时间 1~2h，表面负荷 14.7m^3/（m^2·d）。该处理系统的处理效果列于表 20-17。

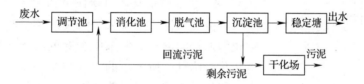

图 20-26　某屠宰废水处理流程

某屠宰废水厌氧接触法处理数据　　　　　　　　　　　　　表 20-17

指标	原废水 （mg/L）	沉淀池出水 （mg/L）	稳定塘出水 （mg/L）	厌氧反应去除率 （%）	稳定塘去除率 （%）	总去除率 （%）
BOD_5	1381	129	26	90.6	79.8	98.1
SS	688	198	23	71.8	88.4	96.7

（2）升流式厌氧污泥床（UASB）

升流式厌氧污泥床（UASB）的主要特征是，污泥床内设有三相分离器，使床内污泥不易流失而能维持很高的生物量，同时能形成厌氧颗粒污泥，使污泥不仅具有良好的沉降性能，而且具有较高的比产甲烷活性。

UASB 可处理多种工业废水，如啤酒、酿造、制药等废水。某酿造废水主要来自酱油、黄酱和腐乳等生产车间的生产废水及地面冲洗水，用采 UASB 工艺处理。由于生产的间歇性和季节性，废水的水量、浓度及其组成极不稳定。废水量在 30 ~ 60m³/d 之间变化；COD 一般为 2000 ~ 6000mg/L，最低 520mg/L，最高 20230mg/L；BOD_5 为 1400 ~ 2200mg/L；悬浮物浓度一般为 330 ~ 2600mg/L，pH 通常在 6.0 左右，水温为 15 ~ 28℃，废水的 COD : N : P : S 为 100 : （1.5 ~ 10.7）:（0.1 ~ 0.2）:（0.03 ~ 0.74），还含有一定量的 Cl。

UASB 污泥床容积为 130m³，分 2 格，在常温下运行，进水采用脉冲方式，所产生沼气供居民使用，出水经氧化沟处理后排放。UASB 污泥床投产后，由于废水量的限制，经常运行负荷为 2 ~ 5 kgCOD/（m³·d）。运行表明，在维持水力停留时间为 30h 的条件下，反应器的去除负荷随进水 COD 浓度的增加而增加。在当进水 COD 为 520 ~ 15000mg/L 时，有机物去除负荷在 0.42 ~ 12.8 kgCOD/（m³·d）范围内，COD 去除率稳定。当去除负荷为 12kgCOD/（m³·d）时，COD 的去除率在 82% 以上，产气率为 0.34m³ 沼气/kg 去除 COD。该装置操作管理方便，运行稳定。

（3）内循环厌氧（IC）反应器

荷兰 Paques BV 公司于 1985 年开发了一种内循环（internal circulation）反应器，简称 IC 反应器。IC 反应器在处理低浓度废水时，反应器的进水容积负荷率可达至 20 ~ 40kgCOD/（m³·d），处理高浓度有机废水时，其进水容积负荷率可提高到 35 ~ 50kgCOD/（m³·d）。这对现代高效反应器的开发是一种突破，有着重大的理论意义和实用价值。

1）IC 反应器的基本结构与工作原理

IC 反应器的构造特点是具有很大的高径比，一般可达 4 ~ 8，反应器的高度可达 16 ~ 25m。如图 20-27 所示，进水 1 由反应器底部泵入第一反应室，与该室内的厌氧颗粒污泥均匀混合。废水中含有的大部分有机物在这里被转化为沼气，所产生的沼气被第一反应室集气罩 2 收集，沼气沿着沼气提升管 3 上升。沼气上升的同时，把第一反应室的混合液提升至设在反应器顶部的气液分离器 4，被分离出的沼气由气液分离器顶部的沼气排出管 5 排走。分离出的泥水混合液将沿着回流管 6 回到第一反应室的底部，并与底部的颗粒污泥和进水充分混合，实现了第一反应室混合液的内部循环。

经过第一反应室处理过的废水，可自动进入第二反应室继续进行处理。废水中的剩余有机物在第二反应室内由厌氧颗粒污泥进一步降解。产生的沼气由第二反应室集气罩 7 收集，通过集气管 8 进入气液分离器 4。第二反应室的泥水混合液进入沉淀区 9 进行固液分离，处理过的上清液由出水管 10 排走。

2）IC 反应器的处理效能

IC 反应器实际上是由两个上下重叠的 UASB 污泥床串联组成的。由下面第一个 UASB 污泥床所产生的沼气作为

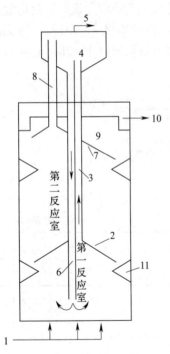

图 20-27　IC 反应器构造
1—进水；2—第一反应室集气罩；
3—沼气提升管；4—气液分离器；
5—沼气排出管；6—回流管；
7—第二反应室集气罩；8—集气管；
9—沉淀区；10—出水管；11—气封

提升的动力,实现了下部混合液的内循环,使废水得到强化预处理。上面的第二个 UASB 污泥床对废水继续进行后处理。

与 UASB 污泥床相比,在获得相同处理效率的条件下,IC 反应器具有更高的进水容积负荷率和污泥负荷率,IC 反应器的平均升流速度可达处理同类废水 UASB 污泥床的 20 倍左右。在处理低浓度废水时,HRT 可缩短至 2.0 ~ 2.5h,使反应器的容积更加小型化。由此可见,IC 反应器是一种非常高效能的厌氧反应器。

(4)厌氧生物滤池

厌氧生物滤池的特点是:

1)生物量浓度较高,因此有机负荷率较高,但易堵塞,污泥浓度沿滤料层深度分布不均匀,滤料不能充分利用;

2)较能够承受水量或水质的冲击负荷;

3)无需污泥回流;

4)设备简单、能耗低、运行管理方便,费用低;

5)无污泥流失之虞,处理水挟带污泥较少。

图 20-28 所示为应用厌氧生物滤池处理淀粉废水的工艺流程,该淀粉厂以小麦为原料生产淀粉和谷蛋白。废水量为 400 ~ 800m^3/d(平均 350m^3/d),含 COD 15000 ~ 20000mg/L,水温为 10 ~ 20℃。

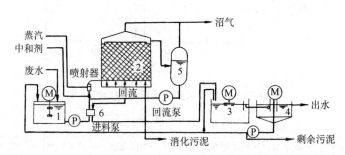

图 20-28　淀粉废水厌氧处理工艺流程

1—调节池;2—厌氧生物滤池;3—曝气池;4—沉淀池;5—调压罐;6—热交换器

厌氧生物滤池采用塑料滤料,COD 容积负荷 10kgCOD/(m^3 · d),平均水力停留时间 48h,温度为 36℃。厌氧生物滤池容积为 1000m^3,COD 去除率为 80%。沼气产量 3200m^3/d,沼气组成为:CH_4 约占 70%,CO_2 约占 30%。该淀粉厂废水处理运行结果如图 20-29 所示。

20.5.4　工业废水的厌氧/好氧联合处理

厌氧处理后出水水质较差,往往需要进一步处理才能达到排放标准。一般在厌氧处理后串联好氧生物处理。以处理玉米为原料的淀粉废水为例,废水中主要含蛋白质、脂肪、纤维素等。废水先提取蛋白进行预处理,能够获得营养丰富的蛋白饲料,同时减轻后续生物处理的负荷。废水处理工艺流程如图 20-30 所示。

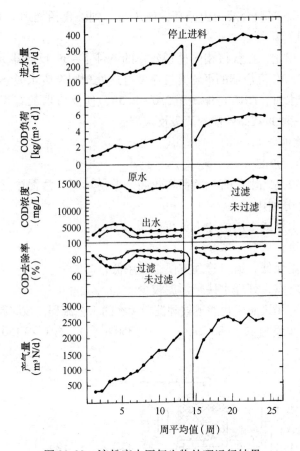

图 20-29　淀粉废水厌氧生物处理运行结果

图 20-30　废水处理工艺流程

　　厌氧生物处理采用 UASB 反应器，大部分有机污染物在厌氧反应器中降解。反应器采用 38℃中温发酵，共 4 座，每座容积 1350m³，停留时间为 24h，有机负荷率 8kgCOD/(m³·d)，COD 去除率 80%，BOD 去除 90%。

　　好氧生物处理采用 SBR 工艺，以 8h 为一周期，即进水 1h、曝气 4h、沉淀 2h、排水 1h，该工艺 COD 去除率 90%，BOD 去除率 95%，并具有除磷脱氮功能。

附　　录

附录A　生物处理构筑物进水中有害物质容许浓度

序号	有害物质名称	容许浓度（mg/L）	序号	有害物质名称	容许浓度（mg/L）
1	三价铬	3	9	锑	0.2
2	六价铬	0.5	10	汞	0.01
3	铜	1	11	砷	0.2
4	锌	5	12	石油类	50
5	镍	2	13	烷基苯磺酸盐	15
6	铅	0.5	14	拉开粉	100
7	镉	0.1	15	硫化物（以 S^{2-} 计）	20
8	铁	10	16	氯化钠	4000

附录B　氧在蒸馏水中的溶解度（饱和度）

水温 T（℃）	溶解度（mg/L）	水温 T（℃）	溶解度（mg/L）
0	14.62	16	9.95
1	14.23	17	9.74
2	13.84	18	9.54
3	13.48	19	9.35
4	13.13	20	9.17
5	12.80	21	8.99
6	12.48	22	8.83
7	12.17	23	8.63
8	11.87	24	8.53
9	11.59	25	8.38
10	11.33	26	8.22
11	11.08	27	8.07
12	10.83	28	7.92
13	10.60	29	7.77
14	10.37	30	7.63
15	10.15		

附录 C 空气管计算图（a）

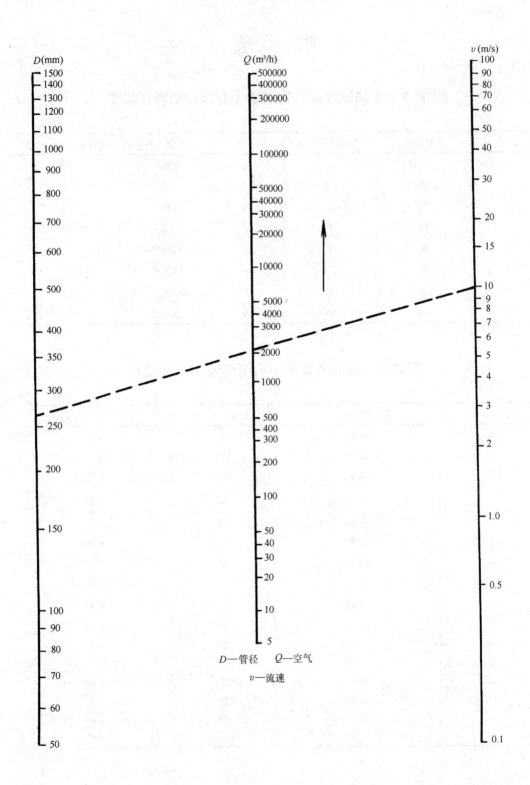

D—管径　Q—空气
v—流速

附录 D 空气管计算图 (*b*)

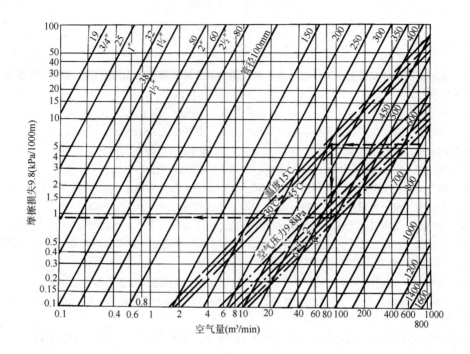

参 考 文 献

[1] 全国勘察设计注册工程师公用设备专业管理委员会秘书处. 全国勘察设计注册公用设备工程师给水排水专业考试复习教材 [M]. 2 版. 北京：中国建筑工业出版社，2007.

[2] 孙慧修. 排水工程（上册）[M]. 4 版. 北京：中国建筑工业出版社，2004.

[3] 张自杰. 排水工程（下册）[M]. 5 版. 北京：中国建筑工业出版社，2015.

[4] 范瑾初，金兆丰. 水质工程 [M]. 北京：中国建筑工业出版社，2009.

[5] 胡纪萃. 废水厌氧生物处理工程 [M]. 北京：中国建筑工业出版社，2003.

[6] 周玉文，赵洪宾. 排水管网理论与计算 [M]. 北京：中国建筑工业出版社，2000.

[7] 张自杰. 废水处理理论与设计 [M]. 北京：中国建筑工业出版社，2003.

[8] 许保玖，龙腾锐. 当代给水与废水处理原理 [M]. 2 版. 北京：高等教育出版社，2001.

[9] 高廷耀，顾国维. 水污染控制工程（上下册）[M]. 2 版. 北京：高等教育出版社，1999.

[10] 邓荣森. 氧化沟污水处理理论与技术 [M]. 2 版. 北京：化学工业出版社，2011.

[11] 郝晓地. 可持续污水 – 废物处理技术 [M]. 北京：中国建筑工业出版社，2006.

[12] 美国水环境联合会. 生物膜反应器设计与运行手册 [M]. 曹相生，译. 北京：中国建筑工业出版社，2013.

[13] 施汉昌. 污水处理好氧生物流化床的原理与应用 [M]. 北京：科学出版社，2012.

[14] 北京市市政设计研究总院. 给水排水设计手册（5. 城镇排水）[M]. 2 版. 北京：中国建筑工业出版社，2004.

[15] 北京市市政设计研究总院. 给水排水设计手册（6. 工业排水）[M]. 2 版. 北京：中国建筑工业出版社，2002.

[16] 联合国环境规划署. 全球环境展望 4（GEO-4）：旨在发展的环境 [M]. 北京：中国环境科学出版社，2007.

[17] Simon Judd，Claire Judd. 膜生物反应器水和污水处理的原理与应用 [M]. 陈福泰，黄霞，译. 北京：科学出版社，2009.